“十三五”普通高等教育实验实训规划教材

基于汇编与C语言的 MCS-51单片机实践与学习指导

程启明　徐进　黄云峰　杨艳华　编著

中国水利水电出版社
www.waterpub.com.cn
·北京·

内 容 提 要

本书共分4部分内容，第1部分为基于硬件平台的单片机实验；第2部分为基于Proteus仿真软件的单片机仿真实验；第3部分为单片机的课程设计；第4部分为单片机的学习指导与习题解答。

本书具有3个重要特点：①完整性，本书包括软件实验、硬件平台实验、Proteus硬件仿真实验、课程设计、学习指导、习题解答；②新颖性，本书将Proteus仿真软件引入单片机的硬件实践中；③统一性，本书把实验与课程设计分为两个部分并统一在一起来学习。

本书可作为各类高校单片机课程的学习与实践指导教材，也可以作为从事单片机开发的科技人员的参考书。

图书在版编目（CIP）数据

基于汇编与C语言的MCS-51单片机实践与学习指导 / 程启明等编著. -- 北京 : 中国水利水电出版社, 2019.7(2022.7重印)
"十三五"普通高等教育实验实训规划教材
ISBN 978-7-5170-7803-6

Ⅰ. ①基… Ⅱ. ①程… Ⅲ. ①单片微型计算机－C语言－程序设计－高等学校－教材 Ⅳ. ①TP368.1 ②TP312.8

中国版本图书馆CIP数据核字(2019)第134589号

书　　名	"十三五"普通高等教育实验实训规划教材 **基于汇编与C语言的MCS-51单片机实践与学习指导** JIYU HUIBIAN YU C YUYAN DE MCS-51 DANPIANJI SHIJIAN YU XUEXI ZHIDAO
作　　者	程启明　徐　进　黄云峰　杨艳华　编著
出版发行	中国水利水电出版社 （北京市海淀区玉渊潭南路1号D座　100038） 网址：www.waterpub.com.cn E-mail：sales@mwr.gov.cn 电话：（010）68545888（营销中心）
经　　售	北京科水图书销售有限公司 电话：（010）68545874、63202643 全国各地新华书店和相关出版物销售网点
排　　版	中国水利水电出版社微机排版中心
印　　刷	天津嘉恒印务有限公司
规　　格	184mm×260mm　16开本　27.25印张　698千字
版　　次	2019年7月第1版　2022年7月第2次印刷
印　　数	1501—3500册
定　　价	**70.00**元

前 言

“单片机原理及应用”是各类高校很多专业重要的基础专业课程之一，该课程是一门学习难度大、实践性强的课程，其原理、规则、现象等仅靠学习教科书是无法完全掌握的，必须通过大量的习题与实践才能深刻、直观地理解。本书编写的目的是提高学生学习能力与实践能力，提高汇编及C语言的编程能力及对单片机接口硬件的理解分析能力和对单片机系统的综合设计能力，从而学以致用。学生只有通过大量习题练习、软硬件实验和课程设计实践，才能真正掌握本课程的内容及设计应用方法。

本书在内容安排上注重系统性、循序性、逻辑性、科学性、实用性和先进性。全书共分4部分、9章内容：第1部分为基于硬件平台的单片机实验，包括单片机系统平台、12个单片机软件实验、19个基于硬件平台的单片机硬件实验，每个实验一般包含实验目的、设备、预备知识、内容、原理、步骤、硬件连线、软件流程和思考题等（汇编与C语言的程序清单可从网站下载）；第2部分为基于Proteus仿真软件的单片机仿真实验，包括单片机Proteus仿真软件、10个基于Keil和Proteus的单片机系统软件仿真实验、19个基于Proteus的单片机系统硬件接口虚拟仿真实验，每个实验一般都包含实验要求、Proteus电路设计、源程序设计、Proteus仿真等；第3部分为单片机的课程设计，包括单片机系统研制过程及课程设计要求、单片机课程设计的课题及举例，其中课程设计的参考题目包括148个不同要求的题目，并对6个代表性的课题做详细介绍，主要包含系统功能、方案论证、硬件设计、软件设计、调试性能分析等（汇编与C语言的程序清单可从网站下载）；第4部分为单片机的学习指导与习题解答，对单片机的基本知识、学习要点、难点进行了概括，对教材《基于汇编与C语言的单片机原理及应用》中所有习题都做了详尽解答，每章还有自我测试题，最后给出了3套模拟综合测试题。

本书附录中还包括实验要求与实验报告格式规范、标准ASCII码字符表、MCS-51单片机指令表、Keil C51的一些常用资料、Keil μVision（Keil C51）库函数参考、通用C语言的5类语句、Proteus VSM仿真的元件库及常用元件说明等内容。

此外，本书所有实验及课程设计的源程序都经过了测试，并加上了较详尽的注释，这些源程序代码在书中相应位置做成了二维码的形式，供读者下载学习参考。

本书具有3个重要特点：①完整性，本书包括传统的软件实验、传统的硬件平台实验、Proteus硬件仿真实验、课程设计、学习指导与习题解答；②新颖性，本书将最先进的微机仿真软件Proteus引入单片机的硬件实践，使学生通过该软件灵活搭建、自由组合各种复杂的单片机系统，仿真过程“所见即所得”；③统一性，本书把实验内容与课程设计内容分为前、后两个部分，承上启下地连在一起来学习，从而提高学生对单片机软、硬件的实践能力。

本书可作为“单片机原理及应用”课程的教学配套用书，用于单片机的学习指导与实践指导，可作为高等院校、高等职业学校、成人高等学校及单片机培训班学生的学习指导书，也可作为各类工程技术人员和自学者的辅导书。

本书由程启明、徐进、黄云峰、杨艳华编写，其中程启明负责编写第1部分、第3部分以及附录、参考文献等内容，并全面负责本书的统稿及出版等工作；徐进负责编写第4部分；黄云峰负责编写第2部分；杨艳华协助修改了第1部分。

在本书的编写过程中，借鉴了许多教材的宝贵经验，在此谨向这些作者表示诚挚的感谢。

本书配有电子教案，读者可到出版社行水云课平台上免费下载。由于编者水平有限，书中不妥之处难免，敬请广大读者批评指正，以便再版时及时修正。

编者

2019年1月

目　录

前言

第1部分　基于硬件平台的单片机实验

第 1 部分

基于硬件平台的单片机实验

第1章　单片机系统平台

1.1　TD－PITE实验系统＋TD－51开发板＋LCD扩展模块

图1.1所示为TD－PITE实验系统＋TD－51开发板＋LCD扩展模块的系统总体结构。由图可见，该系统由TD－PITE实验系统、TD－51单片机板、LCD显示模块3个部分组成，其中TD－PITE实验系统由系统板和80X86 CPU模块两部分组成。另外，图中的CPU选择开关分为51和386两个挡位，当开关打到386挡时，表明板上的80X86 CPU模块与设备箱体上的通信串口（或USB口）相连，可与PC机通信，这时可做80X86 CPU实验；而当开关打到51挡时，表明选配的TD－51单片机开发板与设备箱体上的通信串口（或USB口）相连，可与PC机通信，这时可做51单片机实验。

图1.1　TD－PITE实验系统＋TD－51开发板＋LCD扩展模块的系统总体结构

1.1.1　TD－PITE实验系统

TD－PITE是由西安唐都科教仪器公司生产的32位微机教学实验系统。它采用了Intel i386EX单板机作为系统核心，全面支持“80X86微机原理及接口技术”实验教学。

1. TD－PITE实验系统的功能及特点

(1) 灵活的系统构建能力，可满足不同层次的教学和开发需要。系统是通过PC－104

总线接口插座，将 i386EX 单板机组合插接到开放的接口实验平台上，构成了高性能的 32 位微机教学实验系统，全面支持 80X86 实模式和保护模式微机原理及接口技术的实验教学，而这种单板机和实验平台相组合的结构具有以下优点：

1）体现了实验系统的开放性，单板机和实验平台都可以分离后单独使用，可满足用户二次开发的需要。

2）单板机采用 PC－104 总线作为应用扩展接口，在满足教学的同时，也可以独立使用，以核心板＋应用板方式支持实际测控产品的开发。

3）实验系统升级容易。用户仅需采用更为先进的单板机来替代 i386EX 单板机，就可以最小的代价来实现实验系统的升级换代。

（2）采用工业标准总线技术，满足实际应用开发的需要。该系统采用开放的 PC－104 工业总线作为应用扩展的接口，在满足实验教学的同时，也可以将它方便地嵌入具有 PC－104 总线接口的系统中，实现系统调试或脱机运行，具有实际开发应用价值。

（3）完善的微机接口实验平台。系统提供了开放的 80X86 系统扩展总线，具有 16 位数据总线 DB、20 位地址总线 AB 和 3 个中断请求、DMA 控制 HOLD/HLDA、存储器读写控制、I/O 读写控制、高位字节使能 BHE/BLE 等控制总线 CB，总线所有引线都开放给用户使用。实验平台上提供丰富的实验单元，支持“80X86 微机原理及接口技术”的实验及应用开发。

（4）具有汇编和 C 语言源语言级调试环境。系统配备了功能强大的 Windows 环境的汇编语言和 C 语言源程序调试界面，具有 16 位/32 位寄存器状态切换、汇编/C 语言选择、单步/跳过/断点/连续/变量跟踪等调试手段，可实现实验程序的动态调试，支持 80X86 实模式和保护模式的教学实验。

（5）独特的示波器测量功能和计算机控制应用测量显示环境。系统具有独特的示波器测量功能，在 D/A 输出波形、串口输出信号、定时计数器输出信号等实验中发挥独特的测量作用。另外，计算机控制专用测量显示界面在电机控制和温度控制实验中，可测量并用连续波形显示电机运转和温度变化的情况。

（6）优越的系统扩展性能。

1）系统提供了两组集成电路扩展插座，用户可根据教学需要扩展更多的实验项目。

2）可选配各种扩展模块，包括 LCD、CAN 总线通信、红外通信等应用模块。

3）可选配 TD－51 开发板，全面支持 51 单片机应用实验和开发。

4）可选配基于 FPGA/CPLD 的 PCI 总线设备开发套件，使用户学习并掌握基于 IA－32 微机系统的 PCI 设备的开发方法。

5）可选配 USB 开发板，使用户学习、掌握 USB 设备开发所涉及的固件程序设计、驱动程序设计和应用程序设计的全部设计过程及方法，开发出基于 USB 总线的数据采集设备。

（7）系统的保护设计提高了系统的安全性。对用户开放的 80X86 系统扩展总线，采用了良好的电路隔离及电路保护设计，实验的操作过程对于 80X86 单板机是安全的，保证了单板机系统不受损坏。而且接口芯片也采用了保护电路设计，最大限度地避免实验中可能造成的损坏。此外，系统采用了具有抗短路、过电流的高性能稳压开关电源，进一步提高了系统的安全性。

（8）高效率的接线方式。实验平台上提供了排线和单线相结合的电路连接方式，数据线和地址线采用排线连接，控制线采用单线连接，提高了构造复杂电路的能力和连接电路的高效率。

2. TD-PITE 实验系统的构成和实验板布局图

TD-PITE 是一套 80X86 微机原理及接口技术实验教学系统，其主要系统构成见表 1.1。TD-PITE 实验系统由 i386EX 系统板和接口实验平台两部分组合而成，出厂时已将两部分连接好，主要系统配置情况见表 1.2。

表 1.1　　TD-PITE 实验系统构成

电路名称	系统构成
CPU	Intel i386EX
存储器	系统程序存储器:Flash ROM(128KB) 数据存储器:SRAM(128KB)
信号源	单次脉冲:消抖动脉冲 2 组
逻辑电平开关与显示	16 组电平开关,16 组电平显示 LED 灯(正逻辑)
接口实验单元	8259、8237、8254、8255、8251、DAC0832、ADC0809、SRAM、键盘扫描及数码管显示、开关输入及发光管显示、电子发声、点阵 LED、液晶 LCD(可选)、步进电机(可选)、直流电机、温度控制、RS-232 串口/USB 转换等
实验扩展单元	2 组 40 线通用集成电路扩展单元、扩展模块总线单元
系统电源	+5V/2A,±12V/0.2A

表 1.2　　TD-PITE 实验系统的主要配置

项目	内容	数量	项目	内容	数量
最小系统	i386EX 系统板	1	数码显示	共阴极数码管	6
基本接口芯片	8254	1	电子音响	扬声器	1
	8255	1	单次脉冲	微动开关	2
	8237	1	逻辑开关	拨动开关	16
	8251	1	显示灯	LED	16
	DAC0832	1	驱动接口	ULN2803	1
	ADC0809	1	步进电机	35BYJ46 型	1
	74LS245	6	直流电机	DC12V,1.1W	1
	74LS573	1	通信接口	USB 座(或 DB9 座)	1
实验扩展存储器	62256SRAM	2	机内电源	5V、±12V	1
点阵	16×16LED 点阵	1	通信电缆	USB(或 RS-232)	1
液晶(可选)	图形液晶	1	箱体		1
51 系统板(可选)		1	实验用连线		
键盘	4×4 键阵	1			

TD-PITE 实验系统硬件结构如图 1.2 所示，TD-PITE 实验板布局如图 1.3 所示。

3. TD-PITE 实验系统的主要实验内容

(1) 80X86 实模式微机原理及接口技术。

PC机
RS-232C
接口
复位
晶振
8259控制器
8259中断信号
i386EX
CPU
（内核）
数据总线隔离
地址总线隔离
控制总线隔离
Flash
监控
SRAM
内存
扩展接口实验单元：
8254、8255、8259、8237、8251、
ADC0809、DAC0832、SRAM、
Flash、图形LCD、LED点阵、
电子音响、键盘及数码管显示、
步进电机、直流电机、温度控
制等

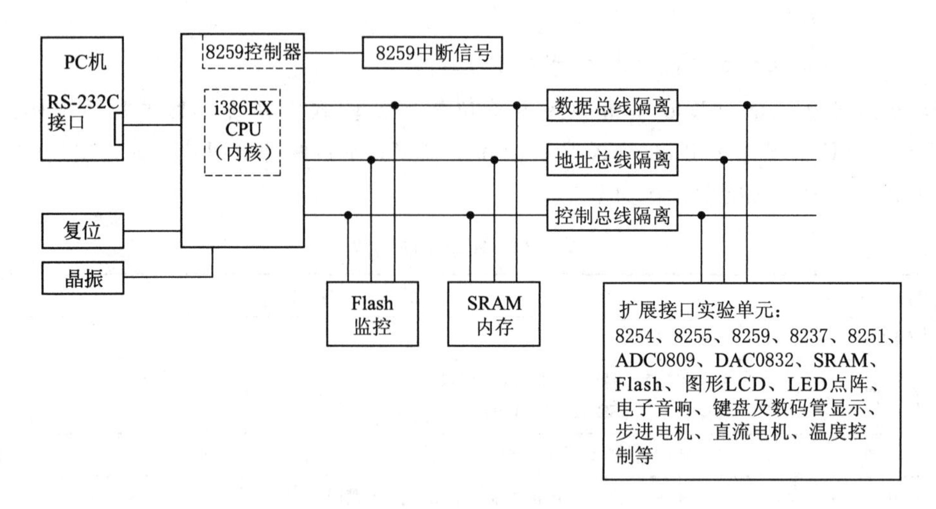

图 1.2　TD-PITE 实验系统硬件结构

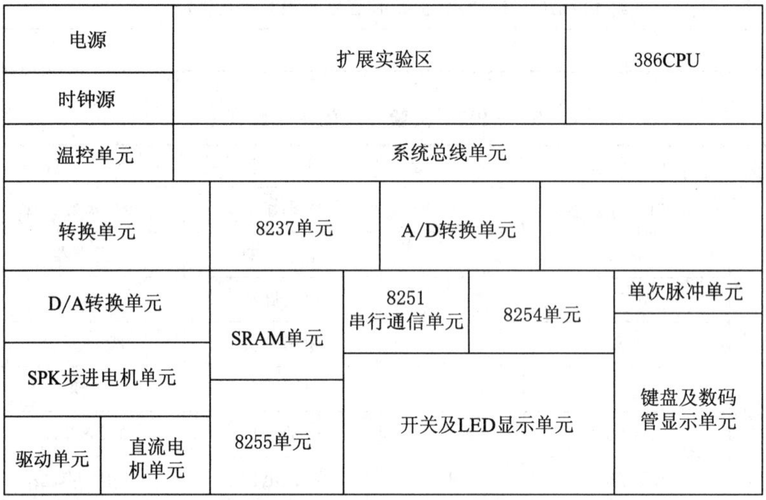

电源
时钟源
扩展实验区
386CPU
温控单元
系统总线单元
转换单元
8237单元
A/D转换单元
D/A转换单元
SRAM单元
8251
串行通信单元
8254单元
单次脉冲单元
SPK步进电机单元
开关及LED显示单元
键盘及数码
管显示单元
驱动单元
直流电
机单元
8255单元

图 1.3　TD-PITE 实验板布局

1）16 位微机原理及其程序设计实验。

2）32 位指令及其程序设计实验。

3）80X86 微机接口技术及其应用实验。

（2）80X86 保护模式微机原理及虚拟存储管理技术。

1）保护模式微机原理及其程序设计实验。

2）保护模式下的存储器扩展及其应用实验。

（3）单片机及其应用实验（需选配 TD-51 开发板）。

（4）PCI 总线设备应用开发（需选配 PCI 开发板套件）。

（5）USB 总线设备应用开发（需选配 TD-USB2.0 开发板）。

1.1.2 TD-51 开发板

TD-51 开发板是西安唐都科教仪器公司为 TD 系列微机接口教学平台配套生产的扩展件，使用 TD-51 配合接口教学实验平台（如 TD-PITE）可以完成 MCS-51 系列单片机原理及应用的实验。图 1.4 所示为 TD-51 开发板的结构。

图 1.4 TD-51 开发板的结构

1. TD-51 开发板的构成及特点

(1) 系统构成。TD-51 开发板为开放的最小单片机系统，采用具有在系统可编程（ISP）和在应用可编程（IAP）技术的增强型 51 单片机，单片机内置仿真程序，可以实现调试、仿真功能，配合 TD 系列微机接口教学实验平台可开展单片机原理及应用的实验教学。TD-51 开发板的构成见表 1.3。

表 1.3 TD-51 开发板的构成

电路名称	系统构成
单片机电路	SST89E554RC 单片机 1 片 74HC573 1 片 单片机复位电路 RS-232 串口或 USB 接口电路等
连接电缆	RS-232 或 USB 通信电缆 1 根

在 TD-51 开发板上提供了 3 个短路块：一个用于 EA 的设置，另外两个用于串行接口的设置。将短路块连接到 EA=0 表示单片机的 EA 引脚与 GND 相连，EA=1 表示单片机的 EA 引脚与 VCC 相连（默认 EA=1 处）；标号为 JS1、JS2 的两个短路块用来设置是否将单片机的串行接口与 PC 机的串行接口连接，ON、OFF 分别表示连接、不连接（默认在 ON 处）。

(2) 系统功能特点。

1) 取代硬件仿真器的增强型单片机。系统采用具有在系统可编程和在应用可编程技术的增强型 51 单片机 SST89E554RC，这种单片机内置仿真程序，完全取代传统的硬件仿真器和编程器。这种先进的单片机将仿真系统和应用系统合二为一，降低了应用开发成本，提高了研发效率。

2) 先进的集成开发调试环境。系统使用 Keil C51 集成开发环境作为实验设计、调试的工具。Keil C51 提供了强大的调试功能，可单步、断点、全速运行程序，可观察寄存器区、ROM 变量区、RAM 变量区等的内容，支持汇编语言和 C 语言的源语言调试。

3) 灵活的组合方式。采用开放的系统板结构，可以灵活地配合各型号接口实验平台（如 TD-PITE）开展单片机的应用教学。

4) 丰富的实验内容。系统提供了丰富的原理及接口应用实验。配合接口实验平台可完成数字量输入/输出、中断、定时器/计数器、看门狗、低功耗、PCA、串口通信、静态存储器、Flash、A/D、D/A、键盘及数码显示、电子音响、点阵LED、LCD、步进电机、直流电机、温度控制等实验内容。

2. SST89E554RC单片机简介

SST89E554RC是SST公司推出的8位微控制器FlashFlex51家族中的一员，内置仿真程序，完全取代传统的硬件仿真器和编程器。

SST89E554RC单片机具有如下特征：

(1) 与8051兼容，嵌入SuperFlash存储器，实现了软件完全兼容、开发工具兼容、引脚全兼容。

(2) 工作电压5V，工作时钟0～40MHz。

(3) 1KB内部RAM。

(4) 2块SuperFlash EEPROM，其中：主块32KB、从块8KB，扇区为128B。

(5) 3个高电流驱动端口（每个16mA）。

(6) 3个16位的定时器/计数器。

(7) 全双工、增强型UART，具有帧错误检测、自动地址识别等功能。

(8) 8个中断源，4级优先级。

(9) 可编程看门狗定时器（WDT）。

(10) 可编程计数阵列（PCA）。

(11) 双DPTR寄存器。

(12) 低EMI模式（可禁止ALE）。

(13) SPI串行接口。

(14) 标准每周期12个时钟，器件提供选项可使速度倍增，达到每周期6个时钟。

(15) 低功耗模式，具有掉电模式（可由外部中断唤醒）、空闲模式、低功耗工作模式。

SST89E554RC的功能框图如图1.5所示，外部引脚如图1.6所示。SST89E554RC的特殊功能寄存器SFR存储器映像如图1.7所示。SST89E554RC特有功能模块及寄存器可参见芯片数据手册。

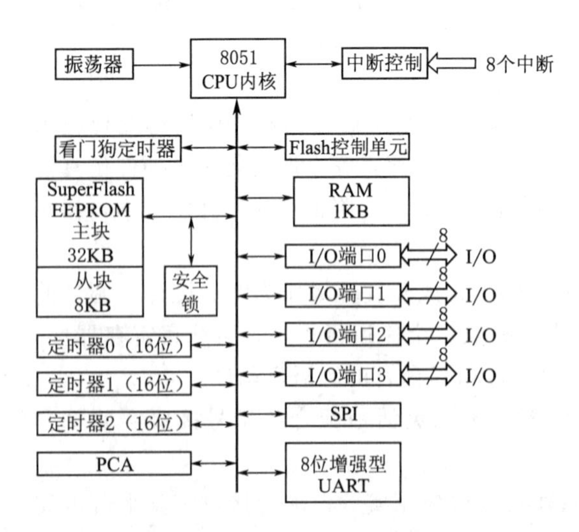

图1.5　SST89E554RC功能框图

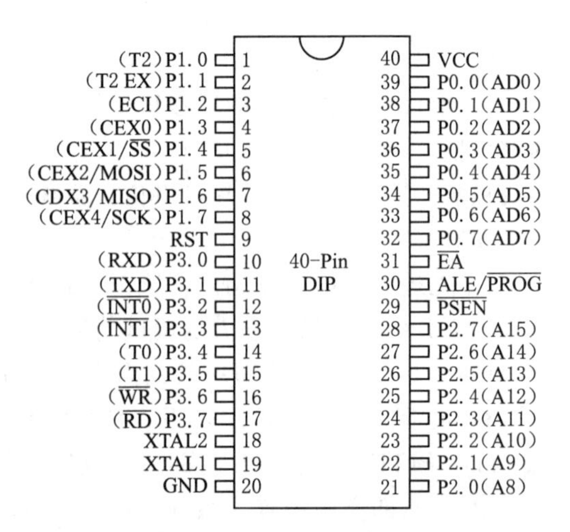

图1.6　SST89E554RC外部引脚图

	8字节								
F8H	IPA	CH	CCAP0H	CCAP1H	CCAP2H	CCAP3H	CCAP4H		FFH
F0H	B							IPAH	F7H
E8H	IEA	CL	CCAP0L	CCAP1L	CCAP2L	CCAP3L	CCAP4L		EFH
E0H	ACC								E7H
D8H	CCON	CMOD	CCAPM0	CCAPM1	CCAPM2	CCAPM3	CCAPM4		DFH
D0H	PSW								D7H
C8H	T2CON	T2MOD	RCAP2L	RCAP2H	TL2	TH2			CFH
C0H	WDTC								C7H
B8H	IP	SADEN							BFH
B0H	P3	SFCF	SFCM	SFAL	SFAH	SFDT	SFST	IPH	B7H
A8H	IE	SADDR	SPSR						AFH
A0H	P2		AUXR1						A7H
98H	SCON	SBUF							9FH
90H	P1								97H
88H	TCON	TMOD	TL0	TL1	TH0	TH1	AUXR		8FH
80H	P0	SP	DPL	DPH		WDTD	SPDR	PCON	87H

图 1.7 SST89E554RC 的特殊功能寄存器 SFR 存储器映像

1.1.3 LCD 扩展模块

在 TD－PITE 实验平台上的 LED 显示单元区域可以插接 LCD 扩展模块，该 LCD 扩展模块为 MSC－G12864－5W 型号的 128×64 图形点阵液晶扩展板。它可通过控制字实现指令和数据的写入。LCD 类型为 STN，内置控制器，配置有 LED 背光。板上微调电位器可以调节液晶的对比度。其连接电路如图 1.8 所示。

1.1.4 系统实验平台与 PC 机的连接

在使用 TD－PITE 实验系统时，首先通过 USB（或 RS－232）通信电缆将 TD－PITE 系统板与 PC 机连接在一起，然后打开 TD－PITE 接口实验平台上的电源开关即可开展单片机的实验。图 1.9 为 TD－PITE 实验系统与 PC 机硬件连接图。

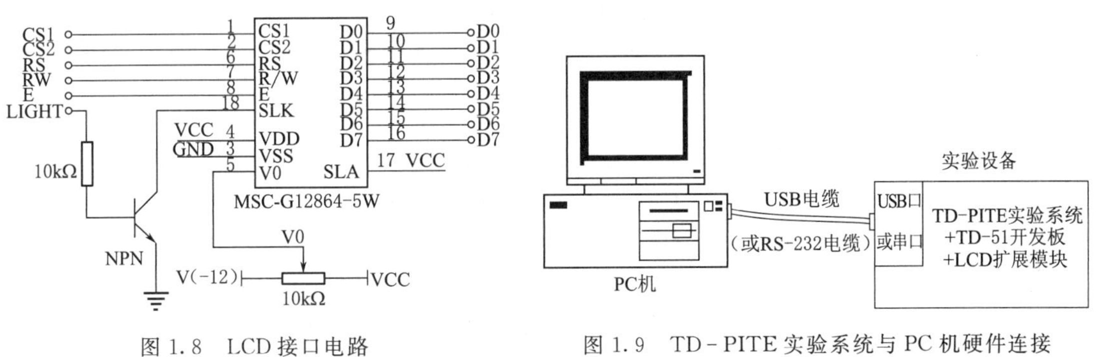

图 1.8 LCD 接口电路

图 1.9 TD－PITE 实验系统与 PC 机硬件连接

1.2 μVision2 集成开发环境

Keil C51 μVision2 集成开发环境是 Keil 公司开发的基于 80C51 内核的微处理器软件开

发平台，内嵌多种符合当前工业标准的开发工具，可以完成从工程建立到编译、链接、目标代码生成、软件仿真、硬件仿真等完整的开发流程。

1.2.1　Keil C51 μVision2 的安装

1. 系统要求

安装 Keil C51 集成开发软件，必须满足以下最低的软、硬件要求，以确保程序功能的正常。

（1）Pentium、Pentium－Ⅱ或兼容处理器的 PC。

（2）Windows 98、Windows 2000、Windows XP 或 Windows 更高版本的操作系统。

（3）至少 16MB RAM。

（4）至少 20MB 硬盘空间。

2. 软件安装

（1）进入 Keil C51 软件的 Setup 目录，双击“Setup. exe”开始安装，这时会出现如图 1.10 所示的安装初始化界面。

（2）接下来会弹出安装向导对话框，如图 1.11 所示，询问此时是否需要安装、修复更新或卸载 Keil C51 软件。若是第一次安装该软件，请选择第一项“Install...”安装软件。

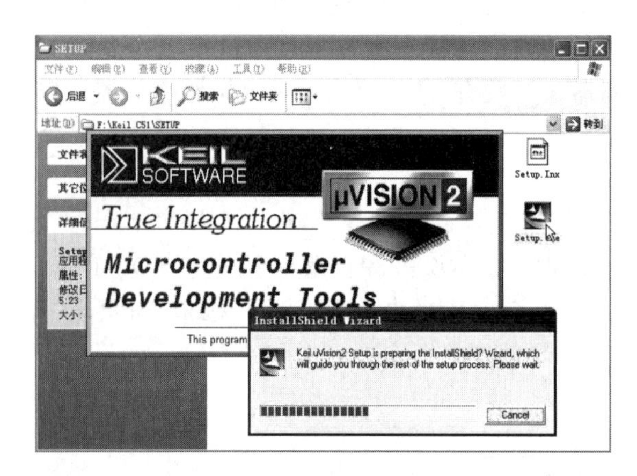

图 1.10　安装初始化界面

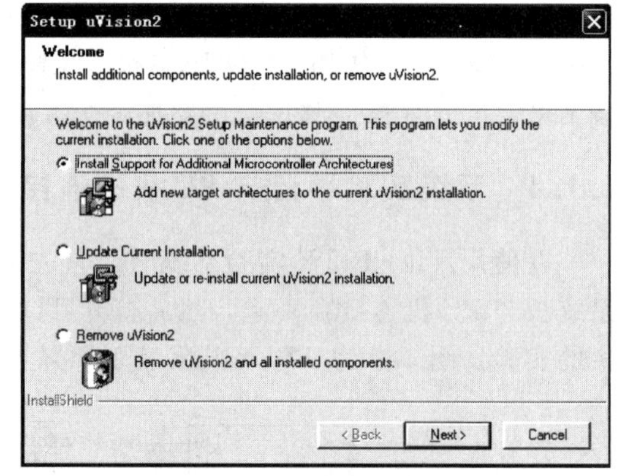

图 1.11　安装向导对话框

（3）单击“Next”按钮，此时会出现如图 1.12 所示的安装询问对话框，提示用户是安装完全版还是评估版。如果购买的是正版 Keil C51 软件，则选择“Full Version”；否则选择“Eval Version”选项。

（4）选择完毕后，紧接着会弹出几个确认对话框，单击“Next”按钮，这时会出现如图 1.13 所示的安装路径设置对话框，默认路径是 C：\ Keil，可以单击“Browse”按钮选择适合自己安装的目录。

（5）单击“Next”按钮，如果安装的为评估版的软件，会出现如图 1.14 所示的安装进度指示界面；若安装的是完全版的软件，则会弹出用户信息对话框，要求用户输入软件序列号、姓名、公司及 E－mail 等信息，信息输入完后单击“Next”按钮，在接下来的几个确认对话框中单击“Next”确认按钮，即可出现如图 1.14 所示的安装进度指示界面。

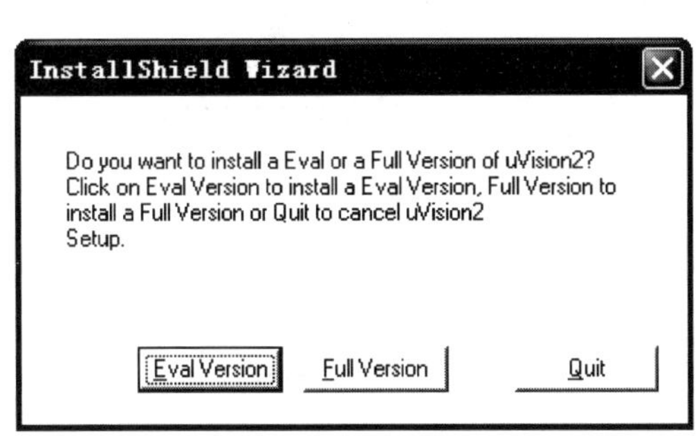

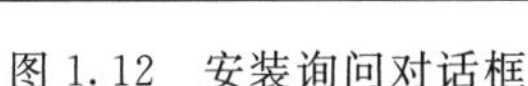

图 1.12　安装询问对话框

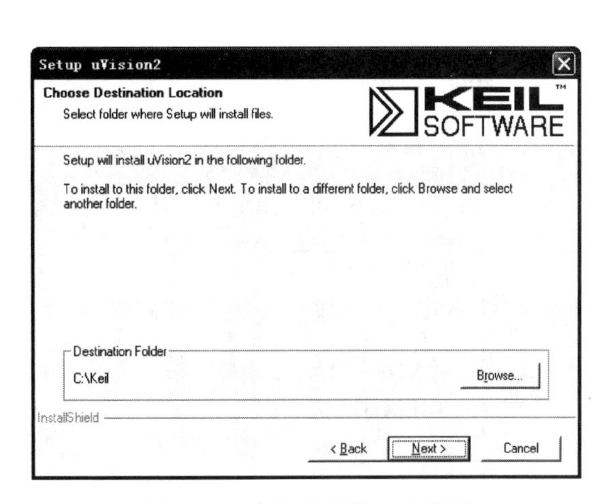

图 1.13　安装路径设置对话框

(6) 安装完毕单击“Finish”按钮，此时就可以在桌面上看到 Keil μVision2 软件的快捷图标，如图 1.15 所示，双击此图标便可进入 Keil C51 集成开发环境。

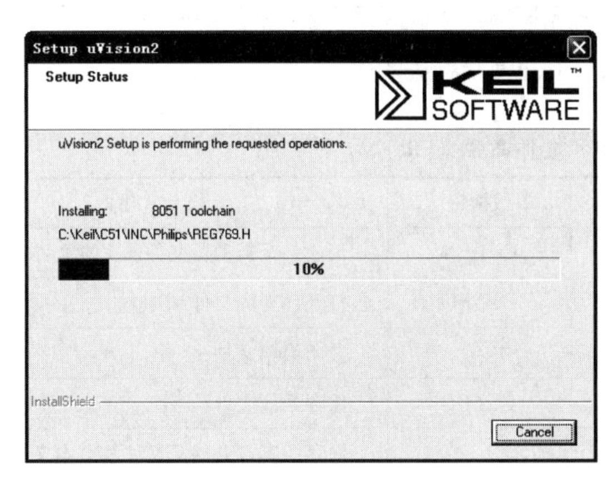

图 1.14　安装进度指示界面

图 1.15　快捷图标

1.2.2　μVision2 的集成环境界面和集成工具

Keil C51 μVision2 支持所有的 Keil 80C51 的工具软件，包括 C51 编译器、宏汇编器、链接器/定位器、软硬件调试器和目标文件到 HEX 格式文件转换器等，μVision2 可以自动完成编译、汇编、链接程序等操作。μVision2 具有强大的软件环境、友好的操作界面和简单快捷的操作方法。

1. μVision2 的集成环境界面

双击桌面上的 Keil μVision2 快捷图标，可以进入如图 1.16 所示的集成开发调试环境，各种调试工具、命令菜单都集成在此开发环境中，其中：菜单栏提供了各种操作菜单（如编辑器操作、工程维护、程序调试、窗体选择以及操作帮助等）；工具栏按钮和快捷键可以快速执行 μVision2 命令，常用的菜单栏及相对应的工具栏按钮与快捷键介绍见表 1.4～表 1.9。

图1.16　μVision2集成环境界面

表1.4　　文件菜单和文件命令（File）

File菜单	工具栏	快捷键	描　　述
New		Ctrl+N	创建一个新的源文件或文本文件
Open		Ctrl+O	打开已有的文件
Close			关闭当前文件
Save		Ctrl+S	保存当前文件
Save All			保存所有打开的源文件和文本文件
Device Database			维护μVision2器件数据库
Print Setup...			设置打印机
Print		Ctrl+P	打印当前文档
Print Preview			打印预览
1～9			打开最近使用的源文件或文本文件
Exit			退出μVision2并提示保存

表1.5　　编辑菜单和编辑器命令（Edit）

Edit菜单	工具栏	快捷键	描　　述
Undo		Ctrl+Z	撤销上一次的操作
Redo		Ctrl+Shift+Z	恢复上一次撤销的命令
Cut		Ctrl+X	将选中的文字剪切到剪贴板
Copy		Ctrl+C	将选中的文字复制到剪贴板

续表

Edit 菜单	工具栏	快捷键	描　述
Paste		Ctrl+V	粘贴剪贴板的文字
Indent Selected Text			将选中的文字向右缩进一个制表符位
Unindent Selected Text			将选中的文字向左缩进一个制表符位
Toggle Bookmark		Ctrl+F2	在当前行放置书签
Goto Next Bookmark		F2	将光标移到下一个书签
Goto Previous Bookmark		Shift+F2	将光标移到上一个书签
Clear All Bookmarks			清除当前文件中的所有书签
Find		Ctrl+F3 F3 Shift+F3	在当前文件中查找文字 继续向前查找文字 继续向后查找文字
Find in Files...			在几个文件中查找文字
Goto Matching Brace		Ctrl+J	查找匹配的花括号、圆括号、方括号
Replace		Ctrl+H	替换特定的文字

表 1.6　　视图菜单（View）

View 菜单	工具栏	快捷键	描　述
Status Bar			显示或隐藏状态栏
File Toolbar			显示或隐藏文件工具栏
Build Toolbar			显示或隐藏编译工具栏
Debug Toolbar			显示或隐藏调试工具栏
Project Window			显示或隐藏工程窗口
Output Window			显示或隐藏输出窗口
Source Browser			打开源(文件)浏览器窗口
Disassembly Window			显示或隐藏反汇编窗口
Watch&Call Stack Window			显示或隐藏观察和堆栈窗口
Memory Window			显示或隐藏存储器窗口
Code Coverage Window			显示或隐藏代码覆盖窗口
Performance Analyzer Window			显示或隐藏性能分析窗口
Symbol Window			显示或隐藏符号变量窗口
Serial Window ＃1			显示或隐藏串行窗口 1
Serial Window ＃2			显示或隐藏串行窗口 2
Toolbox			显示或隐藏工具箱
Periodic Window Update			在运行程序时，周期刷新调试窗口
Workbook Mode			显示或隐藏工作簿窗口的标签
Options...			设置颜色、字体、快捷键和编辑器选项

表 1.7　　**工程菜单和工程命令（Project）**

Project 菜单	工具栏	快捷键	描　述
New Project...			创建一个新的工程
Import μVisionl Project...			输入一个 μVision1 工程文件
Open Project...			打开一个已有的工程
Close Project...			关闭当前工程
Target Environment			定义工具系列、包含文件、库文件的路径
Targets,Groups,Files			维护工程的对象、文件组和文件
Select Device for Target			从器件数据库选择一个 CPU
Remove Item			从工程中删除一个组或文件
Options for Target...		Alt+F7	设置对象、组或文件的工具选项
Build Target		F7	编译当前文件
Rebuild all Target files			重新编译所有文件
Translate...		Ctrl+F7	转换当前文件
Stop Build			停止当前的编译进程

表 1.8　　**调试菜单和调试命令（Debug）**

Debug 菜单	工具栏	快捷键	描　述
Start/Stop Debugging		Ctrl+F5	启动或停止 μVision2 调试模式
Go		F5	运行程序，直到遇到下一个有效的断点
Step		F11	跟踪运行程序
Step Over		F10	单步运行程序
Step out of current function		Ctrl+F11	单步跳出当前函数
Run to cursor line		Ctrl+F10	执行程序到光标所在行
Stop Running		ESC	停止程序运行
Breakpoints...			打开断点对话框
Insert/Remove Breakpoint			在当前行设置/清除断点
Enable/Disable Breakpoint			使能/禁止当前行的断点
Disable All Breakpoints			禁止程序中的所有断点
Kill All Breakpoints			清除程序中的所有断点
Show Next Statement			显示下一条执行的语句/指令
Enable/Disable Trace Recording			使能跟踪记录，可以显示程序运行轨迹
View Trace Records			显示以前执行的指令
Memory Map...			打开存储器空间配置对话框
Performance Analyzer...			打开性能分析器的设置对话框
Inline Assembly...			对某一行重新汇编，可以修改汇编代码
Function Editor...			编辑调试函数和调试配置文件

表 1.9　　外围器件菜单（Peripherals）

Peripherals 菜单	工具栏	快捷键	描　　述
Reset CPU	RST		复位 CPU
Interrupt，I/O - Ports，Serial，Timer，SPI			打开片上外围器件的对话框，对话框的列表和内容由在器件数据库中选择的 CPU 决定

2. μVision2 的集成工具

（1）C51 编译器和 A51 汇编器。由 μVision2 IDE 创建的源文件，可以被 C51 编译器和 A51 汇编器处理，生成可重定位的文件。Keil C51 编译器遵守 ANSI C 语言标准，支持 C 语言的所有标准特性。另外，还增加了几个可以支持 80C51 结构的特性。Keil A51 宏汇编支持 80C51 及派生系列的所有指令集。

（2）LIB51 库管理器。LIB51 库管理器可以由汇编器和编译器创建的目标文件建立目标库。这些库是按规定格式排列的目标模块，可在以后被链接器所使用。当链接器处理一个库时，仅仅使用了库中程序使用了的目标模块而不是全部加以引用。

（3）BL51 链接器/定位器。BL51 链接器使用从库中提取出来的目标模块以及由编译器、汇编器生成的目标模块，创建一个绝对地址目标模块。绝对地址目标文件或模块包括不可重定位的代码和数据。所有的代码和数据都被固定在具体的存储器单元中。

（4）μVision2 软件调试器。μVision2 软件调试器能非常快速、可靠地调试程序。调试器包括一个高速模拟器，可以使用它模拟整个 80C51 系统，包括片上外围器件和外部硬件。当从器件数据库选择器件时，这个器件的属性会被自动配置。

（5）μVision2 硬件调试器。μVision2 硬件调试器提供了几种在实际目标上测试程序的方法，安装 MON51 目标监控器到用户的目标系统，并通过 Monitor - 51 接口下载的程序，使用高级 GDI 接口，将 μVision2 调试器与 TD - PITE 实验系统的硬件系统相连接，通过 μVision2 得到人机交互环境指挥连接的硬件完成仿真操作。

（6）RTX51 实时操作系统。RTX51 实时操作系统是针对 80C51 微控制器系列的一个多任务内核。RTX51 实时内核简化了需要对实时事件进行反应的复杂应用的系统设计、编程和调试。这个内核完全集成在 C51 编译器中，使用非常简单。任务描述表和操作系统的一致性由 BL51 链接器/定位器自动进行控制。

1.2.3　建立一个 Keil C51 应用程序

Keil C51 集成开发环境下是使用工程的方式来管理文件的，而不是单一文件的模式。所有的文件包括源文件（C 程序和汇编程序）、头文件以及说明性的技术文档，它们都可以放在工程项目文件里统一管理。在使用 Keil C51 前，应该习惯这种应用工程的管理方式。

对于首次使用 Keil C51 的用户，一般可以按照以下步骤来建立一个自己的 Keil C51 应用程序：①新建一个工程项目文件；②为工程选择目标器件（如选择 Philips 的 P89C660）；③为工程项目设置软硬件调试环境；④创建源程序文件并输入程序代码；⑤保存创建的源程序项目文件；⑥把源程序文件添加到项目中。

下面以创建一个新的工程文件 First. uv2 为例，详细介绍如何建立一个 Keil C51 应用程序。

(1) 双击桌面的 Keil μVision2 快捷图标，进入如图 1.17 所示的 Keil C51 集成开发环境。该界面也许与用户打开的 Keil C51 界面有所不同，这是因为启动 μVision2 后，μVision2 总是打开用户前一次正确处理的工程，可以单击工具栏 Project 选项中的 Close Project 命令关闭该项目。

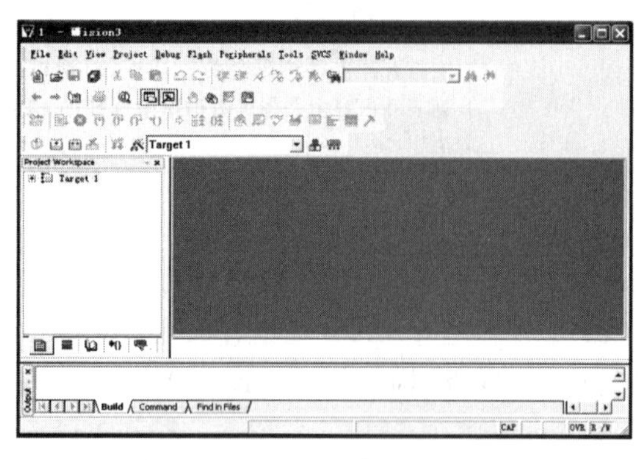

图 1.17　Keil C51 集成开发界面

(2) 单击菜单栏的 Project 选项，在弹出的如图 1.18 所示的下拉菜单中选择"New Project"命令，建立一个新的 μVision2 工程，这时可以看到如图 1.19 所示的项目文件保存对话框。

这时要注意以下几点：①为新建工程取一个名称，工程名应便于记忆且文件名不易太长；②选择工程存放的路径，最好是一个工程对应一个目录，并且工程中需要的所有文件都放在该目录下；③选择工程目录和输入项目名 First 后，单击"保存"返回。

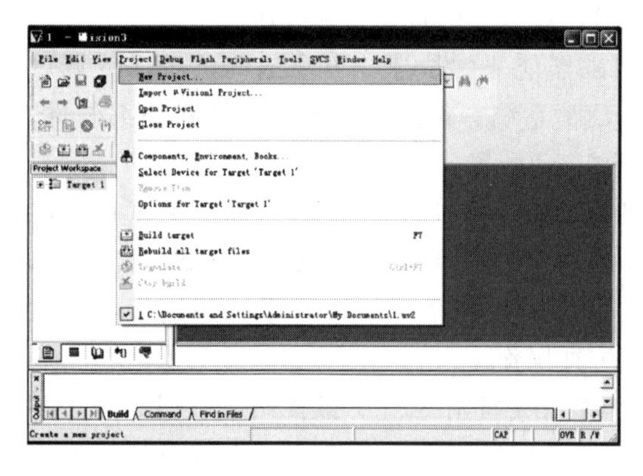

图 1.18　新建工程项目下拉菜单

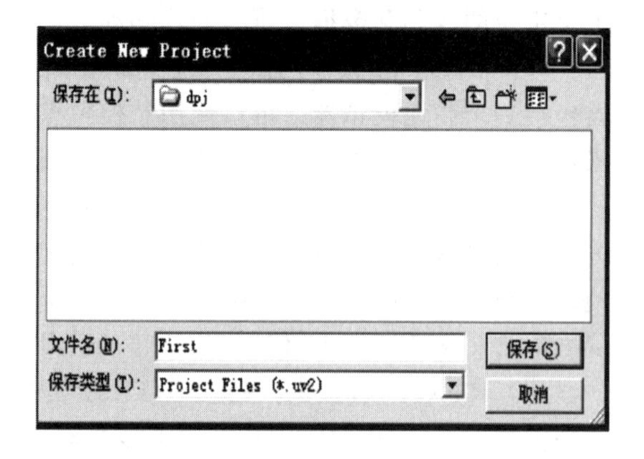

图 1.19　新建工程项目对话框

(3) 在工程建立完毕后，μVision2 会弹出如图 1.20 所示的器件选择对话框。器件选择的目的是为 μVision2 指明所使用的 80C51 芯片是哪一家公司的哪一种型号。因为不同型号的 51 芯片内部资源是不同的，μVision2 可以选择进行 SFR 的预定义，在软硬件仿真中提供易于操作的外设浮动窗口等。

由图 1.20 可见，μVision2 支持的所有 CPU 器件的型号根据生产厂家形成器件组，用户可以根据需要选择相应的器件组及相应的器件型号，如 Philips 器件组内的 P89C660 CPU。另外，如果在选择完目标器件后想重新改变目标器件，可单击菜单栏 Project 选项，在弹出的如图 1.21 所示的下拉菜单中选择"Select Device for Target 'Target1'"命令，也可出现如图 1.20 所示的对话框，然后重新加以选择。由于不同厂家的许多型号性能相同或相近，因此如果用户的目标器件型号在 μVision2 中找不到，可以选择其他公司的相近的型号。

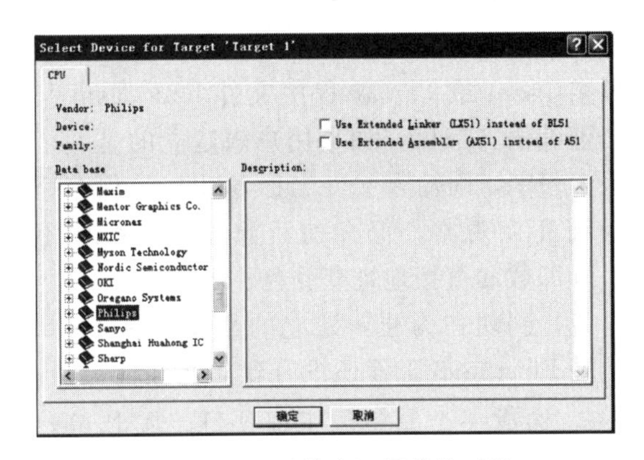

图 1.20 选择单片机器件的型号

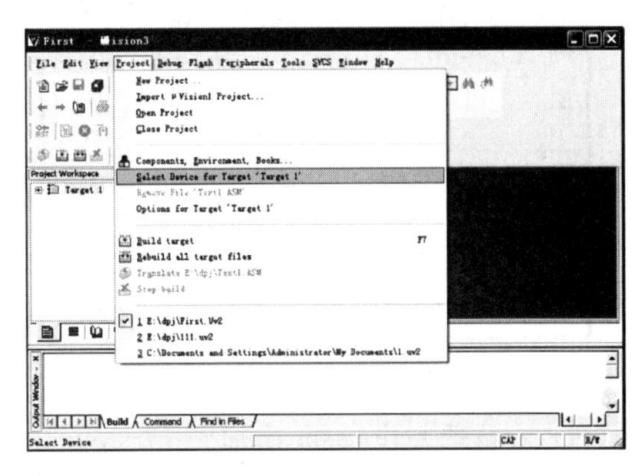

图 1.21 器件选择命令下拉菜单

（4）至此，用户已经建立了一个空白的工程项目文件，并为工程选择好了目标器件。但是这个工程里没有任何文件，程序文件的添加必须人工进行。如果程序文件在添加前还没有创立，则必须首先建立它。单击菜单栏的 File 选项，在弹出的如图 1.22 所示的下拉菜单中选择“New”命令，这时在文件窗口会出现如图 1.23 所示的新文件窗口 Text1。如果多次执行“New”命令，则会出现 Text2、Text3 等多个新文件窗口。

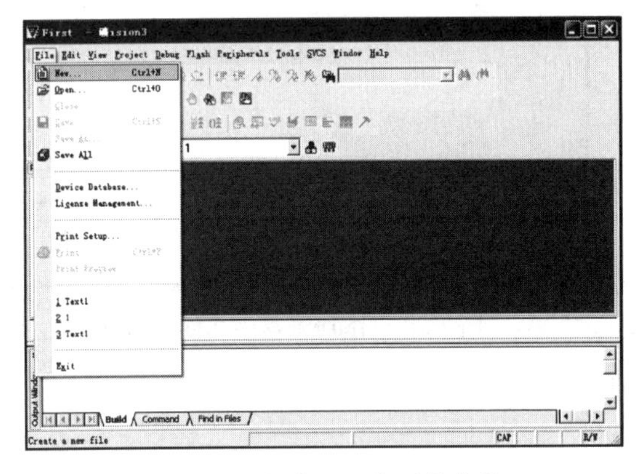

图 1.22 新建源程序下拉菜单

图 1.23 源程序编辑窗口

（5）现在，First. uv2 项目中有了一个名为 Text1 的新文件框架，在这个源程序编辑框内输入自己的源程序 hello. asm。在 μVision2 中，文件的编辑方法同其他文本编辑器是一样的，可以执行输入、删除、选择、复制和粘贴等基本文字处理命令。μVision2 不完全支持汉字的输入和编辑，因此如果需要编辑汉字，最好使用外部的文本编辑器来编辑，编辑完毕后保存到硬件或 U 盘中（例如，采用包括 Word 等其他编辑软件来编辑源文件，然后复制到 Keil C51 文件窗口中，使 Word 文档变为 TXT 文档，这种方法最好，可方便输入中文注释）。μVision2 中有文件变化感知功能，提示用户外部编辑器改变了该文件，是否需要将 μVision2 中的该文件刷新。如果选择“Yes”命令按钮，就可以看到 μVision2 中的文件将被刷新。

（6）输入完毕后单击菜单栏的 File 选项，在弹出的下拉菜单中选择“Save”命令存盘源程序文件，这时会弹出如图 1.24 所示的存盘程序画面。在文件名栏内输入源程序的文件名，在此示范中把 Text1 保存成 hello. asm。注意：由于 Keil C51 支持汇编和 C 语言，且

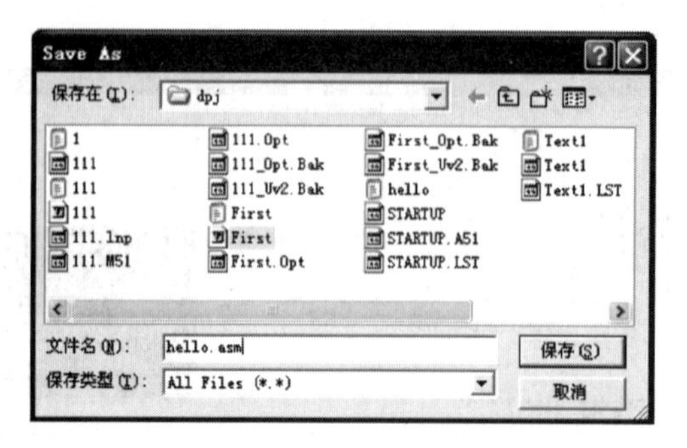

图 1.24　源程序文件保存对话框

μVision2 要根据后缀判断文件的类型来自动进行处理，因此存盘时需注意输入的文件名应带扩展名 .asm 或 .c。源程序文件 hello.asm 是一个汇编语言程序，如果用户想建立的是一个 C 语言程序，则输入文件名称 hello.c。保存完毕后请注意观察，保存前后源程序有哪些不同？立即数和直接地址变颜色了吗？

（7）到现在为止，建立的程序文件 hello.asm 同 First.uv2 工程还没有建立起任何关系。此时，应该把 hello.asm 添加到 First.uv2 工程中，构成一个完整的工程项目。在 Project Windows 窗口内，选中 Source Group1 后右击，在弹出的如图 1.25 所示的快捷菜单中选择"Add Files to Group 'Source Group1'"命令，此时会出现如图 1.26 所示的添加源程序文件对话框；选择刚才编辑的源程序文件 hello.asm，单击"Add"命令即可把源程序文件添加到项目中。

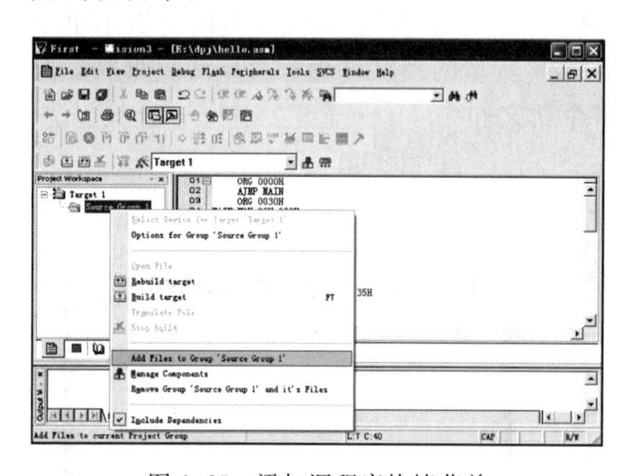

图 1.25　添加源程序快捷菜单

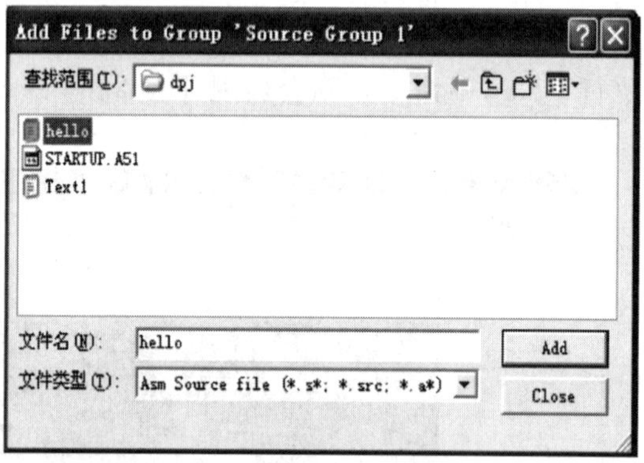

图 1.26　添加源程序文件对话框

下面为hello.asm 源程序文件：

```
        ORG 0000H
        AJMP MAIN
        ORG 0030H
MAIN:   MOV 30H,#90H
        ACALL CHB
        MOV 30H,A
        SJMP $
CHB:    MOV A,30H
        MOV DPTR,#TAB
        MOVC A,@A+DPTR
        RET
TAB:    DB 30H,31H,32H,33H,34H,35H
        DB 36H,37H,38H,39H
        END
```

1.2.4 程序文件的编译、链接及调试方法与技巧

1. 编译、链接环境设置

μVision2 调试器可以测试用 C51 编译器和 A51 宏汇编器开发的应用程序。μVision2 调试器有两种工作模式。可以通过单击菜单栏 Project 选项，在弹出的如图 1.27 所示的下拉菜单中选择“Options for Target‘Target1’”命令为目标设置工具项，这时会出现如图 1.28 所示的调试环境设置界面，选择 Output 选项会出现如图 1.29 所示的输出形式选择窗口。

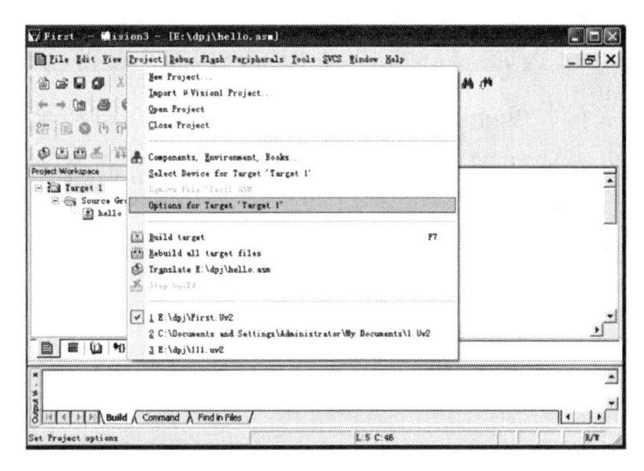

图 1.27 调试环境下设置命令下拉菜单

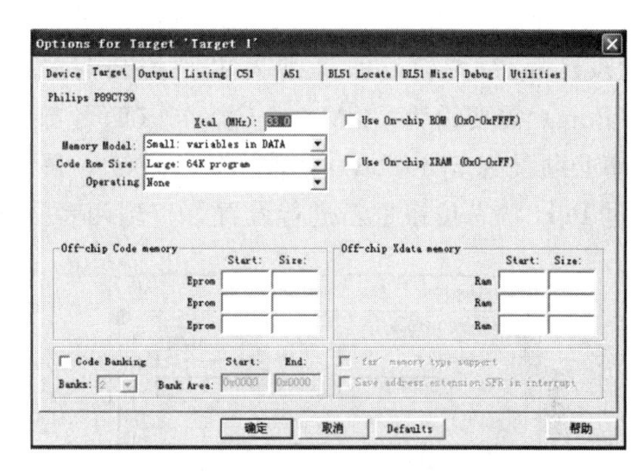

图 1.28 Keil C51 调试环境设置窗口

在图 1.29 中，选中“Create HEX Fi:”这一项，才能生成目标文件；Name of Executable 右边方框里是目标文件名，默认的扩展名是 .hex，一般与源程序文件名相同；通过“Select Folder for Objects”可选择目标文件所存放的路径，一般也应与源程序文件相同。

若选择图 1.28 所示调试环境设置界面中 Debug 选项，这时会出现如图 1.30 所示的工作模式选择窗口。

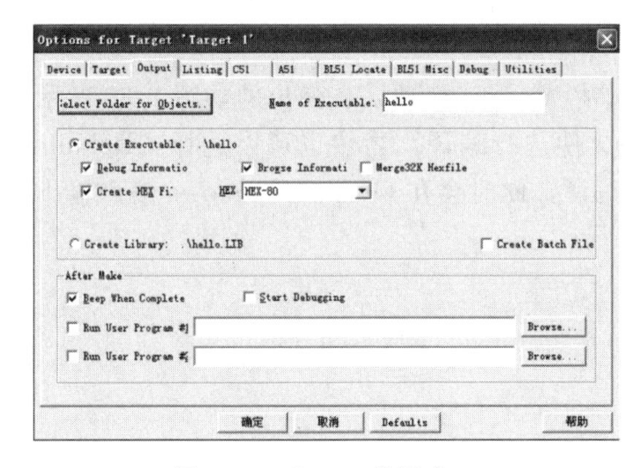

图 1.29 Output 设置窗口

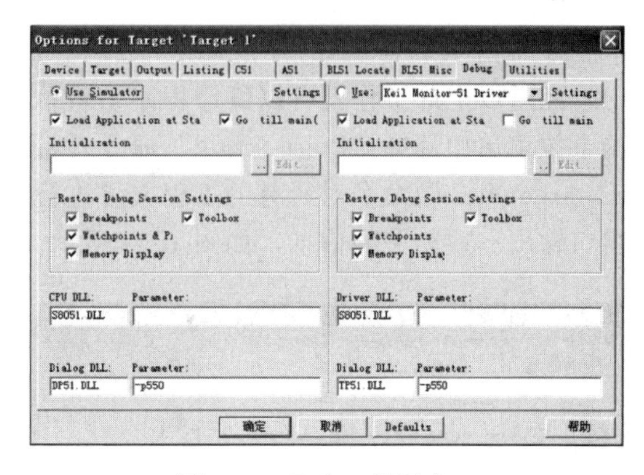

图 1.30 Debug 设置窗口

由图 1.30 可见，两种工作模式分别为 Use Simulator（软件模拟）和 Use（硬件仿真）。其中：

(1) Use Simulator 选项是将调试器设置成软件模拟仿真模式，在此模式下不需要实际的目标硬件就可以模拟 80C51 微控制器的很多功能，在准备硬件之前，就可以测试用户的应用程序，这是很有用的。由于本节只需要调试程序，因此应选择软件模拟仿真。在图 1.30 中相应

栏内选择选项，单击“确定”按钮加以确认，此时调试器即配置为软件模拟仿真。

(2) Use 选项有高级 GDI 驱动（ICES、TSK 等仿真器）和 Monitor－51 驱动（适用于如 TD－PITE 实验箱仿真实验仪的用户目标系统）两种方式。运用此功能，用户可以把 Keil C51 嵌入自己的系统中，从而实现在目标硬件上调试程序。若要选择硬件仿真，则就选择“Use”选项，并在该栏后的驱动方式选择框内选择这时的驱动程序库。

注意：使用 TD－PITE 实验箱时，应选择 Keil Monitor－51 Driver（Monitor－51 驱动）。

需要特别说明的是，TD－PITE 实验箱的 USB 口与 PC 机 USB 连接时（图 1.9），需要进行通信的串行接口号选择和波特率设置。按下“Keil Monitor－51Driver”右边“Settings”按钮，即可进入串行接口号选择和波特率设置状态，如图 1.31 所示。接口（Port）需要设为 COM4 或 COM5（两者都尝试一下，可能其中一个为正确选择），而波特率必须设为 57600bit/s。若设置不成功，屏幕上会出现如图 1.32 所示的信息，此时需要通过 Port 状态按钮重新进行设置，直到两者成功连接为止。

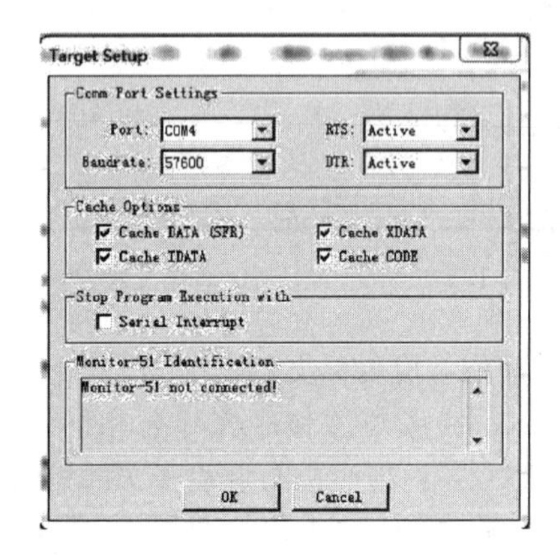

图 1.31　TD－PITE 与 PC 机的接口选择和波特率设置

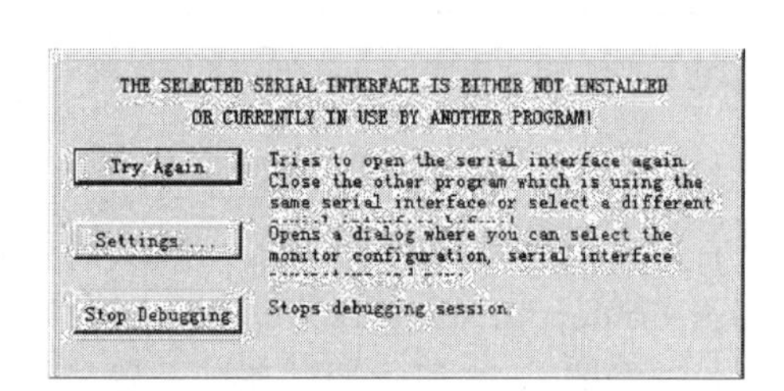

图 1.32　TD－PITE 与 PC 机通信连接不成功状态

2. 程序的编译、链接

经过以上的工作就可以编译程序了。单击菜单栏 Project 选项，在弹出的如图 1.33 所示的下拉菜单中选择“Built target”命令对源程序文件进行编译，当然也可以选择“Rebuild all target files”命令对所有的工程文件进行重新编译，此时会在 Output Windows 信息输出窗口输出一些相关的信息，如图 1.34 所示。

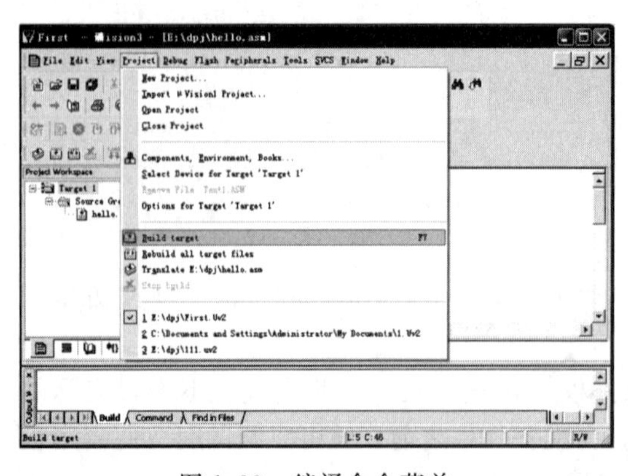

图 1.33　编译命令菜单

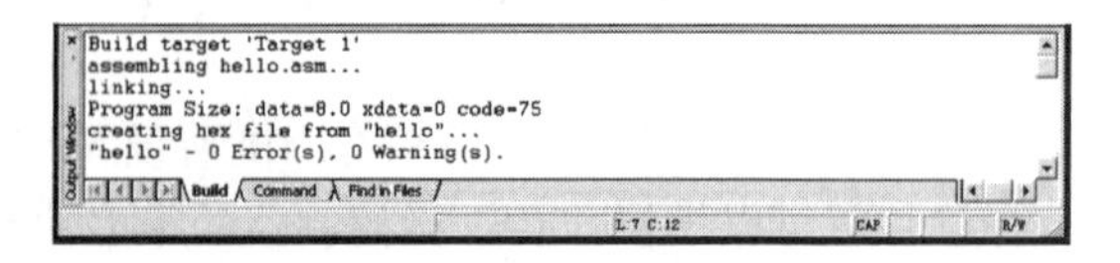

图 1.34　输出提示信息

其中，第 2 行 assembling hello. asm... 表示此时正在编译源程序 hello. asm；第 3 行 linking... 表示此时正在链接工程项文件；第 5 行 creating hex file from “hello”... 说明已生成目标文件；最后一行说明项目在编译过程中不存在错误和警告，编译链接成功。

若在编译过程中出现错误，系统会给出错误所在的行和该错误提示信息。用户应根据这些提示信息，更正程序中出现的错误，然后存盘后重新编译直至完全正确。

3. 调试方法

通过上面的学习，对软件有了一些基本的了解，掌握了在集成开发环境下用户工程的创建、源程序的编辑及项目文件的编译、链接等基本技能和使用方法。

为了帮助用户分析和调试程序，集成开发环境提供了许多观察窗口和调试命令。应该注意：这些窗口和命令只有在调试时才是可见的和有效的。

（1）观察窗口。

1）变量观察窗口。变量观察窗口如图 1.35 所示。可以在调试状态下单击主窗口中的 View 菜单栏选项，在弹出的下拉菜单中选择“Watch&Call Stack Window”选项即可打开或关闭该窗口（若原先没有打开该窗口，执行该命令就可以打开该窗口；若原先已经打开了该窗口，执行该命令将关闭该窗口）。

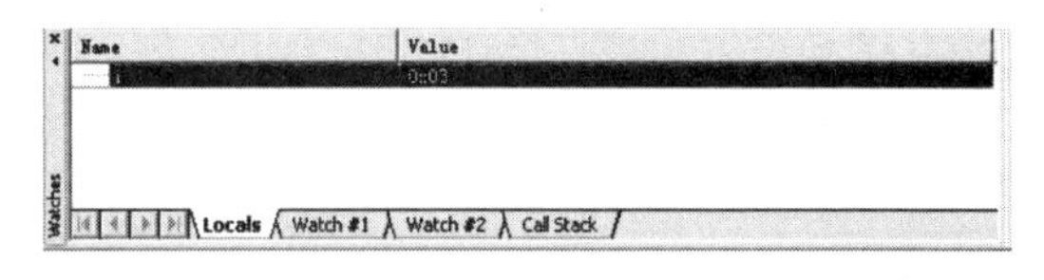

图 1.35　变量观察窗口

此窗口又包括 4 个小窗口（分 4 页显示），分别是 Locals、Watch＃1、Watch＃2 和 Call Stack。可以在 Locals 窗口中观察到相应局部变量的值（应注意：该变量只有在其有效区间才会自动出现），也可以在 Watch＃1、Watch＃2 观察窗口中输入被调试的变量名，系统会自动在 Value 栏内显示该变量的值，而 Call Stack 观察窗口主要给出了一些调用子程序时的基本信息。

2）存储器观察窗口。存储器观察窗口如图 1.36 所示。可以在调试状态下单击主窗口中的 View 菜单栏选项，在弹出的下拉菜单中选择“Memory Window”选项即可打开或关闭该窗口。此窗口也同样包括 4 个小窗口，分别是 Memory＃1～Memory＃4，通过这些窗口可以观察不同存储区（data：可直接寻址的片内数据存储区，xdata：外部数据存储区，idata：间接寻址的片内数据存储区，bdata：可位寻址的片内数据存储区，code：程序存储区）不同单元的值。可以在存储区观察窗口的 Address 栏内输入相应的命令来观察不同的存储单元，例如，输入“d：ox30”，则系统会给出从 30H 单元开始的、可立即寻址的内部数据存储器及其相应的值。当然也可以输入“x：oxXXXX、i：oxXXXX”等其他命令。

3）反汇编观察窗口。反汇编观察窗口如图 1.37 所示。可以在调试状态下单击主窗口中的 View 菜单栏选项，在弹出的下拉菜单中选择“Disassembly Window”选项即可打开或关闭该窗口。通过该窗口可以看出每条 C 程序语句的汇编代码。这对于分析一些 C 程序是很有帮助的。

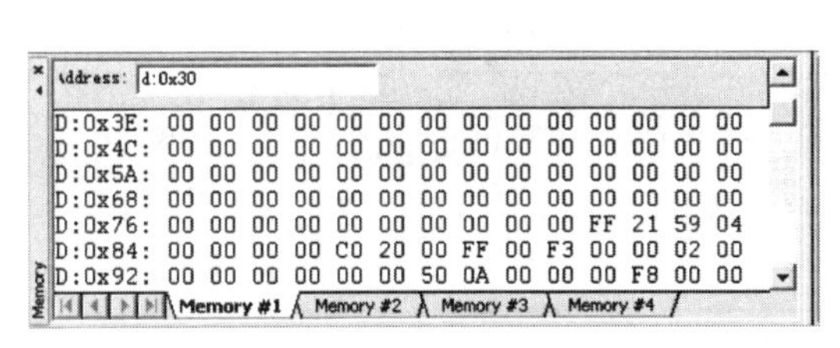

图 1.36　存储器观察窗口

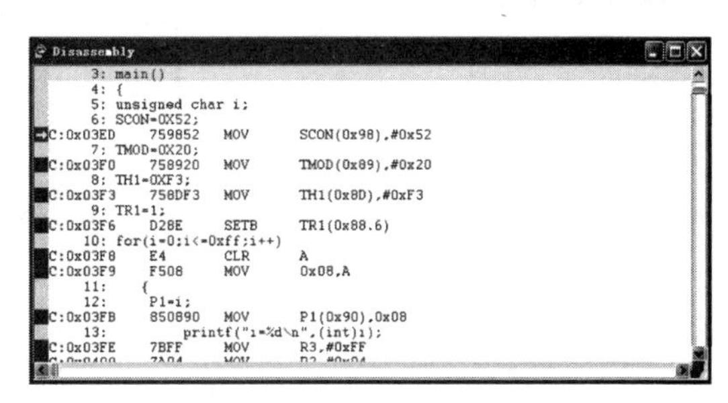

图 1.37　反汇编观察窗口

4）串口调试观察窗口。串口调试观察窗口如图1.38所示。可以在调试状态下单击主窗口中的View菜单栏选项，在弹出的下拉菜单中选择“Serial Window＃1”或“Serial Window＃2”选项即可打开或关闭该窗口。该窗口提供了一个调试串口的界面，串口发送或接收的数据都可以在该窗口输出或输入。例如，一个实例中的“Print（“I am 80C51 \n”）;”语句就是通过串口输出一个字符串“I am 80C51”，当然也可以在此观察窗口中看到输出的结果。

5）寄存器观察窗口。寄存器观察窗口如图1.39所示。可以在调试状态下单击主窗口中的View菜单栏选项，在弹出的下拉菜单中选择“Project Window”选项即可打开或关闭该窗口。在该窗口下有3个小窗口，分别是项目结构窗口、特殊功能寄存器窗口和在线帮助窗口。其中寄存器窗口又包括两组：通用寄存器组Regs和系统特殊寄存器组Sys。通用寄存器组包括r0～r7共8个寄存器，而系统特殊寄存器组包括寄存器a、b、sp、PC、dptr、psw和sec（能够观察每条指令执行时间）等共10个寄存器。这些寄存器是程序中经常使用的和控制程序运行中至关重要的。通过观察这些寄存器的变化将更加有利于用户分析程序。

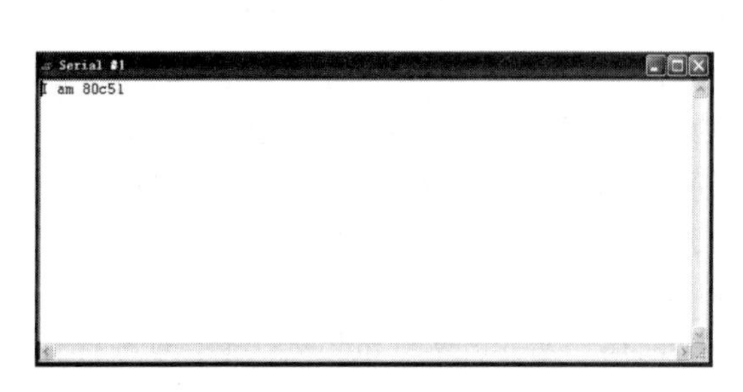

图1.38　串口调试观察窗口

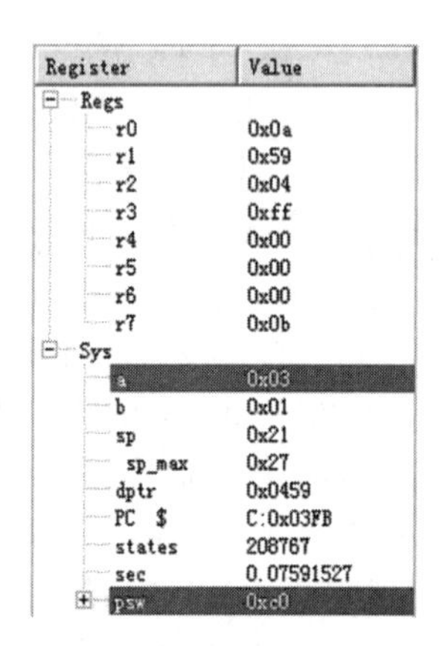

图1.39　寄存器观察窗口

6）外围设备观察窗口。外围设备观察窗口通常包括中断系统观察窗口、I/O观察窗口、串口属性观察窗口和定时器/计数器观察窗口4个基本组成部分，如图1.40～图1.43所示。若选择的目标芯片不同（尤其是选择了一些增强型的单片机），该窗口或许有所不同。若选择P89C660单片机，则在此栏中会多出I²C串行总线观察窗口选项。这些外围设备观察窗口可以在调试状态下单击主窗口的Peripherals菜单栏选项，在弹出的下拉菜单中选择相应的选项即可打开或关闭该窗口。

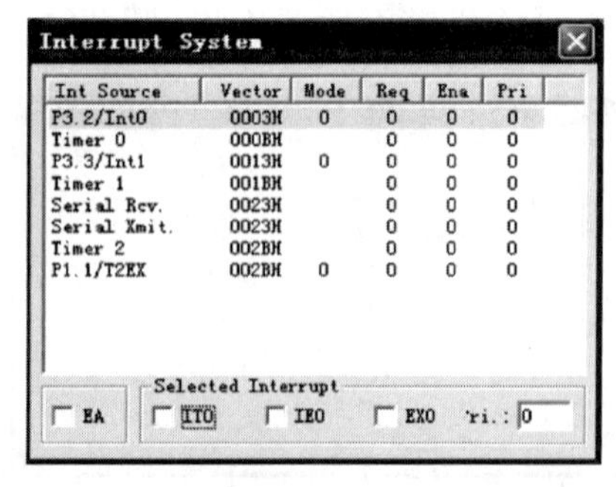

图1.40　中断系统观察窗口

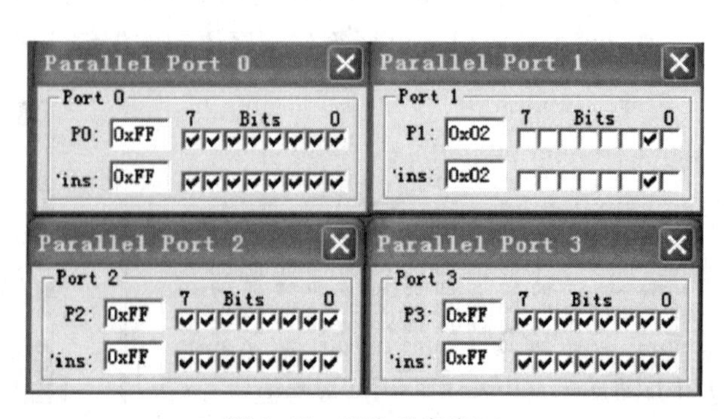

图1.41　I/O观察窗口

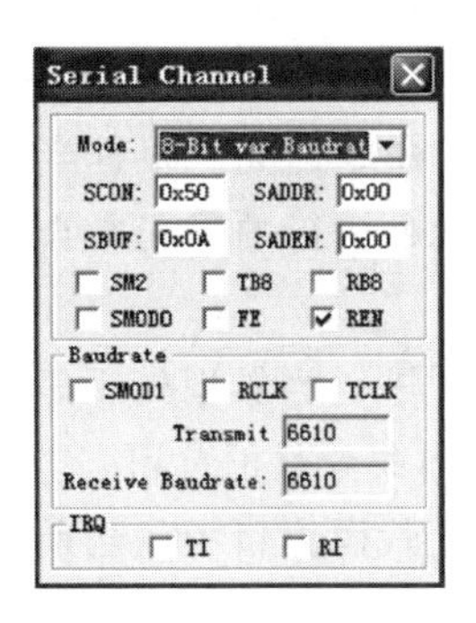

图 1.42 串口属性观察窗口

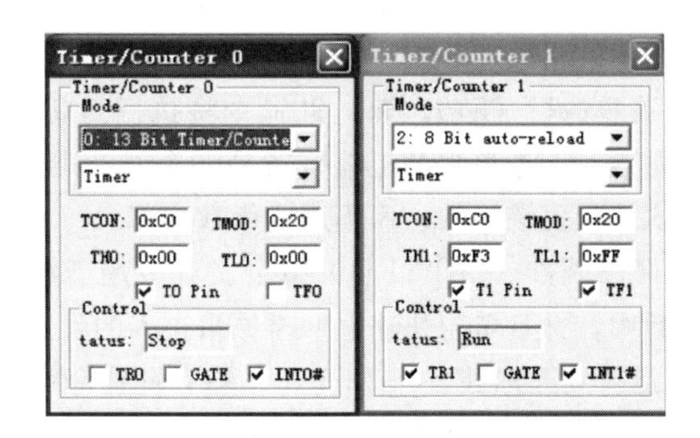

图 1.43 定时器/计数器观察窗口

（2）调试命令。在 Keil C51 环境下有两种方法执行所有 Keil 提供的调试命令。在调试环境下，执行调试命令的具体方法如下：

方法 1：在 Keil C51 集成开发环境下的主界面下，单击菜单栏的选项，在弹出的如图 1.44 所示的下拉菜单中选择相应的调试命令即可执行该命令。

方法 2：在 Keil C51 集成开发环境下的主界面下，单击如图 1.45 所示的快捷命令图标，也可以执行相应的调试命令。当然，对于一些特殊的调试命令，还可以利用快捷键来完成，如全速运行程序 Go 命令的快捷键是 F5。

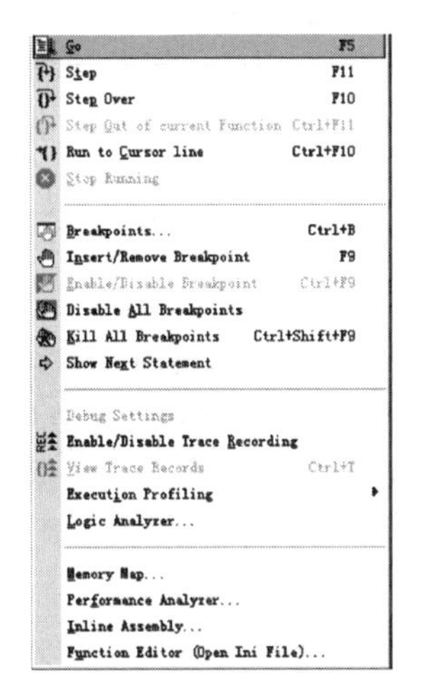

图 1.44 调试菜单命令

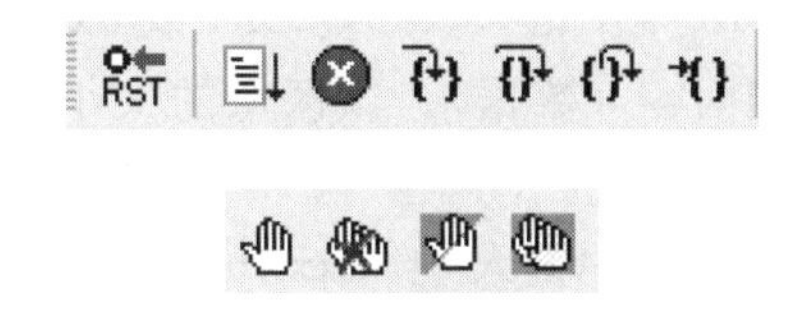

图 1.45 快捷命令图标

1）运行程序调试命令。运行程序调试命令为用户提供了一种运行程序的方法，用户可以通过相应的命令来实现全速、单步等多种方法运行程序。常见的运行程序调试命令有以下几种：

① 全速运行（F5）：执行此命令将全速运行用户的应用程序。通常此命令在软件模拟仿真时单独使用是没有意义的，但它和断点一起则能达到较好的效果。若在程序的关键处设置了断点，执行此命令后程序将运行到该断点处，且 PC 指针指向该程序行并等待其他命令。

② 单步跟踪（F11）：此命令可精确控制程序的执行，此命令将执行当前光标所指向

的命令语句。根据当前显示模式，它可以是一个单独的汇编行或是一个 C 命令。如果这个命令执行的是函数调用，则会调到子程序或 C 函数中，用户可以看到该程序所包含的代码。

③ 单步执行（F10）：此命令将执行当前光标所指向的命令语句。根据当前显示模式，它可以是一个单独的汇编行或是一个 C 命令。如果这个命令执行的是函数调用，该命令将一次执行完该函数，而不进入函数内部。

④ 跳出函数（Ctrl+F11）：此命令用于跳出当前的子程序。当发现处于一个不感兴趣的函数中，并且希望快速返回至原来进入的程序时，这个跳出命令就很有用。

⑤ 运行到光标处（Ctrl+F10）：此命令可使程序执行到代码窗口中的当前光标位置处。这相当于把光标所在行作为一个临时的断点。

⑥ 复位：复位命令将程序计数器置 0。用户在使用时应注意：由于 8051 的外部设备和 SFR 没有进入复位状态，因此这个复位命令并不等同于 CPU 的硬件复位。

⑦ 停止运行：停止按钮可以在一个不确定的位置中断和停止正在运行的程序。

另外，表示在当前行设置/清除断点，表示清除程序中的所有断点，表示使能/禁止当前行的断点，表示禁止程序中的所有断点。表 1.8 列出了常用的调试菜单和调试命令（Debug）。

2）存储区观察命令。通过输入观察命令，可以观察到不同存储区不同单元的数据。常见的存储区（存储器编辑窗口可用 Adress 调出）观察命令有下面几种：

① 在 Adress 中键入 d：xxH 或 0xXX。执行此命令能观察到可直接访问的内部数据存储器（片内 RAM）的内容（数据）和特殊功能寄存器（SFR）。其中 d 是命令字，表示观察的区域，而 0xXX 是一个十六进制的参数，表示观察区域的起始地址。注意：由于 80C51 单片机的片内 RAM 存储空间是 128B，因此 0xXX 的有效值为 0x00～0x7f（其中 0x20～0x2f 是可位寻址的内部数据存储器 bdata 区，共 16B），而特殊功能寄存器（SFR）的有效值为 0x80～0xff。

② 在 Adress 中键入 i：xxH 或 0xXX。执行此命令能观察间接访问的内部数据存储器（片内 RAM）的内容（数据）。由于该区域的大小为 256B，因此 0xXX 的有效范围是 0x00～0xff。

③ 在 Adress 中键入 x：xxxxH 或 0xXXXX。执行此命令将观察到外部数据存储器（片外 RAM）的内容（数据）。该区域的大小为 64kB，因此 0xXXXX 的有效范围是 0x0000～0xffff。

④ 在 Adress 中键入 c：xxxxH 或 0xXXXX。执行此命令将观察到程序存储器（ROM）的内容（数据）。该区域的大小为 64kB，因此 0xXXXX 的有效范围是 0x0000～0xffff。

4. 重要提示

（1）指令中的“,:;”是西文字符，切不可使用中文符号；数字“0”与字符“O”不可混淆。

（2）纯软件实验（与单片机接口无关）可以不用硬件连接，以 Use Simulator（软件模拟）模式工作，此时通过软件仿真的方法即可进行运行与调试。

（3）程序的起始地址必须为 0000H。

（4）对程序修改后必须退出汇编链接，进行编译后再重新进行汇编链接才能生效。

（5）调出存储器编辑窗口的方法：操作 View→Memory Window，或单击工具栏中的相应图标。

（6）将鼠标指针放在存储器编辑窗口中的某个数据上单击右键，在弹出的窗口中选择“Modify Memory at...”可以修改其值。如果要修改连续多个单元，可以在数据之间用“,”隔开。

（7）设断点可以用 Debug 中的 Insert/Remove Breakpoint 或单击工具栏中的相应图标快速实现。运行可用 Go。

（8）单步运行可以用 Debug 中的 Step（纯单步）、Step Over（将子程序调用作为一条指令运行）或单击工具栏中的相应图标或快速实现。

（9）在运行过程中如果希望中止当前运行，从头开始，可以单击工具栏中的 RST 图标实现。

5. 调试技巧

（1）多文件的处理。在单片机应用系统开发中，一个项目通常是由多个文件构成的，特别大的系统往往是由多人编程、调试，最后再链接到总的项目中去，这时就会涉及多个文件的处理。在 Keil μVision2 中，如果一个项目包含多个程序文件，只需同时把多个程序文件添加到项目文件中即可。

例如，有一段程序如下：

```
#include <reg51. h>
#include <stdio. h>
Void main()
{
  SCON=0x52;                          // 串行口初始化程序
  TMOD=0x20;
  TH1=0x20;
  TR1=1;
  printf("Hello! I am 80C51\n ");      // 打印程序执行的信息
  while(1);
}
```

可以把这段程序拆分成两个程序：串行口初始化程序 serial _ init. c 和输出程序 output. c。

串行口初始化程序 serial _ init. c：

```
#include <reg51. h>
void serial_initial(void)
{
  SCON=0x52;                          // 串行口初始化程序
  TMOD=0x20;
  TH1=0x20;
  TR1=1;
}
```

输出程序 output. c：

```
#include <stdio. h>
#include <reg51. h>
```

```
extern serial_initial();                    // 说明该函数已在其他文件中声明
void main()
{
  serial_initial();                         // 串行口初始化函数
  printf("Hello! I am 80C51\n ");           // 打印程序执行的信息
  while(1);
}
```

现在，创建一个新项目，过程如下：

1）创建项目，项目文件名为 newfile。

2）选择所用的单片机，这里选用 Philips 公司的 P89C660。

3）添加文件，将已经编制好的串行口初始化程序 serial _ init. c 和输出程序 output. c 添加到项目中，完成后，屏幕如图 1.46 所示。

4）编译链接，形成目标文件。

5）运行、调试，观察结果如图 1.47 所示。

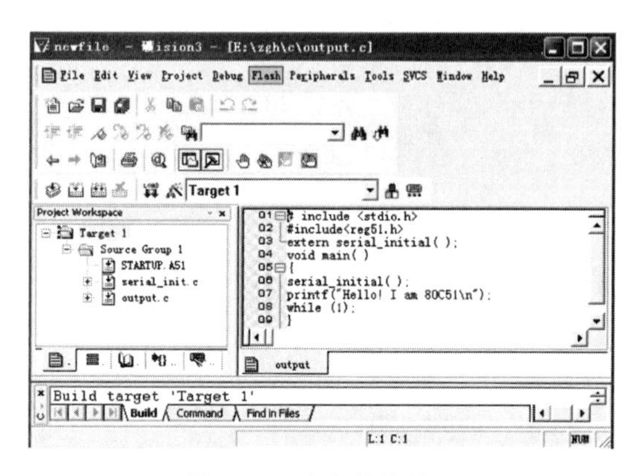

图 1.46　多文件的处理

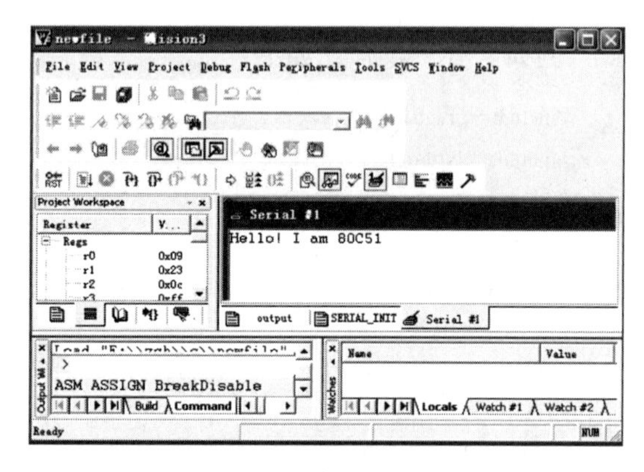

图 1.47　程序执行的结果

（2）并行口的使用。并行口可以用来输入和输出信息，在 Keil μVision2 中，可以仿真并行口的输入和输出。下面的程序是实现将变量 j 的循环增一通过 P1 口输出，再将 P1 口的数据通过 P2 口输出：

```
#include <reg52.h>
#include <stdio.h>
extern serial_initial();
void main()
{
  unsigned char j;
  serial_initial();
  for(j=0;j<=0xff,j++)
   {
     P1=j;
     P2=P1;
   }
}
```

调试上述程序的屏幕如图 1.48 所示。

当项目文件建立后，输入程序文件，编译、链接项目，进行启动调试，用外围设备菜单（Peripherals）的 I/O－Ports 命令打开 P1 和 P2。然后单步执行程序，每执行一个循环，变量 j 的值加 1，可以在变量观察窗口（Watch&Call Stack Window）观察变量 j 的变化情况，同时可见，P1 随变量 j 而变化，P2 随 P1 变化。

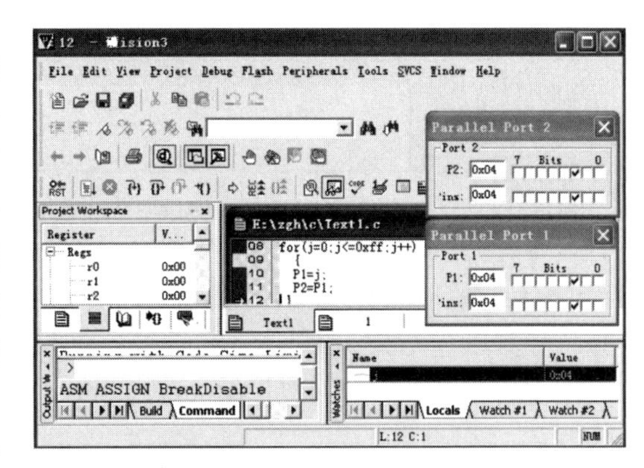

图 1.48　并行口的调试屏幕

（3）外部中断的使用。单片机有两个外部中断源，中断请求每提出一次，则中断一次。下面的程序表示当外部中断 $\overline{\text{INT0}}$ 中断一次则显示提示信息一次：

```
#include <reg51.h>
#include <stdio.h>
extern serial_initial();
main()
{
   serial_initial();
   EA=1;
   EX0=1;
   while(1);
}
void int0_int(void)interrupt 0
{
  printf("Hello! I am INT0 \n ");
}
```

程序执行后，打开 Serial ＃1 窗口，用外围设备菜单（Peripherals）的 I/O－Ports 命令打开 P3 窗口，用鼠标改变 $\overline{\text{INT0}}$（P3.2），每改变两次则中断一次，Serial ＃1 窗口的屏幕输出“Hello! I am INT0”字符串一次。

对于外部中断 $\overline{\text{INT1}}$ 的使用方法与 $\overline{\text{INT0}}$ 一样，只是外部中断 $\overline{\text{INT1}}$ 所对应的口线为 P3.3，对应的中断向量是 2。

（4）定时器/计数器的使用。定时器/计数器工作于定时方式时，对系统时钟计数，定时到后触发定时器/计数器中断；对外部脉冲 T0（P3.4）和 T1（P3.5）计数时，实现计数功能。

下面用 T0 作计数器，程序清单如下：

```
#include <reg51.h>
#include <stdio.h>
extern serial_initial();
main()
{
   serial_initial();
```

```
    TMOD=0x06;
    TH0=TL0=0xff;
    EA=1;
    ET0=1;
    TR0=1;
    while(1);
}
void count0_int(void)interrupt 1
{
  printf("Hello! I am T0 \n ");
}
```

程序执行后，打开 Serial ＃1 窗口，用外围设备菜单（Peripherals）的 I/O－Ports 命令打开 P3 窗口，用鼠标改变 T0（P3.4），每改变两次则中断一次，Serial ＃1 窗口的屏幕输出“Hello! I am T0”字符串一次。

（5）串行口的使用。通过串行口可以接收和发送信息，在 Keil μVision2 中，当进行启动调试后，可以通过外围设备菜单（Peripherals）的 I/O－Ports 命令打开串行口窗口，看到串行口相应的情况。

下面的程序可以实现把 P1 口接收的数据通过串行口发送出去，再从串行口接收进来。

```
#include <reg51.h>
#include <stdio.h>
extern serial_initial();
main()
{
    unsigned char i,j;
    serial_initial();
    P1=0xff;
    while(1);
    {
      i=P1;
      SBUF=P1;
      while(! TI);
      j=SBUF;
    }
}
```

程序执行后，打开 Serial ＃1 窗口，用外围设备菜单（Peripherals）的 I/O－Ports 命令打开 P1 窗口，用 Serial 命令打开串行窗口，改变 P1 的输入一次，可以在下面的变量窗口中看见 i 变量的相应值，通过串行窗口可以看见串行口的数据缓冲区中相应的值，但变量 j 不可见，因为这里只是软件仿真，串行口的发送数据线 TXD 和接收数据线 RXD 不能连接在一起。

1.3　仿真调试与脱机运行间的切换方法

SST 公司独创的 IAP 技术将单片机内部的程序存储器进行分块，巧妙地将系统程序与用户应用程序分别放置在不同的存储块中，以实现单片机的仿真调试或脱机运行。如果单片机内部的系统程序为 SoftICE，那么可以与 Keil C51 软件联机进行仿真调试；如果系统程序为启动加载程序，可以代替编程器，下载用户目标代码实现脱机运行。改变系统程序便可以进行仿真调试与脱机运行间的切换。SSTEasyIAP11F 软件、SoftICE554.hex 文件和 Convert _ to _ BSLx554.txt 文件用以实现切换。

1.3.1 脱机运行

SST 公司提供的 SST EasyIAP11F 软件，为 SST 单片机的用户提供了通过 IAP 技术把用户应用程序下载到单片机的程序存储器或者从单片机的程序存储器读出用户应用程序的方法。当单片机内部的系统程序为启动加载程序时，用户可以通过 SST EasyIAP11F 软件，将得到的目标代码（*.hex）下载到单片机内部的 Flash 中，系统复位后，单片机便会全速执行用户程序。目标代码下载的具体步骤如下：

（1）运行软件 SST EasyIAP11F，出现如图 1.49 所示操作界面。

（2）单击“DetectChip/RS232”菜单，出现如图 1.50 所示下拉菜单。

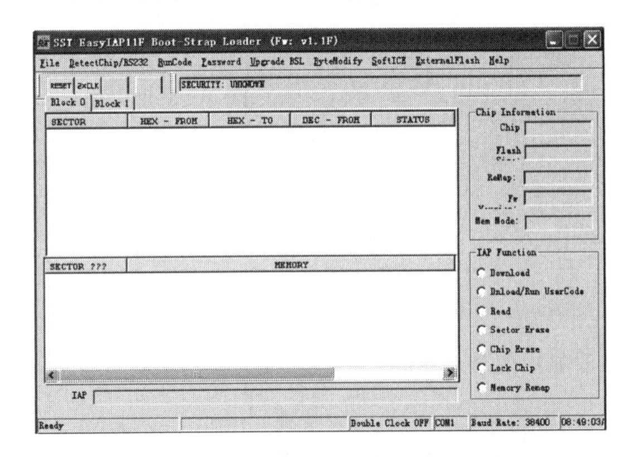

图 1.49 SST EasyIAP11F 软件操作界面

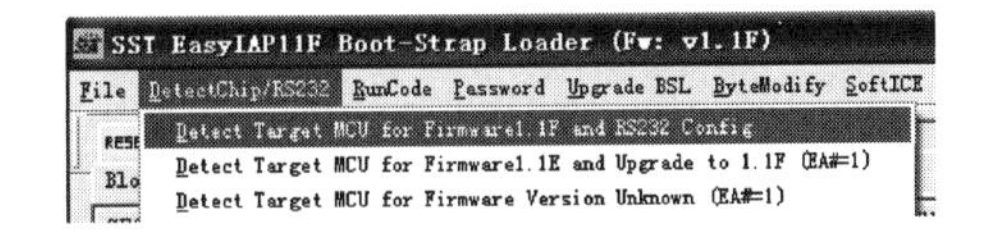

图 1.50 DetectChip/RS232 下拉菜单

（3）单击“Detect Target MCU for Firmware1.1F and RS232 Config”选项，出现如图 1.51 所示的芯片选择和存储器模式窗口。芯片类型选择“SST89E554RC”，存储器模式选择“Internal Memory”，选择完后单击“OK”按钮，则可以看到如图 1.52 所示的 RS232 配置与目标检测窗口。

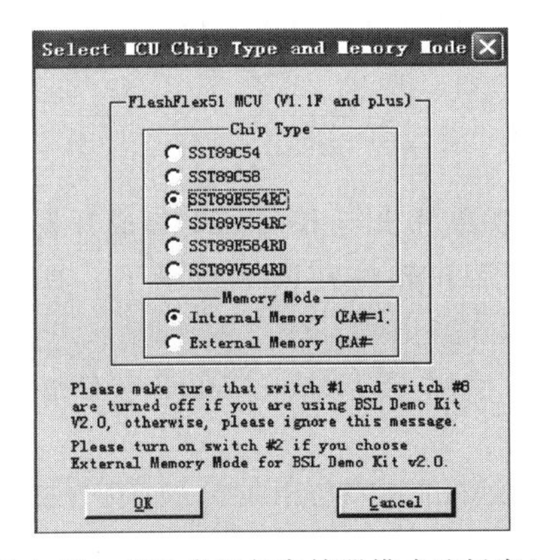

图 1.51 芯片类型与存储器模式选择窗口

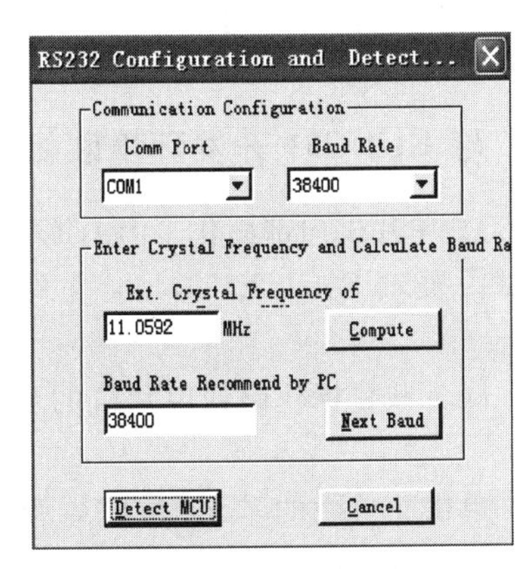

图 1.52 RS232 配置与目标检测窗口

图1.53　提示信息窗

(4) 直接单击“Detect MCU”按钮，便会弹出如图1.53所示的提示信息，告诉用户在单击“确定”按钮后按系统的复位键来复位MCU以检测波特率和芯片。

(5) 检测成功后，可以看到检测后的信息，如图1.54所示。在IAP Function功能框中选择Download，以下载目标代码。随后会弹出密码校验对话框，直接单击“OK”即可。

(6) 弹出的下载对话框如图1.55所示，单击按钮“...”来选择要下载的文件，然后单击“OK”会弹出如图1.56所示的擦除提示信息窗，在写入新数据前会擦除Flash的原有内容，单击“是”来完成下载。下载完成，便可以脱机运行程序。

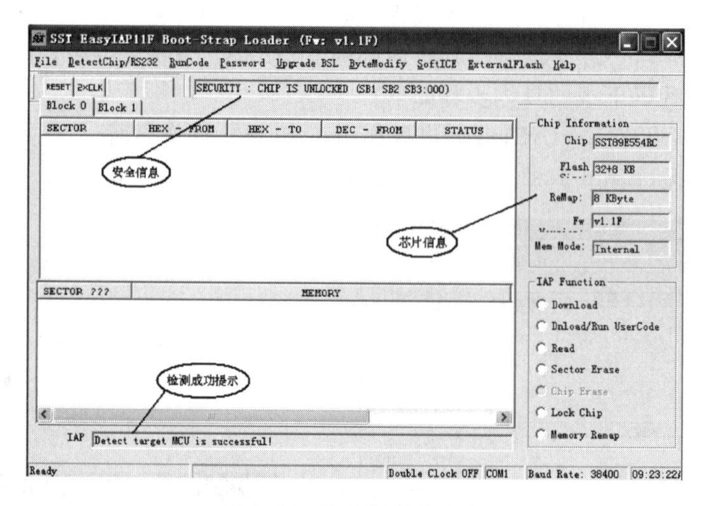

图1.54　检测后显示信息

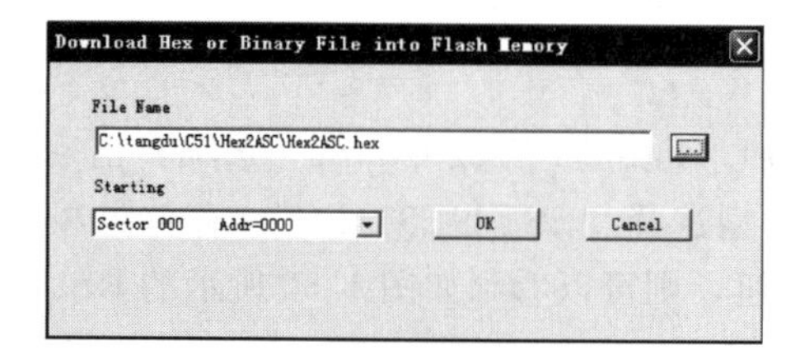

图1.55　下载对话框

图1.56　擦除提示信息窗

1.3.2　与Keil C51开发环境联机调试的方法

在SST单片机内部固化了SoftICE后，便可以实现单片机与Keil C51集成开发环境的联机调试。要求SoftICE554.hex文件与SSTEasyIAP11F软件在同一目录下。具体步骤如下：

(1) 同下载目标代码到单片机的步骤(1)～(5)，使用SSTEasyIAP11F软件必须先检测MCU。

(2) 单击菜单栏的“SoftICE”，弹出下拉菜单“Download SoftICE”，如图1.57所示，然后单击“Download SoftICE”选项以下载SoftICE。

（3）同样会弹出密码校验对话框，直接按“OK”，会弹出如图1.58所示的下载提示信息窗，信息提示这将会删除IAP引导程序。

（4）选择“是”，开始下载SoftICE，下载完成会出现如图1.59所示的完成信息提示。

图1.57 下载SoftICE菜单选项

图1.58 下载提示信息窗

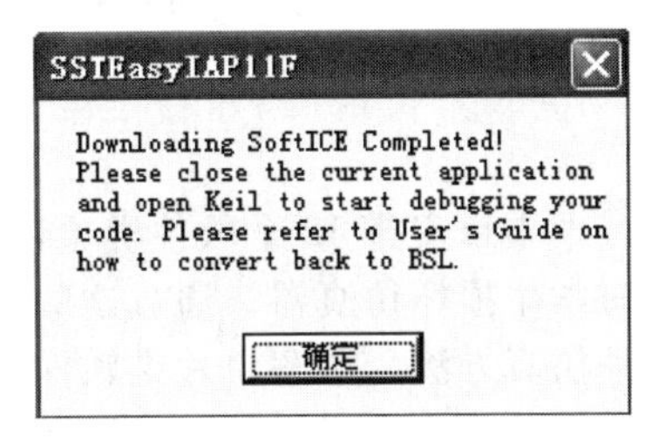

图1.59 下载完成提示

（5）完成SoftICE下载，便可以开始与Keil C51联机调试。

1.3.3 从SoftICE返回IAP引导程序的方法

当用户需要将目标代码*.hex文件下载到单片机脱机运行而系统程序还是SoftICE时，就需要通过Convert_to_BSLx554.txt文件将系统程序从SoftICE切换回IAP引导程序，具体操作步骤如下：

（1）启动Keil C51，进入联机调试状态。

（2）得到Convert_to_BSLx554.txt文件的路径，在输出窗口Command页的命令行内输入“Include C:\Keil\Convert_to_BSLx554.txt”命令后回车，如图1.60所示。

（3）耐心等待（这需要较长的时间），当出现如图1.61所示信息时表示已成功地从SoftICE返回IAP引导程序。

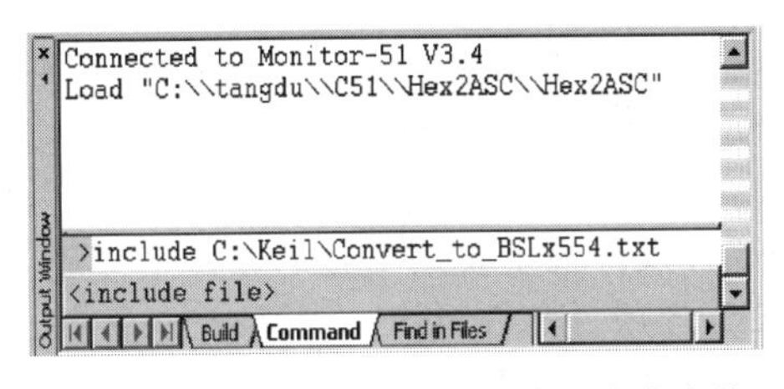

图1.60 从SoftICE返回IAP引导程序命令输入窗

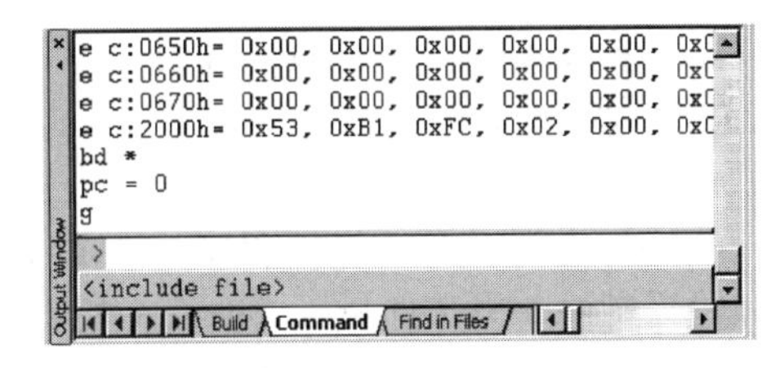

图1.61 从SoftICE成功返回IAP引导程序

（4）可以运行SSTEasyIAP11F软件，检测MCU，以确保IAP引导程序写入成功。然后便可以下载目标代码。

第2章　单片机软件实验

本章安排12个软件实验，全部由软件仿真调试，完全脱离仿真器，避免了做软件实验时学生损坏仿真器。通过这些实验程序的调试，学生应熟悉MCS-51的指令系统，掌握软件仿真方法，了解单片机软件设计过程，掌握汇编语言及Keil C51语言设计方法，以及怎样用软件仿真提供的调试手段来排除软件错误。

单片机产品系统主要由硬件和软件两部分组成。汇编语言是一种与硬件密切相关的语言，针对性、实用性很强，硬件不正确，软件编得再好也等于零。因此，在做软件实验时完全用软件仿真调试，与硬件不打交道。当软件初步掌握后，再做硬件实验，每部分侧重点不同，做到重点突出。在做软件实验时，要求完全掌握编程方法、调试手段。在安排实验时，从简单到复杂、逐步深化。

2.1　系统认识实验

1. 实验目的

(1) 学习Keil C51集成开发环境的操作。

(2) 熟悉TD-51开发板的结构及使用。

2. 实验设备

PC机1台，TD-PITE实验系统+TD-51开发板系统平台。

3. 实验内容

编写实验程序，将00H～0FH共16个数写入单片机内部RAM的30H～3FH空间。

通过本实验，学生需要掌握Keil C51软件的基本操作，便于后面的学习。

4. 实验步骤

(1) 创建Keil C51应用程序。在Keil C51集成开发环境下使用工程的方法来管理文件，所有的源文件、头文件甚至说明性文档都可以放在工程项目文件里统一管理。

下面创建一个新的工程文件Asm1.uv2，以此详细介绍如何创建一个Keil C51应用程序。

1) 运行Keil C51软件，进入Keil C51集成开发环境。

2) 选择菜单栏的Project选项，如图2.1所示，弹出下拉菜单，选择“New Project”命令，建立一个新的μVision2工程。这时会弹出如图2.2所示的工程文件保存对话框，选择工程目录并输入文件名Asm1后，单击“保存”。

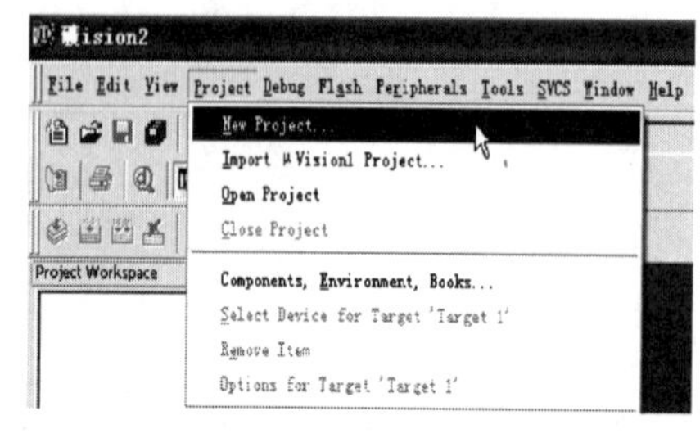

图2.1　工程下拉菜单

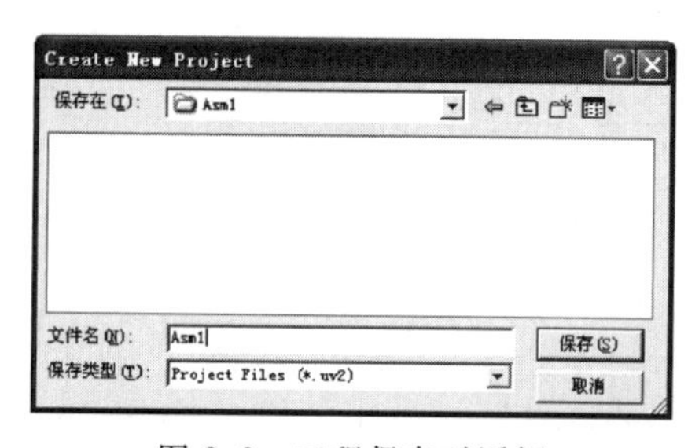

图2.2　工程保存对话框

3）工程建立完毕后，μVision2 会马上弹出如图 2.3 所示的器件选择对话框。器件选择的目的是说明 μVision2 使用的 80C51 芯片是哪一家公司的哪一个型号，不同型号的 51 芯片内部资源是不同的。此时选择 SST 公司的 SST89E554RC。另外，可以选择 Project 下拉菜单中的“Select Device for Target ‘Target 1’”命令来弹出如图 2.3 所示的对话框。

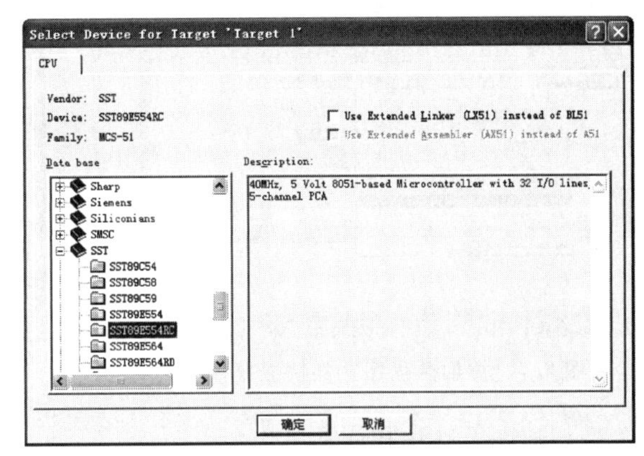

图 2.3 器件选择对话框

4）至此建立好一个空白工程，现在需要人工为工程添加程序文件，如果还没有程序文件，则必须建立它。选择菜单栏的 File 选项，在弹出的下拉菜单中选择“New”目录，如图 2.4 所示，或单击 。此时会在文件窗口出现如图 2.5 所示的新文件窗口 Text1，若多次执行 New 命令，则会出现 Text2、Text3 等多个新文件窗口。

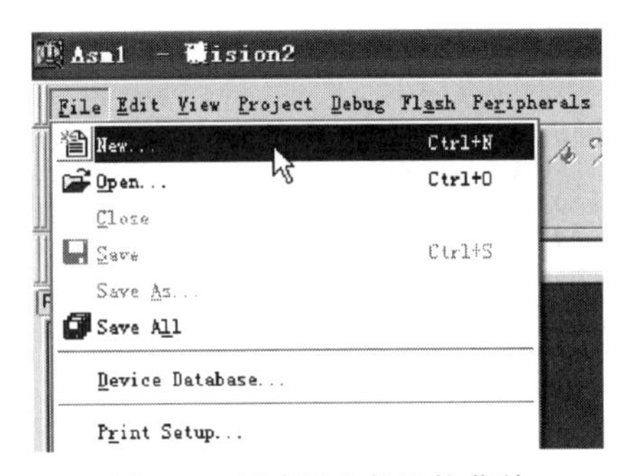

图 2.4 新建源文件下拉菜单

图 2.5 源程序编辑窗口

5）输入程序，完毕后单击“保存”命令保存源程序，如图 2.6 所示，将 Text1 保存成 Asm1.asm。Keil C51 支持汇编和 C 语言，μVision2 会根据文件后缀判断文件的类型，进行自动处理，因此保存时需要输入文件名及扩展名 .asm 或 .c。保存后，文件中字体的颜色会发生一定变化，关键字会变为蓝色。

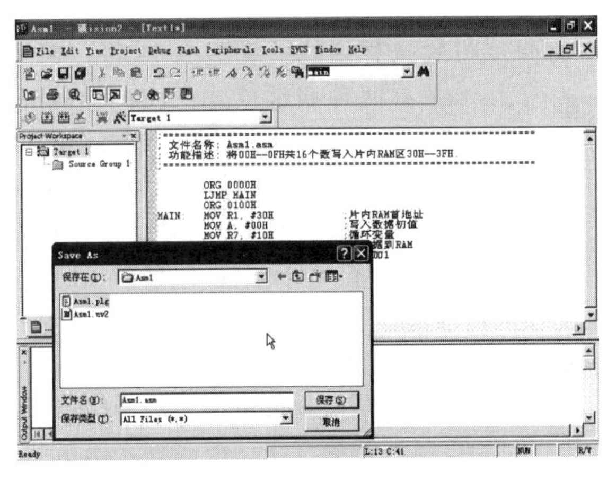

图 2.6 源程序保存对话框

6）程序文件建立后，并没有与 Asm1.uv2 工程建立任何关系。此时，需要将 Asm1.asm 源程序添加到 Asm1.uv2 工程中，构成一个完整的工程项目。在 Project Window 窗口内，选中 Source Group1，单击鼠标右键，会弹出如图 2.7 所示的快捷菜单，选择“Add Files to Group ‘Source Group1’”命令，此时弹出如图 2.8 所示的添加源程序文件对话框，选择文件 Asm1.asm，单击“Add”命令按钮，即可将源程序文件添加到工程中。

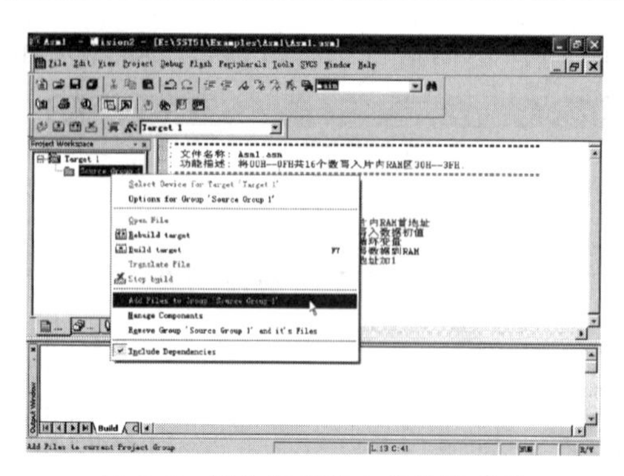

图 2.7　添加源程序文件快捷菜单

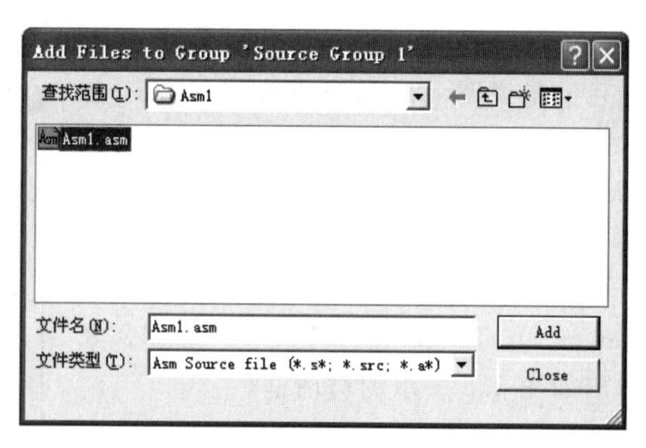

图 2.8　添加源程序文件对话框

(2) 编译、链接程序文件。

1) 设置编译、链接环境，单击命令，会出现如图 2.9 所示的调试环境设置窗口，在这里可以设置目标系统的时钟。单击 Output 标签，会出现如图 2.10 所示的窗口，在打开的选项卡中选中“Create Hex File”选项，在编译时系统将自动生成目标代码 *.hex。

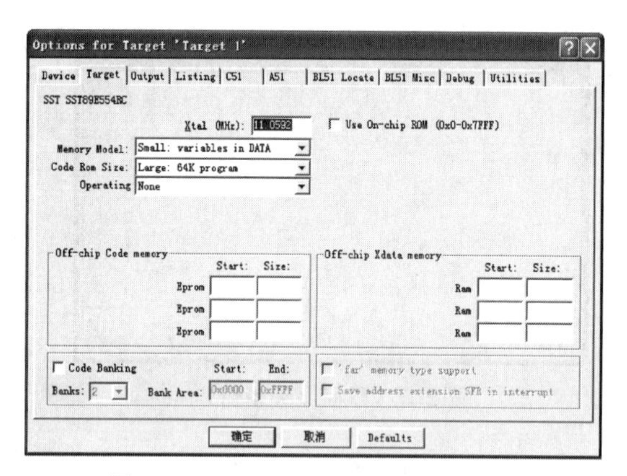

图 2.9　Keil C51 调试环境设置窗口

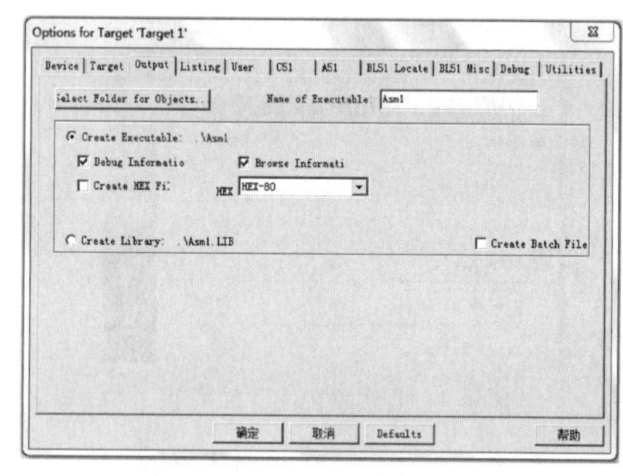

图 2.10　Create Hex File 选项设置窗口

单击 Debug 标签会出现如图 2.11 所示的调试模式选择窗口。从图 2.11 可以看出，μVision2 有两种调试模式：Use Simulator（软件模拟）和 Use（硬件模拟）。这里选择硬件仿真，单击“Settings”可以设置串口。

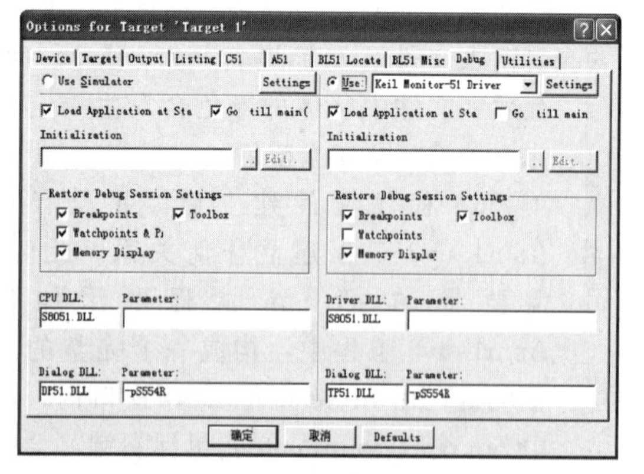

图 2.11　调试模式选择窗口

2) 单击或命令编译、链接程序，此时会在 Output Window 信息输出窗口输出相关信息，如图 2.12 所示。

(3) 调试仿真程序。

1) 打开系统板的电源，给系统复位后单击调试命令（注：每次进入调试状态前确保系统复位正常），将程序下载到单片机的 Flash 中，此时出现如图 2.13 所示的调试界面。

2) 单击命令，可以打开存储器观察窗口，在存储器观察窗口的“Address:”栏中输入 D：30H（或 0x30）则显示片内 RAM30H 后的内容，如图 2.13 所示。如果输入“C:”表示显示代码存储器的内容，“I:”表示显示内部间接寻址 RAM 的内容，“X:”表示显示外部数据存储器中的内容。

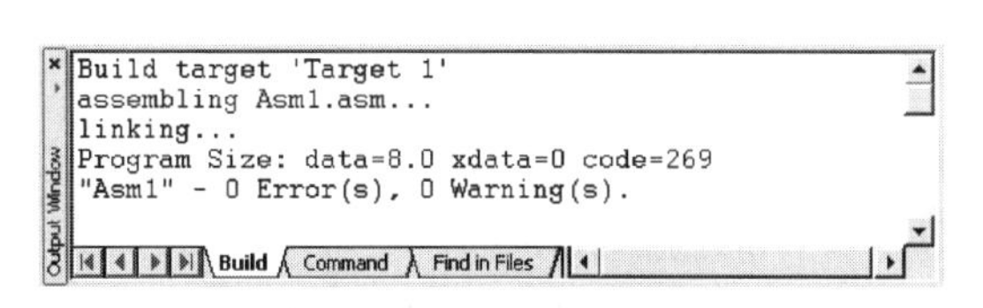

图 2.12　编译、链接输出窗口

图 2.13　调试界面

3）将光标移到 SJMP \$ 语句行，单击命令，在此行设置断点。

4）单击命令，运行实验程序，当程序遇到断点后，程序停止运行，观察存储器中的内容，如图 2.14 所示，验证程序功能。

5）如图 2.13 所示，在命令行中输入“E CHAR D：30H＝11H，22H，33H，44H，55H”后回车，便可以改变存储器中多个单元的内容，如图 2.15 所示。

6）修改存储器内容也可以采取以下方法：在要修改的单元上单击鼠标右键，弹出快捷菜单，如图 2.16 所示，选择“Modify Memory at D：0x35”命令来修改 0x35 单元的内容，这样每次只能修改一个单元的内容。

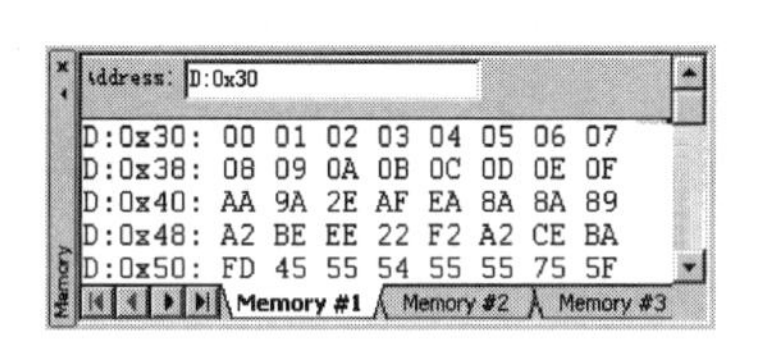

图 2.14　运行程序后存储器窗口

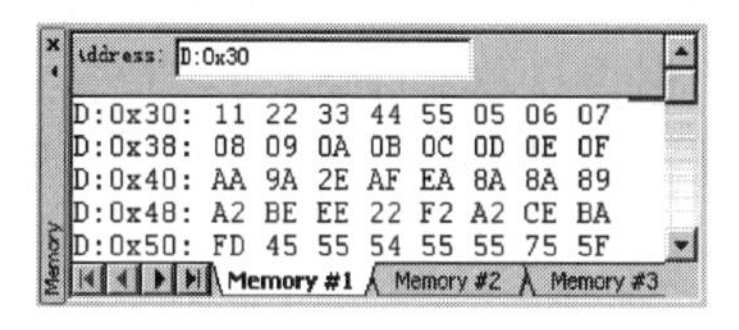

图 2.15　修改存储器内容

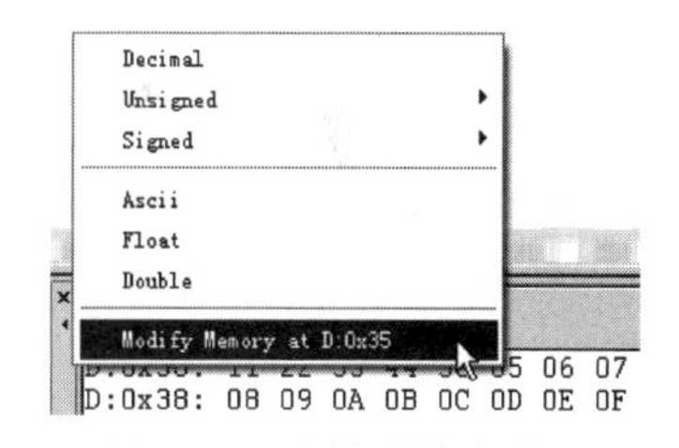

图 2.16　存储器修改单元

7）单击命令，可以复位 CPU，重新调试运行程序，单击命令，单步跟踪程序。

8）实验结束，按系统的复位按键可以复位系统，单击命令，退出调试。

在此以 Asm1.uv2 工程为例简要介绍了 Keil C51 的使用，Keil C51 功能强大，关于 Keil C51 的功能需要通过使用慢慢掌握。

2.2　清　零　实　验

1. 实验目的

掌握汇编或 C 语言设计和调试方法，掌握清零或置位程序编写方法。

2. 实验设备

PC 机 1 台，TD－PITE 实验系统＋TD－51 开发板系统平台。

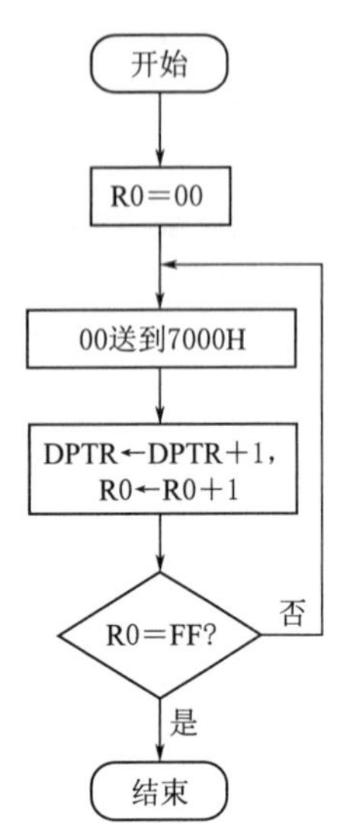

图 2.17 清零实验程序流程

3. 实验内容

把 7000H～70FFH 的内容清零。

4. 实验步骤

(1) 按照图 2.17 所示清零实验程序流程编写程序。

(2) 采用 Keil C5 软件新建工程、设置属性、编写程序、编译、调试、运行（CLEAR.asm）。

(3) 用存储器读写方法检查 7000H～70FFH 中的内容，应全是 00H。方法为：View→Memory。在内存窗口中输入 0X:7000H 后回车。

5. 思考题

(1) 如果把 7000H～70FFH 中的内容改成 FF，如何编制程序?

(2) 试编程将 30H～7FH 的内容清零。

(3) 试编程将（R2，R3）源 RAM 区首址内的（R6，R7）个单元中的内容清零。

2.3 拆字和拼字实验

1. 实验目的

掌握汇编或 Keil C51 语言设计和调试方法，掌握拼字和拆字的程序编写方法。

2. 实验设备

PC 机 1 台，TD-PITE 实验系统+TD-51 开发板系统平台。

3. 实验内容

(1) 把 7000H 的内容拆开，高位送 7001H 低位，低位送 7002H 低位，7001H、7002H 高位清零。一般本程序用于把数据送显示缓冲区。

(2) 把 7000H、7001H 的低位相拼后送入 7002H。一般本程序用于把显示缓冲区的数据取出拼装成一个字节。

4. 实验步骤

(1) 拆字实验。

1) 按照图 2.18 所示拆字实验程序流程编写程序。

2) 新建工程、设置属性、编写程序、编译、调试、运行（CWORD.asm）。

3) 先用存储器读写方法将 7000H 单元置成 34H。在调试状态下，右击 7000H 对应的内存单元，修改内存单元内容为 34H。

4) 单步执行，检查 7001H 和 7002H 单元中的内容，应为 03H 和 04H。

(2) 拼字实验。

1) 按照图 2.19 所示拼字实验程序流程编写程序。

2) 新建工程、设置属性、编写程序、编译、调试、运行（PWORD.asm）。

3) 在调试状态下，右击 7000H 对应的内存单元，设置数据；右击 7001H 对应的内存单元，设置数据。

4) 单步执行，检查 7002H 的内容是否为拼装后的字。

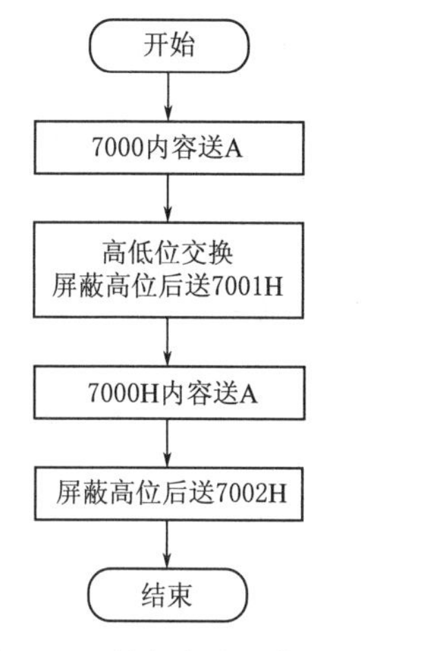

图 2.18　拆字实验程序流程

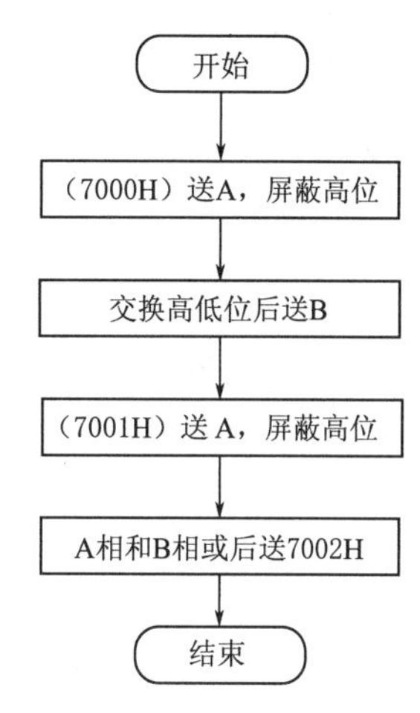

图 2.19　拼字实验程序流程

5. 思考题

(1) 如何用断点方法调试拆字程序？

(2) 怎样将多个单元中的内容拆开？

(3) 在拼字实验中，采用断点方式运行程序，检查 7002H 内容变化情况。

(4) 怎样将多个单元中的内容合并？

2.4　数 据 传 送 实 验

1. 实验目的

掌握单片机内部 RAM 和外部 RAM 之间的数据传送方法；掌握这两部分 RAM 存储器的特点与应用，掌握各种数据传送方法。

2. 实验设备

PC 机 1 台，TD－PITE 实验系统＋TD－51 开发板系统平台。

3. 实验内容

把（R2、R3）源 RAM 区首址内的（R6、R7）个字节数据传送到（R4、R5）目的 RAM 区。

4. 实验步骤

(1) 按照图 2.20 所示数据传送实验程序流程编写程序。

(2) 新建工程、设置属性、编写程序、编译、调试、运行 (DMVE. asm)。

(3) 在 R2、R3 中装入源首址（例如 6000H），R4、R5 中装入目的地址（例如 7000H），R6、R7 中装入字节数（0FFFH）。

(4) 检查 7000H 开始的内容和 6000H 开始的内容是否完全相同。

5. 思考题

(1) MOV、MOVX 和 MOVC 三类指令有什么区别？

(2) 试编写程序将 40H～4FH 数据送到数据存储器 7E00H～7E0FH 中。

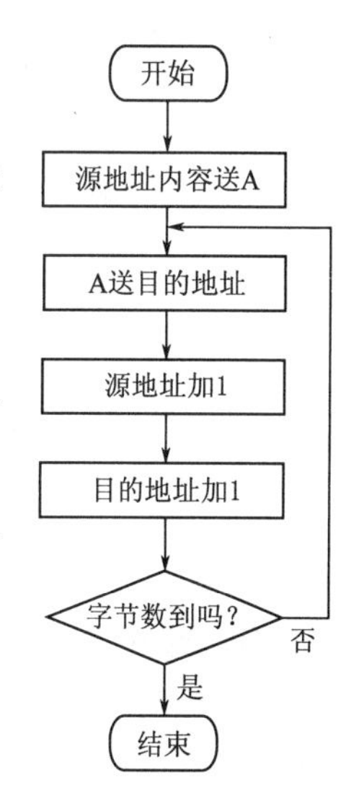

图 2.20　数据传送实验程序流程

(3) 试编写程序将数据存储器 7E00H～7E0FH 中的数据送到单片机内部 RAM 50H～5FH 中。

(4) 试编写程序将外部的数据存储区 6030H～607FH 的内容写入外部 RAM 3030H～307FH 中。

2.5 求最大值实验

1. 实验目的

熟悉仿真器的软件使用环境及汇编或 Keil C51 语言程序，掌握单片机无符号数或有符号数的极值求法的程序编写方法。

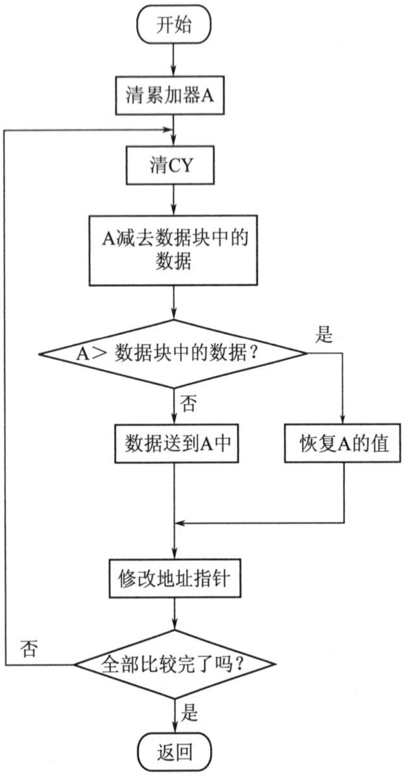

2. 实验设备

PC 机 1 台，TD－PITE 实验系统＋TD－51 开发板系统平台。

3. 实验内容

给定 8 个无符号数，将其放入内部数据区（DATA）中，地址从 20H 开始，运行程序，查看是否将 8 个数的最大值存储在 A 寄存器和内部数据区 41H 单元中。

4. 实验步骤

(1) 按照图 2.21 所示求最大值实验程序流程编写程序。

(2) 新建工程、设置属性、编写程序、编译、调试、运行（MAX.asm）。

(3) 运行程序，将 8 个无符号数放入内部数据区（DATA）中，地址从 20H 开始，执行程序，查看是否将 8 个数的最大值存储在 A 寄存器和内部数据区 41H 单元中。

图 2.21　求最大值实验程序流程

5. 思考题

(1) 将上面程序改为求最小值程序。

(2) 若上面的 8 个无符号数改为 8 个有符号数，上面求最大值程序如何修改？

(3) 若上面的 8 个无符号数改为 8 个有符号数，求最小值程序如何编写？

2.6 多分支实验

1. 实验目的

掌握汇编或 Keil C51 语言的编程，掌握散转程序编程方法。

2. 实验设备

PC 机 1 台，TD－PITE 实验系统＋TD－51 开发板系统平台。

3. 实验内容

编写散转程序，根据单片机片内 20H 中的内容（00、01、02 或 03）进行散转。

4. 实验步骤

(1) 按照图 2.22 所示多分支实验程序流程编写程序。

(2) 新建工程、设置属性、编写程序、编译、调试、运行 (DMVE. asm)。

(3) 单片机片内 20H 单元用寄存器读写方法写入 00、01、02 或 03。

(4) 运行程序，观察数码管显示的内容：(20H)＝00 时，显示“0”字循环；(20H)＝01 时，显示“1”字循环；以此类推。

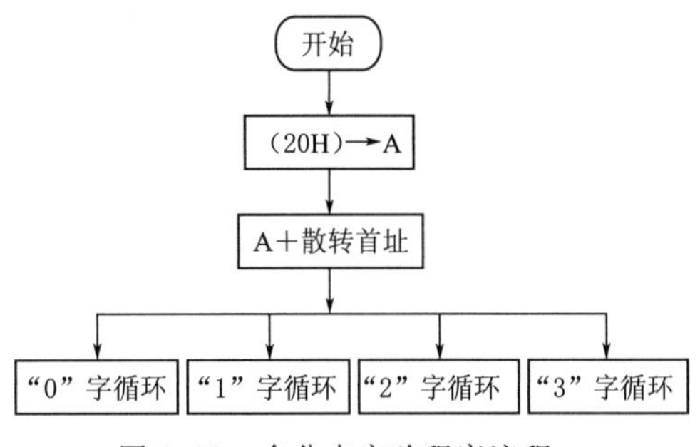

图 2.22　多分支实验程序流程

5. 思考题

(1) 请编写一个用查表方法进行散转的程序。

(2) 请采用非散转指令编程实现本实验的功能。

2.7　数码转换实验

1. 实验目的

(1) 掌握不同进制数及编码相互转换的程序设计方法，加深对数码转换的理解。

(2) 熟悉汇编或 Keil C51 语言集成开发环境的操作及程序调试的方法。

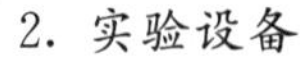

2. 实验设备

PC 机 1 台，TD－PITE 实验系统＋TD－51 开发板系统平台。

3. 实验内容

(1) 将 BCD 码整数 0～255 存入片内 RAM 的 20H、21H、22H 中，然后转换为二进制整数 00H～FFH，保存到寄存器 R4 中。

(2) 将 16 位二进制整数存入 R3R4 寄存器中，转换为十进制整数，以组合 BCD 码形式存储在 RAM 的 20H、21H、22H 单元中。

4. 实验步骤

(1) BCD 码整数转换为二进制整数。

1) 输入程序，检查无误后，编译、链接程序，首先给系统复位，然后单击命令进入调试状态。

2) 修改 20H、21H、22H 单元的内容，如 00H、05H、08H。

3) 在语句行 SJMP MAIN 设置断点，然后运行程序。

4) 程序遇到断点后停止程序运行，此时查看寄存器 R4 的内容，应为 3AH。

5) 重新修改 20H、21H、22H 单元的内容，再次运行程序，验证程序的正确性。

6) 实验结束，按复位键将系统复位，单击退出调试状态。

(2) 二进制整数转换为十进制整数。

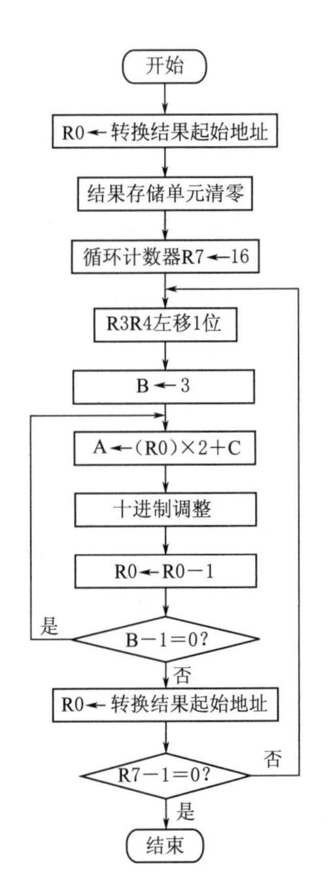

图 2.23　数码转换实验程序流程

1) 编写实验程序，程序流程如图 2.23 所示，编译、链接无误后，进入调试状态。

2）修改 R3R4 寄存器，例如 A2H、FCH。

3）在语句行 LJMP MAIN 设置断点，然后运行程序。

4）程序停止后，查看存储器 20H 的内容，应为 04H、17H、24H。

5）反复修改 R3R4 寄存器的内容，运行实验程序，验证程序的正确性。

5. 思考题

试编写二进制与 ASCII 码之间转换的程序。

2.8 运算程序设计实验

1. 实验目的

了解运算类指令以及运算类程序的设计方法。

2. 实验设备

PC 机 1 台，TD－PITE 实验系统＋TD－51 开发板系统平台。

3. 实验内容

(1) 多字节十进制加法程序，被加数存放于 20H 起始的 RAM 空间，加数存放于 2AH 起始的 RAM 空间，将两数相加，结果存放于 20H 起始的 RAM 空间。

(2) 双字节无符号数乘法程序，被乘数在 R2R3 中，乘数在 R4R5 中，将相乘的结果保存在 20H～23H 中。

(3) 双字节除法程序，被除数在 R7R6 中，除数在 R5R4 中，将商存入 R7R6 中，余数存入 R3R2 中。

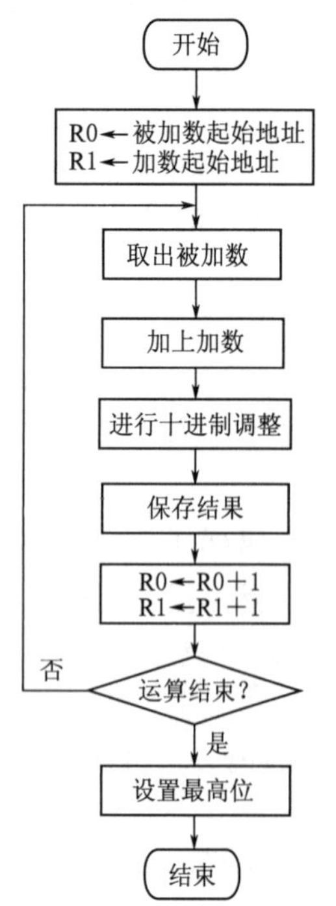

图 2.24　多字节加法程序流程

4. 实验步骤

(1) 多字节加法。

1）编写实验程序，程序流程如图 2.24 所示，编译、链接无误后，进入调试状态。

2）为被加数及加数赋值，即 4574 与 6728，低位在低字节，修改字节数 R7 为 2。

3）在语句行 SJMP MAIN 设置断点，然后运行程序。

4）当程序停止运行时，查看 20H 单元起始的内容，应为 02、13、02。

5）修改被加数、加数及字节数 R7 的值，重新运算，验证程序的功能。

(2) 双字节无符号数乘法。利用单字节乘法指令来扩展成多字节乘法运算，扩展时以字节为单位进行乘法运算。假定被乘数为 R2R3，乘数为 R4R5，乘积写入 R0 指向的内部 RAM 空间，运算法则如图 2.25 所示。

1）编写实验程序，经编译、链接无误后，联机调试。

2）改变被乘数 R2R3 及乘数 R4R5 的值，如 0x03、0x50 和 0x04、0x60。

3）在语句行 LJMP MAIN 设置断点，然后运行程序。

4）程序停止后，查看存储区 20H、21H、22H、23H 的内容，应为 00、0E、7E、00。

5）重新改变被乘数 R2R3 及乘数 R4R5 的值，运行程序，验证程序的正确性。

（3）双字节除法。51 指令系统中仅有单字节除法指令，无法扩展为双字节除法。可以采用“移位相减”的算法来实现双字节的除法。例如要实现：R7R6/R5R4→R7R6（商）…R3R2（余数），程序流程如图 2.26 所示。

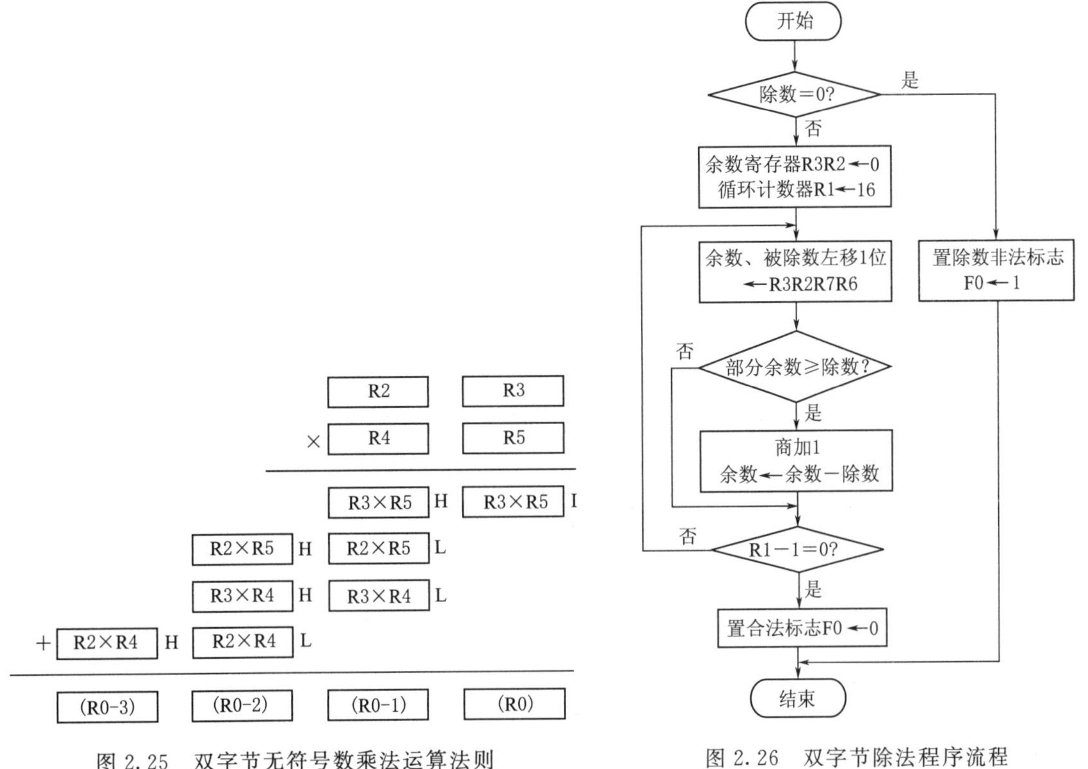

图 2.25　双字节无符号数乘法运算法则

图 2.26　双字节除法程序流程

1）绘制流程图，编写实验程序，编译、链接无误后，联机调试。

2）修改被除数 R7R6 和除数 R5R4 的值，如 0x46、0xEE 和 0x23、0x67。

3）在语句行 LJMP MAIN 设置断点，然后运行程序。

4）程序停止后，查看寄存器 R7R6（商）与 R3R2（余数），应为 0x00、0x02 与 0x00、0x20。

5）重新修改被除数及除数的值，验证程序的功能。

5. *思考题*

（1）若为两个多字节无符号的十进制数，则应如何修改程序实现它们相加功能。

（2）试编写无符号十进制数减法的程序。

（3）被乘数、乘数放置在数据存储空间的什么位置占用多少字节？结果放置在数据存储空间的什么位置占用多少字节？在整个程序运行过程中使用了单片机的哪些寄存器？

（4）两个双字节 BCD 码相乘如何实现？

（5）两个双字节有符号数乘法如何实现？

（6）执行除法指令时，若寄存器 B 的内容为 0，结果会如何？

（7）编写一个单字节 BCD 码除法程序，其功能是将 40H、50H 中两单字节的数相除，结果商存放在 R2，余数存放在 R3 中。

2.9 查表程序设计实验

1. 实验目的

学习查表程序的设计方法，熟悉 51 指令系统。

2. 实验设备

PC 机 1 台，TD-PITE 实验系统+TD-51 开发板系统平台。

3. 实验内容

（1）通过查表的方法将 16 进制数转换为 ASCII 码。

（2）通过查表的方法实现 $y=x^2$，其中 x 为 0～9 的十进制数，以 BCD 码表示，结果仍以 BCD 码形式输出。

4. 实验步骤

（1）采用查表的方法将 16 进制数转换为 ASCII 码。根据 ASCII 码表可知，0～9 的 ASCII 码为 30H～39H，A～F 的 ASCII 码为 41H～46H，算法为（假定待转换的数存放在 R7 中）：当 R7≤9 时，相应的 ASCII 码为 R7+30H；当 R7>9 时，相应的 ASCII 码为 R7+30H+07H。

1）编写实验程序，编译、链接无误后，联机调试。

2）将待转换的数存放在 R7 中，如令 R7 中的值为 0x86。

3）在语句行 SJMP MAIN 设置断点，运行程序。

4）程序停止后，查看寄存器 R6、R5 中的值，R6 中为高 4 位转换结果 0x38，R5 中为低 4 位转换结果 0x36。

5）反复修改 R7 的值，运行程序，验证程序功能。

（2）通过查表实现 $y=x^2$。x 为 0～9 的十进制数，存放与 R7 中，以 BCD 码的形式保存，结果以 BCD 码的形式存放于寄存器 R6 中。

1）编写实验程序，经编译、链接无误后，进入调试状态。

2）改变 R7 的值，如 0x07。

3）在语句行 SJMP MAIN 设置断点，运行程序。

4）程序停止后，查看寄存器 R6 中的值，应为 0x49。

5）反复修改 R7 中的值，运行程序，验证程序功能。

5. 思考题

（1）当表的长度大于 255 个字节时，应选哪一条指令查表？

（2）分别采用 MOVC A，@A+PC 和 MOVC A，@A+DPTR 两条语句编写上述程序，并比较它们的异同之处，说明采用 PC 指针查表编程时应注意的问题。

（3）编写通过查表的方法将 16 进制数转换为 ASCII 码的程序。

2.10 数据排序实验

1. 实验目的

熟悉 51 指令系统，掌握数据排序程序的设计方法。

2. 实验设备

PC 机 1 台，TD-PITE 实验系统+TD-51 开发板系统平台。

3. 实验内容

在单片机片内 RAM 的 30H～39H 写入 10 个数，编写实验程序，将这 10 个数按照由小到大的顺序排列，仍写入 RAM 的 30H～39H 单元中。

4. 实验步骤

(1) 编写实验程序，程序流程如图 2.27 所示，编译、链接无误后，联机调试。

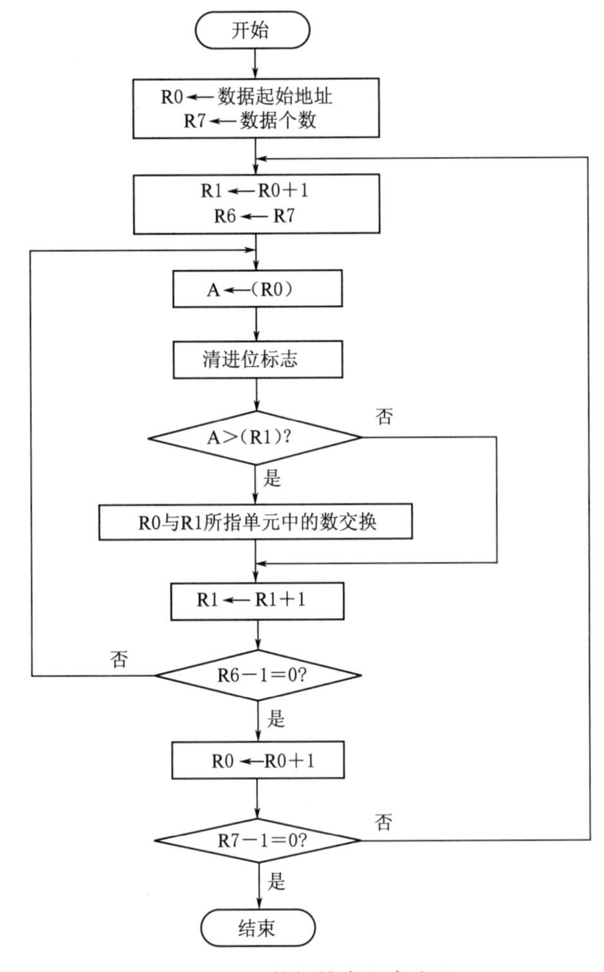

图 2.27 数据排序程序流程

(2) 为 30H～39H 赋初值，如：在命令行中键入 E CHAR D：30H=9，11H，5，31H，20H，16H，1，1AH，3FH，8 后回车，可将这 10 个数写入 30H～39H 中。

(3) 将光标移到语句行 SJMP $ 处，点击命令，将程序运行到该行。

(4) 查看存储器窗口 30H～39H 中的内容，验证程序功能。

(5) 重新为 30H～39H 单元赋值，反复运行实验程序，验证程序的正确性。

5. 思考题

(1) 修改上面程序，把 30H～39H 中内容按从大到小排列，并且记录下程序运行前后的结果，分析是否正确。

（2）试采用其他排序方法（如冒泡法）编程，实现 30H～39H 中内容按从小到大排列。

2.11　数据查找实验

1. 实验目的

熟悉汇编或 Keil C51 语言编程，掌握查找数据的编程方法。

2. 实验设备

PC 机 1 台，TD－PITE 实验系统＋TD－51 开发板系统平台。

3. 实验内容

在 7000H～700FH 中查出有几个字节是零，统计“00”的个数并显示在数码管上。

4. 实验步骤

（1）按照图 2.28 的查找数据程序流程编写程序。

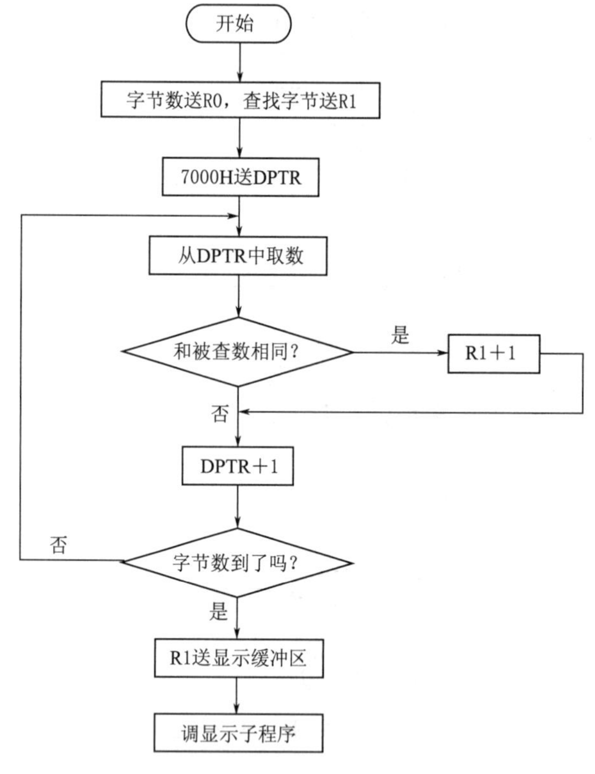

图 2.28　查找数据程序流程

（2）新建工程、设置属性、编写程序、编译、调试、运行（FIND. asm）。

（3）在 7000H～700FH 单元中放入随机数，其中几个单元中输入零。

（4）运行程序，应显示 00 单元的个数。

5. 思考题

（1）修改程序，查找其他内容。

（2）试采用对半查找法快速查找数据块中某一数据。

2.12　位操作实验

1. 实验目的

掌握位指令的使用方法，学习位程序的设计方法。

2. 实验设备

PC 机 1 台，TD－PITE 实验系统＋TD－51 开发板系统平台。

3. 实验内容

编写实验程序，计算 $Y=A\oplus B$，也可表示为 $Y=A\overline{B}+\overline{A}B$。

表 2.1 为异或真值表。MCS－51 单片机内部有一个一位微处理器，借用进位标志 CY 作为位累加器。位操作指令的操作对象是内部 RAM 的位寻址区，即字节地址为 20H～2FH 单元中连续的 128 位（位地址为 00H～7FH），以及特殊功能寄存器中可位寻址的位。

表 2.1　异或真值表

A	B	Y	20H
0	0	0	00
0	1	1	12
1	0	1	11
1	1	0	03

4. 实验步骤

程序需要实现 A 与 B 的异或运算，将 A、B 分别存放在位地址 00H、01H 中，结果 Y 存放在位地址 04H 中。

（1）编写实验程序，经编译、链接无误后，联机调试。

（2）修改 20H 单元的值，例如 01H。

（3）在语句行 SJMP MAIN 设置断点，运行实验程序。

（4）程序停止运行后，查看 20H 中的值，应为 11H。

（5）修改 20H 中的值，重新运行程序，验证程序的正确性。

本章的参考程序请扫描下方二维码查看。

第3章　基于硬件平台的单片机硬件实验

此部分实验可分为三类：①单片机集成功能模块实验（实验3.1～实验3.7）。SST89E554RC单片机内部集成有中断、定时器/计数器、看门狗、PCA、串口和SPI等功能模块，通过此类实验，学习、了解这些功能模块的使用及其程序设计方法；②单片机系统扩展实验（实验3.8～实验3.15）。单片机虽然集成了定时器、计数器、中断、程序存储器和数据存储器等基本功能模块，但在实际应用中，往往要根据需要对单片机系统进行功能扩展，故需对单片机扩展功能部分进行实验；③单片机控制应用实验（实验3.16～实验3.19）。单片机在控制方面有广泛的应用，这里以4个实例介绍单片机在控制系统中的应用。

3.1　数字量输入输出实验

1. 实验目的

了解P1口作为输入输出方式使用时，CPU对P1口的操作方式。

2. 实验设备

TD-PITE实验系统+TD-51开发板系统平台。

3. 实验内容

P1口是8位准双向口，每一位均可独立定义为输入输出。编写实验程序，将P1口的低4位定义为输出，高4位定义为输入，数字量从P1口的高4位输入，从P1口的低4位输出，控制发光二极管的亮灭。

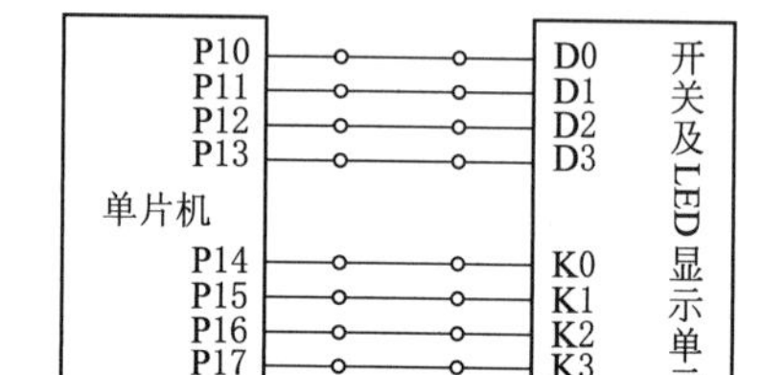

图3.1　实验接线图

4. 实验步骤

(1) 按图3.1连接实验电路图（开关及LED显示单元原理如图3.2所示），图中“○”表示需要通过排线连接。

(2) 编写实验程序，编译、链接无误后，进入调试状态。

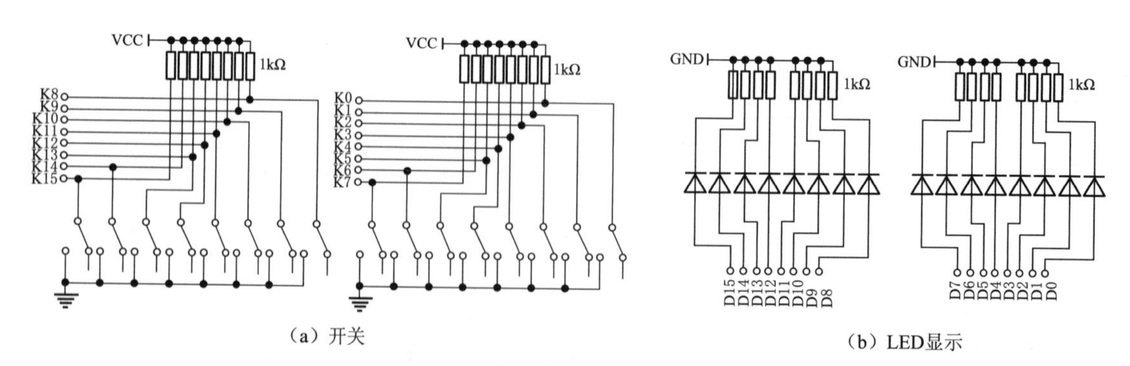

图3.2　开关及LED显示单元原理图

(3) 运行实验程序，观察实验现象，验证程序正确性。

(4) 按复位键，结束程序运行，退出调试状态。

(5) 自行设计实验，验证单片机其他 I/O 接口的使用。

3.2 中断系统实验

1. 实验目的

了解 MCS－51 单片机的中断原理，掌握中断程序的设计方法。

2. 实验设备

PC 机 1 台，TD－PITE 实验系统＋TD－51 开发板系统平台，示波器 1 台。

3. 实验内容

(1) 定时中断。单片机集成的定时器可以产生定时中断，利用定时器 0 和定时器 1，编写实验程序在 P1.0 及 P1.1 引脚上输出方波信号，通过示波器观察实验现象并测量波形周期。

(2) 外部中断。手动扩展外部中断 $\overline{\text{INT0}}$、$\overline{\text{INT1}}$，当 $\overline{\text{INT0}}$ 产生中断时，使 LED8 亮 8 灭（闪烁 4 次）；当 $\overline{\text{INT1}}$ 产生中断时，使 LED 由右向左流水显示，一次亮两个，循环 4 次。

因为 51 单片机加入了中断系统，从而提高了 CPU 对外部事件的处理能力和响应速度。增强型单片机 SST89E554RC 共有 8 个中断源，即外部中断 0（$\overline{\text{INT0}}$）、定时器 0（T0）、外部中断 1（$\overline{\text{INT1}}$）、定时器 1（T1）、串行中断（TI 和 RI）、定时器 2（T2）、PCA 中断和 Brown－out 中断。中断使能寄存器（IE）和中断使能 A（IEA）的格式如下：

中断使能寄存器(IE)

	D7	D6	D5	D4	D3	D2	D1	D0	复位值
A8H	EA	EC	ET2	ES	ET1	EX1	ET0	EX0	00H

中断使能 A(IEA)

	D7	D6	D5	D4	D3	D2	D1	D0	复位值
E8H	—	—	—	—	EBO	—	—	—	00H

4. 实验步骤

(1) 定时中断。

1) 编写实验程序，经编译、链接无误后，启动调试功能。

2) 运行实验程序，使用示波器观察 P1.0 及 P1.1 引脚上的波形。

3) 使用示波器测量波形周期，改变计数值，重新运行程序，反复验证程序功能。

4) 按复位键退出调试状态。

(2) 外部中断。

1) 按图 3.3 连接实验电路，单次脉冲单元原理如图 3.4 所示，单次脉冲单元提供两组消抖动的单次脉冲，分别为 KK1－、KK1＋、KK2－、KK2＋，“＋”“－”分别表示按下按键为“高电平”“低电平”。

2) 编写实验程序，编译、链接无误后，启动调试。

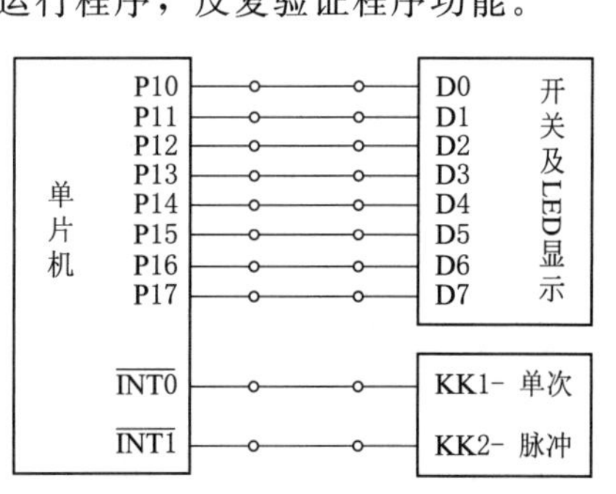

图 3.3 外部中断实验接线图

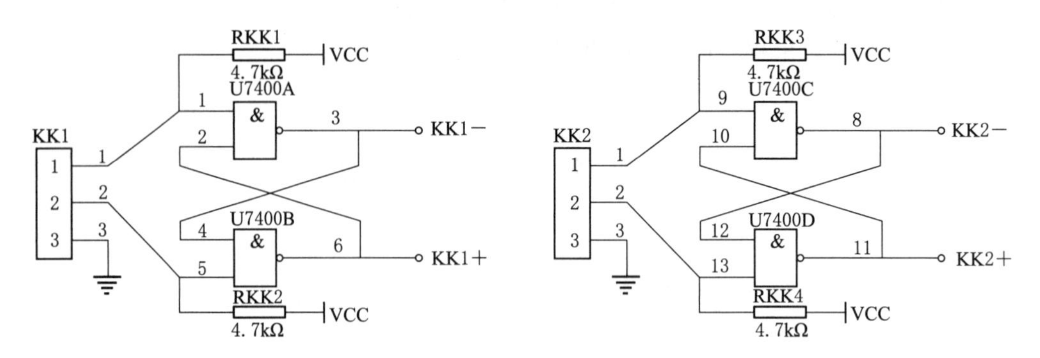

图 3.4　单次脉冲单元原理图

3）运行实验程序，先按 KK1－，观察实验现象，然后按 KK2－，观察实验现象。

4）验证程序功能，实验结束按复位键退出调试。

3.3　定时器/计数器实验

1. 实验目的

(1) 了解 MCS－51 单片机定时器/计数器的工作原理与工作方式。

(2) 掌握定时器/计数器 T0 和 T1 在定时器和计数器两种方式下的编程。

(3) 学习定时器/计数器 T2 的可编程时钟输出功能。

2. 实验设备

PC 机 1 台，TD－PITE 实验系统＋TD－51 开发板系统平台，示波器 1 台。

3. 实验原理

通常，8051 单片机内部有两个 16 位定时/计数器，即定时器 0（T0）和定时器 1（T1）。增强型单片机 SST89E554RC 内部还有一个 16 位定时器 2（T2），与其相关的特殊功能寄存器有 TL2、TH2、RCAP2L、RCAP2H、T2CON 等，见表 3.1。

表 3.1　定时器/计数器 2 特殊功能寄存器

符号	描　述	直接地址	位地址，符号或可选端口功能 MSB							LSB	复位值
T2CON①	定时器/计数器 2 控制	C8H	TF2	EXF2	RCLK	TCLK	EXEN2	TR2	$C/\overline{T2}$	$CP/\overline{RL2}$	00H
T2MOD	定时器 2 模式控制	C9H	—	—	—	—	—	—	T2OE	DCEN	xxxxxx00b
TH2	定时器 2 MSB	CDH	TH2[7：0]								00H
TL2	定时器 2 LSB	CCH	TL2[7：0]								00H
RCAP2H	定时器 2 捕捉 MSB	CBH	RCAP2H[7：0]								00H
RCAP2L	定时器 2 捕捉 LSB	CAH	RCAP2L[7：0]								00H

① 该特殊功能寄存器可位寻址。

(1) 定时器/计数器 2 控制寄存器（T2CON）各位的含义简述如下：

1）TF2：定时器溢出标志，当定时器溢出时置位，必须由软件清除。当 RCLK＝1 或

TCLK＝1 时，此位将不会被置位。

2）EXF2：定时器 2 外部标志，当 EXEN2＝1 并且 T2EX 引脚上出现负跳变引起捕捉或重载发生时，此位置 1。如果定时器 2 中断使能，EXF2＝1 会引起中断，此位必须软件清除。DCEN＝1 时，EXF2 不会引起中断。

3）RCLK：接收时钟标志，RCLK＝1，串行口使用 T2 的溢出脉冲作为方式 1 和方式 3 下的接收时钟；RCLK＝0，串行口使用 T1 的溢出脉冲作为接收时钟。

4）TCLK：发送时钟标志，与 RCLK 的作用相同。

5）EXEN2：定时器 2 外部使能标志。EXEN2＝1 且 T2 未被用于串口时钟时，若 T2EX 引脚上出现负跳变，则出现捕捉或重载。EXEN2＝0 时，T2 忽略 T2EX 引脚上的变化。

6）TR2：启动/停止定时器 2，为 1 时启动定时器 2。

7）C/$\overline{\text{T2}}$：定时器/计数器选择。C/$\overline{\text{T2}}$＝1 为计数功能；C/$\overline{\text{T2}}$＝0 为定时功能。

8）CP/$\overline{\text{RL2}}$：捕捉/重载标志。CP/$\overline{\text{RL2}}$＝1，当 EXEN2＝1 且 T2EX 引脚上出现负跳变时捕捉发生。CP/$\overline{\text{RL2}}$＝0，T2 溢出时重载发生，或当 EXEN2＝1 且 T2EX 引脚上出现负跳变时重载发生。如果 RCLK＝1 或 TCLK＝1，此位会被忽略，T2 溢出时自动重载。

（2）定时器/计数器 2 模式寄存器（T2MOD）各位的含义简述如下：

1）T2OE：定时器 2 输出使能位。

2）DCEN：递减计数使能位。

4. 实验内容

（1）定时器实验。使用定时器 0 与定时器 1 进行定时，在 P1.0 和 P1.1 引脚上输出方波信号，通过示波器观察波形输出，测量并记录方波周期。

（2）计数器实验。将定时器/计数器 1 设定为计数器方式，每次计数到 10 在 P1.0 引脚上取反一次，观察发光二极管的状态变化。

（3）可编程时钟输出。定时器 2 可以作为时钟发生器使用，并在 P1.0 引脚上输出占空比为 50％的方波。编程定时器 2，使用示波器测量输出时钟，测量时钟周期。

5. 实验步骤

（1）定时器实验。

1）编写实验程序，编译、链接无误后，联机调试。

2）运行实验程序，使用示波器观察 P1.0 与 P1.1 引脚上的波形并记录周期。

3）改变计数初值，观察实验现象，验证程序功能。

（2）计数器实验。

1）按图 3.5 连接实验线路图。

2）编写程序，联机调试。

3）运行实验程序，按单次脉冲 KK1，观察发光管 D0 的状态，每 10 次变化一次。

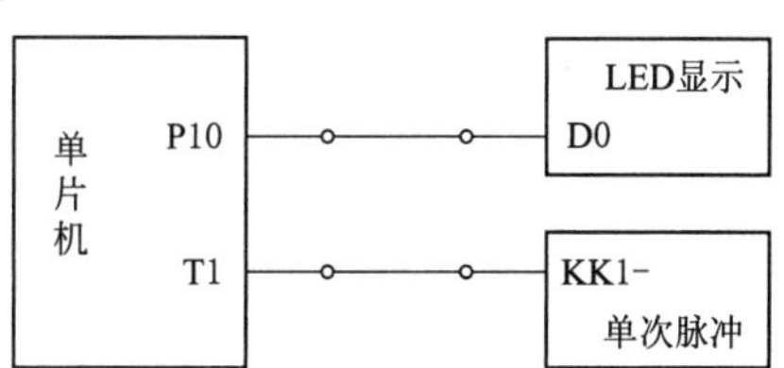

图 3.5　计数器实验接线图

4）实验结束，按复位键退出调试。

（3）可编程时钟输出。引脚 P1.0 与 T2 复用，除作为普通 I/O 引脚外，还有两个功能，即为定时器/计数器 2 输入外部时钟，输出占空比为 50％的周期时钟。

如果将 T2 配置为时钟发生器，那么必须将 C/T2＃设置为 0，将 T2OE 设置为 1，并设置 TR2 为 1 以启动定时器。输出时钟的频率取决于晶振频率以及捕捉寄存器的重载值，公式如下：

$$输出频率=晶振频率/[n\times(65536-RCAP2H,RCAP2L)]$$

式中：$n=2$（6 时钟模式）或 $n=4$（12 时钟模式）；晶振频率为 11.0592MHz，工作于 12 时钟模式下，输出频率的范围为 42Hz～2.76MHz。

1）编写实验程序，编译、链接无误后，联机调试。

2）运行实验程序，使用示波器观察 P1.0 引脚上的输出波形，并测量波形周期。

3）假定需要输出 1MHz 的方波信号，试修改程序，并使用示波器测量，验证程序的正确性。

4）实验结束，按复位键退出调试。

3.4 看门狗实验

1. 实验目的

了解看门狗的工作原理，学习看门狗的编程方法。

2. 实验设备

PC 机 1 台，TD-PITE 实验系统＋TD-51 开发板系统平台。

3. 实验原理

SST89E554RC 提供了一个可编程看门狗定时器（WDT），可以防止软件跑飞并自动恢复，提高系统的可靠性。

用户程序中如果使用了看门狗，那么必须在用户自己定义的时间内刷新 WDT，也称“喂狗”。若在规定的时间内没有刷新 WDT，则产生内部硬件复位。WDT 以系统时钟（XTAL1）作为自己的时基，WDT 寄存器每隔 344064 个时钟加 1，时基寄存器（WDTD）的高 8 位被用作 WDT 的重载寄存器。WDT 的结构框图如图 3.6 所示。WDT 超时周期计算公式为

$$周期=(255-WDTD)\times 344064/fCLK(XTAL1)$$

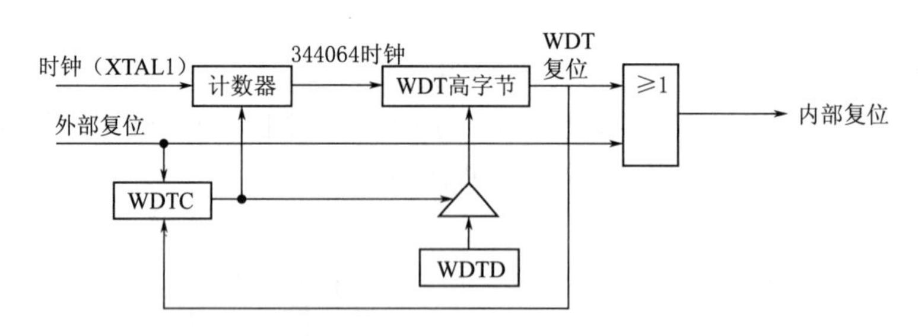

图 3.6　WDT 结构框图

看门狗定时器控制寄存器（WDTC）为

	D7	D6	D5	D4	D3	D2	D1	D0	复位值
C0H	—	—	—	WDOUT	WDER	WDTS	WDT	SWDT	xxx00x00b

各位说明如下：

(1) WDOUT：看门狗输出允许。0：看门狗复位不在复位引脚上输出；1：若看门狗复位允许位 WDRE=1，看门狗复位将在复位脚上输出复位信号 32 个时钟。

(2) WDRE：看门狗定时器复位允许。0：禁止看门狗定时器复位；1：允许看门狗定时器复位。

(3) WDTS：看门狗定时器复位标志。0：外部硬件复位或上电会清除此位，向此位写 1 会清除此位，若由于看门狗引起的复位将不影响此位；1：看门狗溢出，此位置 1。

(4) WDT：看门狗定时器刷新。0：刷新完成，硬件复位此位；1：软件设置此位以强迫看门狗刷新，俗称"喂狗"。

(5) SWDT：启动看门狗定时器。0：停止 WDT；1：启动 WDT。

看门狗定时器数据/重载寄存器（WDTD）为

	D7	D6	D5	D4	D3	D2	D1	D0	复位值
85H	看门狗定时器数据/重载								00000000b

4. 实验内容

学习 SST89E554RC 的看门狗功能模块，编写实验程序，程序正常运行时 8 个 LED 闪烁，通过按键使看门狗产生超时，引起系统复位。

5. 实验步骤

(1) 按图 3.7 连接实验电路图。

(2) 编写实验程序，编译、链接无误后，启动调试。

(3) 允许实验程序，LED 闪烁。

(4) 按单次脉冲 KK1-，对 WDT 停止刷新。

(5) 经过大约 3s，可观察软件界面，产生复位，程序停止运行（注意界面变化）。

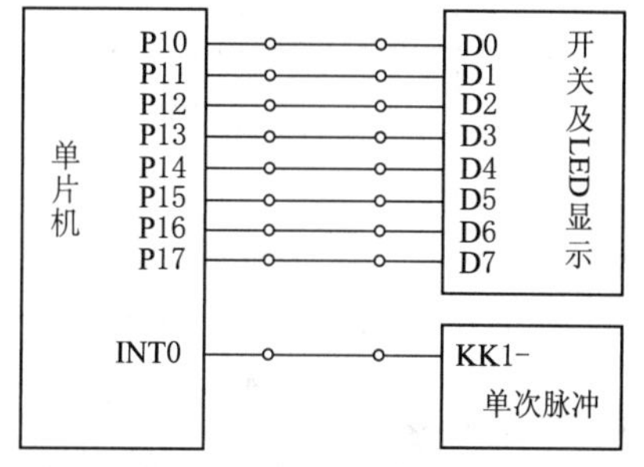

图 3.7 看门狗实验接线图

(6) 改变 WDT 的超时周期，反复实验几次，验证看门狗功能。

每次重新运行程序前，都应该先停止调试，然后重新启动调试，这样方可保证系统正常工作。

3.5 低功耗实验

1. 实验目的

(1) 了解单片机的空闲模式及其程序设计。

(2) 了解单片机的掉电模式及其程序设计。

2. 实验设备

PC 机 1 台，TD-PITE 实验系统+TD-51 开发板系统平台，示波器 1 台。

3. 实验原理

为降低器件功耗，SST89E554RC 提供了两种模式：空闲模式（idle）和掉电模式（power-down），见表 3.2。

表 3.2　低功耗模式

模式	启动方法	MCU 状态	退出方法
空闲模式	软件设置 PCON 寄存器中的 IDL 位，MOV PCON，#01H	CLK 运行； 中断、串口和定时器/计数器有效； 程序计数器 PC 停止； ALE 和 $\overline{\text{PSEN}}$ 引脚为高电平； 所有寄存器保持不变	使能中断或外部硬件复位； 中断产生会清除 IDL 位，退出空闲模式。用户应考虑在请求空闲模式指令后增加 2～3 条 NOP 指令，以消除可能出现的问题
掉电模式	软件设置 PCON 寄存器中的 PD 位，MOV PON，#02H	CLK 停止； SRAM 和 SFR 的值保持不变； ALE 和 $\overline{\text{PSEN}}$ 引脚为低电平； 仅外部电平触发的中断有效	使能外部电平触发中断或外部硬件复位； 中断产生会清除 PD 位以退出掉电模式。用户应考虑在请求掉电模式指令后增加 2～3 条 NOP 指令，以消除可能出现的问题

4. 实验内容及步骤

(1) 空闲模式实验。编写实验程序，控制 P1 口使 LED 循环流水显示，每次点亮一个 LED，通过 P2.7 请求进入空闲模式，通过外部中断 0 退出空闲模式。

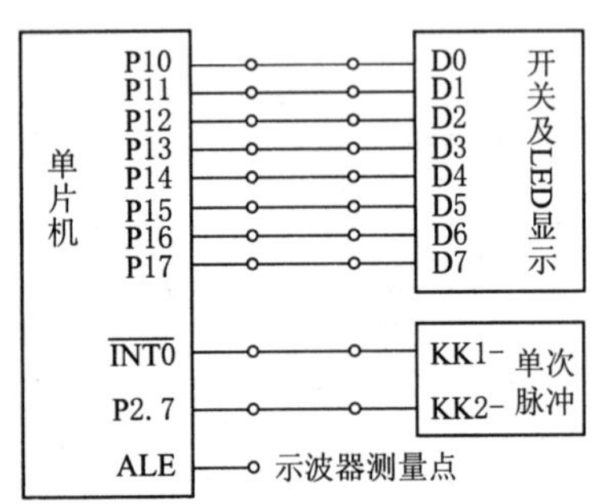

图 3.8　低功耗实验接线图

实验步骤如下：

1) 按图 3.8 连接实验电路图。

2) 编写实验程序，编译、链接无误后，启动调试。

3) 运行实验程序，按 KK2－请求空闲模式（按键不要松的太快）。

4) 观察实验现象，流水灯停止流动，示波器测量的 ALE 信号应为高电平。

5) 按 KK1－退出空闲模式，ALE 引脚出现波形，LED 继续流动。

6) 反复实验，验证程序的正确性，熟悉单片机空闲模式的特征。

(2) 掉电模式实验。编写实验程序，控制 P1 口使 LED 循环流水显示，每次点亮一个 LED，通过 P2.7 请求进入掉电模式，通过外部中断 0 退出掉电模式。

实验步骤如下：

1) 按图 3.8 连接实验电路。

2) 编写实验程序，编译、链接无误后，启动调试。

3) 运行实验程序，按 KK2－请求掉电模式，观察 LED 的状态，应停止流动，使用示波器测量 ALE 引脚，应为低电平。

4) 按 KK1－退出掉电模式，观察 LED 的状态，示波器测量 ALE 引脚应有波形输出。

5) 多次实验，验证程序的正确性，了解掉电模式的特征。

6) 按系统复位键，退出调试。

3.6　PCA 实验

1. 实验目的

(1) 了解可编程计数器阵列（PCA）的结构和工作方式。

(2) 掌握 PCA 在高速输出模式和脉冲宽度调制模式下的程序设计方法。

2. 实验设备

PC 机 1 台，TD-PITE 实验系统+TD-51 开发板系统平台，示波器 1 台。

3. 实验原理

SST89E554RC 提供了一个特殊的 16 位定时器，该定时器具有 5 个 16 位捕捉/比较模块。每个模块都可被编程工作于以下四种模式：上升和/或下降沿捕捉、软件定时器、高速输出（HSO）和脉冲宽度调制（PWM）。第 5 个模块除上述四种模式外，还可被编程为看门狗定时器。

每个模块都有一个外部引脚，与 P1 口复用：模块 0 连接至 P1.3（CEX0），模块 1 连接至 P1.4（CEX1），模块 2 连接至 P1.5（CEX2），模块 3 连接至 P1.6（CEX3），模块 4 连接至 P1.7（CEX4）。PCA 的结构框图如图 3.9 所示。

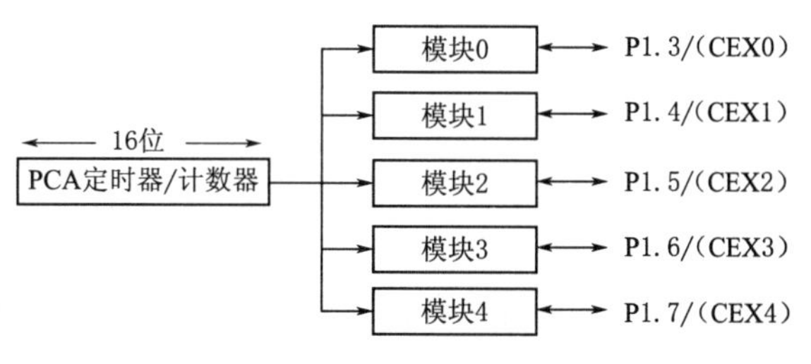

图 3.9 PCA 结构框图

PCA 定时器是一个自由运行的 16 位定时器，由寄存器 CH 和 CL（计数值的高、低字节）组成。PCA 定时器的 5 个模块共用一个时基，由 CMOD 寄存器的位 CPS1 和 CPS0 决定，详见表 3.3。

表 3.3 PCA 定时器/计数器信号源

CPS1	CPS0	12 时钟模式	6 时钟模式
0	0	$f_{osc}/12$	$f_{osc}/6$
0	1	$f_{osc}/4$	$f_{osc}/2$
1	0	定时器 0 溢出	定时器 0 溢出
1	1	ECI(P1.2)引脚的外部时钟最大$=f_{osc}/8$	ECI(P1.2)引脚的外部时钟最大$=f_{osc}/4$

与 PCA 相关的寄存器主要有 PCA 定时器/计数器模式寄存器 CMOD、PCA 定时器/计数器控制寄存器 CCON、PCA 捕捉/比较模块模式寄存器 CCAPMn，详见表 3.4。

表 3.4 PCA 定时器/计数器特殊功能寄存器

符 号	描 述	直接地址	位地址,符号或可选端口功能 MSB							LSB	复位值
CH	PCA 定时器/计数器	F9H	CH[7∶0]								00H
CL		E9H	CL[7∶0]								00H
CCON①	PCA 控制寄存器	D8H	CF	CR		CCF4	CCF3	CCF2	CCF1	CCF0	00x00000b
CMOD	PCA 模式寄存器	D9H	CIDL	WDTE				CPS1	CPS0	ECF	00xxx000b
CCAP0H	PCA 模式 0 比较/捕捉寄存器	FAH	CCP0H[7∶0]								00H
CCAP0L		EAH	CCP0L[7∶0]								00H
CCAP1H	PCA 模块 1 比较/捕捉寄存器	FBH	CCAP1H[7∶0]								00H
CCAP1L		EBH	CCAP1L[7∶0]								00H
CCAP2H	PCA 模块 2 比较/捕捉寄存器	FCH	CCAP2H[7∶0]								00H
CCAP2L		FCH	CCAP2L[7∶0]								00H

续表

符　号	描　述	直接地址	位地址，符号或可选端口功能								复位值
			MSB							LSB	
CCAP3H	PCA 模块 3 比较/捕捉寄存器	FDH	CCAP3H[7：0]								00H
CCAP3L		FDH	CCAP3L[7：0]								00H
CCAP4H	PCA 模块 4 比较/捕捉寄存器	FEH	CCAP4H[7：0]								00H
CCAP4L		FEH	CCAP4L[7：0]								00H
CCAPM0	PCA 比较/捕捉模块模式寄存器	DAH		ECOM0	CAPP0	CAPN0	MAT0	TOG0	PWM0	ECCF0	x0000000b
CCAPM1		DBH		ECOM1	CAPP1	CAPN1	MAT1	TOG1	PWM1	ECCF1	x0000000b
CCAPM2		DCH		ECOM2	CAPP2	CAPN2	MAT2	TOG2	PWM2	ECCF2	x0000000b
CCAPM3		DDH		ECOM3	CAPP3	CAPN3	MAT3	TOG3	PWM3	ECCF3	x0000000b
CCAPM4		DEH		ECOM4	CAPP4	CAPN4	MAT4	TOG4	PWM4	ECCF4	x0000000b

① 该特殊功能寄存器可位寻址。

PCA 定时器/计数器模式寄存器（CMOD）为

	D7	D6	D5	D4	D3	D2	D1	D0	复位值
D9H	CIDL	WDTE				CPS1	CPS0	ECF	00xxx000b

位说明如下：

（1）CIDL：计数器空闲控制。0：编程 PCA 计数器在空闲模式继续工作；1：编程 PCA 计数器在空闲模式关闭。

（2）WDTE：看门狗定时器使能。0：禁止 PCA 模块 4 的看门狗定时器功能；1：允许 PCA 模块 4 的看门狗定时器功能。

（3）CPS1、CPS0：见表 3.3。

（4）ECF：使能 PCA 计数器溢出中断。0：禁止 CCON 中的 CF 位；1：允许 CCON 中的 CF 位以产生中断。

PCA 定时器/计数器控制寄存器（CCON）为

	D7	D6	D5	D4	D3	D2	D1	D0	复位值
D8H	CF	CR	—	CCF4	CCF3	CCF2	CCF1	CCF0	00x00000b

位说明如下：

（1）CF：PCA 计数器溢出标志。当计数器翻转时，硬件设置此位。若 CMOD 中的 ECF 被设置，那么 CF 将标志一个中断。CF 可以被硬件或软件设置，但仅能由软件清除。

（2）CR：PCA 计数器运行控制位。由软件设置此位以打开 PCA 计数器，关闭 PCA 计数器必须软件清除此位。

（3）CCF4：PCA 模块 4 中断标志。当一个匹配或捕捉出现由硬件设置此位，必须由软件清除。

（4）CCF3：PCA 模块 3 中断标志。当一个匹配或捕捉出现由硬件设置此位，必须由软件清除。

（5）CCF2：PCA 模块 2 中断标志。当一个匹配或捕捉出现由硬件设置此位，必须由软件清除。

(6) CCF1：PCA 模块 1 中断标志。当一个匹配或捕捉出现由硬件设置此位，必须由软件清除。

(7) CCF0：PCA 模块 0 中断标志。当一个匹配或捕捉出现由硬件设置此位，必须由软件清除。

每一个 PCA 模块都有一个模式特殊功能寄存器（CCAPMn，n=0、1、2、3、4），具体见表 3.5。ECCF 位置 1 将使能 CCON 中的 CCF 标志，当 CCFn=1 时便产生中断。PWM 位为 1 可以使能 PWM 脉冲宽度调制模式。置位 MAT 位，当 PCA 计数器与模块的捕捉/比较寄存器发生匹配时，CCON 中的 CCFn 位置 1。如果 TOG 位为 1，CEXn 引脚会与相应的模块关联起来，当 PCA 计数器与模块的捕捉/比较寄存器发生匹配时进行翻转。CAPN 和 CAPP 位决定捕捉输入信号的有效沿，CAPN 为 1 捕捉下降沿，CAPP 为 1 捕捉上升沿，都为 1 则上升或下降沿都会被捕捉。ECOM 位置 1 使能比较功能。

表 3.5　　PCA 模 块 的 模 式

ECOMn	CAPPn	CAPNn	MATn	TOCn	PWMn	ECCFn	模 块 功 能
0	1	0	0	0	0	0/1	在引脚 CEX[4：0]上出现上升沿触发 16 位捕捉
0	0	1	0	0	0	0/1	在引脚 CEX[4：0]上出现下降沿触发 16 位捕捉
0	1	1	0	0	0	0/1	在引脚 CEX[4：0]上出现上升沿或下降沿都会触发 16 位捕捉
1	0	0	1	0	0	0/1	比较:软件定时器
1	0	0	1	1	0	0/1	比较:高速输出
1	0	0	0	0	1	X①	比较:8 位 PWM
1	0	0	1	0/1③	0	X②	比较:PCA WDT(仅 CCAPM4)

① 产生 PWM 不需要 PCA 中断。

② 为看门狗允许中断，将消除看门狗功能。

③ 为 0，则禁止翻转功能；为 1，允许在 CEX [4：0] 引脚上产生翻转。

4. 实验内容及步骤

(1) 高速输出模式实验。在高速输出模式，PCA 计数器（CH 和 CL）与捕捉寄存器（CCAPnH 和 CCAPnL）之间数据匹配时，在 CEX 输出引脚的状态发生翻转。

编写实验程序，使 PCA 的模块 0 工作于高速输出模式，产生 1kHz 的方波，通过示波器观察 CEX0（P1.3）的输出，并测量周期。

实验步骤如下：

1) 编写实验程序，经编译、链接无误后，启动调试。

2) 运行实验程序，使用示波器测量 CEX0（P1.3）引脚，观察输出，测量波形周期。

3) 修改程序，使输出 2kHz 的波形，并验证。

(2) PWM 脉冲实验。编写实验程序，配置 PCA 的模块 0 工作于 PWM 模式，输出占空比为 75%的方波。

PWM 模式被用于产生一个连续的占空比可调的方波信号。脉冲宽度调制通过比较 PCA 定时器的低字节（CL）和比较寄存器的低字节（CCAPnL）产生 8 位 PWM 脉冲。当 CL＜CCAPnL 时，输出低电平；当 CL＞CCAPnL 时，输出高电平。输出频率取决于 PCA 定时器的信号源。

占空比由写入比较寄存器的高字节（CCAPnH）控制，计算如下：

$$\text{CCAP}n\text{H}=256(1-\text{Duty cycle})$$

式中：CCAPnH 为8位整型数；Duty cycle 为百分数。

实验步骤如下：

1）编写实验程序，经编译、链接无误后，启动调试。

2）运行实验程序，使用示波器测量 CEX0（P1.3）引脚，观察输出波形的占空比。

3）修改实验程序，输出占空比为30%的方波并验证。

请自行设计实验验证 PCA 其他工作模式，加深对 PCA 的了解。

3.7　串口通信实验

1. 实验目的

（1）学习 MCS-51 单片机串口的工作原理及程序设计。

（2）了解使用 SSTEasyIAP11F 软件实现程序脱机运行的方法。

（3）熟悉启动加载代码与 SoftICE 相互切换的方法。

2. 实验设备

PC机1台，TD-PITE 实验系统+TD-51 开发板系统平台。

3. 实验原理

MCS-51 单片机内部的全双工串行接口部分，包含有串行接收器和串行发送器。有两个物理上独立的接收缓冲器和发送缓冲器。接收缓冲器只能读出接收的数据，但不能写入；发送缓冲器只能写入发送的数据，但不能读出。因此可以同时收、发数据，实现全双工通信。两个缓冲器是特殊功能寄存器 SBUF，它们的公用地址为99H，SBUF 是不可位寻址的。此外，还有两个寄存器 SCON 和 PCON 分别用于控制串行口的工作方式以及波特率，定时器 T1 可以用作波特率发生器。

SST89E554RC 提供了增强型全双工串行接口，具有帧错误检测和自动地址识别功能。由于 SST89E554RC 的串口用作调试目的，所以 Keil C51 软件提供了串口模拟窗口，可以借助此窗口调试串口通信程序。也可以将程序编译生成目标代码（.hex），脱机运行。

4. 实验内容

编写实验程序，每隔一定时间，单片机向串口发送一次数据“Xi'an Tangdu Corp.”。

5. 实验步骤

（1）串口通信实验电路如图3.10所示，RS-232 电路如图3.11所示。

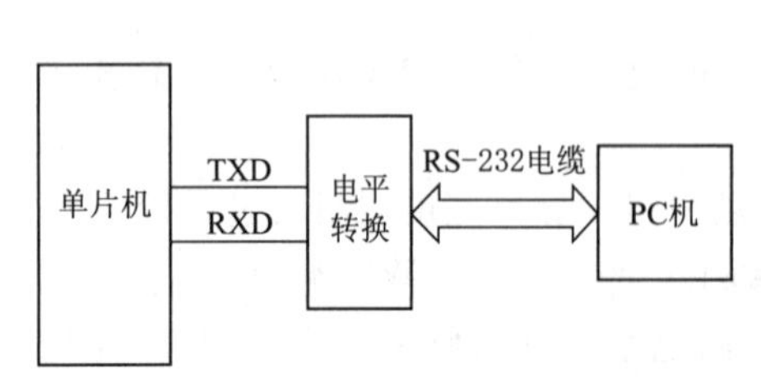

图3.10　串口通信实验电路

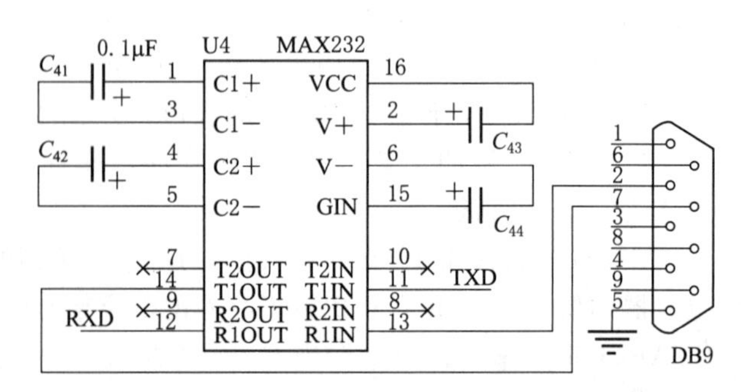

图3.11　RS-232 电路

（2）编写实验程序，经编译、链接无误后，启动调试。

（3）进入调试界面，点击命令，打开串口1监视窗口。

（4）运行实验程序，此时有如图3.12所示的输出。

（5）阅读1.3节的内容，首先将系统程序由SoftICE切换到启动加载程序。

（6）将编译生成的Hex文件通过SSTEasy-IAP11F软件下载到单片机内部Flash中。

（7）复位单片机，打开超级终端或串口调试软件，将端口号及波特率等设置好，观察PC显示，如图3.13和图3.14所示。

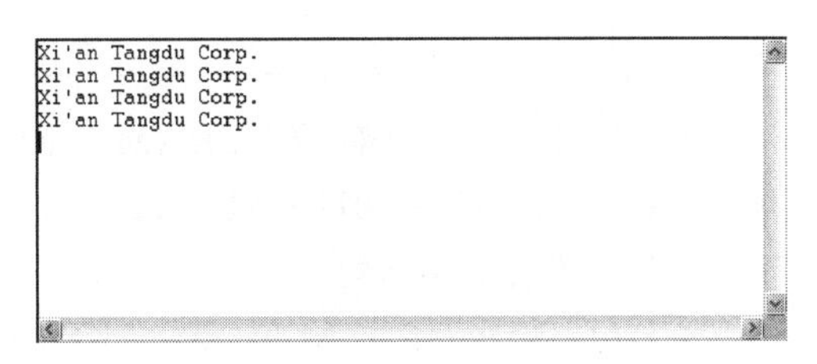

图3.12　串口监视输出窗口

（8）实验结束，重新将SoftICE下载到单片机系统区替换启动加载程序。

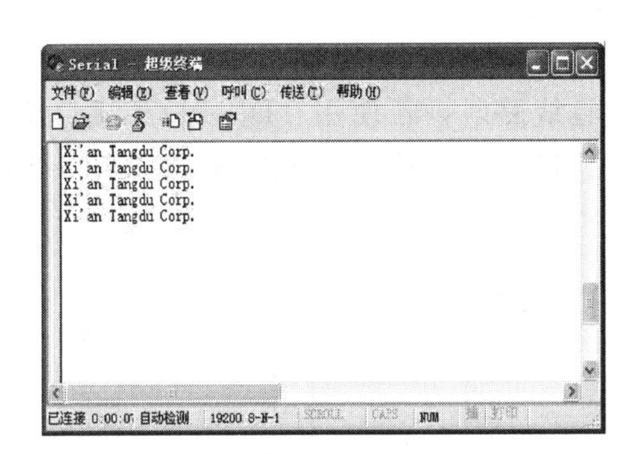

图3.13　超级终端监视界面

图3.14　串口监视界面

3.8　静态存储器扩展实验

1. 实验目的

（1）掌握单片机系统中存储器扩展的方法。

（2）掌握单片机内部RAM和外部RAM之间数据传送的特点。

2. 实验设备

PC机1台，TD-PITE实验系统+TD-51开发板系统平台。

3. 实验原理

存储器是用来存储信息的部件，是计算机的重要组成部分，静态RAM是由MOS管组成的触发器电路，每个触发器可以存放1位信息。只要不掉电，所储存的信息就不会丢失。因此，静态RAM工作稳定，不需要外加刷新电路，使用方便。但一般SRAM的每一个触发器是由6个晶体管组成，RAM芯片的集成度不会太高，目前较常用的有6116（2K×8位），6264（8K×8位）和62256（32K×8位）。本实验以62256为例讲述单片机扩展静态存储器的方法。62256引脚如图3.15所示。

SST89E554RC内部有1KB RAM，其中768B（00H～2FFH）扩展RAM要通过

MOVX 指令进行间接寻址。内部 768B 扩展 RAM 与外部数据存储器在空间上重叠，这要通过 AUXR 寄存器的 EXTRAM 位进行切换，AUXR 寄存器说明如下：

	D7	D6	D5	D4	D3	D2	D1	D0	复位值
8EH							EXTRAM	AO	xxxxxx00b

（1）EXTRAM：内部/外部 RAM 访问。0：使用指令 MOVX @Ri/@DPTR 访问内部扩展 RAM，访问范围 00H～2FFH，300H 以上的空间为外部数据存储器；1：0000H～FFFFH 为外部数据存储器。

（2）AO：禁止/使能 ALE。0：ALE 输出固定的频率；1：ALE 仅在 MOVX 或 MOVC 指令期间有效。

4. 实验内容

编写实验程序，在单片机内部一段连续 RAM 空间 30H～3FH 中写入初值 00H～0FH，然后将这 16 个数传送到 RAM 的 0000H～000FH 中，最后再将外部 RAM 的 0000H～000FH 空间的内容传送到片内 RAM 的 40H～4FH 单元中。

5. 实验步骤

（1）按图 3.16 连接实验电路。注意：连接实验线路时，若使用 TD－PITE 接口实验箱，应将 BHE＃和 BLE＃信号接 GND；若使用 TD－PITE 实验箱，需将 BE3～BE0 接 GND。

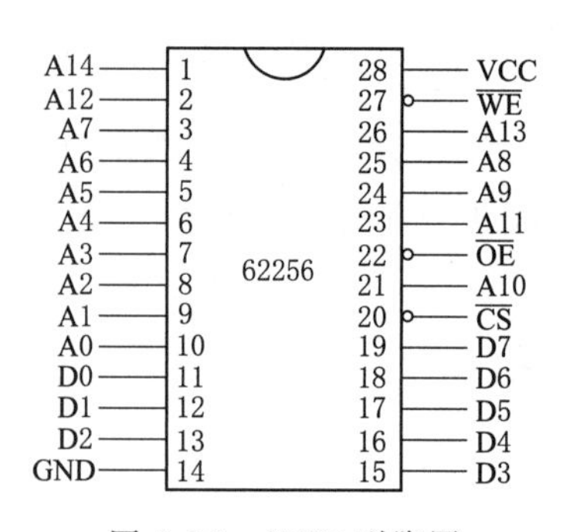

图 3.15　62256 引脚图

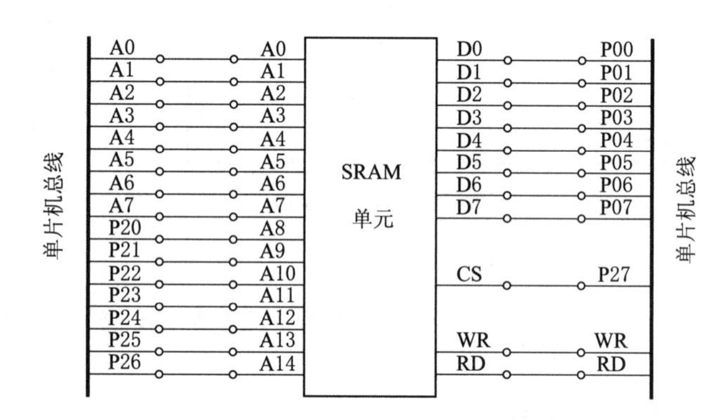

图 3.16　扩展存储器实验线路图

（2）按实验内容编写实验程序，经编译、链接无误后，启动调试。

（3）打开存储器观察窗口，在存储器＃1 的 Address 中输入 D：0x30，在存储器＃2 的 Address 中输入 X：0x0000，监视存储器空间。

（4）可单步运行程序，观察存储器内容的变化，或在 while（1）语句行设置断点再运行程序，验证实验功能。

3.9　Flash 存储器扩展实验

1. 实验目的

（1）学习 Flash 存储器的工作原理与读/写方式。

（2）了解 AT29C010A 的编程特性。

2. 实验设备

PC 机 1 台，TD－PITE 实验系统＋TD－51 开发板系统平台。

3. 实验原理

(1) Flash ROM 简介。在系统可编程可擦除只读 Flash 通常称为“闪存”，该类型的存储器具有掉电时数据不丢失、扇区编程、芯片擦除、单一供电和高密度信息存储等特性，主要用于保存系统引导程序和系统参数等需要长期保存的重要信息，现广泛应用于各种产品中。AT29C010A 为 5V 在线可编程、可擦除只读 Flash，存储容量为 128KB，封装为 PLCC32，其引脚如图 3.17 所示。

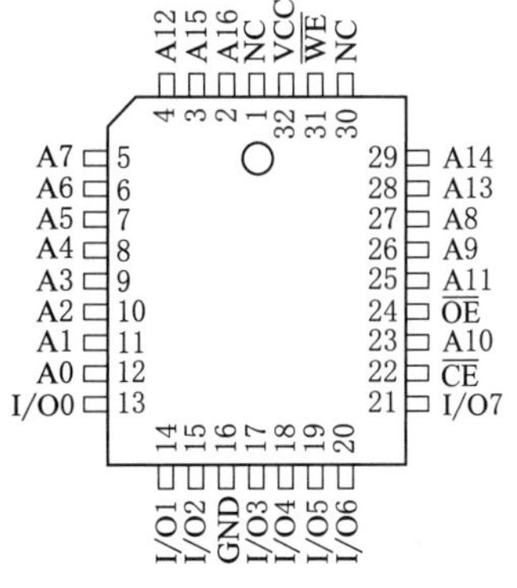

图 3.17　AT29C010A 引脚图

引脚说明如下：①A0～A16：地址信号；②$\overline{\text{CE}}$：芯片使能信号；③$\overline{\text{OE}}$：输出使能信号；④$\overline{\text{WE}}$：写使能信号；⑤I/O0～I/O7：数据输入/输出信号；⑥NC：空脚，不连接。

(2) Flash 的编程。AT29C010A 的数据编程以扇区为单位进行操作。该器件共有 1024 个扇区，每个扇区为 128B。当进行数据编程时，首先将连续的 128B 在内部进行锁存，然后存储器进入编程周期，将锁存器中的 128B 数据依次写入存储器的扇区中，对于扇区的编程时间一般需要 10ms，接下来才能对下一个扇区进行编程。在对一个扇区进行编程前，存储器会自动擦除该扇区内的全部数据，然后才进行编程。

1) 软件数据保护：AT29C010A 提供软件数据保护功能，在编程之前写入 3 个连续的程序命令，即按顺序将规定的数据写入指定的地址单元，便可以启动软件数据保护功能。在软件数据保护功能启动以后，每次编程之前都需要加上这 3 条命令，否则数据无法写入 Flash。断电不会影响该功能，即重新上电软件数据保护仍然有效。这样可以防止意外操作而破坏 Flash 中的数据。如果需要去除软件数据保护功能，可以用同样的方法写入连续的 6 个命令。图 3.18 所示为软件数据保护命令序列。

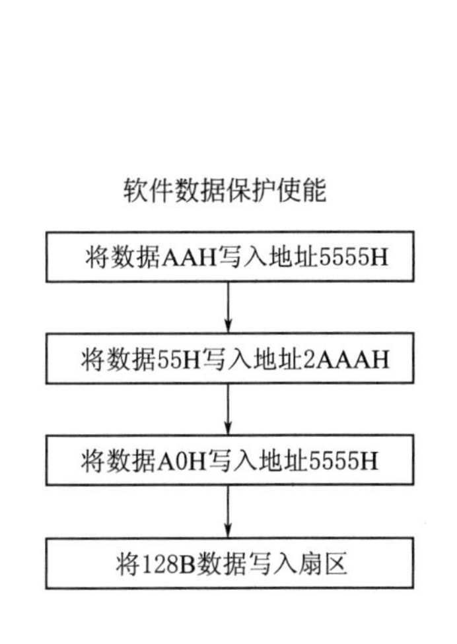

(a) 启动软件数据保护功能的命令序列

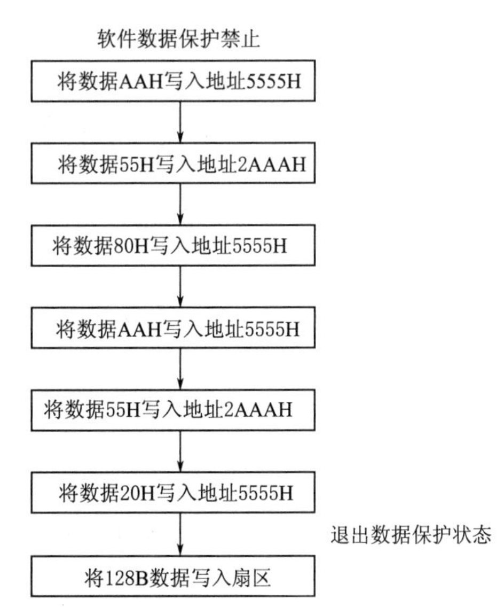

(b) 取消软件数据保护功能的命令序列

图 3.18　软件数据保护命令序列

2）芯片擦除：AT29C010A 可以对整个芯片进行擦除，通过写入 6 个连续的命令实现，具体命令序列如图 3.19 所示。

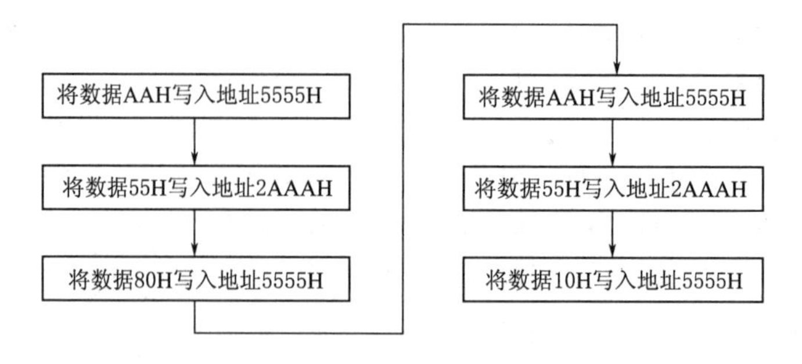

图 3.19　芯片擦除命令序列

4. 实验内容

编写实验程序对 Flash ROM 进行操作，要求对 Flash 的读/写、数据保护功能、芯片擦除等特性进行验证。带保护写入 0～127 共 128 个数，不带保护写入 0x55，共 128 个。

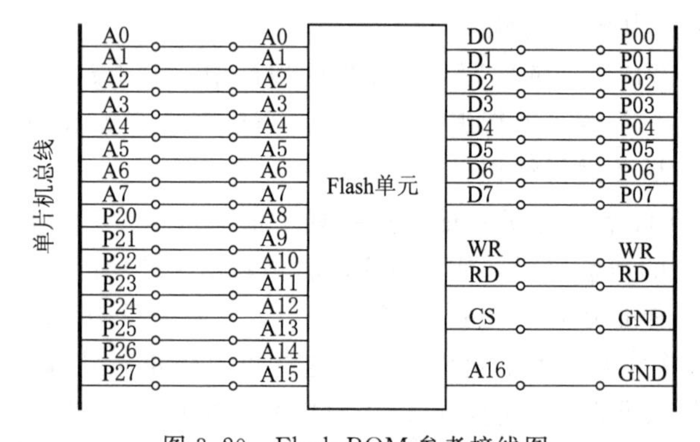

图 3.20　Flash ROM 参考接线图

5. 实验步骤

（1）按图 3.20 连接实验电路。

（2）编写实验程序，然后编译、链接后启动调试。

（3）打开存储器观察窗口，在存储器 #1 的 Address 栏内输入 X：0x0000，查看存储器的内容。

（4）带保护写 Flash，写入内容 0～7F，观察存储器窗口。

（5）不带保护写 Flash，观察存储器窗口，正确情况下数据不会改变，仍为 0～7F。

（6）首先去除写保护，然后不带保护写 Flash，观察存储器窗口，此时应显示 128 个 55。

（7）可以将整个 Flash 擦除，观察存储器窗口，内容变为全 FF，表示 Flash 已被擦除。

（8）通过一步一步实验，了解 Flash 的特性，实验结束，按复位键退出调试。

3.10　A/D 转换实验

1. 实验目的

（1）学习理解 A/D 转换的基本原理。

（2）掌握 A/D 转换芯片 ADC0809 的使用方法。

2. 实验设备

PC 机 1 台，TD-PITE 实验系统＋TD-51 开发板系统平台，万用表 1 只。

3. 实验原理

ADC0809 包括一个 8 位逐次逼近型的 A/D 部分，并提供一个 8 通道的模拟多路开关和联合寻址逻辑。用它可直接输入 8 个单端的模拟信号，分时进行 A/D 转换，在多点巡回检测、过程控制等应用领域使用非常广泛。

ADC0809 的主要技术指标为：分辨率：8 位；单电源：+5V；总的不可调误差：±1LSB；转换时间：取决于时钟频率；模拟输入范围：单极性 0～5V；时钟频率范围：10～1280kHz。ADC0809 的外部引脚如图 3.21 所示，地址信号与选中通道的关系见表 3.6。

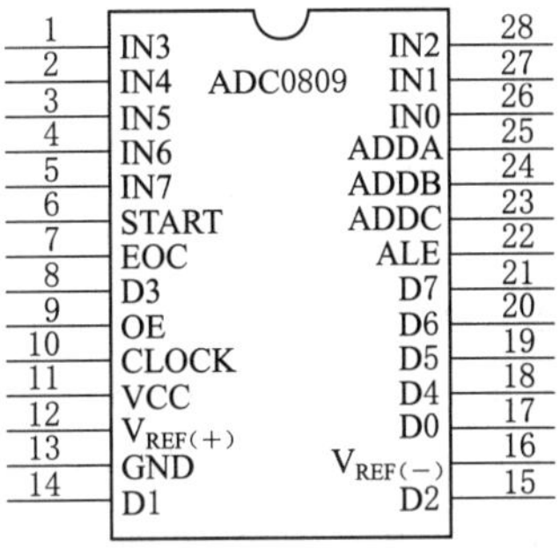

图 3.21　ADC0809 外部引脚图

第 3.6　　地址信号与选中通道的关系

地址			选中通道
A	B	C	
0	0	0	IN0
0	0	1	IN1
0	1	0	IN2
0	1	1	IN3
1	0	0	IN4
1	0	1	IN5
1	1	0	IN6
1	1	1	IN7

图 3.22 所示为 A/D 转换单元原理图。A/D 转换实验单元由 ADC0809 芯片及电位器电路组成，ADC0809 的 IN7 通道用于温度控制实验，增加一个 510Ω 的电阻与热敏电阻构成分压电路。

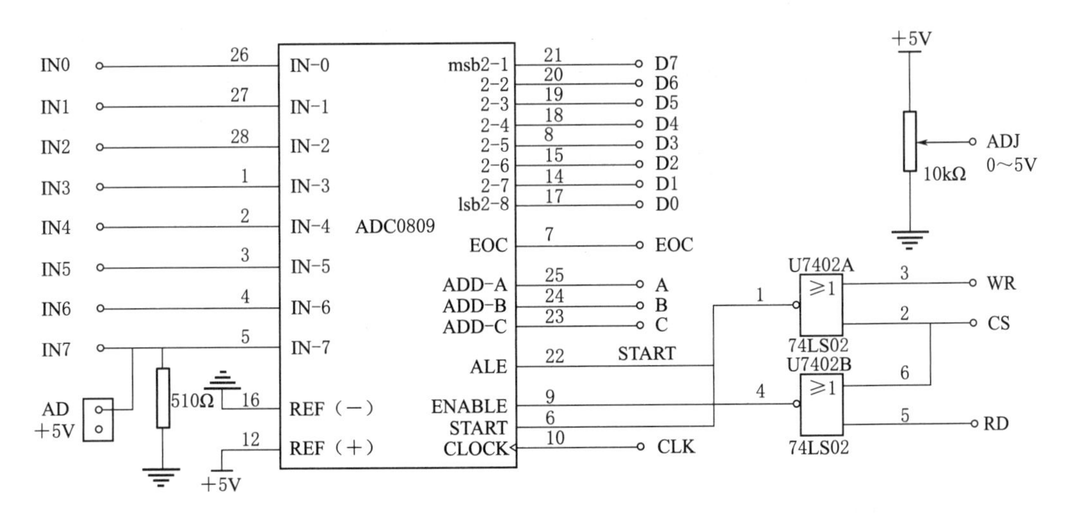

图 3.22　A/D 转换单元原理图

图 3.23 所示为时钟源单元电路。时钟源单元提供一个 1.8432MHz 的晶振电路，它可作为 16550 时钟输入。另外，还有两个十分频电路，将 1.8432MHz 分频得到 184.32kHz 和 18.432kHz。

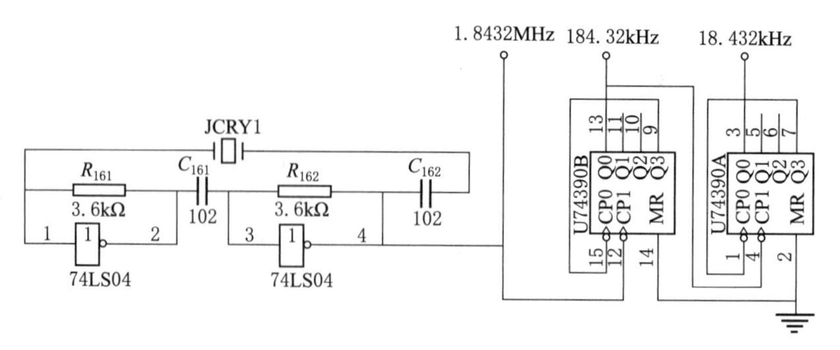

图 3.23　时钟源单元电路

4. 实验内容

编写实验程序，将 A/D 单元中提供的 0～5V 信号源作为 ADC0809 的模拟输入量，进行 A/D 转换，转换结果通过变量进行显示。

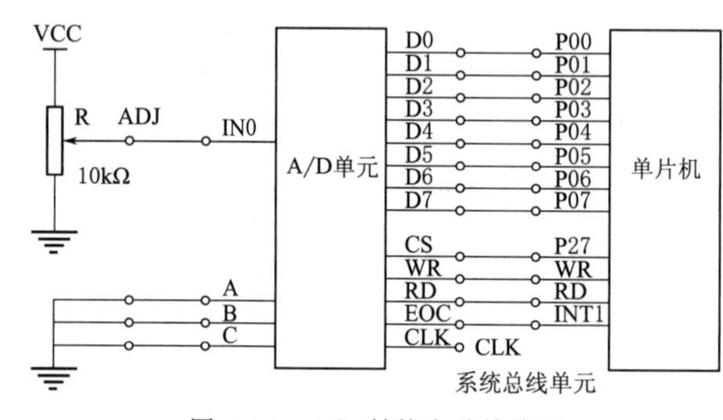

图 3.24　A/D 转换实验接线图

5. 实验步骤

(1) 按图 3.24 连接实验线路，A/D 的时钟线需要与实验平台中的系统总线单元的 CLK（参见图 3.23）相连。

(2) 编写实验程序，经编译、链接无误后装入系统，启动调试。

(3) 将变量 ADV 添加到变量监视窗口中。

(4) 在语句行 Delay（）设置断点，使用万用表测量 ADJ 端的电压值，计算对应的采样值，然后运行程序。

(5) 程序运行到断点处停止运行，查看变量窗口中 ADV 的值，与计算的理论值进行比较，查看是否一致（可能稍有误差，相差不大）。

(6) 调节电位器，改变输入电压，比较 ADV 与计算值，反复验证程序功能，制表并记录结果。

3.11　D/A 转换实验

1. 实验目的

(1) 学习 D/A 转换的基本原理。

(2) 掌握 DAC0832 的使用方法。

2. 实验设备

PC 机 1 台，D - PITE 实验系统＋TD - 51 开发板系统平台，示波器 1 台。

3. 实验原理

D/A 转换器是一种将数字量转换成模拟量的器件，其特点是：接收、保持和转换的数字信息不存在随温度、时间漂移的问题，其电路抗干扰性较好。大多数的 D/A 转换器接口设计主要围绕 D/A 集成芯片的使用及配置响应的外围电路。DAC0832 是 8 位芯片，采用 CMOS 工艺和 R－2RT 形电阻解码网络，转换结果为一对差动电流 I_{out1} 和 I_{out2} 输出，其主要性能参数见表 3.7，引脚如图 3.25 所示。

表 3.7　　DAC0832 性能参数

性能参数	参数值
分辨率	8 位
单电源	＋5～＋15V
参考电压	＋10～－10V
转换时间	1μs
满刻度误差	±1LSB
数据输入电平	与 TTL 电平兼容

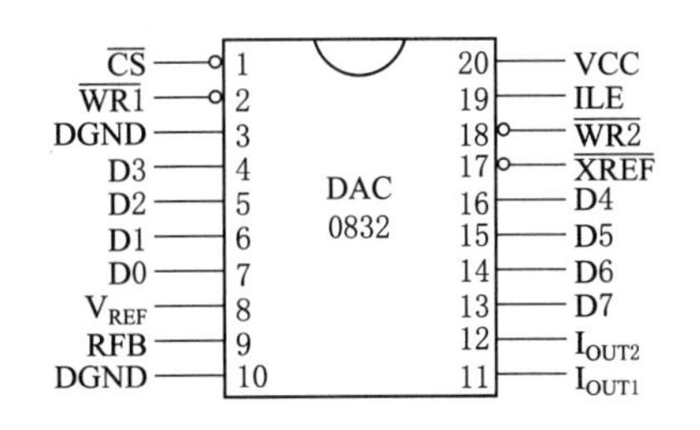

图 3.25　DAC0832 引脚图

图 3.26 所示为 D/A 转换单元原理图。D/A 转换实验单元由 DAC0832 与 LM324 构成，采用单缓冲方式连接，通过两级运算放大器组成电流转换为电压的转换电路。

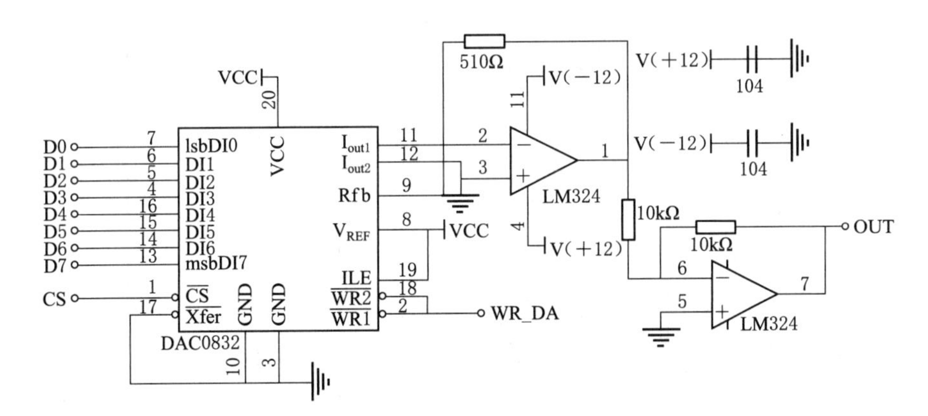

图 3.26　D/A 转换单元原理图

4. 实验内容

设计实验电路图实验线路并编写程序，实现 D/A 转换，要求产生锯齿波、脉冲波，并用示波器观察电压波形。

5. 实验步骤

(1) 实验接线如图 3.27 所示，按图接线。

(2) 编写实验程序，经编译、链接无误后装入系统，启动调试。

(3) 运行程序，用示波器测量 D/A 的输出，观察实验现象。

(4) 自行编写实验程序，产生三角波形，使用示波器观察输出，验证程序功能。

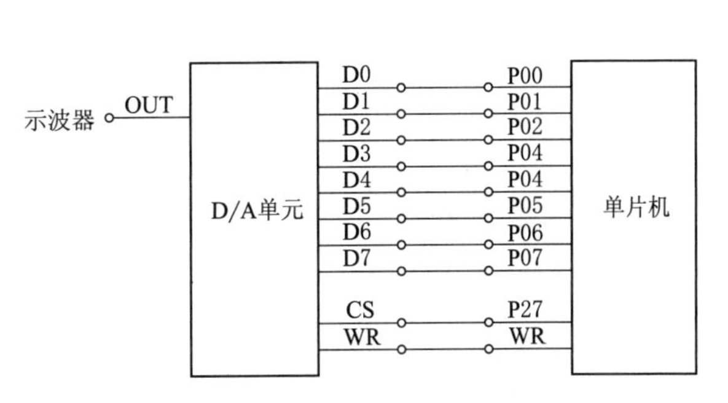

图 3.27　D/A 实验接线图

3.12　键盘扫描及数码管显示设计实验

1. 实验目的

（1）了解 8255 的工作方式及应用。

（2）了解键盘扫描及数码管显示的基本原理，熟悉 8255 的编程。

2. 实验设备

PC 机 1 台，TD－PITE 实验系统＋TD－51 开发板系统平台。

3. 实验原理

并行接口是以数据的字节为单位与 I/O 设备或被控制对象之间传递信息。CPU 和接口之间的数据传送总是并行的，即可以同时传递 8 位、16 位或 32 位等。8255 可编程外围接口芯片是 Intel 公司生产的通用并行 I/O 接口芯片，它具有 A、B、C 3 个并行接口，用＋5V 单电源供电，能在以下三种方式下工作：方式 0——基本输入/输出方式、方式 1——选通输入/输出方式、方式 2——双向选通工作方式。8255 的内部结构及外部引脚如图 3.28 所示，8255 工作方式控制字和 C 口置位/复位控制字格式如图 3.29 所示。

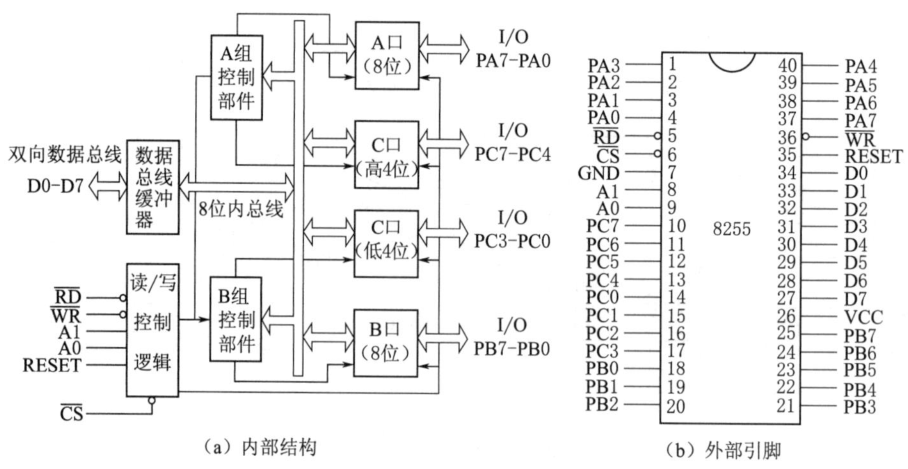

（a）内部结构　　（b）外部引脚

图 3.28　8255 内部结构及外部引脚图

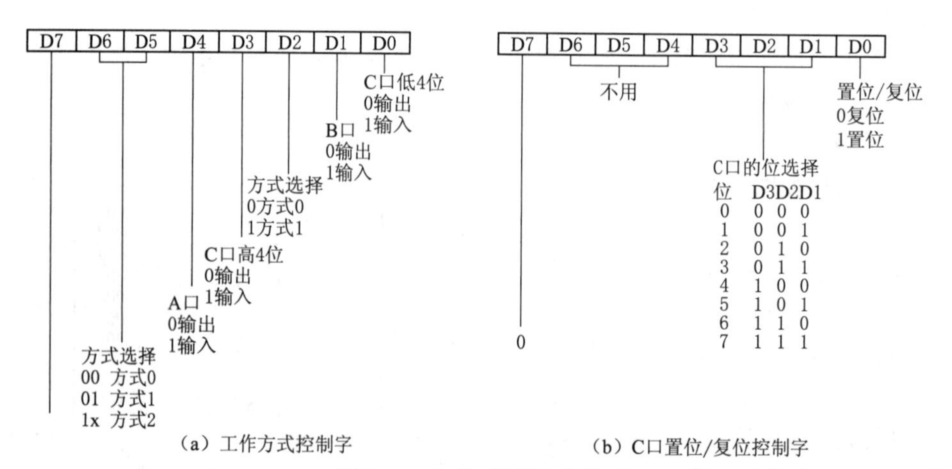

（a）工作方式控制字　　（b）C口置位/复位控制字

图 3.29　8255 控制字格式

键盘扫描及数码管显示单元原理如图 3.30 所示。

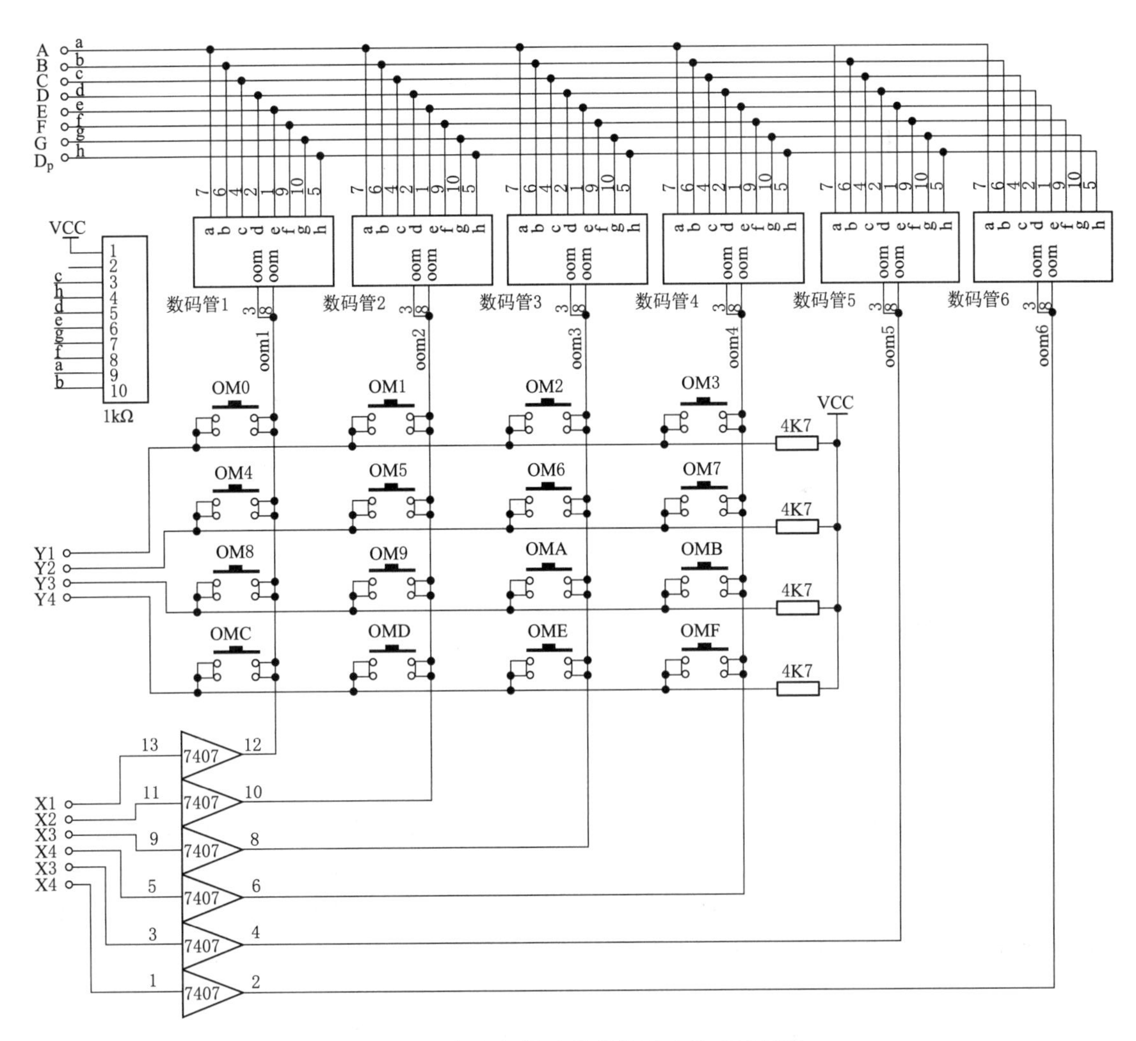

图 3.30 键盘扫描及数码管显示单元原理图

4. 实验内容

将 8255 单元与键盘及数码管显示单元连接，编写实验程序，扫描键盘输入，并将扫描结果送数码管显示。键盘采用 4×4 键盘，每个数码管显示值可为 0～F，共 16 个数。实验具体内容如下：将键盘进行编号，记作 0～F，当按下其中一个按键时，将该按键对应的编号在一个数码管上显示出来；当再按下一个按键时，便将这个按键的编号在下一个数码管上显示出来。数码管上可以显示最近 4 次按下的按键编号。

5. 实验步骤

(1) 按图 3.31 连接线路图。

(2) 编写实验程序，编译、链接无误后，启动调试。

(3) 运行实验程序，按下按键，观察数码管的显示，验证程序功能。

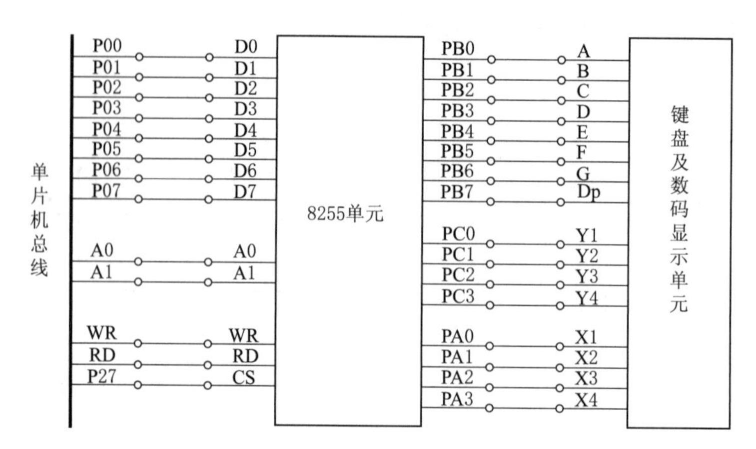

图 3.31　键盘扫描及数码管显示实验接线图

3.13　电子发声设计实验

1. 实验目的

学习使用定时器/计数器使扬声器发声的编程方法。

2. 实验设备

PC 机 1 台，TD－PITE 实验系统＋TD－51 开发板系统平台。

3. 实验原理

一个音符对应一个频率，将对应一个音符频率的方波送到扬声器上，就可以发出这个音符的声音。将一段乐曲的音符对应频率的方波依次送到扬声器，就可以演奏出这段乐曲。利用定时器控制单片机的 I/O 引脚输出方波，将相应一种频率的计数初值写入计数器，就可以产生对应频率的方波。计数初值的计算如下：计数初值＝输入时钟/输出频率。例如，输入时钟采用 1MHz，要得到 800Hz 的频率，计数初值即为 1000000/800。音符与频率对照关系见表 3.8。对于每一个音符的演奏时间，可以通过软件延时来处理。首先确定单位延时时间程序（根据 CPU 的频率不同而有所变化）。然后确定每个音符演奏需要几个单位时间，就几次调用延时子程序即可。

表 3.8　音符与频率对照表　单位：Hz

音调＼音符	$\underset{\cdot}{1}$	$\underset{\cdot}{2}$	$\underset{\cdot}{3}$	$\underset{\cdot}{4}$	$\underset{\cdot}{5}$	$\underset{\cdot}{6}$	$\underset{\cdot}{7}$
A	221	248	278	294	330	371	416
B	248	278	312	330	371	416	467
C	131	147	165	175	196	221	248
D	147	165	185	196	221	248	278
E	165	185	208	221	248	278	312
F	175	196	221	234	262	294	330
G	196	221	248	262	294	330	371

续表

音调＼音符	1	2	3	4	5	6	7
A	441	495	556	589	661	742	833
B	495	556	624	661	742	833	933
C	262	294	330	350	393	441	495
D	294	330	371	393	441	495	556
E	330	371	416	441	495	556	624
F	350	393	441	467	525	589	661
G	393	441	495	525	589	661	742
音调＼音符	$\dot{1}$	$\dot{2}$	$\dot{3}$	$\dot{4}$	$\dot{5}$	$\dot{6}$	$\dot{7}$
A	882	990	1112	1178	1322	1484	1665
B	990	1112	1248	1322	1484	1665	1869
C	525	589	661	700	786	882	990
D	589	661	742	786	882	990	1112
E	661	742	833	882	990	1112	1248
F	700	786	882	935	1049	1178	1322
G	786	882	990	1049	1178	1322	1484

请编写乐曲《友谊地久天长》的实验参考程序。注意，编程中需要此乐曲的频率表和时间表，频率表是将曲谱中的音符对应的频率值依次记录下来（B调、2/4拍），时间表是将各个音符发音的相对时间记录下来（由曲谱中节拍得出）。频率表和时间表是一一对应的，频率表的最后一项为0，作为重复的标志。根据频率表中的频率算出对应的计数初值，然后依次写入T0的计数器。将时间表中相对时间值代入延时程序来得到音符演奏时间。实验参考程序流程如图3.32所示。

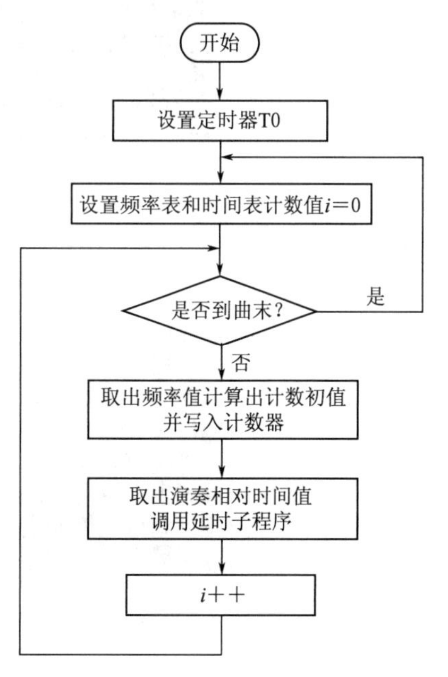

图3.32 实验参考程序流程

4. 实验内容

根据实验提供的音乐频率表和时间表，编写程序控制单片机，使其输出连接到扬声器上能发出相应的乐曲。

5. 实验步骤

(1) 电子发声单元原理如图3.33所示，它由放大电路与扬声器组成，按图3.34连接实验线路。

(2) 编写实验程序，经编译、链接无误后，启动调试。

(3) 运行程序，听扬声器发出的音乐是否正确。

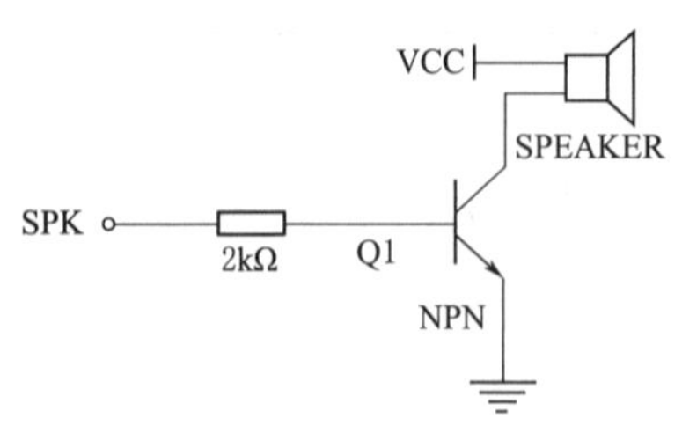

图 3.33　电子发声单元原理图

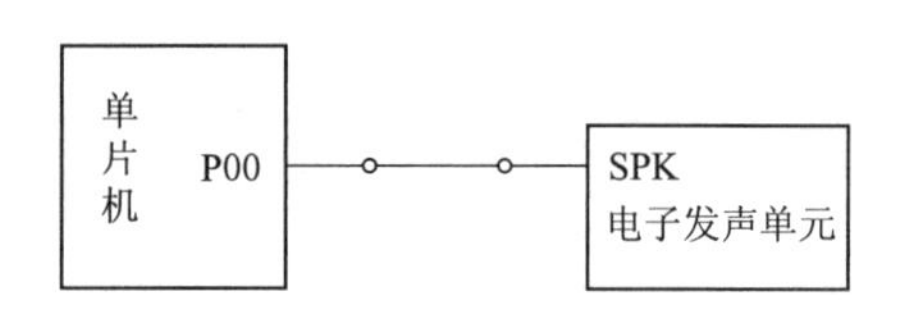

图 3.34　电子发声实验接线图

3.14　点阵 LED 显示设计实验

1. 实验目的

（1）了解 LED 点阵的基本结构。

（2）学习 LED 点阵的扫描显示方法。

2. 实验设备

PC 机 1 台，TD－PITE 实验系统＋TD－51 开发板系统平台。

3. 实验原理

实验系统中的 16×16 LED 点阵由 4 块 8×8 LED 点阵组成，如图 3.35 所示，8×8 点阵内部结构及外部引脚如图 3.36 与图 3.37 所示。由图 3.36 可知，当行为“0”、列为“1”时，则对应行、列上的 LED 点亮。汉字显示如图 3.38 所示。

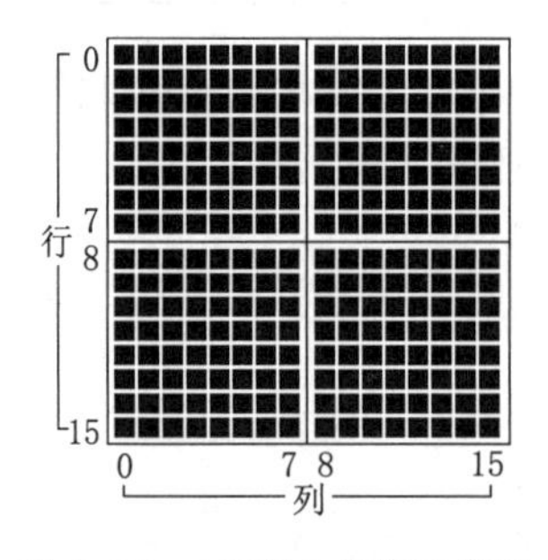

图 3.35　16×16 点阵示意图

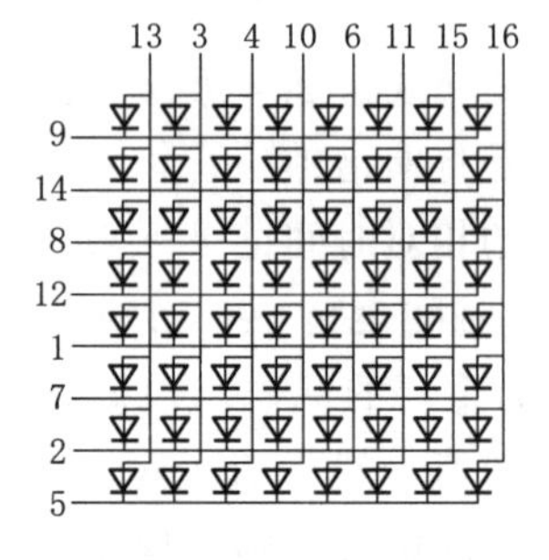

图 3.36　点阵内部结构图

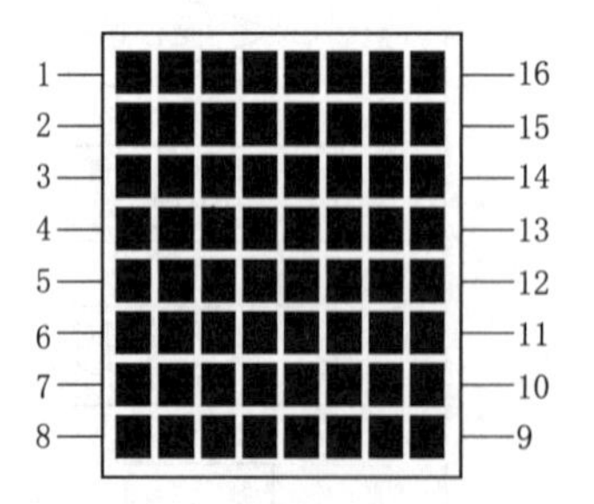

图 3.37　点阵外部引脚图

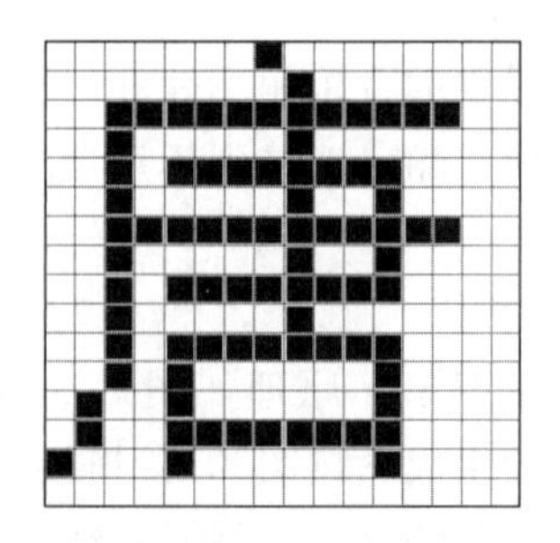

图 3.38　汉字显示示例

点阵单元的原理如图 3.39 所示。

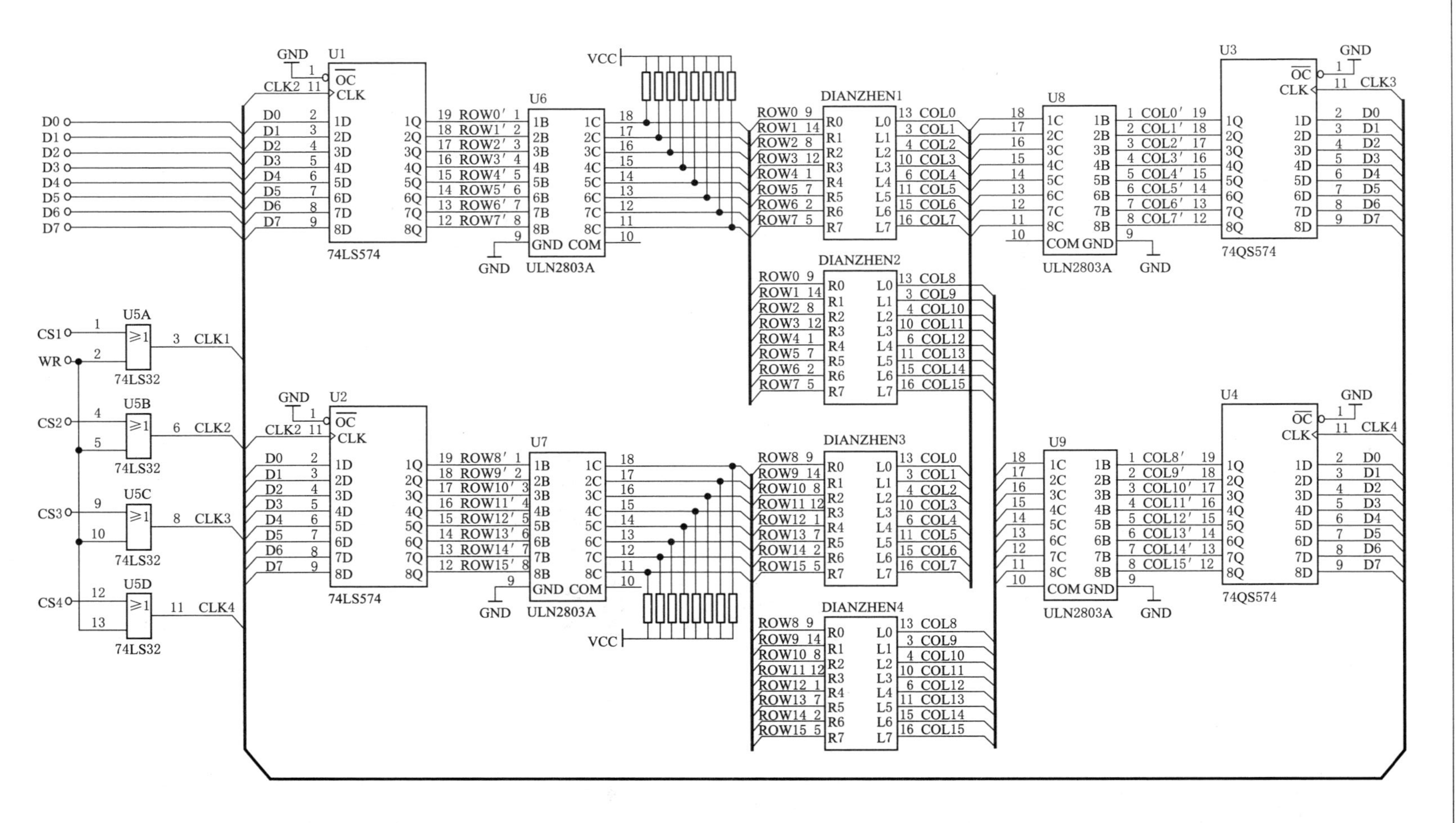

图 3.39 点阵单元原理图

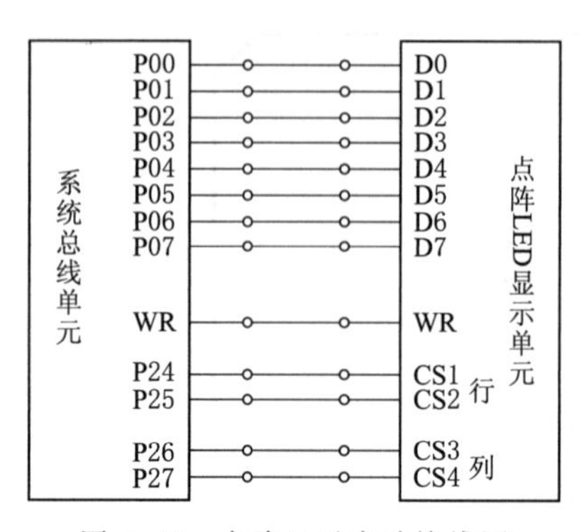

图 3.40　点阵显示实验接线图

4. 实验内容

编写程序，控制点阵的扫描显示，使 16×16 LED 点阵循环显示汉字“西安唐都科教仪器公司”。

5. 实验步骤

(1) 按图 3.40 连接实验电路图。

(2) 编写实验程序，检查无误后，编译、链接并启动调试。

(3) 运行实验程序，观察点阵的显示，验证程序功能。

(4) 自己可以设计实验，使点阵显示不同的符号。

3.15　图形 LCD 显示设计实验

1. 实验目的

了解图形 LCD 的控制方法以及程序设计方法。

2. 实验设备

PC 机 1 台，TD-PITE 实验系统+TD-51 开发板系统平台，图形液晶扩展板 1 块。

3. 实验原理

(1) 液晶模块的接口信号及工作时序。该图形液晶内置有控制器，这使得液晶显示模块的硬件电路简单化，它与 CPU 连接的信号线如下：

1) $\overline{CS1}$、$\overline{CS2}$：片选信号，低电平有效。

2) E：使能信号。

3) RS：数据和指令选择信号，RS=1 为 RAM 数据，RS=0 为指令数据。

4) R/$\overline{W}$：读/写信号，R/$\overline{W}$=1 为读操作，R/$\overline{W}$=0 为写操作。

5) D7～D0：数据总线。

6) LT：背景灯控制信号，LT=1 时打开背景灯，LT=0 时关闭背景灯。

该液晶的时序参数说明见表 3.9，读、写操作时序图如图 3.41 和图 3.42 所示。

表 3.9　时序参数说明

特性曲线	助记符	最小值	典型	最大值	单位
E 周期	tcyc	1000	—	—	ns
E 高电平宽度	twhE	450	—	—	ns
E 低电平宽度	twlE	450	—	—	ns
E 上升时间	tr	—	—	25	ns
E 下降时间	tf	—	—	25	ns
地址建立时间	tas	140	—	—	ns
地址保持时间	tah	10	—	—	ns
数据建立时间	tdsw	200	—	—	ns
数据延迟时间	tddr	—	—	320	ns
数据保持时间(写)	tdhw	10	—	—	ns
数据保持时间(读)	tdhr	20	—	—	ns

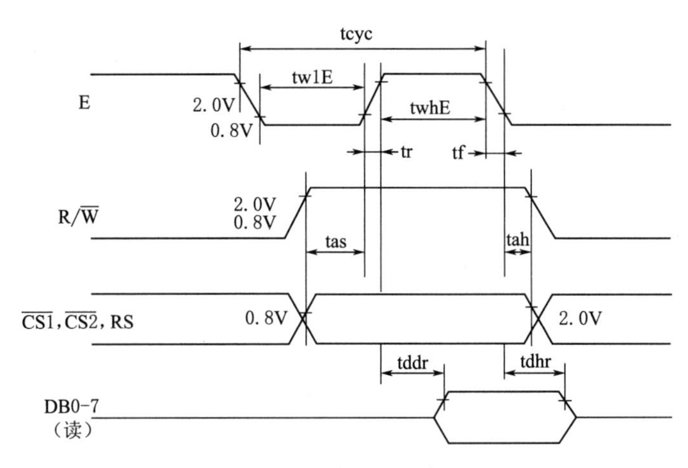

图 3.41　读操作时序图

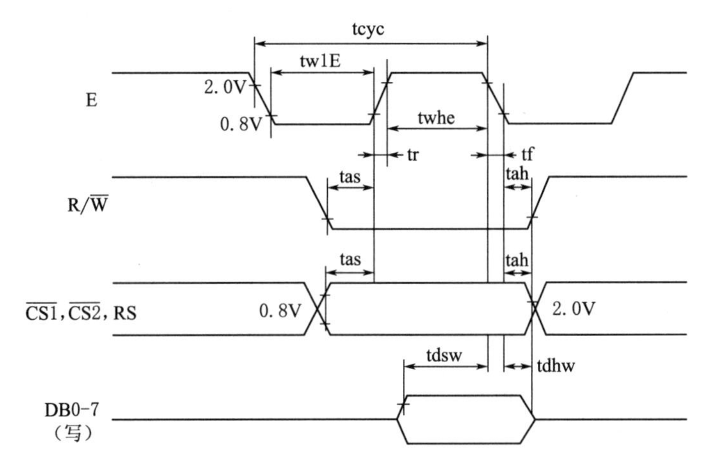

图 3.42　写操作时序图

(2) 显示控制指令。显示控制指令控制着液晶控制器的内部状态，具体见表 3.10。

表 3.10　显示控制命令列表

指　令	RS	R/$\overline{W}$	DB7	DB6	DB5	DB4	DB3	DB2	DB1	DB0
显示开/关	0	0	0	0	1	1	1	1	1	0/1
设置地址（Y 地址）	0	0	0	1	Y 地址(0～63)					
设置页（X 地址）	0	0	1	0	1	1	1	页(0～7)		
显示起始行（Z 地址）	0	0	1	1	显示起始行(0～63)					
读状态字	0	1	忙	0	开/关	复位	0	0	0	0
写显示数据	1	0	写数据							
读显示数据	1	1	读数据							

1）显示开/关的格式：

RS	R/W	DB7	DB6	DB5	DB4	DB3	DB2	DB1	DB0
0	0	0	0	1	1	1	1	1	D

该指令设置显示开/关触发器的状态，当 D=1 时显示数据，当 D=0 时关闭显示设置。

2）设置地址（Y 地址）的格式：

RS	R/W	DB7	DB6	DB5	DB4	DB3	DB2	DB1	DB0
0	0	0	1	AC5	AC4	AC3	AC2	AC1	AC0

该指令用以设置 Y 地址计数器的内容，AC5～AC0=0～63 代表某一页面上的某一单元地址，随后的一次读或写数据将在这个单元上进行。Y 地址计数器具有自动加一功能，在每次读或写数据后它将自动加一，所以在连续读写数据时，Y 地址计数器不必每次设置一次。

3）设置页（X 地址）的格式：

RS	R/W	DB7	DB6	DB5	DB4	DB3	DB2	DB1	DB0
0	0	1	0	1	1	1	AC2	AC1	AC0

该指令设置页面地址寄存器的内容。显示存储器共分 8 页，指令代码中 AC2～AC0 用于确定当前所要选择的页面地址，取值范围为 0～7，代表第 1～8 页。该指令指出以后的读写操作将在哪一个页面上进行。

4）显示起始行（Z 地址）的格式：

RS	R/W	DB7	DB6	DB5	DB4	DB3	DB2	DB1	DB0
0	0	1	1	L5	L4	L3	L2	L1	L0

该指令设置了显示起始行寄存器的内容。此液晶共有 64 行显示的管理能力，指令中的 L5～L0 为显示起始行的地址，取值为 0～63，规定了显示屏上最顶一行所对应的显示存储器的行地址。若等时间、等间距地修改显示起始行寄存器的内容，则显示屏将呈现显示内容向上或向下滚动的显示效果。

5）状态字的格式：

RS	R/W	DB7	DB6	DB5	DB4	DB3	DB2	DB1	DB0
0	1	忙	0	开/关	复位	0	0	0	0

状态字是 CPU 了解液晶当前状态的唯一信息渠道，共有 3 位有效位，说明如下：

① 忙：表示当前液晶接口控制电路运行状态。当忙位为 1 时表示正在处理指令或数据，此时接口电路被封锁，不能接收除读状态字以外的任何操作；当忙位为 0 时，表明接口控制电路已准备好等待 CPU 的访问。

② 开/关：表示当前的显示状态。1 表示关显示状态，0 表示开显示状态。

③ 复位：1 表示系统正处于复位状态，此时除状态读可被执行外，其他指令不可执行；0 表示处于正常工作状态。

在指令设置和数据读写时要注意状态字中的忙标志。只有在忙标志为 0 时，对液晶的操作才能有效。所以在每次对液晶操作前，都要读出状态字判断忙标志位，若不为 0，则需要等待，直到忙标志为 0。

6）写显示数据的格式：

RS	R/W	DB7	DB6	DB5	DB4	DB3	DB2	DB1	DB0
1	0	D7	D6	D5	D4	D3	D2	D1	D0

该操作将 8 位数据写入先前确定的显示存储单元中，操作完成后列地址计数器自动加一。

7）读显示数据的格式：

RS	R/W	DB7	DB6	DB5	DB4	DB3	DB2	DB1	DB0
1	1	D7	D6	D5	D4	D3	D2	D1	D0

该操作将读出显示数据 RAM 中的数据，然后列地址计数器自动加一。

4. 实验内容

本实验使用的是 128×64 图形点阵液晶，编写实验程序，通过单片机控制液晶，显示“唐都科教仪器公司欢迎你!”，并使该字串滚屏一周。

5. 实验步骤

（1）液晶显示单元原理如图 3.43 所示，按照图 3.44 连接实验接线图。

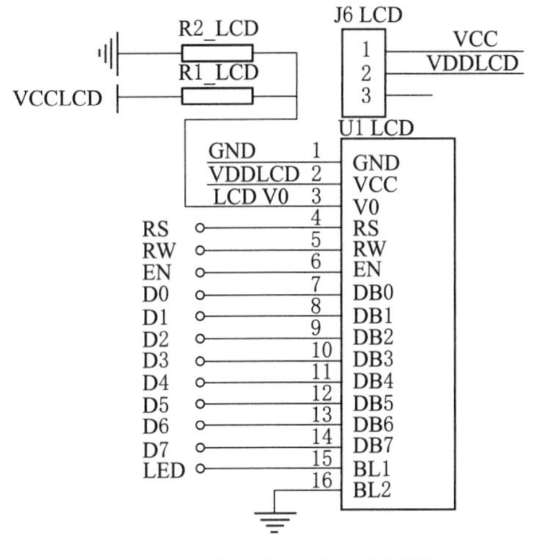

图 3.43　液晶显示单元原理图

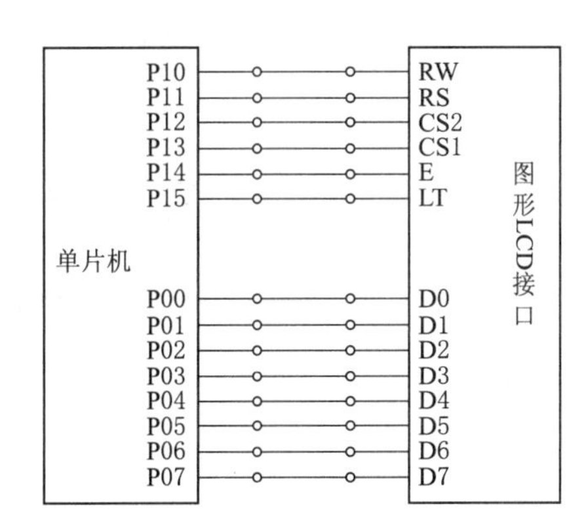

图 3.44　液晶实验线路图

（2）得到需显示汉字或图形的显示数据，这里需要得到“唐都科教仪器公司欢迎你!”的字模。

（3）编写实验程序，编译、链接无误后进入调试界面。

（4）运行实验程序，观察 LCD 显示，验证程序功能。

3.16 步进电机实验

1. 实验目的

了解单片机控制步进电机的方法。

2. 实验设备

PC机1台，TD-PITE实验系统+TD-51开发板系统平台。

3. 实验原理

使用开环控制方式能对步进电机的转动方向、速度和角度进行调节。所谓步进，就是指每给电机一个递进脉冲，电机各绕组的通电顺序就改变一次，即电机转动一次。根据步进电机控制绕组的多少可以将电机分为三相、四相和五相。实验中所使用的步进电机为四相八拍电机，电压为DC 5V，其励磁线圈及其励磁顺序如图3.45及表3.11所示。图3.46所示为电机的驱动电路原理图，ULN2803A为驱动接口芯片，由该芯片构成驱动电路，输入端N经过一个反相器连接到2803的输入端，其他4路A、B、C、D不经过反相器直接与2803相连。由图可见，电机的5、4、3、2、1端可分别与驱动器的N、A、B、C、D端相连，当N=1（高电平）时，其相应发光二极管亮，而A、B、C、D中某一个为0（低电平）时，其相应发光二极管亮。由表可知，四相八拍的顺序为4-43-3-32-2-21-1-14，即A-AB-B-BC-C-CD-D-DA。

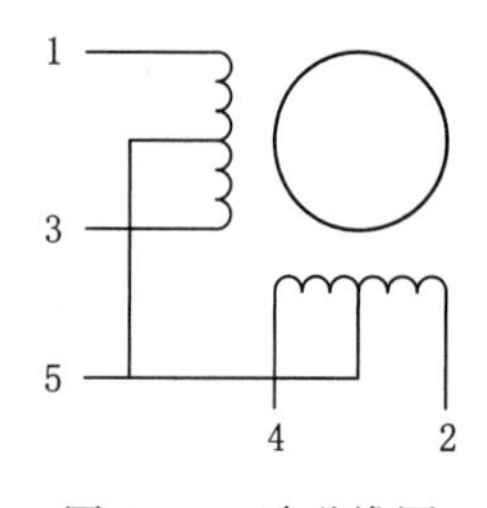

图3.45 励磁线圈

表3.11 励磁顺序

	1	2	3	4	5	6	7	8
5	+	+	+	+	+	+	+	+
4	−	−						−
3		−	−	−				
2				−	−	−		
1						−	−	−

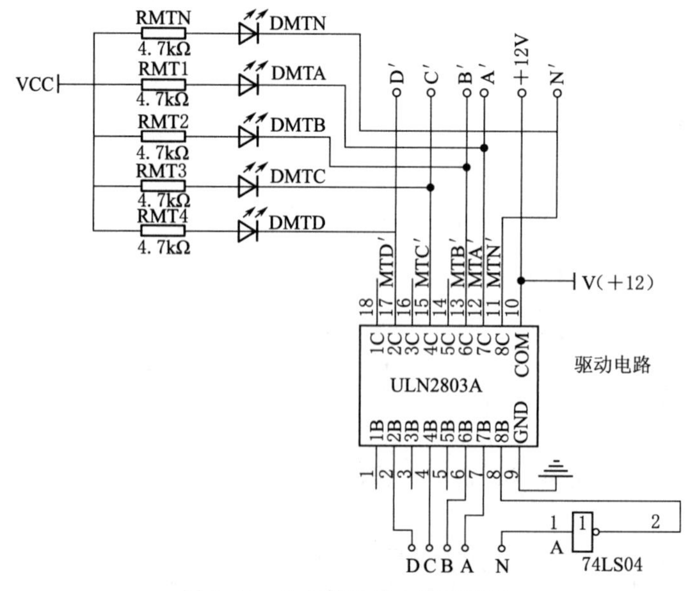

图3.46 电机的驱动电路原理图

4. 实验内容

编写实验程序，通过单片机的 P0 口控制步进电机运转。参考接线图如图 3.47 所示。

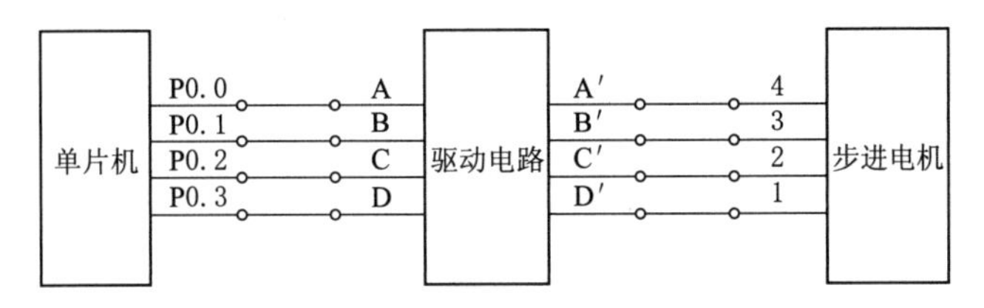

图 3.47 步进电机实验参考线路图

实验中 P0 端口各线的电平在各步中的情况见表 3.12，四相八拍的顺序为 A－AB－B－BC－C－CD－D－DA。

表 3.12 P0 端口引脚的电平在各步中的情况

步　序	P0.3	P0.2	P0.1	P0.0	P0 口输出值
1	1	1	1	0	0EH
2	1	1	0	0	0CH
3	1	1	0	1	0DH
4	1	0	0	1	09H
5	1	0	1	1	0BH
6	0	0	1	1	03H
7	0	1	1	1	07H
8	0	1	1	0	06H

5. 实验步骤

(1) 按图 3.47 连接实验线路，编写实验程序，编译无误后联机调试。

(2) 运行程序，观察步进电机的运转情况。

注意：在不使用步进电机时应断开连接，以免误操作使电机过分发热。

3.17 直流电机 PWM 调速实验

1. 实验目的

了解单片机控制直流电机的方法，并掌握脉宽调制直流调速的方法。

2. 实验设备

PC 机 1 台，TD－PITE 实验系统＋TD－51 开发板系统平台。

3. 实验原理

直流电机单元由 DC12V、1.1W 的直流电机，小磁钢，霍尔元件及输出电路构成，如图 3.48 所示。PWM 的示意图如图 3.49 所示。图中，T 为脉冲周期，$T=T_{\_value}\times T_{OSC}$（$T_{OSC}$为定时器 T0 定时基数）；$T_1$ 为 1 个周期 T 中高电平时间，$T_1=T_{1\_value}\times T_{OSC}$。通过调节 T_1 的脉冲宽度，可以改变 T 的占空比（$d=T_1/T$），从而改变输出，达到改变直流电机转速的目的。

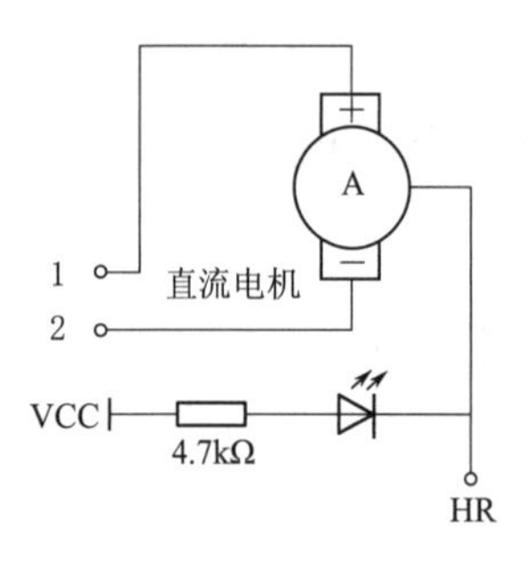

图 3.48　直流电机单元

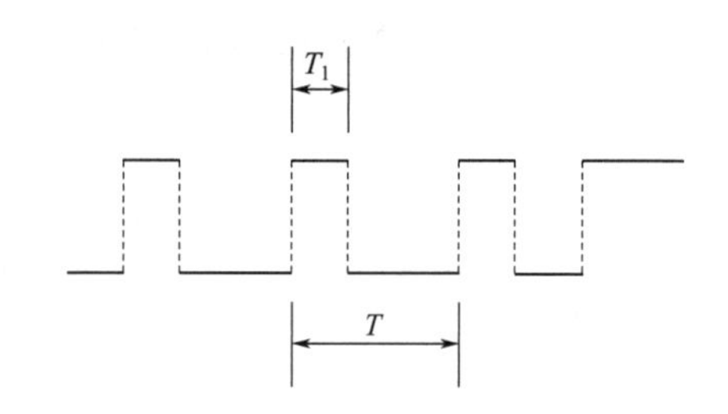

图 3.49　PWM 脉冲示意图

4. 实验内容

实验接线如图 3.50 所示，通过单片机的 P1.7 口来模拟 PWM 输出，经过驱动电路来驱动直流电机，实现脉宽调速。在 TD－NMC＋实验平台中，将 P1.7 直接与驱动电路的 A 端连接，驱动单元的输出 A′连接直流电机单元的 2 端。

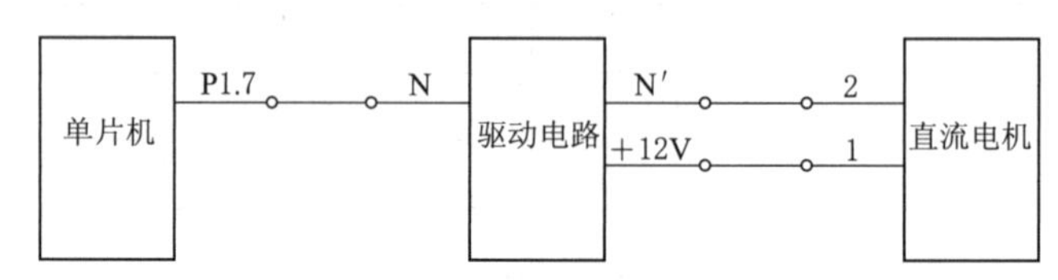

图 3.50　直流电机实验接线

5. 实验步骤

(1) 按照图 3.50 接线，编写实验程序，编译无误后联机调试。

(2) 运行程序，观察电机运转情况。

(3) 复位并停止调试，改变 T_{1_value}的值，重新编译、链接后，运行程序，观察实验现象。

(4) 也可以改变定时器时间来改变时间脉宽，观察实验现象。

(5) 实验结束，复位系统板，退出调试状态。

3.18　红 外 通 信 实 验

1. 实验目的

学习红外通信的过程、红外发射接收的原理和电路设计及其编程实现。

2. 实验设备

PC 机 1 台，TD－PITE 实验系统＋TD－51 开发板系统平台，红外模块 1 块。

3. 实验原理

红外线是波长为 750nm～1mm 的电磁波，频率高于微波、低于可见光，是一种人眼无法观测的光线。红外接口是一种应用广泛的无线连接技术。但由于红外线本身的特点——波长较短，对障碍物的衍射能力差，所以更适合短距离无线通信，进行点对点的传输。红外数据协会（IRDA）将红外数据通信所用波长限制在 850～900nm。另外，由于红外线具有功率小、成本低、在指定载波下发射、稳定性高、不易受无线电干扰等优点，可应用于红外控制。红外发射接收是通过电信号的脉冲和红外光脉冲之间的相互转化实现数据的无线收发。

数据的编码解码采用的是 PT2262 和 PT2272 一对编码解码芯片，编码芯片 PT2262 发出的编码信号由地址码、数据码、同步码组成一个完整的码字，通过 $\overline{\text{TE}}$ 脚来控制串行数据的发送，解码芯片 PT2272 接收到信号后，其地址码经过两次比较核对后，VT 脚才输出高电平，与此同时，相应的数据脚也输出约 4V 互锁高电平控制信号。如果发送端一直按住按键，编码芯片也会连续发射。当发射机没有按键按下时，PT2262 不接通电源，其第 17 脚为低电平，当有按键按下时，PT2262 得电工作，其第 17 脚输出经调制的串行数据信号。在通常使用中，一般采用 8 位地址码和 4 位数据码，这时 PT2262 和 PT2272 的第 1～8 脚为地址设定脚，有三种状态可供选择：悬空、接正电源、接地，所以地址编码不重复度为 6561（即 3^8）组，只有发射端 PT2262 和接收端 PT2272 的地址编码完全相同，才能配对使用，即通过 PT2262 编码输出的数据才能通过 PT2272 解码输出。红外通信过程中所用载波通常是 38kHz。

图 3.51 所示为编码解码时序图，图 3.52 所示为编码值，图 3.53 所示为 PT2262 和 PT2272 两芯片引脚图，图 3.54 和图 3.55 所示分别为红外发射和红外接收原理图。

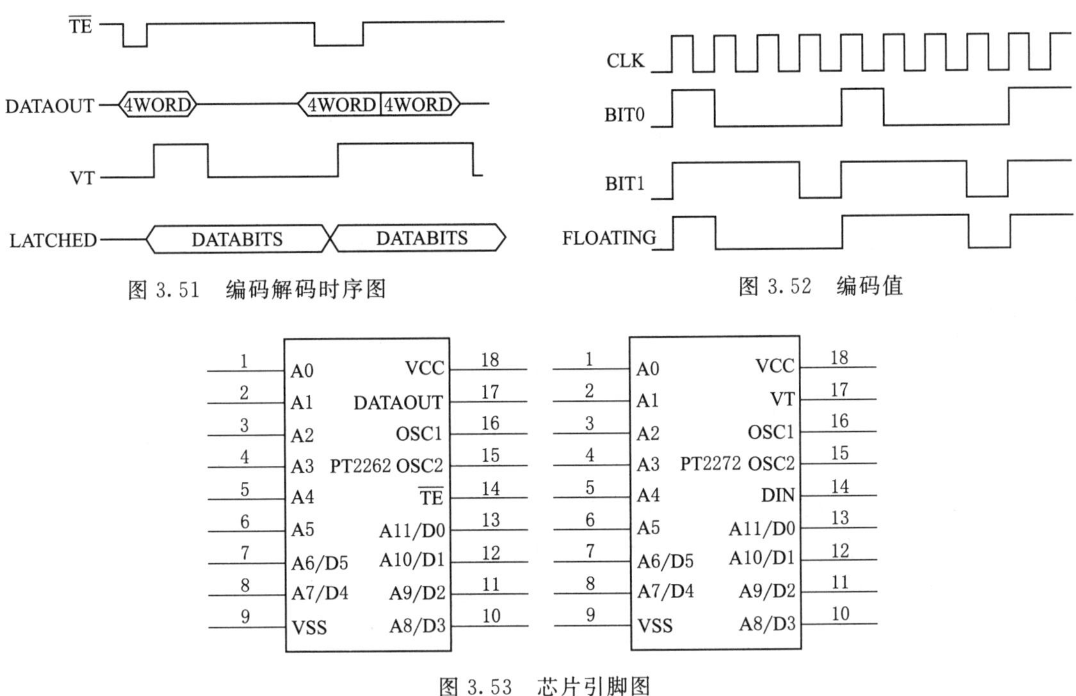

图 3.51 编码解码时序图

图 3.52 编码值

图 3.53 芯片引脚图

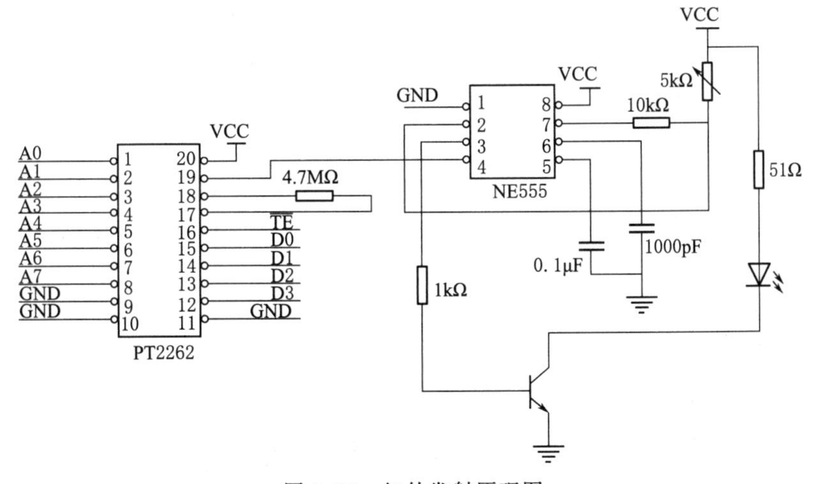

图 3.54 红外发射原理图

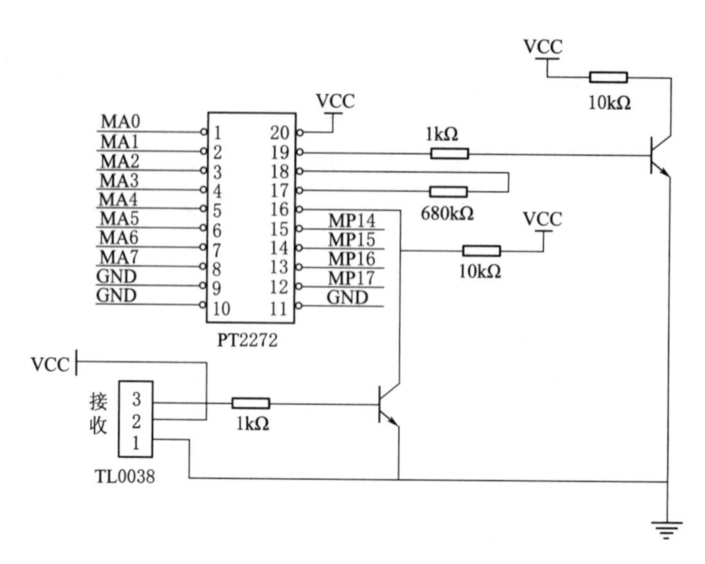

图 3.55　红外接收原理图

4. 实验内容

了解红外通信，学习数据编码解码过程，编写程序实现单片机对红外模块的操作，实现发射接收。

5. 实验步骤

(1) 红外控制（自发自收)。通过手工控制拨动开关进行发射地址、发送数据的设置，通过按动 KK1－，控制发送数据；编写单片机接收程序设置接收地址，并将接收到的数据通过发光二极管显示。

1) 确认红外模块被正确地插接在实验箱上。

2) 实验参考接线图如图 3.56 所示，按图接线。

3) 编写实验程序，编译、链接无误后，启动调试（参考程序：rcv. c)。

4) 拨动 K0～K7 开关控制输出的地址（例如设为全“0”)，拨动 K8～K11 开关控制输出的数据。

5) 执行程序，按动 KK1－，接收发送的数据，查看是否与发送的数据一致。

6) 改变开关地址，与程序中所给的接收地址（P0 的值）不一致，查看数据接收是否成功。

7) 重复几组数据，进行程序功能测试。

(2) 单片机红外通信（自发自收)。编写单片机发送程序控制完成发射地址、发送数据的设置，并控制数据的发送；编写单片机接收程序，设置接收地址，单片机接收到数据后再输出到发光二极管显示。

1) 确认红外模块被正确地插接在实验箱上。

2) 实验参考接线图如图 3.57 所示，按图接线。

3) 编写实验程序，编译、链接无误后，启动调试（参考程序：rsend. c)。

4) 执行程序，接收发送的数据，查看是否与发送的数据一致。

5) 改变程序中所给的地址（P0)，查看数据接收是否成功。

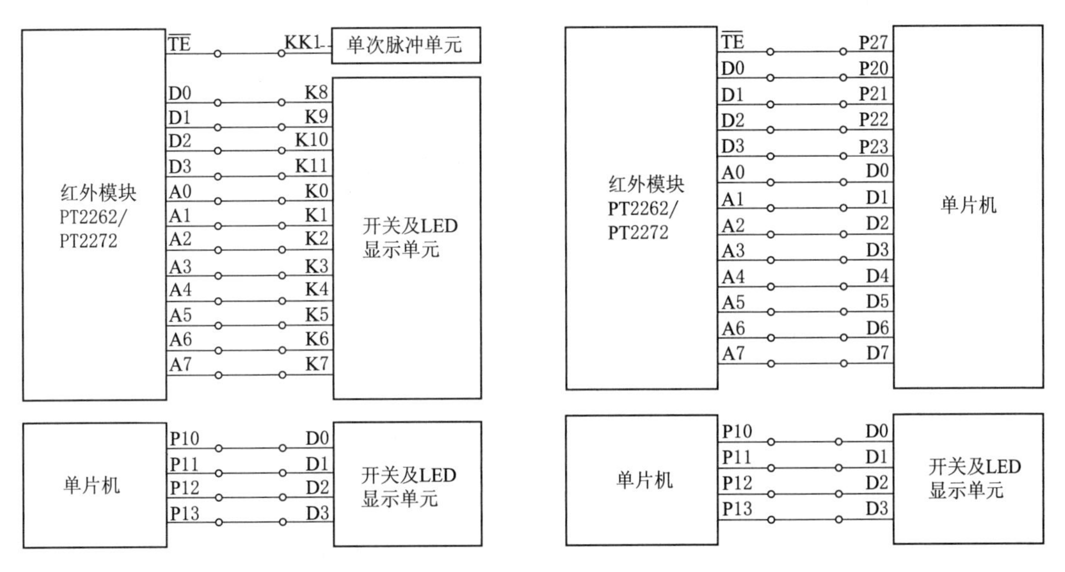

图 3.56 红外控制实验接线图

图 3.57 单机红外通信实验接线图

(3) 双机红外通信。两台实验设备（一台实验设备完成发射功能，构成发射机；另一台实验设备完成接收功能，构成接收机），进行发射接收实验。编写单片机发送程序控制发射机完成发射地址、发送数据的设置，并控制数据的发送；编写单片机接收程序控制接收机设置接收地址，单片机接收到数据后再输出到发光二极管显示。

1) 确认红外模块被正确地插接在实验箱上（由于红外线易被遮挡且方向性明显，所以应保证发射头和接收头对准，以保证通信效果）。

2) 发射机和接收机实验参考接线图如图 3.58 和图 3.59 所示。按图接线，两台机器分别构成发射机和接收机。

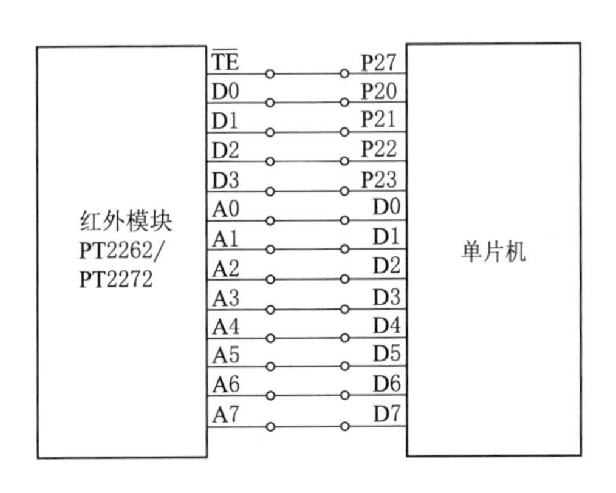

图 3.58 发射机实验接线图

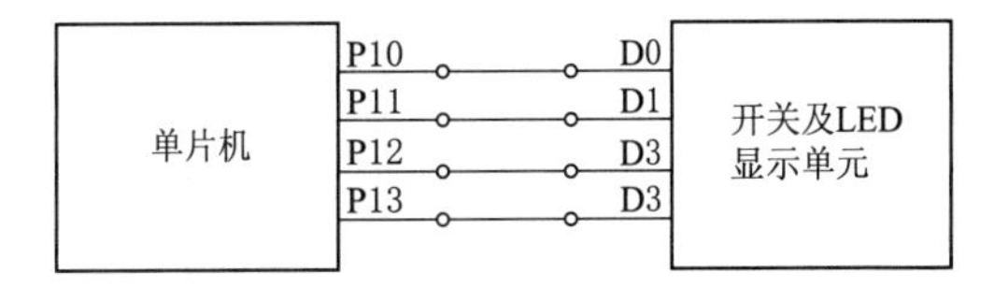

图 3.59 接收机实验接线图

3) 编写实验程序，编译、链接无误后，启动调试（发射机参考 send.c，接收机参考 rcv.c）。

4) 发射地址（发射机 P0 的值）和接收地址（接收机 P0 的值）应设置为一致。

5) 执行程序，接收发送的数据，查看是否与发送的数据一致。

6）改变发射机地址，查看数据接收是否成功。

7）改变接收机地址，查看数据接收是否成功。

8）重复几组数据，进行程序功能测试。

3.19　温度闭环控制实验

1. 实验目的

（1）了解温度调节闭环控制方法。

（2）掌握 PID 控制规律及算法。

2. 实验设备

PC 机 1 台，TD－PITE 实验系统＋TD－51 开发板系统平台。

3. 实验原理

温度控制单元主要由 7805、热敏电阻 Rt（NTC MF58－103 型，10kΩ）及大功率电阻（24Ω）组成，温度控制单元、线路图连接如图 3.60、图 3.61 所示。由 7805 芯片产生＋5V 的稳定电压和一个 24Ω 的电阻构成回路，回路电流较大使得 7805 芯片发热，用热敏电阻测量 7805 芯片的温度可以进行温度闭环控制实验。由于 7805 裸露在外，散热迅速，实验控制的最佳温度范围为 50～70℃。

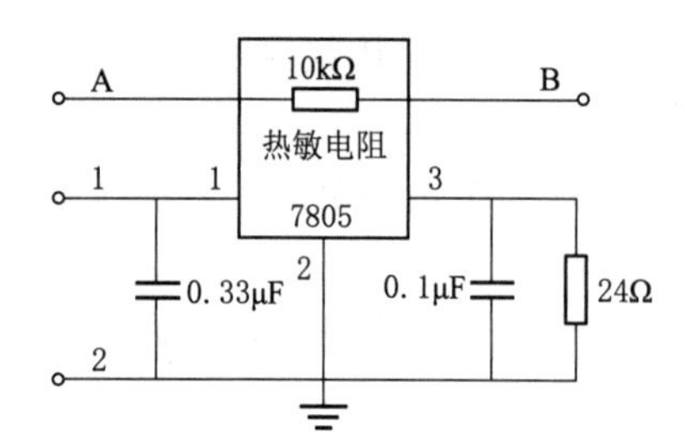

图 3.60　温度控制单元电路

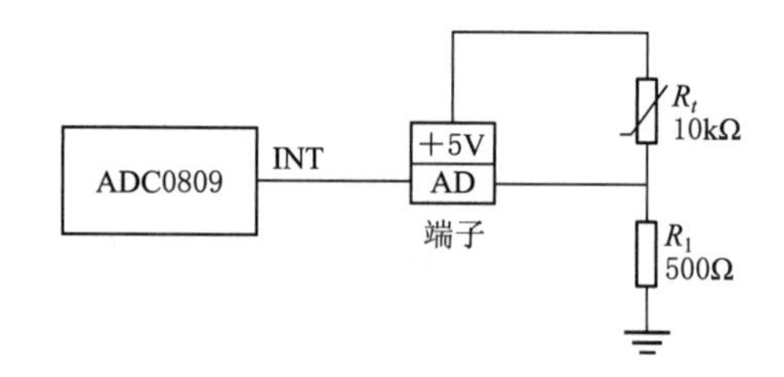

图 3.61　温度控实验电路连接图

温度值与对应 AD 值的计算方法如下：

25℃：R_t＝10kΩ　VAD＝5×500/(10000＋500)＝0.238（V）　对应 AD 值：0CH

30℃：R_t＝5.6kΩ　VAD＝5×500/(5600＋500)＝0.410（V）　对应 AD 值：15H

40℃：R_t＝3.8kΩ　VAD＝5×500/(3800＋500)＝0.581（V）　对应 AD 值：1EH

50℃：R_t＝2.7kΩ　VAD＝5×500/(2700＋500)＝0.781（V）　对应 AD 值：28H

60℃：R_t＝2.1kΩ　VAD＝5×500/(2100＋500)＝0.962（V）　对应 AD 值：32H

100℃：R_t＝900Ω　VAD＝5×500/(900＋500)　＝1.786（V）　对应 AD 值：5AH

……

测出的 AD 值是程序中数据表的相对偏移，利用这个值就可以找到相应的温度值。例如，测出的 AD 值为 5AH＝90，在数据表中第 90 个数为 64H，即温度值为 100℃。

4. 实验内容

温度闭环控制实验原理如图 3.62 所示。人为数字给定一个温度值，与温度测量电路得到的温度值（反馈量）进行比较，其差值经过 PID 运算得到控制量并产生 PWM 脉冲，通过驱动电路控制温度控制单元是否加热，从而构成温度闭环控制系统。

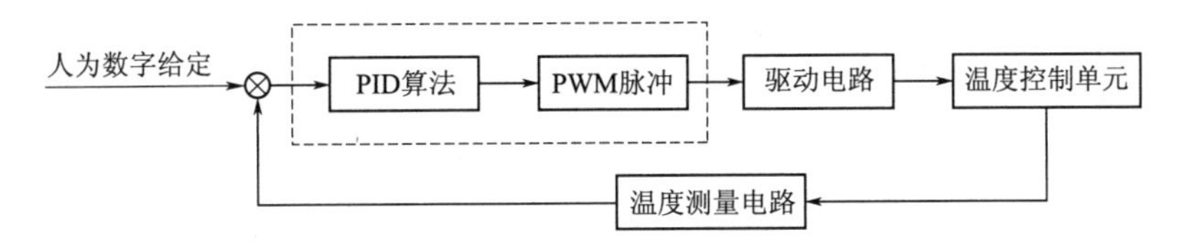

图 3.62　温度闭环控制实验原理图

5. 实验步骤

(1) 温度控制实验线路图如图 3.63 所示，按图连线，注意 A/D 单元的 CLK 引脚与实验平台中系统总线单元的 CLK 相连。

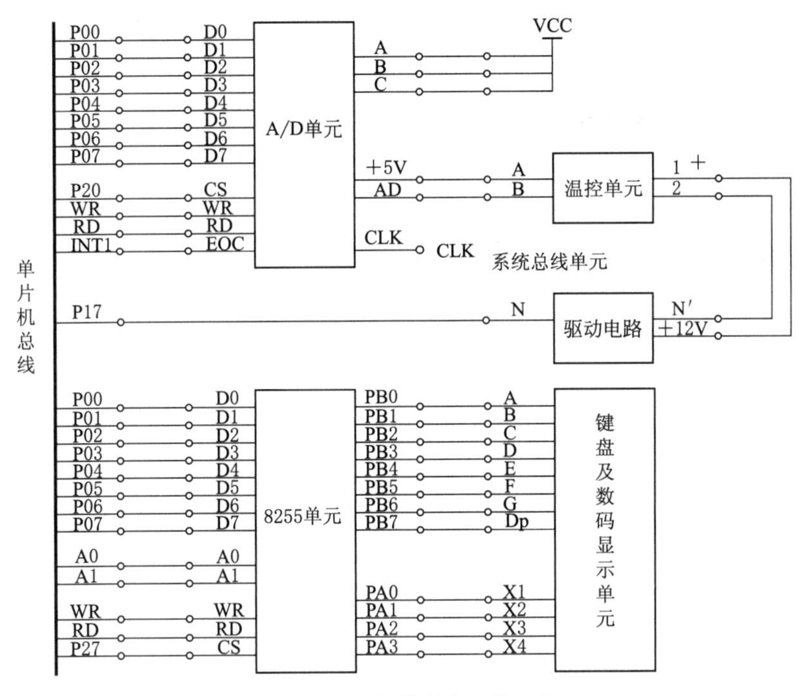

图 3.63　温度控制实验线路图

(2) 编写实验程序，实验参数取值范围见表 3.13，编译、链接后启动调试。

(3) 运行实验程序，观察数码管的变化。

(4) 根据实验现象，改变 PID 参数 IBAND、KPP、KII、KDD，重复实验，观察实验结果，找出合适的参数并记录。

表 3.13　实验参数取值范围

符号	单位	取值范围	名称及作用
TS	10ms	00H～FFH	采样周期:决定数据采集处理快慢程度
SPEC	℃	14H～46H	给定:要求达到的温度值
IBAND		0000H～007FH	积分分离值:PID 算法中积分分离值

续表

符　　号	单　位	取 值 范 围	名 称 及 作 用
KPP		0000H～1FFFH	比例系数:PID 算法中比例项系数值
KII		0000H～1FFFH	积分系数:PID 算法中积分项系数值
KDD		0000H～1FFFH	微分系数:PID 算法中微分项系数值
YK	℃	0014H～0046H	反馈:通过反馈算出的温度反馈值
CK		00H～FFH	控制量:PID 算法产生用于控制的量
TKMARK		00H～01H	采样标志位
ADMARK		00H～01H	A/D 转换结束标志位
ADVALUE		00H～FFH	A/D 转换结果寄存单元
TC		00H～FFH	采样周期变量
FPWM		00H～01H	PWM 脉冲中间标志位

本章的参考程序请扫描下方二维码查看。

第 2 部分

基于 Proteus 仿真软件的单片机仿真实验

目前计算机硬件实验大多在实验板（或箱）上采用硬件平台方式实现。这种方式的主要缺点有：实验设备经费投入多，损耗大，维护工作量大；实验装置的硬件结构固定且资源有限，实验内容呆板固定，实验不够灵活；如果因为方案有误而进行相应的开发设计，会浪费较多的时间和经费；学生不能更改任何硬件，对计算机硬件的系统设计没有概念，无法将所学的知识融会贯通。

Proteus 仿真软件能模拟仿真计算机硬件及其外围器件组成的硬件系统工作情况，能直接在计算机硬件虚拟系统上采用汇编或 C 语言进行编程，还可在线调试计算机硬件程序，并提供丰富的实验内容，不需要硬件支持就能在计算机上模拟计算机硬件实验，它很好地解决了硬件投入、设备维护和设备场地等问题，又给学生自主实验带来极大的方便。因此，可将 Proteus 仿真软件引入单片机实验教学中，这种全虚拟软件仿真环境使得全部的设计工作在 PC 机上就能完成，可显著提高单片机应用系统的设计开发效率，降低开发风险，这对嵌入式方案设计来说是一个很好的思路。

第 4 章　单片机 Proteus 仿真软件

本章以 Proteus Version 7.1 Professional 为背景讲述如何使用 Proteus ISIS 设计单片机系统的仿真电路、虚拟仿真工具，以及 Proteus ISIS 和 Keil C51 的编程开发工具 μVision2 IDE 两者联合调试的方法。有关 Keil C51 的编程开发工具 μVision2 IDE 的内容参见本书第 1 章内容。

4.1 Proteus 基础操作

传统的单片机系统开发除了需要购置诸如仿真器、编程器、示波器等价格较高的电子设备外，开发过程也较烦琐。传统的单片机系统设计流程如图 4.1 所示，用户程序需要在硬件完成的情况下才能进行软、硬件联合调试，如果在调试过程中发现硬件错误需要修改硬件，则要重新设计硬件目标板的印制电路板（PCB）并焊接元器件。因此，无论从硬件成本还是从开发周期来看，其高风险、低效率、长周期的弊端显而易见。

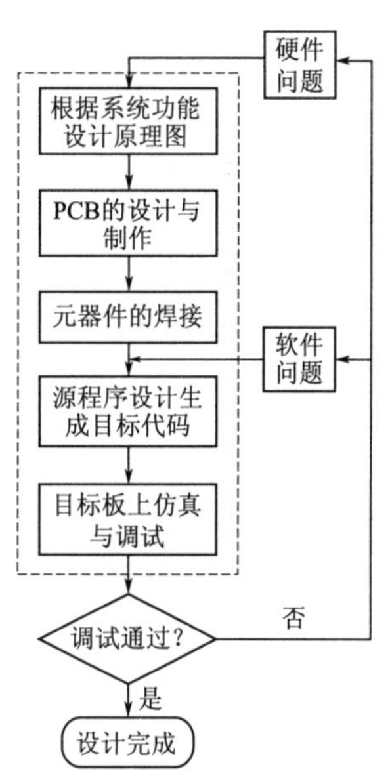

图 4.1　传统的单片机系统设计流程

英国 Labcenter Electronics 公司推出的 Proteus 利用现代 EDA 工具，可以对基于微控制器的设计连同所有的周围电子器件一起仿真，用户甚至可以实时采用诸如 LED、LCD、键盘、RS-232 终端等动态外设模型来对设计进行交互仿真。Proteus 套件在单片机数字实验室的构建中起着重要作用。Proteus 支持的微处理芯片包括 8051 系列、AVR 系列、PIC 系列、HC11 系列、ARM7/LPC2000 系列以及 Z80、8086 等，并且其能支持的微处理器芯片在不断增加之中。Proteus 集编辑、编译、仿真调试于一体。它的界面简洁友好，可利用该软件提供的数千种数字/模拟仿真元器件以及丰富的仿真设备，使得在程序调试、系统仿真时不仅能观察到程序执行过程中单片机寄存器和存储器等的内容变化，还可从工程的角度直观地看到外围电路工作情况，非常接近于实际的工程应用。此外，Proteus ISIS 还能与第三方集成开发环境（如 Keil C51 的 μVision）进行联合仿真调试，给予开发人员极大便利。

Proteus 的主要功能特点如下：

(1) Proteus 的电路原理图设计系统（ISIS），不仅有分离元件与集成器件的仿真功能，而且有多种带 CPU 的可编程序器件的仿真功能；不仅能做电路基础、模拟电路与数字电路实验，而且能做单片机与接口实验；为课程设计与毕业设计提供综合系统仿真，是当前高校实验教学中应用较多的软件。

(2) Proteus 的元件库以生产厂家的真实参数建模，不仅仿真结果真实可信，而且能用

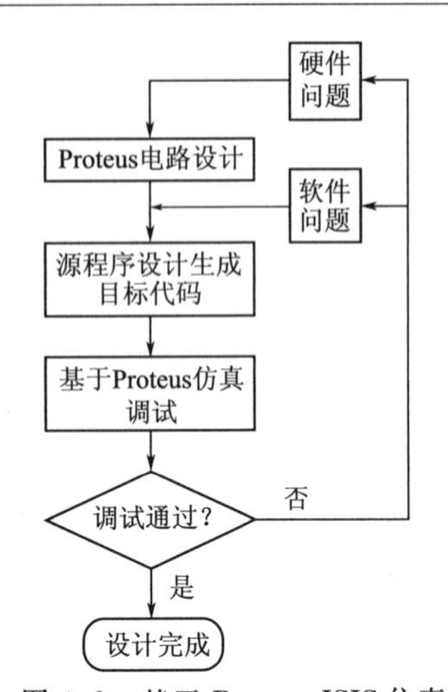

图 4.2　基于 Proteus ISIS 仿真软件的单片机系统设计流程

箭头与颜色表示电流的方向与大小。

(3) Proteus 的印制电路板设计系统（ARES），在印制电路板设计方面实现实时更新，功能更加齐备。有国际 ARES 认证考试，有利于学生为实习实践及毕业就业储备技术。

图 4.2 所示为基于 Proteus ISIS 仿真软件的单片机系统设计流程，它极大地简化了设计工作，并有效降低了成本和风险，得到众多单片机工程师的青睐。

Proteus 7 Professional 软件主要包括 ISIS 7 Professional 和 ARES 7 Professional，其中 ISIS 7 Professional 用于绘制原理图并可进行电路仿真（SPICE 仿真），而 ARES 7 Professional 用于印制电路板设计。

在 Proteus 开发环境下，一个单片机系统的设计与仿真应分为三个步骤：

(1) Proteus ISIS 下的电路设计。在 Proteus ISIS 平台下进行单片机系统电路原理图的设计，包括选择元器件、接插件、连接电路和电气检测等。

(2) Proteus 源程序设计和生成目标代码文件。在 Keil μVision4 平台上进行源程序的输入、编译与调试，并生成目标代码文件（*.hex 文件）。

(3) 调试与仿真。在 Proteus ISIS 平台下将目标代码文件（*.hex 文件）加载到单片机系统中，并实现单片机系统的实时交互、协同仿真。也可使用 Proteus ISIS 与 Keil μVision4 的联合仿真调试。它在相当程度上反映了实际的单片机系统的运行情况。

单片机系统的电路设计及虚拟仿真整体流程如图 4.3 所示。第 1 步“Proteus 电路设计”是在 Proteus ISIS 平台完成；第 2 步“源程序设计”与第 3 步“生成目标代码文件”是在 Keil μVision4 平台完成；第 4 步“加载目标代码、设置时钟频率”是在 Proteus ISIS 平台完成；第 5 步“Proteus 仿真”是在 Proteus ISIS 平台的 VSM 模式下进行，其中也包含了各种调试工具的使用。图 4.3 中的第 1 步“Proteus 电路设计”的流程如图 4.4 所示。

本章仅就 ISIS 7 Professional 原理图设计与程序仿真部分做详尽的介绍。

4.1.1　Proteus ISIS 界面介绍

安装完 Proteus 7 Professional 后，双击桌面上的 ISIS 7 Professional 图标或者单击屏幕左下方的“开始”→“程序”→“Proteus 7 Professional”→“ISIS 7 Professional”，出现如图 4.5 所示界面，表明进入 Proteus ISIS 集成环境。

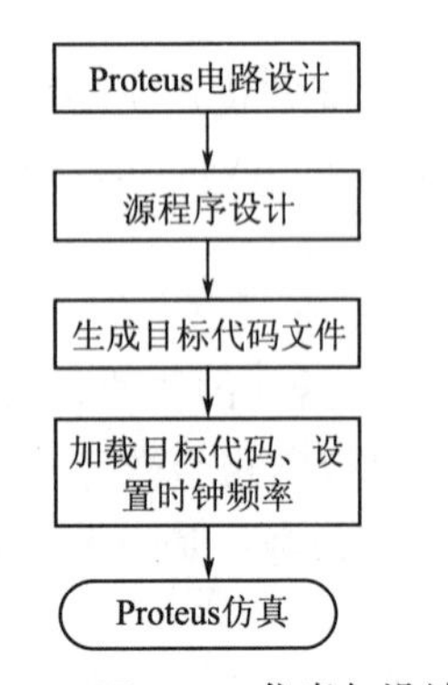

图 4.3　Proteus 仿真与设计

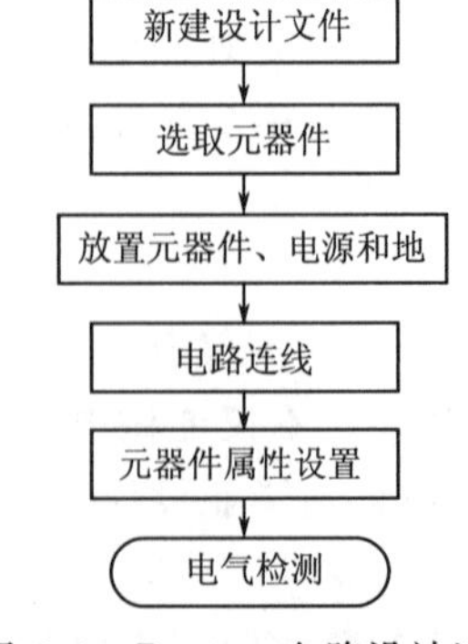

图 4.4　Proteus 电路设计流程

图 4.5　启动时的界面

4.1.2 Proteus 工作界面

Proteus ISIS 的工作界面是一种标准的 Windows 界面，如图 4.6 所示，包括：标题栏、主菜单、标准工具栏、绘图工具栏、状态栏、对象选择按钮、预览对象方位控制按钮、仿真进程控制按钮等 Windows 应用程序必备的窗口与按钮等。而 Proteus ISIS 最为重要的界面是分为三个窗口：预览窗口、对象选择器窗口、图形编辑窗口。

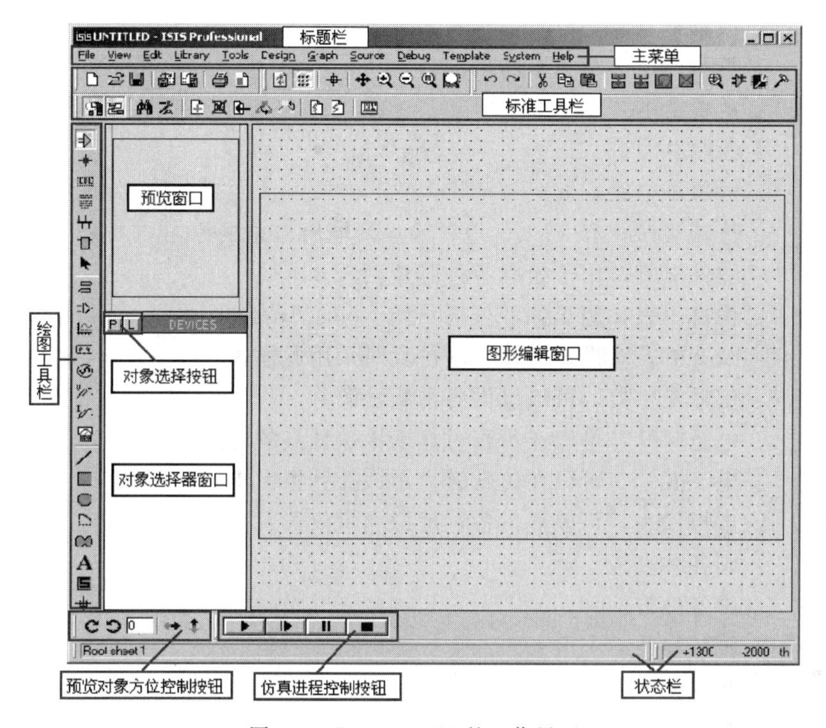

图 4.6 Proteus ISIS 的工作界面

(1) 预览窗口：也称导航窗口，可以显示全部的原理图。当从对象选择器窗口选中一个新的元件对象时，预览窗口还可以预览选中的对象。

(2) 对象选择器窗口：也称元件列表区，画原理图时，显示所选择的全部元器件。

(3) 图形编辑窗口：用于放置元器件，绘制原理图。

Proteus ISIS 操作界面上有主菜单和辅助菜单之分。图 4.6 上方的主菜单有：

(1) 文件 (File) 菜单：新建，加载，保存，打印。

(2) 浏览 (View) 菜单：图纸网络设置，快捷工具选项。

(3) 编辑 (Edit) 菜单：取消，剪切，复制，粘贴。

(4) 库操作 (Library) 菜单：器件封装库编辑，库管理。

(5) 工具 (Tools) 菜单：实时标注自动放线，网络表生成，电气规则检查。

(6) 设计 (Design) 菜单：设计属性编辑，添加删除图纸，电源配置。

(7) 图形 (Graph) 菜单：传输特性/频率特性分析，编辑图形，增加曲线，运行分析。

(8) 源文件 (Source) 菜单：选择可编程器件的源文件、编辑工具、外部编辑器等。

(9) 调试 (Debug) 菜单：启动调试，复位调试。

(10) 模板 (Template) 菜单：设置模板格式，加载模板。

(11) 系统 (System) 菜单：设置运行环境、系统信息、文件路径。

(12) 帮助 (Help) 菜单：帮助文件，设计实例。

另外，辅助菜单主要是图 4.6 左侧的工具箱，提供各种操作工具图标，实现不同功能。

(1) ：选中元器件，对元器件进行相关操作（如修改参数、移位等）。

(2) ：选取元器件，从对象选择器窗口放置到原理图图形编辑窗口。

(3) ：放置节点。

(4) ：放置标签，相当于网络标号。

(5) ：放置文本。

(6) ：绘制总线。

(7) ：放置子电路。

(8) ：终端接口，有 VCC、地、输入、输出、总线等。

(9) ：器件引脚，用于绘制各种芯片引脚。

(10) ：仿真图表，用于各种分析，如 Noise Analysis。

(11) ：录音机，对设计电路分割仿真时采用此模式。

(12) ：信号发生器，可以提供各种激励源。

(13) ：电压探针，可以在仿真时显示该探针点的电压。

(14) ：电流探针，可以在仿真时显示该探针指向支路的电流。

(15) ：虚拟仪表，可以提供各种虚拟测量仪器、逻辑分析仪等。

(16) ：画各种直线。

(17) ：画各种方框。

(18) ：画各种圆。

(19) ：画各种圆弧。

(20) ：画各种多边形。

(21) A ：添加文本。

(22) ：添加符号。

(23) ：添加原点。

(24) ：按 90°顺时针旋转改变元器件的方向。

(25) ：按 90°逆时针旋转改变元器件的方向。

(26) 0 ：显示转过的角度，顺时针为“－”，逆时针为“＋”。

(27) ：以 Y 轴为对称轴，按 180°水平翻转元器件。

(28) ：以 X 轴为对称轴，按 180°垂直翻转元器件。

仿真进程控制按钮 从左到右分别是：运行、单步运行、暂停、停止。

4.1.3　Proteus 基本操作

1. 图形编辑窗口

在图 4.6 所示的图形编辑窗口内完成电路原理图的编辑和绘制。为了方便作图，

ISIS中坐标系统的基本单位是10nm，与Proteus ARES保持一致。但坐标系统的识别单位被限制在1th。坐标原点默认在图形编辑区的中间，图形的坐标值显示在屏幕右下角的状态栏中。

(1) 点状栅格（The Dot Grid）与捕捉到栅格（Snapping to a Grid）。图形编辑窗口内有点状的栅格，可以通过View菜单的Grid命令来打开和关闭。点与点之间的间距由当前捕捉的设置决定。捕捉的尺度可以由View菜单的Snap命令设置，或者直接使用快捷键F4、F3、F2和Ctrl+F1，如图4.7所示。若键入F3或者通过View菜单选中Snap 100th，鼠标在图形编辑窗口内移动时，坐标值以固定的步长100th变化，这称为捕捉。如果想要确切地看到捕捉位置，可以使用View菜单的X Cursor命令，选中后将会在捕捉点显示一个小的或大的交叉十字。

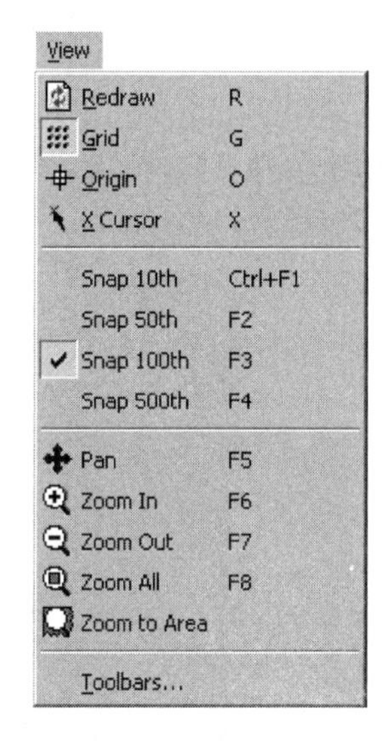

图4.7 View下拉菜单

可以通过View菜单的Redraw命令来刷新显示内容，同时预览窗口中的内容也将被刷新。当执行其他命令导致显示错乱时，可以使用该特性恢复显示。

(2) 视图的缩放与移动。可以通过如下几种方式：

1) 用鼠标左键单击预览窗口中想要显示的位置，这将使图形编辑窗口显示以鼠标单击处为中心的内容，再次单击预览窗口特定位置，使图像确定下来。

2) 在图形编辑窗口内移动鼠标，按下Shift键，用鼠标“撞击”边框，这会使显示平移，称为Shift-Pan。

3) 用鼠标指向编辑窗口并按工具栏中缩放键或者操作鼠标的滚动键，会以鼠标指针位置为中心重新显示。

2. 预览窗口

预览窗口通常显示整个电路图的缩略图。在预览窗口上单击鼠标左键，将会有一个矩形蓝绿框标示出在编辑窗口中显示的区域。其他情况下，预览窗口显示将要放置的对象的预览。这种Place Preview特性在下列情况下被激活：

(1) 当一个对象在选择器中被选中。

(2) 当使用旋转或镜像按钮时。

(3) 当为一个可以设定朝向的对象选择类型图标时（例如Component icon、Device Pin icon等）。

(4) 当放置对象或者执行其他非以上操作时，Place Preview会自动消除。

3. 对象选择器窗口

通过对象选择按钮，从元件库中选择对象，并置入对象选择器窗口，供今后绘图时使用。显示对象的类型包括：设备、终端、引脚、图形符号、标注和图形。

在某些状态下，对象选择器有一个Pick切换按钮，单击该按钮可以弹出库元件选取窗体。通过该窗体可以选择元件并置入对象选择器，供今后绘图时使用。

4.1.4　Proteus 电路图制作的简单实例

如图 4.8 所示，电路的核心是单片机 AT89C51。单片机的 P1 口 8 个引脚接 LED 显示器的段选码（a、b、c、d、e、f、g、dp）的引脚上，单片机的 P2 口 6 个引脚接 LED 显示器的位选码（1、2、3、4、5、6）的引脚上，电阻起限流作用。

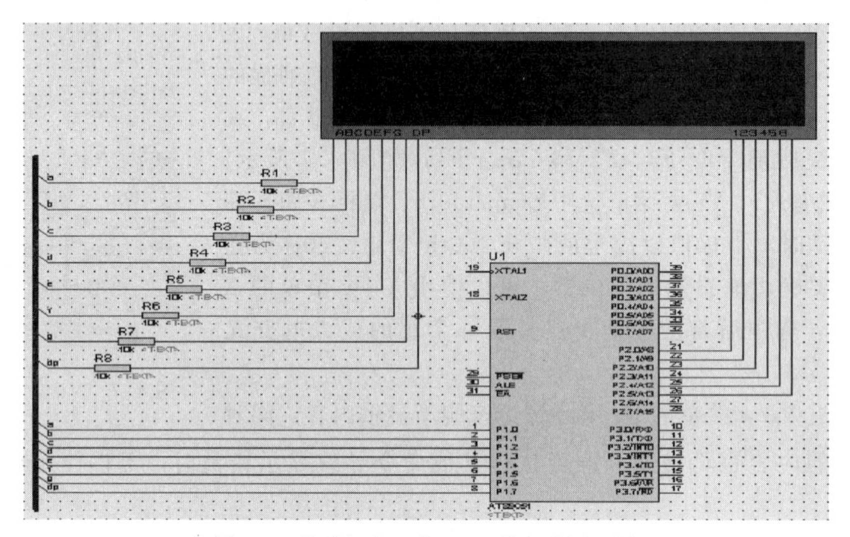

图 4.8　单片机与 6 位 LED 的电路原理图

1. 将所需元器件加入对象选择器窗口

单击对象选择器按钮 P，弹出“Pick Devices”页面，在“Keywords”栏输入 AT89C51，系统在对象库中进行搜索查找，并将搜索结果显示在“Results”中，如图 4.9 所示。然后，在“Results”栏中的列表项中，双击“AT89C51”，则可将 AT89C51 添加至对象选择器窗口。

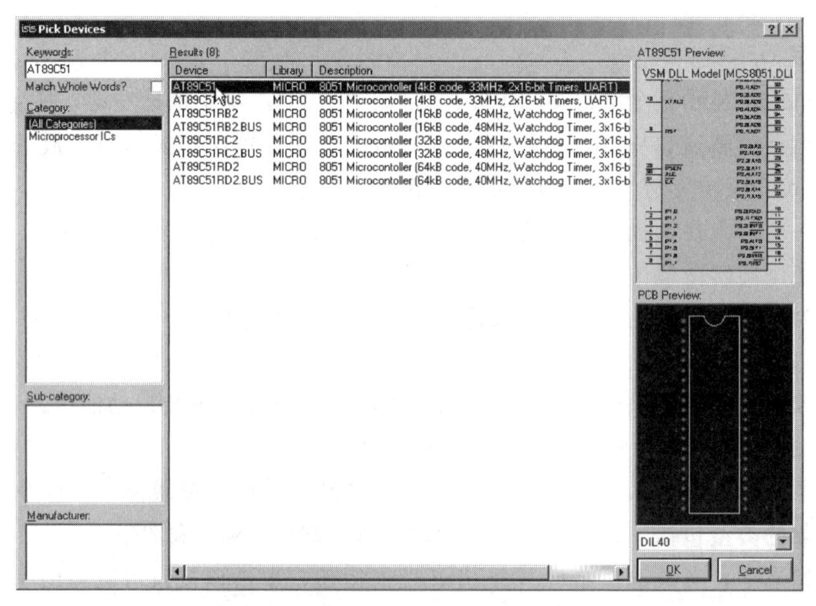

图 4.9　在 Microprocessor 元器件中选择 AT89C51 CPU

接着，搜寻6位LED数码管。在“Keywords”栏中重新输入7SEG，如图4.10所示。双击“7SEG-MPX6-CA-BLUE”，则可将“7SEG-MPX6-CA-BLUE”（6位共阳极7段LED显示器）添加至对象选择器窗口。

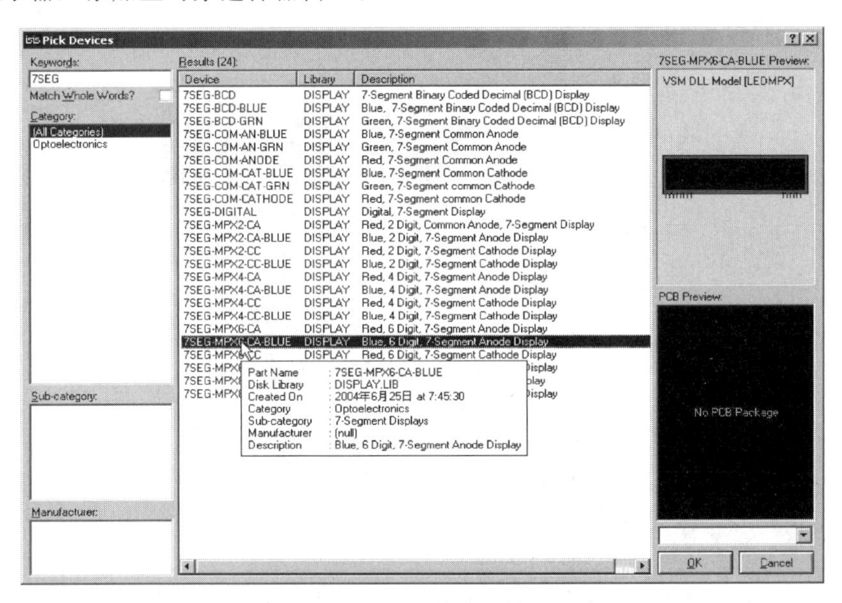

图4.10 在所有元器件中搜寻7SEG-MPX6-CA-BLUE

最后，搜寻电阻元器件。在“Keywords”栏中重新输入RES，选中“Match Whole Words”，如图4.11所示。在“Results”栏中获得与RES完全匹配的搜索结果。双击“RES”，则可将RES（电阻）添加至对象选择器窗口。单击“OK”按钮，结束对象选择。

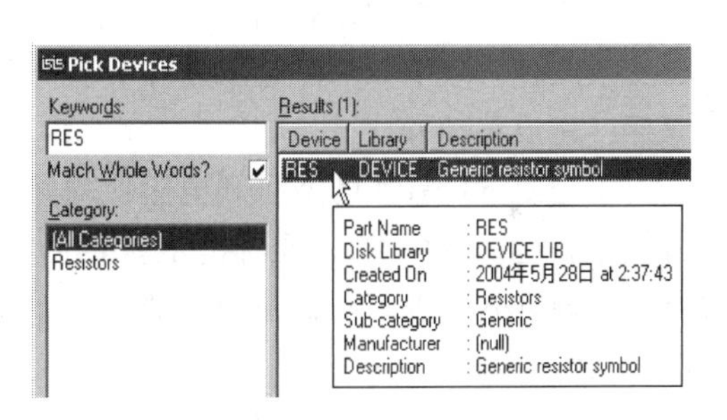

图4.11 在所有元器件中搜寻电阻元器件

经过以上操作，在对象选择器窗口中，已有7SEG-MPX6-CA-BLUE、AT89C51和RES三类元器件对象，单击对象名称，在预览窗口中可以见到相对应的实物图，如图4.12所示。此时，用户可以注意到在绘图工具栏中的元器件按钮处于选中状态。

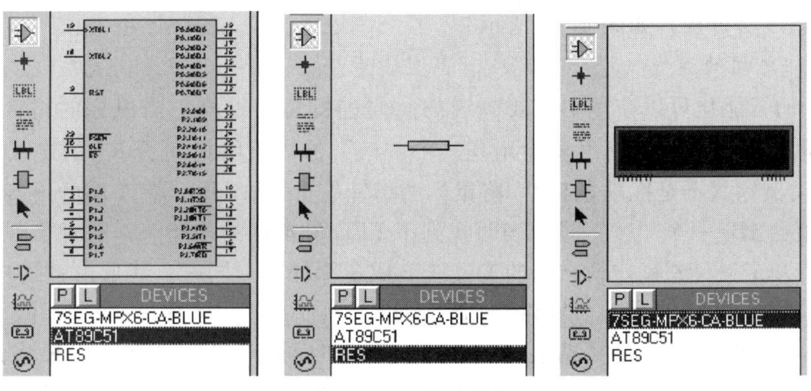

图4.12 三类元器件

2. 放置元器件至图形编辑窗口

在对象选择器窗口中，选中 7SEG - MPX6 - CA - BLUE，将鼠标置于图形编辑窗口该对象的欲放位置，单击鼠标左键，该对象被完成放置。同理，将 AT89C51 和 RES 放置到图形编辑窗口中，如图 4.13 所示。

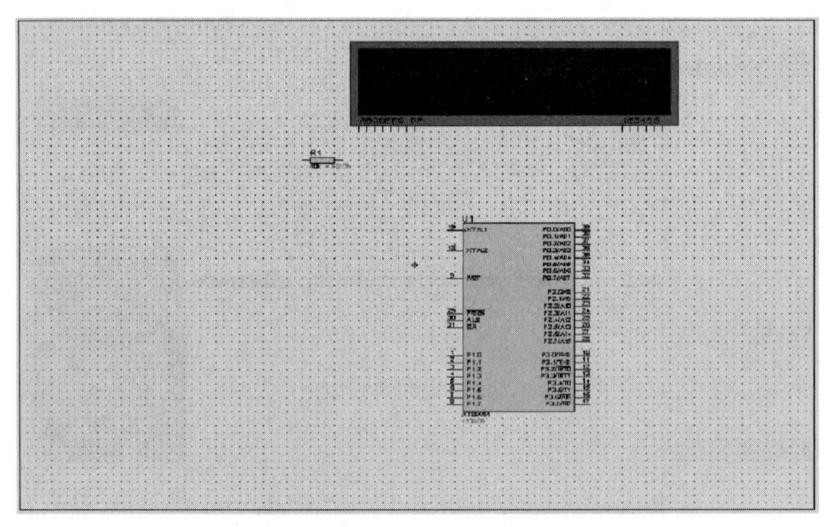

图 4.13　在图形编辑窗口中放置单片机和 LED 数码管

若对象位置需要移动，将鼠标移到该对象上，单击鼠标右键，此时注意到，该对象的颜色已变至红色，表明该对象已被选中，按下鼠标左键，拖动鼠标，将对象移至新位置后，松开鼠标，完成移动操作。

由于电阻 R1～R8 的型号和电阻值均相同，因此可利用复制功能作图。将鼠标移到 R1，单击鼠标右键，选中 R1，在标准工具栏中，单击复制按钮，拖动鼠标，按下鼠标左键，将对象复制到新位置，如此反复，直到按下鼠标右键，结束复制。此时注意到，电阻名的标识已由系统自动加以区分。

3. 在图形编辑窗口中放置总线

单击绘图工具栏中的总线按钮，使之处于选中状态。将鼠标置于图形编辑窗口，单击鼠标左键，确定总线的起始位置；移动鼠标，屏幕出现粉红色细直线，找到总线的终了位置，单击鼠标左键，再单击鼠标右键，以表示确认并结束画总线操作。此后，粉红色细直线被蓝色的粗直线所替代，如图 4.14 所示。

4. 元器件之间的连线

Proteus 的智能化可以在用户想要画线的时候进行自动检测。当鼠标的指针靠近 R1 右端的连接点时，跟着鼠标的指针就会出现一个“×”号，表明找到了 R1 的连接点，单击鼠标左键，移动鼠标（不是拖动鼠标），将鼠标的指针靠近 LED 显示器 A 端的连接点时，跟着鼠标的指针就会出现一个“×”号，表明找到了 LED 显示器的连接点，同时屏幕上出现粉红色的连接线，单击鼠标左键，粉红色的连接线变成了深绿色，同时，线形由直线自动变成 90°的折线，这是因为选中了线路自动路径功能。

Proteus 具有线路自动路径功能（WAR），当选中两个连接点后，WAR 将选择一条合适的路径连线。WAR 可通过使用标准工具栏里的“WAR”命令按钮来关闭或打开，也

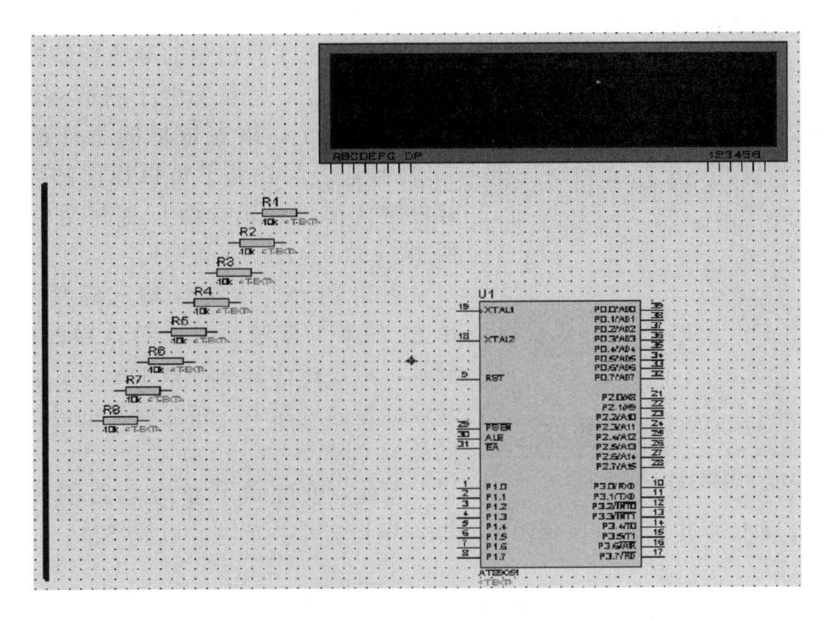

图 4.14　绘制总线

可以在菜单栏的“Tools”下找到这个图标。

简而言之，左键单击第一个对象（元件），再单击第二个对象（元件），即可在两者之间自动连线。同理，可以完成其他的连线。在此过程的任何时刻，可以按 ESC 键或者单击鼠标的右键来放弃画线。

5. 元器件与总线的连线

画总线的时候，为了和一般的导线区分，一般画斜线来表示分支线。此时用户需要自己决定走线路径，只需在想要拐点处单击鼠标左键，如图 4.15 所示。

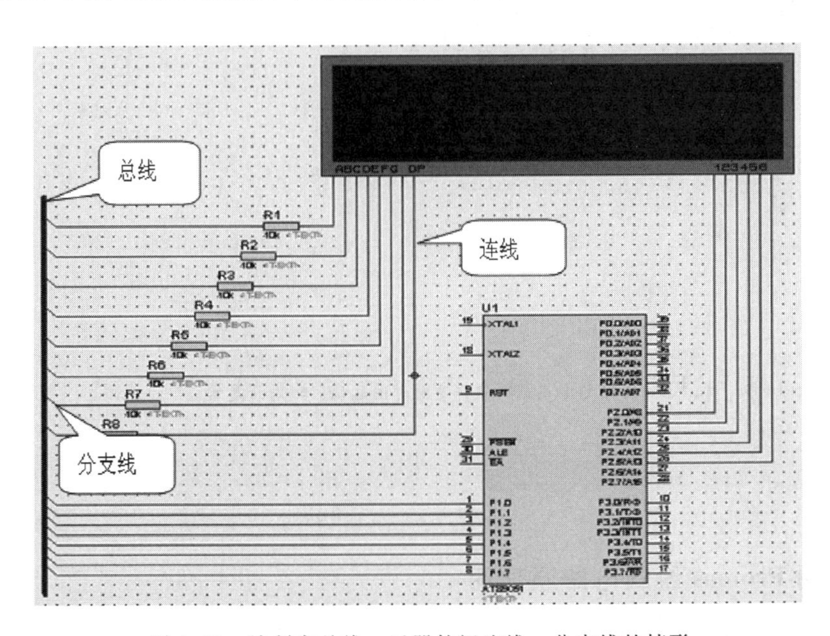

图 4.15　绘制完总线、元器件间连线、分支线的情形

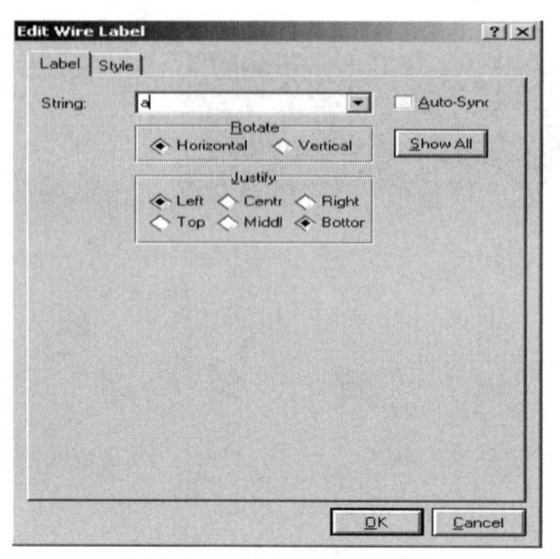

图 4.16　编辑导线的标注

6. 给与总线连接的导线贴标签

单击绘图工具栏中的导线标签按钮，使之处于选中状态。将鼠标置于图形编辑窗口的欲标标签的导线上，跟着鼠标的指针就会出现一个“×”号，表明找到了可以标注的导线，单击鼠标左键，弹出编辑导线标签对话框，如图 4.16 所示。

在“String”栏中，输入标签名称（如 a），单击“OK”按钮，结束对该导线的标签标定。同理，可以标注其他导线的标签。注意：在标定导线标签的过程中，相互接通的导线必须标注相同的标签名。

至此，便完成了整个电路图的绘制，如图 4.8 所示。关于本章中其他电路原理图的绘制，请读者举一反三，以此类推。

4.2　Keil C 与 Proteus 的联合调试

这里以单片机 P1.0 驱动 LED 亮灭为例，详细说明 Keil C 与 Proteus 联合调试的方法。

4.2.1　利用 Keil μVision4 编写 C 语言源程序

【例 4.1】 单片机 P1.0 驱动 LED 亮灭。

```
#include <reg52.h>
#define uchar unsigned char
#define uint unsigned int
sbit LED=P1^0;
void Delay(uint x)      // Delay()为软件延时子程序
{
   uchar i;
   while(x--)
   { for(i=120;i>0;i--);  }
}
void main()
{
   while(1)
   {  LED=~LED;  // P1.0 间隔 Delay(200)软件延时时间后，翻转；周而复始
      Delay(200);
   }
}
```

4.2.2　利用 Proteus 绘制电路原理图

绘制的电路图如图 4.17 所示。

4.2.3　Keil C 与 Proteus 联合调试具体设置

1. 复制 vdm51.dll 文件

先把 vdm51.dll 文件复制到 X：\Program Files\Keil\C51\BIN（X 是 Keil 软件安装的盘符）。若无 vdm51.dll 文件，可在网络中查询及下载。

2. 编辑 TOOLS.INI 文件

用记事本打开 X：\Program Files\Keil 目录下的 TOOLS.INI，在［C51］栏目下加入 TDRV9＝BIN\ VDM51.DLL（“Proteus VSM Monitor－51 Driver”），其中“TDRV9”中的“9”要根据实际情况写，不要和原来的重复。还有“ ”中的文字其实就是用户在 Keil 选项里显示的文字，所以也可以自己定义，如图 4.18 所示。

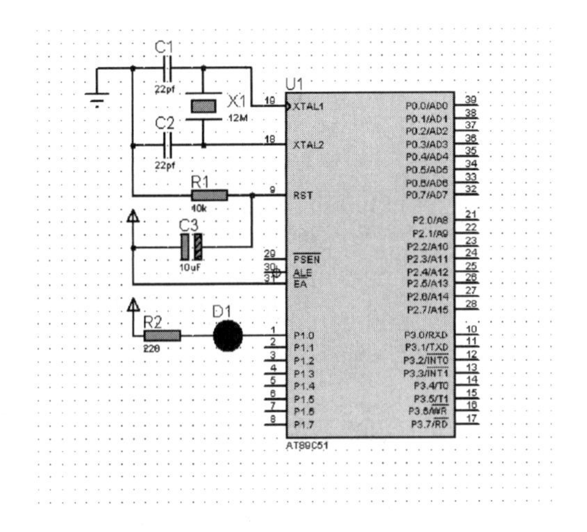

图 4.17　单片机 P1.0 驱动 LED 电路原理图

```
TOOLS.INI - 记事本
文件(F) 编辑(E) 格式(O) 查看(V) 帮助(H)
BOOK0=UV4\RELEAS...ES.HTM("uVision Release Notes",GEN)
[C51]
PATH="D:\Program Files\Keil\C51\"
VERSION=V9.00
BOOK0=HLP\Release_Notes.htm("Release Notes",GEN)
BOOK1=HLP\C51TOOLS.chm("Complete User's Guide Selection",C)
TDRV0=BIN\MON51.DLL ("Keil Monitor-51 Driver")
TDRV1=BIN\ISD51.DLL ("Keil ISD51 In-System Debugger")
TDRV2=BIN\MON390.DLL ("MON390: Dallas Contiguous Mode")
TDRV3=BIN\LPC2EMP.DLL ("LPC900 EPM Emulator/Programmer")
TDRV4=BIN\UL2UPSD.DLL ("ST-uPSD ULINK Driver")
TDRV5=BIN\UL2XC800.DLL ("Infineon XC800 ULINK Driver")
TDRV6=BIN\MONADI.DLL ("ADI Monitor Driver")
TDRV7=BIN\DAS2XC800.DLL ("Infineon DAS Client for XC800")
TDRV8=BIN\UL2LPC9.DLL ("NXP LPC95x ULINK Driver")
TDRV9=BIN\VDM51.DLL ("Proteus VSM Monitor-51 Driver")
RTOS0=Dummy.DLL("Dummy")
RTOS1=RTXTINY.DLL ("RTX-51 Tiny")
RTOS2=RTX51.DLL ("RTX-51 Full")
LIC0=BU3WF-6K80B-NWY2N-YLNKU-4SU4U-2GY48
```


图 4.18　在 TOOLS.INI 文件中添加 Proteus VSM 仿真

3. 联机调试进一步设置

在 Keil 软件里的“Options for Target ‘Target1’ ”→“Debug”选项里选中右边的 Use，在下拉菜单中选择 Proteus VSM Simulator，如图 4.19 所示。同时，选中“Run to main() ”。

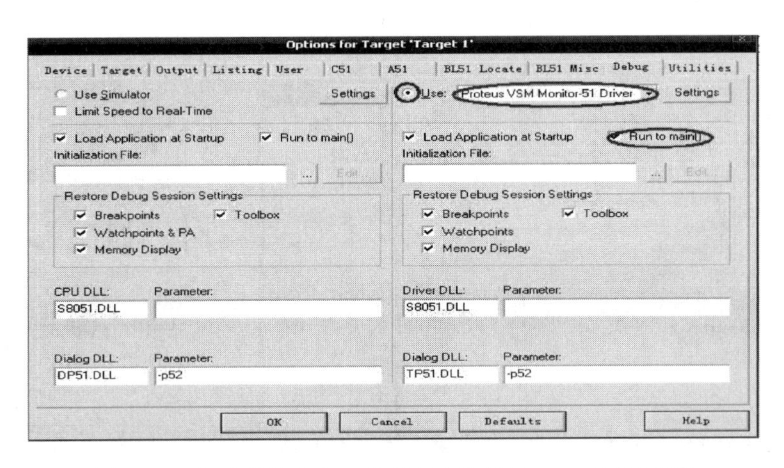

图 4.19　在 Keil 的 Debug 选项卡中选择 Proteus VSM 仿真

然后，单击图 4.19 中的“Settings”按钮。设置通信接口，在“Host”栏输入“127.0.0.1”，如果使用的不是同一台电脑，则需要在这里添加另一台电脑的 IP 地址（另一台电脑也应安装 Proteus）。在“Port”栏输入“8000”。设置好的情形如图 4.20 所示，单击“OK”按钮即可。

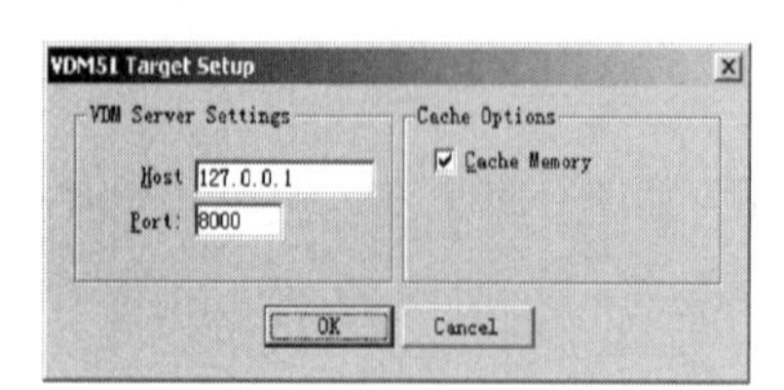

图 4.20　VDM51 目标设置

另外，在 Keil 软件里的“Options for Target ‘Target 1’”→“Output”选项里选择创建 hex 文件，并设定该文件的存放文件夹位置，如图 4.21 所示。最后将 Keil C 工程编译，进入调试状态并运行。

4. Proteus 的设置

进入 Proteus 的 ISIS，鼠标左键点击菜单“Debug”，选中“Use Remote Debug Monitor”，如图 4.22 所示。此后，便可实现 Keil C 与 Proteus 联合调试。

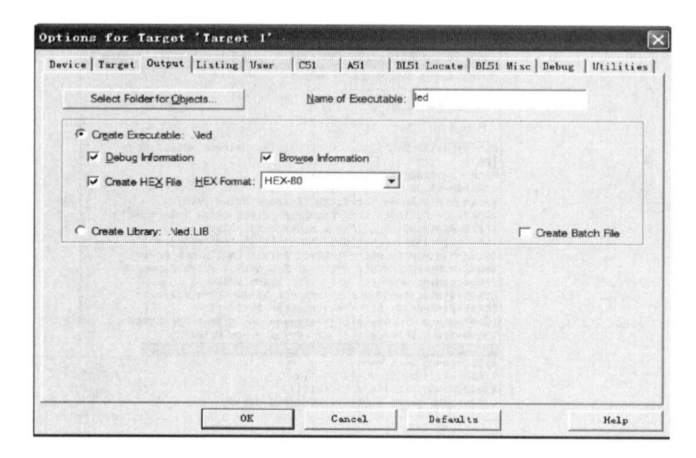

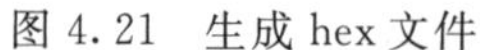

图 4.21　生成 hex 文件

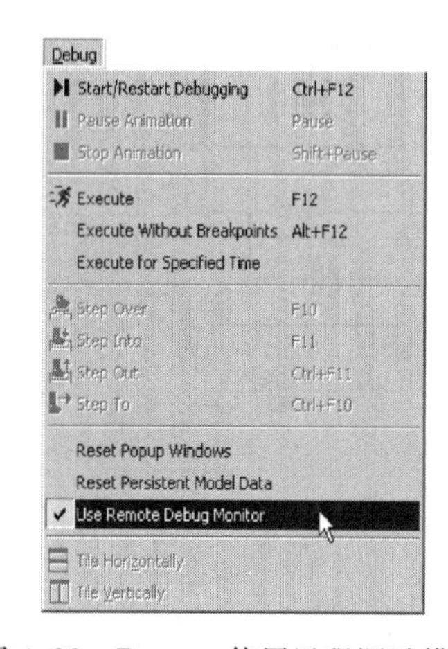

图 4.22　Proteus 使用远程调试模式

联合调试的效果如图 4.23 所示，当单击 Keil C 的 Debug 中连续或单步运行时，Proteus 中的 LED 灯 D1 会随之依据程序的运行而亮灭。

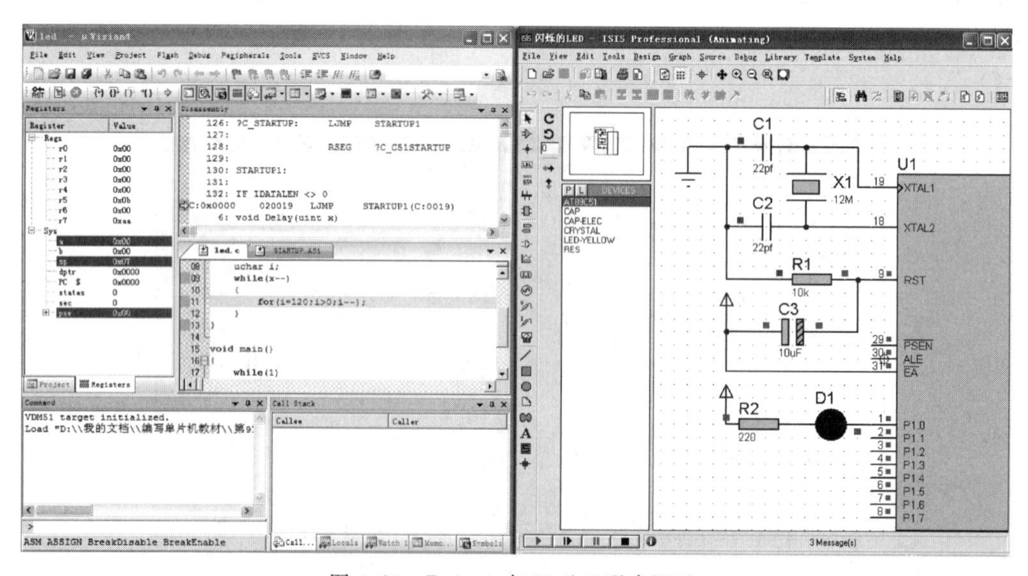

图 4.23　Proteus 与 Keil C 联合调试

若采用在 Proteus 中单独加载 hex 文件的方法来运行也可，即在图 4.24 中 Program File 中加载对应的 LED.hex 文件，后单击“OK”按钮。点击 Proteus 左下方的播放按钮 ，也可以看到 LED 灯 D1 依据程序的运行而亮灭的现象。

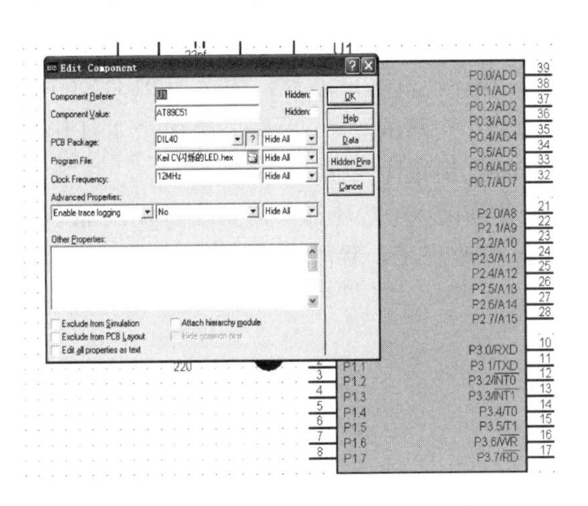

图 4.24 单片机加载 LED.hex 文件

4.3 程序设计与仿真开发实例

下面仅给出一个 MCS-51 并行口应用的例子，更多的内容如串口通信、中断与定时、A/D 与 D/A 等见后续章节。

【例 4.2】 左右来回循环的流水灯。

(1) 设计任务。P2 口连接 8 只 LED 灯，当程序运行时，8 只 LED 灯左右来回循环滚动点亮，产生往返走马灯的效果。

(2) 电路原理图，如图 4.25 所示。

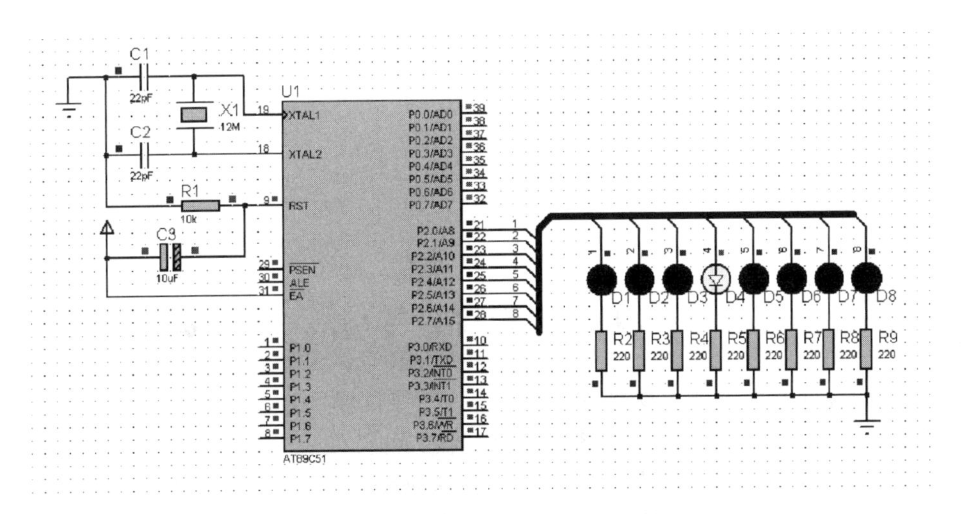

图 4.25 左右来回循环的流水灯电路

(3) 程序设计内容。本例中的 8 只 LED 连接在 P2 端口，LED 阳极连接 P2，阴极通过限流电阻接地。对于 P0 端口，这样连接时任何 LED 都不会点亮，即使 P0 端口输出的是 OxFF。

由于本例所有 LED 共阴连接，P2 端口相应引脚输出 1 时，才会使相应 LED 点亮，为产生单个 LED 循环滚动效果，P2 端口初值设为 Ox01 (00000001B)，这会使第 1 只 LED 点亮，主程序中第 1 个 for 循环使其循环左移，依次为 00000010，00000100，00001000，…直到变为 10000000。第 2 个 for 循环使其循环右移，依次为 01000000，00100000，00010000，…直到变为 00000001，如此重复。_crol_、_cror_ 是两个本征函数，也称内联函数，这种函数不采用调用形式，编译时直接将代码插入当前行。

另外，还要注意，两个并列的 for 循环都只需要执行 7 次而不是 8 次。调试本例后，可将 LED 改为共阳连接，重新修改程序，看能否实现同样的效果；同时，还可以再添加特定的闪烁效果。

(4) C 语言源程序。

```
#include <reg51.h>
#include <intrins.h>
#define uchar unsigned char
#define uint unsigned int
void DelayMS(uint x)
{ uchar t;
  while(x--)
  {for(t=120;t>0;t--);}
}
void main()
{ uchar i;
  P2=0x01;
  while(1)
   { for(i=7;i>0;i--)
       { P2=_crol_(P2,1);
         DelayMS(150);
        }
       for(i=7;i>0;i--)
       {P2=_cror_(P2,2);
        DelayMS(150);
       }
   }
}
```

4.4 虚拟信号源

Proteus 的各种虚拟仿真工具有虚拟信号源、虚拟仪器以及图表仿真工具，为单片机系统的电路设计、分析以及软硬件联调测试带来了极大的方便。

Proteus ISIS 为用户提供了各种类型的虚拟激励信号源，并允许用户对其参数进行设置。单击 ISIS 工作界面左侧工具箱中的快捷图标，就会出现如图 4.26 所示的各种类型的激励信号源的名称列表及对应的符号。图中选择的是正弦波信号源，在预览窗口中显示的是正弦波信号源符号。

图 4.26 中的名称列表中所对应的激励信号源为：DC——直流信号源；SINE——正弦波信号源；PULSE——脉冲信号源；EXP——指数脉冲信号源；SFFM——单频率调频波信号源；PWLIN——分段线性激励信号源；FILE——FILE 信号源；AUDIO——音频源；DSTATE——数字单稳态逻辑电平信号源；DEDGE——数字边沿跳变源；DPULSE——单周期数字脉冲信号源；DCLOCK——数字时钟源；DPATTERN——数字模式信号源；SCRIPTABLE——可编写脚本信号源。

下面介绍几种在单片机系统虚拟仿真中经常用到的信号源。

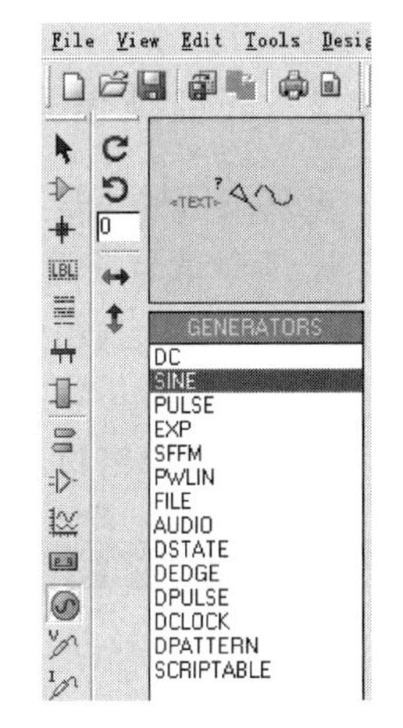

图 4.26 激励信号源及符号

4.4.1 直流信号源

直流信号源用于产生模拟直流电压或电流。

1. 直流信号源的选择与放置

(1) 在如图 4.26 所示的激励源的名称列表中，用鼠标左键单击“DC”，则在预览窗口中出现直流信号源的符号。

(2) 在编辑窗口双击鼠标左键，则直流信号源被放置到图形编辑窗口中，可使用镜像、翻转工具调整直流信号源在原理图中的位置。

2. 属性设置

(1) 在图形编辑窗口，用鼠标左键双击直流信号源符号，出现如图 4.27 所示的属性设置对话框。

(2) 在“Analogue Types”栏中选择“DC”，如图 4.27 所示，即选择了直流电压源，直流电压源的电压值可在右上角设置。

(3) 如果需要直流电流源，则在图 4.28 中选中左下方的“Current Source?”，在该图右上角自动出现电流值的标记，根据需要填写电流值的大小。

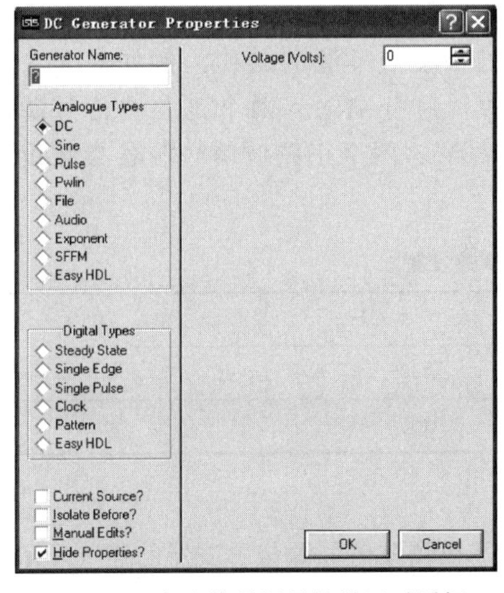

图 4.27 直流信号源属性设置对话框

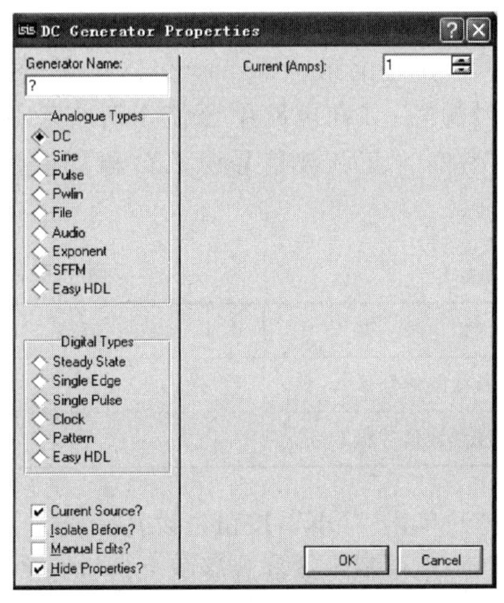

图 4.28 电流源属性设置对话框

（4）单击“OK”按钮，完成属性设置。

4.4.2　正弦波信号源

正弦波信号源是设计中经常用到的信号源之一。

1. 正弦波信号源的选择与放置

（1）单击工具箱中的图标，出现如图 4.26 所示的所有激励源的名称列表，然后用鼠标左键单击“Sine”，则在预览窗口中出现正弦波信号源的符号，如图 4.26 所示。

（2）在编辑窗口双击鼠标左键，则正弦波信号源被放置到图形编辑窗口中，可使用镜像、翻转工具调整正弦波信号源在原理图中的位置。

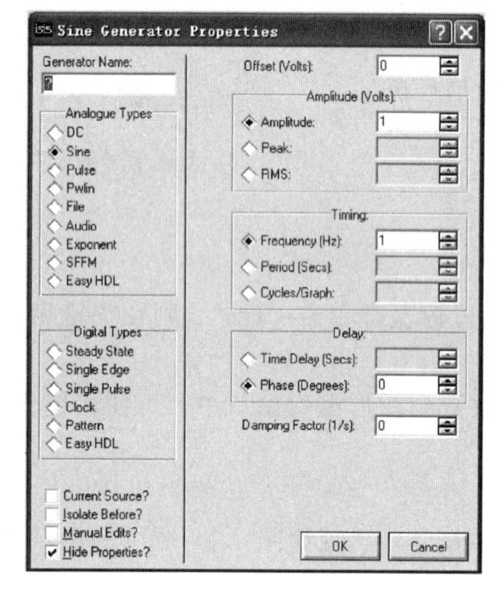

图 4.29　正弦波信号源属性设置对话框

2. 属性设置

（1）双击原理图中的正弦波信号源符号，出现其属性设置对话框，如图 4.29 所示。属性设置对话框中主要选项的含义如下：

1）右上角 Offset（Volts）：正弦波的振荡中心电平。

2）在右侧的“Amplitude（Volts）”栏中，正弦波有三种幅值表示方式，其中“Amplitude”为振幅，即半波峰值电压，“Peak”是指峰值电压，“RMS”为有效值电压，以上三种表示方式任选一项即可。

3）在右侧的“Timing”栏中，正弦波频率频率有 3 种表示方式，其中“Frequency（Hz）”为频率，“Period（Secs）”为周期，这两项填一项即可。“Cycles/Graph”为占空比，单独设置。

4）在右侧的“Delay”栏中，对正弦波的初始相位进行选择，有两个选项，选填一个即可。其中“Time Delay（Secs）”是指在时间轴的延时；“Phase（Degrees）”是指正弦波的初始相位。

（2）在左上角“Generator Name”栏中输入正弦波信号源的名称，例如输入“正弦波信号源”。如在电路中要使用两个正弦波信号源，应分别输入两个正弦波信号源的名字。例如，“正弦波信号源 A”和“正弦波信号源 B”。两个正弦波信号源各参数设置见表 4.1。

表 4.1　　两个正弦波信号源参数设置

信　号　源	幅　　值/V	频　　率/Hz	相　　位/(°)
正弦波信号源 A	1	100	0
正弦波信号源 B	2	200	90

（3）单击“OK”按钮，设置完成。

（4）用虚拟示波器观察两个信号源产生的信号，正弦波信号源与示波器的连线和示波器显示的图形如图 4.30 所示。

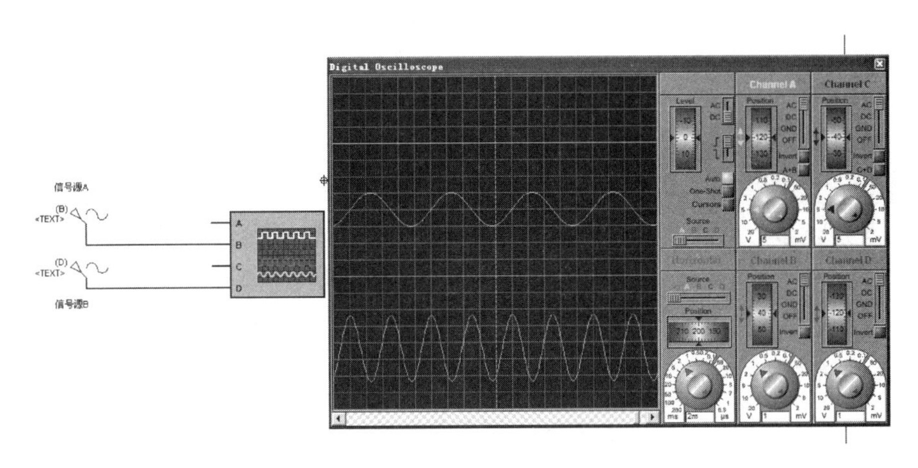

图 4.30 两路正弦波信号

4.4.3 单周期数字脉冲信号源

在单片机系统电路原理图的虚拟仿真中，有时需要单个脉冲作为激励信号。

1. 单周期数字脉冲信号源的选择与放置

(1) 单击工具箱中的图标，出现所有激励源的名称列表，然后用鼠标左键单击“DPULSE”，则在预览窗口中出现单周期数字脉冲信号源的符号。

(2) 在编辑窗口双击鼠标左键，则单周期数字脉冲信号源被放置到图形编辑窗口中，可使用镜像、翻转工具调整单周期数字脉冲信号源在原理图中的位置。

2. 属性设置

(1) 双击原理图中的单周期数字脉冲信号源符号，出现单周期数字脉冲信号源属性设置对话框，如图 4.31 所示。

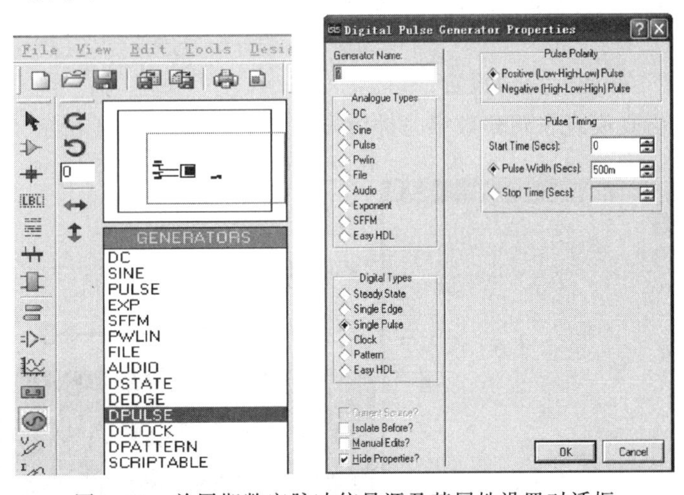

图 4.31 单周期数字脉冲信号源及其属性设置对话框

主要设置的参数如下：

1) 脉冲极性：正脉冲或负脉冲。

2) 脉冲时间：脉冲开始时间；脉冲宽度 (s)；脉冲停止时间 (s)。

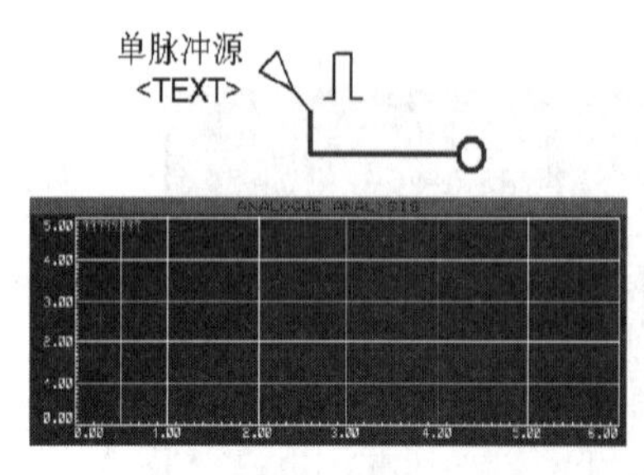

图 4.32　单周期数字脉冲信号图表仿真

(2) 在“Generator Name”栏中输入自定义的单周期数字脉冲信号源的名称“单脉冲源”。

(3) 单击“OK”按钮，完成设置。

(4) 采用图表仿真模式来观察单周期数字脉冲信号的产生，如图 4.32 所示。注意：如果采用示波器来观察该单周期数字脉冲信号，而示波器只能观察周期信号，由于该单周期数字脉冲信号会瞬间消失，示波器观察不到稳定的单周期数字脉冲信号。

4.4.4　数字时钟信号源

数字时钟信号源也是单片机系统虚拟仿真中经常用到的信号源。例如，制作一个频率计，需要有被测量的时钟脉冲信号源，这时可由数字时钟信号源产生时钟脉冲，用频率计来测量时钟脉冲的频率。

1. 数字时钟信号源的选择与放置

(1) 单击工具箱中的图标，出现如图 4.33 所示的所有激励源的名称列表，用鼠标左键单击“DCLOCK”，则在预览窗口中出现数字时钟信号源的符号。

(2) 在编辑窗口双击鼠标左键，则数字时钟信号源被放置到图形编辑窗口中，可使用镜像、翻转工具调整数字时钟信号源在原理图中的位置。

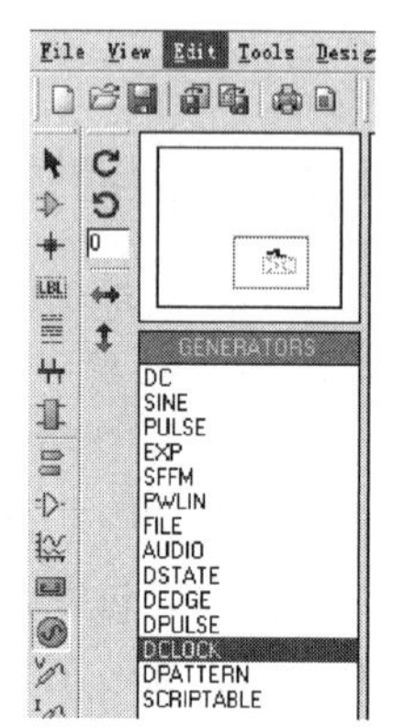

图 4.33　数字时钟信号源

2. 属性设置

(1) 双击原理图中的数字时钟信号源符号，出现数字时钟信号源属性设置对话框，如图 4.34 所示。

(2) 在“Generator Name”栏中输入自定义的数字时钟信号源的名称“数字时钟信号源”，并在“Timing”项中把“频率”值设为 10Hz。

(3) 单击“OK”按钮，完成设置。

(4) 采用图表仿真模式来观察数字时钟信号的产生，如图 4.34 所示。

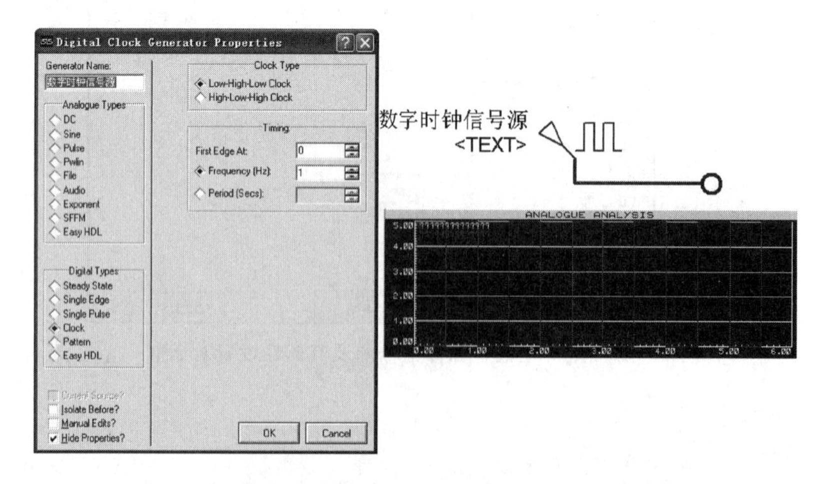

图 4.34　数字时钟信号源属性设置对话框及图表仿真

由于频率设为 10Hz，所以周期为 100ms，图表的时间横轴的范围设为 800ms，所以可观察到 8 个脉冲。

4.5　虚　拟　仪　器

Proteus ISIS 的 VSM（虚拟仿真模式）包括交互式动态仿真和基于图表的静态仿真。前者用于仿真运行时观看电路的仿真结果；而后者的仿真结果可随时刷新，以图表的形式保留在图中，可供以后分析或随图纸一起打印输出。虚拟仪器属于动态仿真，可实时地仿真和观测电路参数。Proteus ISIS 为用户提供了多种虚拟仪器，单击工具箱中的快捷按钮，可列出所有的虚拟仪器名称，如图 4.35 所示。

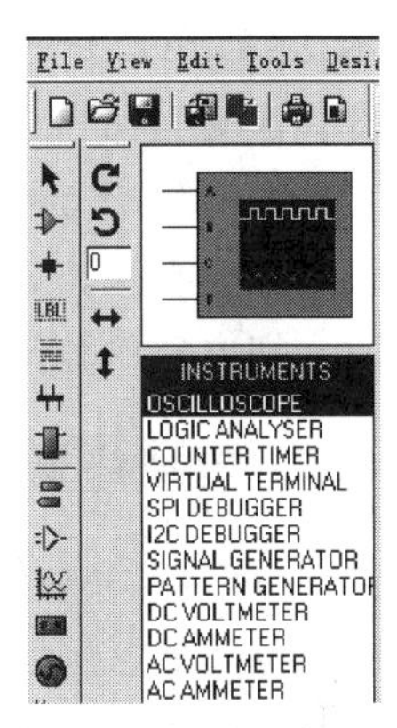

图 4.35　虚拟仪器名称列表

4.5.1　虚拟示波器

虚拟示波器是最常用的虚拟仪器之一。

1. 放置虚拟示波器

（1）用鼠标左键单击图 4.35 列表区中的“OSCILLOSCOPE”，则在预览窗口中出现示波器的符号图标。

（2）在编辑窗口单击鼠标左键，出现示波器的拖动图标，拖动到合适的位置，再次单击左键，示波器就被放置到图形编辑窗口中。

2. 虚拟示波器的使用

（1）示波器的 4 个接线端 A、B、C、D 可以分别接 4 路输入信号，该虚拟示波器能同时观看 4 路信号的波形。

（2）按照图 4.36 进行连接。把 100Hz 的数字时钟信号加到示波器的 B 通道。

（3）单击仿真按钮 ▶ 开始仿真，出现示波器运行界面，如图 4.36 右侧所示。可以看到，左面的图形显示区有 4 条不同颜色的水平扫描线，其中 B 通道由于接有正弦信号源，已经显示出正弦波形。示波器的操作区共分为 6 个部分，如图 4.36 所示。

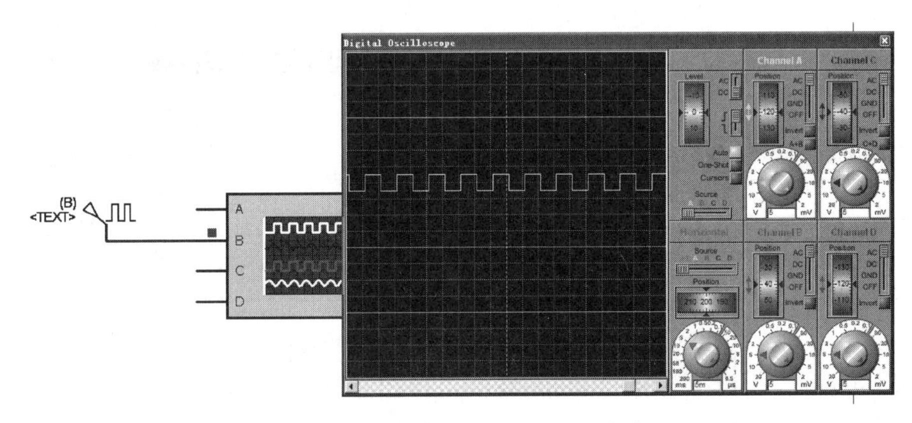

图 4.36　数字时钟信号的示波器仿真

图 4.36 中：Channel A 为 A 通道，Channel B 为 B 通道，Channel C 为 C 通道，Channel D 为 D 通道，Trigger 为触发区，Horizontal 为水平区。

下面对操作区简要说明如下：

（1）4 个通道区。4 个通道区的操作功能都一样。主要有两个旋钮，“Position”滚轮旋钮用来调整波形的垂直位移；下面的旋钮用来调整波形的 Y 轴增益，白色区域的刻度表示图形区每格对应的电压值。外旋钮是粗调，内旋钮是微调。在图形区读取波形的电压值时，会把内旋钮顺时针调到最右端。

（2）触发区。该区中的“Level”滚轮旋钮用来调节水平坐标，水平坐标只在调节时才显示。“Auto”按钮一般为红色选中状态。“Cursors”光标按钮选中后变为红色，可以在图标区标注横坐标和纵坐标，从而读取波形的电压、时间及周期。单击右键可以出现快捷菜单，选择清除所有的标注坐标、打印及颜色设置。

（3）水平区。“Position”用来调整波形的左右位移，下面的旋钮调整扫描频率。当读周期时，把内环的微调旋钮顺时针旋转到底。

4.5.2　虚拟终端

Proteus VSM 提供的虚拟终端的原理图符号如图 4.37 所示。虚拟终端相当于键盘和屏幕的双重功能。例如，单片机与上位机（PC 机）之间串行通信时，免去了 PC 机的仿真模型，直接由虚拟终端 VT1、VT2 显示出经 RS-232 接口模型与单片机之间异步发送或接收数据的情况。VT1 显示的数据表示单片机经串口发给 PC 机的数据，VT2 显示的数据表示 PC 机经 RS-232 接口模型接收到的数据，从而省去了 PC 机的模型。虚拟终端在运行仿真时会弹出一个仿真界面，当 PC 机向单片机发送数据时，可以和虚拟键盘关联，用户可从虚拟键盘经虚拟终端输入数据；当 PC 机接收到单片机发送来的数据后，虚拟终端相当于一个显示屏，会显示相应信息。

图 4.37 中，虚拟终端共有 4 个接线端，其中 RXD 为数据接收端，TXD 为数据发送端，RTS 为请求发送信号，而 CTS 为清除传送，是对 RTS 的响应信号。

在使用虚拟终端时，首先要对其属性参数进行设置。双击元件，出现如图 4.38 所示的虚拟终端属性设置对话框。

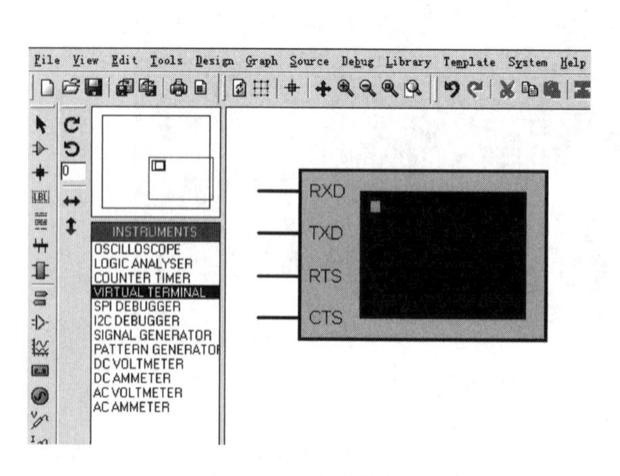

图 4.37　虚拟终端

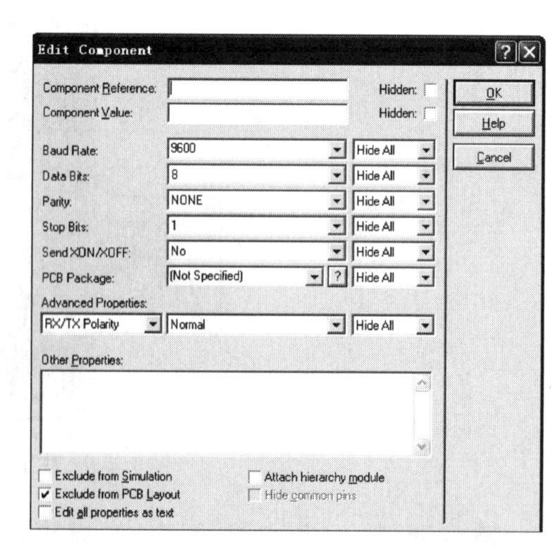

图 4.38　虚拟终端属性设置对话框

需要设置的参数主要有：

（1）Baud Rate：波特率，范围为 300～57600bit/s。

（2）Data Bits：传输的数据位数，7 位或 8 位。

（3）Parity：奇偶校验位，包括奇校验、偶校验和无校验。

（4）Stop Bits：停止位，具有 0、1 或 2 位停止位。

（5）Send XON/XOFF：第 9 位发送允许/禁止。

选择合适参数后，单击“OK”按钮，关闭对话框。这里给出 MCS-51 与虚拟终端 VT1 串口通信的实例，运行仿真，弹出如图 4.39 所示的虚拟终端 VT1 的仿真界面。从仿真界面可以看到串口发送与接收的数据。

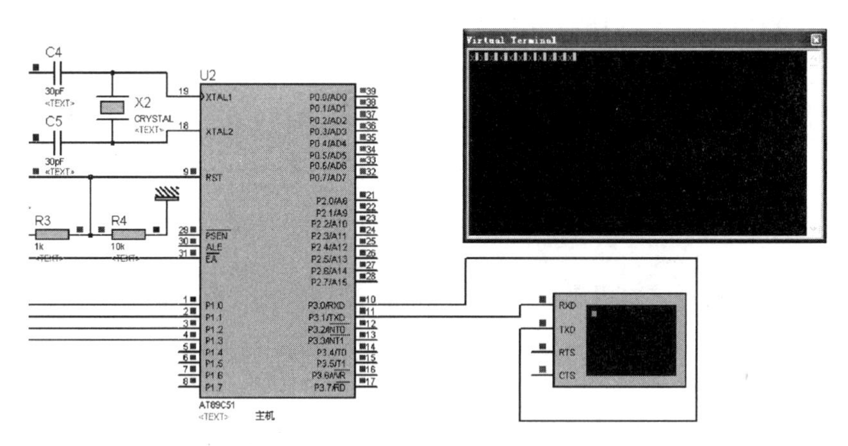

图 4.39 MCS-51 主机与虚拟终端串口通信

4.5.3 I²C 调试器

I²C 总线是 Philips 公司推出的芯片间的串行传输总线，它只需要两根线（即串行时钟线 SCL 和串行数据线 SDA）就能实现总线上各元器件的连接与全双工同步数据传送。芯片间接口简单，非常容易实现单片机应用系统的扩展。

I²C 总线采用元器件地址的硬件设置方法，不再使用通过软件寻址元器件片选线的方法，使硬件系统的扩展简单灵活。按照 I²C 总线规范，主机只要在程序中装入这些标准处理模块，根据数据操作要求完成 I²C 总线的初始化，启动 I²C 总线，就能自动完成规定的数据传送操作。由于 I²C 总线接口集成在芯片内，用户无需设计接口，只需将芯片直接挂在 I²C 总线上。如果从系统中直接去除某一芯片或添加某一芯片，对总线上其他芯片并没有影响，从而使系统组建与重构的时间大为缩短。

图 4.35 所示虚拟仪器名称列表中的“I2C DEBUGGER”就是 I²C 调试器，允许用户监测 I²C 接口总线，可以查看 I²C 总线发送的数据，同时也可作为从器件向 I²C 总线发送数据。

1. I²C 调试器的使用

I²C 调试器及属性设置对话框如图 4.40 所示。I²C 调试器有三个接线端：SDA——双向数据线；SCL——双向时钟线；TRIG——触发输入，能使存储序列被连续地放置到输出队列中。

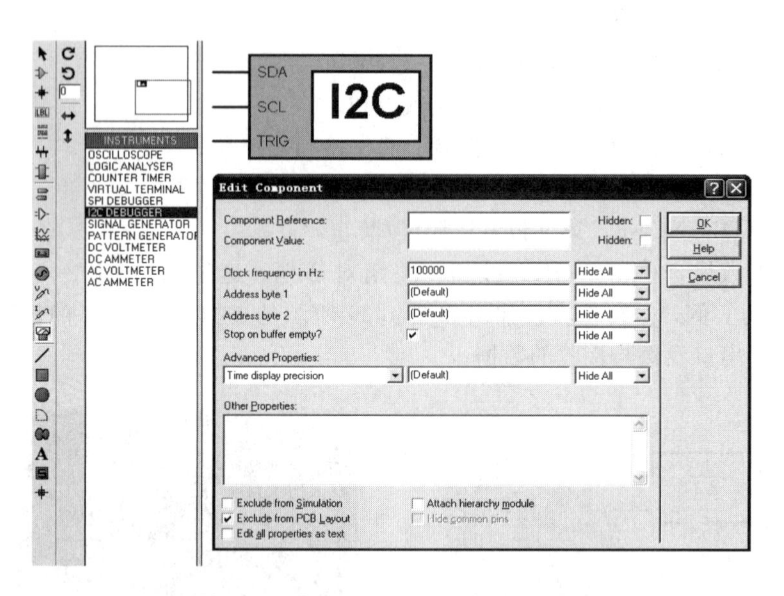

图 4.40　I^2C 调试器及属性设置对话框

双击 I^2C 调试器符号，打开属性设置对话框，如图 4.40 所示。需要设置的主要参数如下：

(1) Address byte1：地址字节 1，如果使用此调试器仿真一个从器件，则用于指定从器件的第 1 个地址字节。

(2) Address byte2：地址字节 2，如果使用此调试器仿真一个从器件，并期望使用 10 位地址，则用于指定从器件的第 2 个地址字节。

2. I^2C 调试器的应用

如图 4.41 所示，单片机通过控制 I^2C 总线向带有 I^2C 接口的存储器芯片 AT24C02 进行读写，可用 I^2C 调试器来观察 I^2C 总线数据传送的过程。

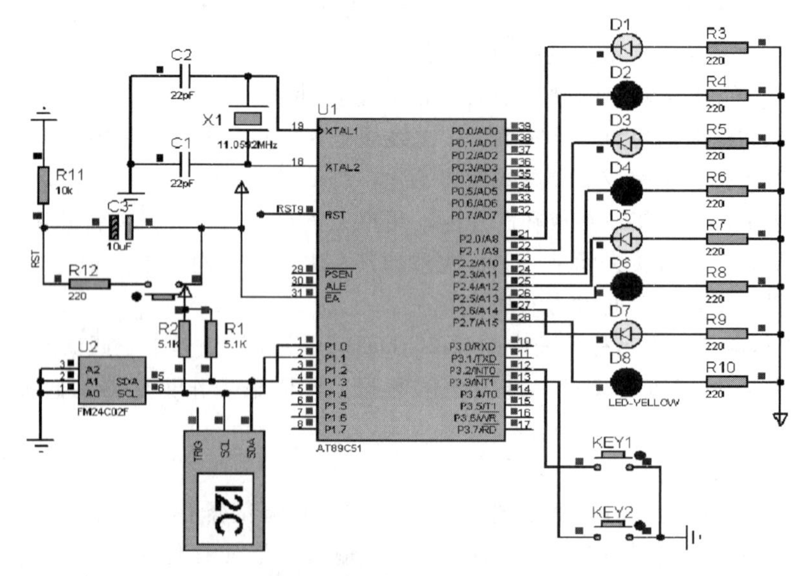

图 4.41　MCS-51 单片机读写带有 I^2C 接口的 AT24C02 的电路图

启动仿真，鼠标右键单击 I^2C 调试器，出现 I^2C 调试窗口，如图 4.42 所示。该调试窗口分为四部分，即数据监测窗口、队列缓冲区、预传输队列和队列容器。

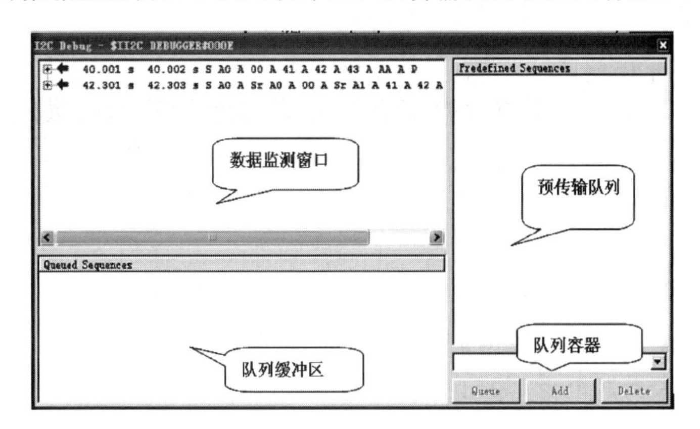

图 4.42 I^2C 调试窗口及单片机向 AT24C02 写入和读出的数据

先后单击图 4.41 中的 KEY1 和 KEY2 按钮开关，即单片机向 AT24C02 写入和读出数据。此时在 I^2C 调试窗口中的数据监测窗口就会出现写入和读出的数据，第 1 行为单片机通过 I^2C 总线向 AT24C02 写入的数据，第 2 行为单片机通过 I^2C 总线从 AT24C02 读出的数据，如图 4.42 所示。单击其中的“+”符号，还能把 I^2C 总线传送数据的细节展现出来。I^2C 总线传送数据时，采用了特别的序列语句，出现在数据监测窗口中。此语句用于指定序列的启动和确认，特别序列字符的含义为：S——启动序列，Sr——重新启动序列，P——停止序列，N——接收（未确认），A——接收（确认）。

通过这些特别序列字符的含义，并根据 I^2C 总线数据帧的格式，容易看出图 4.42 数据监测窗口中两行序列语句所代表的意义。

用户也可使用 I^2C 调试窗口来进行数据的发送。在窗口的右下方“队列容器”中输入需要传送的数据。单击“Queue”按钮，输入的数据将被放入队列缓冲区（Queued Sequences）中，单击仿真运行按钮，数据发送出去。也可以单击“Add”按钮把数据暂放到预传输队列（Predefined Sequences）窗口中备用，需要时，在预传输队列窗口选中要传输的数据，单击“Queue”按钮把要传输的数据加到队列缓冲区。数据发送完后，队列缓冲区清空，在数据监测窗口显示发送的信息。

综上所述，使用 I^2C 调试器可非常方便地观察 I^2C 总线上传输的数据，非常容易手动控制 I^2C 总线发送的数据，为 I^2C 总线的单片机系统提供了十分有效的虚拟调试手段。

4.5.4 SPI 调试器

SPI（串行外设接口）总线是 Motorola 公司提出的一种同步串行外设接口，允许单片机与各种外围设备以同步串行通信方式交换信息。

图 4.35 中的“SPI DEBUGGER”为 SPI 调试器。SPI 调试器允许用户查看沿 SPI 总线发送和接收的数据。如图 4.43 所示为 SPI 调试器及属性设置对话框。

SPI 调试器共有 5 个接线端。

（1）DIN：接收数据端。

（2）DOUT：输出数据端。

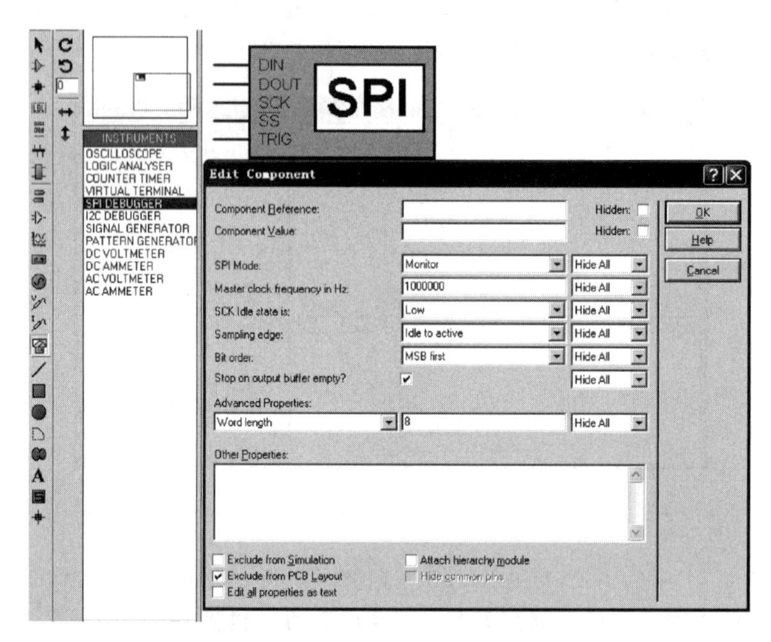

图 4.43　SPI 调试器及属性设置对话框

（3）SCK：时钟端。

（4）$\overline{SS}$：从模式选择端，从模式时此端必须为低电平才能使终端响应；当工作在主模式下而且数据正在传输时，此端才为低电平。

（5）TRIG：输入端，能把下一个存储序列放到 SPI 的输出序列中。

双击 SPI 的原理图符号，可以打开它的属性设置对话框，如图 4.43 所示。对话框主要参数如下：

（1）SPI Mode：有三种工作模式可选，Monitor 为监控模式，Master 为主模式，Slave 为从模式。

（2）Master clock frequency in Hz：主模式的时钟频率（Hz）。

（3）SCK Idle state is：SCK 空闲状态为高或低，选择一个。

（4）Sampling edge：采样的边沿，指定 DIN 引脚采样的边沿，选择 SCK 从空闲到激活状态，或从激活到空闲状态。

（5）Bit order：位顺序，指定传输数据的位顺序，可先传送最高位 MSB，也可先传送最低位 LSB。

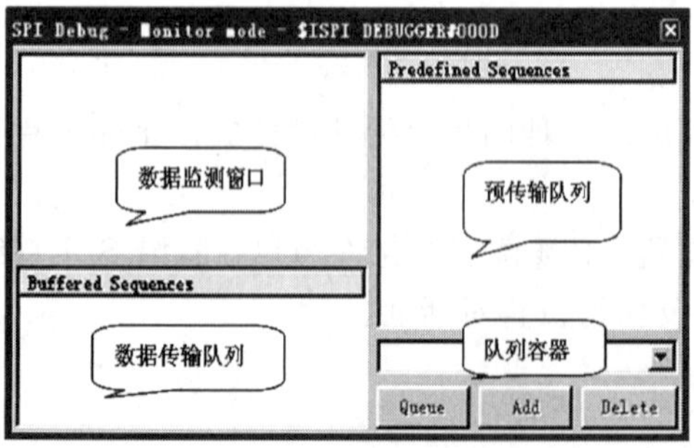

SPI 调试器的窗口如图 4.44 所示，与 I^2C 调试窗口相似。使用 SPI 调试器接收数据、发送数据的具体步骤如下：

1. 使用 SPI 调试器接收数据

（1）将 SCK 和 DIN 引脚连接到电路的相应端。

（2）将光标放置在 SPI 调试器上，双击 SPI 的原理图符号，打开属性设置对话框进行

图 4.44　SPI 调试器的窗口

参数设置，设 SPI 为从模式，时钟频率与外时钟一致。

(3) 运行仿真，弹出 SPI 的仿真调试窗口。

(4) 接收的数据将显示在数据监测窗口中。

2. 使用 SPI 调试器发送数据

(1) 将 SCK 和 DIN 引脚连接到电路的相应端。

(2) 将光标放置在 SPI 调试器上，双击 SPI 的原理图符号，打开属性设置对话框进行参数设置，把 SPI 调试器设置为主模式。

(3) 单击仿真按钮，弹出 SPI 的仿真调试窗口。

(4) 单击暂停仿真按钮，在队列容器中输入需要传输的数据。单击“Queue”按钮，输入的数据将被放到数据传输队列（Buffered Sequences）中，再次单击仿真运行按钮，数据发送出去。也可以按“Add”按钮把要发送的数据暂放到预传输队列中备用，需要时加到传输队列中。

(5) 数据发送完后，数据传输队列清空，数据监测窗口显示发送的信息。

4.5.5 计数器/定时器

单击图 4.35 列表中的“COUNTER TIMER”项，即选择了计数器/定时器，计数器/定时器的原理符号及测试电路连线如图 4.45 所示。CLK 为外加的计数脉冲输入。

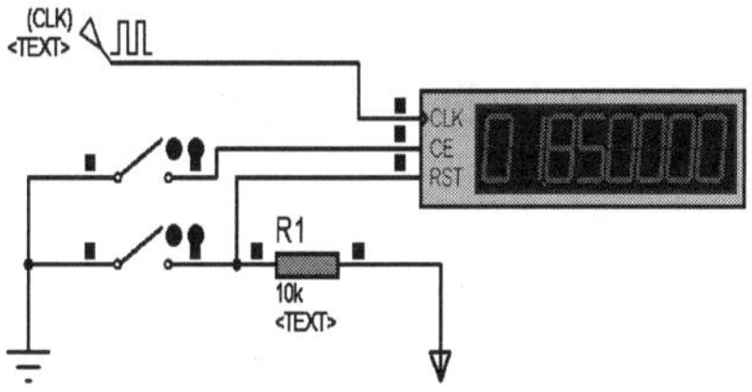

图 4.45 计数器/定时器电路

该虚拟仪器有三个输入端。

(1) CLK：在计数和测频时，为计数信号的输入端。

(2) CE：计数使能端（Counter Enable），可通过计数器/定时器的属性设置对话框设为高电平或低电平有效，当 CE 无效时，计数暂停，保持目前的计数值不变，一旦 CE 有效，计数继续进行。

(3) RST：复位端，可设为上跳沿（Low - High）有效或下跳沿（High - Low）有效。当有效跳变沿到来时，计时或计数复位到 0，然后立即从 0 开始计时或计数。

用右键单击计数器/定时器符号，再选择“编辑属性”，就会出现计数器/定时器的属性设置窗口，如图 4.46 所示。计数器/定时器有四种工作方式，可通过属性设置对话框中的

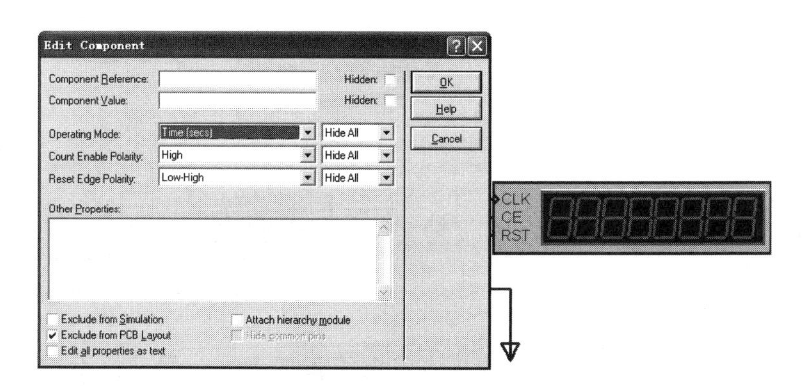

图 4.46 计数器/定时器工作方式设置

"Operating Mode"来选择，如图 4.46 所示。

单击"Operating Mode"右边的下拉菜单，出现工作方式选择项。

(1) Default：缺省工作方式，即计数方式。

(2) Time (secs)：计时方式，相当于一个秒表，最多计 100s，精确到 1μs。CLK 端无需外加输入信号，内部自动计时。由 CE 和 RST 端来控制暂停或重新从零开始计时。

(3) Time (hms)：计时方式，相当于一个具有时、分、秒的时钟，最多计 10h，精确到 1ms。CLK 端无需外加输入信号，内部自动计时。由 CE 和 RST 端来控制暂停或重新从零开始计时。

(4) Frequency：测频方式，在 RST 没有复位以及 CE 有效的情况下，能稳定显示 CLK 端外加的数字脉冲信号的频率。

(5) Count：计数方式，对外加时钟脉冲信号 CLK 进行计数，如图 4.45 所示的计数显示，最多 8 位计数，即 99999999。

下面通过具体例子，来看一下计数器/定时器的应用。

【例 4.3】 把计数器/定时器的属性按图 4.46 修改，设操作方式为"Frequency"，即测频方式，其他不变，按图 4.45 连接，设外接数字时钟的频率为 100Hz，图中两个开关 SW1、SW2 位于打开状态，运行仿真，出现如图 4.45 所示的测频结果。拨动两个开关可以看到使能和清零的效果。

4.5.6 电压表和电流表

Proteus VSM 提供了 4 种电表，如图 4.47 所示，分别是 DC Voltmeter（直流电压表）、DC Ammeter（直流电流表）、AC Voltmeter（交流电压表）和 AC Ammeter（交流电流表）。

1. 4 种电表的符号

在图 4.35 所示的元件列表中，分别把上述四种电表放置到图形编辑窗口中，如图 4.47 所示。

2. 属性设置

双击任一电表的原理图符号，出现其属性设置对话框，如图 4.48 所示是直流电流表属性设置对话框。

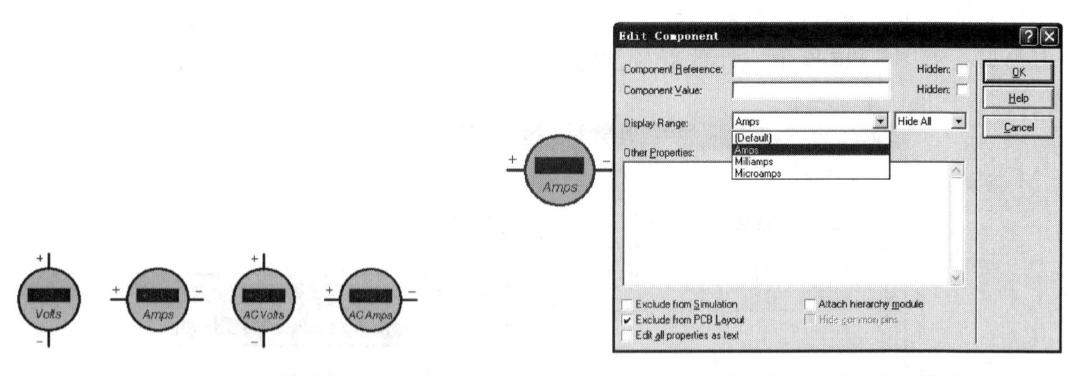

图 4.47　4 种电表的符号　　　图 4.48　直流电流表属性设置对话框

在"Component Reference"栏填入该直流电流表的名字，元件值不填。在"Display Range"中有四个选项，用来设置该直流电流表是安培表（Amps）、毫安表（Milliamps），还是微安表（Microamps），默认是安培表，然后单击“OK”按钮即完成设置。

其他三种表的属性设置与此类似。

3. 电表的使用

4 种电表的使用和实际的交、直流电表一样，电压表并联在被测电压两端，电流表串联在电路中，要注意方向。运行仿真时，直流电表出现负值，说明电表的极性接反了。两个交流表显示的是有效值。

4.6 图 表 仿 真

Proteus VSM 为用户提供交互式动态仿真和静态图表仿真功能，如果采用动态仿真，这些虚拟仪器的仿真结果和状态随着仿真结束也即消失，无法满足打印及长时间的分析要求。而静态图表仿真功能随着电路参数的修改，电路中的各点波形将重新生成，并以图表的形式留在电路图中，供以后分析或打印。

图表仿真能把电路中某点对地的电压或某条支路的电流与时间关系的波形自动绘制出来，且能保持记忆。例如，观察单脉冲的产生，如果采用虚拟示波器观察，在单脉冲过后，就观察不到单脉冲波形。如果采用图表仿真，就可把单脉冲波形记忆下来，显示在图表上。以图 4.32 所示的单周期数字脉冲图表仿真为例，介绍如何进行图表仿真。

1. 选择观测点

首先把单周期数字脉冲信号源与图表放置在电路图中，单周期数字脉冲信号源的输出就是图表仿真的观测点，具体操作如下：

(1) 放置单周期数字脉冲信号源。单击左侧工具箱中的图标，然后从列表中选择“DPULSE”，在图形编辑窗口双击鼠标左键，将单周期数字脉冲信号源放置在图形编辑窗口中。双击单周期数字脉冲信号源符号，设置属性。在“Terminals Mode”中，选择 DEFAULT 的终端，将其放置于原理图的编辑区，并与单周期数字脉冲信号源相连。

(2) 放置图表。单击左侧工具箱中的图标，从列表中选择模拟图表“ANALOGUE”，如图 4.49 所示。在图形编辑窗口双击鼠标左键，用左键拖出一个方框，将模拟图表放置在编辑窗口中，如图 4.49 所示。

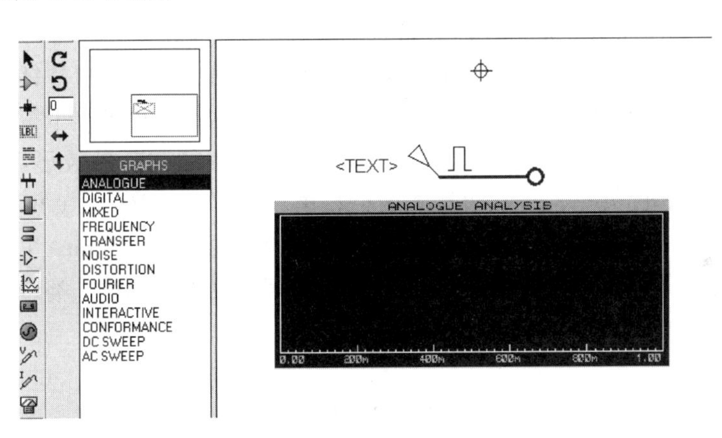

图 4.49 单周期数字脉冲信号源与模拟图表

需要说明的是，在图 4.49 的列表中可选择各种类型图表，如模拟图表、数字图表、混合图表等。如要观察数字信号，可选用数字图表。如果同一图表中，观察的信号既有模拟信号，又有数字信号，应选择“MIXED”，即混合图表。

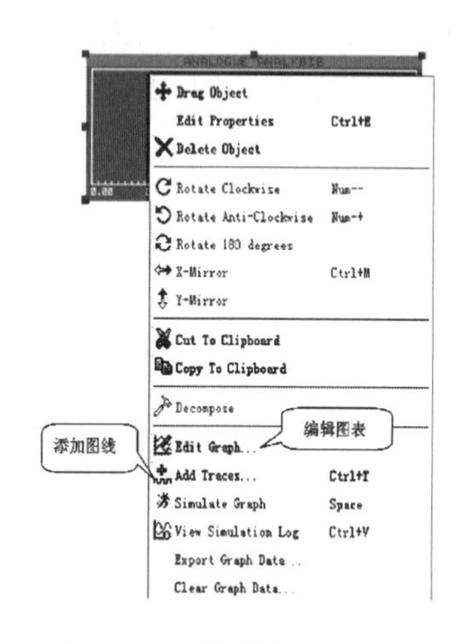

图 4.50　模拟图表的属性

如果要对电路的某点进行图表仿真形式的观测，那么就应当在电路中的某观测点放置电压探针。

2. 编辑图表与添加图线

鼠标右键单击图 4.49 中的图表，出现下拉菜单，如图 4.50 所示。选择“编辑图表”项，出现编辑瞬态图表对话框，如图 4.51 所示。在“图表标题”栏后，填写图表名称“ANALOGUE ANALYSIS”，此外，还需要对时间轴（*X* 轴）设置观测波形的起始时间与结束时间，设置左、右坐标轴（即 *X* 轴与 *Y* 轴）的名称以及 *Y* 轴的尺度。

编辑图表对话框各参数设置完成后，在图 4.50 中单击“添加图线”项，出现如图 4.52 所示的对话框。本对话框实质就是要把观测点处的波形显示在图表上，即建立观测点与图标的关联。最多可设置 4 个观测点（可设 4 个探针）。

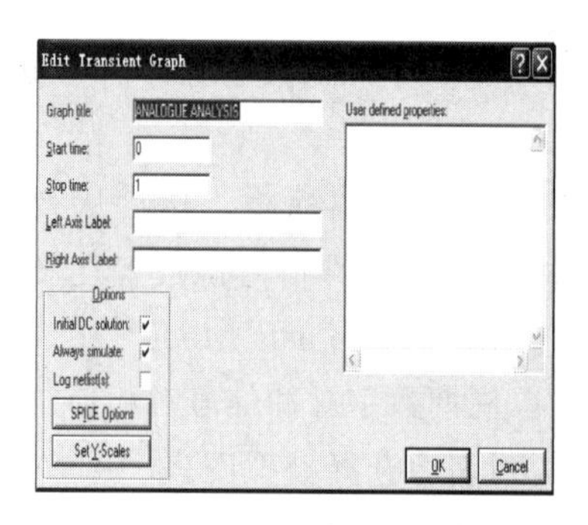

图 4.51　编辑瞬态图表对话框

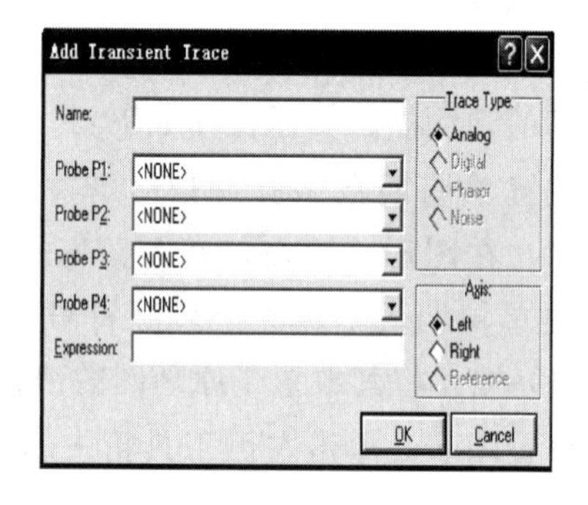

图 4.52　添加图线对话框

本例只有一个观测点，即单脉冲源的输出，因此单击“Probe P1”栏右侧的下拉按钮，选择“单脉冲源”即可。如果有 4 个观测点，则需要在电路中分别设置探针，并分别给探针起名，然后把 4 个探针的名称添加到相应的栏目中即可，这样就可把 4 个探针处的波形同时显示在图表上。利用“Expression”栏还可观察几个观测点叠加后的波形，例如，想看 P1 波形和 P3 波形叠加后的波形，可在表达式的栏目中填入“P1＋P3”，就可将 P1 波形和 P3 波形叠加后的波形显示在图表中。该对话框中还有其他参数，如“Trace Type”，有 4 个类型选项，由于本例是要显示单脉冲源的输出波形，因而是属于“模拟”类型的。此外，还有“坐标轴”位置的选择项。

3. 仿真图表

上面工作完成后，就可进行图表仿真。用鼠标右键单击图表，出现如图 4.50 所示的下拉菜单。由于编辑图表与添加图线工作已完成，下拉菜单中的“仿真图表”项不再是不可操作的虚项，已变为黑色的可操作命令，单击该命令，就可进行图表仿真，仿真波形显示在图表上，如图 4.32 所示。

本例仅对单脉冲源的输出波形进行图表仿真，如果对电路中不超过 4 个观测点的波形进行观察；只需要先在观察点处设置探针，然后再进行“编辑图表”与“添加图线”，最后单击图 4.50 菜单中的“仿真图表”项，即可进行图表仿真。

本章的参考程序请扫描下方二维码查看。

第5章 基于Keil和Proteus的单片机系统软件仿真实验

本章的内容基本上与第2章软件实验内容相对应。本章主要讲述单片机内部软件程序的设计、调试以及虚拟仿真，不涉及单片机的接口和各类外部设备。通过这些纯软件仿真实验，读者能全面、系统地掌握一个单片机应用系统在Keil μVision4平台下C51软件编程、在Proteus ISIS平台下单片机最小系统的实现以及软件的虚拟仿真。

5.1 清零和置数实验

汇编语言中的清零包括单片机片内清零和片外清零，而置数程序仅给出了片内情况。

5.1.1 片内清零程序的编写与实现

1. 实验要求

将片内从60H开始的连续10个存储单元的内容清零。

2. 分析

将片内连续地址内容清零，可首先设定起始地址并指定清零次数，然后使用DJNZ指令进行循环判断。片内清零程序流程如图5.1所示。

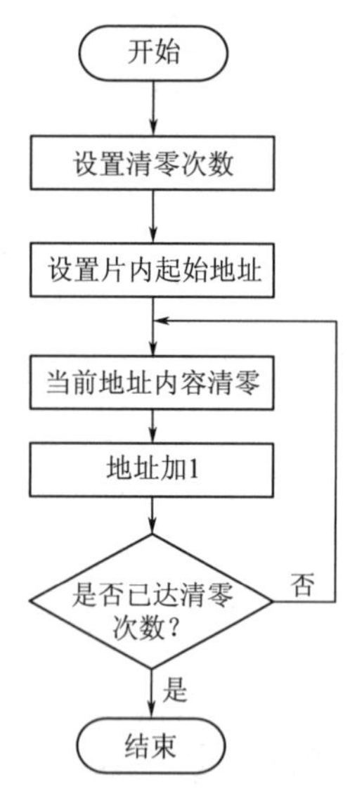

图5.1 片内清零程序流程

3. 汇编源程序

参考的源程序请扫描本章末的二维码查看。

5.1.2 片内清零程序的调试与仿真

1. 在Keil μVision4中调试程序

Keil公司开发的Keil μVision4软件平台是目前最好的AT89C51单片机软件开发平台之一。Keil μVision4是一种集成化的文件管理编译环境，使用工程的方法来管理文件，而不是单一文件的模式，所有的文件包括源程序（如C程序、ASM汇编程序）、头文件等都可以放在工程文件里统一管理。该环境下可编译C源代码和ASM汇编源程序，连接和重定位目标文件和库文件，创建hex文件，调试目标程序等。调试手段丰富并可直接与Proteus进行联调，进而实现对所设计电路的验证。因此，目前设计者多使用Keil μVision4平台来进行源程序文件的设计与调试。

使用Keil μVision4进行源程序文件的设计与调试，一般可以按照以下步骤进行：

(1) 创建一个工程文件。启动Keil软件后，进入Keil界面，单击Project菜单下面的“New Project”来新建一个工程。软件弹出“Create New Project”对话框，在“文件名(N)”窗中输入新建工程的名字，并且在“保存在(I)”下拉框中选择工程的保存目录，为工程输入文件名后，单击“保存（S）”即可。

（2）选择单片机。单击“保存（S）”后，会弹出“Select Device for Target”对话框，按照界面的提示，选择相应的 MCU。选择“Atmel”目录下的“AT89C51”。

（3）添加用户源程序文件。一个新的工程创建完成后，就需要将用户编写的源程序代码添加到这个工程中，添加用户程序文件通常有两种方式：一种是新建文件；另一种是添加已创建的文件。

对于新建文件的添加，首先单击“新建”快捷按钮，出现一个空白的编辑窗口，用户可输入“片内清零”程序源代码，如图 5.2 所示。

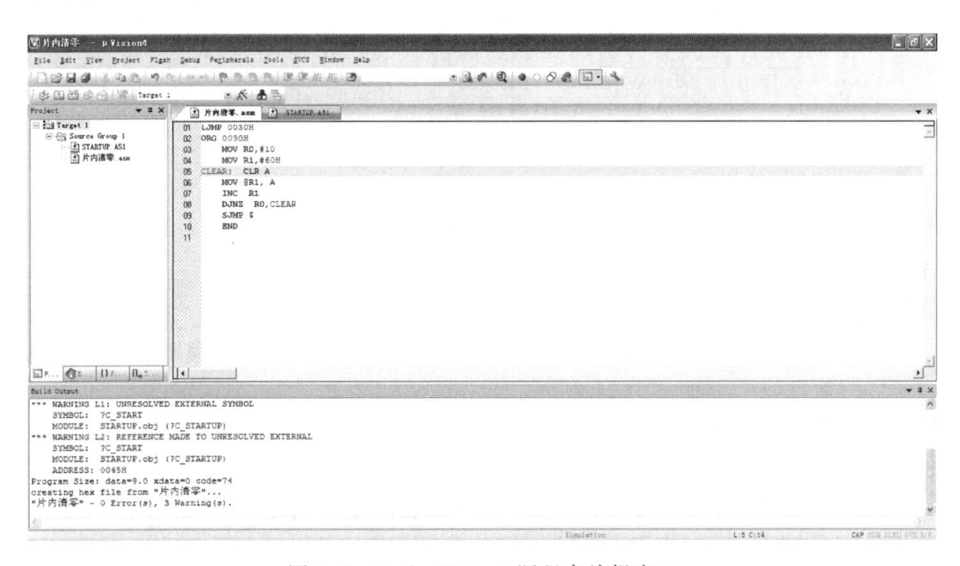

图 5.2 Keil μVision4 源程序编辑窗口

程序源代码输入完毕后，保存文件，在弹出的窗口中输入保存路径和文件名。这样就将这个新源程序文件与刚才建立的工程保存在同一个文件夹下。由于使用汇编编程，文件的扩展名应为“.asm”。

如果添加已经存在的源程序文件，则在工程窗口（图 5.2）中右键单击“Source Group 1”，选择“Add Files to ‘Source Group 1’”选项，完成添加文件的操作。在该窗口中选择要添加的文件，单击已创建的源程序文件后，单击“Add”按钮，再单击“Close”按钮，文件便添加到工程中。

（4）编译及创建 hex 文件。执行菜单命令“Project”→“Options for Target ‘Target 1’”，在弹出的对话框中选择“Output”选项卡，选中“Create HEX File”。

执行菜单命令“Project”→“Build Target”；或单击快捷按钮，对当前文件进行编译，如果编译成功，则在“Output Window”窗口中显示没有错误，并创建了“片内清零.hex”文件，如图 5.2 所示。如果有错误，双击该窗口中的错误信息，则在源程序窗口中指示错误语句。认真检查程序找出错误并改正，改正后再次进行编译，直至提示信息显示没有错误为止。

（5）程序的调试。程序编译没有错误后，就可进行调试与仿真。单击快捷按钮（开始调试/停止调试），进入程序调试状态。或者，执行菜单命令“Debug”→“Start/Stop Debug Session”，按 F11 键，单步运行程序。在左边的工程窗口给出了常用的寄存器 r0～r7

以及 a、b、sp、dptr、pc、psw 等特殊功能寄存器的值，这些值会随着程序的执行发生相应的变化。同时，在“Memory”窗口的“Address”栏中键入“d：60h”，可查看相应地址的内容都为零，如图 5.3 所示。

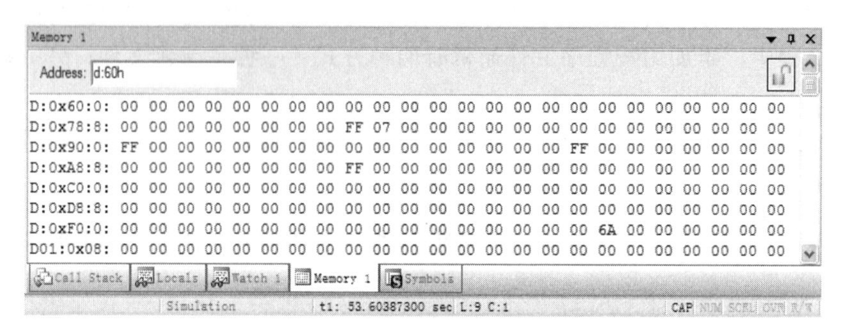

图 5.3　片内清零 RAM 窗口

由于 Keil 软件的使用方法在第 1 章中有详细介绍，故本章仅在第 1 个实验“片内清零”程序中给出 Keil 软件的详细使用方法，而其他实验则较为简略。

2. 在 Proteus 中调试程序

由于本章仅涉及单片机内部的软件程序设计与仿真，与各类外部接口无关，故电路设计简化。

（1）建立新文件。进入 Proteus ISIS 界面，单击主菜单项“文件”→“新建设计”选项，就会弹出“新建设计”对话框，其中提供了多种模板选择。其中横向图纸为 Landscape，纵向图纸为 Portrait，DEFAULT 为默认模板。单击选择的模板图标，再单击“确定”按钮，即建立一个该模板的空白文件。如果直接单击“确定”按钮，即选用系统默认的 DEFAULT 模板。

单击保存按钮，在弹出的对话框“保存 ISIS 设计文件”中输入文件名再单击“保存”，则完成新建设计文件的保存操作，其后缀自动为“.dsn”。

（2）设定绘图纸大小。当前的绘图纸大小为默认的 A4。如需改变图纸大小，可单击菜单中的“系统”→“设置图纸大小”，弹出图纸设置对话框，选择所需图纸的尺寸。

（3）选取元器件并添加到对象选择器窗口中。若已知元器件名称，则以名称为关键字从库中取出该元器件。

打开元器件选择窗口，有下述三种方法：

1）在选取元器件状态下，即 有效，单击选择器上方的 P，打开元器件选择窗口。

2）直接单击 ，打开元器件选择窗口。

3）按快捷键“P”，打开元器件选择窗口。

本例单击器件选择按钮 P，弹出如图 5.4 所示的选取元器件对话框。在其左上角“关键字”一栏中输入元器件名称“AT89C51”，则出现关键字匹配的元器件列表。选中 AT89C51 所在行或单击 AT89C51 所在行后，再单击“确定”按钮，便将元器件 AT89C51 添加到 ISIS 对象选择器窗口中，如图 5.4 所示。按此操作方法逐一完成其他元器件的选取。本例中使用的各元器件的关键字相应为“AT89C51”（单片机）、“BUTTON”（按钮开关）、“CAP”（瓷片电容）、“CAP-ELEC”（电解电容）、“CRYSTAL”（晶振）、“RES”（电阻）等。

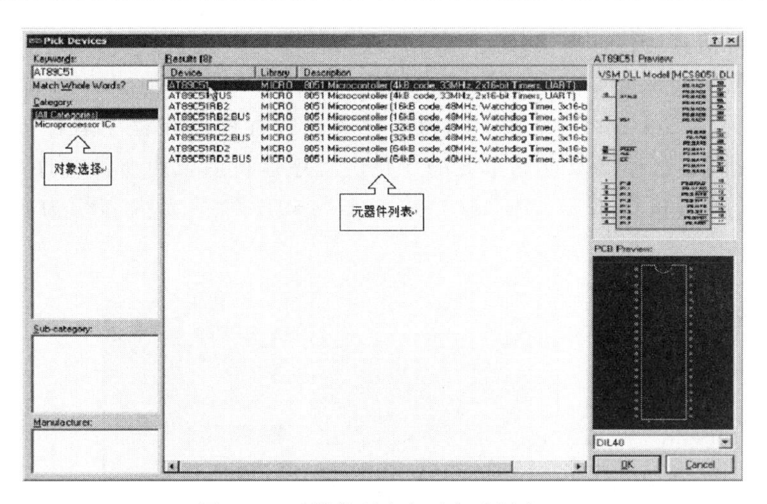

图 5.4 元器件列表和对象选择窗口

上述方法称为“关键字查找法”，关键字可以是对象的名称、描述、分类、子类，甚至是对象的属性值。还有一种“分类查找法”，即以元器件所属大类、子类，甚至以生产厂家为条件，逐级缩小范围进行查找。在具体操作时，常将两种方法结合使用。

(4) 放置电源、地（终端）。应该说明的是，Proteus 中的单片机芯片默认已经添加电源与地，也可以省略。先看添加电源的操作，首先单击 ISIS 界面左侧工具箱中的终端模式按钮 ，然后在对象选择器窗口中单击 POWER（电源）来选中电源，然后使用元器件调整工具按钮进行方向调整，最后就可以在编辑区中单击放置电源了。放置 GROUND（地）的操作类似。

(5) 绘制单片机最小系统电路图。绘制构成单片机最小系统的元件，含晶振电路、复位电路、电源等。注意：在 ISIS 中的单片机的型号必须与在 Keil 中选择的型号完全一致。放置好元件后，布好线。左键双击各元件，设置相应元件参数，完成电路图的设计，如图 5.5 所示。

左键双击 AT89C51 单片机，在弹出的对话框中进行设置，如图 5.6 所示。“Program File”栏中，必须选择在 Keil 中生成的十六进制 hex 文件——片内清零 . hex。

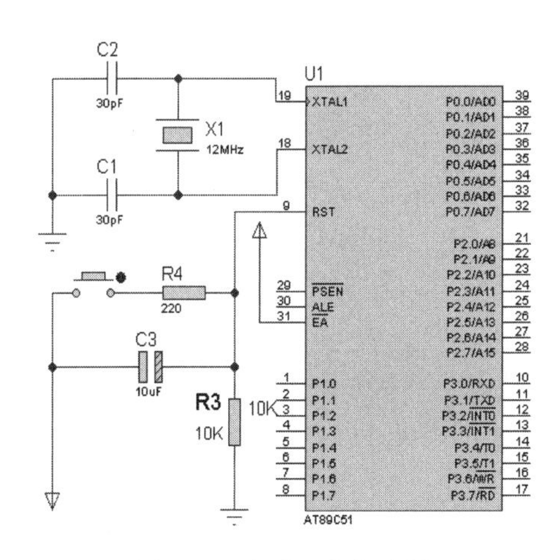

图 5.5 清零程序电路图

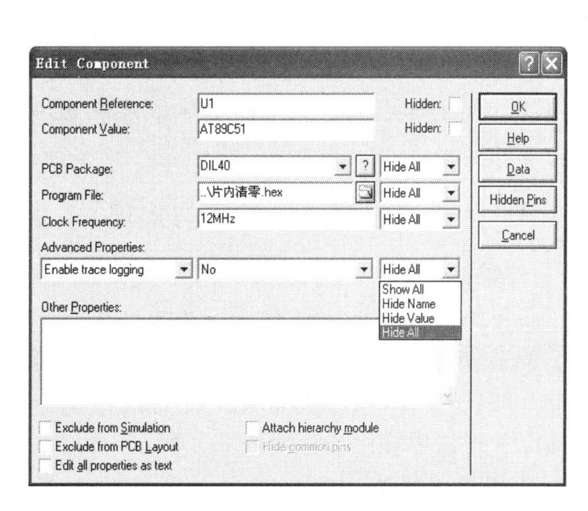

图 5.6 单片机属性设置对话框

（6）Proteus 仿真运行。单击按钮 ▐▐ ，进入程序的调试状态，并利用“Debug”菜单勾选“8051 CPU Registers”和“8051 CPU Internal（IDATA）Memory”窗口。执行菜单命令“Debug”→“Step Into”或按 F11 键，单步运行程序。在程序运行过程中，可以在这两个窗口中看到各寄存器及存储单元的变化。程序运行后，由于源程序中 R1 的设置初值地址为 60H，连续执行了 10 次，故导致 60H～69H 的单元内容均为 00H，如图 5.7 所示。

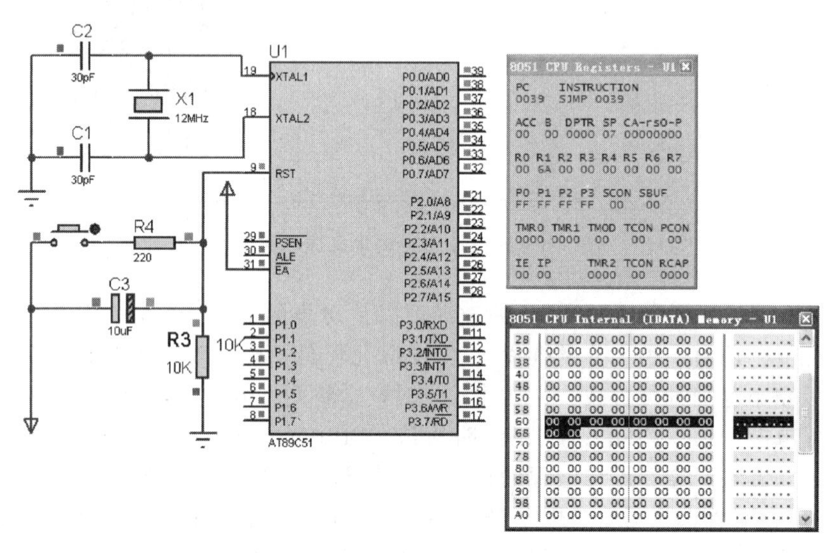

图 5.7　片内清零的内存数据

3. 单片机最小系统电路设计的说明

由于 AT89C51（AT89C52）单片机内部有 4KB（8KB）程序存储器，本身就是一个数字量输入/输出的最小应用系统。本章仅涉及单片机最小应用系统，故 AT89C51 单片机必须有外接的时钟电路、复位电路和电源接地。

本实验的石英晶振频率选择 12MHz（图 5.7 左上方），C1、C2 的电容典型值取 30pF，电容值的大小起频率微调的作用。本实验的复位电路常采用上电方式与电平式开关复位方式。当上电时，C3 相当于短路，使单片机复位。正常工作时，当按下复位按钮，RST 接高电平，也使单片机复位。在实际单片机系统中，应提供＋5V 单相电源和接地。

5.1.3　片外清零程序的编写与实现

1. 实验要求

将片内 7000H～70FFH 单元内容清零。

2. 分析

7000H～70FFH 正好有 256 个地址空间，因此可采用 R0 进行计数。片外清零程序流程如图 5.8 所示。

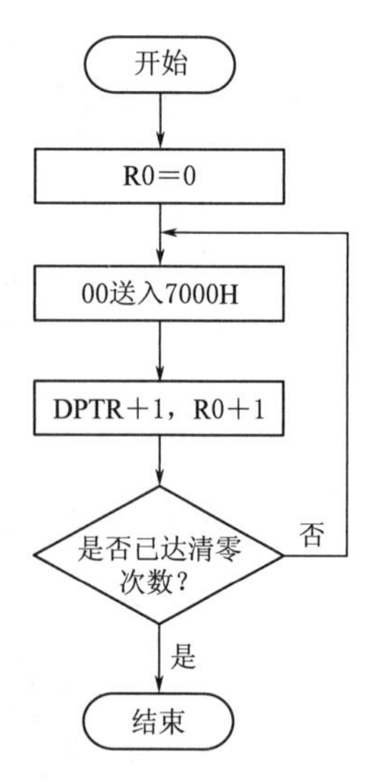

图 5.8　片外清零程序流程

3. 汇编源程序

参考的源程序请扫描本章末的二维码查看。

5.1.4 片外清零程序的调试与仿真

因为在 Proteus 中进行单片机软件仿真时，只能观察片内 RAM 中的数据变化，而不能观测片外数据存储器，因此，本例只讲述在 Keil 中如何调试程序。关于如何通过 Keil μVision4 建立工程，然后再建立源程序文件“片外清零”等，详细步骤见 5.1.2 节，以下仅归纳简要操作过程：

（1）打开 Keil 程序，执行菜单命令“Project”→“New Project”，创建“片外清零”项目，并选择单片机型号为 AT89C51。

（2）执行菜单命令“File”→“New”，创建文件，输入源程序，保存为“片外清零.asm”。在“Project”栏的 File 项目管理窗口中右击文件组，选择“Add Files to Group ‘Source Groupl’”，将源程序“片外清零.asm”添加到项目中。

（3）执行菜单命令“Project”→“Options for Target ‘Target 1’”，在弹出的对话框中选择“Output”选项卡，选中“Create HEX File”。

（4）执行菜单命令“Project”→“Build Target”，编译源程序，如果编译成功，则在“Output Window”窗口中显示没有错误，并创建“片外清零.hex”文件，如图 5.9 所示。如果有错误，双击该窗口中的错误信息，则在源程序窗口中指示错误语句。

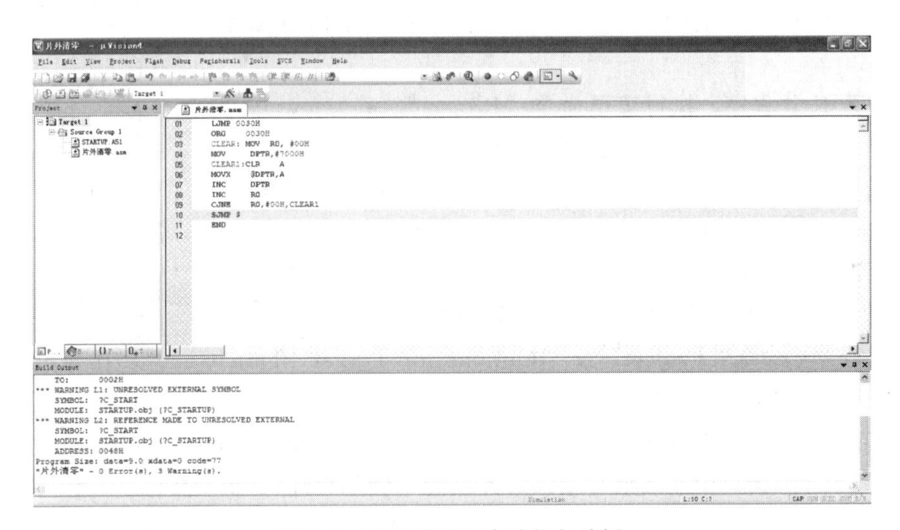

图 5.9 片外清零程序编辑与编译

（5）执行菜单命令“Debug”→“Start/Stop Debug Session”，按 F11 键，单步运行程序。在“Memory”窗口的“Address”栏中键入“X：7000H”，可查看相应地址的内容都为零，如图 5.10 所示。

5.1.5 置数程序的编写与实现

1. 实验要求

将片内 60H 开始的连续 20 个地址内容设置为 05AH。

2. 分析

将片内连续地址内容置数，可首先设定起始地址并指定置数个数，然后使用 CJNE 指令

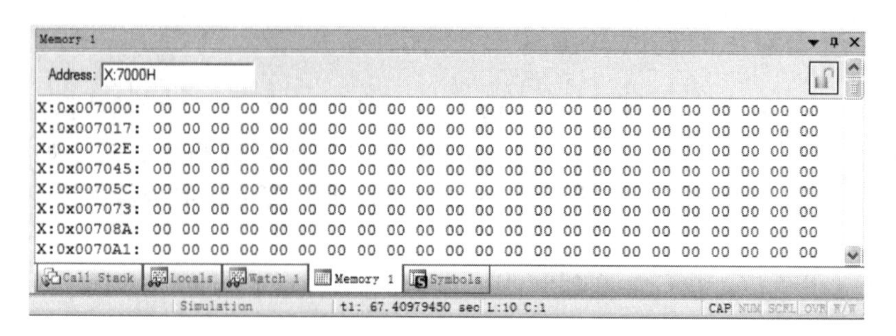

图 5.10　片外清零程序内存窗口

进行循环判断。置数程序流程如图 5.11 所示。

3. 汇编源程序

参考的源程序请扫描本章末的二维码查看。

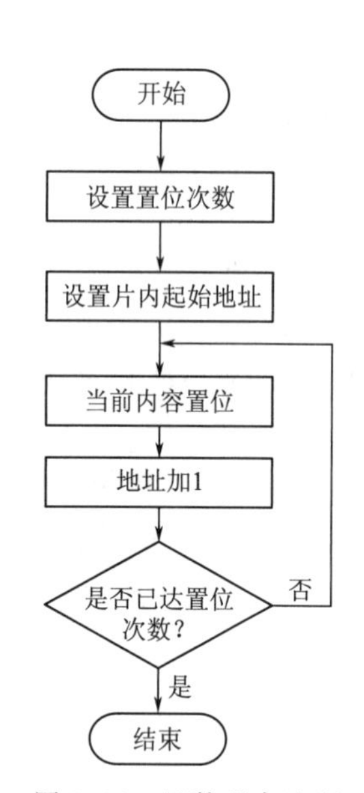

图 5.11　置数程序流程

5.1.6　置数程序的调试与仿真

1. 在 Keil 中调试程序

关于如何通过 Keil μVision4 建立工程，然后再建立源程序文件“置数程序”等，详细步骤见 5.1.2 节，以下仅归纳简要操作过程：

(1) 打开 Keil 程序，执行菜单命令“Project”→“New Project”，创建“置数程序”项目，并选择单片机型号为 AT89C51。

(2) 执行菜单命令“File”→“New”，创建文件，输入源程序，保存为“置数程序.asm”。在“Project”栏的 File 项目管理窗口中右击文件组，选择“Add Files to Group ‘Source Group1’”，将源程序“置数程序.asm”添加到项目中。

(3) 执行菜单命令“Project”→“Options for Target ‘Target 1’”，在弹出的对话框中选择“Output”选项卡，选中“Create HEX File”。

(4) 执行菜单命令“Project”→“Build Target”，编译源程序，如果编译成功，则在“Output Window”窗口中显示没有错误，并创建“置数程序.hex”文件，如图 5.12 所示。如果有错误，双击该窗口中的错误信息，则在源程序窗口中指示错误语句。

(5) 执行菜单命令“Debug”→“Start/Stop Debug Session”，按 F11 键，单步运行程序。在“Memory”窗口的“Address”栏中键入“d：60h”，可查看相应连续 20 个字节地址的内容都变为 5AH。

2. 在 Proteus 中调试程序

(1) 打开 ISIS 7 Professional 窗口，单击菜单命令“File”→“New Design”，新建一个 DEFAULT 模板，保存文件名为“置数程序.dsn”。在对象选择按钮中单击“P”按钮，或执行菜单命令“Library”→“Pick Device/Symbol”，添加构成单片机最小系统的元件，如晶振电路、复位电路、电源等。注意：在 ISIS 中的单片机的型号必须与在 Keil 中选择的型号完全一致。

(2) 在 ISIS 图形编辑窗口中放置元件，再单击工具箱中的“元件终端”图标，在对

图 5.12　置数程序编辑与编译

象选择器中单击“POWER”和“GROUND”放置电源和地。放置好元件后，布好线。左键双击各元件，设置相应元件参数，完成电路图的设计，如图 5.13 所示。

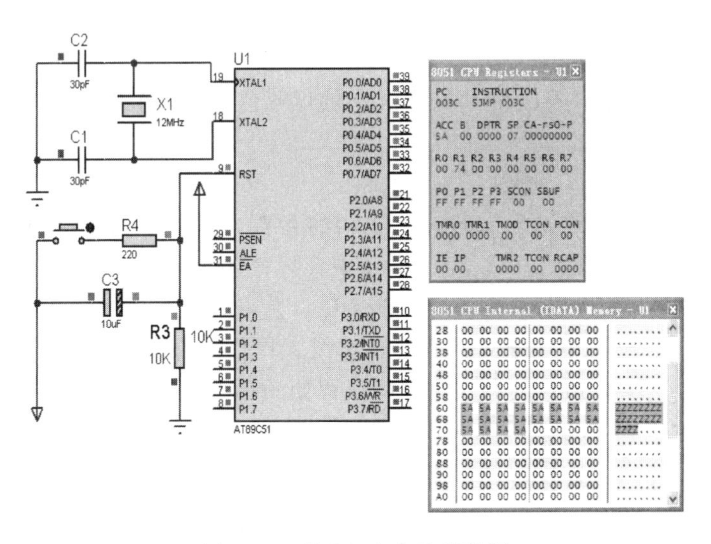

图 5.13　单片机和存储器数据

左键双击 AT89C51 单片机，在弹出的对话框中进行设置，如图 5.14 所示。“Program File”栏中，必须选择在 Keil 中生成的十六进制 hex 文件——置数程序 . hex。

(3) 单击按钮 ▌▌，进入程序的调试状态，并利用“Debug”菜单打开“8051 CPU Registers”和“8051 CPU Internal (IDATA) Memory”窗口。执行菜单命令“Debug”→

“Step Into”或按 F11 键，单步运行程序。在程序运行过程中，可以在这两个窗口中看到各寄存器及存储单元的变化。程序运行后，ACC 的内容为 05AH，片内 60H 开始的连续 20 个地址内容都被设置为 05AH，如图 5.13 所示。

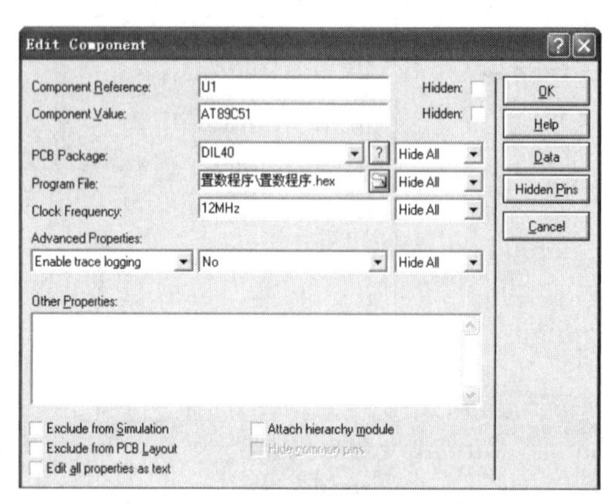

图 5.14　修改单片机属性对话框

5.2　拼　字　实　验

拼字就是将存储在不同地址的两个数据根据一定的要求将相关位拼接在一起，它分为单片机片内拼字和片外拼字。

5.2.1　片内拼字程序的编写与实现

1. 实验要求

将片内 30H 单元中的低 4 位和 40H 单元中的低 4 位拼成一个数据，结果存放在 50H 单元中。

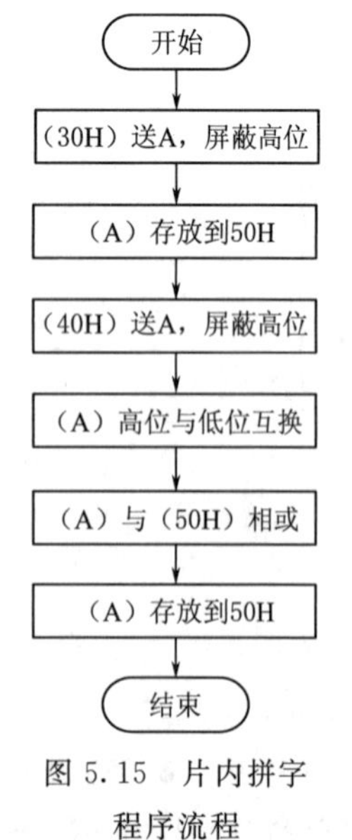

图 5.15　片内拼字程序流程

2. 分析

首先将 30H 单元的内容暂存寄存器 A 中，使用“与”指令取其低 4 位并存入 50H 单元中；再将 40H 单元的内容暂存寄存器 A 中，使用“与”指令取其低 4 位，并将其高 4 位和低 4 位互换，然后再与 50H 单元中的内容进行“或”操作，并将“或”的结果存入 50H 单元即可。片内拼字程序流程如图 5.15 所示。

3. 汇编源程序

参考的源程序请扫描本章末的二维码查看。

5.2.2　片内拼字程序的调试与仿真

1. 在 Keil 中调试程序

关于如何通过 Keil μVision4 建立工程，然后再建立源程序文件“片内拼字”等，详细步骤见 5.1.2 节所述，以下仅归纳简要操作过程：

（1）打开 Keil 程序，执行菜单命令“Project”→“New Project”，

创建“片内拼字”项目，并选择单片机型号为 AT89C51。

(2) 执行菜单命令“File”→“New”，创建文件，输入源程序，保存为“片内拼字.asm”。在“Project”栏的 File 项目管理窗口中右击文件组，选择“Add Files to Group‘Source Group1’”，将源程序“片内拼字.asm”添加到项目中。

(3) 执行菜单命令“Project”→“Options for Target‘Target 1’”，在弹出的对话框中选择“Output”选项卡，选中“Create HEX File”。

(4) 执行菜单命令“Project”→“Build Target”，编译源程序，如果编译成功，则在“Output Window”窗口中显示没有错误，并创建“片内拼字.hex”文件。

(5) 执行菜单命令“Debug”→“Start/Stop Debug Session”，按 F11 键，单步运行程序。在“Memory”窗口的“Address”栏中键入“d：30H”，可查看地址 50H 的内容为 30H 和 40H 的内容合并以后的结果，如图 5.16 所示。

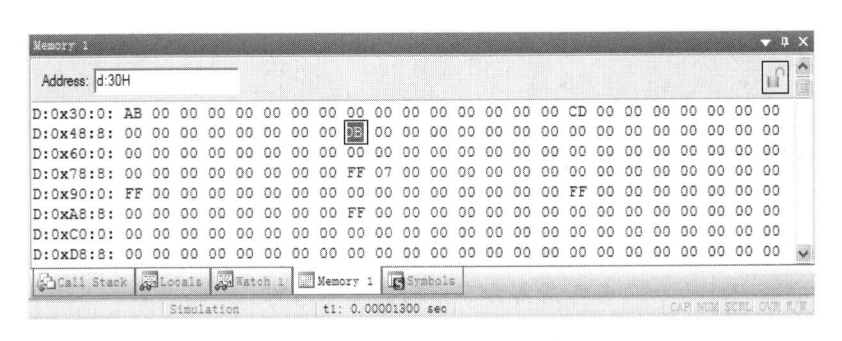

图 5.16　片内拼字程序的内存窗口

2. 在 Proteus 中调试程序

(1) 打开 ISIS 7 Professional 窗口，单击菜单命令“File”→“New Design”，新建一个 DEFAULT 模板，保存文件名为“片内拼字.dsn”。在对象选择按钮中单击“P”按钮，或执行菜单命令“Library”→“Pick Device/Symbol”，添加构成单片机最小系统的元件，如晶振电路、复位电路、电源等。完成电路图的设计，如图 5.17 所示。

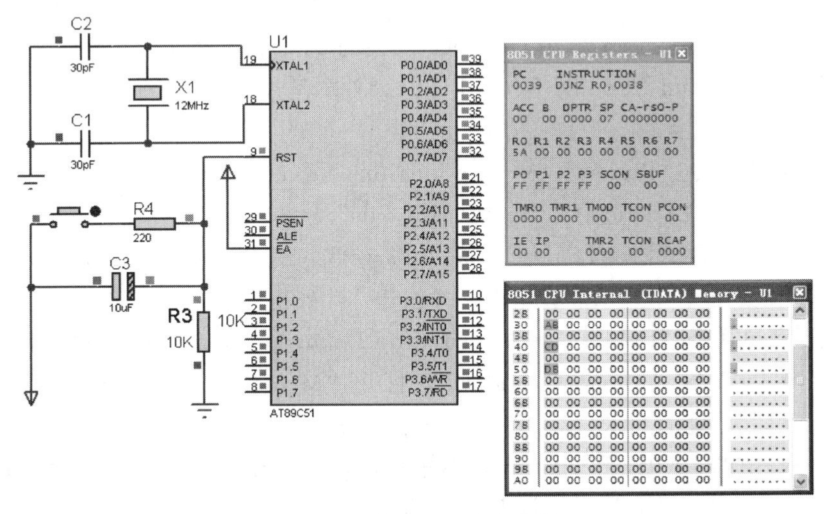

图 5.17　单片机和内存数据

(2) 左键双击 AT89C51 单片机，在弹出的对话框“Program File”中加载在 Keil 中生成的十六进制 hex 文件——片内拼字 . hex。

(3) 单击按钮 ，进入程序的调试状态，并利用“Debug”菜单打开“8051 CPU Registers”和“8051 CPU Internal (IDATA) Memory”窗口。执行菜单命令“Debug”→“Step Into”或按 F11 键，单步运行程序。在程序运行过程中，可以在这两个窗口中看到各寄存器及存储单元的变化。程序运行后，30H 内存单元的内容是 0ABH，40H 内存单元的内容是 0CDH，50H 内存单元的内容是 0DBH，如图 5.17 所示。

5.2.3 片外拼字程序的编写与实现

1. 实验要求

将 7000H 的高位和 7001H 的低位相拼成一个字节，结果送入 7002H，其中 7000H 的高位作为 7002H 的低位，7001H 的低位作为 7002H 的高位。

2. 分析

这是片外拼字程序，可使用“与”指令对相关位进行屏蔽，然后再使用“或”指令将其合并拼成一个字节。片外拼字程序流程如图 5.18 所示。

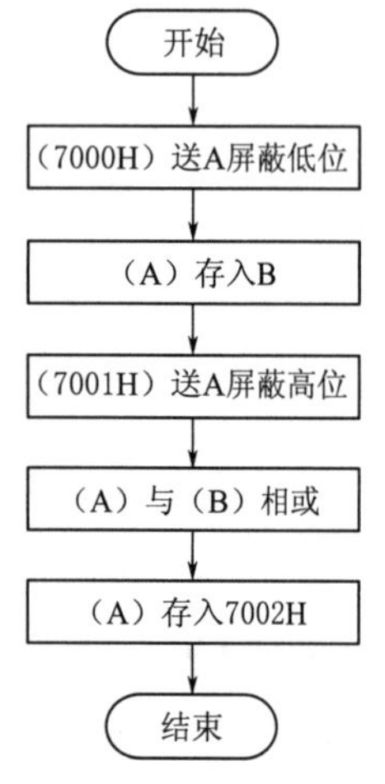

图 5.18 片外拼字程序流程

3. 汇编源程序

参考的源程序请扫描本章末的二维码查看。

5.2.4 片外拼字程序的调试与仿真

因为在 Proteus 中进行单片机软件仿真时，只能观察片内 RAM 中的数据变化，而不能观测片外数据存储器，因此本例只讲述在 Keil 中调试程序。

(1) 打开 Keil 程序，执行菜单命令“Project”→“New Project”，创建“片外拼字”项目，并选择单片机型号为 AT89C51。

(2) 执行菜单命令“File”→“New”，创建文件，输入源程序，保存为“片外拼字 . asm”。在“Project”栏的 File 项目管理窗口中右击文件组，选择“Add Files to Group ‘Source Group1’”，将源程序“片外拼字 . asm”添加到项目中。

(3) 执行菜单命令“Project”→“Options for Target ‘Target 1’”，在弹出的对话框中选择“Output”选项卡，选中“Create HEX File”。

(4) 执行菜单命令“Project”→“Build Target”，编译源程序。如果编译成功，则在“Output Window”窗口中显示没有错误，并创建“片外拼字 . hex”文件。

(5) 执行菜单命令“Debug”→“Start/Stop Debug Session”，进入程序调试环境。执行菜单命令“View”→“Memory Mndow”，打开“Memory”窗口。在“Memory”窗口的“Address”栏中键入“x：7000H”，查看片外数据存储空间的内容。分别双击“Memory”窗口中的 7000H 和 7001H 存储单元，输入两个数据，按 F11 键，单步运行程序，可查看 7002H 单元的内容，如图 5.19 所示。

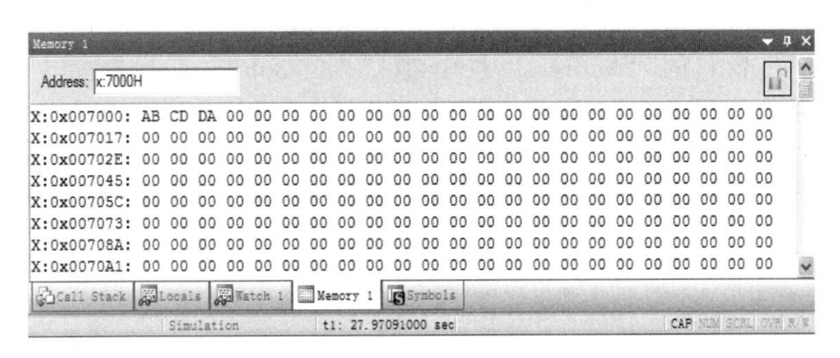

图 5.19 片外拼字程序的内存窗口

5.3 拆 字 实 验

拆字和拼字是互逆操作，它就是将某存储内容拆成高 4 位和低 4 位，分别存放到另外两个存储空间。它分为对单片机片内存储空间拆字和片外存储空间拆字。

5.3.1 片内拆字程序的编写与实现

1. 实验要求

将片内 30H 单元中的内容拆成高 4 位和低 4 位，其中高 4 位存入 31H 中，低 4 位存入 32H 中。

2. 分析

使用 ANL 指令可以对相关位屏蔽，取高 4 位时使用 ANL A，＃0F0H 指令，取低 4 位使用 ANL A，＃0FH 指令。片内拆字程序流程如图 5.20 所示。

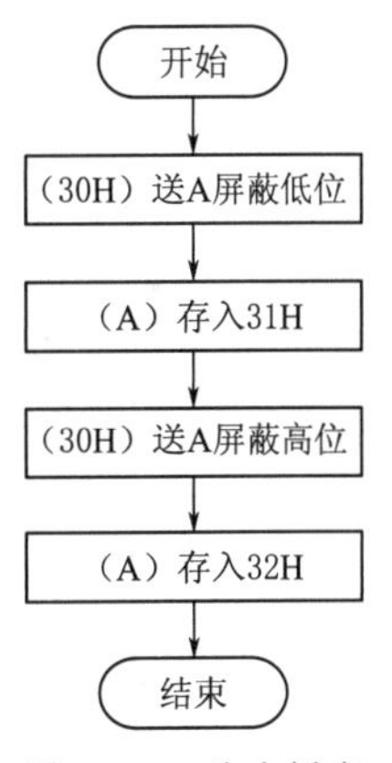

图 5.20 片内拆字程序流程

3. 汇编源程序

参考的源程序请扫描本章末的二维码查看。

5.3.2 片内拆字程序的调试与仿真

1. 在 Keil 中调试程序

关于如何通过 Keil μVision4 建立工程，然后再建立源程序文件“片内拆字”等，详细步骤见 5.1.2 节所述，以下仅归纳简要操作过程：

（1）打开 Keil 程序，执行菜单命令“Project”→“New Project”，创建“片内拆字”项目，并选择单片机型号为 AT89C51。

（2）执行菜单命令“File”→“New”，创建文件，输入源程序，保存为“片内拆字.asm”。在“Project”栏的 File 项目管理窗口中右击文件组，选择“Add Files to Group ‘Source Group1’”，将源程序“片内拆字.asm”添加到项目中。

（3）执行菜单命令“Project”→“Options for Target ‘Target 1’”，在弹出的对话框中选择“Output”选项卡，选中“Create HEX File”。

（4）执行菜单命令“Project”→“Build Target”，编译源程序，如果编译成功，则在“Output Window”窗口中显示没有错误，并创建“片内拆字.hex”文件。

（5）执行菜单命令“Debug”→“Start/Stop Debug Session”，按 F11 键，单步运行程序。在“Memory”窗口的“Address”栏中键入“d：30h”，可查看数字 A5H 被拆成了 0AH 和 05H，如图 5.21 所示。

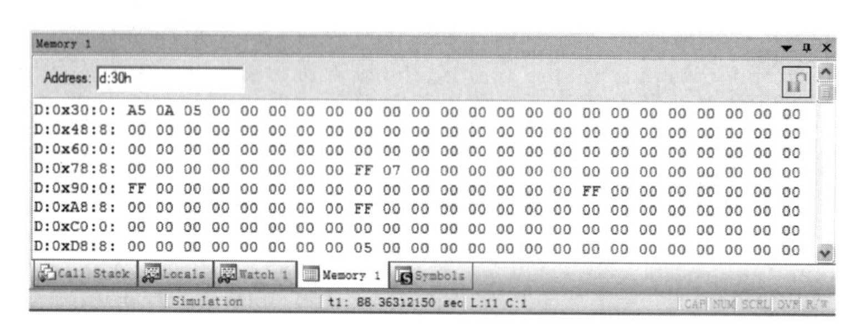

图 5.21　片内拆字程序的内存窗口

2. 在 Proteus 中调试程序

（1）打开 ISIS 7 Professional 窗口，单击菜单命令“File”→“New Design”，新建一个 DEFAULT 模板，保存文件名为“片内拆字 .dsn”。在对象选择按钮中单击“P”按钮，或执行菜单命令“Library”→“Pick Device/Symbol”，添加构成单片机最小系统的元件，如晶振电路、复位电路、电源等。完成电路图的设计，如图 5.22 所示。

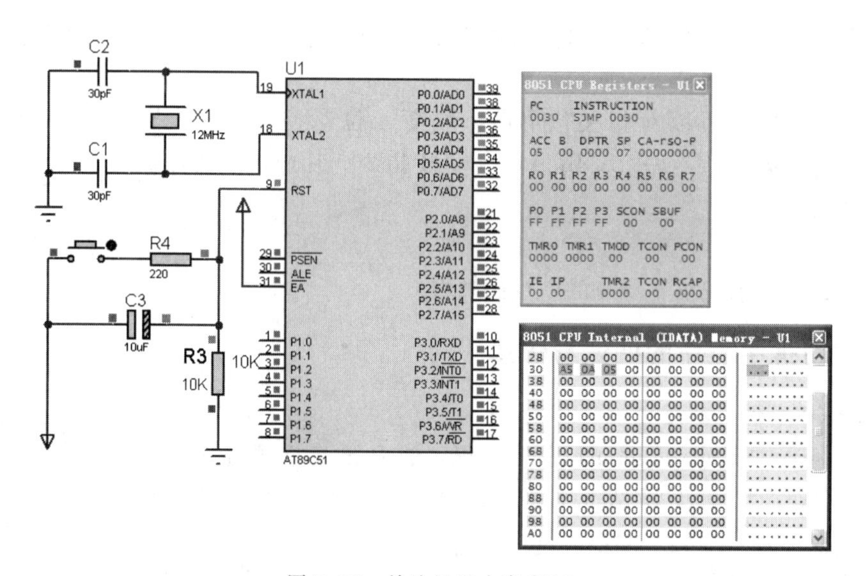

图 5.22　单片机和内存窗口

（2）左键双击 AT89C51 单片机，在弹出的对话框“Program File”中加载在 Keil 中生成的十六进制 hex 文件——片内拆字 .hex。

（3）单击按钮 ▌▌，进入程序的调试状态，并利用“Debug”菜单打开“8051 CPU Registers”和“8051 CPU Internal（IDATA）Memory”窗口。执行菜单命令“Debug”→“Step Into”或按 F11 键，单步运行程序。在程序运行过程中，可以在这两个窗口中看到各寄存器及存储单元的变化。程序运行后，30H 内存单元的内容是 0A5H，31H 内存单元的内容是 0AH，32H 内存单元的内容是 05H，如图 5.22 所示。

5.3.3 片外拆字程序的编写与实现

1. 实验要求

把 7000H 单元的内容拆开，7000H 单元的高位送 7001H 低位，7000H 单元的低位送 7002H 低位。7001H、7002H 高位清零。

2. 分析

片外拆字程序可使用“与”指令对相关位进行屏蔽，其程序流程如图 5.23 所示，一般本程序在数据送显示缓冲区时用。

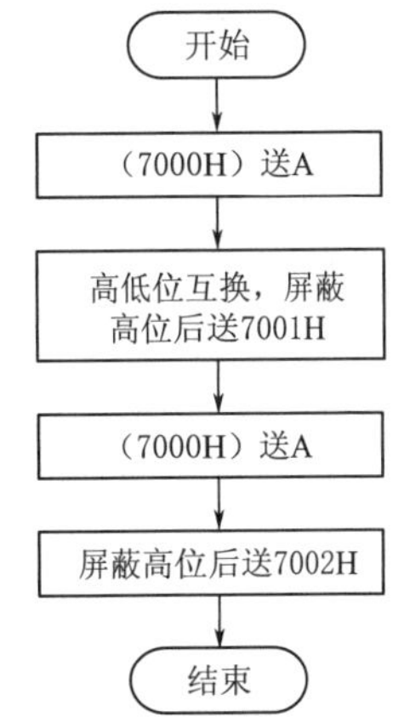

图 5.23 片外拆字程序流程

3. 汇编源程序

参考的源程序请扫描本章末的二维码查看。

5.3.4 片外拆字程序的调试与仿真

由于在 Proteus 中进行单片机软件仿真时，只能观察片内 RAM 中的数据变化，而不能观测片外数据存储器，因此本例只讲述在 Keil 中调试程序。

(1) 打开 Keil 程序，执行菜单命令“Project”→“New Project”，创建“片外拆字”项目，并选择单片机型号为 AT89C51。

(2) 执行菜单命令“File”→“New”，创建文件，输入源程序，保存为“片外拆字 .asm”。在“Project”栏的 File 项目管理窗口中右击文件组，选择“Add Files to Group ‘Source Group1’”，将源程序“片外拆字 .asm”添加到项目中。

(3) 执行菜单命令“Project”→“Options for Target ‘Target 1’”，在弹出的对话框中选择“Output”选项卡，选中“Create HEX File”。

(4) 执行菜单命令“Project”→“Build Target”，编译源程序，如果编译成功，则在“Output Window”窗口中显示没有错误，并创建“片外拆字 .hex”文件。

(5) 执行菜单命令“Debug”→“Start/Stop Debug Session”，进入程序调试环境。执行菜单命令“View”→“Memory Window”，打开“Memory”窗口。在“Memory”窗口的“Address”栏中键入“x：7000H”，查看片外数据存储空间的内容。双击“Memory”窗口中的 7000H 存储单元，输入数据，按 F11 键，单步运行程序，可查看 7001H 和 7002H 单元的内容，片外拆字运行结果如图 5.24 所示。

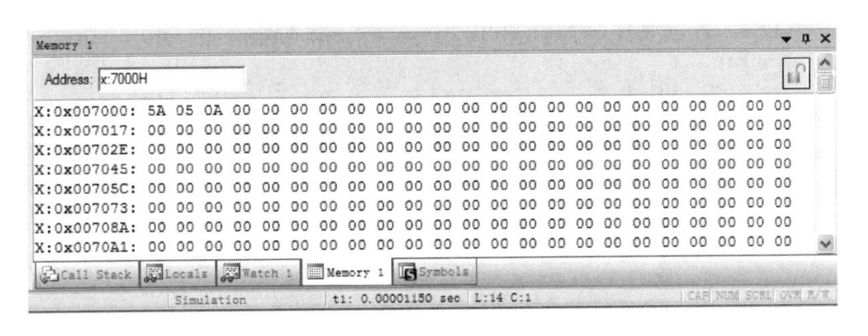

图 5.24 片外拆字程序的内存窗口

5.4　数据块传送实验

数据块传送是将某一连续的数据单元内容传送到另一连续的数据空间中。

5.4.1　数据块传送程序的编写与实现

1. 实验要求

将片内从 30H 开始连续 7 个单元的内容送入从 40H 地址开始的连续单元中。

2. 分析

首先指定传送地址和传送个数，然后利用 DJNZ 指令来判断是否传送完毕，具体流程如图 5.25 所示。

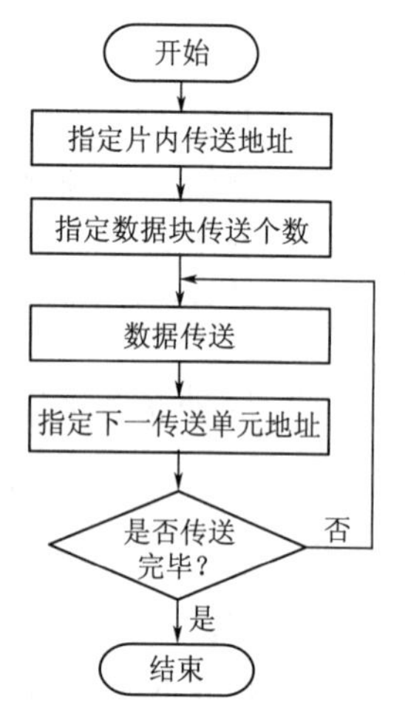

图 5.25　数据块传送流程

3. 汇编源程序

参考的源程序请扫描本章末的二维码查看。

5.4.2　数据块传送程序的调试与仿真

1. 在 Keil 中调试程序

(1) 打开 Keil 程序，执行菜单命令“Project”→“New Project”，创建“数据块传送”项目，并选择单片机型号为 AT89C51。

(2) 执行菜单命令“File”→“New”，创建文件，输入源程序，保存为“数据块传送 .asm”。在“Project”栏的 File 项目管理窗口中右击文件组，选择“Add Files to Group ‘Source Group1’”，将源程序“数据块传送 .asm”添加到项目中。

(3) 执行菜单命令“Project”→“Options for Target ‘Target 1’”，在弹出的对话框中选择“Output”选项卡，选中“Create HEX File”。

(4) 执行菜单命令“Project”→“Build Target”，编译源程序，如果编译成功，则在“Output Window”窗口中显示没有错误，并创建“数据块传送 .hex”文件。

(5) 执行菜单命令“Debug”→“Start/Stop Debug Session”，按 F11 键，单步运行程序。在“Memory”窗口的“Address”栏中键入“d：30h”，可查看到将 30H～36H 传送到了 40H～46H 单元，如图 5.26 所示。

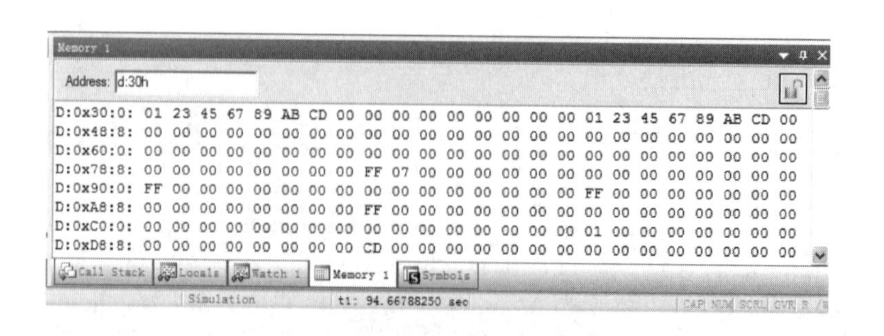

图 5.26　数据块传送程序的内存窗口

2. 在 Proteus 中调试程序

(1) 打开 ISIS 7 Professional 窗口，单击菜单命令"File"→"New Design"，新建一个DEFAULT模板，保存文件名为"数据块传送.dsn"。在对象选择按钮中单击"P"按钮，或执行菜单命令"Library"→"Pick Device/Symbol"，添加构成单片机最小系统的元件，如晶振电路、复位电路、电源等。完成电路图的设计，如图 5.27 所示。

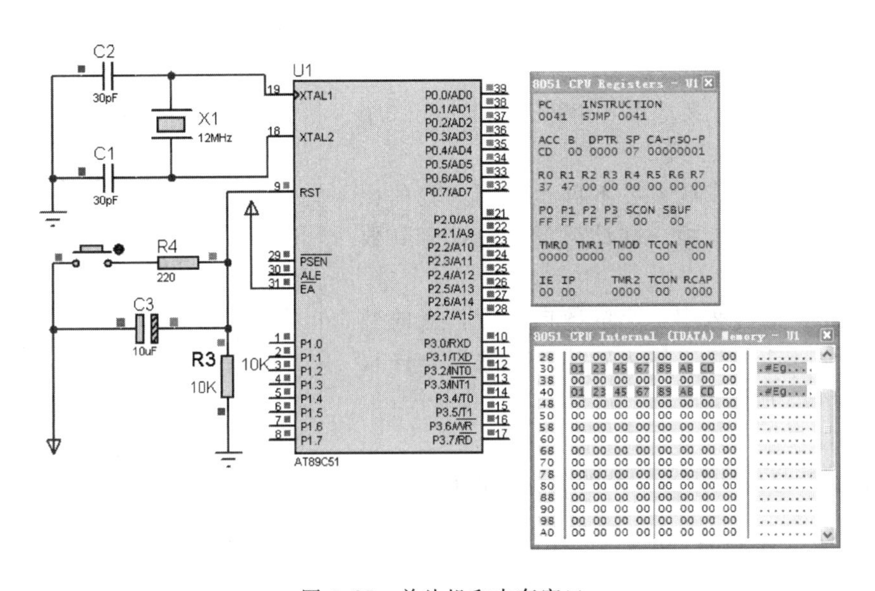

图 5.27 单片机和内存窗口

(2) 左键双击 AT89C51 单片机，在弹出的对话框"Program File"中加载在 Keil 中生成的十六进制 hex 文件——数据块传送.hex。

(3) 单击按钮 ▮▮，进入程序的调试状态，并利用"Debug"菜单打开"8051 CPU Registers"和"8051 CPU Internal (IDATA) Memory"窗口。执行菜单命令"Debug"→"Step Into"或按 F11 键，单步运行程序。在程序运行过程中，可以在这两个窗口中看到各寄存器及存储单元的变化。程序运行后，30H～36H 内存单元的内容依次传递到 40H～46H 内存单元中，如图 5.27 所示。

5.5 数据排序实验

5.5.1 数据排序程序的编写与实现

1. 实验要求

将片内从 30H 单元开始的 10 个无符号数按由小到大的顺序排列。

2. 分析

设排序前，10 个无符号数在数据块中的顺序分别为 i10，i9，…，i2，i1，将它们按由小到大顺序排列的方法很多，下面以冒泡法为例介绍数据排序。

(1) 第1次比较：把第1个数与 $n-1$（n 是指需要排序的个数）个数依次比较，找出其中最大的一个数，最大数沉底。当两个数比较时，如果第1个数大于第2个数，两者位置互换，再将第2个数与第3个数比较，……直到所有数比较完，找到了一个最大的数。

(2) 第2次比较：又从第一个数开始与 $n-2$ 个数比较，从中找出最大的数。

(3) 第3次比较：又从第一个数开始与 $n-3$ 个数比较，从中找出最大的数。

每次比较完之后，最大数不再参加下一轮的比较，减少1次比较与交换。如此反复比较，直到数列排序完毕。

由于在比较的过程中，小的数向上冒，大的数往下沉，因此将这种算法称为冒泡法。数据排序程序流程如图5.28所示。

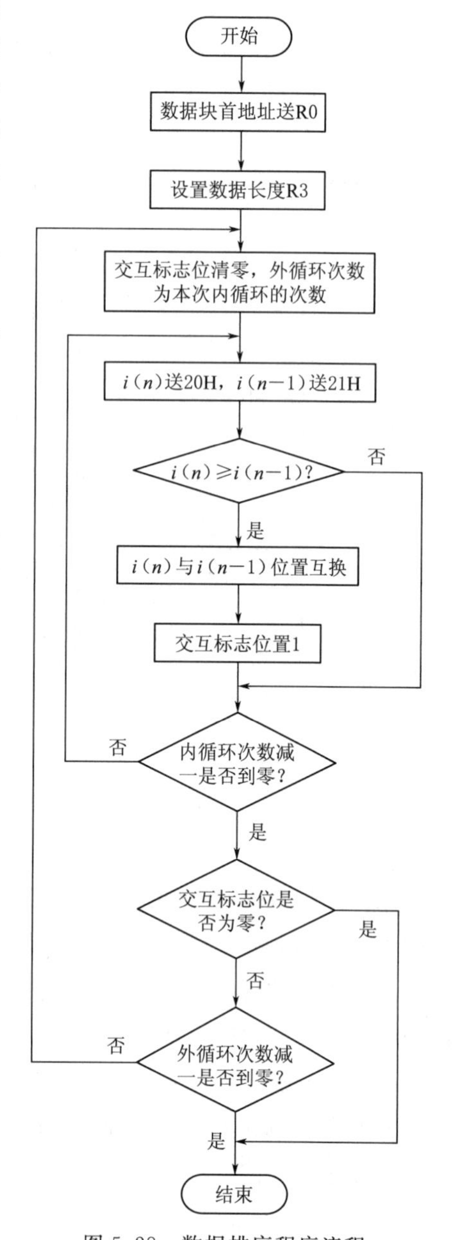

图5.28　数据排序程序流程

3. 汇编源程序

参考的源程序请扫描本章末的二维码查看。

5.5.2 数据排序程序的调试与仿真

1. 在Keil中调试程序

关于如何通过Keil μVision4建立工程，然后再建立源程序文件“数据排序.asm”等，详细步骤见5.1.2节所述，本处从略。

2. 在Proteus中调试程序

(1) 打开ISIS 7 Professional窗口，单击菜单命令“File”→“New Design”，新建一个DEFAULT模板，保存文件名为“数据排序.dsn”。在对象选择按钮中单击“P”按钮，或执行菜单命令“Library”→“Pick Device/Symbol”，添加构成单片机最小系统的元件，如晶振电路、复位电路、电源等，完成电路图的设计。

(2) 左键双击AT89C51单片机，在弹出的对话框“Program File”中加载在Keil中生成的十六进制hex文件——数据排序.hex。

(3) 单击按钮 ▮▮，进入程序的调试状态，并利用“Debug”菜单打开“8051 CPU Registers”和“8051 CPU Internal (IDATA) Memory”窗口。执行菜单命令“Debug”→“Step Into”或按F11键，单步运行程序。在程序运行过程中，可以在这两个窗口中看到各寄存器及存储单元的变化。程序运行后，30H～39H内存单元的内容按由小到大的顺序排列。排序前后的效果比较如图5.29所示。

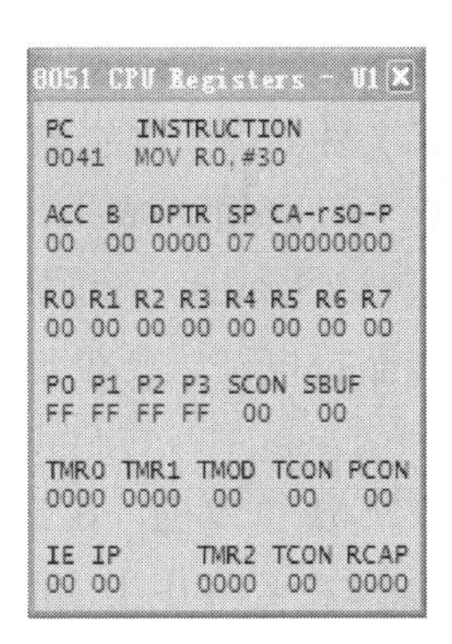

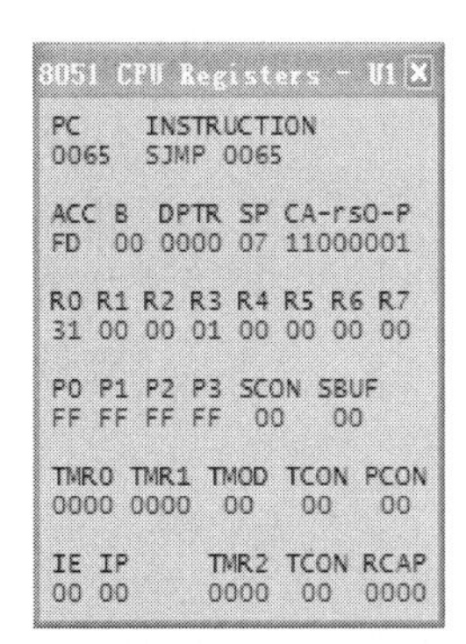

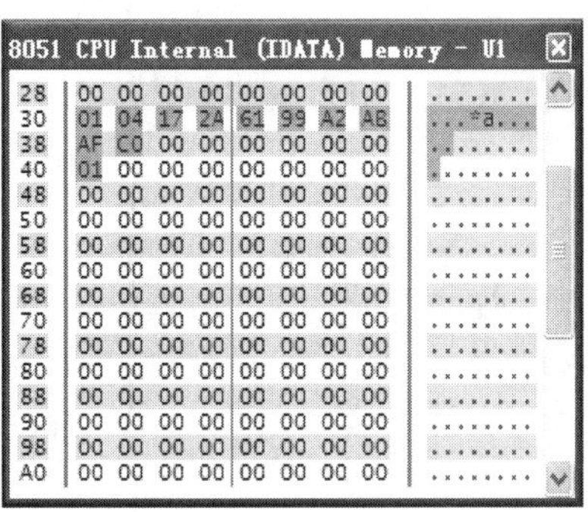

(a) 排序前　　　　(b) 排序后

图 5.29　数据排序程序执行前后的比较

5.6 数 据 转 换 实 验

5.6.1 数据转换程序的编写与实现

1. 实验要求

掌握 MCS-51 汇编语言程序设计方法，掌握数据转换方法程序编写方法。

2. 分析

编写并调试一个二进制转十进制程序，其功能为将 40H 单元中的二进制数转换为十进制数，并将转换结果存放在 R4、R5 和 R6 单元中。

3. 汇编源程序

参考的源程序请扫描本章末的二维码查看。

5.6.2 数据转换程序的调试与仿真

1. 在 Keil 中调试程序

关于如何通过 Keil μVision4 建立工程，然后再建立源程序文件“数据转换 .asm”等，详细步骤见 5.1.2 节所述，本处从略。

2. 在 Proteus 中调试程序

（1）打开 ISIS 7 Professional 窗口，单击菜单命令“File”→“New Design”，新建一个 DEFAULT 模板，保存文件名为“数据转换 . dsn”。在对象选择按钮中单击“P”按钮，或执行菜单命令“Library”→“Pick Device/Symbol”，添加构成单片机最小系统的元件，如晶振电路、复位电路、电源等，完成电路图的设计。

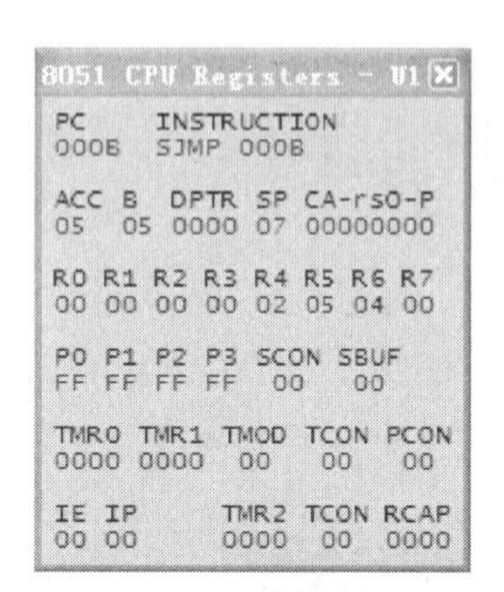

图 5.30　数据转换程序的结果

（2）左键双击 AT89C51 单片机，在弹出的对话框“Program File”中加载在 Keil 中生成的十六进制 hex 文件——数据转换 . hex。

（3）单击按钮 ▌▌，进入程序的调试状态，并利用“Debug”菜单打开“8051 CPU Registers”和“8051 CPU Internal（IDATA）Memory”窗口。执行菜单命令“Debug”→“Step Into”或按 F11 键，单步运行程序。在程序运行过程中，可以在这两个窗口中看到各寄存器及存储单元的变化。程序运行后，十六进制数 0FEH 对应的十进制数为 254；在 R4、R5、R6 寄存器中以非组合 BCD 编码形式加以显示为 02H、05H、04H，如图 5.30 所示。

5.7　求最大值实验

5.7.1　求最大值程序的编写与实现

1. 实验要求

掌握 MCS－51 汇编语言比较两数大小的方法，以及循环程序的编写。

2. 分析

给定 8 个无符号数，将其放入内部数据区（DATA）中，地址从 20H 开始，运行程序，寻找 8 个数中的最大值，存储在 A 寄存器和内部数据区 41H 单元中。

3. 汇编源程序

参考的源程序请扫描本章末的二维码查看。

5.7.2　求最大值程序的调试与仿真

1. 在 Keil 中调试程序

关于如何通过 Keil μVision4 建立工程，然后再建立源程序文件“求最大值 . asm”等，详细步骤见 5.1.2 节所述，本处从略。

2. 在 Proteus 中调试程序

（1）打开 ISIS 7 Professional 窗口，单击菜单命令“File”→“New Design”，新建一

个 DEFAULT 模板，保存文件名为“求最大值.dsn”。在对象选择按钮中单击“P”按钮，或执行菜单命令“Library”→“Pick Device/Symbol”，添加构成单片机最小系统的元件，如晶振电路、复位电路、电源等，完成电路图的设计。

（2）左键双击 AT89C51 单片机，在弹出的对话框“Program File”中加载在 Keil 中生成的十六进制 hex 文件——求最大值.hex。

（3）单击按钮 ，进入程序的调试状态，并利用“Debug”菜单打开“8051 CPU Registers”和“8051 CPU Internal（IDATA）Memory”窗口。执行菜单命令“Debug”→“Step Into”或按 F11 键，单步运行程序。在程序运行过程中，可以在这两个窗口中看到各寄存器及存储单元的变化。程序运行后，从 20H～27H 单元的 8 个杂乱无章的数中找出了最大数 0FFH，存放到 40H 单元，如图 5.31 所示。

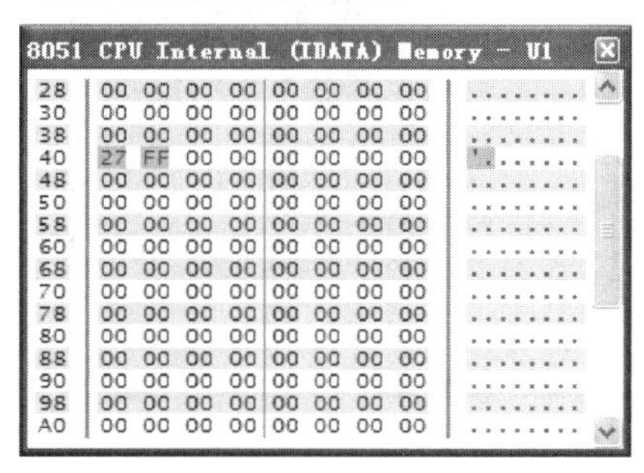

图 5.31 求最大值程序的结果

5.8 查平方表实验

5.8.1 查平方表程序的编写与实现

1. 实验要求

掌握 MCS-51 汇编语言查表程序的编写。

2. 分析

设计查 $y=x^2$ 平方表的程序，其功能为应用查表指令 MOVC A，@A+PC，求累加器 A 中数的平方值，结果送 A。要求待查的数（A）≤15。

3. 汇编源程序

参考的源程序请扫描本章末的二维码查看。

5.8.2 查平方表程序的调试与仿真

1. 在 Keil 中调试程序

关于如何通过 Keil μVision4 建立工程，然后再建立源程序文件“查平方表.asm”等，详细步骤见 5.1.2 节所述，本处从略。

2. 在 Proteus 中调试程序

（1）打开 ISIS 7 Professional 窗口，单击菜单命令“File”→“New Design”，新建一个 DEFAULT 模板，保存文件名为“查平方表.dsn”。在对象选择按钮中单击“P”按钮，

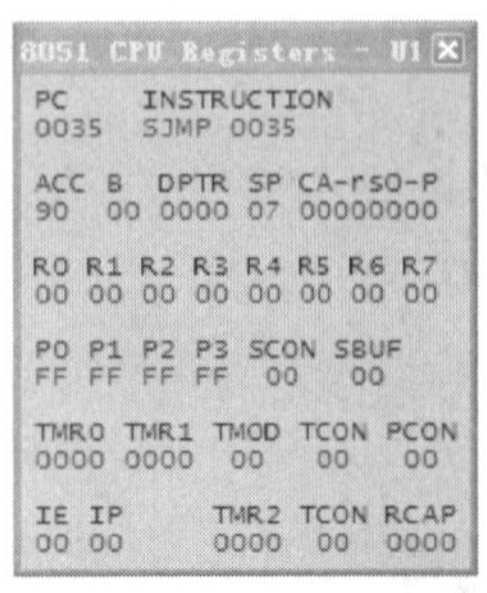

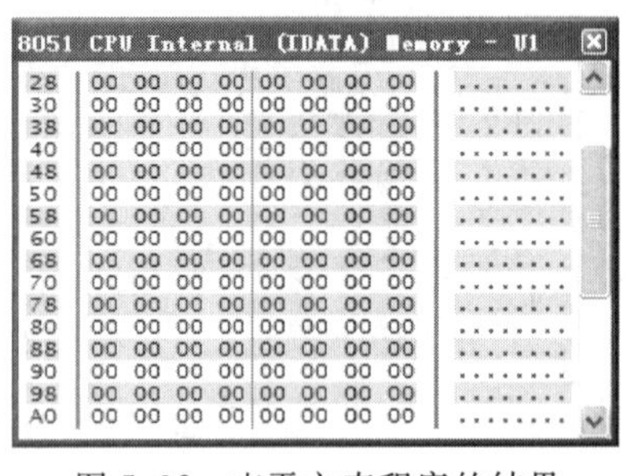

图 5.32　查平方表程序的结果

或执行菜单命令“Library”→“Pick Device/Symbol”，添加构成单片机最小系统的元件，如晶振电路、复位电路、电源等，完成电路图的设计。

（2）左键双击 AT89C51 单片机，在弹出的对话框“Program File”中加载在 Keil 中生成的十六进制 hex 文件——查平方表 . hex。

（3）单击按钮 ‖，进入程序的调试状态，并利用“Debug”菜单打开“8051 CPU Registers”和“8051 CPU Internal（IDATA）Memory”窗口。执行菜单命令“Debug”→“Step Into”或按 F11 键，单步运行程序。在程序运行过程中，可以在这两个窗口中看到各寄存器及存储单元的变化。设（20H）＝12，查表的其平方值为 144，对应的十六进制数为 90H，查询结果放置于累加器 A 中。程序运行结果如图 5.32 所示。

5.9　多字节加法实验

5.9.1　多字节加法程序的编写与实现

1. 实验要求

掌握 MCS－51 汇编语言多字节 BCD 码加法程序的编写。

2. 分析

双字节无符号十进制数 BCD 码加法程序的功能为将两个字节压缩 BCD 码的被加数（位于片内 RAM 的 40H、41H 单元）和加数（位于片内 RAM 的 50H、51H 单元）相加，结果存放于片内 RAM 的 60H、61H 和 62H 单元。

3. 汇编源程序

参考的源程序请扫描本章末的二维码查看。

5.9.2　多字节加法程序的调试与仿真

1. 在 Keil 中调试程序

关于如何通过 Keil μVision4 建立工程，然后再建立源程序文件“多字节加法 . asm”等，详细步骤见 5.1.2 节所述，本处从略。

2. 在 Proteus 中调试程序

（1）打开 ISIS 7 Professional 窗口，单击菜单命令“File”→“New Design”，新建一个 DEFAULT 模板，保存文件名为“多字节加法 . dsn”。在对象选择按钮中单击“P”按钮，或执行菜单命令“Library”→“Pick Device/Symbol”，添加构成单片机最小系统的元件，如晶振电路、复位电路、电源等，完成电路图的设计。

（2）左键双击 AT89C51 单片机，在弹出的对话框“Program File”中加载在 Keil 中生成的十六进制 hex 文件——多字节加法 . hex。

（3）单击按钮 ，进入程序的调试状态，并利用“Debug”菜单打开“8051 CPU Registers”和“8051 CPU Internal（IDATA）Memory”窗口。执行菜单命令“Debug”→“Step Into”或按 F11 键，单步运行程序。在程序运行过程中，可以在这两个窗口中看到各寄存器及存储单元的变化。9915＋6879＝16794，双字节组合 BCD 码加法及调整正确。程序运行结果如图 5.33 所示。

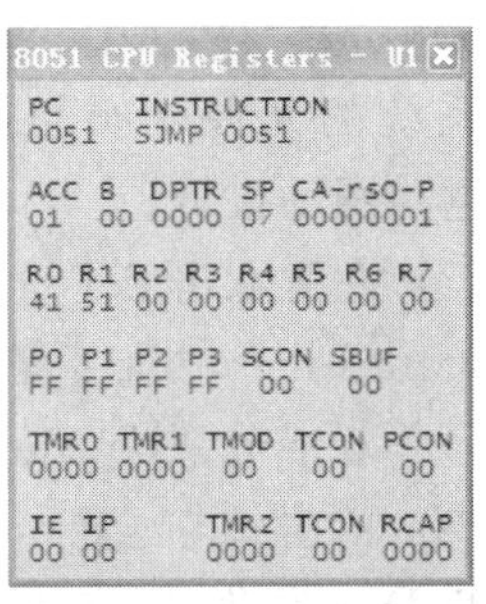

图 5.33　多字节 BCD 码加法程序的结果

5.10　双字节乘法实验

5.10.1　双字节乘法程序的编写与实现

1. 实验要求

掌握 MCS-51 汇编语言双字节乘法程序的编写。

2. 分析

将（R2R3）和（R6R7）中双字节无符号整数相乘，积送 R4R5R6R7 中。本程序是利用单字节的乘法指令，根据下面的公式进行乘法运算的：

$(R2R3)*(R6R7)=[(R2)*2^8+(R3)]*[(R6)*2^8+(R7)]=(R2)*(R6)*2^{16}+[(R2)*(R7)+(R3)*(R6)]*2^8+(R3)*(R7)$

这样，16 位无符号数乘法就转化为 8 位无符号数乘法和加法了。

3. 汇编源程序

参考的源程序请扫描本章末的二维码查看。

5.10.2　双字节乘法程序的调试与仿真

1. 在 Keil 中调试程序

关于如何通过 Keil μVision4 建立工程，然后再建立源程序文件“双字节乘法.asm”

等，详细步骤见 5.1.2 节所述，本处从略。

2. 在 Proteus 中调试程序

(1) 打开 ISIS 7 Professional 窗口，单击菜单命令“File”→“New Design”，新建一个 DEFAULT 模板，保存文件名为“双字节乘法 .dsn”。在对象选择按钮中单击“P”按钮，或执行菜单命令“Library”→“Pick Device/Symbol”，添加构成单片机最小系统的元件，如晶振电路、复位电路、电源等，完成电路图的设计。

(2) 左键双击 AT89C51 单片机，在弹出的对话框“Program File”中加载在 Keil 中生成的十六进制 hex 文件——双字节乘法 .hex。

(3) 单击按钮 ，进入程序的调试状态，并利用“Debug”菜单打开“8051 CPU Registers”和“8051 CPU Internal (IDATA) Memory”窗口。执行菜单命令“Debug”→“Step Into”或按 F11 键，单步运行程序。在程序运行过程中，可以在这两个窗口中看到各寄存器及存储单元的变化。3CA2H * 1F4BH = 7696176H，双字节十六进制无符号数乘法正确，放置于工作寄存器 R4（乘积高字节）、R5、R6 和 R7（乘积低字节）。程序运行结果如图 5.34 所示。

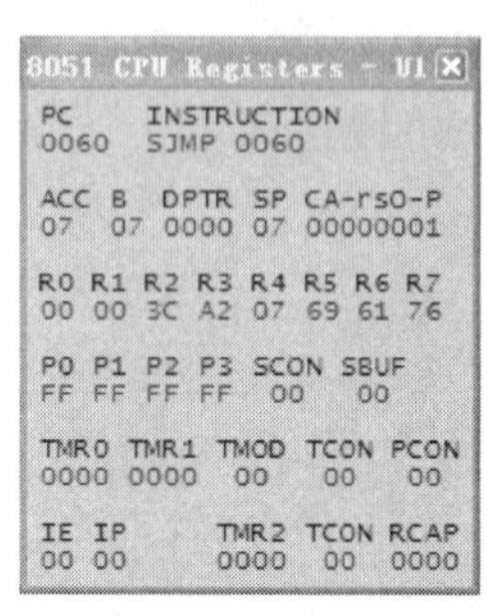

图 5.34　双字节乘法程序的结果

本章的参考程序请扫描下方二维码查看。

第6章　基于Proteus的单片机系统硬件接口虚拟仿真实验

本章介绍单片机内部功能部件接口及外部扩展I/O接口实验的Proteus虚拟仿真实现与调试。通过这些硬件接口实验，读者能全面系统地掌握一个单片机应用系统在Proteus下的原理电路设计和在Keil μVision4平台下C51软件编程以及在Proteus下的虚拟仿真。

6.1　开关检测实验

6.1.1　实验要求

利用单片机、1个开关和1个发光二极管，构成一个简单的开关检测系统。

单片机P1.0引脚接按钮开关，P1.1引脚接发光二极管的阴极，当开关闭合时，发光二极管亮；开关打开时，发光二极管灭。按钮开关与发光二极管没有电气上的连接，通过单片机程序来控制。单片机对开关K状态的检测是由程序检测P1.0引脚的输入电平。而发光二极管的阳极接+5V，阴极接P1.1端口，当程序控制P1.1输出高电平时，发光二极管D1灭；当程序控制P1.1输出低电平时，发光二极管D1亮。

6.1.2　Proteus电路设计

首先进行电路设计，具体步骤如下。

1. 建立新文件

进入Proteus ISIS界面，单击主菜单项“文件”→“新建设计”选项，就会弹出“新建设计”对话框，其中提供了多种模板选择。其中横向图纸为Landscape，纵向图纸为Portrait，DEFAULT为默认模板。单击选择的模板图标，再单击“确定”按钮，即建立一个该模板的空白文件。如果直接单击“确定”按钮，即选用系统默认的DEFAULT模板。

单击保存按钮，在弹出的对话框“保存ISIS设计文件”中输入文件名，再单击“保存”，则完成新建设计文件的保存操作，其后缀自动为“.dsn”。

2. 设定绘图纸大小

当前的绘图纸大小为默认的A4。如需改变图纸大小，可单击菜单中的“系统”→“设置图纸大小”，弹出图纸设置对话框，可选择所需图纸的尺寸。

3. 选取元器件并添加到对象选择器窗口中

若已知元器件名称，则以名称为关键字从库中取出该元器件。

打开元器件选择窗口，有下述三种方法：

(1) 在选取元器件状态下，即 有效，单击选择器上方的 P，打开元器件选择窗口。

(2) 直接单击 ，打开元器件选择窗口。

(3) 按快捷键“P”，打开元器件选择窗口。本实验单击器件选择按钮P，弹出如图5.4所示的选取元器件对话框。在其左上角“关键字”一栏中输入元器件名称“AT89C51”，则出现关键字匹配的元器件列表。选中AT89C51所在行或单击AT89C51所在行后，再单击“确定”按钮，便将元器件AT89C51添加到ISIS对象选择器窗口中。按此操作方法逐一完成其他元器件的选取。本设计中使用的各元器件的关键字相应为“AT89C51”（单片机）、“BUTTON”（按钮开关）、“CAP”（瓷片电容）、“CAP-ELEC”（电解电容）、“CRYSTAL”（晶振）、“RES”（电阻）等。

4. 放置、移动、旋转元器件

单击ISIS对象选择器窗口中的元器件名，蓝色条出现在该元器件名上。把鼠标指针移到编辑区某位置后，单击就可放置元器件于该位置，每单击一次，就放置一个元器件。如果要移动元器件，先右击元器件使其处于选中状态，再按住鼠标左键进行拖动，到达目标处后，松开鼠标即可。如要调整元器件方向，先将指针指在元器件上单击鼠标右键选中，再单击相应的转向按钮实现元器件的旋转。若多个对象一起移动或转向，可选择相应的块操作命令。

5. 放置电源、地（终端）

需要说明的是，Proteus中的单片机芯片默认已经添加电源与地，也可以省略。先看添加电源的操作，首先单击ISIS界面左侧工具箱中的终端模式按钮，在对象选择器窗口中单击POWER（电源）来选中电源，然后使用元器件调整工具按钮进行方向调整，最后可以在编辑区中单击放置电源。放置GROUND（地）的操作类似。

在Proteus的电路设计中经常用到的工具按钮如下：

：选择模式，通常情况下都需要选中它，比如元器件布局时或连线时。

：元器件模式，单击该按钮，能够显示出区域中的元器件，以便选择。

LBL：线路标签模式，选中它并单击文档区电路连线能够为连线添加标签。经常与总线配合使用。即使两个点没有实际连线，但有相同的标签，也表示电路上是连接在一起的。

：文本模式，选中它能够为电路图中添加文本。

：总线模式，选中它能够在电路中画总线。

：终端模式，选中它能够为电路添加各种终端，例如电源、地、输入、输出等。

：虚拟仪器模式，选中它能够在对象选择器窗口中看到很多虚拟仪器列表，比如示波器、电压表、电流表等。

6. 电路图布线

系统默认自动布线有效。相继单击元器件引脚间、线间等要连线处，会自动生成连线。

7. 设置、修改元器件的属性

Proteus库中的元器件都有相应的属性，要设置、修改其属性，可右击放置在ISIS编辑区中的该元器件，再单击它打开其属性窗口，这时可在属性窗口中设置、修改属性。

8. 电气检测

电路设计完成后，单击电气检查快捷按钮，会出现检查结果窗口，窗口前面是一些文本信息，接着是电气检查结果列表，若有错，会有详细的说明。电气检测也可通过菜单操作“工具”→“电气规则检查”完成。

经过上述各个步骤操作后，完成本实验的原理电路设计，如图6.1所示。

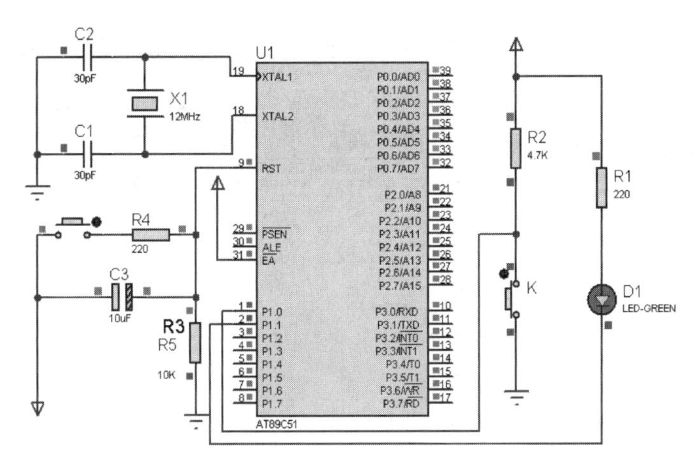

图 6.1 开关检测的电路设计

6.1.3 Keil μVision4 平台下的源程序设计

源程序设计包括源程序源代码的输入编辑与调试，目前常使用两种设计手段：一种是使用 Proteus VSM；另一种是使用 Keil μVision4 平台。

Proteus VSM 提供了简单的文本编辑器，对于不同系列的单片机，VSM 均提供了相应的编译器，使用时可根据单片机的型号和语言要求来选取。

目前设计者多使用 Keil μVision4 平台进行源程序文件的设计与调试。

1. 绘制流程图

在编写源程序之前，首先要根据任务要求绘制出源程序框图，它是程序设计与调试的依据。

2. 源程序文件的设计

使用 Keil μVision4 进行源程序文件的设计与调试，一般可以按照以下步骤来进行：

（1）创建一个工程文件。启动 Keil 软件后，进入 Keil 界面，单击“Project”菜单下面的“New Project”（新建工程）来新建一个工程。软件弹出“Create New Project”（创建新工程）对话框，在“文件名（N）”窗口输入新建工程的名字，并且在“保存在（I）”下拉框中选择工程的保存目录，为工程输入文件名后，单击“保存（S）”即可。

（2）选择单片机。单击“保存（S）”后，会弹出“Select Device for Target”（选择 MCU）对话框，按照界面的提示，选择相应的 MCU。选择“Atmel”目录下的“AT89C51”。

（3）添加用户源程序文件。一个新的工程创建完成后，就需要将用户编写的源程序代码添加到这个工程中，添加用户程序文件通常有两种方式：一种是新建文件；另一种是添加已创建的文件。

对于新建文件的添加，首先单击“新建”快捷按钮，出现一个空白的编辑窗口，用户可输入自己编写的程序源代码，如图 6.2 所示。

程序源代码输入完毕后，保存文件，在弹出的窗口中输入保存路径和文件名。这样就将这个新源程序文件与刚才建立的工程保存在同一个文件夹下了。由于使用 C 语言编程，文件的扩展名应为“*.c”。

如果添加已经存在的源程序文件，则在工程窗口中右键单击“Source Group 1”，选择“Add Files to ‘Source Group 1’”选项，完成添加文件的操作。在该窗口中选择要添加的

图 6.2　Keil µVision4 源程序编辑窗口

文件，单击已创建的源程序文件后，单击“Add”按钮，再单击“Close”按钮，文件便添加到工程中。

3. C51 源程序清单

参考的源程序请扫描本章末的二维码查看。

6.1.4　源程序编译及目标代码文件的生成

把源程序文件添加到工程中后，还需要将文件进行编译和调试，最终目标是要生成 .hex 文件，具体步骤如下：

1. 程序编译

把源程序文件打开，单击快捷按钮，对当前文件进行编译，则在输出窗口出现提示信息，从该提示信息可以看出程序是否有语法错误。如有错误，认真检查程序找到错误并改正，改正后再次进行编译，直至提示信息显示没有错误为止，如图 6.2 所示。

2. 程序调试

程序编译没有错误后，就可进行调试与仿真。单击快捷按钮（开始调试/停止调试），进入程序调试状态。

在左边的工程窗口给出了常用的寄存器 r0～r7 以及 a、b、sp、dptr、pc、psw 等特殊功能寄存器的值，这些值会随着程序的执行发生相应的变化（图 6.3）。同时在该窗口还可查看单片机片内程序存储器的内容（单元地址前有“C:”）或片内数据存储器的内容（单元地址前有“D:”）。

在程序调试状态下，可运用快捷图标进行单步、跟踪、断点、全速运行等方式的调试，也可观察单片机资源的状态，例如程序存储器、数据存储器、特殊功能寄存器、变量寄存器

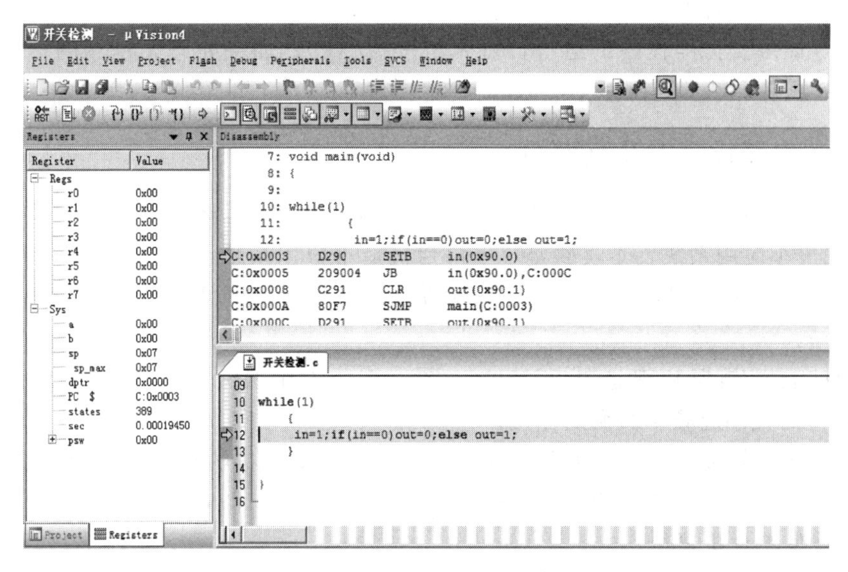

图 6.3 Keil μVision4 的程序调试

及 I/O 端口的状态。这些图标大多与主菜单栏命令"Debug"下拉菜单中的各项子命令一一对应，只是快捷图标比下拉菜单使用起来更加方便快捷。

3. 生成目标代码文件

源程序最终要生成在单片机上可执行的二进制文件（.hex 格式文件），单片机系统才能运行。具体操作如下：单击"Options for Target 'Target1'"窗口中的"Output"选项，就会出现 Output 页面，勾选"Create HEX File"项后，即可生成单片机可直接运行的二进制文件，文件扩展名为 .hex。

6.1.5 加载目标代码文件与设置时钟频率

在 Proteus 中绘制完电路图后，把".hex"文件加载到电路图中的单片机内即可进行仿真。在 Proteus ISIS 编辑区中双击原理图中的单片机 AT89C51，出现如图 6.4 所示的"编辑元件"对话框，在"Program File"栏中输入目标代码文件名，如果与 .dsn 文件在同一目录下，直接输入代码文件名"开关检测"即可，否则要写出完整的路径（也可单击打开按钮，选取目标文件）。再在"Clock Frequency"栏中设置系统时钟频率为 12MHz，仿真系统则以 12MHz 的时钟频率运行。此时，就可进行 Proteus 的交互式仿真。

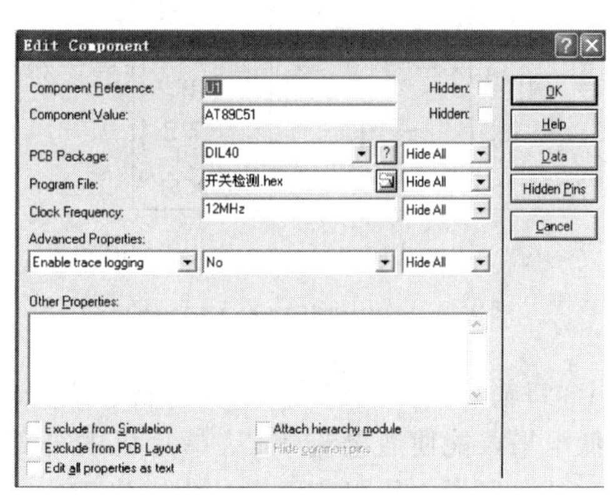

图 6.4 加载目标代码和设置时钟频率

6.1.6 Proteus 仿真

把".hex"文件加载到电路图中的单片机后，就可直接单击仿真按钮 ▶ ，则会全速实现交互式仿真，仿真效果如图 6.1 所示。图中当开关 K 合上时，发光二极管亮；当开关

K 打开时，发光二极管灭。

仿真时，如果要暂停程序的运行，可单击按钮 ▮▮ ；如果要停止程序的运行，可单击按钮 ■ ；如果要单步运行程序，可单击按钮 ▮▶ 。

6.1.7　有关电路设计的几点说明

AT89C51（AT89C52）单片机内部有 4KB（8KB）程序存储器，本身就是一个数字量输入/输出的最小应用系统。本实验是一个单片机最小应用系统，只能作为小型的数字量测控单元。在实际设计 AT89C51 单片机应用系统时，AT89C51 单片机必须要有外接的时钟电路和复位电路。

本实验的石英晶振频率选择 12MHz（图 6.1 的左上方），C1、C2 的电容典型值取 30pF，电容值的大小起频率微调的作用。

单片机系统的复位电路常采用上电方式与电平式开关复位方式，典型电路如图 6.1 的左侧所示。当上电时，C3 相当于短路，使单片机复位。正常工作时，当按下复位按钮，RST 接高电平，也使单片机复位。

除了上述的复位电路与时钟电路外，在本实验中还涉及如何使用单片机 I/O 接口来驱动 LED 发光二极管的问题。将发光二极管与单片机的 I/O 接口直接连接，首先要考虑单片机 I/O 接口的驱动能力，否则可能损坏单片机。

与 P1、P2、P3 口相比，P0 口驱动能力较大，每位可驱动 8 个 LSTTL 输入，而 P1、P2、P3 口每一位的驱动能力只有 P0 口的一半。当 P0 口的某位为高电平时，可提供 400μA 的拉电流；当 P0 口的某位为低电平（0.45V）时，可提供 3.2mA 的灌电流，如低电平允许提高，灌电流可相应加大。故端口低电平输出时，可获得较大的驱动能力。如果用 P0 口驱动发光二极管，由于漏极开路，需要外接上拉电阻，而 P1～P3 口片内已有 30kΩ 左右的上拉电阻。当使用 P1～P3 口直接驱动发光二极管时，电路如图 6.5 所示。由于 P1～P3 口内部有 30kΩ 左右的上拉电阻，如果高电平输出，则强行从 P1、P2 和 P3 口输出的拉电流 I_d 可能造成单片机端口的损坏，如图 6.5（a）所示；如果端口引脚为低电平，能使灌电流 I_d 从单片机的外部流入内部，则将大大增加流过的灌电流，如图 6.5（b）所示。所以实际设计中，当 P1～P3 口直接驱动 LED 发光二极管时，最好采用如图 6.5（b）所示的低电平驱动方式。如果一定要高电平驱动，可在单片机与发光二极管之间加驱动电路，如 74LS04、74LS244 等。

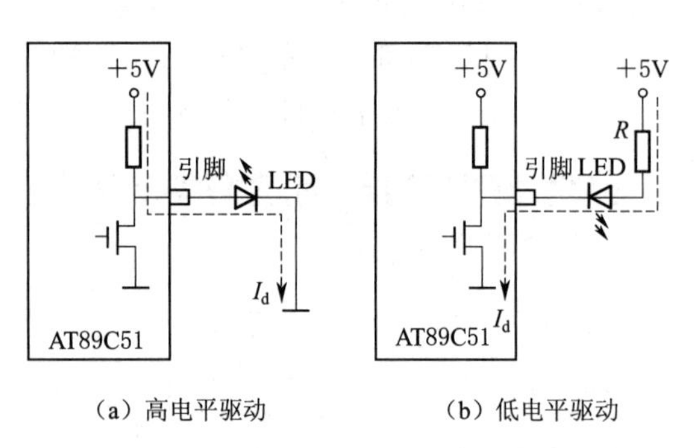

（a）高电平驱动　　（b）低电平驱动

图 6.5　单片机并口与 LED 的连接

6.2　流水灯实验

6.2.1　实验要求

使用 AT89C51 单片机控制 8 个发光二极管实现按顺序由上到下循环移动点亮。

6.2.2 Proteus 电路

1. 从 Proteus 库中选取元器件

从 Proteus 库中选取如下元器件：

(1) AT89C51：单片机。

(2) RES、RX8：电阻与 8 排阻。

(3) CAP、CAP-ELEC：电容与电解电容。

(4) CRYSTAL：晶振。

(5) LED-YELLOW：黄色发光二极管。

(6) BUTTON：按键。

2. 放置元器件、放置电源和地、连线、元器件属性设置、电气检测

上述所有操作都在 ISIS 中进行，具体操作参见 5.1.2 节介绍。设计完成后的原理电路如图 6.6 所示。

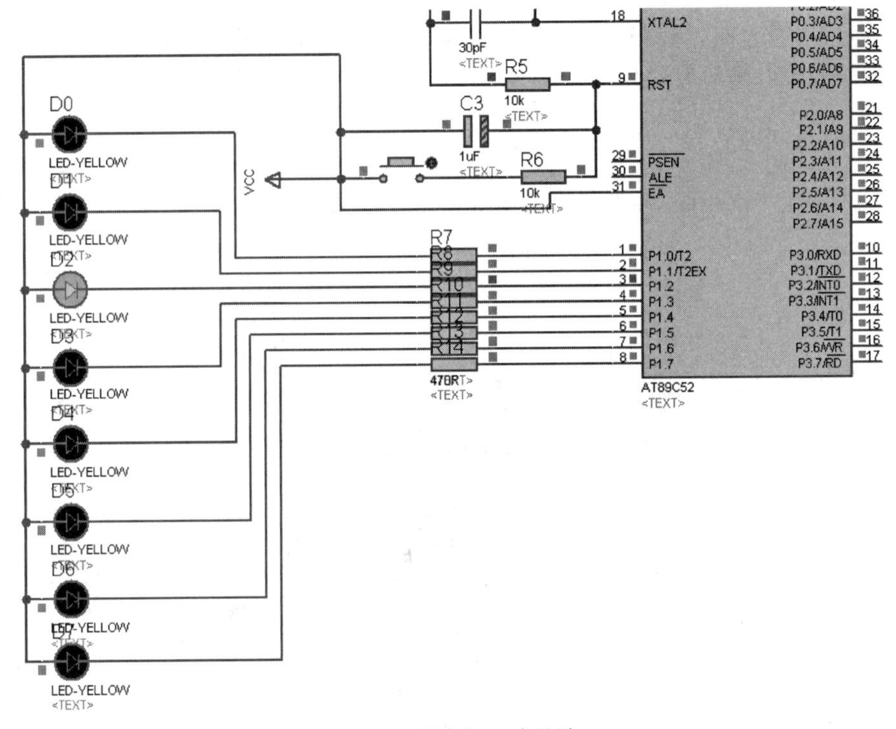

图 6.6 流水灯电路设计

6.2.3 源程序

通过 Keil μVision4 建立工程，然后建立源程序文件“流水灯实验.c”，具体操作见 5.1.2 节所述。参考的源程序请扫描本章末的二维码查看。

程序说明：程序中使用了左移一位函数“_crol_”，它与标准 C 的左移一位的操作符“<<”的区别为：移位操作符“<<”左移一次，超过 8 位的被舍去，最低位补 0，而左移一位函数“_crol_”是循环左移；移位操作符“>>”是右移一次，最高位补 0，而“_cror_”函数是循环右移。编程者要根据需要的移位要求来选择库中的移位函数或移位操作符。

6.2.4　Proteus 仿真

1. 加载目标代码

单击鼠标右键选中 ISIS 编辑区中单片机 AT89C51，再单击打开其属性窗口，在“Program File”右侧框中输入目标代码文件名，再在“Clock Frequency”栏中设置时钟频率为 12MHz。

2. 仿真

单击仿真按钮 ▶ 运行仿真，仿真效果如图 6.6 所示。

6.3　开关状态检测实验

6.3.1　实验要求

单片机 AT89C51 检测 4 个开关 SW1～SW4 的状态，只需识别出单个开关闭合的状态。例如仅开关 SW1 合上时，数码管显示“1”；仅 SW2 合上时，数码管显示“2”；以此类推。当没有开关合上时，数码管显示“0”。

6.3.2　Proteus 电路

在 ISIS 中设计电路图，具体设计步骤与操作方法见 5.1.2 节。设计完成的原理电路如图 6.7 所示。

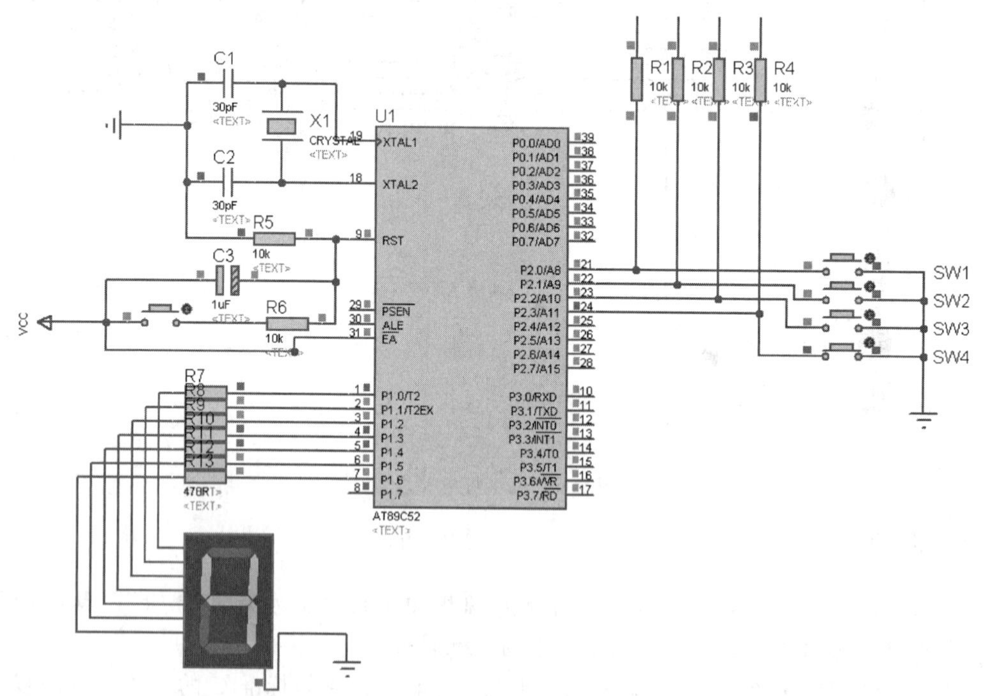

图 6.7　开关状态检测与显示电路设计

设计说明：设计中用到了共阴极的 LED 数码管。LED 数码管是系统设计中最常用的显示器件，LED 数码管为“8”字形，共计 8 段（包括小数点段在内），每一段对应一个发光二极管，有共阳极和共阴极之分，如图 6.8 所示。共阴极数码管的阴极连接在一起，通常此公共阴极接地。当某个发光二极管的阳极为高电平时，发光二极管点亮，相应的段被显示。同样，共阳极数码管的阳极连接在一起，通常此公共阳极接+5V，当某个发光二极管的阴极接低电平时，发光二极管被点亮，相应的段被显示。

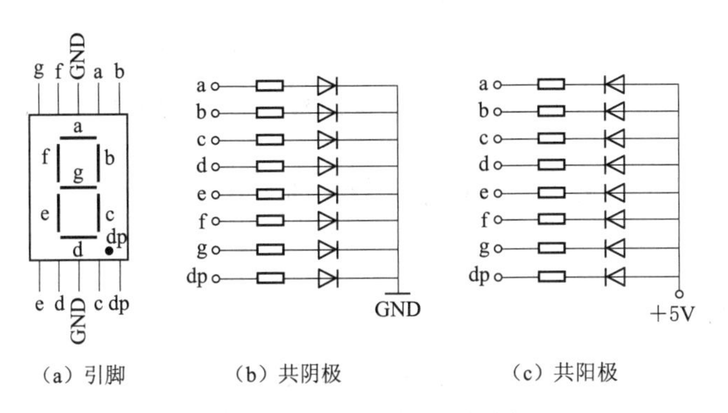

图 6.8　八段 LED 数码管结构

为了使 LED 数码管显示不同的字符，要把某些段的发光二极管点亮，这样就要为 LED 数码管的各段提供一个字节的二进制代码，即字型码。习惯上以笔画“a”段对应字型码字节的最低位 D0。各种字符的字型码见表 6.1。

表 6.1　　八段数码管字型码

显示字符	共阴极段码	共阳极段码	显示字符	共阴极段码	共阳极段码
0	3FH	C0H	C	39H	C6H
1	06H	F9H	d	5EH	A1H
2	5BH	A4H	E	79H	86H
3	4FH	B0H	F	71H	8EH
4	66H	99H	P	73H	8CH
5	6DH	92H	U	3EH	C1H
6	7DH	82H	T	31H	CEH
7	07H	F8H	y	6EH	91H
8	7FH	80H	H	76H	89H
9	6FH	90H	L	38H	C7H
A	77H	88H	熄灭	00H	FFH
b	7CH	83H			

如要在数码管上显示某一字符，将该字符的字型码加到各段上即可。例如，想在数码管上显示“2”，需要把“2”的字型码“5BH”加到数码管各段。因此，通常采用的方法是将字型码作为一个数组表格，查表找出相应的字型码，并把该字型码送到输出端口中，驱动数码管显示相应的字符。

6.3.3　源程序

使用 Keil μVision4 进行源程序文件的设计与调试，按照 5.1.2 节的介绍来进行。参考的源程序请扫描本章末的二维码查看。

程序说明：程序中给出了使用查表法来实现共阴极数码管显示某字符的控制。使用同样的查表方法，可编写出控制共阳极数码管显示某字符的程序，以及类似的各种查表程序。

6.3.4　Proteus 仿真

加载“.hex”文件，单击仿真按钮 ▶ 进行仿真，仿真效果如图 6.7 所示。图中显示的是仅当开关 SW4 合上时，其他开关都断开，按照实验要求，此时 LED 数码管显示“4”。

6.4　外部中断实验

6.4.1　实验要求

外部中断是 AT89C51 单片机的重要功能，本设计用 AT89C51 单片机外中断功能改变数码管的显示状态，当无外部中断 0 中断请求时，主程序运行状态为数码管的 a～g 段顺时针依次点亮循环显示；当有外部中断 0 输入时，立即产生中断，转而执行中断服务程序，数码管闪烁显示“8”共计 8 次。中断结束后，返回主程序断点处继续执行主程序，继续把 a～g 段顺时针依次点亮循环显示。

6.4.2　Proteus 电路

所有操作都在 ISIS 中进行，具体操作见 5.1.2 节的介绍。单片机外部中断实验电路设计如图 6.9 所示。

6.4.3　源程序

通过 Keil μVision4 建立工程项目，然后建立源程序文件“外部中断.c”，具体操作见

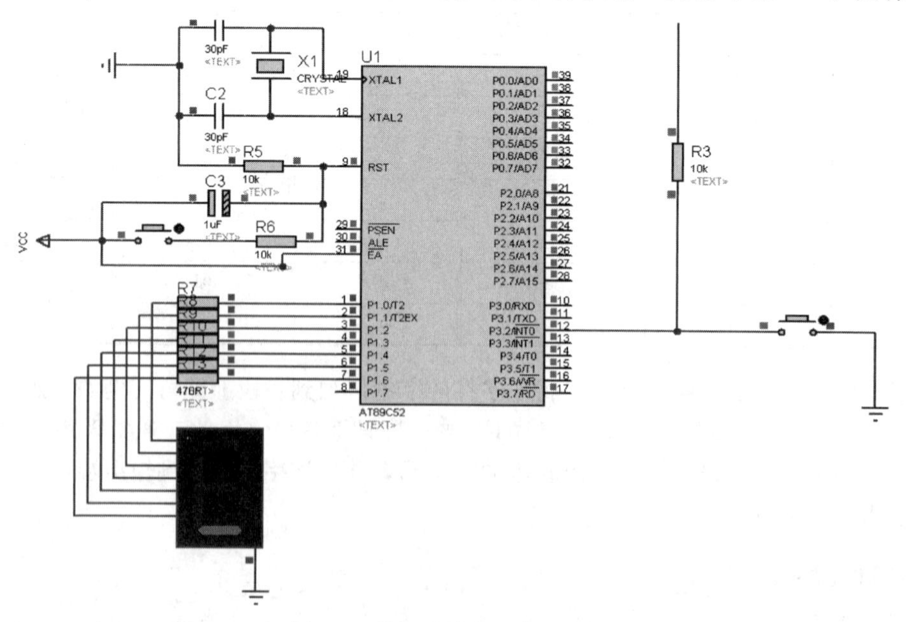

图 6.9　外部中断实验电路设计

5.1.2 节的介绍。参考的源程序请扫描本章末的二维码查看。

程序说明：程序中用到了中断服务函数。由于标准 C 没有处理单片机中断的定义，为了能进行 AT89C51 单片机的中断处理，C51 编译器对函数的定义进行了扩展，增加了一个扩展关键字 interrupt，使用 interrupt 可以将一个函数定义成中断服务函数。由于 C51 编译器在编译时对 C51 汇编程序中声明为中断服务程序的函数自动添加了相应的现场保护、阻断其他中断、返回时自动恢复现场等处理的程序段，因而在编写中断服务函数时可不必考虑现场保护的问题，减轻了用户编写中断服务程序的烦琐程度。

中断服务函数的一般形式为：

函数类型　函数名（形式参数表）interrupt n using n

关键字 interrupt 后的 n 是中断号，对于 AT89C51 单片机，n 的取值为 0～4，对应单片机的 5 个中断源。例如 n=0，表示是外部中断 0。而关键字 using 后面的 n 是所选择的片内寄存器区，using 是一个选项，也可以省略。如果省略 using n，则进入中断函数时，主函数中所有工作寄存器的内容将被保存到堆栈中。

6.4.4 Proteus 仿真

1. 加载目标代码

单击鼠标右键选中 ISIS 编辑区中单片机 AT89C51，再单击打开其属性窗口，在其中的“Program File”右侧框中输入目标代码文件，再在“Clock Frequency”栏中设置 12MHz。

2. 仿真

直接单击仿真按钮 则会全速仿真，主程序运行片段如图 6.9 所示。每秒只顺时针依次点亮一段。当单击按钮，触发外部中断 0，在数码管上闪烁显示“8”，显示 8 次后，再回到主函数重新顺时针轮流点亮数码管的各段，如图 6.10 所示。

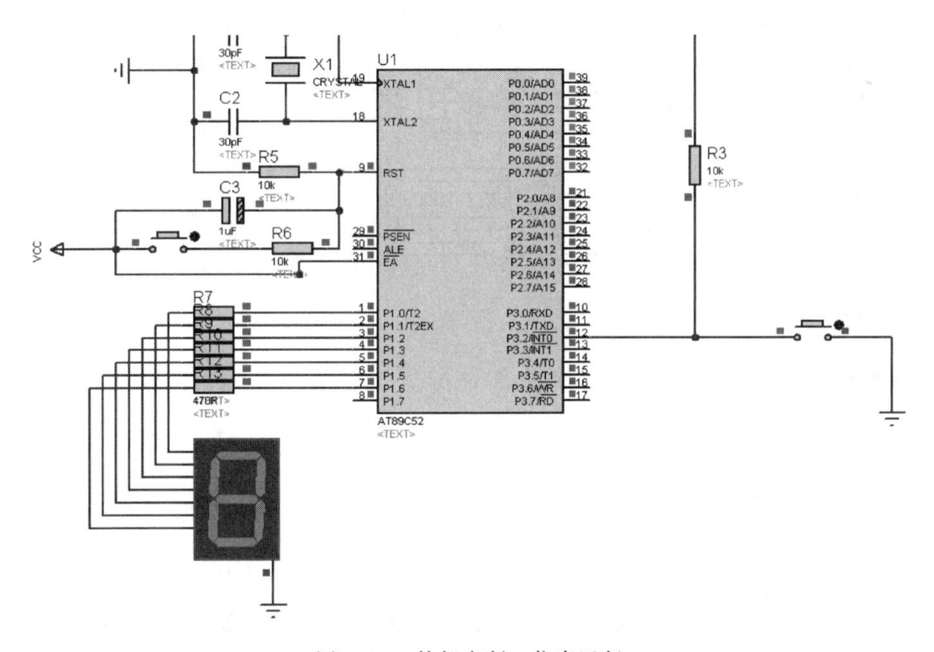

图 6.10　外部中断 0 仿真运行

6.5　中断优先级实验

6.5.1　实验要求

通过本实验了解掌握单片机系统中断优先级的原理及使用方法。

单片机主程序控制 P1 口发光二极管进行同亮同灭的闪烁显示。外部中断 0（$\overline{\text{INT0}}$）为高优先级中断，外部中断 1（$\overline{\text{INT1}}$）为低优先级中断。当只单击连接外部中断 0（$\overline{\text{INT0}}$）的 K0 按钮时，一个黑灯（8 个发光二极管只有一个熄灭，其余为亮）由下向上流水显示一次，然后回到主程序。当只单击连接外部中断 1（$\overline{\text{INT1}}$）的 K1 按钮时，一个亮灯（8 个二极管中只有一个为亮，其余为暗）由上到下流水显示一次，然后回到主程序。如果先单击 K0 按钮再单击 K1 按钮，一个黑灯由下向上流水显示一次后，才能再一个亮灯由上到下流水显示一次。说明先执行完高优先级的外部中断 0，然后才执行低优先级的外部中断 1，然后再回到主程序的 8 个灯同亮同灭闪烁显示状态。但是如果先单击 K1 按钮后，一个亮灯由上到下流水显示，表明执行低优先级中断，在亮灯显示没有到达 D0 显示时，此时再单击 K0 按钮，则一个黑灯由下向上流水显示，表明执行了高优先级的外部中断 0。当外部中断 0 执行完毕后，再执行外部中断 1 中断处理程序，从而说明高优先级的外部中断 0 能够把低优先级的外部中断 1 的中断服务程序打断。

6.5.2　Proteus 电路

中断优先级实验电路设计如图 6.11 所示。设计在 ISIS 中进行，其基本操作可参见 5.1.2 节。选取元器件并依次添加到对象选择器窗口中。

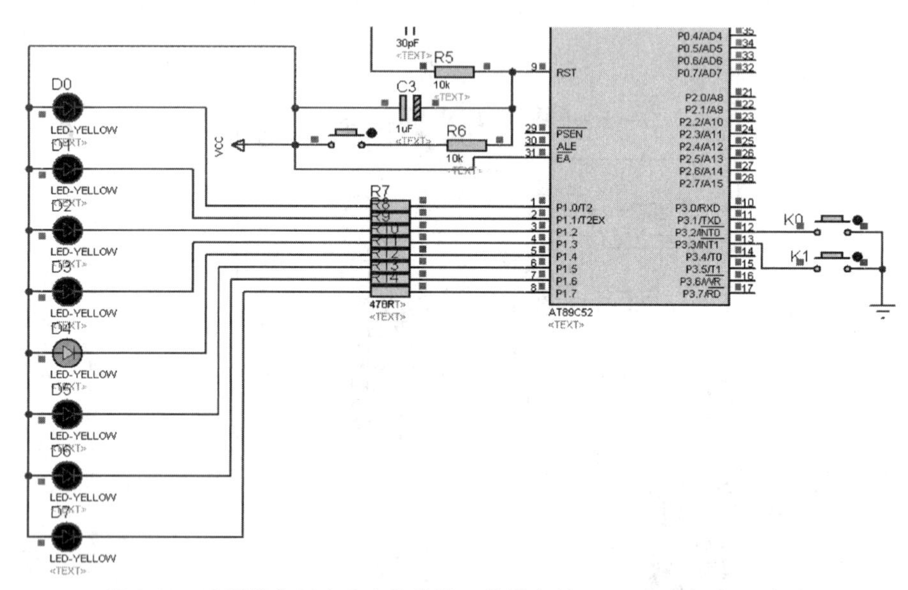

图 6.11　中断优先级实验电路设计（外部中断 1，一个亮灯由上到下）

设计说明：本实验中用到了排电阻，作为 P1 口的限流电阻，如图 6.11 所示。阻值可按照实际要求来设置，为几百欧姆左右，单位不写即默认为 Ω。

6.5.3　源程序

通过 Keil μVision4 建立工程项目，然后建立源程序文件“中断优先级.c”，具体操作与 5.1.2 节所述相似。参考的源程序请扫描本章末的二维码查看。

程序说明：两个中断源的嵌套只有一种可能，就是嵌套发生在高优先级中断打断低优先级中断时，其他任何情况都不会发生中断嵌套。

另外，本实验中的流水灯显示的控制，没有采用库中的移位函数，也没有采用标准 C 的移位操作符，而是采用了查表的方法，把显示控制码作为数组中的元素。

6.5.4　Proteus 仿真

1. 加载目标代码

单击鼠标右键选中 ISIS 编辑区中单片机 AT89C51，再单击打开其属性窗口，在其中的“Program File”右侧框中输入目标代码文件，再在“Clock Frequency”栏中设置 12MHz，仿真系统则以 12MHz 的时钟频率运行。

2. 仿真

单击仿真按钮 ▶ 进入仿真模式，单片机主程序控制 P1 口发光二极管进行同亮同灭闪烁显示，如果先单击 K0 按钮再单击 K1 按钮，一个黑灯由下向上流水显示一次后，才能再一个亮灯由上到下流水显示一次，然后回到主程序的 8 个灯同亮同灭闪烁的显示状态。说明先执行完高优先级的外部中断 0，然后执行低优先级的外部中断 1，低优先级中断不能打断高优先级中断。

如果先单击 K1 按钮，一个亮灯由上到下流水显示，表明执行低优先级中断，在亮灯显示没有到达 D0 时，单击 K0 按钮，则一个黑灯由下向上流水显示，表明执行了外部中断 0 的高优先级中断，如图 6.12 所示。当一个黑灯向上流水显示完毕时，再执行一个亮灯由上到下的流水显示，从而说明高优先级的外部中断 0 把低优先级的外部中断 1 的中断服务程序打断。符合实验要求。

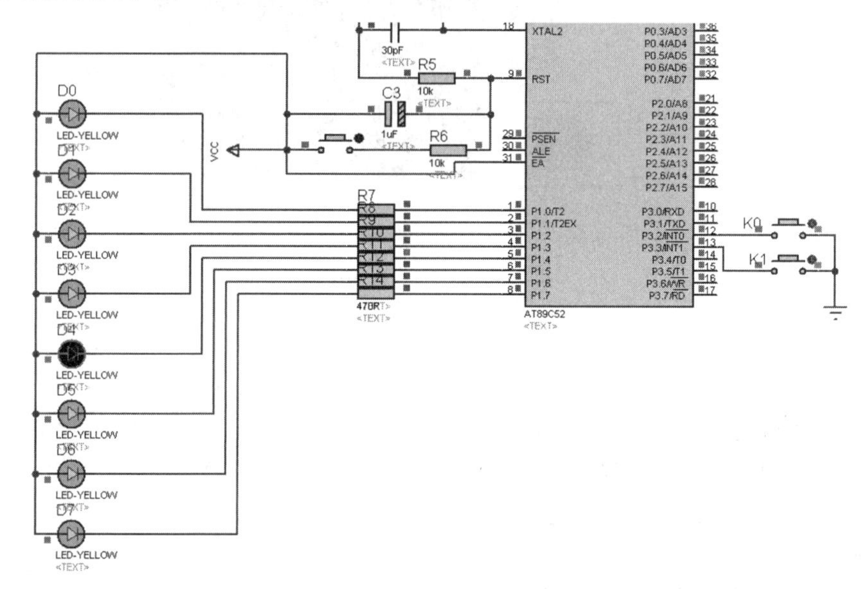

图 6.12　中断优先级电路设计（外部中断 0，一个黑灯由下到上）

6.6　方波发生器实验

6.6.1　实验要求

用AT89C51单片机定时器/计数器0的定时功能构成一个简单的方波发生器，实现周期为500μs的方波输出。若改变定时器，计数器的初值可得到不同周期的方波输出，并用虚拟示波器观测波形。

周期为500μs的方波的高低电平各为250μs，可采用定时器T1方式1定时250μs产生中断，在中断服务程序中使P1.0取反一次，即产生周期为500μs的方波。此时写入TMOD的控制字为00000001B=01H，下面计算初值。时钟频率f_{osc}采用6MHz，机器周期T_{cy}为2μs，时钟周期T为250μs，X为定时器计数初值。

$$X=2^{16}-f_{osc}T/12=2^{16}-6000000\times 0.00025/12=65411=FF83H$$

即TH0=FFH，TL0=83H。

6.6.2　Proteus电路

实现500μs的方波发生器的电路设计及仿真如图6.13所示。

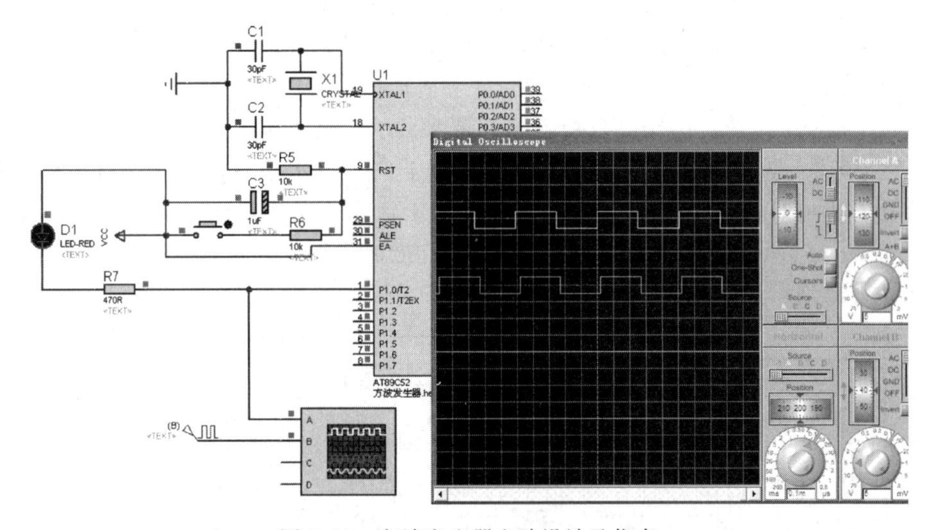

图6.13　方波发生器电路设计及仿真

1. 从Proteus库中选取元器件

(1) AT89C51：单片机。

(2) RES：电阻。

(3) CAP：电容。

(4) CAP-ELEC：电解电容。

(5) LED-RED：红色发光二极管。

(6) CRYSTAL：晶振。

(7) OSCILLOSCOPE：虚拟示波器。

若已知元器件名称，则以名称为关键字从库中取出该元器件。

比如要选取电阻，在选取元器件窗口左上角的关键字栏中输入“RES”，则在结果列表栏中会提示：使用当前标准搜索结果太多，建议用描述元器件的内容增加关键字或选择类、子类、生产厂家以精确查找。如选择类“Resistors”，移动结果列表滚动条，可看到与关键字匹配的“RES”上有光条。在该光条上双击左键便将RES添加到ISIS的对象选择器窗口中。另外，还可以应用全匹配“Match Whole Words”提高选取效率。按以上方法完成其他元器件的选取。

2. 放置元器件、放置电源和地、连线、元器件属性设置、电气检测

所有操作都是在ISIS中进行，具体操作见5.1.2节。

3. 虚拟示波器与信号源

(1) VSM虚拟示波器。单击工具箱中的虚拟仪器按钮，在对象选择器列表中单击OSCILLOSCOPE（示波器），再在ISIS编辑区中的适当位置单击，虚拟示波器就放置好了。最后将单片机的P1.0脚与示波器的A通道相连。

(2) 数字时钟信号源。选择数字时钟信号源，连接到虚拟示波器的B通道上，以便在仿真时可把虚拟示波器A通道上P1.0脚得来的方波与B通道的标准数字脉冲（方波）进行比对。

6.6.3 源程序

通过Keil μVision4建立工程，然后建立源程序文件“方波发生器.c”，具体操作与5.1.2节所述相似。参考的源程序请扫描本章末的二维码查看。

6.6.4 Proteus仿真

1. 加载目标代码文件

打开元器件单片机属性窗口，在“Program File”栏中添加编译好的目标代码文件“方波发生器.hex”；在“Clock Frequency”栏中输入晶振频率12MHz。

2. 仿真

单击按钮启动仿真运行后，并未出现虚拟示波器的屏幕。此时可单击鼠标右键，出现下拉菜单，单击“Digital Oscilloscope”，则会出现如图6.13所示的虚拟示波器屏幕。

虚拟示波器当前的参数设置为：电压幅值为1V/格；分辨率为50μs/格。

从虚拟示波器上看出，A通道显示的方波信号高低电平的宽度为5格，即周期为250μs，定时信号周期为500μs，电平高度约5格，即5V，仿真结果与设计所期望的结果一致。这里使用了虚拟示波器对波形参数进行测量，同时也可与B通道上的数字时钟信号源波形（信号周期也为500μs）进行比对。

也可采用另一种方法，即去掉B通道连接的标准数字时钟信号源，直接对P1.0脚输出的方波进行图表仿真，从图表上也可观察到方波的参数。

6.7 脉冲分频器实验

6.7.1 实验要求

设计一个脉冲100分频器。本设计中，使用AT89C51片内定时器/计数器T1为方式2

计数器，对 T1 脚（P3.5）输入的脉冲计数，每当计满 100 个脉冲时在 P1.1 脚输出一个正脉冲。T1 脚的计数脉冲由虚拟数字时钟发生器产生，同时在 T1 脚接有一个虚拟计数器/计时器来监测数字时钟发生器产生的脉冲数。T1 为方式 2 计数器，其初值为 9CH（十进制数 156）。T1 通过对 P3.5 脚的脉冲计数，每当 T1 溢出时，即每计满 100 个数，则 T1 中断，进入中断服务程序，把 P1.1 脚求反，使 P1.1 脚的输出电平改变，从而产生对数字时钟源 100 分频后的方波。同时使用另一个虚拟计数器/计时器对 P1.1 脚输出的方波计数，从两个虚拟计数器/计时器的计数结果即可看出，数字时钟源每发出 100 个脉冲，则对 P1.1 脚连接的虚拟计数器的计数结果就增 1，说明完成了脉冲分频的要求。

通过本实验可掌握 AT89C51 片内定时器/计数器 T1 的方式 2 计数器的使用、虚拟数字时钟发生器以及虚拟计数器的使用，这也是在单片机的虚拟仿真设计中经常用到的两种虚拟仿真工具。

6.7.2　Proteus 电路

1. 从 Proteus 库中选取元器件

（1）AT89C51：单片机。

（2）RES：电阻。

（3）CAP、CAP-ELEC：电容、电解电容。

（4）CRYSTAL：晶振。

2. 虚拟检测仪器

（1）VSM 虚拟计数器/计时器。在虚拟仪器对象选择器中选 COUNTER TIMER，设置其为计数工作方式，如图 6.14 所示。

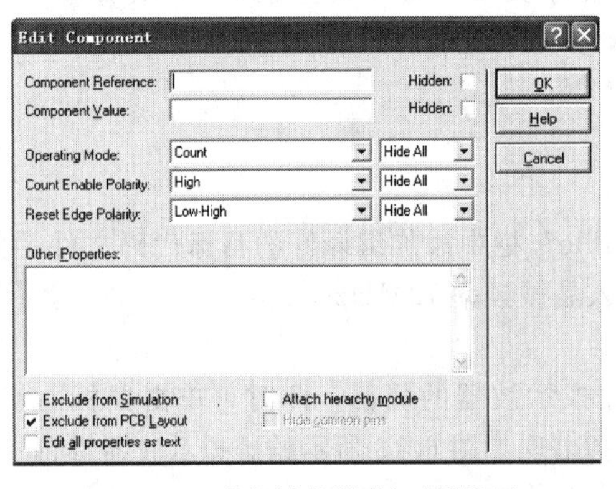

图 6.14　虚拟计数器/计时器设置

（2）数字时钟源 DCLOCK。单击信号源选择按钮，在对象选择器中选择 DCLOCK，单击后在属性窗口中设置频率。

3. 放置元器件、电源和地、连线、元器件属性设置、电气检测

所有操作都在 ISIS 中进行，具体操作见 5.1.2 节介绍。设计完毕的电路如图 6.15 所示。

6.7.3　源程序

通过 Keil μVision4 建立工程，然后建立源程序文件“脉冲分频器.c”，具体操作见 5.1.2 节。参考的源程序请扫描本章末的二维码查看。

6.7.4　Proteus 仿真

1. 加载目标代码

右击选中的 ISIS 编辑区中单片机 AT89C51，再单击打开其属性窗口，在其中“Program File”右侧框中输入目标代码文件，再在“Clock Frequency”栏中设置 12MHz，仿真系统则以 12MHz 的时钟频率运行。

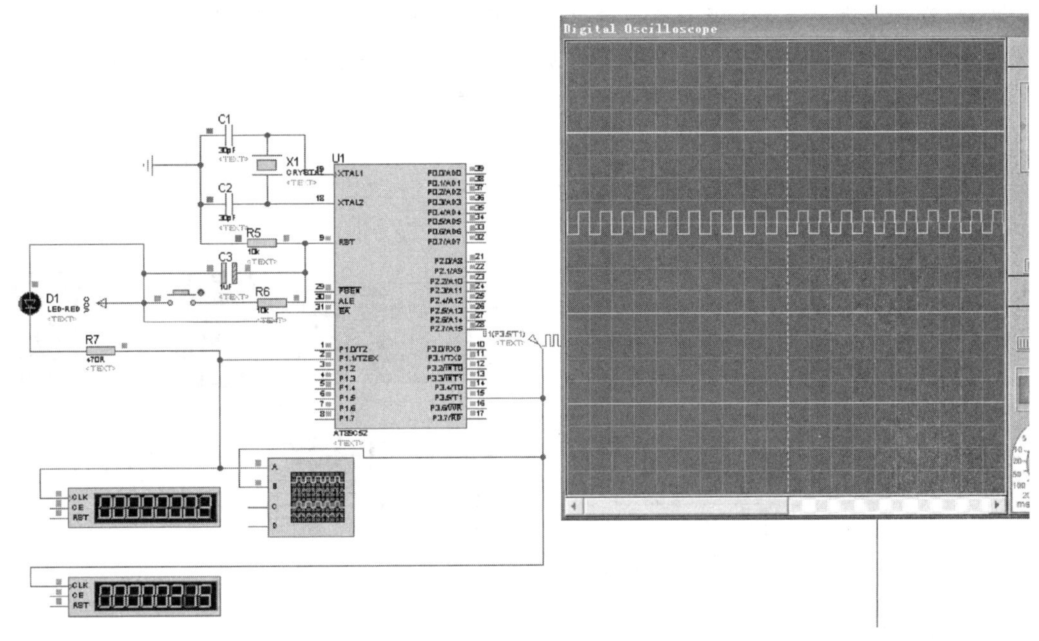

图 6.15 脉冲分频器电路设计

2. 仿真

直接单击仿真按钮中的 ▶ ，则会全速仿真，主程序运行如图 6.15 所示。

6.8 60s 正计时实验

6.8.1 实验要求

用单片机的定时器/计数器实现 60s 正计时，用两只数码管从 00 开始静态显示正计时的秒值。当计到 60 时，再从 00 开始计时。

本实验中采用定时器/计数器 T1 的方式 1 定时，定时时间为 50ms，对应的时间常数为 0x3cb0，对应的十进制数的初始值为 15536，计数满 50000 后，即 $1\mu s\times 50000=50ms$，20 次中断后，则时间为 1s。从而秒单元增 1。采用了两片 74LS47 BCD－7 段数码管译码器/驱动器，即用于将 BCD 码转化为数码管的显示数字，从而简化了显示程序的编写。

6.8.2 Proteus 电路

所有操作都在 ISIS 中进行，步骤如下：

1. 从 Proteus 库中选取元器件

(1) AT89C51：单片机。

(2) RES：电阻。

(3) 7SEG－COM－AN－GRN：带公共端的共阳极七段绿色数码管。

(4) CAP、CAP－ELEC：电容、电解电容。

(5) CRYSTAL：晶振。

(6) 74LS47：四输入译码器。

2. 放置元器件、放置电源和地、连线、元器件属性设置、电气检测

所有操作都在ISIS中进行，具体操作见5.1.2节。完成的电路设计如图6.16所示。

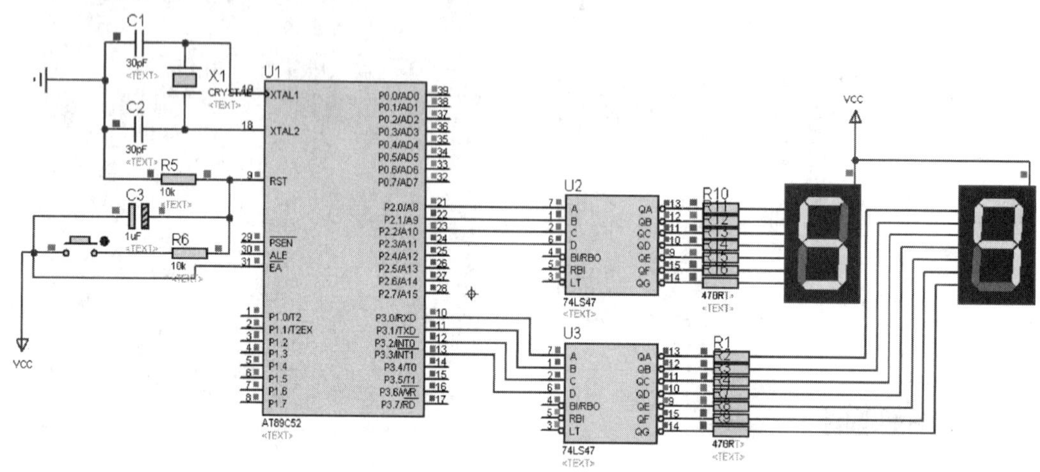

图6.16　60s正计时电路设计

6.8.3　源程序

通过Keil μVision4建立工程，再建立源程序文件，具体操作见5.1.2节。参考的源程序请扫描本章末的二维码查看。

程序说明：由于定时器的初始值为15536，因使用的时钟为12MHz，所以定时的时间为1μs×(65536－15536)＝1μs×50000＝50ms。要想定时1s，需要20次中断，因此程序中定义了中断次数单元timer，来对中断次数进行计数。由于采用硬件74LS译码器芯片，因此程序变得简单，只需将秒单元进行“second/10”运算，即可得到秒的十位的BCD码，并送P2口经译码器显示秒的十位。秒的个位BCD码只需取余数“second%10”运算就可得到，并送P3口经译码器显示秒的个位。

最后通过按钮“Build target”编译源程序，生成目标代码“*.hex”文件。若编译失败，对程序修改调试到编译成功。

6.8.4　Proteus仿真

1. 加载目标代码

右击选中的ISIS编辑区中单片机AT89C51，再单击打开其属性窗口，在“Program File”右侧框中输入目标代码“*.hex”文件，再在“Clock Frequency”栏中设置12MHz，仿真系统则以12MHz的时钟频率运行。

2. 仿真

单击仿真按钮中的 ▶ 进行仿真，仿真运行如图6.16所示。

6.9　LED模拟交通灯实验

6.9.1　实验要求

12只LED分成东西向和南北向两组，各组指示灯均有相向的两只红色、两只黄色与两

只绿色 LED，本实验中对相应的 LED 单独进行定义，程序运行时模拟了十字路口交通信号灯的切换过程和显示效果。东西路口绿灯点亮时，南北路口的红灯点亮，维持东西向交通一段时间。随后转灯，而此时，东西路口的绿灯熄灭，黄灯闪烁 5 次提醒；同时，南北路口的红灯维持点亮。转灯后为南北路口绿灯点亮时，东西路口的红灯点亮，如此周而复始。

6.9.2 Proteus 电路

所有操作都在 ISIS 中进行，步骤如下：

1. 从 Proteus 库中选取元器件

(1) RES：电阻。

(2) AT89C51：单片机。

(3) LED GREEN、YELLOW、RED：绿、黄、红三色 LED 灯。

(4) CAP、CAP-ELEC：电容、电解电容。

(5) CRYSTAL：晶振。

2. 放置元器件、放置电源和地、连线、元器件属性设置、电气检测

所有操作都在 ISIS 中进行，具体操作见 5.1.2 节。完成的电路设计如图 6.17 所示。

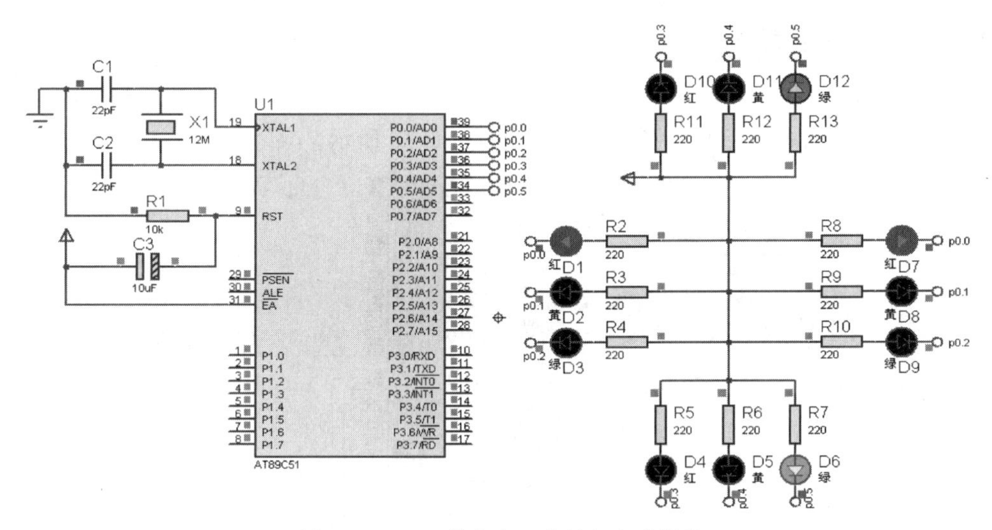

图 6.17 LED 模拟交通信号灯电路设计

6.9.3 源程序

通过 Keil μVision4 建立工程，再建立源程序文件，具体操作见 5.1.2 节。参考的源程序请扫描本章末的二维码查看。

6.9.4 Proteus 仿真

1. 加载目标代码

右击选中的 ISIS 编辑区中单片机 AT89C51，再单击打开其属性窗口，在“Program File”右侧框中输入目标代码“*.hex”文件，再在“Clock Frequency”栏中设置 12MHz，仿真系统则以 12MHz 的时钟频率运行。

2. 仿真

单击仿真按钮中的 ▶ 进行仿真，仿真运行如图 6.17 所示。

6.10 双机串行通信实验

6.10.1 实验要求

两个单片机利用串行口进行串行通信：串行通信的波特率可从键盘进行设定，可选的波特率为 1200bit/s、2400bit/s、4800bit/s 和 9600bit/s。串行口工作方式为方式 1 的全双工串行通信。

串行通信波特率的设定最终归结到对定时器 T1 计数初值 TH1、TL1 的设定。本实验是通过键盘输入得到收发双方相同的波特率，从而载入相应的 T1 计数初值 TH1、TL1 实现的。运行时将 0x5a 从主机传输到从机上，并显示在从机的数码管上，从而验证了串行通信能够被正确实现。在实际的硬件实现中，如串口通信线路过长，可考虑采用 MAX232 进行电平转换，以延长传输距离。需要注意的是，为了减少波特率的计算误差，应采取 11.0592MHz 的晶振。

6.10.2 Proteus 电路

1. 电路设计

两个单片机之间的串行通信接口电路设计如图 6.18 所示。

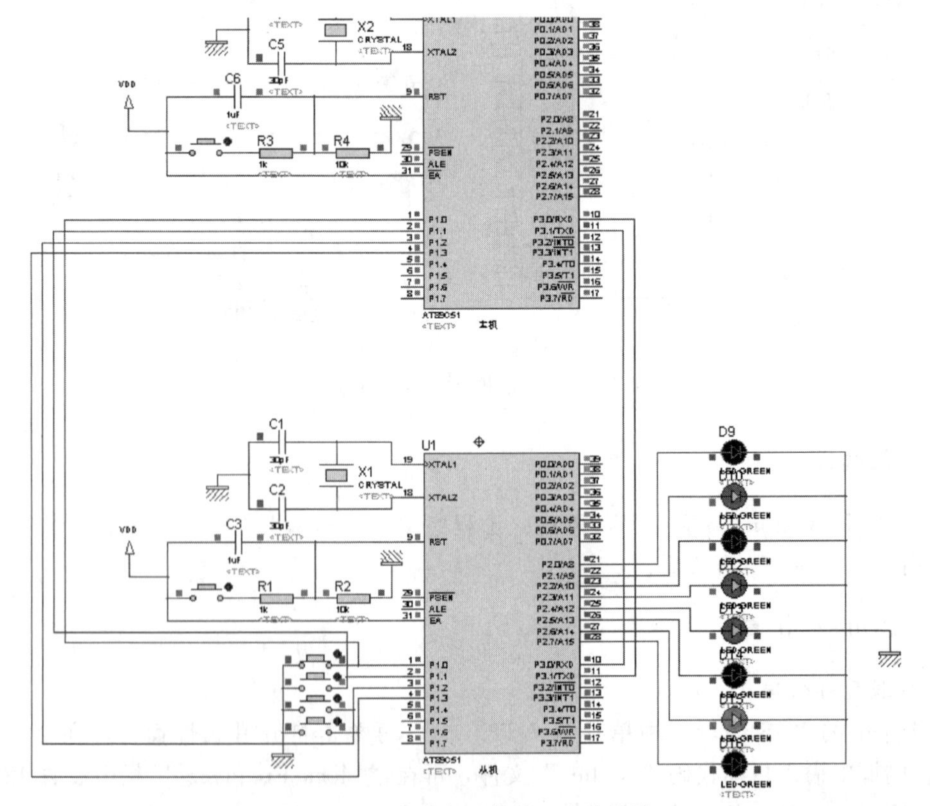

图 6.18　双机串行通信接口电路设计

2. 放置元器件、放置电源和地、连线、元器件属性设置、电气检测

所有操作均在 ISIS 中进行，具体操作见 5.1.2 节。从元器件库中拾取器件，按照图 6.18 进行电路连接。

6.10.3　源程序

通过 Keil μVsion4 建立工程，再建立源程序文件，两个单片机一个为 master，另一个为 slave。两个单片机的源程序分别为 master.c 和 slave.c。注意，本实验中主、从两个文件分别建立工程。参考的源程序请扫描本章末的二维码查看。

6.10.4　Proteus 仿真

1. 加载目标代码文件

打开元器件单片机属性窗口，在“Program File”栏中添加编译好的目标代码文件“master.hex”或“slave.hex”；在“Clock Frequency”栏中输入晶振频率 11.0592MHz。

2. 仿真

单击按钮 ▶ 启动仿真，如图 6.18 所示，当二极管间隔点亮时，即数据 5AH（01011010B）自主机经串口传输到从机上，表明串行通信成功。

6.11　82C55 产生 500Hz 方波实验

6.11.1　实验要求

AT89C51 单片机外部扩展扩 1 片可编程并行 I/O 接口芯片，并控制 82C55 的 PC5 脚输出 500Hz 的方波。

单片机外扩的 I/O 与外部 RAM 是统一编址的，单片机通过向外部 82C55 的控制端口写入不同的控制字就可控制 82C55 芯片不同的工作方式。

通过定时器 T0 的方式 2 定时 0.2ms（采用 12MHz 时钟），计时 5 次来实现 1ms 的定时，根据定时器 T0 方式 2 的时间常数计算公式，时间常数为 $X=56$，即 38H。计满 1ms 后将 PC5 脚的状态读入并取反再写回到 PC5 脚，从而产生 500Hz 方波。

82C55 控制寄存器端口地址为 ff7fH，PC 口地址为 ff7eH，对相应端口地址进行操作就可实现所需的功能。

6.11.2　Proteus 电路

1. 电路设计

单片机外扩 82C55 的接口电路设计如图 6.19 所示。

2. 放置元器件、放置电源和地、连线、元器件属性设置、电气检测

所有操作均在 ISIS 中进行，具体操作见 5.1.2 节。从元器件库中拾取器件，按照图 6.19 进行电路连接。

6.11.3　源程序

通过 KeiI μVision4 建立工程，再建立源程序文件，具体操作见 5.1.2 节。参考的源程序请扫描本章末的二维码查看。

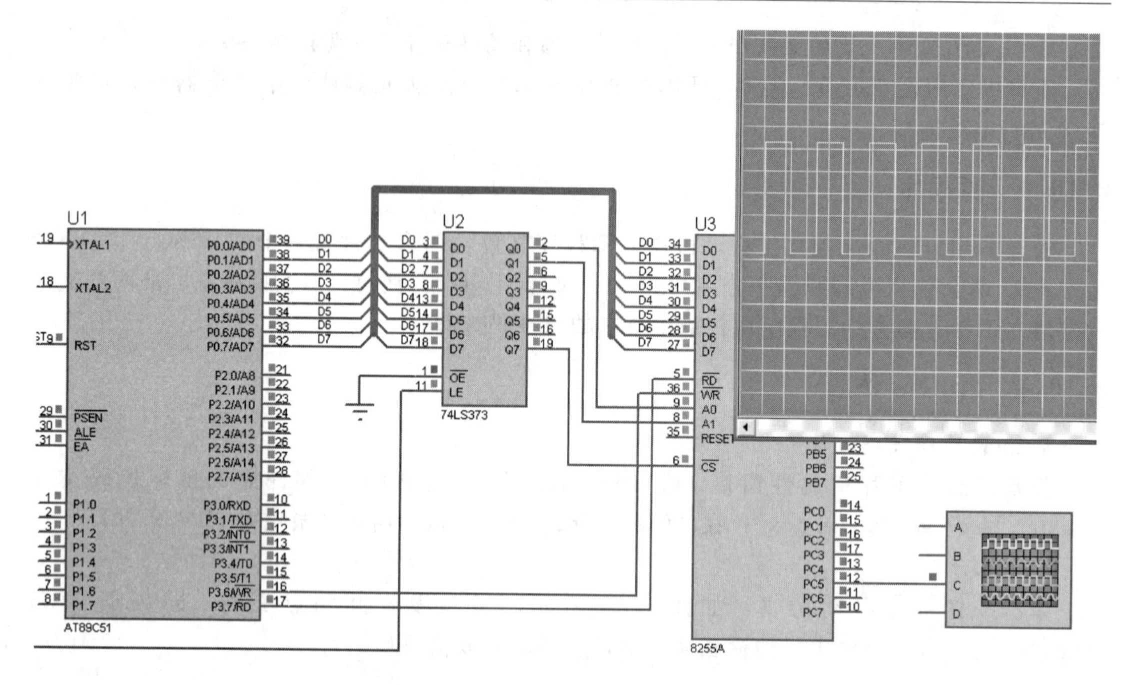

图 6.19　单片机控制 82C55 产生方波电路设计

6.11.4　Proteus 仿真

1. 加载目标代码文件

打开元器件单片机属性窗口，在“Program File”栏中添加编译好的目标代码文件，在“Clock Frequency”栏中输入晶振频率 12MHz。

2. 仿真

单击仿真按钮 ▶ 启动仿真。仿真运行时，通过加在 PC5 脚的虚拟示波器观察通过 PC5 脚产生的 500Hz 波形。如想观察虚拟示波器显示的波形，只需鼠标右键单击图 6.19 中的虚拟示波器，再单击“Digital Oscilloscope”选项，就会出现虚拟示波器的屏幕，可观察到周期为 2ms 的方波，如图 6.19 所示。

6.12　4×4 矩阵键盘的按键识别实验

6.12.1　实验要求

AT89C51 单片机对 4×4 矩阵键盘进行动态扫描，当某个键按下时，可将相应按键值（十进制）在两位数码管上显示出来。

常用的键盘分为独立式键盘和矩阵式键盘，在按键数目较多的场合，矩阵式键盘与独立式键盘相比，要节省较多的 I/O 接口线。

矩阵式（也称行列式）键盘用于按键数目较多的场合，它由行线和列线组成，按键位于行、列的交叉点上，行、列线分别连接到按键开关的两端。行线通过上拉电阻接到＋5V 上。无按键按下时，行线处于高电平状态；有按键按下时，行线电平状态将由对应的列线电平决定。这一点是识别矩阵式键盘按键是否按下的关键所在。由于矩阵式键盘中行、列线多键共用，各按键均影响该键所在行和列的电平，因此各按键彼此将互相发生影响，所以必须将行、列线信号配合起来并做适当的处理，才能确定闭合键的位置。

6.12.2　Proteus 电路

1. 从 Proteus 库中选取元器件

（1）AT89C51：单片机。

（2）RES、PULLUP：电阻、上拉电阻。

（3）7SEG - COM - AN _ GRN：绿色数码管。

（4）CRYSTAL：晶振。

（5）CAP、CAP - ELEC：电容、电解电容。

（6）BUTTON：按键。

（7）74LS47。

2. 放置元器件、放置电源和地、连线、元器件属性设置、电气检测

所有操作都在 ISIS 中进行，具体操作参见 5.1.2 节的介绍。P2 口和 P3 口的低 4 位通过 74LS47 与数码管相连，74LS47 为 BCD - 7 段数码管译码器/驱动器。具体为 P2 的低 4 位控制 74LS47 显示数字的十位；P3 的低 4 位控制 74LS47 显示数字的个位。P1 口的 8 条 I/O 引脚与矩阵键盘相接；P1 口的低 4 位与键盘的行线相接，P1 口的高 4 位与键盘的列线相接。设计完毕的单片机与矩阵键盘接口的原理电路如图 6.20 所示。

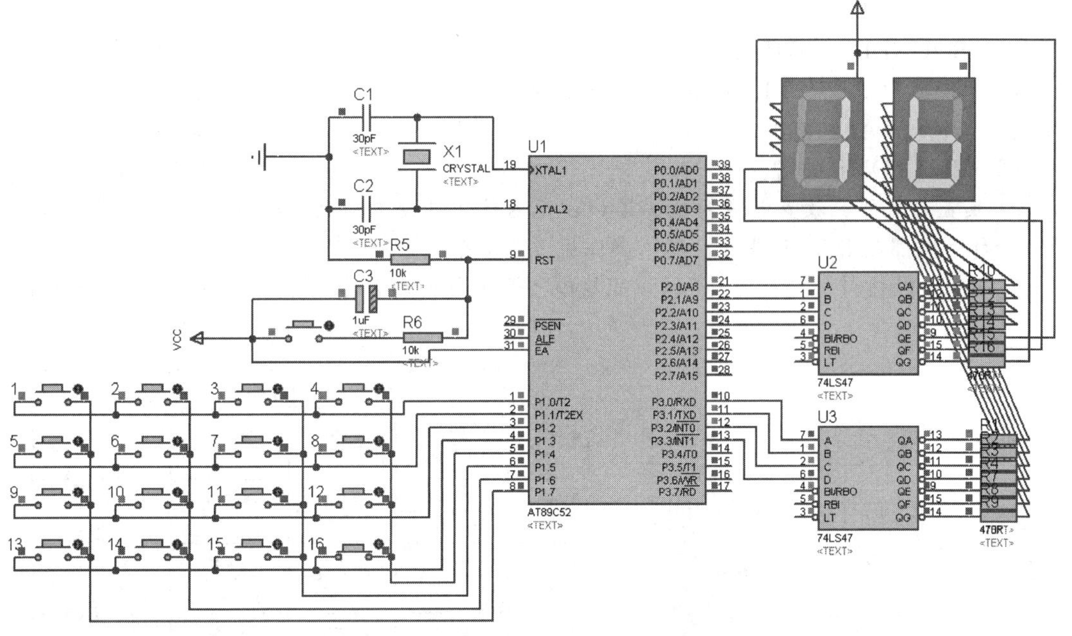

图 6.20　单片机与矩阵键盘接口的原理电路

6.12.3　源程序

通过 Keil μVision4 建立工程项目，再建立源程序“矩阵键盘按键识别 .c”文件，具体操作见 5.1.2 节的介绍。参考的源程序请扫描本章末的二维码查看。

6.12.4　Proteus 仿真

1. 加载目标代码文件

单击打开单片机属性窗口，在“Program File”栏中添加编译好的目标代码“*.hex”文件；在“Clock Frequency”栏中输入晶振频率 12MHz。

2. 仿真

单击按钮 ▶ 启动仿真，如图 6.20 所示。图中显示的是按下 16 号按键，数码管上显示的是按键所对应的十进制键号 16。

6.13　简易电子琴实验

6.13.1　实验要求

利用 8051 单片机片内定时器和 I/O 端口，设计一台简易电子琴，能通过按键进行简单乐曲弹奏。

6.13.2　Proteus 电路

所有操作都在 ISIS 中进行，步骤如下：

1. 从 Proteus 库中选取元器件

（1）RES、PULLUP：电阻、上拉电阻。

（2）AT89C51：单片机。

（3）SOUNDER：喇叭发声。

（4）CAP、CAP－ELEC：电容、电解电容。

（5）CRYSTAL：晶振。

（6）BUTTON：按键。

2. 放置元器件、放置电源和地、连线、元器件属性设置、电气检测

所有操作都在 ISIS 中进行，具体操作见 5.1.2 节。

完成的电路设计如图 6.21 所示。简易电子琴的硬件电路由 8051 单片机、矩阵键盘和蜂

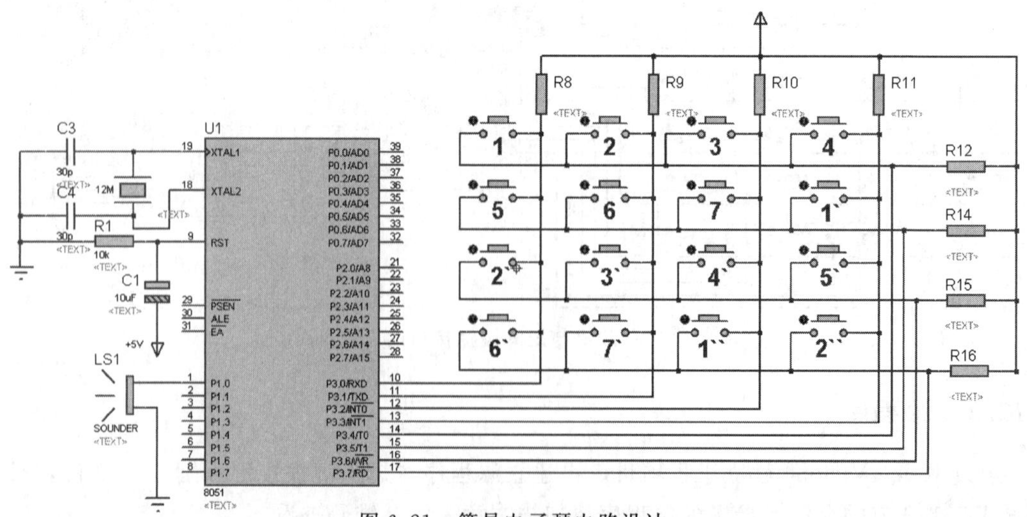

图 6.21　简易电子琴电路设计

鸣器组成。8051单片机的P1.0端口输出方波信号用于驱动蜂鸣器，P3.0～P3.7端口用于驱动4×4矩阵键盘，每个按键对应一个音符。T0定时中断产生不同频率的声音。

6.13.3 源程序

程序设计内容包括按键识别和音符产生，这里重点描述关于音符的产生方法。每个不同音符对应不同的频率，利用单片机内部定时器T0结合I/O接口来产生不同频率的方波信号，改变T0的计数值即可改变不同的音符。当单片机采用12MHz晶振时，高、中、低音符与单片机定时器T0计数初值的关系见表6.2。

表6.2　高、中、低音符与单片机定时器T0计数初值的关系

音符	频率/Hz	简谱码(*T*值)	音符	频率/Hz	简谱码(*T*值)
低1 DO	262	63628	#4 #FA	740	64860
#1 #DO	277	63731	中5 SO	784	64898
低2 RE	294	63835	#5 #SO	831	64934
#2 #RE	311	63928	中6 LA	880	64968
低3 ME	330	64021	#6 #LA	932	64994
低4 FA	349	64103	中7 SI	988	65030
#4 #FA	370	64185	高1 DO	1046	65058
低5 SO	392	64260	#1 #DO	1109	65085
#5 #SO	415	64331	高2 RE	1175	65110
低6 LA	440	64400	#2 #RE	1245	65134
#6 #LA	466	64463	高3 ME	1318	65157
低7 SI	494	64524	高4 FA	1397	65178
中1 DO	523	64580	#4 #FA	1480	65198
#1 #DO	554	64633	高5 SO	1568	65217
中2 RE	587	64684	#5 #SO	1661	65235
#2 #RE	622	64732	高6 LA	1760	65252
中3 ME	659	64777	#6 #LA	1865	65268
中4 FA	698	64820	高7 SI	1967	65283

通过Keil μVision4建立工程，再建立源程序文件，具体操作见5.1.2节。参考的源程序请扫描本章末的二维码查看。

6.13.4 Proteus仿真

1. 加载目标代码

右击选中的ISIS编辑区中单片机AT89C51，再单击打开其属性窗口，在“Program File”右侧框中输入目标代码“*.hex”文件，再在“Clock Frequency”栏中设置12MHz，仿真系统则以12MHz的时钟频率运行。

2. 仿真

单击仿真按钮中的 ▶ 进行仿真，仿真运行如图6.20所示。单击4×4矩阵键盘不同的按键，喇叭会发出不同音调的DO、RE、ME、FA、SO、LA、XI。

6.14　字符型 LCD 显示实验

6.14.1　实验要求

用 AT89C51 单片机驱动一片字符型液晶显示器 LM016L，使其显示两行文字："Proteus Edu"与"TIME 12：10：55"。

在单片机应用系统中，字符型液晶显示器是常见的显示部件。本实验所用的 LM016L 液晶显示器为 16 字符×2 行。与 LM016L 相类似的字符型液晶显示器为 LCD1602，有关 LCD1602 的功能及特性的介绍可参考相关书籍。

6.14.2　Proteus 电路

1. 从 Proteus 库中选取元器件

（1）AT89C51：单片机。

（2）LM016L：字符型显示器。

（3）POT－LIN：滑动变阻器。

2. 放置元器件、放置电源和地、连线、元器件属性设置、电气检测

所有操作都在 ISIS 中进行，具体操作见 5.1.2 节的介绍。实现单片机驱动字符型液晶显示器 LM016L 显示的原理电路如图 6.22 所示。

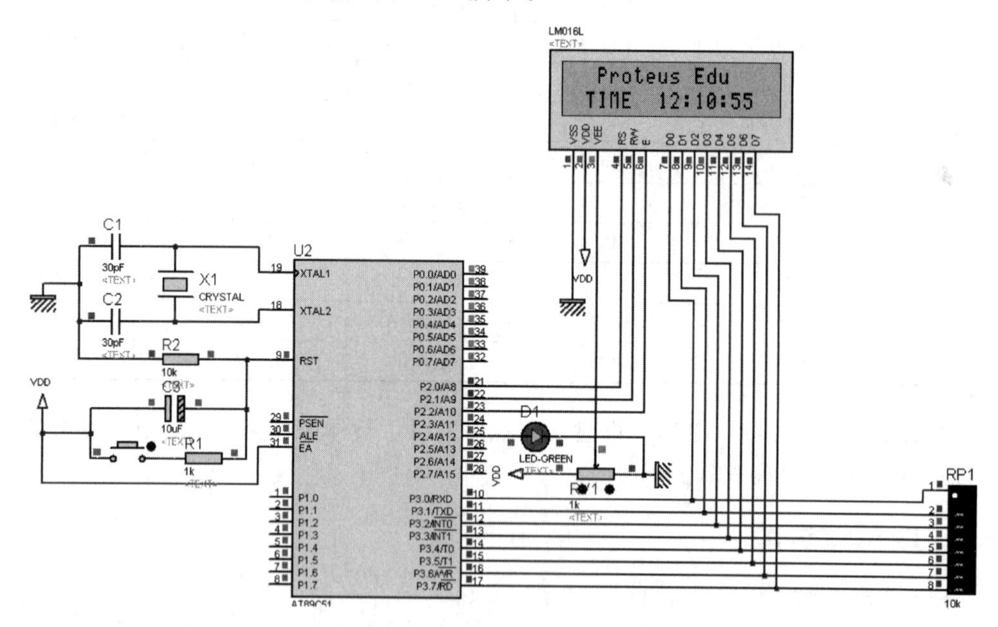

图 6.22　字符型 LCD 显示电路设计

3. LM016L 引脚及特性

LM016L 为字符型液晶屏显示器 LCD，其原理符号、引脚如图 6.23 所示。

LM016L 的引脚说明如下：

（1）数据线 D7～D0。

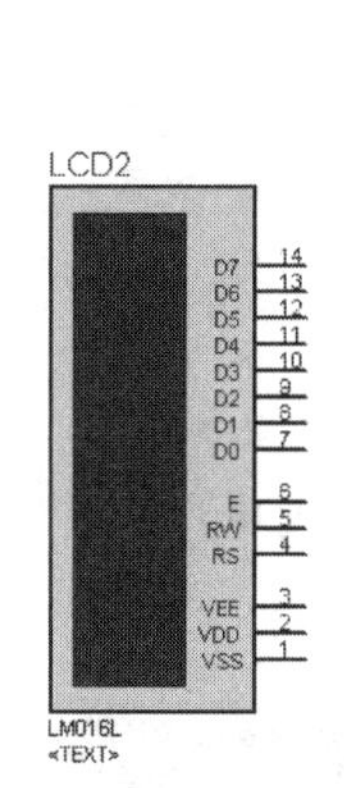

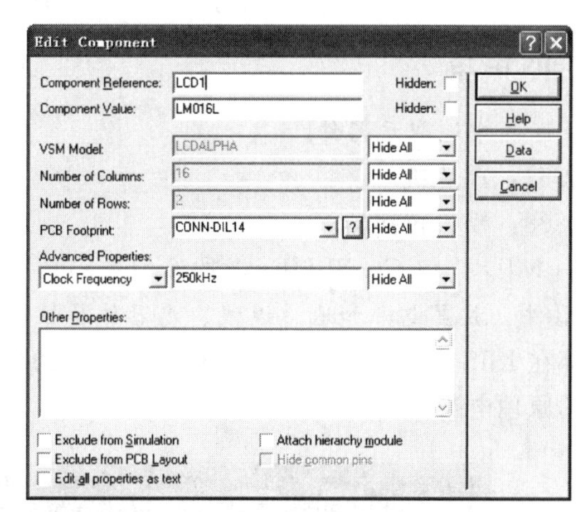

图6.23　LM016L的引脚和属性设置对话框

（2）控制线（有3根：RS复位、RW读/写、E使能）。

（3）地线VSS。

（4）两根电源线（VDD电源、VEE液晶显示偏压）。

LM016L的属性设置如图6.23右侧所示，具体如下：

（1）每行字符数为16，行数为2。

（2）时钟为250kHz。

（3）行1的字符地址为80H～8FH。

（4）行2的字符地址为C0H～CFH。

6.14.3　源程序

通过Keil μVision4建立工程，再建立源程序“字符型LCD显示.c”文件，具体操作见5.1.2节。参考的源程序请扫描本章末的二维码查看。

6.14.4　Proteus仿真

1. 加载目标代码文件

打开元器件单片机属性窗口，在“Program File”栏中添加编译好的目标代码文件“*.hex”；在“Clock Frequency”栏中输入晶振频率11.0592MHz。

2. 仿真

单击仿真按钮 ▶ 启动仿真，如图6.22所示。

6.15　ADC0809两路数据采集实验

6.15.1　实验要求

本实验对ADC0809（库中若没有ADC0809，可用ADC0808来替代）的两个通道的输入模拟量进行转换，两个通道的结果显示各占3位，同时显示在8位数码管上（有效显示位数为6位）。两个通道的采集模拟输入电压的大小由两个滑动电位器来调节。

6.15.2　Proteus电路

1. 从Proteus库中选取元器件

（1）AT89C51：单片机。

（2）ADC0808：模数转换器。

（3）7SEG－MP×6－CC－BLUE：7段8位数码管显示器。

2. 放置元器件、放置电源和地、连线、元器件属性设置、电气检测

所有操作都在ISIS中进行，具体操作见5.1.2节的介绍。实现单片机控制ADC0809双通道数据采集的原理电路如图6.24所示。

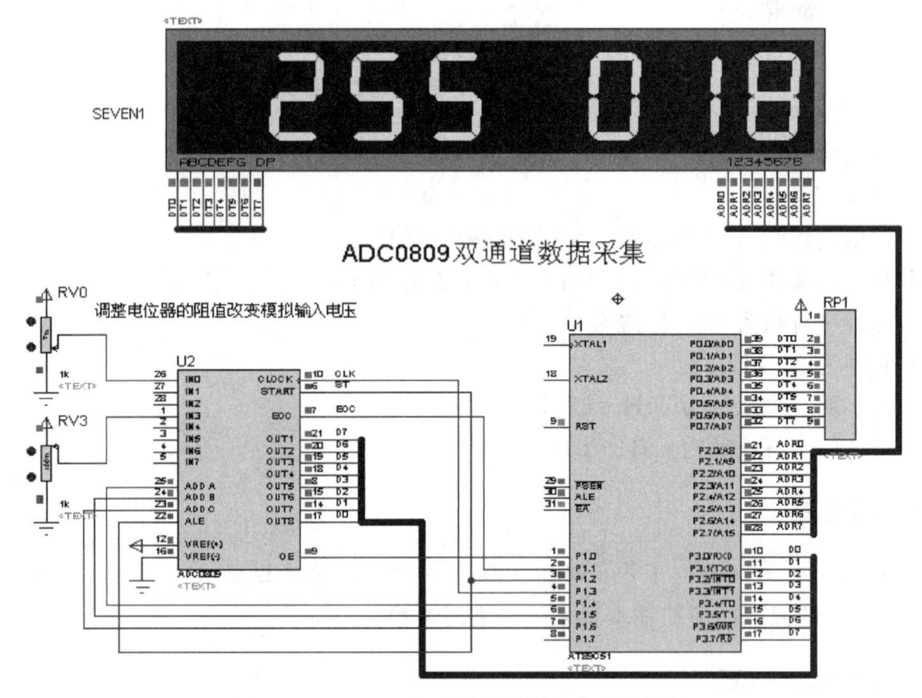

图6.24　ADC0809双通道数据采集电路设计

6.15.3　源程序

通过Keil μVision4建立工程，再建立源程序“ADC0809数据采集.c”文件，具体操作见5.1.2节。参考的源程序请扫描本章末的二维码查看。

6.15.4　Proteus仿真

1. 加载目标代码文件

打开元器件单片机属性窗口，在“Program File”栏中添加编译好的目标代码文件“*.hex”；在“Clock Frequency”栏中输入晶振频率12MHz。

2. 仿真

单击仿真按钮 ▶ 启动仿真，如图6.24所示。图中的数码管分别显示出两路模拟电压的转换结果。左面的3位为IN3的输入电压的转换结果，右面的3位为IN0的输入电压的转换结果。注意该显示结果是转换完毕的二进制数值相对应的十进制数。

6.16　DAC0832 波形发生器实验

6.16.1　实验要求

设计一个能产生正弦波、方波、三角波、梯形波、锯齿波 5 种波形的波形发生器。设置 5 个按钮开关 K1～K5，分别对应正弦波、方波、三角波、梯形波、锯齿波，按下其中一个按钮开关，则产生所要的波形。

不同波形的产生实质上是对输出给 DAC 的 8 位二进制数字进行相应的改变来实现。本实验中，正弦波信号是利用 MATLAB 将正弦曲线均匀取样后，得到等间隔时刻的 y 方向上的二进制数值，然后通过查表依次输出经 D/A 转换得到；方波信号是利用定时器中断，每次中断时，将输出的数字输出量取反即可。其他波形类推。

6.16.2　Proteus 电路

1. 从 Proteus 库中选取元器件

(1) AT89C51：单片机。

(2) BUTTON：按键。

(3) DAC0832：D/A 转换器。

(4) CRYSTAL：晶振。

(5) CAP、CAP-ELEC：电容、电解电容。

2. 放置元器件、放置电源和地、连线、元器件属性设置、电气检测

所有操作都在 ISIS 中进行，具体操作在见 5.1.2 节的介绍。设计完毕的单片机与 DAC0832 接口的原理电路如图 6.25 所示。

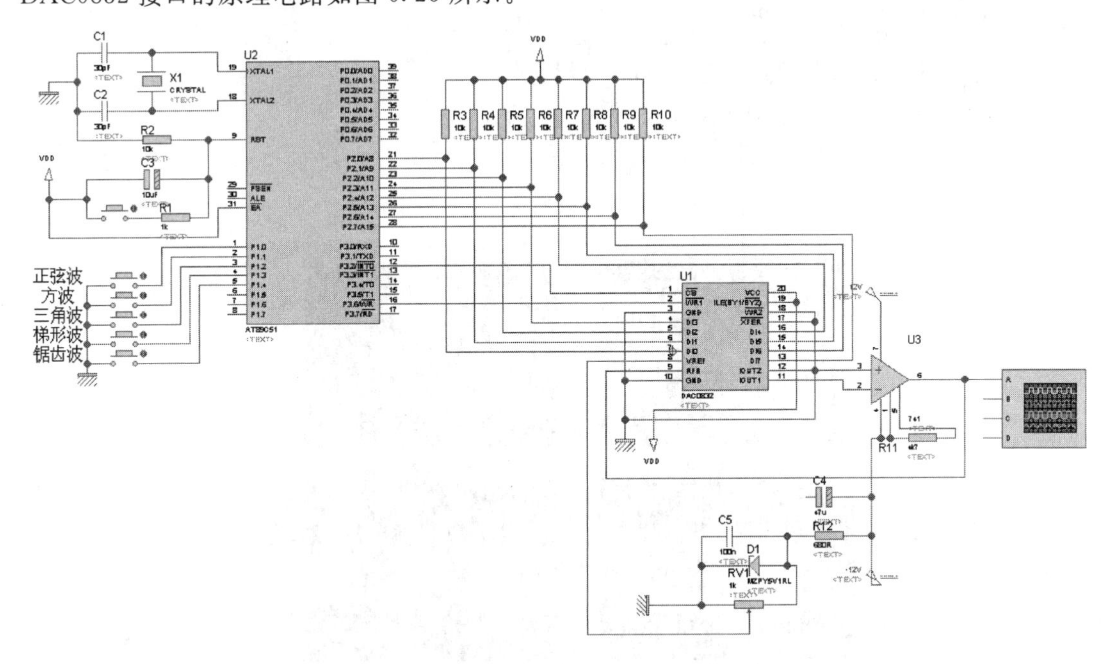

图 6.25　DAC0832 波形发生器电路设计

6.16.3　源程序

通过 Keil μVision4 建立工程，再建立源程序“DAC0832 波形发生器.c”文件，具体操作见 5.1.2 节。参考的源程序请扫描本章末的二维码查看。

6.16.4　Proteus 仿真

1. 加载目标代码文件

单击打开单片机属性窗口，在“Program File”栏中添加编译好的目标代码“*.hex”文件；在“Clock Frequency”栏中输入晶振频率 12MHz。

2. 仿真

单击按钮 ▶ 启动仿真，如图 6.26 所示。按下一个波形选择开关，选择输出的波形。如要观察产生的正弦波波形，用鼠标右键单击虚拟示波器，单击“Digital Oscilloscope”选项，出现示波器的屏幕。图 6.26 所示为选择正弦波的按钮开关按下示波器上显示的正弦波波形。图 6.27 显示了方波、三角波、梯形波、锯齿波输出的情况。

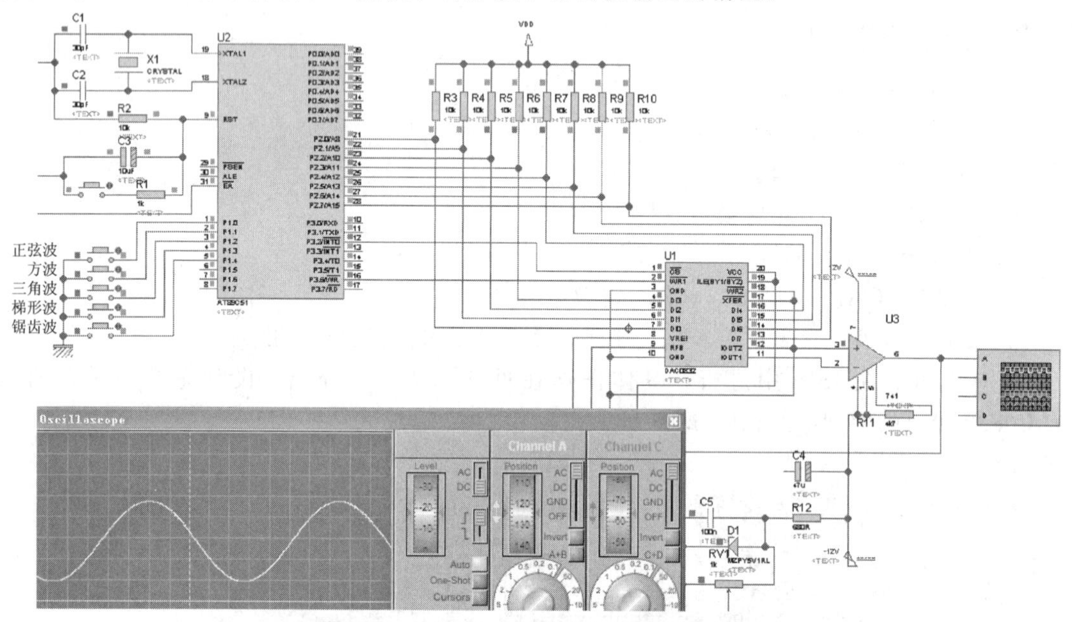

图 6.26　DAC0832 波形发生器输出正弦波

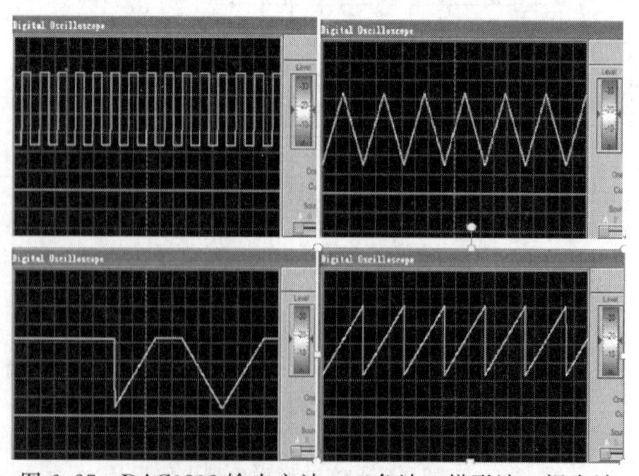

图 6.27　DAC0832 输出方波、三角波、梯形波、锯齿波

6.17 步进电机的控制实验

6.17.1 实验要求

用AT89C51单片机控制步进电机，可进行旋转方向的选择，即正转（顺时针）、反转（逆时针），且有6挡转速可选择，分别是5r/s、2.5r/s、1.25r/s、1r/s、0.5r/s和0.25r/s。

步进电机是将电脉冲信号转变为角位移或线位移的开环控制元步进电机件。在非超载的情况下，电机的转速、停止的位置只取决于脉冲信号的频率和脉冲数，而不受负载变化的影响，当步进驱动器接收到一个脉冲信号时，它就驱动步进电机按设定的方向转动一个固定的角度，称为步距角，它的旋转是以固定的角度一步一步运行的。可以通过控制脉冲个数来控制角位移量，从而达到准确定位的目的；同时可以通过控制脉冲频率来控制电机转动的速度和加速度，从而达到调速的目的。

6.17.2 Proteus电路

1. 从Proteus库中选取元器件

(1) AT89C51：单片机。

(2) RES：电阻。

(3) BUTTON：按键。

(4) MOTOR - STEPPER：步进电机。

(5) SWITCH：开关。

2. 放置元器件、放置电源和地、连线、元器件属性设置、电气检测

所有操作都在ISIS中进行，具体操作见5.1.2节的介绍。设计完毕的原理电路如图6.28所示。

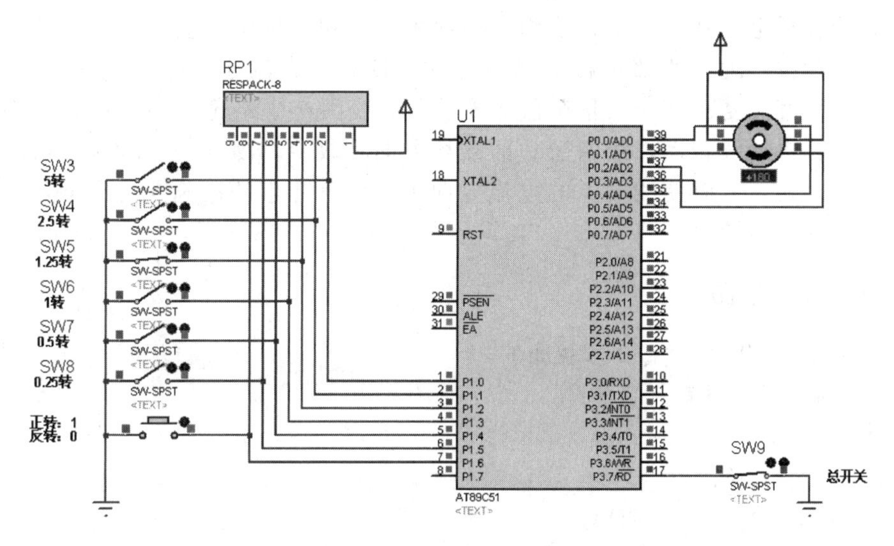

图6.28 步进电机控制的电路设计

电路中设置了 8 个开关，它们分别是总开关 SW9、旋转方向（正转、反转）的选择开关以及转速（0.25r/s、0.5r/s、1r/s、1.25r/s、2.5r/s、5r/s）的选择开关。步进电机要想运行，首先必须合上总开关，而顺时针正转或逆时针反转要通过 SW1（P1.6 为 1 或为 0）来选择，最后要进行转速的选择，即开关 SW3～SW8 的选择，步进电机即可按照开关的设定来运行。

6.17.3　源程序

通过 Keil μVision4 建立工程，再建立源程序“步进电机的控制 .c”文件，具体操作见 5.1.2 节。参考的源程序请扫描本章末的二维码查看。

6.17.4　Proteus 仿真

1. 加载目标代码文件

单击打开单片机属性窗口，在“Program File”栏中添加编译好的目标代码“*.hex”文件；在“Clock Frequency”栏中输入晶振频率 12MHz。

2. 仿真

单击仿真按钮 ▶ 启动仿真，首先合上总开关，再进行旋转方向选择以及转速的选择，然后步进电机即可按下按钮来按照不同的速率正向、反向旋转。如图 6.28 所示为 1.25r/s，顺时针正向旋转。

6.18　直流电机的控制实验

6.18.1　实验要求

单片机控制直流电机顺时针（正向）旋转、逆时针（反向）旋转和停止。按下 K1 按钮可使直流电机正转；按下 K2 按钮可使直流电机反转；按下 K3 按钮时停止。同时，在进行相应操作时，对应的 LED 将被点亮。

直流电机的构造分为两部分：定子与转子。定子包括主磁极、机座、换向极、电刷装置等；转子包括电枢铁芯、电枢绕组、换向器、轴和风扇等。直流电机的性能与它的励磁方式密切相关，通常直流电机的励磁方式有四种：直流他励电机、直流并励电机、直流串励电机和直流复励电机。电流通过转子上的线圈产生洛伦茨力，当转子上的线圈与磁场平行时，再继续转动，线圈受到的磁场方向将改变，因此，此时转子末端的电刷跟转换片交替接触，从而使线圈上的电流方向也改变，产生的洛伦茨力方向不变，所以电机能保持一个方向转动。

6.18.2　Proteus 电路

所有操作都在 ISIS 中进行，步骤如下：

1. 从 Proteus 库中选取元器件

（1）RES：电阻。

（2）AT89C51：单片机。

（3）LED - RED：红色 LED 灯。

（4）CAP、CAP - ELEC：电容、电解电容。

（5）CRYSTAL：晶振。

（6）BC184：NPN 低功率双极性三极管。

（7）MOTOR－DC：直流电机。

2. 放置元器件、放置电源和地、连线、元器件属性设置、电气检测

所有操作都在 ISIS 中进行，具体操作见 5.1.2 节。完成的电路设计如图 6.29 所示。

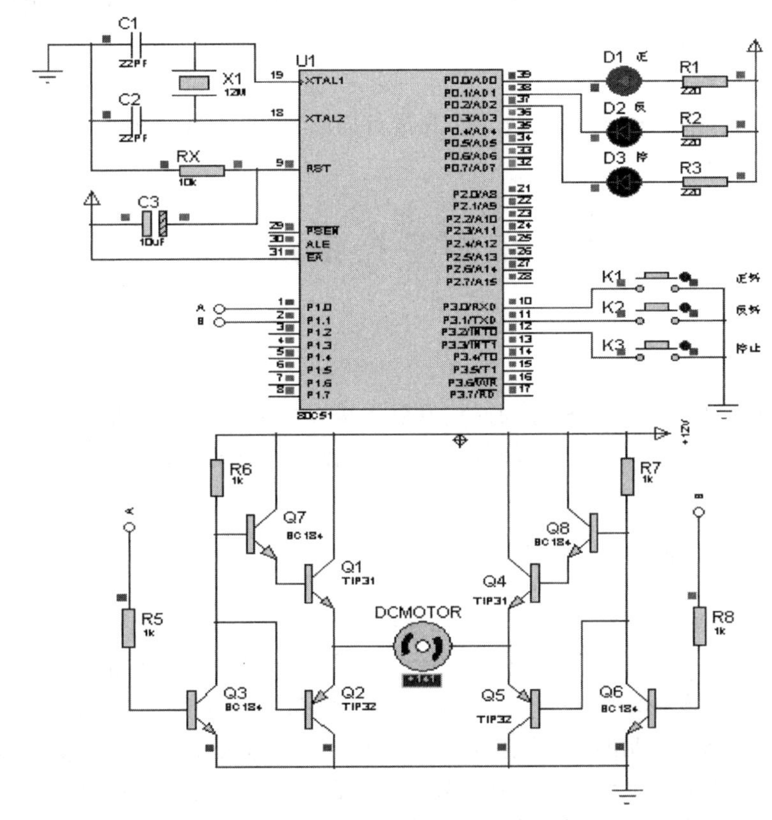

图 6.29　直流电机控制的电路设计

6.18.3　源程序

通过 Keil μVision4 建立工程，再建立源程序文件，具体操作见 5.1.2 节。本实验代码编写非常简单，关键在于直流电机控制电路的搭建。

直流电机旋转情况的分析如下：

（1）顺时针正转：当 A 点为低电平时，Q3、Q2 截止，Q7、Q1 导通，电机左端呈现高电平；当 B 点为高电平时，Q8、Q4 截止，Q6、Q5 导通，电机右端呈现低电平，因此，在 A 点为 0、B 点为 1 时，电机正转。

（2）逆时针反转：当 A 点为高电平时，Q3、Q2 导通，Q7、Q1 截止，电机左端呈现低电平；当 B 点为低电平时，Q8、Q4 导通，Q6、Q5 截止，电机右端呈现高电平，因此，在 A 点为 1、B 点为 0 时，电机反转。

（3）直流电机停止：当 A 点和 B 点同为低电平时，电机两端均为高电平，电机停止转动。同样，当 A 点和 B 点同为高电平时，电机两端均为低电平，电机也停止转动。

参考的源程序请扫描本章末的二维码查看。

6.18.4　Proteus 仿真

1. 加载目标代码

右击选中的 ISIS 编辑区中单片机 AT89C51，再单击打开其属性窗口，在“Program File”右侧框中输入目标代码“*.hex”文件，再在“Clock Frequency”栏中设置 12MHz，仿真系统则以 12MHz 的时钟频率运行。

2. 仿真

单击仿真按钮中的 ▶ 进行仿真，仿真运行如图 6.29 所示。开关 K1、K2 和 K3 可以控制直流电机的正转、反转和停止。

6.19　红外遥控系统实验

6.19.1　实验要求

红外遥控系统以 8051 单片机作为遥控发射和接收的主控制器，利用单片机内部定时器和外部中断功能实现发射编码和接收解码，通过键盘按键启动发射，通过 LED 灯显示接收到的数据。

6.19.2　Proteus 电路

红外遥控系统由发射端和接收端两大部分组成。发射端由键盘电路、编码芯片、电源和红外发射电路组成。接收端由红外接收电路、解码芯片、电源和应用电路组成。通常为了使信号能更好地传输，发送端将基带二进制信号调制为脉冲串信号后，再通过红外发射管发射。其实质是一种脉宽调制的串行通信，红外通信的发送部分主要是把待发送的数据转换成一定格式的脉冲，然后驱动红外发光管向外发送数据。接收部分则是由户外接收头完成红外线的接收、放大、解调，还原成与同步发射格式相同的脉冲信号，并输出 TTL 兼容电平，最后通过解码把脉冲信号转换成数据，从而实现信号的传输。红外遥控系统电路如图 6.30 所示，由 8051 单片机作为主控制器完成数据的编码和解码任务，实际电路中只要将 IR 引脚接上红外线发射/接收头之后就可以实现遥控功能。

所有操作都在 ISIS 中进行，步骤如下：

1. 从 Proteus 库中选取元器件

（1）RES：电阻。

（2）AT89C51：单片机。

（3）LEDYELLOW：黄色 LED 灯。

（4）CAP、CAP-ELEC：电容、电解电容。

（5）CRYSTAL：晶振。

（6）KEYPAD-SMALLCALC：小键盘计算器。

2. 放置元器件、放置电源和地、连线、元器件属性设置、电气检测

所有操作都在 ISIS 中进行，具体操作见 5.1.2 节。完成的电路设计如图 6.30 所示。

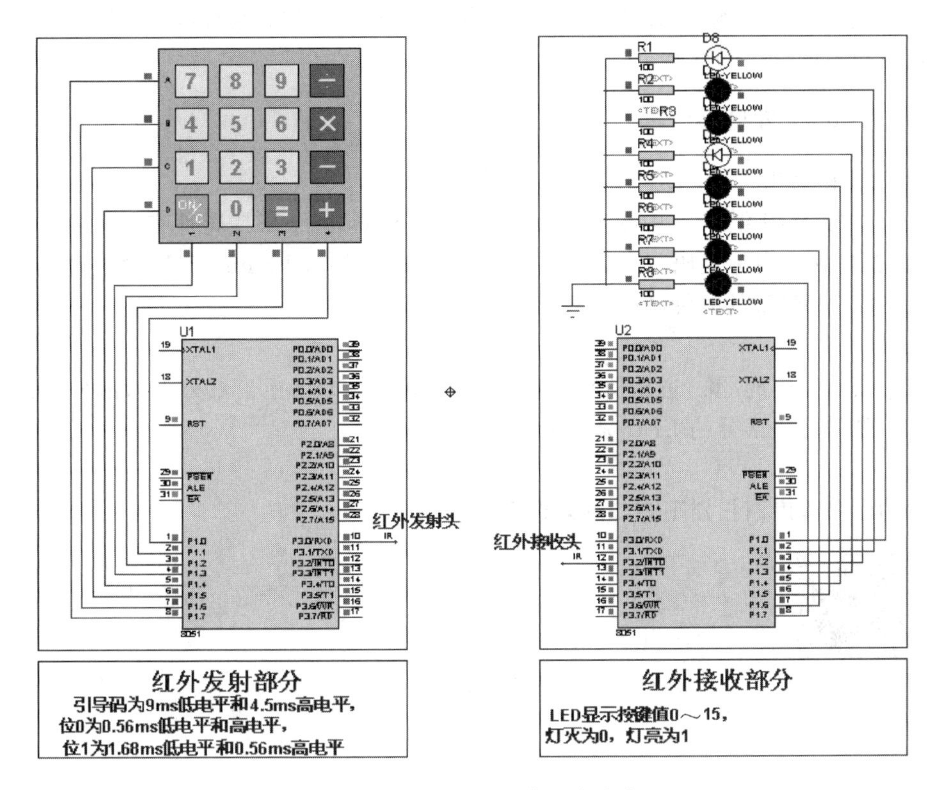

图 6.30 红外遥控系统电路设计

6.19.3 源程序

红外遥控系统程序设计包括编码程序和解码程序，编码程序按规定的数据格式，为键盘中每个按键设置相应的码值，解码程序则根据接收到的脉冲来还原键码，实现按键识别。

红外遥控系统的串行数据格式如图 6.31 所示，包括引导码（也称为起始码）、用户码、数据码和数据反码。起始码为 9ms 低电平加 4.5ms 高电平，用户码为 16 位，数据码和数据反码各 8 位，数据反码主要用于判断接收的数据是否正确。用户码或数据码中的每一位可以是 1，也可以是 0，位 0 用 0.56ms 低电平加 0.56ms 高电平表示，位 1 用 1.68ms 低电平加 0.56ms 高电平表示，如图 6.32 所示。

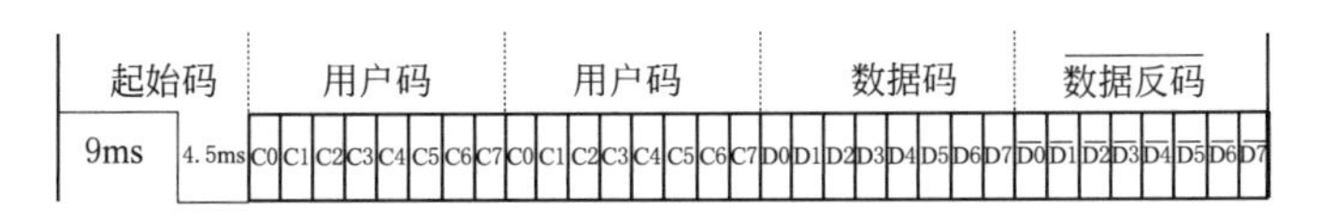

图 6.31 红外遥控系统的数据格式

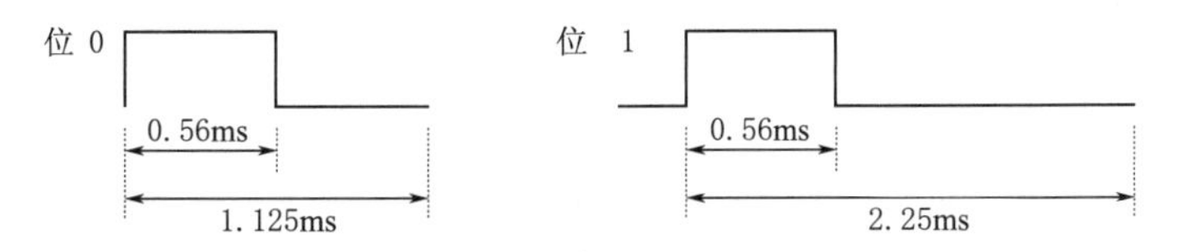

图 6.32 数据格式中位 0 和位 1 的电平

通过 Keil μVision4 建立工程，再建立源程序文件，具体操作见 5.1.2 节。参考的源程序请扫描本章末的二维码查看。

6.19.4 Proteus 仿真

1. 加载目标代码

右击选中的 ISIS 编辑区中单片机 AT89C51，再单击打开其属性窗口，在“Program File”右侧框中输入目标代码“*.hex”文件，再在“Clock Frequency”栏中设置 12MHz，仿真系统则以 12MHz 的时钟频率运行。

2. 仿真

单击仿真按钮中的 ▶ 进行仿真，仿真运行如图 6.30 所示。红外发射部分的键盘点击数字“9”，红外接收部分的 LED 显示为 00001001B。

本章的参考程序请扫描下方二维码查看。

第3部分

单 片 机 的 课 程 设 计

本部分首先介绍单片机系统研制过程及课程设计要求；然后根据本课程的设计要求及特点，为训练学生运用单片机进行系统设计的能力，精心选择了148个具有一定典型性、实用性和趣味性的单片机课程设计课题；最后全面系统地介绍了6个单片机课程设计典型例子，从功能要求、设计方案论证、硬件电路原理分析、软件设计的思路介绍等方面进行了详细的说明。这对学生进一步系统掌握单片机应用系统的设计思想及培养学生解决实际生产应用技术问题具有重要的引导作用。

第7章 单片机系统研制过程及课程设计要求

7.1 单片机应用系统的研制过程

单片机的应用十分广泛，其中重要的是单片机应用系统设计。单片机应用系统设计是对所学习的单片机知识的综合应用。在理解单片机软件和硬件的基础上把它们结合在一起，构成一个电子应用系统，向智能现代电子系统发展。

单片机应用系统的设计是以单片机为核心，配以一定的外围电路和软件，目的是获得实现某种功能的应用系统。单片机应用系统主要包括硬件和软件两大部分。硬件设计以芯片和元器件为基础，目的是研制出一台完整的单片机硬件系统；软件设计是基于硬件的程序设计过程。硬件和软件紧密配合、协调一致，才能组成一个高性能的应用系统。

单片机应用系统是为完成某项任务而研发的用户系统，虽然每个系统都有很强的针对性，结构和功能各异，但它们的开发过程和方法大致相同。单片机应用系统开发过程包括总体设计、硬件设计、软件设计、仿真调试、可靠性实验和产品化等几个阶段，但各阶段不是绝对独立的，有时是交叉进行的。图7.1描述了单片机应用系统设计的一般开发过程。

7.1.1 系统的总体设计

单片机应用系统的开发过程是以确定系统的功能和技术指标开始的。首先要细致分析、研究实际问题，明确各项任务与要求，综合考虑系统的先进性、可靠性、可维护性以及成本、经济效益，拟订出合理可行的技术性能指标。

1. 确定系统功能与性能

系统功能主要有数据采集、数据处理、输出控制等。每一个功能又可细分为若干个子功能。例如，数据采集可分为模拟信号采样与数字信号采样。其中，模拟信号采样与数字信号采样在硬件支持与软件控制上有明显差异。数据处理可分为预处理、功能性处理、抗干扰等子功能，而功能性处理还可以继续划分为各种信号处理等。输出按控制对象不同可分为各种控制功能，如继电器控制、D/A转换控制、数码管显示控制等。

系统性能主要由精度、速度、功耗、体积、重量、价格、可靠性的技术指标来衡量。系统研制前，要根据需求调查结果给出上述各指标的定额。一旦这些指标被确定下来，整个系统将在这些指标限定下进行设计。系统的速度、体积、重量、价格、可靠性等指标会决定系统软、硬件功能的划分。系统功能尽可能用硬件完成，这样可提高系统的工作速度，但系统的体积、重量、功耗、硬件成本都相应增大，而且增加了硬件所带来的不可靠因素。用软件功能尽可能地代替硬件功能，可使系统体积、重量、功耗、硬件成本降低，并提高硬件系统的可靠性，但是可能会降低系统的工作速度。因此，在进行系统功能的软、硬件划分时，一定要依据系统性能指标综合考虑。

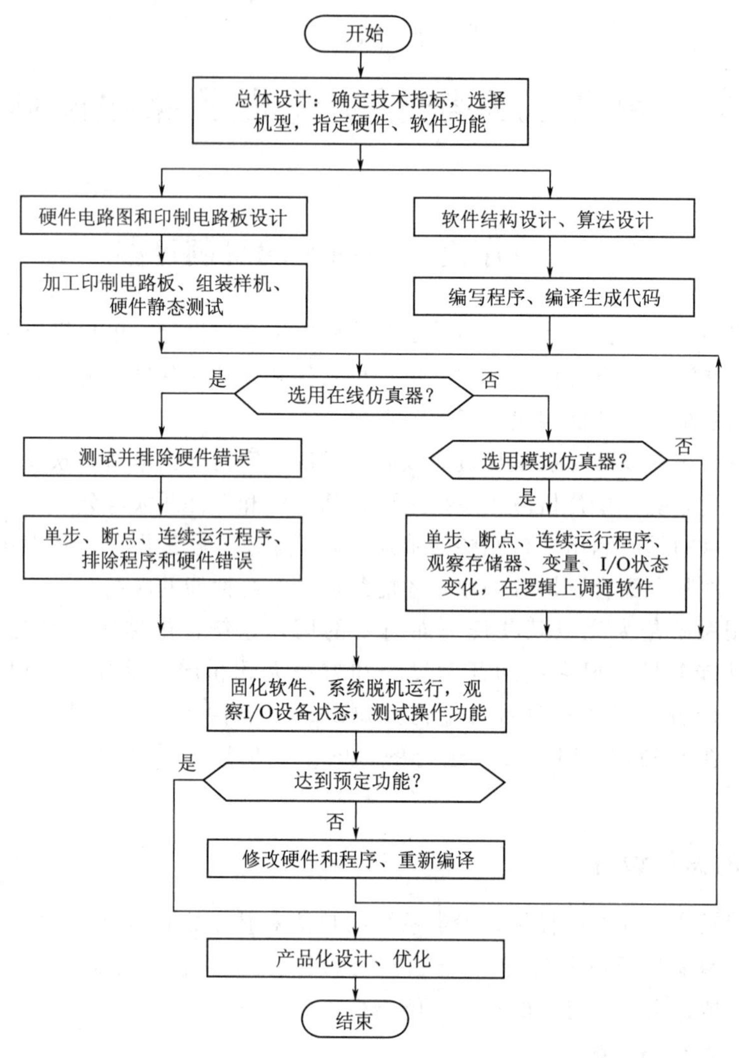

图 7.1　单片机应用系统设计的一般开发过程

2. 确定系统基本结构

在对应用系统进行总体设计时，应根据应用系统提出的各项技术性能指标，拟订出性价比最高的一套方案。单片机应用系统结构一般是以单片机为核心的。在单片机外部总线上要扩展连接相应功能的部件，配置相应外部设备和通道接口。因此，系统中单片机的选型，存储器分配，通道划分，I/O 方式及系统中硬、软件功能划分等都对单片机应用系统结构有着直接影响。首先，应根据任务的繁杂程度和技术指标要求选择机型。选定机型后，再选择系统中要用到的其他外围元器件，如传感器、执行器件等。

（1）单片机选型。不同系列、不同型号的单片机内部结构、外部总线特征均不同，而应用系统中的单片机系列或型号直接决定其总体结构。因此，在确定系统基本结构时，首先要选择单片机的系列或型号。

选择单片机应考虑以下几个主要因素：

1）单片机性价比。应根据应用系统的要求和各种单片机的性能，选择最容易实现产品技术指标的机型，而且要能达到较高的性价比。性能选得过低，将给构建系统带来麻烦，甚至不能满足要求；性能选得过高，就可能大材小用，造成浪费，有时还会带来问题，使系统复杂化。

2）开发周期。选择单片机时，要考虑具有新技术的新机型，更应考虑应用技术成熟、有较多软件支持、能找到相应单片机开发工具的比较成熟的机型。这样可借鉴许多现成的技术，移植一些现成软件，可以节省人力、物力，缩短开发周期，降低开发成本，使所开发的系统具有竞争力。

在选择单片机芯片时，一般选择内部不含 ROM 的芯片比较合适，如 8031，通过外部扩展 EPROM 和 RAM 即可构成系统，这样无需专门的设备即可固化应用程序。但是当设计的应用系统批量比较大时，则可选择带 ROM、EPROM、OTPROM 或 EEPROM 等的单片机，这样可使系统更加简单。通常的做法是在软件开发过程中采用 EPROM 型芯片，而最终产品采用 OTPROM 型芯片（一次性可编程 EPROM 芯片），这样可以提高产品的性价比。

(2) 存储空间分配。存储空间分配既影响单片机应用系统硬件结构，也影响软件的设计及系统调试。

不同的单片机具有不同的存储空间分布。MCS－51 单片机的程序存储器与数据存储器空间相互独立，工作寄存器、特殊功能寄存器与内部数据存储器共享一个存储空间，I/O 端口则与外部数据存储器共享一个空间。而 8098 单片机的片内 RAM 程序存储区、数据存储区、I/O 端口全部使用同一个存储空间。总体而言，大多数单片机都存在不同类型的器件共享同一个存储空间的问题。因此，在系统设计时，要合理地为系统中的各种部件分配有效的地址空间，以便简化译码电路，并使 CPU 能准确地访问到指定部件。

(3) I/O 通道划分。单片机应用系统中通道的数目及类型直接决定系统结构。设计中应根据被控对象所要求的输入/输出信号的数目及类型，确定整个应用系统的通道数目及类型。

(4) I/O 方式的确定。采用不同的 I/O 方式，对单片机应用系统的硬、软件要求是不同的。在单片机应用系统中，常用的 I/O 方式主要有无条件传送方式（程序同步方式）、查询方式和中断方式。这三种方式对硬件要求和软件结构各不相同，而且存在明显的优缺点差异。在一个实际应用系统中，选择何种 I/O 方式，要根据具体的外设工作情况和应用系统的性能技术指标综合考虑。一般而言，无条件传送方式只适用于数据变化非常缓慢的外设，这种外设的数据可视为常态数据；中断方式处理器效率较高，但硬件结构稍复杂；查询方式硬件价格较低，但处理器效率比较低，速度比较慢。在一般小型的应用系统中，由于速度要求不高，控制的对象也较少，此时，大多采用查询方式。

3. 软件与硬件功能划分

单片机应用系统的软件和硬件在逻辑上是等效的。具有相同功能的单片机应用系统，其软、硬件功能可以在很宽的范围内变化。一些硬件电路的功能可以由软件来实现，反之亦然，如系统日历时钟。在应用系统设计中，系统的软、硬件功能划分要根据系统的要求而定，多用硬件来实现一些功能，这样可以提高速度，减少存储容量，减轻软件研制的工作量，但会增加硬件成本，降低硬件的利用率和系统的灵活性与适应性。

在总体方案设计过程中，对软件和硬件进行分工是一个首要的环节。原则上，能够由软件来完成的任务就尽可能用软件来实现，以降低硬件成本，简化硬件结构。同时，还要求大致规定各接口电路的地址、软件的结构和功能、上下位机的通信协议、程序的驻留区域及工作缓冲区等。总体方案一旦确定，系统的大致规模及软件的基本框架就确定了。

7.1.2　系统的硬件设计

硬件设计是指应用系统的电路设计，包括主机、控制电路、存储器、I/O 接口、A/D 和 D/A 转换电路等。一个单片机应用系统的硬件电路设计包括两部分内容：①单片机系统扩展，即单片机内部的功能单元（如程序存储器、数据存储器、I/O 接口、定时器/计数器、中断系统等）的容量不能满足应用系统的要求时，必须在片外进行扩展，选择适当的芯片，设计相应的扩展连接电路；②系统配置，即按照系统功能要求配置外围设备，如键盘、显示器、打印机、A/D 转换器、D/A 转换器等，要设计合适的接口电路。

硬件设计的任务是根据总体要求，在所选单片机基础上，具体确定系统中每一个元器件，设计出电路原理图，必要时做一些部件实验，验证电路正确性，进而设计加工印制电路板，组装样机。

1. 系统结构选择

根据系统对硬件的需求，确定是小系统、紧凑系统还是大系统。如果是紧凑系统或大系统，进一步选择地址译码方法。

2. 可靠性设计

系统对可靠性的要求是由工作环境（湿度、温度、电磁干扰、供电条件等）和用途确定的。可以采用下列措施，提高系统的可靠性。

（1）采用抗干扰措施。

1）抑制电源噪声干扰：安装低通滤波器、减少印制电路板上交流电引进线长度，电源的容量留有余地，完善滤波系统、逻辑电路和模拟电路的合理布局等。

2）抑制输入/输出通道的干扰：使用双绞线、光隔离等方法和外部设备传送信息。

3）抑制电磁场干扰：电磁屏蔽。

（2）提高元器件可靠性。

1）选用质量好的元器件并进行严格老化、测试、筛选。

2）设计时技术参数留有一定余量。

3）提高印制电路板和组装的工艺质量。

4）Flash 型单片机不宜在环境恶劣的系统中使用。最终产品应选 OTP 型。

（3）采用容错技术。

1）信息冗余：通信中采用奇偶校验、累加和检验、循环码校验等措施，使系统具有检错和纠错能力。

2）使用系统正常工作监视器（Watchdog）：对于内部有 Watchdog 的单片机，合理选择监视计数器的溢出周期，正确设计清监视计数器的程序。对于内部没有 Watchdog 的单片机，可以外接监视电路。

3. 电路图和印制电路板设计

（1）电路框图设计。在完成总体、结构、可靠性设计基础上，基本确定所用元器件后，可用手工方法画出电路框图。框图应能看出所用器件以及相互间逻辑关系。

（2）电路原理图设计。选择合适的计算机辅助电路设计软件，根据电路框图，进行电路原理图设计。根据印板划分、电路复杂性，原理图可绘成一张或若干张。

(3) 印制电路板设计。根据生产条件和工艺，规划电路板（物理外形、尺寸、电气边界），设置布线参数[工作层面（单面、双面、多层），线宽，特殊线宽、间距，过孔尺寸等]，布局元器件，编辑元件标注，布线，检查，修改。最后保存文件，送加工厂加工印制电路板，组装样机。

在元件布局时，逻辑关系紧密的元件尽量靠近，数字电路、模拟电路、弱电、强电应各自分块集中，滤波电容靠近IC器件；布线时电源线和地线尽可能宽（大于40mile[1]），模拟地和数字地一点相连。对于熟手，人工布线可布出高质量印制电路板；对于新手，采用自动布线，然后对不合理处进行人工修改。

4. 硬件设计的原则

(1) 尽可能选择典型通用的电路，并符合单片机的常规用法，为硬件系统的标准化、模块化奠定良好的基础。

(2) 系统的扩展与外围设备配置的水平应充分满足应用系统当前的功能要求，并留有适当余地，便于以后进行功能的扩充。

(3) 硬件结构应结合应用软件方案一并考虑。硬件结构与软件方案会产生相互影响，考虑的原则是：软件能实现的功能尽可能由软件实现，即尽可能地用软件代替硬件，以简化硬件结构，降低成本，提高可靠性。但必须注意，由软件实现的硬件功能，其响应时间要比直接用硬件来得长。因此，某些功能选择以软件代硬件实现时，应综合考虑系统响应速度、实时要求等相关的技术指标。

(4) 整个系统中相关的器件要尽可能做到性能匹配。选用晶振频率较高时，存储器的存取时间就短，应选择存取速度较快的芯片；选择CMOS芯片单片机构成低功耗系统时，系统中的所有芯片都应该选择低功耗产品。如果系统中相关的器件性能差异很大，系统综合性能将降低，甚至不能正常工作。

(5) 可靠性及抗干扰设计是硬件设计中不可忽视的一部分，它包括芯片、器件选择、去耦滤波、印制电路板布线、通道隔离等。如果设计中只注重功能实现，而忽视可靠性及抗干扰设计，只能是事倍功半，甚至造成系统崩溃，前功尽弃。

(6) 单片机外接电路较多时，必须考虑其驱动能力。驱动能力不足时，系统工作不可靠。解决的办法是增加驱动能力，增强总线驱动器或者减少芯片功耗，降低总线负载。

5. 电路设计应注意问题

硬件设计时，应考虑留有充分余量，电路设计力求正确无误，因为在系统调试中不易修改硬件结构。下面讲述MCS-51单片机应用系统硬件电路设计时应注意的几个问题。

(1) 程序存储器。一般可选用容量较大的EPROM芯片，如2764（8KB）、27128（16KB）或27256（32KB）等。尽量避免用小容量的芯片组合扩充成大容量的程序存储器。程序存储器容量大些，则编程空间宽裕些，价格相差也不会太多。

(2) 数据存储器和I/O接口。根据系统功能的要求，如果需要扩展外部RAM或I/O接口，那么RAM芯片可选用6116（2KB）、6264（8KB）或62256（32KB），原则上应尽量减少芯片数量，使译码电路简单。I/O接口芯片一般选用8155（带有256KB静态RAM）或8255。这类芯片具有口线多、硬件逻辑简单等特点。如果口线要求很少，且仅需要简单的输入或输出功能，则可用TTL电路或CMOS电路。A/D和D/A电路芯片主要根据精度、速

[1] 1mile=1609m。

度和价格等来选用，同时还要考虑与系统的连接是否方便。

（3）地址译码电路。通常采用全译码、部分译码或线选法，应考虑充分利用存储空间和简化硬件逻辑等方面的问题。MCS-51系统有充分的存储空间，包括64KB程序存储器和64KB数据存储器，所以在一般的控制应用系统中，主要是考虑简化硬件逻辑。当存储器和I/O芯片较多时，可选用专用译码器74S138或74LS139等。

（4）总线驱动能力。MCS-51单片机的外部扩展功能很强，但4个8位并行口的负载能力是有限的。P0口能驱动8个TTL电路，P1～P3口只能驱动3个TTL电路。在实际应用中，这些端口的负载不应超过总负载能力的70%，以保证留有一定的余量。如果满载，会降低系统的抗干扰性能。在外接负载较多的情况下，如果负载是MOS芯片，因负载消耗电流很小，所以影响不大。如果驱动较多的TTL电路，则应采用总线驱动电路，以提高端口的驱动能力和系统的抗干扰能力。数据总线宜采用双向8路三态缓冲器74LS245作为总线驱动器，地址和控制总线可采用单向8路三态缓冲区74LS244，作为单向总线驱动器。

（5）系统速度匹配。MCS-51单片机时钟频率可在2～12MHz之间任选。在不影响系统技术性能的前提下，时钟频率选择低一些为好，这样可降低系统中对元器件工作速度的要求，从而提高系统的可靠性。

（6）抗干扰措施。单片机应用系统的工作环境往往都是具有多种干扰源的现场，抗干扰措施在硬件电路设计中显得尤为重要。根据干扰源引入的途径，为了克服电网以及来自系统内部其他部件的干扰，可采用隔离变压器、交流稳压、线滤波器、稳压电路、多级滤波等防干扰措施，进一步提高系统的可靠性。

7.1.3 系统的软件设计

单片机应用系统的软件设计是研制过程中任务最繁重的一项工作，难度也比较大。对于某些较复杂的应用系统，不仅要使用汇编语言来编程，有时还要使用高级语言。

应用系统中的应用软件是根据系统功能设计的，应可靠地实现系统的各种功能。应用系统种类繁多，应用软件各不相同，但是一个优秀的应用系统软件应具有以下特点：①软件结构清晰、简捷，流程合理；②各功能程序实现模块化、系统化，这样，既便于调试、连接，又便于移植、修改和维护；③程序存储区、数据存储区规划合理，既能节约存储容量，又能给程序设计与操作带来方便；④运行状态实现标志化管理，各个功能程序运行状态、运行结果以及运行需求都设置状态标志以便查询，程序的转移、运行、控制都可通过状态标志条件来控制；⑤经过调试修改后的程序应进行规范化，除去修改“痕迹”，规范化的程序便于交流、借鉴，也为今后的软件模块化、标准化打下基础；⑥实现全面软件抗干扰设计，软件抗干扰是计算机应用系统提高可靠性的有力措施；⑦为了提高运行的可靠性，在应用软件中设置自诊断程序，在系统运行前先运行自诊断程序，用以检查系统各特征参数是否正常。

1. 软件结构设计

合理的软件结构是设计出一个性能优良的应用程序的基础。单片机应用系统的软件（监控程序）设计是系统设计中最基本而且工作量较大的任务。与系统机上操作系统支持下的纯软件设计不同，单片机的软件设计是在裸机条件下进行的，而且随应用系统的不同而不同。

图7.2所示为软件设计流程。在软件设计中一般需考虑以下几个方面：

(1) 根据要求确定软件的具体任务细节，然后确定合理的软件结构。一般系统软件由主程序和若干个子程序及中断服务程序组成，详细划分主程序、子程序和中断服务程序的具体任务，确定各个中断的优先级。主程序是一个顺序执行的无限循环程序，不停地顺序查询各种软件标志，以完成对事务的处理。在子程序和中断服务程序中，要考虑现场的保护和恢复以及它们和主程序之间的信息交换方法。

(2) 程序的结构一般常用模块化结构，即把监控程序分解为若干个功能相对独立的较小的程序模块分别设计，以便于调试。具体设计时可采用自底向上或自顶向下的方法。

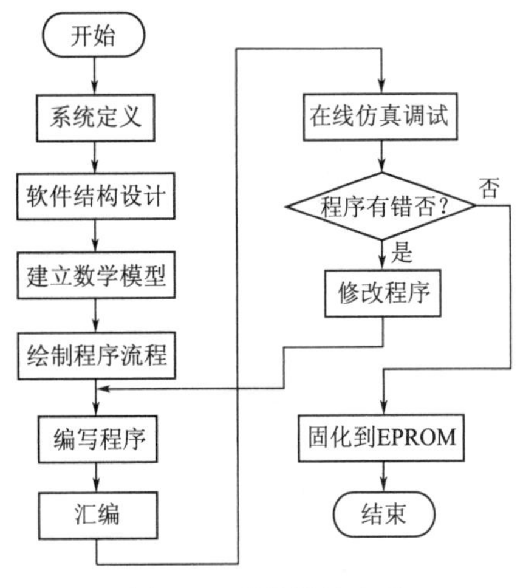

图7.2 软件设计流程

(3) 在进行程序设计时，先根据问题的定义描述出各个输入变量和输出变量之间的数学关系，即建立数学模型，然后绘制程序流程，再根据流程图用汇编语言或高级语言进行具体程序的编写。

(4) 在程序设计完成后，利用相应的开发工具和软件进行程序的汇编（或编译），生成程序的机器码。

单片机应用系统的软件主要包括两大部分：用于管理单片机微机系统工作的监控程序和用于执行实际具体任务的功能程序。对于前者，应尽可能利用现成微机系统的监控程序。为了适应各种应用的需要，现代的单片机开发系统的监控软件功能相当强，并附有丰富的实用子程序，可供用户直接调用，例如键盘管理程序、显示程序等。因此，在设计系统硬件逻辑和确定应用系统的操作方式时，就应充分考虑这一点。这样可大大减少软件设计的工作量，提高编程效率。对于后者，要根据应用系统的功能要求来编程序。例如，外部数据采集、控制算法的实现、外设驱动、故障处理及报警程序等。

对于大多数简单的单片机应用系统，通常采用顺序设计方法，这种系统软件由主程序和若干个中断服务程序所构成。根据系统各个操作的性质，指定哪些操作由中断服务程序完成，哪些操作由主程序完成，并指定各个中断的优先级。

(1) 中断服务程序对实时事件请求做必要的处理，使系统能实时地并行完成各个操作。中断处理程序必须包括现场保护、中断服务、现场恢复、中断返回四个部分。中断的发生是随机的，它可能在任意地方打断主程序的运行，无法预知这时主程序执行的状态。因此，在执行中断服务程序时，必须对原有程序状态进行保护。现场保护的内容应是中断服务程序所使用的有关资源（如PSW、ACC、DPTR等）。中断服务程序是中断处理程序的主体，它由中断所要完成的功能所确定，如输入或输出一个数据等。现场恢复与现场保护相对应，恢复被保护的有关寄存器状态，中断返回使CPU回到被该中断所打断的地方继续执行原来的程序。

(2) 主程序是一个顺序执行的无限循环程序，不停地顺序查询各种软件标志，以完成对日常事务的处理。图7.3给出了中断程序和主程序的结构。

(3) 主程序和中断服务程序间的信息交换一般采用数据缓冲器和软件标志（置位或清

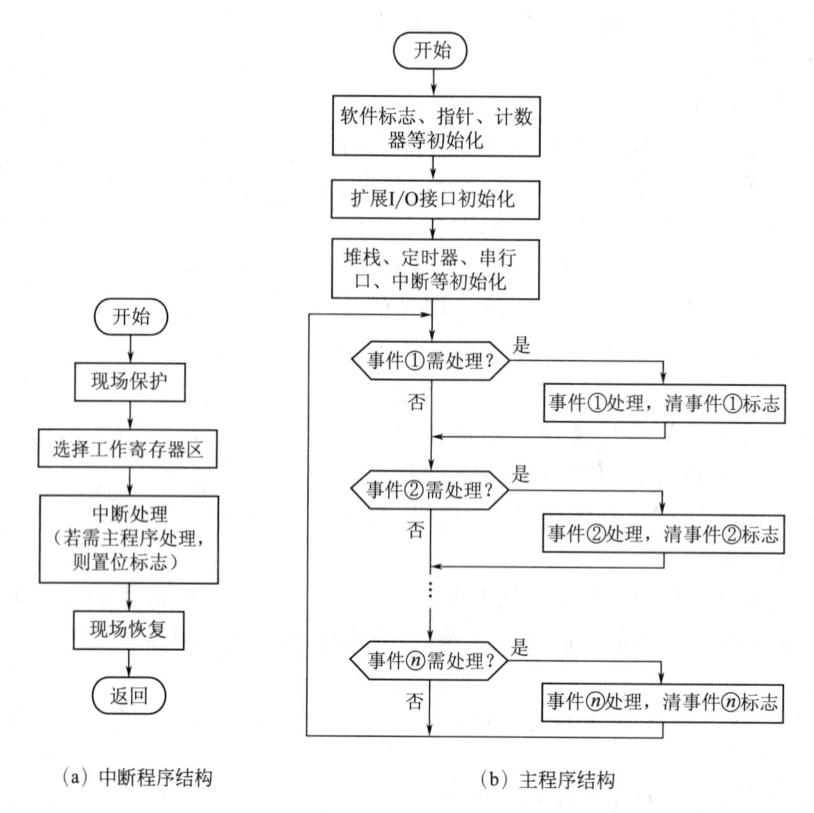

(a) 中断程序结构　　(b) 主程序结构

图 7.3　中断程序与主程序的结构

“0”位寻址区的某一位）方法。例如：定时中断到 1s 后置位标志 SS［设（20H).0］，以通知主程序对日历时钟进行计数，主程序查询到 SS＝1 时，清“0”该标志并完成时钟计数。又如，A/D 中断服务程序在读到一个完整数据时将数据存入约定的缓冲器，并置位标志以通知主程序对此数据进行处理。再如，若要打印，主程序判断到打印机空时，将数据装配到打印机缓冲器，启动打印机并允许打印中断。打印中断服务程序将一个个数据输出打印，打印完后关打印中断，并置位打印结束标志，以通知主程序打印机已空。

由于顺序程序设计方法容易理解和掌握，也能满足大多数简单的应用系统对软件的功能要求，因此，它是一种用得很广的方法。顺序程序设计的缺点是软件的结构不够清晰、软件的修改扩充比较困难、实时性能差。这是因为当功能复杂的时候，执行中断服务程序要花较多的时间，CPU 执行中断程序时不响应低级或同级的中断，这可能导致某些实时中断请求得不到及时的响应，甚至会丢失中断信息。如果多采用一些缓冲器和标志，让大多数工作由主程序完成，中断服务程序只完成一些必需的操作，从而缩短中断服务程序的执行时间，这在一定程度上能提高系统实时性，但是众多的软件标志会使软件结构杂乱，容易发生错误，给调试带来困难。对于复杂的应用系统，可采用实时多任务操作系统。

2. 程序设计方法

单片机应用系统的软件设计千差万别，不存在统一模式。开发一个软件的明智方法是尽可能采用模块化结构。根据系统软件的总体构思，按照先粗后细的方法，把整个系统软件划分成多个功能独立、大小适当的模块。应明确规定各模块的功能，尽量使每个模块功能单一，各模块间的接口信息简单、完备，接口关系统一，尽可能使各模块间的联系减少到最低限度。这样，各个模块可以分别独立设计、编制和调试，最后再将各个程序模块连接成一个完整的程序进行总调试。

（1）自顶向下模块化设计方法。随着单片机应用日益广泛，软件的规模和复杂性也不断增加，给软件的设计、调试和维护带来很多困难。自顶向下的模块化设计方法（图 7.4）能有效解决这个问题。程序结构自顶向下模块化程序设计方法就是把一个大程序划分成一些较小的部分，每一个功能独立的部分用一个程序模块来实现。分解模块的原则是简单性、独立性和完整性，即：①模块具有单一的入口和出口；②模块不宜过大，应让模块具有单一功能；③模块和外界联系仅限于入口参数和出口参数，内部结构和外界无关。这样各个模块分别进行设计和调试就比较容易实现。

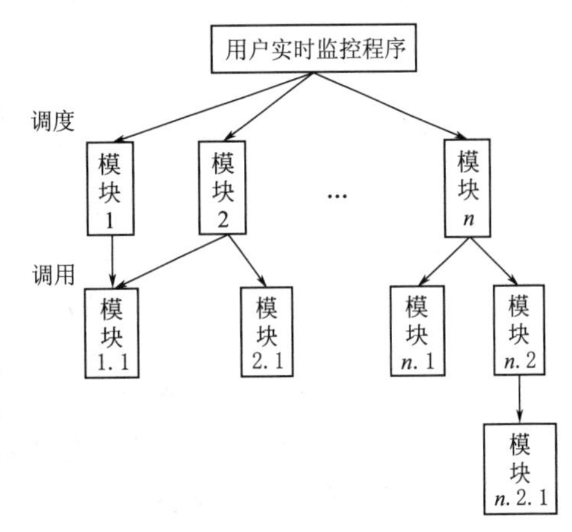

图 7.4　自顶向下模块化设计方法

（2）逐步求精设计方法。模块设计采用逐步求精的设计方法，先设计出一个粗的操作步骤，只指明先做什么后做什么，而不回答如何做。进而对每个步骤细化，回答如何做的问题，每一步越来越细，直至可以编写程序时为止。

（3）结构化程序设计方法。按顺序结构、选择结构、循环结构模式编写程序。

3. 算法和数据结构

算法和数据结构有密切的关系。明确了算法才能设计出好的数据结构，反之选择好的算法又依赖于数据结构。算法就是求解问题的方法，一个算法由一系列求解步骤完成。正确的算法要求组成算法的规则和步骤的含义是唯一确定的，没有二义性，指定的操作步骤有严格的次序，并在执行有限步骤以后给出问题的结果。求解同一个问题可能有多种算法，选择算法的标准是可靠性、简单性、易理解性以及代码效率和执行速度。描述算法的工具之一是流程图（又称框图），它是算法的图形描述，具有直观、易理解的优点。前面章节中许多程序算法都用流程图表示。流程图可以作为编写程序的依据，也是程序员之间的交流工具。流程图由粗到细，逐步细化，足够明确后就可以编写程序。数据结构是指数据对象、相互关系和构造方法。不过单片机中数据结构一般比较简单，多数只采用整型数据，少数采用浮点型或构造性数据。

4. 程序设计语言选择和编写程序

单片机中常用的程序设计语言为汇编语言和 C51 语言。熟悉指令系统并且有经验的程序员，喜欢用汇编语言编写程序，根据流程图可以编制出高质量的程序。对指令系统不熟悉的程序员，喜欢用 C51 语言编写程序。用 C51 语言编写的结构化程序易读易理解，容易维护和移植。因此程序设计语言的选择因人而异。

7.1.4　系统的调试技术

系统调试包括硬件调试、软件调试和软硬件系统联调。根据调试环境不同，系统调试又分为模拟调试与现场调试。各种调试所起的作用不同，它们所处的时间段也不一样，不过它

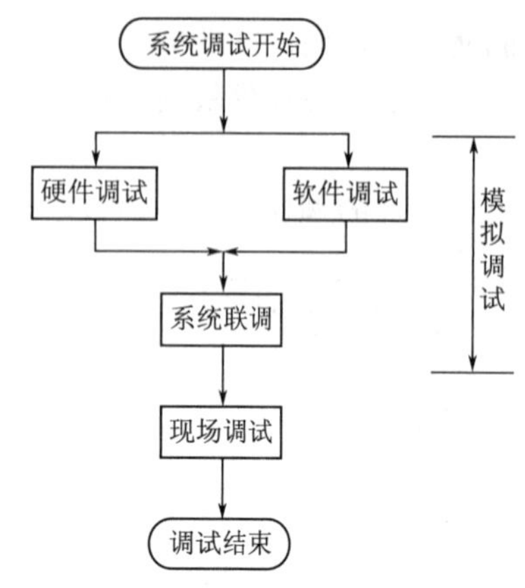

图 7.5　系统调试的一般过程

们的目的都是查出用户系统中存在的错误或缺陷。系统调试的一般过程如图 7.5 所示。

1. 单片机应用系统调试工具

当用户样机完成硬件和软件设计，全部元器件安装完毕后，在用户样机的程序存储器中放入编写好的应用程序，系统即可运行。但应用程序运行一次性成功几乎是不可能的，多少会存在一些软、硬件上的错误，需借助单片机的系统调试工具进行调试，发现错误并加以改正。最常用的调试工具有单片机开发系统、万用表、逻辑笔、逻辑脉冲发生器与模拟信号发生器、示波器和逻辑分析仪等。其中，万用表、示波器及开发系统是最基本的、必备的调试工具。

（1）单片机开发系统。一个单片机应用系统从提出任务到正式投入运行的整个设计和调试过程，称为单片机的开发。开发过程所用的设备称为开发工具（又称开发系统或仿真器）。仿真开发工具应具有如下最基本功能：

1）用户样机程序的输入与修改。

2）程序的运行、调试（单步运行、设置断点运行）、排错、状态查询等功能。

3）用户样机硬件电路的诊断与检查。

4）有较全的开发软件：用户可用汇编语言或 C 语言编制应用程序；由开发系统编译链接生成目标文件、可执行文件；配有反汇编软件，能将目标程序转换成汇编语言程序，有丰富的子程序可供用户选择调用。

5）将调试正确的程序写入程序存储器中。

（2）万用表。万用表主要用于测量硬件电路的通断、两点间阻值、测试点处稳定电流或电压值及其他静态工作状态。例如，当给某个集成芯片的输入端施加稳定输入时，可用万用表来测试其输出，通过测试值与预期值的比较，就可大致判定该芯片的工作是否正常。

（3）逻辑笔。逻辑笔可以测试数字电路中测试点的电平状态（高或低）及脉冲信号的有无。假如要检测单片机扩展总线上连接的某译码器是否有译码信号输出，可编写一循环程序使译码器对一特定译码状态不断进行译码。运行该循环程序后，用逻辑笔测试译码器输出端，若逻辑笔上红、绿发光二极管交替闪亮，则说明译码器有译码信号输出；若只有红色发光二极管亮（高电平输出）或绿色发光二极管亮（低电平输出），则说明译码器无译码信号输出。这样就可以初步确定由扩展总线到译码器之间是否存在故障。

（4）逻辑脉冲发生器与模拟信号发生器。逻辑脉冲发生器能够产生不同宽度、幅度及频率的脉冲信号，它可以作为数字电路的输入源。模拟信号发生器可产生具有不同频率的方波、正弦波、三角波、锯齿波等模拟信号（不同的信号发生器能够产生的信号波形不完全相同），它可作为模拟电路的输入源。这些信号源在模拟调试中非常有用。

（5）示波器。示波器可以测量电平、模拟信号波形及频率，还可以同时观察两个或三个信号的波形及它们之间的相位差（双踪或多踪示波器）。它既可以对静态信号进行测试，也可以对动态信号进行测试，而且测试准确性好。它是任何电子系统调试维修的一种必备工具。

（6）逻辑分析仪。逻辑分析仪能够以单通道或多通道实时获取与触发事件的逻辑信号，可保存显示触发事件前后所获取的信号，供操作者随时观察，并作为软、硬件分析的依据，以便快速有效地查出软、硬件中的错误。逻辑分析仪主要用于动态调试中信号的捕获。

2. 单片机仿真开发系统简介

虽然单片机造价低、功能强、简单易学、使用方便，可以用来组成各种不同规模的应用系统，但由于其硬件和软件的支持能力有限，自身无调试能力，因此必须配备一定的开发工具（也称仿真开发系统），如编程器、实验板等，以此来排除应用系统中的硬件故障和软件错误，生成目标程序。当目标系统调试成功以后，还需要用开发工具把目标程序固化到单片机内部或外部的只读存储器中。单片机应用系统建立以后，应当判断电路是否正确、程序是否有误，并设法将程序装入机器，这些都必须借助单片机开发系统装置来完成。单片机开发系统是单片机编程调试的必需工具。

目前国内使用较多的仿真开发系统大致分为如下两类：

（1）通用机仿真开发系统。目前设计者使用最多的一类开发装置，是一种通过 PC 机的并行口、串行口或 USB 口，外加在线仿真器的仿真开发系统，如图 7.6 所示。

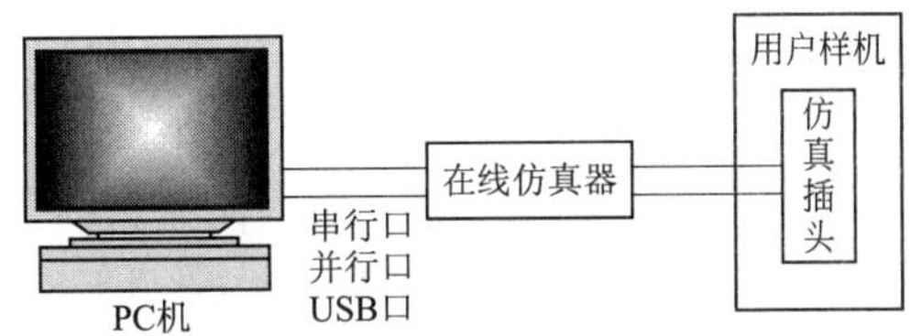

图 7.6 通用机仿真开发系统

在线仿真器一侧与 PC 机的串行口（或并行口、USB 口）相连，另一侧的仿真插头插入用户样机的单片机插座上，对样机的单片机进行“仿真”。从仿真插头向在线仿真器看去，看到的就是一个“单片机”。这个“单片机”用来“代替”用户样机上的单片机。但是这个“单片机”片内程序的运行是由 PC 机上的软件控制的。由于在线仿真器有 PC 机及其仿真开发软件的强大支持，可以在 PC 机的屏幕上观察用户程序的运行情况，可以采用单步、设断点等手段逐条跟踪用户程序并进行修改和调试，以及查找软、硬件故障。

在线仿真器除了“出借”单片机外，还“出借”存储器，即仿真 RAM。就是说，在用户样机调试期间，仿真器把开发系统的一部分存储器“变换”成为用户样机的存储器。这部分存储器与用户样机的程序存储器具有相同的存储空间，用来存放待调试的用户程序。在调试用户程序时，仿真器的仿真插头必须插入用户样机空出的单片机插座中。当仿真开发系统与 PC 机联机后，用户可利用 PC 机上的仿真开发软件，在 PC 机上编辑、修改源程序，然后通过交叉汇编软件将其汇编成机器代码，传送到在线仿真器的仿真 RAM 中。这时用户可用单步、断点、跟踪、全速等方式运行用户程序，系统状态实时地显示在屏幕上。程序调试通过，再使用编程器，把调试完毕的程序写入单片机内的 Flash 存储器或外扩的 EPROM 中。此类仿真开发系统是目前最流行的仿真开发工具。配置不同的仿真插头，可以仿真开发各种单片机。

通用机仿真开发系统中还有另一种仿真器——独立型仿真器。该类仿真器采用模块化结构，配有不同外设，如外存板、打印机、键盘/显示器等，用户可根据需要选用。在工业现场，往往没有 PC 机的支持，这时使用独立型仿真器也可进行仿真调试工作，只不过要输入机器码。

（2）软件仿真开发工具 Proteus。它完全用软件手段对单片机应用系统进行仿真开发。软件仿真开发工具与用户样机在硬件上无任何联系。通常这种系统是在 PC 机上安装仿真开发工具软件来实现，可进行应用系统的设计、仿真、开发与调试。

Proteus 软件是英国 Lab center Electronics 公司开发的 EDA 工具软件，它为各种实际的单片机系统开发提供了功能强大的 EDA 工具，已有近 20 年的历史。它除了具有和其他 EDA 工具一样的原理编辑、印制电路板自动或人工布线及电路仿真功能外，最大特色是其对单片机硬件电路的仿真是交互的、可视化的。通过 Proteus 软件的虚拟仿真技术，用户可以对基于单片机应用系统连同所有的外围接口、电子器件以及外部的测试仪器一起仿真。针对单片机的应用，可直接在基于原理图的虚拟模型上进行编程，并实现源代码级的实时调试。

Proteus 软件具有如下特点：①能够对模拟电路、数字电路进行仿真；②除仿真 51 系列单片机外，Proteus 软件还可仿真 68000 系列、AVR 系列、PIC12－18 系列等其他系列单片机；③具有硬件仿真开发系统中的全速、单步、设置断点等调试功能，同时可以观察各个变量、寄存器等的当前状态；④该软件提供各种单片机与丰富的外围接口芯片、存储器芯片组成的系统仿真、RS－232 动态仿真、I^2C 调试器、SPI 调试器、键盘和 LCD 系统仿真的功能；⑤提供丰富的虚拟仪器，如示波器、逻辑分析仪、信号发生器等。利用虚拟仪器在仿真过程中可以测量系统外围电路的特性，设计者可充分利用 Proteus 软件提供的虚拟仪器进行系统的软件仿真测试与调试。

总之，Proteus 软件是一款功能强大的单片机软件仿真开发工具。在使用 Proteus 软件进行仿真开发时，编译调试环境可选用 Keil C51 μVision4 软件。该软件支持众多不同公司的 MCS－51 架构的芯片，集编辑、编译和程序仿真等于一体，同时还支持汇编和 C 语言的程序设计，界面友好易学，在调试程序、软件仿真方面有很强大的功能。用 Proteus 软件调试不需任何硬件在线仿真器，也不需要用户硬件样机，直接就可以在 PC 机上开发和调试单片机软件。调试完毕的软件可以将机器代码固化，一般能直接投入运行。

尽管 Proteus 软件开发效率高，不需要附加的硬件开发装置成本，但是软件模拟器是使用纯软件来对用户系统仿真，对硬件电路的实时性还不能完全准确地模拟，不能进行用户样机硬件部分的诊断与实时在线仿真。因此，在系统开发中，一般是先用 Proteus 设计出系统的硬件电路，编写程序，在 Proteus 环境下仿真调试通过，然后依照仿真的结果，完成实际硬件设计，再将仿真通过的程序烧录到编程器中，然后安装到用户样机硬件板上。观察运行结果，如有问题，再连接硬件仿真器去分析、调试。

3. 系统调试

在系统样机的组装和软件设计完成以后，就进入系统的调试阶段。应用系统的调试步骤和方法是相同的，但具体细节与采用的开发系统（即仿真器）及选用的单片机型号有关。最好能在方案设计阶段考虑系统调试问题，如采取什么调试方法，使用何种调试仪器等，以便在系统方案设计时将必要的调试方法综合进软、硬件设计中，或提早做好调试准备工作。

系统调试包括硬件调试、软件调试及软硬件联调。根据调试环境的不同，系统调试又分为模拟调试与现场调试。各种调试所起的作用是不同的，它们所处的时间段也不一样，但它们的目标是一致的，都是为了查出用户系统中潜在的错误。调试的过程就是系统的查错过程，分为硬件调试和软件调试两个方面。

（1）硬件调试。常见的硬件故障有逻辑错误、元器件失效、可靠性差和电源故障等。硬件调试是指利用开发系统、基本测试仪器（万用表、示波器等），通过执行开发系统的有关命令或运行适当的测试程序（也可以是与硬件有关的部分用户程序段），来检查用户系统硬件中存在的故障。

硬件调试可分静态调试与动态调试。静态调试是在用户系统未工作时的一种硬件检查。主要分为以下4个步骤：

1）目测。单片机应用系统中的大部分电路安装在印制电路板上，因此对每一块加工好的印制电路板要进行仔细的检查。检查印制线是否有断线，是否有毛刺，是否与其他线或焊盘粘连，焊盘是否脱落，过孔是否有未金属化现象等。如印制板无质量问题，则将集成芯片的插座焊接在印制板上，并检查其焊点是否有毛刺，是否与其他印制线或焊盘连接，焊点是否光亮饱满无虚焊。对单片机应用系统中所用的器件与设备，要仔细核对型号，检查它们对外连线（包括集成芯片引脚）是否完整无损。通过目测查出一些明显的器件、设备故障并及时排除。

2）万用表测试。目测检查后，可进行万用表测试。先用万用表复核目测中认为可疑的连接或接点，检查它们的通断状态是否与设计规定相符。再检查各种电源线与地线之间是否有短路现象，如有，再仔细查出并排除。短路现象一定要在器件安装及加电前查出。如果电源与地之间短路，系统中所有器件或设备都可能被毁坏，后果十分严重。所以，对电源与地的处理，在整个系统调试及今后的运行中都要相当小心。如有现成的集成芯片性能测试仪器，此时应尽可能地将要使用的芯片进行测试筛选，其他的器件、设备在购买或使用前也应当尽可能做必要的测试，以便将性能可靠的器件、设备用于系统安装。

3）加电检查。当给印制板加电时，首先检查所有插座或器件的电源端是否有符合要求的电压值（注意，单片机插座上的电压不应该大于5V，否则联机时将损坏仿真器），接地端电压值是否接近零，接固定电平的引脚端是否电平正确。然后在断电状态下将芯片逐个插入印制板上的相应插座中。每插入一块做一遍上述检查，特别要检查电源到地是否短路，这样就可以确定电源错误或与地短路发生在哪块芯片上。全部芯片插入印制板后，如均未发现电源或接地错误，将全部芯片取下，把印制板上除芯片外的其他器件逐个焊接上去，并反复做前面的各电源、电压检查，避免因某器件的损坏或失效造成电源对地短路或其他电源加载错误。

4）联机检查。因为只有用单片机开发系统才能完成对用户系统的调试，而动态测试也需要在联机仿真的情况下进行。因此，在静态检查印制板、连接、器件等部分无物理性故障后，即可将用户系统与单片机开发系统用仿真电缆连接起来。联机检查上述连接是否正确，是否连接畅通、可靠。静态调试完成后，进行动态调试。

动态调试是在用户系统工作的情况下发现和排除用户系统硬件中存在的器件内部故障、器件间连接逻辑错误等的一种硬件检查。由于单片机应用系统的硬件动态调试是在开发系统的支持下完成的，故又称为联机仿真或联机调试。动态调试的一般方法是由近及远、由分到合。

由分到合指的是，首先按逻辑功能将用户系统硬件电路分为若干块，如程序存储器电路、A/D转换电路、继电器控制电路，再分块调试。当调试某块电路时，将与该电路无关的器件全部从用户系统中去掉，便可将故障范围限定在某个局部的电路上。当各块电路调试无故障后，将各电路逐块加入系统中，再对各块电路功能及各电路间可能存在的相互联系进行试验。此时若出现故障，则最大可能是在各电路协调关系上出了问题，如交互信息的联络是否正确，时序是否达到要求等。直到所有电路加入系统后各部分电路仍能正确工作，由分到合的调试即告完成。在经历了这样一个调试过程后，大部分硬件故障基本上可以排除。

动态调试借用开发系统资源（单片机、存储器等）来调试用户系统中单片机的外围电路。利用开发系统友好的人机界面，可以有效地对用户系统的各部分电路进行访问、控制，使系统在运行中暴露问题，从而发现故障。典型有效的访问、控制各部分电路的方法是对电路进行循环读或写操作（时钟等特殊电路除外，这些电路通常在系统加电后会自动运行），使电路中主要测试点的状态能够用常规测试仪器（示波器、万用表等）测试出来，依次检测被调试电路是否按预期的工作状态进行。

单片机应用系统的软硬件调试是分不开的，通常先排除明显的硬件故障后再和软件结合起来进行调试。接下来再借助仿真器进行联机调试，分别测试扩展的 RAM、I/O 接口、I/O 设备、程序存储器以及晶振和复位电路，改正其中的错误。

（2）软件调试。软件调试就是排查系统软件中的错误。常见的软件错误有程序失控、中断错误（不响应中断或循环响应中断）、输入/输出错误和处理结果错误等类型。

通常是把各个程序模块分别进行调试，通过后再组合到一块进行综合调试。达到预定的功能技术指标后即可将软件固化。

1）先独立后联机。从宏观来说，单片机应用系统中的软件与硬件是密切相关、相辅相成的。软件是硬件的灵魂，没有软件，系统将无法工作；同时，大多数软件的运行又依赖于硬件，没有相应的硬件支持，软件的功能荡然无存。因此，将两者完全孤立开来是不可能的。然而，用户程序并不是全部都依赖于硬件。当软件对被测试参数进行加工处理或做某项事务处理时，软件与硬件是无关的，这样，就可以通过对用户程序的仔细分析，把与硬件无关的、功能相对独立的程序段抽取出来，形成与硬件无关和依赖于硬件的两大类用户程序块。这一划分工作在软件设计时就应充分考虑。

2）先分块后组合。如果用户系统规模较大、任务较多，可先行将用户程序分为与硬件无关和依赖于硬件两大部分，但这两部分程序仍较为庞大的话，采用笼统的方法从头至尾调试，既费时间又不容易进行错误定位，所以常规的调试方法是分别对两类程序块进一步采用分模块调试，以提高软件调试的有效性。在调试时所划分的程序模块应基本保持与软件设计时的程序功能模块或任务一致。除非某些程序功能块或任务较大才将其再细分为若干个子模块。但要注意的是，子模块的划分与一般模块的划分应一致。

3）先单步后连续。调试好程序模块的关键是实现对错误的正确定位。准确发现程序（或硬件电路）中错误的最有效方法是采用单步加断点运行方式调试程序。单步运行可以了解被调试程序中每条指令的执行情况，分析指令的运行结果可以知道该指令执行的正确性，并进一步确定是由于硬件电路错误、数据错误还是程序设计错误等引起了该指令的执行错误，从而发现、排除错误。

（3）系统联调。系统联调主要解决以下问题：

1）软、硬件能否按预定要求配合工作？如果不能，那么问题出在哪里？如何解决？

2）系统运行中是否有潜在的设计时难以预料的错误？如硬件延时过长造成工作时序不符合要求，布线不合理造成有信号串扰等。

3）系统的动态性能指标（包括精度、速度参数）是否满足设计要求？

（4）现场调试。一般情况下，通过系统联调后，用户系统就可以按照设计目标正常工作。但在某些情况下，由于用户系统运行的环境较为复杂（如环境干扰较为严重、工作现场有腐蚀性气体等），在实际现场工作之前，环境对系统的影响无法预料，只能通过现场运行调试来发现问题，找出相应的解决方法；或者虽然已经在系统设计时考虑到抗干扰的对策，但是否行之有效，还必须通过用户系统在实际现场的运行来加以验证。另外，有些用户系统的调试是在用模拟设备代替实际监测、控制对象的情况下进行的，这就更有必要进行现场调试，以检验用户系统在实际工作环境中工作的正确性。

7.1.5　系统的可靠性设计

1. 硬件的可靠性设计

单片机应用系统可靠性设计中，先应考虑硬件设计的可靠性。

(1) 应考虑元件的失效问题，如元件本身的缺陷和工艺问题。

(2) 要特别注意元器件的正确选择、使用和替换。

1) 对于电阻和电容，要考虑其标称值和误差、额定功率、频率特性及耐压值等。

2) 对于 CMOS 集成电路，应注意输入电压不能超过其电源电压，也不能低于 0V，未用的输入端必须与电源或地端相接，而输出端则不许短路，在焊接时如用交流电烙铁则应先切断电源，利用余热进行焊接。

3) 对于 TTL 集成电路，其电源不能超过 5V±0.25V，未用的门电路的输入端应并接到该片要使用的输入端上，输出端则接高电平，并注意加上适当的去耦电容等。

(3) 应考虑环境条件对硬件参数的影响，如温度、湿度、电源及各种干扰等。

因此，元器件的选择应遵循降额使用的原则，留出一定的余地。在结构中要控制工作环境的条件，如通风、除湿、除尘等，注意对噪声的抑制，必要的时候可以考虑采用冗余设计。

2. 软件的可靠性设计

在单片机应用系统中，软件就是系统的监控程序。软件和硬件密切相关，软件错误主要来自设计上的错误。要提高软件的可靠性，必须从设计、测试和长期使用等方面来考虑。因此，在设计中一定要十分认真。

(1) 要正确地使用中断。由于监控系统中中断处理是很常用的设计方法，在主程序和中断程序的安排上应考虑时间分配问题，可以采用定时中断或随机事件中断。

(2) 要将整个系统软件根据功能划分为若干个相对独立的模块，这样便于多人分工编写和程序的调试。

(3) 根据现场技术指标和具体的控制精度要求选取适当的控制策略，有些测控因素关联度较大的对象，应采用多种控制策略。同一控制对象的不同调节参数可以采用不同的控制算法。但是，软件的可靠性设计没有统一的模式，应根据各个具体的硬件系统和测控对象灵活地采用不同的方法。

3. 系统的抗干扰设计

(1) 干扰源及干扰途径。单片机系统中的干扰有多种类型。干扰的主要来源有：

1) 来自空间辐射的干扰。可控硅逆变电源、变频调速器、发射机等特殊设备在工作时会产生很强的干扰，在这种环境中单片机系统难以正常运行。

2) 来自电源的干扰。各种开关的通断、火花干扰、大电机启停等现象在工业现场很常见，这些来自交流电源的干扰对单片机系统的正常运行危害极大。

3) 来自信号通道的干扰。在实际的应用系统中，测控信号的输入/输出是必不可少的。在工业现场中，这些 I/O 信号线、控制线有时长达几百米，不可避免地会把干扰引入系统中。如果受控对象是强干扰源，如可控硅、电焊机等，则单片机系统根本就无法运行。

(2) 硬件抗干扰措施。根据干扰的产生及传输特点，在硬件上可以采取以下措施：

1) 硬件屏蔽。将系统安装在对电磁辐射干扰具有屏蔽作用的金属机箱中，并进行正确接地，可以有效地抑制强电设备产生的空间辐射干扰。

2）光电隔离。对于开关量信号用光电耦合器隔离以后再进行输入/输出，对于模拟量信号可选用光电隔离器或变压器隔离后再进行输入/输出，并使用双绞线或屏蔽线进行信号传输，这样就可以有效地克服信号传输通道带来的干扰。

3）电源滤波。对于来自电源的干扰，可采用低通滤波器以及带有屏蔽层的电源变压器来进行抑制。

4）电源去耦。对于系统中每一片集成电路，在电源和地之间都加上去耦电容，既是本芯片的蓄能电容，还能抑制高频噪声。

5）在满足要求的前提下尽量用较低的时钟频率和低频的器件。

6）合理布置元件在线路板上的位置，把模拟电路、高速数字电路和产生噪声的功率驱动部分合理地分开，各部件之间的引线尽量短，对各种输入/输出线分类打把，以减少寄生电容的干扰。

7）系统中芯片的未用端不要悬空，应根据实际情况接到电源端、地端或已用端。

8）尽量不用 IC 插座，而将集成电路直接焊接在电路板上。

（3）软件抗干扰措施。

1）在程序中插入空操作指令实现指令冗余。系统在工作时容易因干扰而使 PC 指向程序存储器的非代码区，从而导致“死机”。为此可以在程序中插入一些单字节的空操作指令 NOP，失控的程序遇到该指令后得到调整而转入正常。

2）对未用的中断向量进行处理。在程序中对未用的中断都编写出相应的错误处理程序，若因干扰触发了这些中断，则执行完简单的出错处理程序后可以正常返回。

3）采用超时判断克服程序的死锁。在系统的数据采集部分，如 A/D 转换结果采用查询方式读取，若因干扰使 A/D 转换结束标志无效，程序就会进入死循环。针对类似情况，可在程序中采用超时判断，若系统在一定的时间内采不到有效的标志，就自动放弃本次采样，从而避免程序死锁的发生。

4）采用软件陷阱。当程序因干扰而“跑飞”时，可在非程序区设置陷阱，强迫 PC 进入一个指定的地址，执行一段专门对死机进行处理的程序，使系统恢复正常。软件陷阱可安排在未使用的中断区和未使用的大片 ROM 空间，可由以下 3 条指令构成：

```
NOP
NOP
LJMP ERR
```

5）采用看门狗。当程序“跑飞”而前述方法又没有捕捉到时，可以用看门狗来恢复系统的正常运行。具体设计时可以用软件实现，也可以用专用的看门狗芯片（如 MAX693、X25045 等）来实现。软件方法是利用单片机中未用的定时器进行定时，在主程序每一次循环的特定时刻刷新定时器的时间常数，若定时器因系统死机而得不到刷新，就会产生溢出而引起中断，在其中断服务程序中进行出错处理后转入正常运行。看门狗芯片也相当于定时器，系统在每一次循环中用一根口线使芯片复位，若芯片因系统异常而得不到复位，其接到 MCU 复位端的溢出信号就能使系统恢复正常运行。

6）采用数字滤波。为了提高数据采集的可靠性，减少虚假信息的影响，可以采用数字滤波的方法，如程序判断滤波、中值滤波、滑动平均值滤波、防脉冲干扰平均值滤波、一阶滞后滤波等；也可以对数据进行非线性补偿和误差修正，提高数据精度。

7.2 单片机课程设计的要求

7.2.1 课程设计的目的和意义

课程设计是一项综合性实践教学环节，是对理论课程和实验课程的综合和补充。它主要使学生加深对理论的理解，训练学生综合运用学过的理论和技能去分析解决实际问题的能力，从而增强学生的实践能力和创新能力。

“单片机原理及其应用”是一门应用性、综合性、实践性较强的课程，没有实际的有针对性设计环节，学生就不能很好地理解和掌握所学的技术知识，更缺乏解决实际问题的能力。因此，通过有针对性的课程设计，学生学会系统地综合运用所学的技术理论知识，将课堂所学的知识和实践有机结合起来，提高学生在微机应用方面的开发与设计本领，系统地掌握微机硬软件设计方法，提高分析和解决实际问题的能力。

通过设计过程，要求学生熟悉和掌握单片机系统的软、硬件设计的方法，设计步骤，使学生得到单片机开发应用方面的初步训练。让学生独立或集体讨论设计题目的系统方案论证设计、编程、软硬件调试、查阅资料、绘图、编写说明书等问题，真正做到理论联系实际，提高动手能力和分析问题、解决问题的能力，实现由学习知识到应用知识的初步过渡。通过本次课程设计，学生应能熟练掌握微机系统与接口扩展电路的设计方法，熟练应用单片机汇编语言或C语言编写应用程序和实际设计中的硬软件调试方法和步骤，熟悉单片机系统的硬软件开发工具的使用方法。

在课程设计过程中，教师可给学生提出一个综合性的设计题目，且仅提供设计任务和要求，不给出具体实验原理图与参考程序，学生根据设计要求确定实验方案，选择合适的器件，进行电路设计，实现电路连接，编写调试程序，完成给定的设计任务，最后撰写设计报告。

通过课程设计，不仅要培养学生的实际动手能力，检验学生对本课程学习的情况，更要培养学生在实际工程设计中查阅专业资料、工具书或参考书，掌握工程设计手段和软件工具，并能以图纸和说明书形式撰写设计报告，表达设计思想和结果。还要学生逐步建立科学正确的设计和科研思想，培养良好的设计习惯，牢固树立实事求是和严肃认真的工作态度。

7.2.2 课程设计的指导及要求

在课程设计时，2～4 人一组。在教师指导下，各组可以集体讨论，但设计报告由学生独立完成，不得互相抄袭。教师的主导作用主要在于指明设计思路，启发学生独立设计的思路，解答疑难问题和按设计进度进行阶段审查。学生必须发挥自身学习的主动性和能动性，主动思考问题、分析问题和解决问题，而不应处处被动地依赖指导教师。同组学生要发扬团队协作精神，积极主动地提出问题、解决问题、讨论问题，互相帮助和启发。

学生在设计中可以引用所需的参考资料，避免重复工作，加快设计进程，但必须和题目的要求相符合，保证设计的正确。指导教师要引导学生学会掌握和使用各种已有的技术资料，不能盲目地、机械地抄袭资料，必须具体分析，使设计质量和设计能力都获得提高。

学生要在教师的指导下制订好自己各环节的详细设计进程计划，按给定的时间计划保质保量地完成各个阶段的设计任务。设计中可边设计、边修改，软件设计与硬件设计可交替进行，问题答疑与调试和方案修改相结合，提高设计的效率，保证按时完成设计工作并交出合格的设计报告。

7.2.3 课程设计的组织形式及设计步骤

（1）分组。2～4人一组，每组选一个题目，分工协作，共同设计、实现一个设计任务。每组自行推选1名组长，组长负责本组设计任务的分配，协调成员之间的设计进度；各小组独立设计、编程、调试和验证所设计逻辑电路，最后每组的所有成员都应有自己的成果和报告。

（2）选题。课程设计题目分为教师指定的参考题目和学生自选题目两类。学生可以选择教师提供的题目，也可以根据自己的情况自行选题。每组选一个题目，原则上各组题目不能重复，自选题目优先，选题早者优先。选题阶段完成后，原则上不能更换题目。

（3）方案设计。学生围绕自己的题目检索收集资料，进行调研，提出系统总体方案设计，选择最优方案。

（4）软、硬件系统的设计与调试。总体方案确定后，设计完成硬件原理图，并在试验应用板上连接好硬件系统。设计完成软件程序流程，并编写出相应的程序。完成软硬件系统的联机调试，实现选题的设计目标。

（5）课程设计说明书的编写。学生根据自己的题目撰写课程设计说明书，陈述设计思想和解决问题的方案、方法，画出系统原理电路图、程序流程图；写出调试结果及分析，并附上参考文献。

（6）验收与评分。指导教师对每个小组的开发系统，及每个成员开发的模块进行综合验收，结合设计报告，根据课程设计成绩的评定方法评出成绩。

7.2.4 课程设计的时间进度安排

设计任务书由教师在第10～16周课程设计正式开始之前下发给学生，并由学生结合所学习内容开始课程设计的准备工作，教师根据学生要求给予设计指导，在第19周（或第20周）学生集中正式开始做课程设计，时间为1周。具体时间安排见表7.1。该时间只是粗略进行划分，各个组员可依据进度完成情况适当调整，但需确保整个设计能按期完成。

表7.1 课程设计时间安排表

时间	第10～16周	第19周(或第20周)				
		第1天	第2天	第3天	第4天	第5天
具体设计任务	学生自由分组，组长负责组内分工；在课程设计开始之前将设计题目下达给学生。学生在学习好正常的教学课程情况下，结合已经学习过的技术知识，利用课余时间熟悉设计题目，查阅相关资料，确定总体方案，完成软、硬件功能划分，硬件接口原理图设计，程序设计等工作，为课程设计提前做好准备工作；任课教师进行不定时的辅导，使教学和课程设计的部分工作同步完成	各小组讨论设计任务，完成设计方案，完成硬件电路设计，并交硬件电路设计图；教师检查后返给学生，如有错，讲解后学生继续修改后上交；写硬件设计说明和报告	学生上机开始调试设计的软件；各设计小组交软件清单和软件说明；教师检查后返给学生，如有错，讲解后学生继续修改后上交	各小组上机调试所编软件，按实验设备的接口要求转换程序接口；教师检查学生程序是否能在实验设备上正确运行；学生撰写设计报告	没有调通软件的组继续调试。调试通过的组撰写软件注释和说明书，并组织设计报告；教师检查学生的设计报告	每位同学做课程设计答辩说明，并解释设计方案和硬、软件设计的过程；教师收学生的设计报告，给出课程设计成绩

7.2.5 课程设计的报告要求及撰写规范

学生完成课程设计时需要提交课程设计报告（说明书）。课程设计报告是学生所做课程设计的总结和说明文件，其目的是使学生在完成设计、安装、调试后，在归纳技术文档、撰写技术总结报告方面得到训练。通过撰写课程设计说明书，不仅可以对设计、调试过程进行全面总结，而且还可以把实践内容提升到理论高度。课程设计报告应反映出作者在课程设计过程中所做的主要工作及主要成果，以及作者在课程设计过程中的经验教训，并在指定时间交给指导教师。说明书总篇幅一般不超过 30 页。课程设计报告的主要内容及撰写规范如下：

(1) 每个学生必须独立完成课程设计报告。

(2) 课程设计报告要有完整的格式，包括封面、目录、正文、体会、参考文献等主要部分。

(3) 封面应有统一格式，其上注明课程设计的课题名称、学生的姓名/学号/专业/班级、指导教师的姓名、提交时间等完整信息。表 7.2 为课程设计报告封面的参考格式。

表 7.2　　课程设计报告封面的参考格式

课程设计的题目名称	
姓名	
学号	
班级	
校、院、系	
专业、年级	
指导教师	
设计时间	年　月　日

(4) 目录包括课程设计题目、章节名称等。

(5) 正文可按章节来撰写，应含以下内容：

1) 正文的首页，包括课题名称、内容摘要和关键词。

2) 设计任务及要求。对所选题目做问题分析，明确设计的基本内容、主要功能和设计思路，以及小组内自己所分配到的设计任务等。此项任务与要求也可由指导教师在选题时直接提供给学生。

3) 总体方案设计分析及讨论。给出总体初设方案并阐述理由，比较和选定设计的系统方案，画出系统功能框图。

4) 硬件设计及分析。说明各部分电路的设计思想及功能特性，元器件的选型依据及相关计算，画出完整的电路原理图、硬件连接图（最好使用电子设计软件绘制），列出系统需要的元器件，并说明电路的工作原理。

5) 软件设计及分析。画出各模块程序及完整程序的软件流程图（包括主程序、中断服务程序、子程序等），给出程序清单，程序清单必须加必要的注释说明。

6) 调试及实施结果。调试硬件与软件，说明调试的方法和技巧，调试中出现的故障、原因及排除方法，给出程序运行界面、实验箱运行结果照片等。

7) 总结与评价。分析与评价硬件设计、软件设计及系统的实用价值、功能、精度、特点，设计中所遇到的问题和解决方法、设计和创新、得意之处、存在的不足及改进方案。

（6）心得体会是总结本人在设计、安装及调试过程中的收获、体会以及对设计过程的建议等。

（7）参考文献必须是公开发表的、学生在课程设计中真正阅读过和运用过的。参考文献按照在正文中的出现顺序排列，正文中应按顺序在引用参考文献处的右上角用“[ ]”标明，“[ ]”中的序号与参考文献中的序号一致。参考文献的责任者在 3 名以内应全部列出，超过 3 名时后面加“等.”字样，姓名之间用逗号“,”分隔。参考文献类型及标识见表 7.3。

表 7.3　课程设计的参考文献类型及标识

参考文献类型	专著	论文集	报纸文章	期刊文章	学位论文	报告	标准	专利
文献类型标识	M	C	N	J	D	R	S	P

注　对于专著、论文集中的析出文献，建议采用单字母“A”；其他未说明的文献，建议采用单字母“Z”。

文后的各类参考文献编排格式如下：

1）专著、论文集、学位论文、报告。

[序号]　主要责任者. 文献题名 [文献类型标识]. 出版地：出版者，出版年：起止页码.

例：

[1]　张鹤飞. 太阳能热利用原理与计算机模拟 [M]. 西安：西北工业大学出版社，1990：73-113.

[2]　辛希孟. 信息技术与信息服务国际研讨会论文集：A 集 [C]. 北京：中国社会科学出版社，1994.

[3]　王应宽. 拖拉机液力机械式无级变速器的研究 [D]. 杨凌：西北农林科技大学机械与电子工程学院，1998.

[4]　冯西桥. 核反应堆压力管道与压力容器的 LBB 分析 [R]. 北京：清华大学核能技术设计研究院，1997.

2）期刊文章。

[序号]　主要责任者. 文献题名 [J]. 刊名，年，卷（期）：起止页码.

例：

[1]　应义斌，饶秀勤，赵匀，等. 机器视觉技术在农产品品质自动识别中的应用研究进展 [J]. 农业工程学报，2000，16（3）：4-8.

3）论文集中析出的文献。

[序号]　析出文献主要责任者. 析出文献题名 [A]. 原主要责任者（任选）. 原文献题名 [C]. 出版地：出版者，出版年：析出文献起止页码.

例：

[1]　钟文发. 非线性规划可燃毒物配置中的应用 [A]. 赵玮. 运筹学的理论与应用——中国运筹学第五届会议论文集 [C]. 西安：西安电子科技大学出版社，1996：468-471.

4）报纸文章。

[序号]　主要责任者. 文献题名 [N]. 报纸名，出版日期（版次）.

例：

[1] 谢希德．创造学习的新思路 [N]. 人民日报，1998－12－25 (10).

5）国际、国家标准。

[序号] 标准编号，标准名称 [S].

例：

[1] GB/T 16159—1996，汉语拼音正词法基本规则 [S].

6）专利。

[序号] 专利所有者．专利题名 [P]. 专利国别：专利号，出版日期．

例：

[1] 姜锡洲．一种热外敷用药制备方法 [P]. 中国专利：881056073，1989－07－26.

7）电子文献。

[序号] 主要责任者．电子文献题名 [电子文献及载体类型标识]. 电子文献的出处或可获得的地址，发表或更新日期/引用日期（任选）.

例：

[1] 王明亮．关于中国学术期刊标准化数据库系统工程的进展 [EB/OL]. http：//www.cajcd.edu.cn/pub/wml.txt/990810－2.html，1998－08－16/1998－10－04.

8）各种未定义类型文献。

[序号] 主要责任者．文献题名 [Z]. 出版地：出版者，出版年．

（8）课程设计报告书写规范、文字通顺、内容充实、图表清晰、数据完整、结论正确。

（9）课程设计报告的排版要求为：正文（题目）3号（或小2号）宋体加粗，正文一级标题4号宋体加粗，正文二级标题小4号加粗，正文中文宋体小4号，英文用 Times New Roman，单倍行距，正文要有页码。程序用5号 Times New Roman，程序以附录的形式附在最后处。章：1.，节：1.1、1.2，小节：1.1.1，页面设置：上2.5cm，下2.5cm，左、右均2.5cm。

（10）报告用A4纸打印，装订采用左侧竖装订，按课程设计报告封面、目录、正文、体会、参考文献等的次序装订成册；课程设计报告书字数不少于5000字。学生除上交报告的打印稿以外，应同时将最终定稿的电子文档一并交给指导教师。

7.2.6 课程设计的答辩准备及答辩

答辩是课程设计中一个重要的教学环节，通过答辩，学生可以进一步发现设计中存在的问题，进一步搞清尚未弄懂的、不甚理解的或未曾考虑到的问题，从而取得更大的收获，圆满地达到课程设计的目的与要求。

（1）答辩资格。按计划完成课程设计任务，经指导教师验收通过者，方获得参加答辩资格。

（2）答辩小组组成。课程设计答辩小组由1～3名教师组成。

（3）答辩。答辩小组应在答辩前认真审阅学生课程设计成果，为答辩做好准备。答辩中，每位学生须报告自己设计的主要内容（约5min），并回答指导教师提出的3～4个问题。每个学生答辩时间为15～20min。

7.2.7 课程设计的考勤管理办法

课程设计应在指定地点进行。在课程设计期间，学生应遵守学校作息时间。学生请假需经指导教师同意，并按学校规定办理请假手续，否则以旷课处理。每天早、午签到，其他时间由指导教师随机点名 1～2 次。学生在课程设计期间使用的设备和工具按实名制借用，若因责任事故造成设备或工具丢失或损坏，应酌情赔偿。若设备发生故障，应及时报告，不得擅自修理。未经教师允许，学生不得将实验室的任何设备、工具等带回宿舍使用。设备或工具使用完后，须归还实验室。严格禁止学生在计算机房或实验室玩游戏，每发现一次，课程设计成绩降低一个等级（五级分制）。实验室内不得大声喧哗，严禁吃任何食物，严禁吸烟，各班级每日安排卫生清扫。

7.2.8　课程设计的考核方法及成绩评定标准

考核内容主要包括学习态度（10%）、选题合理性（10%）、方案正确性（20%）、设计成果水平（25%）、设计报告质量（15%）及答辩情况（20%）等多个环节。成绩评定可按优秀（90～100 分）、良好（80～89 分）、中等（70～79 分）、及格（60～69 分）和不及格（0～59 分）五级记分制评定，也可按以百分制计评定。课程设计的评分标准见表 7.4。

表 7.4　　课程设计的评分标准

评　定　项　目	评分成绩
1. 学习态度(出勤情况，平时表现等)(10 分)	
2. 选题合理性、目的明确性(10 分)	
3. 设计方案正确，具有可行性、创新性、先进性和实用性(20 分)	
4. 设计成果水平(设计计算、选型的合理性、硬件实现性、软件可阅读性、功能扩充性及演示效果等)(25 分)	
5. 设计报告质量(规范化、质量、页数及参考文献数目)(15 分)	
6. 答辩情况(20 分)	
总分(100 分)	

表 7.4 的评分标准具体说明如下：

(1) 优秀（90～100 分）。按设计任务书要求圆满完成规定任务；综合运用知识能力和实践动手能力强，软、硬件设计方案合理，实验效果好；设计态度认真，独立工作能力强，并具有良好的团队协作精神。设计报告条理清晰，论述充分，图表规范，符合设计报告文本格式要求。答辩过程中，思路清晰，论点正确，对设计方案理解深入，问题回答正确。

(2) 良好（80～89 分）。按设计任务书要求完成规定设计任务；综合运用知识能力和实践动手能力较强，软、硬件设计方案较合理，实验效果较好；设计成果质量较高；设计态度认真，有一定的独立工作能力，并具有较好的团队协作精神。设计报告条理清晰、论述正确、图表较为规范、符合设计报告文本格式要求。答辩过程中，思路清晰，论点基本正确，对设计方案理解较深入，主要问题回答基本正确。

(3) 中等（70～79 分）。按设计任务书要求完成规定设计任务；能够一定程度地综合运用所学知识，硬件及软件设计基本合理，有一定的实践动手能力，设计成果质量一般；设计态度较为认真，设计报告条理基本清晰、论述基本正确、文字通顺、图表基本规范、符合设计报告文本格式要求，但独立工作能力较差；答辩过程中，思路比较清晰，论点有个别错误，分析不够深入。

(4) 及格（60～69 分）。在指导教师及同学的帮助下，能按期完成规定设计任务；综合运用所学知识能力及实践动手能力较差，设计方案基本合理，设计成果质量一般；独立工作能力差；或设计报告条理不够清晰、论述不够充分但没有原则性错误、文字基本通顺、图表不够规范、符合设计报告文本格式要求；或答辩过程中，主要问题经启发能回答，但分析较为肤浅。

（5）不及格（0～59分）。未能按期完成规定设计任务；不能综合运用所学知识，实践动手能力差，设计方案存在原则性错误，计算、分析错误较多；或设计报告条理不清、论述有原则性错误、图表不规范、质量很差；或答辩过程中，主要问题阐述不清，对设计内容缺乏了解，概念模糊，问题基本回答不出。

特别说明：如发现抄袭，按照不及格处理；学生不得无故请假或缺勤，对于缺勤次数累计达应出勤总次数的1/3的学生，指导教师可直接定为设计成绩不及格。

第8章　单片机课程设计的课题及举例

8.1　单片机课程设计的课题

8.1.1　课程设计的出题原则

根据教学大纲对本门课程的教学要求和所讲授的课程内容，结合学校的教学实验设备和能力，按照课程设计的目的和作用，选择符合教学内容、符合学生水平、符合实验室条件，综合单片机课程的全部知识，难易适中，学生能在规定的设计时间内通过集体讨论、查阅资料完成的课题。

课程设计的任务既要贴近工程应用实际，又要兼顾学生的兴趣，指导教师可结合课程设计的要求再做调整确定。课程设计的题目应充分考虑各专业的共性和专业特点，内容丰富，并给学生留有充分发挥的余地。每个课题都要求选择以MCS-51为单片机，综合应用所学的接口芯片及存储器为外围扩展器件的知识点，把软、硬件结合起来，设计出一套功能较完善、小规模的并具有一定实用价值的单片机应用系统，从而体现出既强化本学科内容，又扩展知识面的特点。

8.1.2　课程设计的参考题目

本课程设计要求学生设计一个基于汇编语言或C语言的单片机应用系统，完成相对完整的测控任务。学生可选择教师指定的参考题目，也可以自选题目。自选题目要求学生先将设计的简介、整体功能，采取的技术方案、路线等以电子文档的形式提交指导教师审核，指导教师同意后方可实行。

学生可在实验室利用实验装置进行实际设计，但由于实验室的设备数量有限，一定要设计好硬件连接，编写好程序后才能使用实验箱；当然，学生也可在自制硬件系统上进行实际设计，或者在PC机上利用Proteus仿真软件进行仿真设计。

在下面的参考题目中，只提出最基本的设计内容，学生也可以下面的题目为基础，进一步构思，完成有特色的个性化设计。课程设计的参考选题如下。

题目1　LED及数码管的控制。设计要求：单片机控制8个LED左右循环来回点亮，产生来回走马灯效果；单片机控制1只数码管，循环显示0～9；单片机控制8只数码管，滚动显示单个数字；单片机控制8只数码管，同时显示8个字符。例如，从左至右显示“12345678”，接着显示“23456781”，再接着显示“34567812”…“81234567”“12345678”。

题目2　多按键花样流水灯的设计。设计要求：选择一个I/O接口控制8只流水灯；设置4只按键开关K1～K4，按下K1跑马灯，K2流水灯，K3鸳鸯戏水灯，K4则循环三种控制方式；跑马灯：共8个LED逐次点亮，每隔100ms点亮一个LED，点亮100ms后关闭；流水灯：共8个LED逐次点亮，每隔100ms点亮一个LED，点亮100ms后下一个LED点亮，当所有 LED 灯全部点亮后，延时 100ms，然后全灭，然后继续上次操作；鸳鸯戏水灯：共 8 个 LED，第一次 1、3、5、7 号灯点亮，延时 100ms，关闭，延时 100ms，2、4、6、8 号灯点亮，延时 100ms，关闭，延时 100ms，然后继续上次操作。

题目 3　彩灯控制器的设计。基本要求：用 16 盏以上的 LED 小灯，实现至少 4 种彩灯灯光效果（不含全部点亮，全部熄灭）；可以用输入按钮在几种灯光效果间切换；可以通过按钮暂停彩灯效果，使小灯全亮，再次按下相同按钮后继续之前的效果。扩展要求：增加自动在几种效果间切换的功能，并设置一个按钮可以在自动模式和手动模式间切换；使用定时中断延时；实现除上面提到的功能（创新部分）。

设计提示：LED 可以采用共阳极或共阴极接法直接接在并行口，也可以用 8255 扩展更多的小灯；多种效果可以放在不同的子程序空间中，主程序通过散转来访问不同的子程序段；暂停效果可用中断或定时扫描实现。

题目 4　节日彩灯控制器的设计。设计要求：以单片机为核心，设计一个节日彩灯控制器：P1.2——开始，按此键则灯开始流动（由上而下）；P1.3——停止，按此键则停止流动，所有灯为暗；P1.4——下，按此键则灯由上向下流动；P1.5——上，按此键则灯由下向上流动。

设计提示：本题目本质上是设计由按键控制功能的流水灯，LED 工作的方式通过键盘的扫描实现。LED 采取共阳极接法，通过依次向连接 LED 的 I/O 接口送出低电平，可实现题目要求的功能。

题目 5　多模式带音乐跑马灯的设计。设计要求：采用 16 只发光二极管作跑马灯，其中跑马灯有 10 种亮灯模式；有专门的按键用以切换跑马灯的模式，并且对于任何一种跑马灯模式都可以对亮灯速度进行控制；每一种跑马灯模式用 LED 数码管进行显示；当跑马灯处于一种模式时，伴随的音乐响起，音乐至少有 3 首，并可以对其进行切换。

题目 6　数码管显示 4×4 矩阵键盘键号的设计。设计要求：单片机 P1 口的 P1.0～P1.7 连接 4×4 矩阵键盘，P0 口控制一只数码管，当 4×4 矩阵键盘中的某一按键按下时，数码管上显示对应的键号。例如，1 号键按下时，数码管显示“1”，14 号键按下时，数码管显示“E”。

题目 7　数码管动态显示设计。设计要求：采用 10 只数码管显示数字 0～9；10 个数字滚动显示；一个按键控制显示的启停，按下一次，启动显示，再次按下，暂停显示；另一个按键进行复位控制。

题目 8　进制转换数字键盘输入与 LED 显示的设计。设计要求：开始无输入时，4 个 LED 闪烁显示 0；通过 4×4 矩阵编码键盘连续输入不多于 4 位（0～9 共 10 个键）十进制数；数码管显示相应的十进制数（高位在前，低位在后）；输入其他数值（A～F）时蜂鸣器发出错误提示声音，该输入不被机器接收，继续接收后续数据；选择一个功能键，作为确认命令键，当按下该键，单片机将转换结果以十六进制的方式显示；当输入位数超过 4 位时发出警告声音；设置一个清除键，取消以前输入的所有数据。

设计提示：采用动态扫描显示；采用定时器来实现定时；键盘两位输入后转化为相应的十进制数（十六进制或二进制）。

题目 9　4 位数加法计算器的设计。基本要求：系统通过 4×4 矩阵键盘输入数字及运算符；可以进行 4 位十进制数以内的加法运算，如果计算结果超过 4 位十进制数，则屏幕显示 E。扩展要求：可以进行加法以外的计算（乘、除、减）；其他功能（创新部分）。

题目10 具有加减乘除功能的电子计算器的设计。基本要求：具有加减乘除功能的计算器，32键盘、8位有效数据。扩展要求：带三角函数、指数函数、对数函数计算功能，科学计数法表示。

设计提示：系统硬件较为简单，主要模块是键盘与显示。另可加一蜂鸣器，在出错时报警。由于按键较多，应采用矩阵键盘。显示可选动态显示或静态显示。若采用静态，建议用串行显示，可减少芯片数量。由于计算精度要求较高，计算过程应采用浮点式计算，不宜使用汇编语言进行设计，采用C语言更为合适。

题目11 简单计算器的设计。基本要求：利用实验箱的键盘及液晶显示屏作为计算器的输入及显示模块；能进行加、减、乘、除的基本运算；有清零、数据溢出错误处理。扩展要求：可将运算结果进行存储、调出。

设计提示：本参考设计主要由显示电路和键盘电路两部分组成并在实验仪上完成，能进行加、减、乘、除运算，运算结果最大只能显示6位数。键盘上没有加、减、乘、除和等号等按键，只能用非数字按键来代替；加法用按键“D”来代替，减法用按键“C”来代替，乘法用按键“B”来代替，除法用按键“A”来代替，等号用按键“E”来代替，清零用按键“F”来代替；显示部分，用数码管组来代替。按下不同的数字键时，数码管组显示不同的数字，当按下运算符键后，再按数字键，前一输入的数会被后一输入的数代替并显示在数码管组上，当按下等号键时，结果会显示在数码管组上，可以在这个结果的基础上再进行加、减、乘、除运算。要重新开始计算，必须按下清零键“F”。如果运算结果大于6位数，用数码管组低位显示出“F”，代表运算结果有溢出，不能显示正确结果。

题目12 两个外中断引脚上中断计数LED显示的设计。设计要求：同时允许两个外中断引脚 $\overline{\text{INT0}}$ 和 $\overline{\text{INT1}}$ 中断，连接 $\overline{\text{INT0}}$ 和 $\overline{\text{INT1}}$ 脚上的两个按键触发这两个中断时，在两个中断服务程序中分别会对这两个中断计数，并显示在左右各3只数码管上，再设有两个按键，分别用于两组计数的清零操作。

题目13 工业顺序控制的设计。设计要求：在工业生产中，像注塑机工艺过程大致按“合模→注射→延时→开模→产伸→产退”顺序动作，用单片机的I/O来控制最易实现。单片机的P1.0～P1.6控制注塑机的7道工序，7道工序用模拟控制7只发光二极管的点亮来模拟，低电平有效，设定每道工序时间转换为延时。P3.4（输入）接工作启动开关，高电平动作。P3.3为外部故障输入模拟开关，低电平为故障报警，P1.7为报警声音输出，设定6道工序只有一位输出，第7道工序3位有输出（P1.6、P1.5、P1.4点亮发光二极管）。

题目14 $\overline{\text{INT1}}$ 引脚上正脉冲宽度测量的设计。设计要求：测量 $\overline{\text{INT1}}$ 引脚上正脉冲的宽度（该脉冲宽度应该可调），并在6位LED数码管上以机器周期数显示出来。对于被测量的脉冲信号的宽度，要求通过旋转信号源的旋钮可调。

题目15 双键呼救器的设计。设计要求：双键呼救器用于病房监控，当病人需要紧急呼救时，按下呼救键，报警器发出声音和灯光报警，通知护理人员采取相应的措施。具体要求：采用两个按键，即K1呼救按键，K2解除呼救按键；采用声音和灯光报警呼救；声音采用蜂鸣器报警，当K1按下时，蜂鸣器发出频率为20Hz的声波报警；灯光采用4个绿色LED和4个红色LED报警；当K1按下时，红色LED闪烁报警，绿色LED全灭；正常情况下，绿色 LED 长亮，蜂鸣器静音。

题目 16 16×16 点阵图文 LED 显示屏的设计。设计要求：设计一个 16×16 点阵图文 LED 显示屏，可显示图形和文字，显示的图形和文字应稳定、清晰，各点亮度均匀。基本要求：图形和文字显示有静态、移入和移出等显示方式；掉电时能保存显示的信息。扩展要求：设计系统与上位机的串行通信电路，用上位计算机控制 LED 显示器的显示内容。

设计提示：系统结构框图如图 8.1 所示。LED 驱动显示方法可采用静态或动态扫描方式；数据传输方法采用串行或并行方式；数据存储模块采用 ROM 芯片或串行 EEPROM（如 24C256 等）存储 LED 显示屏要显示的信息；为了防止程序跑飞，系统可采用硬件或软件的“看门狗”技术。系统软件的主要功能是向 LED 显示器提供显示数据，并产生行扫描信号和其他控制信号，配合完成 LED 显示器的扫描显示工作。其中，显示驱动程序采用定时器中断程序实现，其程序流程如图 8.2 所示。显示驱动程序在进入中断后首先要对定时器重新赋初值，以保证 LED 显示器刷新率的稳定性。然后显示驱动程序查询当前燃亮的行号，从显示缓冲区内读取下一行的显示数据，并发送出去。为消除在切换行显示数据的时候产生拖尾现象，驱动程序首先要关闭显示器，即消隐，等显示数据打入输出锁存器并锁存，然后再输出新的行号，重新打开显示；系统主程序首先初始化，然后根据设计好的效果显示图形或文字。由于单片机没有停机指令，所以可以设置系统不断地循环执行显示效果。

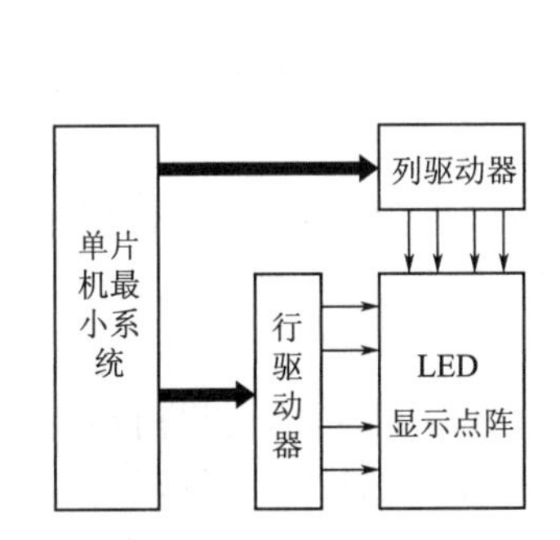

图 8.1 点阵显示器硬件系统结构框图

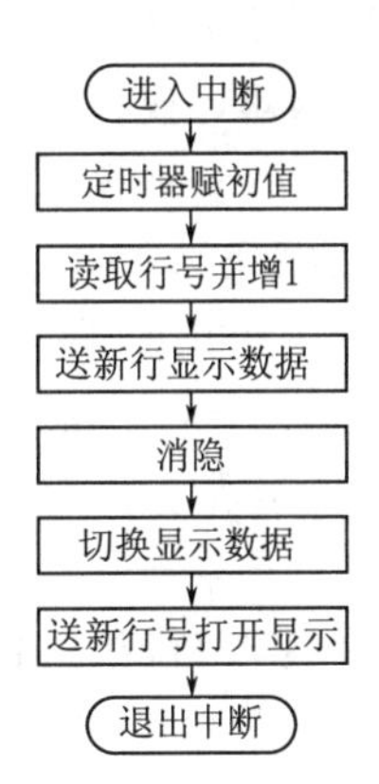

图 8.2 显示驱动程序流程框图

题目 17 8×8 LED 点阵屏显示数字的设计。设计要求：采用单片机的 P0 口外接 74LS245 作为控制 8×8 LED 点阵屏的行驱动，列选通由 P1 端口控制；程序运行时，8×8 LED 点阵屏依次循环显示数字 0～9；刷新时间由定时器 T1 的定时中断来完成。

题目 18 LED 点阵显示电子钟的设计。设计要求：时钟的显示由 LED 点阵构成；能正确显示时间，上电显示为 12 点；时间能够由按键调整；误差小于 1s。

设计提示：电子钟由显示电路、行驱动电路、列驱动电路单片机、按键电路和复位电路组成。采用并行方式显示，通过锁存器芯片来扩展 I/O，达到控制 LED 点阵的 40 个列线的目的。可采用 5 片锁存器 74LS373 来组成 5 组双缓冲寄存器，驱动 LED 点阵的 8 组列线，用 3/8 译码器 74LS138 对 LED 点阵的 8 行进行扫描。在送每一行的数据到 LED 点阵时，先把数据分别送到 5 个 74LS373，然后再把数据一起输出到 LED 点阵列中，送出去的时间数据由单片机来控制。

题目 19 红外遥控及 16×16 点阵式显示的设计。设计要求：利用红外遥控器控制，在

16×16 点阵的显示器件上循环显示“单片机”3 个汉字；循环显示的速度可调；循环显示进入方向可选择从左至右、从右至左、从上到下和从下往上 4 种。

题目 20　LED 点阵广告牌的设计。基本要求：设计一款能够显示不同字符的 LED 点阵广告牌；设计不同的字符切换效果（如闪烁、静止、平移等）；设计控制按钮，可以在不同的效果间切换。扩展要求：能够显示图形或自定义字符；通过串行口从计算机下载更新需显示的字符；其他创新功能。

题目 21　8×8 LED 点阵屏模仿电梯数字滚动显示的设计。基本要求：单片机的 P1 口的 8 只引脚接有 8 只按键开关 K1～K8，K1～K8 分别代表 1～8 层；如果按下代表某一楼层的按键，单片机控制的点阵屏将从当前位置向上或向下平滑滚动显示到指定楼层的位置。扩展要求：在电路中添加 LED 指示灯和蜂鸣器，使系统可以同时识别依次按下的多个按键，在到达指定位置后蜂鸣器发出短暂声音且 LED 闪烁片刻，数字继续滚动显示。例如，当前位置在 1 层时，用户依次按下 4、6、5，则数字分别向上滚动到 4、5、6 时暂停且 LED 闪烁片刻，同时蜂鸣器发出提示音；声音频率可固定或可变；如果在待去的楼层的数字中，有的在当前运行的反方向，则先在当前方向运行完毕后，再依次按顺序前往反方向的数字位置。

题目 22　LCD 字符型液晶显示器控制的设计。点阵字符型液晶显示器是专门用于显示数字、字母图形符号及少量自定义字符的显示器。设计要求：在实验平台上扩展一块 LCD 点阵字符型液晶显示器，设计接口电路并编程使液晶显示器显示字符“SHIEP good”；并用按键输入与显示数字；实现显示实时时钟。

题目 23　电话拨号键 LCD 显示的设计。设计要求：设计一个单片机监控的电话拨号键盘，将电话键盘中拨出的某一电话号码显示在 LCD 显示屏上。电话键盘共有 12 个键，除了“0”～“9”10 个数字键外，还有“*”键用于实现退格功能，即清除输入的号码；“#”键用于清除显示屏上所有的数字显示。还要求每按下一个键要发出声响，以表示按下该键。

题目 24　单片机与 PC 机通信的设计。设计要求：单片机与 PC 机进行数据通信常采用 RS-232 总线，通过单片机的串行口与 PC 机通信。采用 MAX232 系列芯片扩展单片机串口；单片机控制整个系统工作；单片机具备收发数据的功能；PC 机端的收发可采用串口调试助手实现。

题目 25　单片机与上位机通信的设计。设计要求：设计一个单片机应用系统，可以由上位机通过串行操作控制单片机模块。本设计要求发光二极管的发光状态模拟开关电路的通断，用上位机 DOS 命令对 6 只发光二极管进行控制。

题目 26　甲机通过串口控制乙机 LED 闪烁的设计。设计要求：甲机采用串行通信方式 1 来控制乙机的 LED1 闪烁、LED2 闪烁、LED1 和 LED2 同时闪烁、同时关闭 LED1 和 LED2。具体要求：甲机发送字符“A”，控制乙机的 LED1 闪烁；甲机发送字符“B”，控制乙机的 LED2 闪烁；甲机发送字符“C”，控制乙机的 LED1 和 LED2 同时闪烁；甲机停止发送任何命令字符，则乙机的 LED1 和 LED2 均停止闪烁。

题目 27　两台单台机之间双向通信的设计。设计要求：两台单片机（称为甲机和乙机）之间采用方式 1 双向串行通信；甲机的 K1 按键可通过串口控制乙机的 LED1 点亮、LED2 灭，甲机的 K2 按键控制乙机的 LED1 灭、LED2 点亮，甲机的 K3 按键控制乙机的 LED1 和 LED2 全亮；乙机的 K2 按键可控制向甲机发送数字，甲机接收的数字会显示在其 P0 端口的数码管上。

题目 28　两车间数据通信控制的设计。设计要求：某厂的两车间是生产链上的上下级，由各自的单片机系统对生产过程进行控制，要求甲车间单片机采集数据保存在外部 RAM 以 1000H 为首的 8 个存储单元中，并传送给乙车间的单片机，控制乙车间的生产过程，每 30s 发送一次。若数据发送正确，甲车间指示灯灭，乙车间加工；若数据发送错误，甲车间灯亮，乙车间停止加工，甲车间重新发送。

题目 29　双机之间波特率可调的串行通信设计。设计要求：两台单片机利用串行口进行串行通信，串行通信的波特率可用 4 只开关来选择（1200bit/s、2400bit/s、4800bit/s 和 9600bit/s）；串行口工作方式为方式 1 的全双工串行通信；当甲机上连接的 8 只二极管间隔点亮时，表明通信成功。

设计提示：两个单片机之间进行通信波特率的设定，最终归结到对定时计数器 T1 计数初值 TH1、TL1 进行设定。故本设计本质上是通过键盘扫描得到设定的波特率，从而载入相应的 T1 计数初值 TH1、TL1 实现。可将 0xaa 从主机传输到从机，并显示在从机的数码管上实现串口通信的验证。如串口通信线路过长，可考虑采用 MAX232 进行电平转换，以延长传输距离。

题目 30　多机串行通信的设计。基本要求：设计 3 台单片机，实现主从式串行通信的系统，主机发送数据到从机，并在 LED 数码管上显示；可通过接在主机上的键盘输入数据，通过主机发送到从机。扩展要求：通信协议遵从 Modbus；其他功能（创新部分）。

题目 31　RS－485 构成单片机网络的设计。基本要求：利用 RS－485 总线标准构成单主机多从机的单片机通信网络，至少 3 台从机；网络拓扑结构为总线型，实现半双工通信；制定通信协议。扩展要求：实现全双工通信；能够利用网络实现打印等功能。

设计提示：本设计的核心是总线收发器，掌握其工作原理和协议。常用 RS－485 总线驱动芯片有 MAX485、MAX3080、MAX3088 和 SN75176，它们都有一个发送器和一个接收器。RS－485 支持半双工或全双工模式，网络拓扑一般采用终端匹配的总线型结构，不支持环形或星形网络。在单片机多机串行通信系统中，一般采用主从式结构，从机不主动发送命令或数据，一切都由主机控制，且仅有一台单片机作为主机，各从机之间不能相互通信。

题目 32　远程数据采集系统的设计。基本要求：两台单片机利用 RS－485 通信连接在一起，1 台单片机实现温度数据采集，利用 RS－485 总线将采集的数据传送到另 1 台单片机，并将温度值显示在液晶显示器上；通信协议自定，要求完成程序设计并调试。扩展要求：将多台单片机通过 RS－485 总线连接在一起，其中 1 台作为主机，其他为从机，主机通过轮询方式将从机采集的温度数据通过总线接收，并显示在液晶显示器上。

题目 33　红外数据采集和显示系统的设计。基本要求：利用红外通信将两台单片机连接在一起，1 台单片机实现模拟量（1 路）数据采集，A/D 转换后利用 RS－485 总线将采集的数据传送到另 1 台单片机，并将温度值显示在液晶显示器上。通信协议自定，要求完成程序设计并调试。扩展要求：完成多路数据的采集和显示。

题目 34　两台单片机间 CAN 通信的设计。设计要求：完成两台单片机的 CAN 总线全双工通信，通信双方的任一单片机可同时发送和接收单片机系统上开关 K0～K7 数据，并将数据在各自的数码管上显示。

设计提示：单片机控制的 CAN 通信可以通过两线相互连接而实现。单片机通过

SJA1000 CAN 控制器和 T1050，实现 CAN 的多机通信。

题目 35　城市道口交通灯控制系统模型的设计。设计要求：城市道口交通灯控制系统模型采用单片机作为主控制器，用于十字路口的车辆及行人的交通管理。每个方向具有左转、右转、直行及行人四种通行指示灯，计时牌显示路口通行转换剩余时间，在出现紧急情况时可由交警手动实现全路口车辆禁行而行人通行状态。另外，在特种车辆如 119、120 通过路口时，系统可自动转为特种车辆放行、其他车辆禁止通行的状态，15s 后系统自动恢复正常管理。其他还有盲人提示音、120s 与 60s 通行管理转换等功能。

设计提示：本设计可选用下面三种方案。

(1) 方案 1：采用标准 AT89C52 单片机作为控制器；通行倒计时显示采用 3 位 LED 数码管；左转、右转、直行及行人四种通行指示灯均采用双色高亮发光二极管；LED 显示采用动态扫描，以节省端口数。特种车辆通行采用实时中断完成，识别方法采用红外发射及接收方案。按以上系统构架设计，单片机端口资源刚好满足要求。该系统具有电路简单、设计方便、显示亮度高、耗电较少、可靠性高等特点。整个电路组成框图如图 8.3 所示。

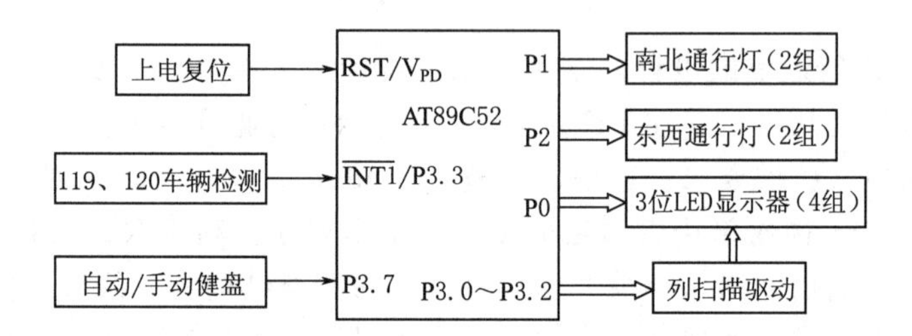

图 8.3　采用 LED 动态扫描的交通灯控制系统结构框图

(2) 方案 2：采用 AT89C51 单片机作为控制器，通行倒计时显示采用 16×16 点阵 LED 发光管，左转、右转、直行及行人四种通行指示也采用 16×16 点阵双色 LED 发光管。该系统设计框架如图 8.4 所示。列驱动采用 74LS595 以实现串行端口扩展，行驱动采用 4/16 译码器 74LS154 动态扫描，译码器 74LS154 生成 16 条行选通信号线，再经过驱动器驱动对应的行线。每条行线上需要较大的驱动电流，应选用大功率三极管作为驱动管。这种设计方案的图案显示逼真，单片机占用端口资源少；缺点是需要大量的硬件，电路复杂，耗电量大，在模型制作中较少采用。

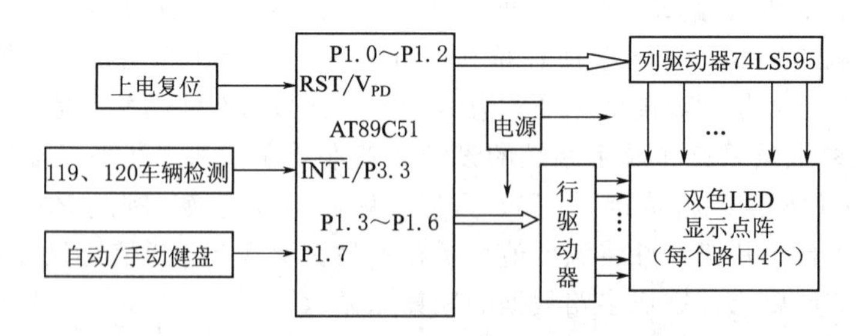

图 8.4　采用 16×16 点阵 LED 发光管的交通灯控制系统结构框图

(3) 方案 3：采用 AT89C51 单片机作为控制器，通行倒计时及左转、右转、直行及行人通行指示采用单块 LCD 液晶点阵显示器。这种方案设计占用单片机的端口最少，硬件也少，耗电也最小；虽然显示图案也很精美，但由于亮度太暗，晚上还得开背光灯，所以较少采用。

由于方案1具有综合设计优点，因此本设计可选用方案1。

题目36　交通信号灯控制器的设计（一）。设计要求：利用单片机完成交通信号灯控制器的设计，该交通信号灯控制器在由一条主干道和一条支干道汇合成的十字路口，在每个入口处设置红、绿、黄三色信号灯，红灯亮禁止通行，绿灯亮允许通行，黄灯亮则给行驶中的车辆有时间停在禁行线外，采用红、绿、黄发光二极管作信号灯，如图8.5所示。设东西向为主干道，南北为支干道。基本要求：①主干道处于常允许通行的状态，支干道有车来时才允许通行。主干道亮绿灯时，支干道亮红灯；支干道亮绿灯时，主干道亮红灯；②主、支干道均有车时，两者交替允许通行，主干道每次放行30s，支干道每次放行20s，设立30s计时和20s计时、显示电路；③在每次由绿灯亮到红灯亮的转换过程中，要亮5s黄灯作为过渡，黄灯亮时，原红灯按1Hz的频率闪烁；④要求主、支干道通行时间及黄灯亮的时间均可在0～99s内任意设置。扩展要求：①可设置紧急按钮，在出现紧急情况时可由交警手动实现全路口车辆禁行而行人通行状态，即主干道和支干道均为红灯亮；②实现绿波带。所谓绿波带，是指在一定路段，只要按照规定时速，就能一路绿灯畅行无阻。绿波带将根据道路车辆行驶的速度和路口间的距离，自动设置信号灯的点亮时间差，以保证车辆从遇到第一个绿灯开始，只要按照规定速度行驶，之后遇到的信号灯将全是绿灯。

设计提示：模拟交通灯控制器就是使用单片机来控制一些LED和数码管，模拟真实交通灯的功能。红、黄、绿交替闪亮，倒计数显示时间等，用于管理十字路口的车辆及行人交通，计时牌显示路口通行转换剩余时间等。系统的硬件原理框图如图8.6所示。单片机可选用AT89C51；南北向和东西向各采用两只数码管计时，同时需要对该方向的指示灯的点亮时间进行倒计时；键盘系统可以根据系统的需要设置不同的键的个数，可以选择线式键盘或矩阵式键盘；单片机的I/O接口不够用时，可以考虑扩展8255或8155满足系统的要求。程序框图如图8.7所示。软件设计可以分为以下几个功能模块：主程序——初始化及键盘监控；计时程序模块——定时器的中断服务子程序，完成0.1s（或其他时间）和1s的时间定时；显示程序模块——完成12只发光二极管（实际上只需驱动6只）和4只LED数码管的显示驱动；键盘扫描程序模块——判断是否有键按下，并求取键号。

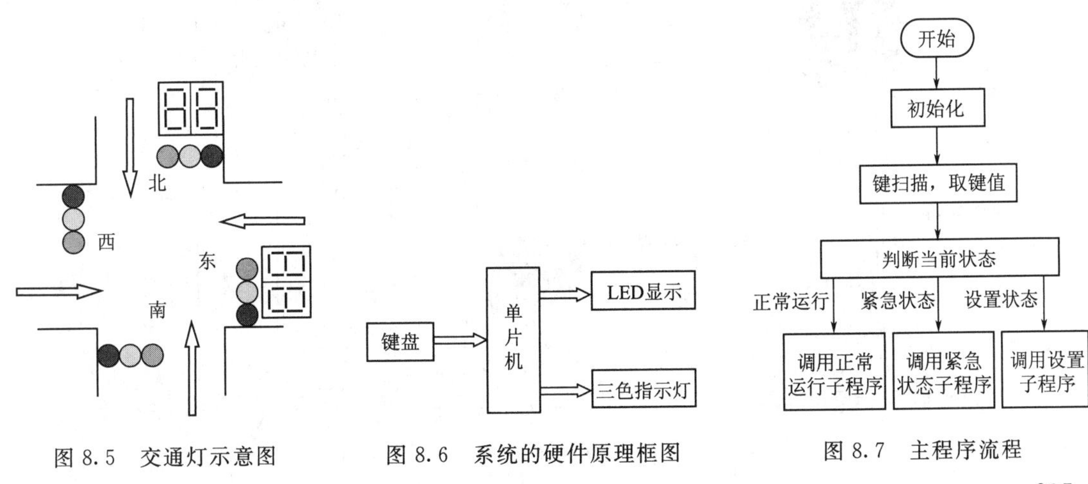

图8.5　交通灯示意图　　图8.6　系统的硬件原理框图　　图8.7　主程序流程

题目 37　交通灯控制系统的设计（一）。设计要求：采用单片机控制交通灯系统，交通灯用于控制行人和车辆依次通过十字路口，交通信号灯采用 LED 代替，图 8.8 为交通灯示意图。首先车行道亮绿灯 45s，同时人行道亮红灯 45s；45s 后，车行道黄灯闪烁 3 次，亮、灭各 1s，此时人行道仍维持红灯；6s 后，转为人行道亮绿灯 20s，车行道亮红灯 20s；20s 后，再转到开始状态，如此循环往复。

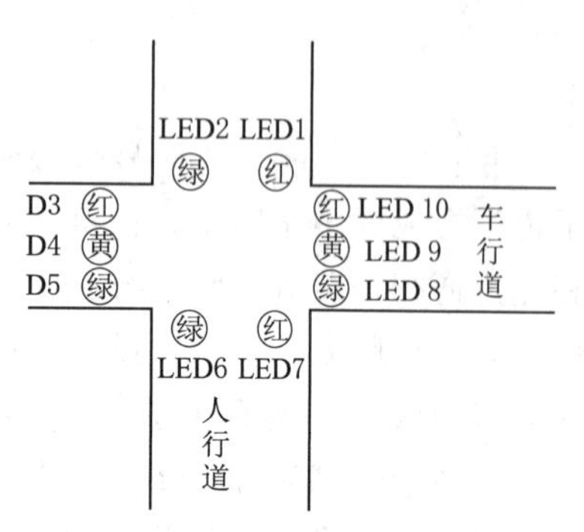

图 8.8　交通灯示意图

题目 38　交通灯控制系统的设计（二）。基本要求：一路延时 60s，另一路延时 40s（演示时为节省时间，一路延时 15s，另一路延时 10s），两路时间分别用不同的数码管显示；倒数 3s 时，黄灯闪亮；紧急通行控制，如某一方向现为红灯，通过按键强行切换为绿灯，而另一路改为红灯，延时若干秒（10s）后，恢复原状态（红灯）继续倒数。扩展要求：增加拐弯方向控制；各方向延时时间可通过键盘重新设定；其他自行增加的功能。

题目 39　十字路口交通灯控制的设计。设计要求：设计一个十字路口交通灯控制器，采用单片机控制 LED 灯模拟指示，模拟十字路口交通信号控制情况。分东西道和南北道，设东西向通行时间为 80s，南北向通行时间为 60s；绿灯放行，红灯停止；绿灯转红灯时，黄灯亮 3s；紧急情况，各向全为红灯。

设计提示：本设计为典型的 LED 显示和中断定时电路。利用定时器 T0 产生每 10ms 一次的中断，每中断 100 次为 1s。对两个方向分别显示红、绿、黄灯相应的剩余时间即可。注意：A 方向红灯时间＝B 方向绿灯时间＋黄灯缓冲时间。本设计的电路原理如图 8.9 所示。本设计可采用专用数码管显示控制芯片 MAX7219。MAX7219 是美国 MAXIM 公司生

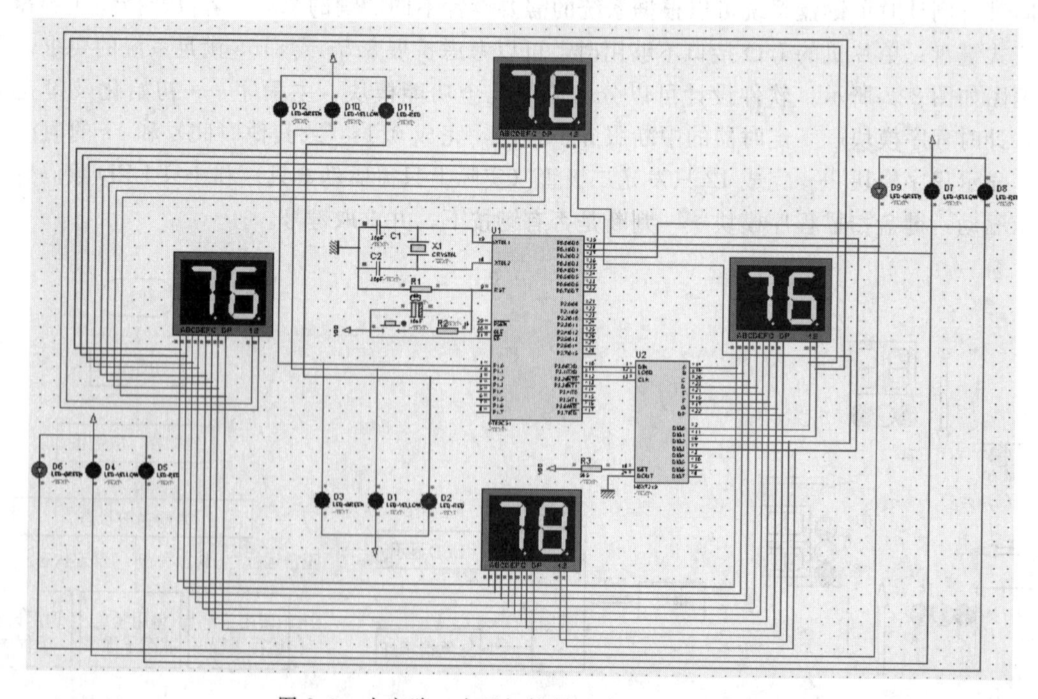

图 8.9　十字路口交通灯控制设计的电路原理图

产的串行输入/输出共阴极显示驱动器，该芯片最多可驱动 8 位 7 段数字 LED 显示器或 LED 和条形图显示器。

题目 40 采用 82C55 控制交通灯的设计。设计要求：采用 82C55 作输出口，控制 12 只发光二极管燃灭，模拟交通灯管理。82C55 的 PA0～PA7、PB0～PB3 接发光二极管 L15～L13、L11～L9、L7～L5、L3～L1。执行程序，初始态为 4 个路口的红灯全亮之后，东西路口的绿灯亮，南北路口的红灯亮，东西路口方向通车，延时一段时间后东西路口的绿灯熄灭，黄灯开始闪烁，闪烁若干次后，东西路口红灯亮，而同时南北路口的绿灯亮，南北路口方向开始通车，延时一段时间后，南北路口的绿灯熄灭，黄灯开始闪烁，闪烁若干次后，再切换到东西路口方向，之后重复以上过程。

题目 41 交通信号灯控制器的设计（二）。设计要求：东西通行 30s（绿灯亮），南北通行 20s（红灯亮），每个路口指示灯由绿转红的中间，黄色指示灯亮 5s；计时器指示现在路口灯亮的剩余时间；初始状态，东西开始通行。图 8.10 所示为本设计的显示器结构图。

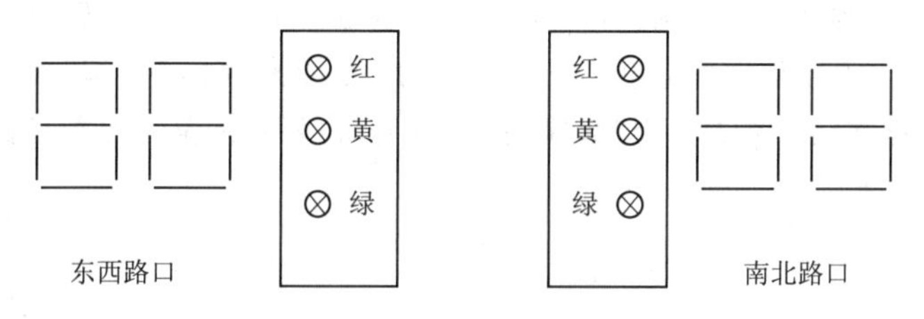

图 8.10 交通信号灯控制器设计的显示器结构

设计提示：东西路与南北路之间各个信号灯亮、灭的时间之间的是什么关系？显示应该采用动态还是静态扫描方式？可否采用软件延时实现定时，若采用软件延时进行定时，可能会出现什么问题，该如何解决？如何实现用户对初值的设定？

题目 42 现代交通灯的设计。基本要求：设计一款带左转、直行、右转 3 种通行红绿灯，实物效果参见图 8.11；带紧急按钮功能，当紧急按钮按下时，所有方向均亮起红灯；夜间运行模式按钮，按下时，所有方向黄灯闪烁。扩展要求：可在线修改红绿灯等待间隔时间；实现显示倒计时功能；其他功能（创新部分）。

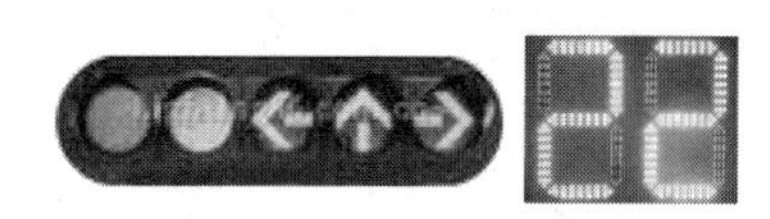

图 8.11 实物效果图

题目 43 微型打印机接口的设计。设计要求：具有进纸、换行、换页等控制功能；具有字符设置及打印格式设置功能；具有图形、字符（汉字、数字、字母）打印功能；具有曲线及条码打印功能。

题目 44 热敏打印机控制系统的设计。设计要求：设计一个单片机控制系统，用来控制热敏打印机工作，并可以打印一些图案或字符。采用常用的热敏打印机；采用一个按键控制打印工作启动；采用一个按键控制打印工作停止（强制中断打印工作）；采用几个按键分别控制打印几种不同的字符和图案。

题目 45 频率计的设计（一）。基本要求：测量频率范围为 10Hz～1MHz，量程可自己选择；精度为 1%；被测信号可以是方波；显示方式为 4 位十进制数显示。扩展要求：测量范围为 1Hz～10MHz；被测信号可以是三角波、正弦波、锯齿波等各种信号。

设计提示：频率计的设计可采用两种方法：①使用单片机自身的计数器对输入脉冲进行

计数即得到频率值，或对输入脉冲进行周期测量，此法只能测量频率低于单片机时钟频率 1/24 以下的信号；②在单片机外部使用计数器对脉冲信号进行计数，计数值再由单片机读取，此法适合于测量频率较高的场合。由于本设计中的频率范围较大，这时可结合分频电路等实现。本设计根据频率量程采用单片机内部定时加计数方式，通过 AT89C51 的 T0 计数器组成 16 位计数器，最大计数值为 65535。以 12MHz 晶振为例，如果待测信号经过整形后直接输入 T0 进行测量，则最高测量频率为 500kHz。为了保证满足频率测量精度和测量反应时间的要求，可分成两个频率段进行测量（或更多频段）。对于高于 500Hz 的信号，可将信号进行分频；对于低于 500Hz 的信号，采用计数测周期方式进行周期测量。为了方便得到准确的 1s 闸门信号，可采用定时中断加计数来产生 1s 的定时信号，也可采用软件延时来产生。

系统的硬件原理框图如图 8.12 所示。如果信号的幅度过小或过大，或者不是方波信号，此时需要经过信号预处理电路，实现待测信号的放大、波形变换、波形整形等功能。通常频率计均以 LED 数码管显示，键盘电路完成频率计量程的转换。系统软件包括测量初始化模块、LED 显示模块、信号频率测量模块、信号周期测量模块、量程转换模块、定时器中断服务模块、多字节算术运算模块、定点数到 BCD 码转换模块等。其参考的主程序流程如图 8.13 所示。

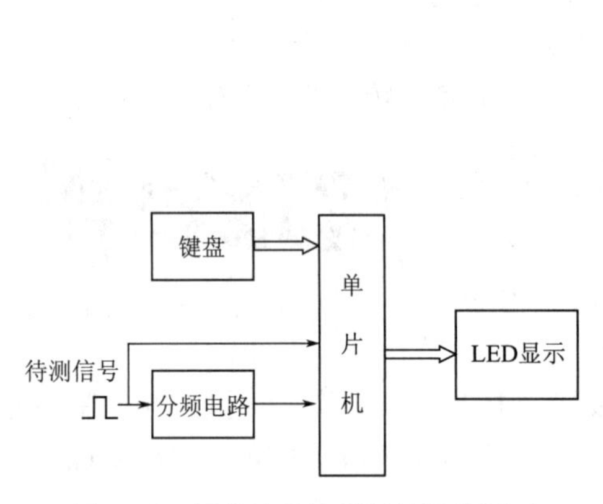

图 8.12　频率计系统的硬件原理框图

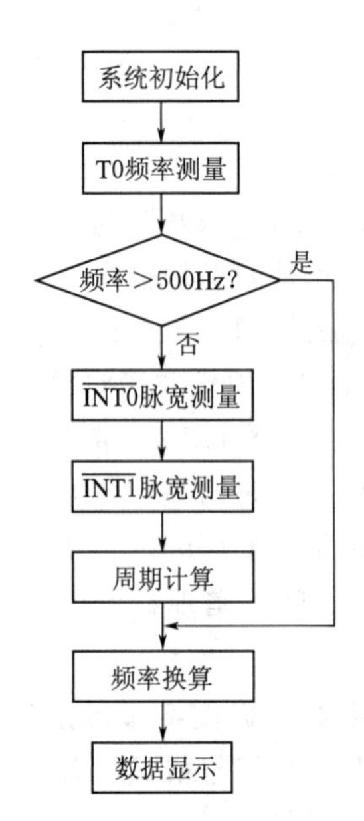

图 8.13　频率计主程序流程

题目 46　数字频率计的设计。设计要求：使用单片机的定时器/计数器，外部扩展 6 位 LED 数码管，累计每秒进入单片机的外部脉冲个数，并用 LED 数码管显示出来。被测频率 f_x<110Hz，采用测周法，显示频率×××.×××；f_x>110Hz，采用测频法，显示频率××××××；利用键盘分段测量和自动分段测量；完成单脉冲测量，输入脉冲宽度范围是 100μs～0.1s；显示脉冲宽度要求如下：T_x<1000μs 时显示脉冲宽度×××，T_x>1000μs 时显示脉冲宽度××××。

设计提示：测量频率有测频法和测周法两种。其中：①测频法，利用外部电平变化引发的外部中断，测算 1s 内的波数，从而实现对频率的测定；②测周法，通过测算某两次电平变化引发的中断之间的时间，实现对频率的测定。测频法是直接根据定义测定频率，测周法是通过测定周期间接测定频率。理论上，测频法适用于较高频率的测量，测周法适用于较低频率的测量。经过调校，在测量低频信号时，本项目中测频法精度已高于测周法，故舍弃测周法，全量程采用测频法。

题目 47　智能数字频率计的设计。基本要求：测量频率为 0～250kHz；测量周期为 4ms～10s；闸门时间为 0.1s、1s；测量分辨率为 5 位/0.1s、6 位/1s；用图形液晶显示状态、单位等。扩展要求：用语音装置来实现频率、周期报数。

题目 48　频率计的设计（二）。基本要求：自行设计输入电路，测量信号类型为方波、正弦波、三角波等常规周期信号；输入信号频率范围为 10Hz～1MHz；频率量程为 10～900kHz，误差精度万分之一；频率量程为 1～100Hz，误差精度万分之一；思考扩大量程提高精度的方法并实现；量程可自动切换。扩展要求：由按键控制测试的“开始”“暂停”“结束”等功能；除频率外，也可测试信号的其他参数，如同期、占空比等；其他自行增加的功能。

设计提示：①量程为 10～900kHz 用测频法。在计算频率时必定会存在 1 个脉冲的误差，当对频率为 10kHz 的信号进行测量时±1 误差正好为万分之一，频率越大±1 误差越小，当频率为 1MHz 以上的时候单片机已经测量不出来；②量程为 1～100Hz 用测周法。以外部信号作为门控信号，对单片机的机器周期进行计数，当外部信号为 100Hz，内部机器周期的频率为 2MHz 时，±1 误差刚好是万分之一，当外部频率越小精度就越高；③100Hz～10kHz 的信号要进行分频测周才能达到万分之一精度，测频时频率越高精度越高，测周时分频系数越大（分频后的信号频率越低）精度越高；④可选预处理电路。可能被测量信号不是标准的 TTL 电平，可以多加一个带有斯密特触发器的非门。如果要扩展量程，可以用 D 触发器进行 2 分频，也可以用一片计数器进行 n 分频，分频不影响精度。提高精度可用提高单片机震荡晶体频率方法。

题目 49　频率/相位表的设计。设计要求：输入两路方波信号，测量信号的频率和两信号的相位差，能显示频率值和相位差，精度为 0.1Hz、0.1°。在满足精度的前提下，分析和证实系统的测量范围。

题目 50　抢答计分系统的设计。设计要求：具有判断按键先后（抢答）、计时和计分功能；对违规操作进行提示；声音提示及计分显示；断电保护功能。

设计提示：系统框图如图 8.14 所示。系统键盘可以分为主持人键盘和选手键盘两种，其中主持人键盘功能比较复杂，选手键盘相对简单，主持人键盘可以采用数字键盘形式，可以有多种功能键；而选手键盘则采用独立按键形式更加合适。主持人键盘可以采用 4×4 或更小的键盘；选手键盘则可以选择任意非锁式单一按键。显示部分主要有选手编号显示、选手计分显示、抢答有效显示、抢答犯规显示和答题时间结束提示等几个部分。选手编号显示和选手计分显示可以采用液晶显示或数码管显示。抢答有效显示、抢答犯规显示和答题时间结束提示部分只要能够有效区分抢答是否有效、时间到或抢答是否犯规即可。设计时可以选用不同颜色的发光二极管，可区分两种信息。声音提示大致可以分为抢答开始提示音、抢答有效提示音、犯规操作提示音、倒计时和时间到提示音等几种。设计方案有：①采用乐音提示器，为每一操作设置固定的提示乐音；②采用普通的蜂鸣器，简单提示抢答开始、抢答有效或抢答犯规。

系统程序框图如图 8.15 所示。系统软件可分为键盘管理、显示管理、声音提示管理、计时和计分管理等几个部分。

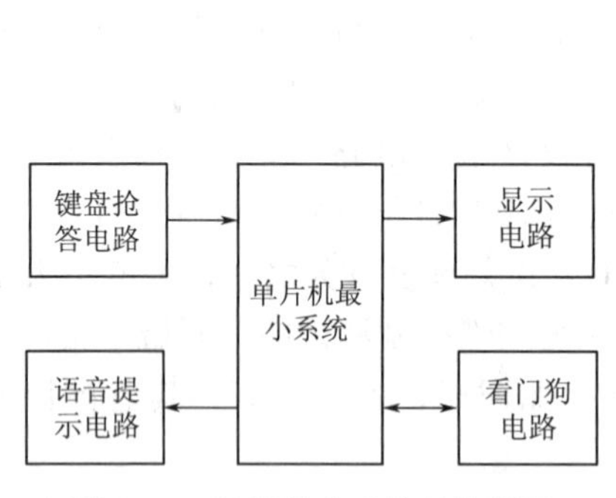

图 8.14　抢答计分系统结构框图

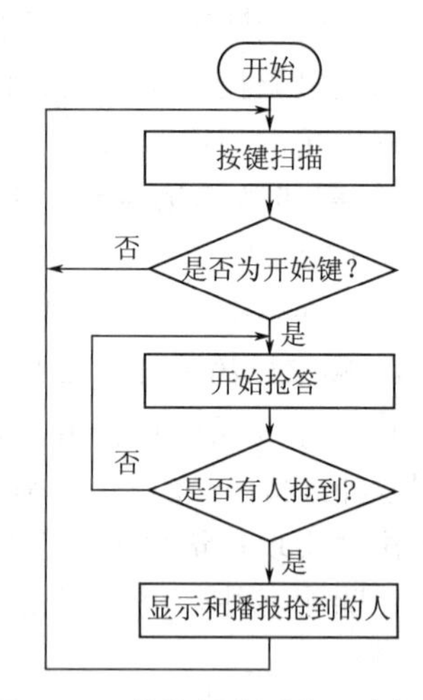

图 8.15　抢答计分系统程序框图

题目 51　8 位竞赛抢答器的设计。设计要求：同时供 8 名选手或 8 个代表队比赛，分别用 8 个按钮 S0～S7 表示；设置一个系统清除和抢答控制开关 S，开关由主持人控制；抢答器具有锁存与显示功能，即选手按按钮，锁存相应的编号，并将优先抢答选手的编号一直保持到主持人将系统清除为止；抢答器具有定时抢答功能，且一次抢答的时间由主持人设定（如 30s）；当主持人启动“开始”键后，定时器进行减计时，同时扬声器发出短暂的声响，声响持续 0.5s 左右；参赛选手在设定的时间内进行抢答，抢答有效，定时器停止工作，LED 数码管上显示选手的编号和抢答的时间，并保持到主持人将系统清除为止；如果定时时间已到，无人抢答，本次抢答无效，系统报警并禁止抢答，定时显示器上显示 00。

设计提示：通过键盘改变抢答的时间，原理与闹钟时间的设定相同，将定时时间的变量置为全局变量后，通过键盘扫描程序使每按下一次按键，时间加 1（超过 30 时置 0）。同时单片机不断进行按键扫描，当参赛选手的按键按下时，用于产生时钟信号的定时计数器停止计数，同时将选手编号（按键号）和抢答时间分别显示在 LED 上。8 位竞赛抢答器的电路原理如图 8.16 所示。

题目 52　多路抢答器的设计。基本要求：设计一款 6 路或 6 路以上的抢答器；设计一个抢答控制开关（开始抢答后才允许答题者抢答），供主持人用；设定抢答时间限制，超过时间后，该题作废；有犯规（未按“开始”键就抢答的）时显示其号码。扩展要求：设定答题时间；数字 LED 显示当前答题者号数；其他功能（创新部分）。

题目 53　多路智能抢答器的设计。基本要求：6 路抢答，抢答有效时相应的灯亮，并有音乐提示；每轮抢答需主持人按“开始”键后，抢答才有效；抢答无效时，有相应的灯及音乐提示。扩展要求：扩展到 8 路或 8 路以上；抢答倒计时提示；各路的参赛者有得分显示；其他自行增加的功能。

设计提示：本参考设计为 6 路智能抢答器系统，其分为按键部分和显示部分。按键“0”用来复位，即清除各标志，按键“F”用来控制抢答开始，并用发光二极管 L6 表示，其亮开始抢答才能有效，“0”和“F”两个按键由主持人控制；按键“1”～“6”代表 6 个不同

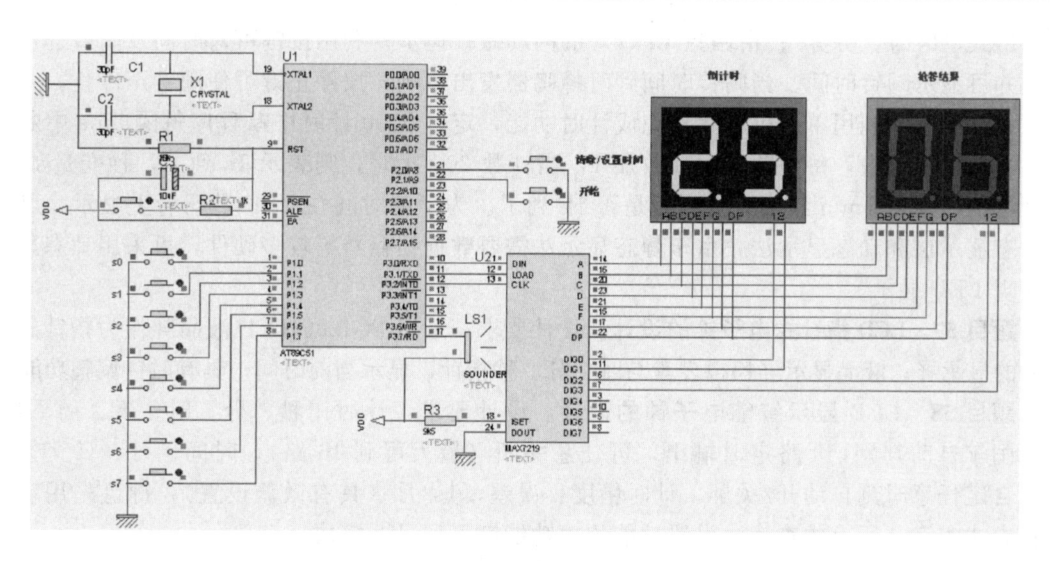

图 8.16　8 位竞赛抢答器的电路原理图

的选手按键，发光二极管组 L0～L5 代表 6 位选手，抢答成功时，相应的发光二极管才会点亮；用数码管组低位表示相应抢答成功选手的号码数；用蜂鸣器代表声音提示，响 1 声代表抢答无效，响 4 声代表抢答有效。主持人没有按下“0”键，选手按下相应的键是没有反应的；主持人按下“0”键后，如果还没有按下“F”键，L6 不亮，选手按下相应的键，只有蜂鸣器响 1 声，代表抢答无效；主持人先后按先“0”和“F”两个按键，L6 被点亮，选手按下相应的键，蜂鸣器响 4 声，数码管组低位显示相应选手的号码数，也点亮代表相应选手的发光二极管；其他选手按键不会改变抢答结果，即按键后不会有任何反应；上面现象代表抢答成功。

题目 54　基于单片机的无线抢答器的设计。设计要求：具有“抢答、违规处罚、实时顺次显示每组分数”的功能；主持人在主控制台实现主控命令的发布和加减分的操作；抢答器和主机之间的数据采用无线传输方式。

设计提示：目前市面上带编码/解码功能的无线收发模块都是以 PT2262/2272 为编码/解码芯片，中心频率为 315MHz（或 413MHz）。PT2262/2272 是我国台湾普城公司生产的一种采用 CMOS 工艺制造的低功耗通用编码/解码电路。本系统硬件以单片机为核心，采用带译码的标准接收模块，接收中心频率为 315MHz，“开始”键采用中断方式，其余键采用查询方式，显示器可采用 6 位一体共阳极数码管，显示格式可为“组号—秒（两位）”，系统提示音用蜂鸣器。

题目 55　LED 电子时钟的设计（一）。基本要求：用 6 个 7 段 LED 数码管作为显示设备，设计时钟功能；可以分别设定时、分和秒，复位后时间为 00：00：00；秒钟复位功能，秒复位键按下后，秒回到 00。扩展要求：日期、时间切换功能；使用 LCD 取代 LED 作为显示设备；实现闹钟功能。

设计提示：LED 宜采用动态扫描法显示；如果需要制作电子万年历，可以考虑外部扩展专用时钟芯片（如 DS1302）。成品效果如图 8.17 所示。

图 8.17　LED 电子时钟成品效果图

题目 56　LED 电子时钟的设计（二）。设计要求：利用 4 只 LED 数码管，设计带有闹铃功能的数字时钟。在 4 位数码管上显示当前时间。

显示格式“时时：分分”；由两只 LED 灯的闪动做秒显示；利用按键可对时间及闹铃进行设置，并可显示闹铃时间。当闹铃时间到时蜂鸣器发出声响，按停止键可使闹铃声停止。

设计提示：利用单片机定时器完成计时功能，定时器 00 计时中断程序每隔 5ms 中断一次并当作一个计数，每中断一次计数加 1，当计数 200 次时，则表示 1s 到了，秒变量加 1，同理再判断是否 1min 到了，再判断是否 1h 到了。为了将时间在 LED 数码管上显示，可采用静态显示法和动态显示法，由于静态显示法需要数据锁存器等较多硬件，可采用动态显示法实现 LED 显示。

题目 57　LCD 指针式电子钟的设计。设计要求：采用 PG12864LCD 液晶屏作为指针式电子钟的显示屏；液晶显示屏模拟表盘与时、分、秒指针，显示当前时间；具有时钟调整功能。

题目 58　LCD 显示智能电子钟的设计。设计要求：计时用秒、分、时、天、周、月、年；闰年自动判别；5 路定时输出，可任意关断（最大可到 16 路）；时间、月、日交替显示；自定任意时刻自动开/关屏；计时精度：误差≤1s/月（具有微调设置）；键盘采用动态扫描方式查询。所有的查询、设置功能均由功能键 K1、K2 完成。

设计提示：本设计采用市场上流行的时钟芯片 DS1302 进行制作。实时时钟/日历电路能够计算 2100 年之前的秒、分、时、天、周、月、年，具有闰年调整的能力。智能电子钟仿真效果如图 8.18 所示。图中浮动窗口中显示 DS1302 当前时钟状态。

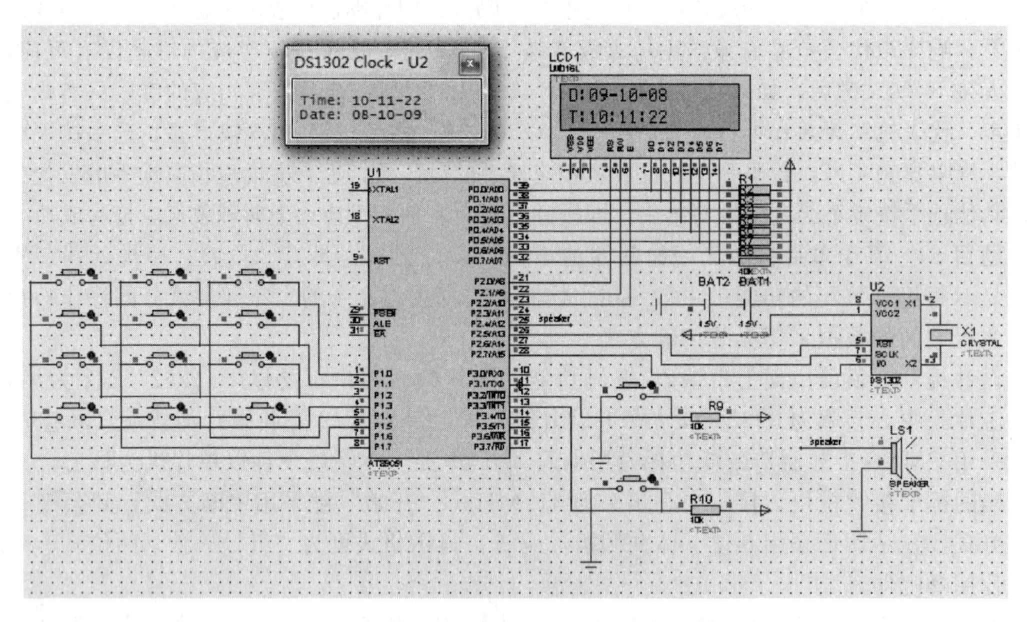

图 8.18　智能电子钟仿真效果图

题目 59　LCD 显示电子钟的设计。基本要求：使用文字型 LCD 显示器显示当前时间；显示格式为“时：分：秒”；用 4 个功能键操作来设置当前时间。功能键 K1～K4 功能为：K1——进入设置现在的时间，K2——设置时，K3——设置分，K4——确认完成设置；程序执行后工作指示灯 LED 闪动，表示程序开始执行，LCD 显示“00：00：00”，然后开始计时。扩展要求：增加闹铃功能，时间到则产生音乐声；增加闹铃功能，时间到则启动继电器控制家电；增加万年历显示“年．月．日”；结合温度传感器显示当前的温度；结合湿度传感器显示当前的湿度。

设计提示：本设计的难点在于键盘的指令输入，由于每个按键都具有相应的一种或多种功能，程序中需要大量使用 do {} while 或 while {} 循环结构，以检测是否有按键按下。图 8.19 所示为本设计的参考电路。按下按键“1”后，可发现 LED 停止闪烁，即时钟停止走时，时钟停在当前时刻；按下按键“2”和“3”后，可改变时间；按下按键“4”后，时钟复位到修改后的时间，时钟重新开始运转。

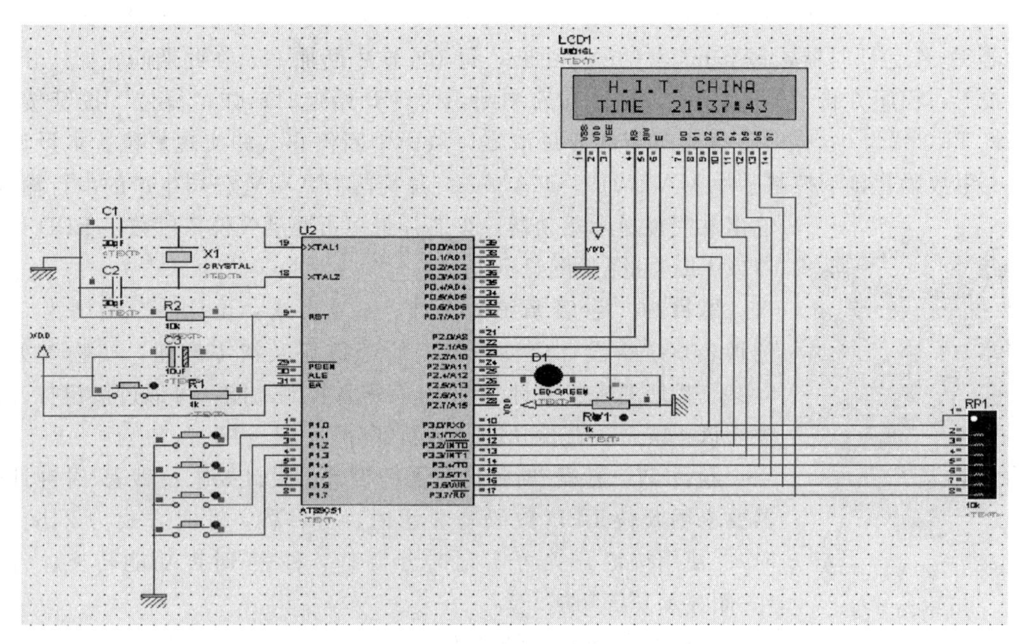

图 8.19　LCD 显示电子钟设计的参考电路

题目 60　00～59s 秒表计时器的设计。 设计要求：该计时器具有计时秒表的功能，计时范围为 00～59s；利用软件延时实现 1s 计时功能；设计开始、暂停和清零按钮；计时时间利用数码管显示。

题目 61　计数器的设计。 设计要求：设计十进制 0～99 的计数器，采用按键计数，按下按键，计数值增加 1；采用 2 位数码管显示，计数初值为 0；当计数达到 99 时，再次按下按键，计数值从 1 开始增加；设计一个按键，用于清空计数值。

题目 62　定时闹钟的设计。 设计要求：利用单片机设计一个最大定时时间为 60min 的定时闹钟，当定时时间到点的时候，闹钟播放声音，提醒使用者定时时间到。采用两只数码管显示定时时间；用按键调节定时时间 1～60min；采用一个按键启动定时器工作；采用蜂鸣器播放声音；采用一个按键进行复位控制（中断定时，或停止蜂鸣器播放声音）。

题目 63　数字钟的设计（一）。 设计要求：利用 6 个 LED 分别显示时、分、秒，时为 24 进制，分、秒为 60 进制；时、分、秒之间分别用两只发光二极管间隔，并且每隔 1s 闪烁一次（亮的时间和灭的时间分别为 0.5s）；数字钟的初值设为 23：59：50；闹铃时间设为 00：00：00，蜂鸣器发音（鸣叫 3s）。

设计提示：显示用静态还是动态扫描显示方式？如何实现秒脉冲，可否用软件延时的方法实现？如何实现显示初值的设定？如何实现闹铃设置（多点闹铃如何解决）？是否可以将其扩为多点打铃计时器？

题目 64　数字钟的设计（二）。设计要求：启动显示制作的年、月、日，制作者的专业、学级、学号，制作者可设为自己的信息；24h 计时功能（精确到 s）；整点报时功能；闹钟功能；h/min 调整功能；秒表功能；省电模式功能。

题目 65　秒表的设计。设计要求：采用 AT89C51 设计一个 2 位 LED 数码显示作为“秒表”：显示时间为 00～99s，每秒自动加 1，另设计一个“开始”键和一个“复位”键。

设计提示：本设计的难点在于通过对键盘的扫描对时钟的走时/停止进行控制，可采用定时器 T0 作为计时器，每 10ms 发生一次中断，每 100 次中断加 1s。在此期间，如“开始”按键按下，程序方将 TR0 置为 1，从而开启中断，时钟开始走时；如“复位”按键按下，程序将 TR0 置为 0，同时将存储时间的变量清零，从而中断停止，并实现复位。本设计可采用专用数码管显示控制芯片 MAX7219。MAX7219 是美国 MAXIM 公司生产的串行输入/输出共阴极显示驱动器，该芯片最多可驱动 8 位 7 段数字 LED 显示器或 LED 和条形图显示器。

图 8.20　秒表系统设计的实物参照图

题目 66　秒表系统的设计。基本要求：设计一个精度为 0.1s 的秒表系统；设计启动按钮、暂停按钮及清零按钮，实物参见图 8.20。扩展要求：设计每到 1s 有声音提醒功能，可通过按钮打开及关闭该提醒音；其他功能（创新部分）。

题目 67　秒表/时钟计时器的设计。设计要求：秒表/时钟计时器要求用 6 位 LED 数码管显示时、分、秒，计时方式为 24h（小时）。使用按键开关可实现时分调整、秒表/时钟功能转换、省电（关闭显示）等功能。

题目 68　定时闹钟的设计。基本要求：使用单片机结合字符型 LCD 显示器设计一个简易的定时闹钟，若 LCD 选择有背光显示的模块，在夜晚或黑暗的场合中也可使用。显示格式为“时：分”；由 LED 闪动来做秒计数表示；一旦时间到则发出声响，同时继电器启动，可以扩充控制家电开启和关闭；程序执行后工作指示灯 LED 闪动，表示程序开始执行，LCD 显示“00：00”，按下操作键 K1～K4 动作如下：K1——设置现在的时间，K2——显示闹钟设置的时间，K3——设置闹铃的时间，K4——闹铃 ON/OFF 的状态设置，设置为 ON 时连续三次发出“哗”声，设置为 OFF 时发出“哗”的一声；设置当前时间或闹铃时间如下：K1——时调整，K2——分调整，K3——设置完成，K4——闹铃时间到时发出一阵声响，按下本键可以停止声响。扩展要求：增加秒表计数；闹铃时间到则发出音乐声；增加减计数的功能；增加多组计数的功能。

设计提示：本设计的难点在于 4 个按键每个都具有两个功能，以最终实现菜单化的输入功能。采用逐层嵌套的循环扫描，实现嵌套式的键盘输入。以对小时设置的流程为例，其流程如图 8.21 所示。

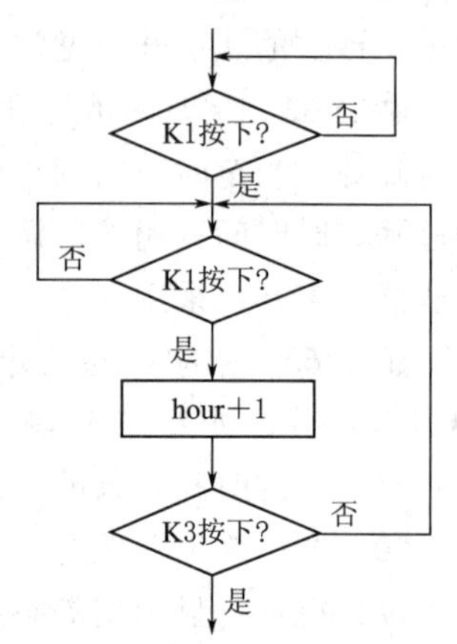

图 8.21　小时（变量 hour）设置的流程图

题目 69　倒计时器的设计。设计要求：倒计时器用于定时，设置初值后，启动倒计时，即可开始工作，当计时结束后，用蜂鸣器报警。可设置计时初值十进制数 00～99；采用两位数码管显示定时值，并具备锁存功能；采用一个按键设置计时初值；采用一个按键控制倒计时开始；采用一个按键控制倒计时停止；采用一个按键清空计时值。

题目70 倒计时显示的设计。设计要求：3位数码管倒计时显示。初始值设为216s；当剩余时间小于100s时百位不显示，剩余时间小于10s时仅显示个位，剩余时间0s时个位闪烁显示0；当计时减为0时，蜂鸣器鸣叫3s。

设计提示：显示扫描方式如何选择？计时用的定时单位如何实现？如何实现用户对初值的设定？能否扩为4位显示的倒计时？

题目71 可编程倒计时装置的设计。设计要求：按秒倒计时，键盘预置分、秒各两位数，键控启动计时，数码管显示倒计时。计时器归零时输出一音频信号。

题目72 LED数字倒计时器的设计。设计要求：LED数码管显示倒计时时间；倒计时过程中能设置多个闹钟，当倒计时值倒计到设定值时会发出约2s的报警声音；通过按键可以对倒计时设定初值。倒计时初始值范围为24:00:00—00:00:60，用户可根据需要对其进行设置，设置成功后复位初始值为设置值。

题目73 带有LCD显示音乐倒数计数器的设计。设计要求：利用单片机结合字符型LCD显示器设计一个简易的倒数计数器。做一小段时间倒计数，当倒计数为0时，则发出一段音乐声响通知。字符型LCD（16×2）显示器；显示格式为“TIME 分：秒”；用4个按键操作来设置当前想要倒计数的时间；一旦按下键则开始倒计数，当计数为0时，发出一阵音乐声；程序执行后工作指示灯LED闪动，表示程序开始执行，按下操作键K1～K4动作为：K1——可调整倒计数的时间1～60min，K2——设置倒计数的时间为5min显示“0500”，K3——设置倒计数的时间为10min显示“1000”，K4——设置倒计数的时间为20min显示“2000”；复位后LCD的画面应能显示倒计时的分钟和秒数，此时按K1键，则在LCD上显示出设置画面。此时，按操作键K2——增加倒计数的时间1min，按操作键K3——减少倒计数的时间1min，按操作键K4——设置完成。扩展要求：增加时钟及闹铃功能；增加秒表计数功能；增加万年历显示“年．月．日”；增加多组倒计数功能。

设计提示：本题目最大难点是实现音乐的播放。利用定时计数器，通过载入不同的计数初值，产生频率不同的方波，输入蜂鸣器，使其发出频率不同的声音。本设计中单片机晶振取为1.0592MHz，通过计算各音阶频率，可得1、2、3、4、5、6、7共7个音应赋给定时器的初值为64580、64684、64777、64820、64898、64968、65030。在此基础上，可将乐曲的简谱转化为单片机可以“识别”的“数组谱”，进一步加入对音长、休止符等的控制量后，可以实现音乐的播放。

题目74 电子万年历的设计。设计要求：具有报时功能，停电正常运行（来电无需校时）；同时显示阳历年、月、日、星期、时、分、秒和阴历月、日的电子日历；具有较高的精确度，一年的误差为1s以下；具有时间校准等功能。

设计提示：电子日历的主要功能是给人们提供时间和日期信息，从外部可分为显示和校准两部分。整个系统从功能上可分为实时时钟、显示和键盘三个模块，分别完成时间和日期的计算以及人机交互的管理等。系统框图如图8.22所示。实时时钟的实现有两种方案可选：①利用单片机系统时钟和中断完成时间和日期的计算；②利用专用时钟芯片。常见的芯片有DALLAS公司生产的DS1302和DS12887等。简单的数据显示常采用液晶显示或数码管显示。时钟系统的键盘可以设置3个键：确认键、加1键和减1键，甚至两键也可满足要求。程序软件部分框图如图8.23所示，系统软件可分为键盘管理、显示管理、报时管理和RTC管理。

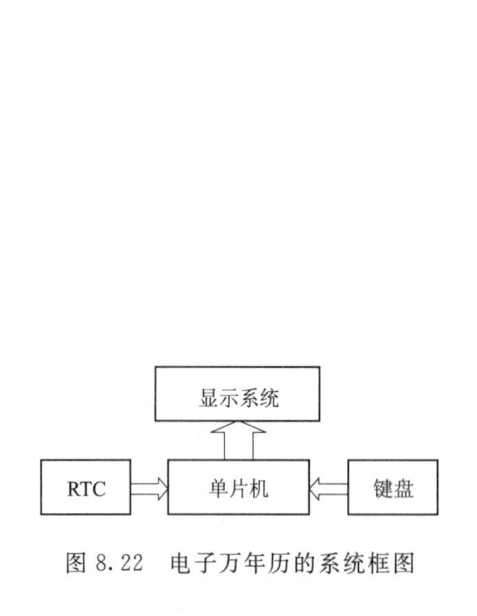

图 8.22　电子万年历的系统框图

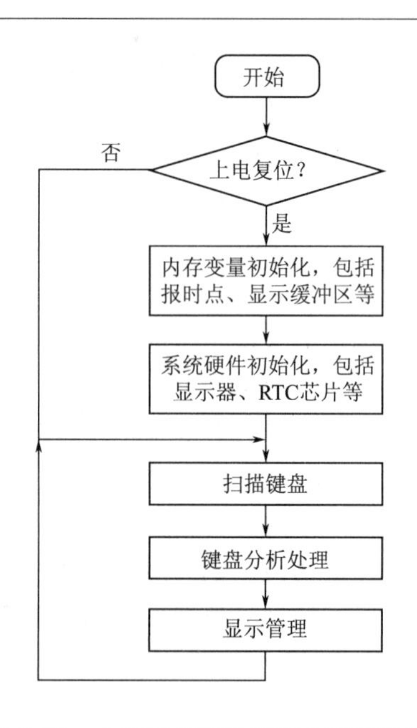

图 8.23　电子万年历软件部分程序流程

题目 75　日历时钟数字显示系统的设计。设计要求：利用单片机及外围接口电路（键盘接口和显示接口电路）设计制作一个日历时钟，用 LED 把日期、时间实时显示出来。日历：年（2 位）、月（2 位）、日（2 位）；时钟：时（2 位）、分（2 位）、秒（2 位）；星期（1 位）；校对键：确认键、加键、翻屏键；阴历日期推算并显示：月（2 位）、日（2 位）、指示阴历闰月（发光二极管 1 只）。

设计提示：按照系统设计功能的要求，初步确定设计系统由主控模块、时钟模块、显示模块、键扫描接口电路模块组成，电路系统构成框图如图 8.24 所示。主控芯片可采用 51 系列 AT89C52 单片机；时钟芯片 DS1302 采用串行数据传输，而时钟芯片 DS12887 采用并行数据传输，为节省单片机端口，时钟芯片可选用 DS1302；显示模块采用普通的共阴 LED 数码管或 LCD 显示，考虑其造价较高浪费资源，故使用 LED 显示；键盘采用线性连接，连接方式相对简单，使用查询法实现调整功能。

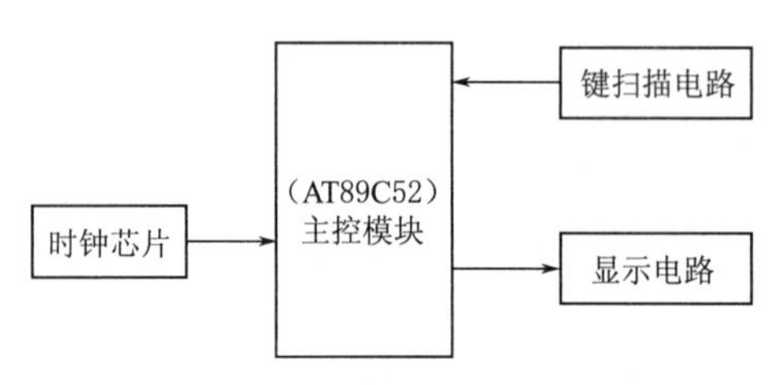

图 8.24　日历时钟数字显示系统构成框图

题目 76　可编程作息时间控制器的设计。基本要求：按照给定的时间模拟控制，实现广播、上下课打铃、灯光控制（屏幕显示），同时具备日期和时钟显示功能。扩展要求：给定的时间可修改；可模拟手动控制；用扬声器模拟打铃。

设计提示：可将定时闹钟改造为 4 路可调闹钟，从而实现打铃等功能。当 4 路闹钟中的任 1 路到时，均会点亮灯、打铃。如有需求，可对程序进行调整，增加闹钟的路数以及到时后的处理方式。本设计中 4 个按键的功能分别为设置限制的时间/时的调整、显示闹钟设置的时间/分的调整、设置闹钟的时间/设置完成、闹钟更换。本设计的电路原理图如图 8.25 所示，图中的晶振频率取为 11.0592MHz，当 4 路闹钟中的任一路到时，均会点亮灯、打铃。

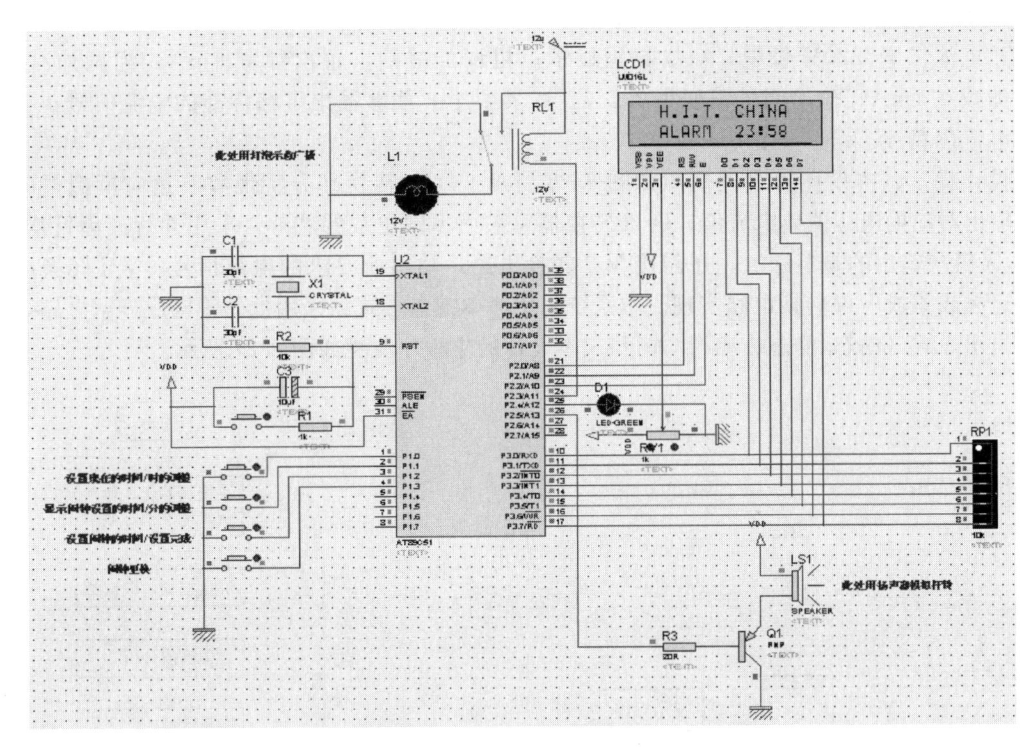

图 8.25　可编程作息时间控制器设计的电路原理图

题目 77　单词记忆测试器程序的设计。基本要求：实现单词的录入（为使程序具有可演示性，单词不少于 10 个）；单词用按键控制依次在屏幕上显示，按键选择认识还是不认识，也可以直接进入下一个或者上一个；单词背完后给出正确率。扩展要求：旧单词从文件中读出；录入的新单词保存到文件中；第一次背完后，把不认识以及跳过的单词再次显示出来，提醒用户再记忆，直到用户全部都记住；结束后，给出各个单词的记忆结果信息，如记忆次数。

设计提示：本设计实质上是一个具有一定复杂程度键盘扫描程序，可将单词存储在一个二维数组中，按“确定”键开始程序后，显示 0 行的数组，即第一个单词。之后按下“向上”键，显示上一行数组，即上一个单词；按下“向下”键，显示下一行数组，即下一个单词。当显示的行数超过 9 时，程序结束，并通过按“确认”键的次数，计算出正确率。本设计的电路与图 8.25 基本相同。

题目 78　D/A 转换控制 LED 发光亮度的设计。设计要求：选择一个目前较为常用的 D/A 器件，对 00～FFH 的数字信号进行 D/A 转换；用按键设置需要 D/A 转换的数据；用数码管显示需要 D/A 转换的数据；采用按键控制每次 D/A 转换动作，设置数据后即可按下该键，进行 D/A 转换；输出 0～5V 电压信号，控制一个 LED 灯的发光亮度。

题目 79　简易函数信号发生器的设计。基本要求：设计制作一个简易函数信号发生器，该信号发生器能产生正弦波、方波、三角波；通过键盘选择输出信号类型、幅值、周期等相关指标；输出波形的频率为 100Hz～20kHz；具有显示输出波形类型、频率和幅值的功能。扩展要求：输出频率扩展至 100Hz～200kHz；键盘控制产生任意波形；具有掉电存储功能，可存储掉电前用户编辑的波形和设置。

题目 80　标准电流信号发生器的设计。基本要求：输出 1 路标准可调的 4～20mA 电流信号；电池供电/220V 供电；4 位数码显示；粗调加减键，每次加减 1mA；细调加减键，每次加减 0.1mA；输出信号精度为 0.5%。扩展要求：能够输出多路标准的电流信号；提高标准电流的精度。

设计提示：本设计的原理框图如图 8.26 所示。D/A 转换部分实现数字量向模拟量的转化，输出对应的电压值或电流值。D/A 转换器可采用不同位数的芯片，采用并行或串行均可。若 D/A 转换输出的是电压值，还需接 V/I 转换电路，输出所要求的电流信号。V/I 转换电路可用运放或集成 V/I 转换电路实现。本系统采用简单键盘形式，采用数码管构成显示电路，并选定显示方式（动态/静态、串行/并行）。本设计的主程序流程如图 8.27 所示。

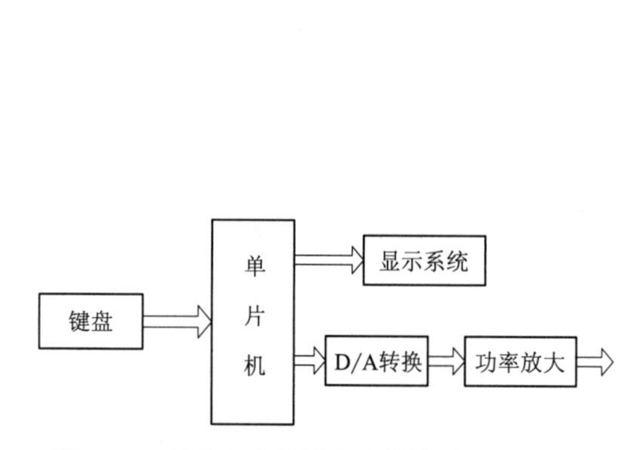

图 8.26　标准电流信号发生器设计的原理框图

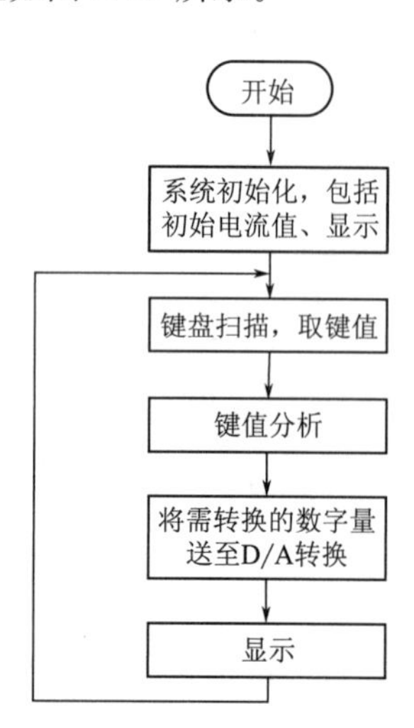

图 8.27　主程序流程

题目 81　频率可控正弦波信号发生器的设计。设计要求：利用 DAC0832 输出正弦波信号，初始频率为 50Hz，变频采用“＋”“－”键控制，实时测量输出信号的频率值，并分析和实测输出信号的频率范围。

题目 82　波形发生器的设计。设计要求：设计一个能产生正弦波、方波、三角波、梯形波、锯齿波的波形发生器。利用单片机输出频率范围为 1～1000Hz 的正弦波、方波、三角波、梯形波、锯齿波，并用示波器观察。

设计提示：产生指定波形可以通过 D/A 转换来实现，不同波形的产生实质上是通过对输出的二进制数字量进行相应改变来实现的。本设计中，方波信号是利用定时器中断产生的，每次中断时，将输出的信号按位反即可；三角波信号是将输出的二进制数字信号依次加 1，达到 0xff 时依次减 1，并实时将数字信号经 D/A 转换得到；锯齿波信号是将输出的二进制数字信号依次加 1，达到 0xff 时置为 0x00，并实时将数字信号经 D/A 转换得到的；梯形波是将输出的二进制数字信号依次加 1，达到 0xff 时保持一段时间，然后依次减 1 直至 0x00，并实时将数字信号经 D/A 转换得到的；正弦波是利用 MATLAB 将正弦曲线均匀取样后，得到等间隔时刻的 y 方向上的二进制数值，然后依次输出后经 D/A 转换得到。

题目 83　多波形发生器的设计。基本要求：可产生多种波形，如正弦波、三角波、锯齿波、方波、梯形波等；各种波形可通过按键选择。扩展要求：可调节信号的频率、占空比等参数；其他自行增加的功能。

设计提示：本设计中采用单级缓冲连接方式的DAC0832，并通过按键来产生不同的波形。Vref引脚的电压极性和大小可决定输出电压的极性与幅值。按下不同的键会输出不同的波形，按键“1”代表输出正弦波，按键“2”代表输出三角波，按键“3”代表输出锯齿波，按键“4”代表输出方波，按键“5”代表输出梯形波。

题目84 波形发生器的设计。基本要求：设计一款能够产生3种以上波形的波形发生器；设计波形选择按钮；LED或LCD显示波形代号（如1为正弦波，2为方波，……）。扩展要求：能够同时输出两种波形；能够记录一段时间的波形；其他功能（创新部分）。

题目85 方波发生器的设计。设计要求：方波发生器用于产生任意占空比的方波信号，并可人为调节方波的占空比。方波的占空比可调节，调节范围为0（全低电平）～100（全高电平）；方波的周期可调节，调节范围为1～100ms；采用3只数码管显示输入的数据，初值为50；采用一个按键输入数据；采用一个按键控制周期的调节，但该键按下时，数码管显示的数据即为方波的频率，单位为ms；采用一个按键控制占空比的调节，但该键按下时，数码管显示的数据即为方波的占空比；采用一个按键进行复位控制。

题目86 两路相位可调方波信号发生器的设计。设计要求：键盘控制方波信号的频率和两信号的相位差；频率范围和变化步长值自定，相位0～360°，相位差变化步长值自定；用双踪示波器观察。能做到频率和相位差两参数独立变化更好。

题目87 A/D转换与显示的设计。设计要求：选择一个目前较为常用的A/D器件，对0～5V电压信号进行采样；采样的结果用两位十进制数显示；用按键控制每次采样动作，按一次按键，采样一次，并显示；数码管显示具备锁存功能，上电后显示“00”，当采样一次后，显示采样结果，并保持到下次采样。

题目88 ADC0809模数转换与显示的设计。设计要求：对单片机控制的ADC0809（或ADC0808）的通道0的模拟量进行A/D转换，转换为数字量后显示在3位数码管上。也可对A/D转换器的两个通道的输入模拟量进行转换，结果显示在8位数码管上，两个通道的结果的显示各占4位。

题目89 简易数字电压表的设计。基本要求：可以测量0～5V的8路输入电压值，并在LED数码管或液晶显示器上轮流显示或单路选择显示；测量最小分辨率为0.0196V，测量误差约为±0.02V。扩展要求：最小分辨率为0.002V，测量误差为±0.002V；扩展串行通信接口电路，实现单片机系统与上位计算机的通信。

设计提示：系统框图如图8.28所示。本系统由主控模块、数据采集模块、显示模块和键盘模块组成。采用片内不带A/D转换器的AT89S51或其兼容系列单片机构成数字电压表系统，则需扩展A/D转换器；简单的数据显示常采用液晶显示或数码管显示；由于系统中按键较少，用普通按钮接10kΩ的上拉电阻，用查询法或中断法完成读键功能。系统软件包括主程序、显示子程序和数据采集子程序。刚上电时，系统默认为循环显示8个通道的电压值状态。当进行一次测量后，将显示每一通道的A/D转换值，每个通道的数据显示时间为1s左右。主程序在调用显示子程序和数据采集子程序之间循环。系统主程序如图8.29所示；若采用数码管显示则采用动态扫描方式，若采用液晶显示器则应详细阅读液晶显示器的使用说明；数据采集子程序用来控制对ADC08098路模拟输入电压的A/D转换，并将对应的数值存入内存单元。其流程图如图8.30所示。

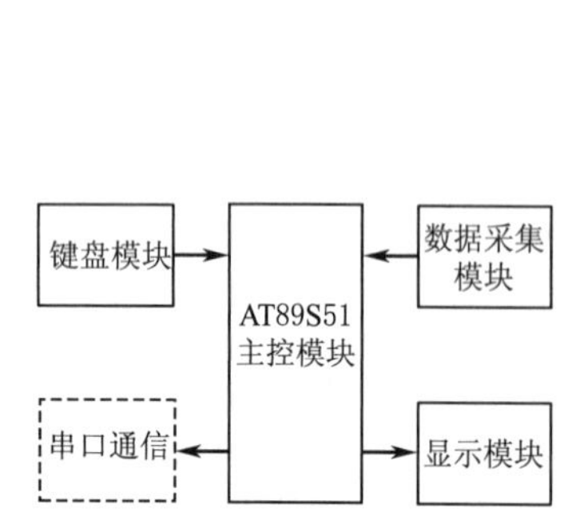

图 8.28　简易数字电压表硬件框图

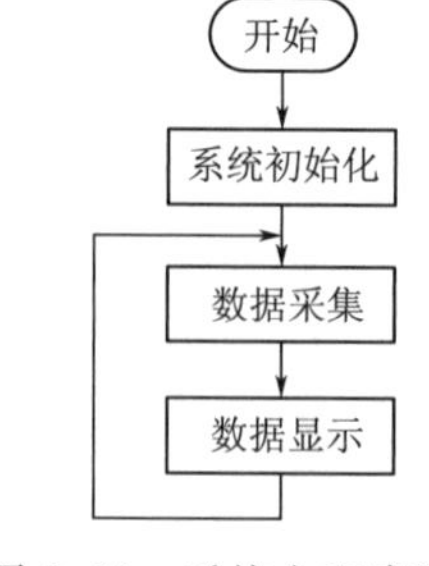

图 8.29　系统主程序流程

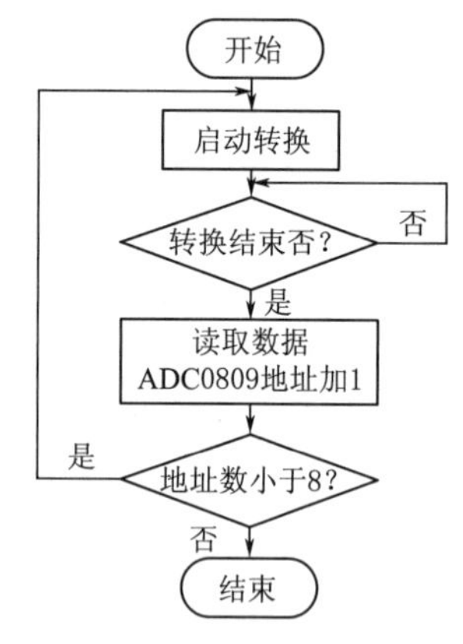

图 8.30　数据采集子程序框图

题目 90　汽车蓄电池电压检测系统的设计。 设计要求：采用单片机设计一个蓄电池检测系统控制器，通过控制 A/D 芯片来检测滑动变阻器模拟输出的蓄电池电压，当电压低于 2V 时，系统能够及时地给出提示信息。

设计提示：本系统可由 AT89C51 单片机、ADC0809A/D 转换器、LCD12864 液晶显示器等组成。本系统的难点在于 A/D 芯片的应用以及在 LCD12864 上显示提示信息。

题目 91　数字电压表的设计（一）。 设计要求：以单片机为核心，设计一个数字电压表。采用中断方式，对 2 路 0～5V 的模拟电压进行循环采集，采集的数据送 LED 显示，并存入内存。超过界限时指示灯闪烁。

设计提示：本设计本质上是以单片机为控制器，ADC0809 为 ADC 器件的 A/D 转换电路，设计要求的电压显示。本设计中 ADC0809 的参考电压为+5V，采集所得的二进制信号 addata 所指代的电压值为 addata/256×5V。若将其显示到小数点后两位，其计算的数值为 addata×100/256×5V≈addata×1.96V。本设计的程序将 1.25V 和 2.5V 作为两路输入的报警值，反映在二进制数字上，分别为 0x40 和 0x80。当 A/D 结果超过这一数值时，将会出现二极管闪烁和蜂鸣器发声。本设计的电路原理如图 8.31 所示。晶振频率取为 12MHz，

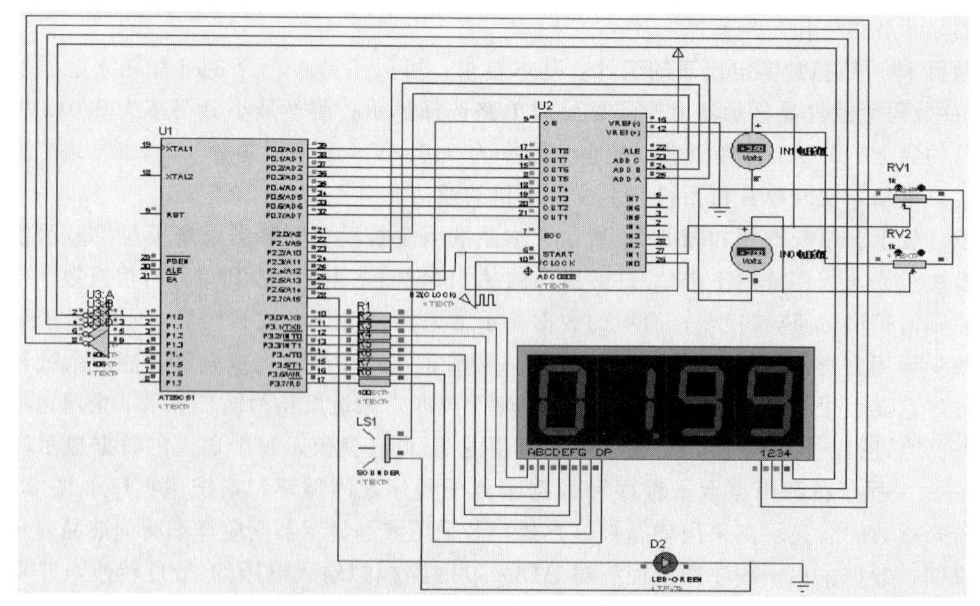

图 8.31　数字电压表设计的电路原理图

ADC0809 的时钟信号设置为 640kHz。当调节滑动变阻器时，可观察到显示的电压发生变化，且两路输入电压的测算值交替显示。当任一路电压输入超过预设值时，LED 显示器闪烁，蜂鸣器发声。

题目 92　数字电压表的设计（二）。基本要求：①设计技术指标：测量量程 0～5V；分辨率 100μV；测量速率 2 次/s 自动连续测量；②结果显示方式：当前电压显示以及与上一次电压差值显示。扩展要求：用语音装置来实现电压报数。

题目 93　数字测速仪的设计。设计要求：采用 OPTC 光断续器作为测速仪的信号源，当车轮转动一周时，OPTC 光断续器将会产生一个感应信号，再将产生的感应信号转换为数字信号输入单片机，经过数据处理和算法处理后得到车子的实际速度。

设计提示：可以采用夏普公司生产的 OPTC 光断续器，当然采用其他器件也可以，只要能产生让单片机检测到的脉冲信号即可。该光断续器将发光部分的 GaAs 红外发光二极管和感光部分的光电二极管以及信号处理（放大器、施密特触发器及稳压电路等）集成在一块芯片上。

题目 94　永磁直流电动机调速系统的设计。设计要求：具有正转、反转、调速及制动功能的电动机控制系统；具有启动键、方向控制键及提示灯、加速键、减速键及停止键。

设计提示：永磁电动机的转向控制和调速全部在电枢控制上实现，即通过调整电枢电压调节转速，通过改变电枢电流方向改变电动机转向。设计任务的实现关键在于改变电压方向和调整电压大小两个问题。首先，改变电压方向可以参照直流电动机控制电路，原理电路如图 8.32 所示。控制不同对角线的三极管的导通即可控制电枢电流的方向。至于电压大小的控制一般采用 PWM 方式实现。软件的难点主要在于 PWM 的实现。PWM 是一周期固定、占空比可调的脉冲系列，由于每个脉冲的高电平时间和低电平时间之和必须等于周期数，所以输出电平的维持时间必须由定时器来控制。设 PWM 周期为 T，高电平时间为 T_1，电压为 U_0，则输出电压的平均值为 $U=U_0T_1/T$。若每次按加速或减速键电压增加或减少 ΔU，则可以计算出 ΔT 的值，从而计算出相应的时间常数。

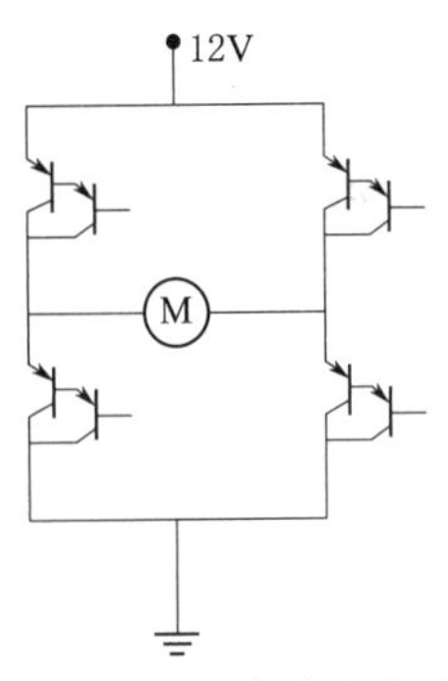

图 8.32　改变直流电动机电压方向的电路图

题目 95　单片机控制电动机的设计。设计要求：单片机通过继电器控制电动机的启动、停止、正转、反转等。用多个继电器实现电动机的控制；单片机控制整个系统工作按以下时间运行：启动时间 6s，正转时间 60s，停止时间 2s，反转时间 30s。

题目 96　直流电动机控制并测速的设计。设计要求：采用单片机设计一个控制直流电动机并测量转速的装置。单片机扩展有 A/D 转换芯片 ADC0809 和 D/A 转换芯片 DAC0832。通过改变 A/D 输入端可变电阻来改变 A/D 输入电压、D/A 输入检测量大小，进而改变直流电动机的转速；在键盘上设置两个按键——直流电动机加速键和直流电动机减速键。在手动状态下，每按一次键，电动机的转速按照约定的速率改变；采用显示器显示数码移动的速度，及时形象地跟踪直流电动机转速的变化情况；键盘列扫描（4×6）。

设计提示：直流电动机的速度与施加的电压成正比，输出转矩则与电流成正比。直流电动机可施加一个 PWM（脉宽调制）方波来调速，其占空比对应于所需速度。

题目 97　直流电动机转速控制系统的设计。基本要求：PWM 功率驱动直流电动机，用键盘控制转速。扩展要求：PWM 功率驱动直流电动机，用电位器控制转速；加上语音模块，通过语音报直流电动机的转动速度。

题目 98　步进电机脉冲分配器的设计。设计要求：设计三相反应式步进电机脉冲分配器，接收脉冲输入，要求三相单三拍、三相六拍运行方式控制（电平），正反转控制（电平）。选做：梯形速率控制。

设计提示：图 8.33 所示为硬件原理框图。系统由命令接收、控制输出和功率放大 3 个部分组成。命令接收部分接收上位机或控制装置的输出脉冲、运行方式及方向控制信号，脉冲输出部分形成分配脉冲，通过功率放大装置将脉冲送给步进电机，形成旋转磁场。脉冲接收部分和脉冲分配部分可由单片机完成，而功率放大可由三极管或光电耦合器完成。为能够使 3 个输出端同时动作，脉冲分配输出应考虑同步问题。可用软件实施同步，也可用硬件控制实施同步。考虑到步进电机的失步问题，单片机接收到脉冲在系统内进行缓存后，通过速率限制程序进行脉冲分配。因此，脉冲的缓存可由计数器完成或者通过外部中断对脉冲个数进行计数，之后进行分配。脉冲输入模块在每个输入脉冲到来时，将缓存单元进行加 1 计数；脉冲分配模块时刻扫描缓存单元，当缓存单元不为零时，步进电机旋转一步，之后缓存单元减 1，减到 0 时停止分配脉冲。为使三相电平同时变化，程序中应予以考虑。为使电机以最快速度运行，脉冲分配速率应按照梯形曲线分配，如图 8.34 所示。开始时（零转速）脉冲分配要慢，当电机旋转起来后，脉冲速率逐渐加快，并达到最高速率；当要停止时，也不可马上停止，必须先降低脉冲速率，最后降到零，电机停转。

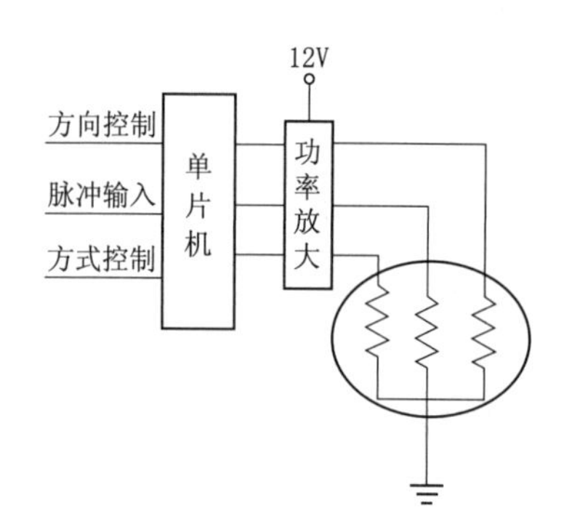

图 8.33　步进电机脉冲分配器硬件原理框图

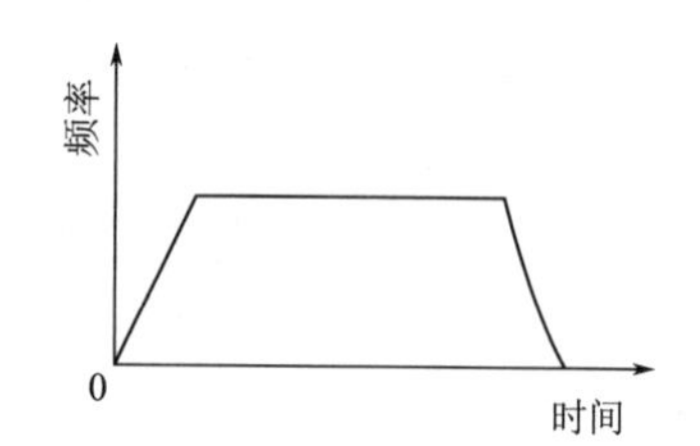

图 8.34　脉冲速率分配

题目 99　单片机控制步进电机的设计。设计要求：采用单片机控制一个三相单三拍的步进电机工作。步进电机的旋转方向由正反转控制信号控制；步进电机的步数由键盘输入，可输入的步数分别为 3 步、6 步、9 步、12 步、15 步、18 步、21 步、24 步和 27 步，且键盘具有键盘锁功能，当键盘上锁时，步进电机不接收输入步数，也不会运转。只有当键盘锁打开并输入步数时，步进电机才开始工作；电机运转的时候有正转和反转指示灯指示；电机在运转过程中，如果过热，则电机停止运转，同时红色指示灯亮，警报响。

设计提示：本设计的关键之处是生成控制步进电机的脉冲序列。步进电机的不同驱动方式，都是在工作时，脉冲信号按一定顺序轮流加到三相绕组上，从而实现不同的工作状态。由于通电顺序不同，其运行方式有三相单三拍、三相双三拍和三相单、双六拍三种（注意："三相单三拍"中的"三相"指定子有三相绕组；"拍"是指定子绕组改变一次通电方式；"三拍"表示通电三次完成一个循环。"三相双三拍"中的"双"是指同时有两相绕组通电）。本设计的电路原理如图 8.35 所示，图中各按键功能如图中所注，当有开关合上时，步进电机将工作。

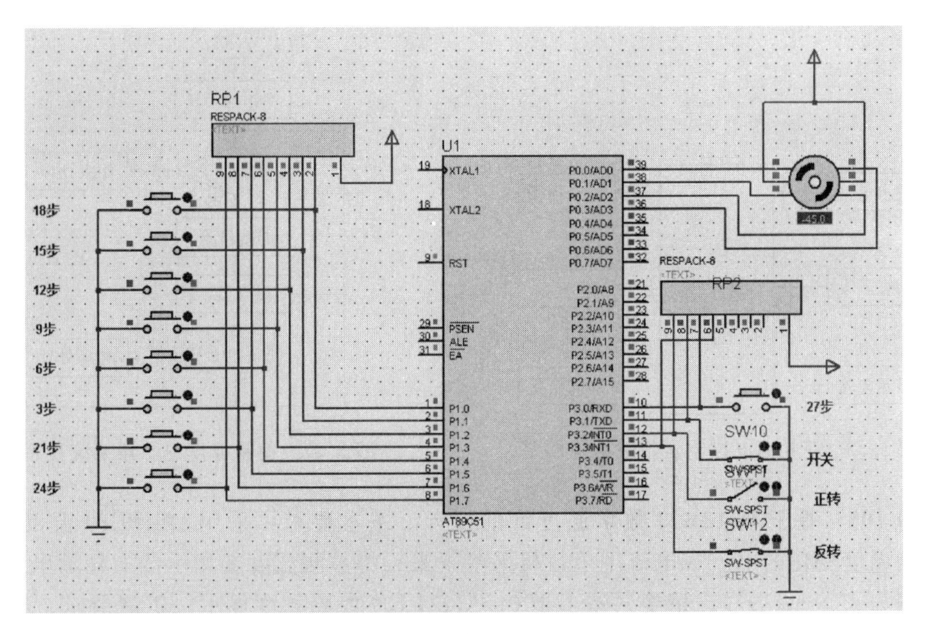

图 8.35　单片机控制步进电机设计的电路原理图

题目 100　步进电机转角控制系统的设计。基本要求：自定转动方向和转角度数。扩展要求：用键盘控制相对或绝对转动转角；用语音装置来实现报转角度数。

题目 101　步进电机控制系统的设计。基本要求：加速运转 100 步，匀速运转 100 步，减速运转 100 步，反方向加速 100 步，反方向匀速 100 步，反方向减速 100 步；电机的启动、停止、加减速、正反向等均可由按键控制。扩展要求：一段时间内将转速加到 200r/min，匀速运转一段时间后停止，正反方向均可控制；通过键盘设置电机转动的角度、步进方式，即每按一次键，电机转过一定的角度（如 360°）；设定方式：由键盘直接输入一个电机要旋转的角度，如输入 210 再按“确定”后，电机旋转 210°；正反方向均可控制；其他自行增加的功能。

题目 102　红外遥控步进电机的设计。设计要求：利用红外遥控器控制步进电机的动作，动作要有正、反方向转动；单步；连续；快慢等动作。

题目 103　电动车直线方向控制系统的设计。基本要求：继电器控制直流电动机正、反转。扩展要求：加上语音模块，通过语音报电动车的前进或后退方向。

题目 104　简易温度控制器的设计。设计要求：具有低温上电和高温断电功能；能够进行温度上限和温度下限设置，并且实时显示温度；有掉电保护功能；声音报警。

设计提示：系统框图如图 8.36 所示。其中：温度检测部分设计的首要任务就是选择合适的温度传感器；温度控制器的显示部分非常简单，显示内容非常少，可以选择液晶显示或数码管显示；温度控制器的键盘功能是实现温度的设定，键盘可以选择数字键盘形式和单一按键形式，本系统的键盘可设置确认、加 1、减 1 共 3 个键；温度控制部分即执行部分，其功能是在温度超出设定范围时，启动加热或制冷电路。它可采用继电器控制或双向可控硅。程序框图如图 8.37 所示。系统软件可分为温度信号采集、键盘管理、显示管理和温度控制等。首先设定温度范围，从传感器中读出温度数据，并且保存，然后计算温度数据，与设定值进行比较，判断是否超出温度范围。根据判断结果，启动加热、停止加热或制冷子程序。

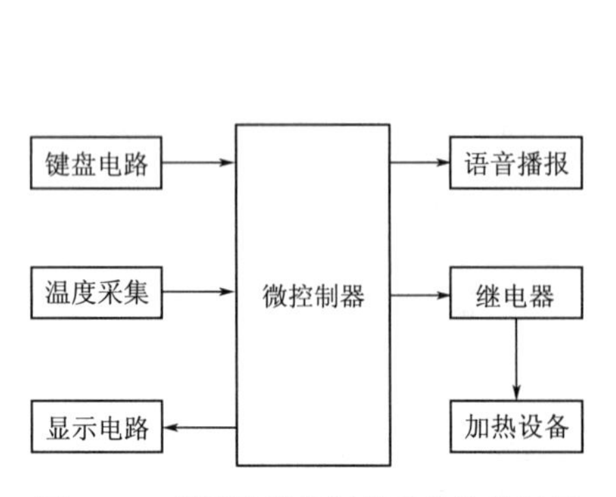

图 8.36　简易温度控制器系统结构框图

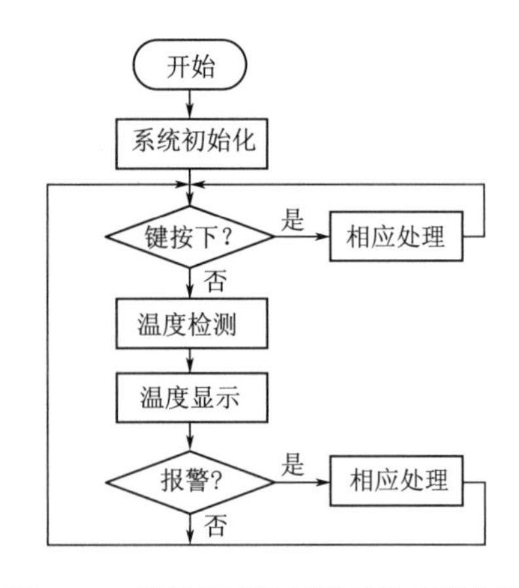

图 8.37　简易温度控制器系统程序框图

题目 105　基于 DS18B20 数字温度计的设计。基本要求：采用 DS18B20 温度传感器，将随被测温度变化的电压或电流用单片机采集下来，将被测温度在显示器上显示出来。测量温度范围为－50～110℃；精度误差小于 0.5℃；LED 数码直读显示。扩展要求：实现语音报出测量的温度值；可以任意设定温度的上下限报警功能。

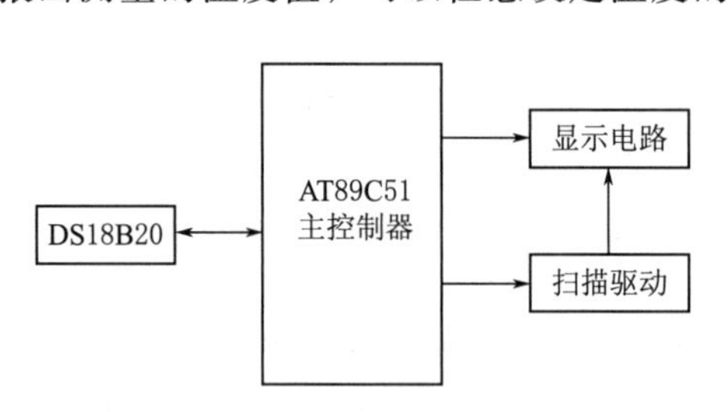

图 8.38　数字温度计总体电路结构框图

设计提示：数字温度计总体电路结构框图如图 8.38 所示。本设计采用智能温度传感器 DS18B20 作为检测元件，测温范围为－55～125℃，最大分辨率可达 0.0625℃。DS18B20 可以直接读出被测温度值，采用三线制与单片机相连。数字温度计控制器使用单片机 AT89C51，所测量的温度采用 3 位共阳极 LED 数码管以串口传送数据，实现温度显示。按照系统设计功能的要求，确定系统由主控制器、测温电路和显示电路三个模块组成。本设计的电路原理如图 8.39 所示。DS18B20 窗口显示的是当前环境温度，若调整 DS18B20 旁边的箭头，可改变环境温度，

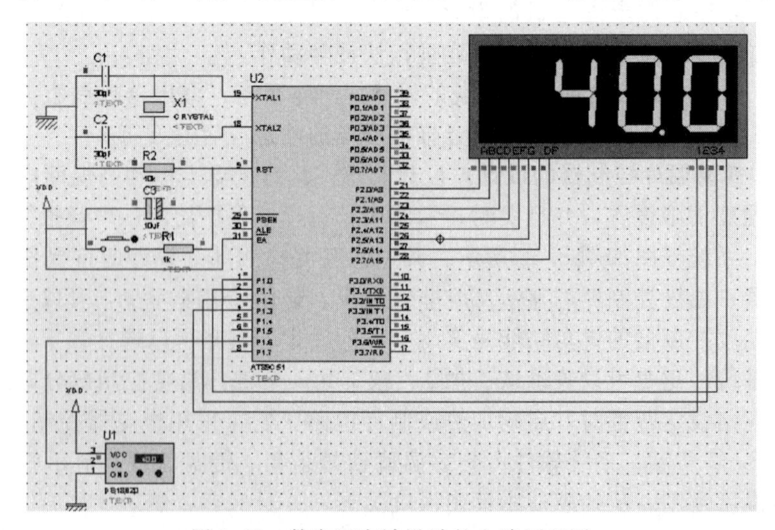

图 8.39　数字温度计设计的电路原理图

可以看到LED显示屏上的温度值发生相应变化。

题目106 基于热敏电阻的数字温度计的设计。设计要求：使用热敏电阻类的温度传感器件利用其感温效应，将随被测温度变化的电压或电流用单片机采集下来，将被测温度在显示器上显示出来。测量温度范围为－50～110℃；精度误差小于0.5℃；LED数码直读显示。

设计提示：本题目使用铂热电阻PT100，其阻值会随温度的变化而改变。厂家提供PT100在各温度下电阻值的分度表，在此可以近似取电阻变化率为0.385Ω/℃。采用2.55mA恒定电流源对PT100供电，然后用运算放大器LM324搭建的同相放大电路将其电压信号放大10倍后输入AD0804，再通过A/D转换后测PT100两端电压，即得到PT100电阻值，最后利用电阻变化率0.385Ω/℃的特性，计算出当前温度值。本设计的电路如图8.40所示。图中，PT100旁边的数字窗口显示的是测定的环境温度，通过调整上、下温度，可以实现对环境温度的改变。

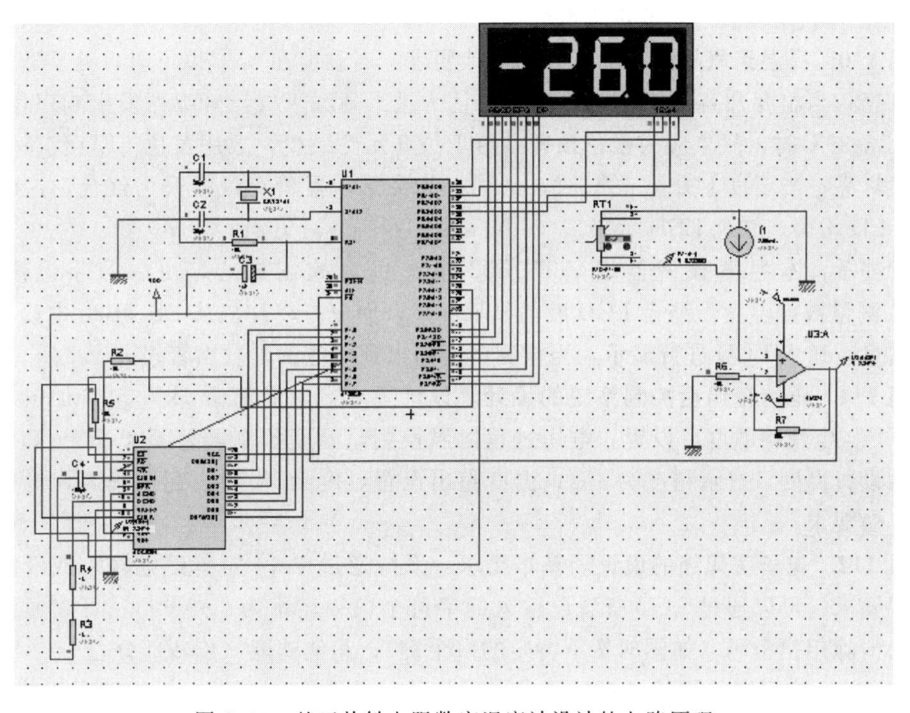

图8.40 基于热敏电阻数字温度计设计的电路原理

题目107 智能多点温度计的设计。基本要求：测量3个点的温度，测温范围均为0～100℃；每点温度分辨率为0.0625℃；2次/s自动连续测量；当前温度显示及与上一次温度测量值差值显示。扩展要求：用图形液晶显示温度曲线，当前温度、单位等；用语音装置实现温度报数。

设计提示：利用温度测量芯片DS18B20及外接的两片DS18B20可完成多点温度数据的采集、处理和显示等工作。

题目108 水温控制器的设计。设计要求：采用单片机设计一个水温控制器，晶振采用12MHz的频率，初始温度为50℃；超限报警温度设为70℃；控制精度为1℃；控制范围为环境温度（室温）至70℃。

设计提示：通过按键电路来设置加热温度，并将设置的温度值在数码管上显示。环境温度由 DS18B20 来测量，传到单片机进行处理。蜂鸣器用来报警，若温度超过 70℃，发出警报。加热器电路可采用双向晶闸管（需加阻容保护）控制电炉（电阻丝）来加热，为了防止干扰，可在单片机接口上接光电隔离器。

题目 109　热水器恒温控制的设计。 设计要求：以 AT89C51 单片机为核心，使用 4 位集成式数码管显示当前温度，使用直流电动机来模拟实际的温控电机，使用 DS18B20 温度传感器设计一个 4 位集成式数码管显示当前温度，当水温在 90℃以下时，直流电动机开始旋转，当温度达到 99℃以上时，电动机停止旋转（模拟实际对温度的控制）。

设计提示：本设计的系统由单片机控制、4 位 LED 显示以及 DS18B20 温度传感器等模块组成。水温通过 DS18B20 温度传感器采集，并通过 DS18B20 转换为单片机能处理的数字信号。单片机对接收到的信号进行处理，然后通过采集系列数据后用加权平均滤波。滤波后的数据，通过单片机的 P2 口驱动 LED 进行环境温度的显示，P3 口对 4 位 LED 进行控制，P1.1 接温控电机对温度进行实时监控。

题目 110　高温天气报警器的设计。 设计要求：当温度在 35℃以下时，处于适宜天气状态，绿灯亮；当温度升高到 35℃以上时，可认为进入高温天气，蜂鸣器发出响声作为警告；温度在 35～39℃时，气象应为橙色预警，由于仿真元件缺少，故用黄色 LED 代替，这时绿灯灭，黄灯亮；当温度上升至 40℃时，天气极为炎热，报警等级提升为红色，这时绿色及黄色的 LED 均灭，红色 LED 示警。

设计提示：本温度报警器以 AT89C52 单片机为控制核心，由一数字温度传感器 DS18B20 测量被控温度，结合 LCD 液晶显示屏组合而成。单片机从 DS18B20 中读出转化后的温度信息，送入 LCD 进行显示，当被测量值超出预设范围则发出警报。

题目 111　电烤箱温度控制系统的设计。 设计要求：电烤箱由 1kW 电炉加热，最高温度为 120℃；电烤箱温度可设置，电烤过程恒温控制，温度控制误差不大于±2℃；实时显示温度和设置温度，显示精度为 1℃；温度超出设置温度±5℃时发超限报警，对升温和降温过程不做要求。

题目 112　电子密码锁的设计。 基本要求：系统通过 4×4 矩阵键盘输入或设定开锁密码。扩展要求：可以通过 LCD 查看已输入的字符个数（显示为 *****）；可以通过特殊的按键方法清除用户密码（如同时按下特定的多个键）；其他功能（创新部分）。

题目 113　密码锁的设计。 设计要求：总共可以设置 8 位密码，每位密码值范围为 1～8；用户可以自行设定和修改密码；按每个密码键时都有声音提示；若键入的 8 位开锁密码不完全正确，则报警 5s，以提醒他人注意；开锁密码连续错 3 次要报警 1min，报警期间输入密码无效，以防窃贼多次试探密码；键入的 8 位开锁密码完全正确才能开锁，开锁时要有 1s 的提示音；电磁锁的电磁线圈每次通电 5s，然后恢复初态；密码键盘上只允许有 8 个密码按键。锁内有备用电池，只有内部上电复位时才能设置或修改密码，因此，仅在门外按键是不能修改或设置密码的；密码设定完毕要有 2s 的提示音。

题目 114　简易电子琴的设计（一）。 设计要求：设计一个以单片机为核心，可演奏三和弦的音程为三组（$\underset{\cdot}{\mathrm{G}}\sim\dot{\mathrm{E}}$）的电子琴。

设计提示：音频是指人耳能听到的频率范围（20Hz～20kHz）。音乐中的音高一般以中央 A 为基准，其频率为 440Hz，一个八度音程的频率关系为两倍的关系。一个八度中间有 12 个半音，两个半音之间相差 $2^{1/12}$ 倍，因此，$\underset{\cdot}{\mathrm{A}}\sim\dot{\mathrm{A}}$ 每半程音高频率分配见表 8.1。

表 8.1　　　　A～À 每半程音高频率分配

A	#A	B	#B
110.000000	116.540940	123.470825	130.812783
C	#C	D	#D
138.591315	146.832384	155.563492	164.813778
E	#F	G	#G
174.614116	184.997211	195.997718	207.652349
A	#A	B	#B
220.000000	233.081881	246.941651	261.625565
C	#C	D	#D
277.182631	293.664768	311.126984	329.627557
E	#F	G	#G
349.228231	369.994423	391.995436	415.304698
A	#A	B	#B
440.000000	466.163762	493.883301	523.251131
C	#C	D	#D
554.365262	587.329536	622.253967	659.255114
E	#F	G	#G
698.456463	739.988845	783.990872	830.609395

系统设计的主要任务是当某个音高的键盘按下时，在扬声器中发出相应频率的声音。频率输出有两种方案可选：①通过定时器中断控制端口的置位复位，形成给定频率的方波输出；②用定时器 8253，通过设定不同的计数初值在其输出端形成给定频率的方波输出。由于按键较多，键盘选用矩阵式键盘，支持两键同时按下的识别。另外，由于要求有三和弦输出，所以，设置 3 个输出端，先将 3 个频率叠加，之后送给功放输出。注意：方波中含有高频成分，须将高频滤掉形成近似正弦波后进行叠加。硬件实现原理框图如图 8.41 所示。软件的主要任务是在键盘按下之后，根据键名（音高）计算或查表得到对应频率的定时器计数初值，使定时器产生中断或输出给定频率的方波。由于本系统允许多键同时按下，应扫描键盘状态，即扫描有哪几个键按下，再根据键盘（按下）状态查找定时器初值。

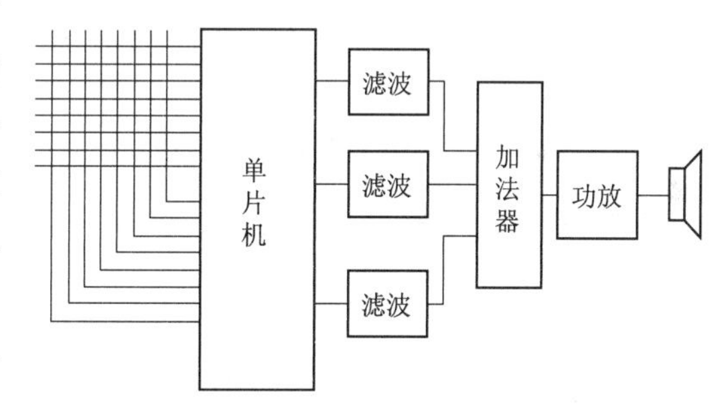

图 8.41　简易电子琴硬件实现原理框图

题目 115　简易电子琴的设计（二）。设计要求：利用所给键盘的 1、2、3、4、5、6、7 和 8 共 8 个键，能够发出 8 个不同的音调，并且要求按下按键发声，松开延时一段时间停止，中间再按别的键则发另一音调的声音。

设计提示：当系统扫描到键盘上有键被按下，则快速检测出哪一个键被按下，然后单片机的定时器被启动，发出一定频率的脉冲，该频率的脉冲输入蜂鸣器后，就会发出相应的音调。如果在前一个按下的键发声的同时有另一个键被按下，则启用中断系统，前面键的发音停止，转到后按的键的发音程序，发出后按的键的音调。

题目 116　语音存储与播放系统的设计。基本要求：总体录音时间达到 20s；实现分段录音功能，要求每段录放音时间 4s；键盘控制，完成录音播音的菜单控制；LED 指示当前状态。扩展要求：增加录音的容量；增加传感器，实现语音报警、语音警示的功能；为防止程序跑飞，增加看门狗电路；完成公交车报站器的功能。

设计提示：语音存储与播放的主要功能是完成录音与播音，整个系统利用单片机控制语音芯片的分地址录、放音，增加系统的语音提示功能。整个系统从功能上可分为显示、键盘和指示三部分，从而完成录音及播放的功能。如果再配用不同的传感器，还可用于语音报警、语音警示等场合。本系统的硬件原理框图如图 8.42 所示。图中，语音的录制与播放是系统的核心，其功能通常要选择专用的语音芯片来完成，本系统选用 ISD1420 语音芯片；显示模块可以采用数码管显示或液晶显示，数码管显示可采用动态显示和静态显示两种；对于本设计，由于按键使用数量较少，可用独立方式。本系统的软件框图如图 8.43 所示，它包括键盘扫描、显示部分，设计的核心在于语音芯片的初始化和录音放音的控制。

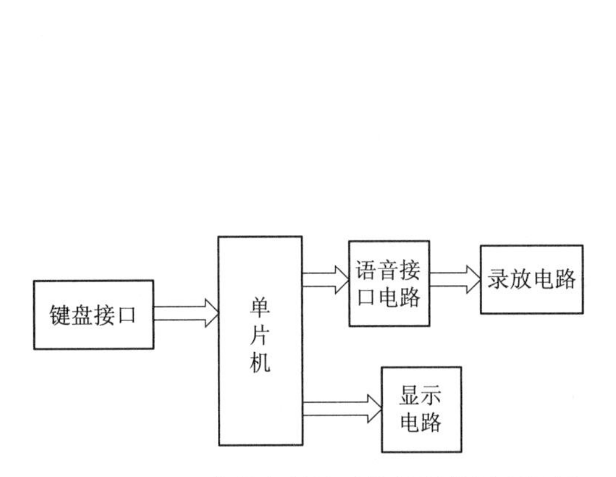

图 8.42　语音存储与播放系统的硬件原理框图

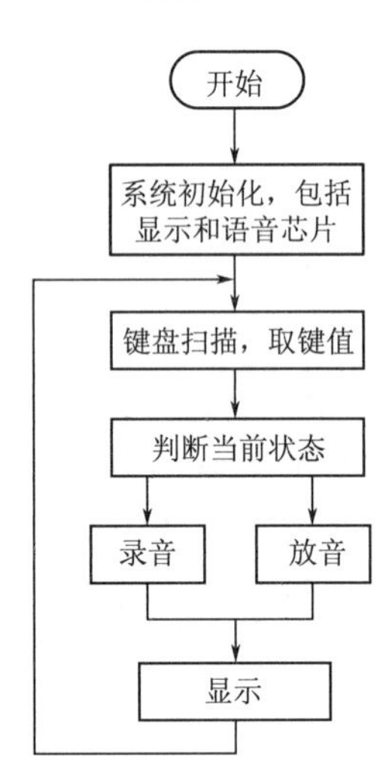

图 8.43　语音存储与播放系统的软件流程

题目 117　数字音乐盒的设计。设计要求：利用 I/O 接口产生一定频率的方波，驱动蜂鸣器发出不同的音调，从而演奏乐曲；最少 3 首乐曲，每首不少于 30s，每首乐曲都由相应的按键控制，并且有开关键、暂停键、上一曲以及下一曲控制键；采用 LCD 显示信息，开机时有英文欢迎提示字符，播放时显示歌曲序号（或名称）、播放时间。

题目 118　出租车计价器的设计。基本要求：不同情况具有不同收费标准，如白天、晚上、途中等待（>10min 开始收费）；数据输出有单价输出、路程输出、总金额输出；按键有启动计时开关、数据显示切换、白天/晚上切换、复位；能手动修改单价，但单价设定需密码进入。扩展要求：控制打印；能够在掉电的情况下存储单价等数据；能够显示当前的系统时间；语音播报数据信息。

设计提示：出租车计价器的主要功能是计价显示，时钟显示，根据白天、黑夜、途中等待来调节营运参数，计量数据查询等。本设计利用单片机实现基本的里程计价功能和价格调节、时钟显示功能。本设计的系统框图如图 8.44 所示，具体设计如下：

（1）里程计算、计价单元的设计。其里程计算是将外部车轮的脉冲信号，送到单片机，经处理计算，送给显示单元。当前单价×路程（即公里数）=金额。

（2）数据显示单元的设计。采用 LCD 液晶段码或 LED 数码管的分屏显示。分屏显示的数据（时钟、显示路程和单价、总金额和单价）通过按键切换。

（3）键盘单元设计。键盘电路能实现分屏显示切换，同时能控制空车牌和复位的功能。

(4) 掉电保护。掉电存储单元的作用是在电源断开的时候，存储当前设定的单价信息。掉电保护的芯片较多，如 AT24C02 内部有 2KB 电可擦除存储器。

主程序设计中，需要完成对各接口芯片的初始化、出租车起价和单价的初始化、中断向量的设计以及开中断、循环等待等工作。另外，在主程序模块中还需要设置启动/清除标志寄存器、里程寄存器和价格寄存器，并对它们进行初始化。然后，主程序将根据各标志寄存器的内容完成启动、清除、计程和计价功能。当按下“开始”键时，就启动计价，根据里程寄存器中的内容计算和判断行驶里程是否已超过起价公里数。若已超过，则根据里程值、每公里的单价数和起价数来计算当前的累计值。当到达目的地的时候，由于霍尔开关没有送来脉冲信号，就停止计价，显示当前所应该付的金额和对应的单价，到下次启动计价时，系统自动对显示清零，并重新进行初始化。系统的主程序流程如图 8.45 所示。

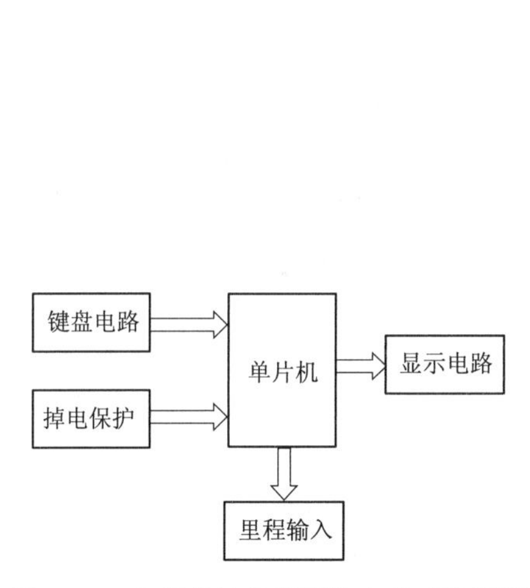

图 8.44　出租车计价器硬件实现系统框图

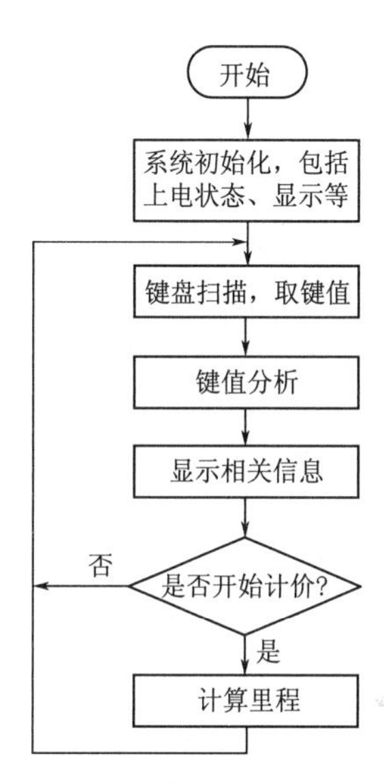

图 8.45　出租车计价器主程序流程

题目 119　汽车雨刮器的设计。设计要求：单臂式雨刮器，步进电机驱动，摆角±70°，周期范围为 0.5～20s。需根据雨量传感器数据调整摆动周期。

题目 120　转弯灯控制的设计。设计要求：MCS-51 单片机 P1.0 上的开关接 5V 时，右转弯灯闪亮；P1.1 上的开关接 5V 时，左转弯灯闪亮；P1.0、P1.1 开关同时接 5V 或接地时，转弯灯均不闪亮。

题目 121　汽车尾灯的设计。设计要求：用 8 只发光二极管模拟 8 个汽车尾灯（左、右各 4 个，高电平点亮），用 4 个开关作为左转弯、右转弯、制动、双闪控制信号（高电平有效）。当汽车往前行驶时，8 个灯全灭。当汽车转弯时，左、右转弯开关不会同时有效。若右转弯，右边 4 个尾灯从左至右循环点亮，左边 4 个灯全灭；若左转弯，左边 4 个尾灯从右至左循环点亮，右边 4 个灯全灭。汽车制动时（第 2 优先级），8 个灯全亮。双闪信号有效时（优先级最高）时，8 个灯明、暗闪烁。

题目 122　排队叫号机的设计。设计要求：由按键实现根据 3 种不同的情况分别排队，并从号码上加以区分。例如银行排队叫号机，根据个人存取款业务、大额存取款业务（5 万元以上）和其他交费业务分别排号，并以首写字母 A、C 和 E 对其进行区分；对 3 种情况进行总计，并由按键控制显示。

题目 123　脉搏测量器的设计。设计要求：要求通过手指测量脉搏跳动；准确测量出 1min 内脉搏跳动的次数；通过数码管显示出 1min 内脉搏跳动的次数；通过发光二极管显示脉搏的跳动。

设计提示：红外发射和接收模块用来检测脉搏信号；信号变换模拟用来把红外接收头接收的脉搏信号进行放大和滤波，以便输入单片机进行处理；单片机根据输入信号对系统进行相应的控制。

题目 124　高精度免校对时钟及报时器的设计。基本要求：设计一个年误差在毫秒级、免校对的数字钟，要求带有时分秒显示、掉电时时钟正常运行、免校对。扩展要求：增加报时功能，日报时点数最大 100 点，报时点掉电不丢失，并可冬夏季报时时间自动切换，各报时点报时时间可控。

设计提示：系统硬件框图如图 8.46 所示。系统基本构成为实时时钟、键盘显示、一定量的存储单元和报时输出。系统运行时，实时时间与报时点比较，当两时间相等时，输出开关量控制蜂鸣器或电铃报时。报时点由用户通过键盘输入，掉电时不丢失。系统关键在于年误差要求在毫秒级，本设计有两种方案可选：①选用高精度晶振系统，保证时钟运行精度；②接收美国 GPS 系统时钟，该时钟系统年误差在微秒级。GPS 接收实时时钟是较好的选择。美国 GPS 卫星定位系统向地面发送时间信息和定位测试信号，地面接收设备可接收相关信息，并以 TSIP 和 NMEA 协议格式通过串口送出。单片机接收 GPS 模块接收的信息并进行判别筛选，选出包含有时间信息的信息包。接收模块的秒脉冲信号在接收不到卫星定位信息时依然存在，因此可以将其作为时间计数的脉冲。GPS 授时精度可达 $\pm 20ns$，GPS 接收模块种类较多，如美国 Trimble 公司生产的 Lassen SQ GPS 接收模块，中国台湾 GSTAR 模块，芬兰 iTrax03 GPS 模块等。由加、减和确认键 3 个按键对报时时间进行设置；显示电路可用数码管或液晶显示器；报时输出可采用蜂鸣器和固态继电器。主程序流程如图 8.47 所示；时间接收部分的子程序流程如图 8.48 所示；中断部分流程如图 8.49 所示。

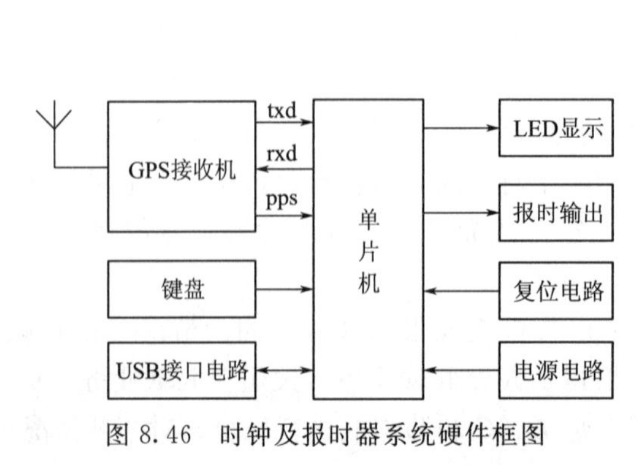

图 8.46　时钟及报时器系统硬件框图

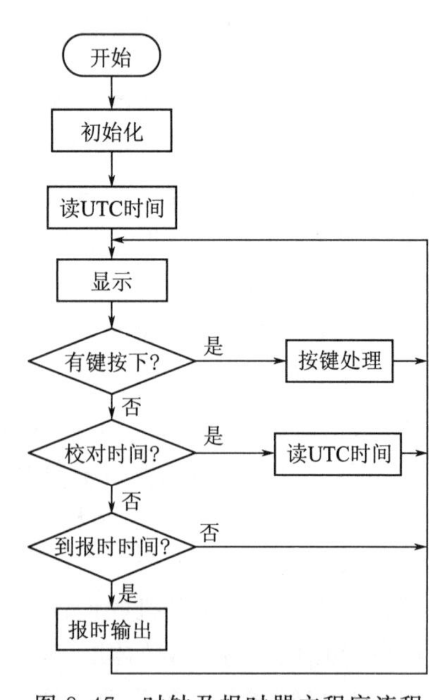

图 8.47　时钟及报时器主程序流程

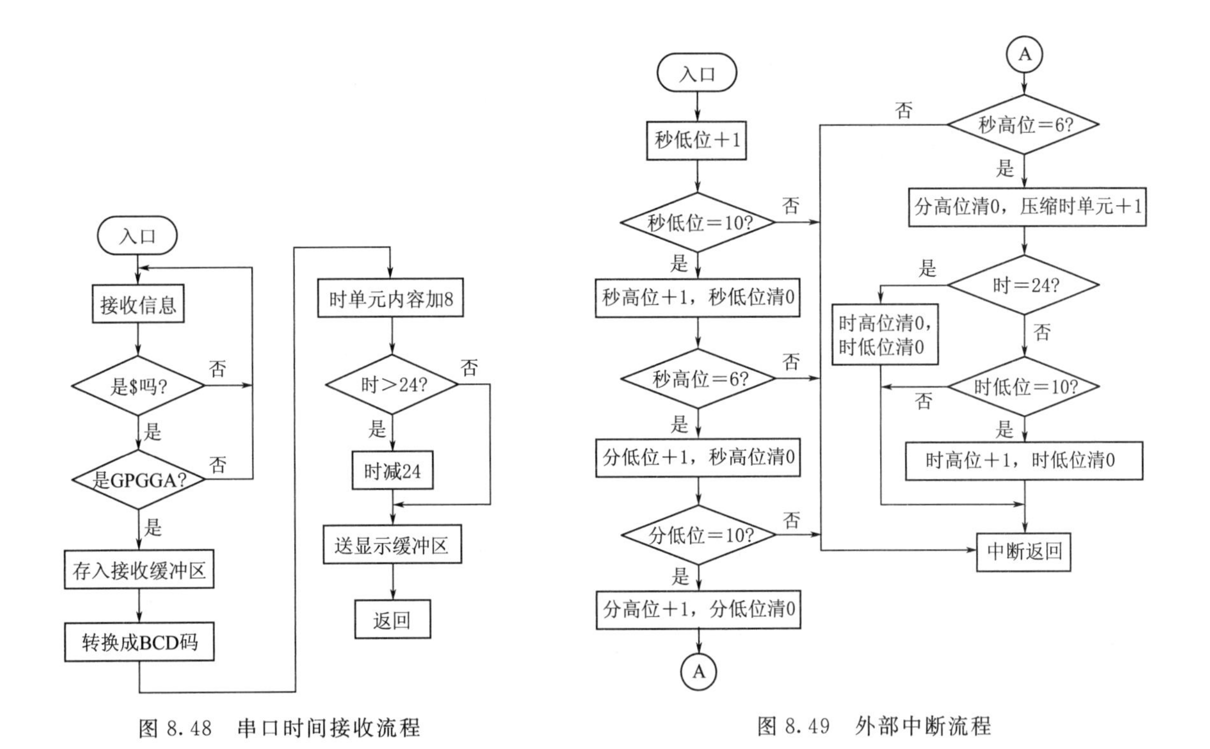

图 8.48　串口时间接收流程

图 8.49　外部中断流程

题目 125　电风扇模拟控制系统的设计。基本要求：用 4 个 LED 显示电风扇的工作状态（1、2、3、4 共 4 挡风力），显示风类："自然风""常风"和"睡眠风"；设计"自然风""常风"和"睡眠风"3 个风类键用于设置风类；设计一个"摇头"键用于控制电动机摇头；设计一个"定时"键，用于定时时间长短设置。扩展要求：设计过热检测与保护电路，若电风扇电动机过热，则电动机停止转动，蜂鸣器报警，电动机冷却后又恢复转动；用 LCD 作为用户界面显示风扇运行模式等信息；其他功能（创新部分）。

题目 126　全自动洗衣机控制器的设计。基本要求：弱强洗涤功能，要求强洗时正反转驱动时间各为 4s，间歇时间为 1s，弱洗时正反转驱动时间各为 3s，间歇时间为 2s；洗衣机的标准洗衣程序是：洗涤—脱水—漂洗—脱水—漂洗—脱水—漂洗—脱水，经济洗衣程序少一次漂洗和脱水过程，具体的时间自行设定；暂停功能，不论洗衣机在何种工作状态，当按下"暂停"键时，洗衣机需暂停工作，待"启动"键按下后洗衣机又能按原来所选择的工作方式继续工作；声光显示功能，洗衣机各种工作方式的选择和各种工作状态均有声光提示和显示。扩展要求：能够完成独立洗涤、漂洗、脱水等功能；实现定时洗衣功能；进排水系统故障自动诊断功能，洗衣机在进水或排水过程中，若在一定时间范围内进水或排水未能达到预定的水位，说明进排水系统有故障，此故障由控制系统测知并通过警告程序发出警告信号，提醒操作者人工排除；脱水期间安全保护和防振动功能，洗衣机脱水期间若打开机盖，洗衣机就会自动停止脱水操作，脱水期间如果出现衣物缠绕引起脱水桶重心偏移而不平衡，洗衣机也会自动停止脱水，以免振动过大，待人工处理后恢复工作。提高标准电流的精度。

设计提示：全自动洗衣机的工作部件有电动机、进水阀和排水阀。电动机是洗衣机的动力源，它的转动带动洗衣桶和波轮的转动，从而时现对衣物的洗涤；进水阀用于控制洗衣机的进水量；排水阀用于控制排水。电动机在脱水时还高速旋转带动衣物脱水。电动机的状态有正转、反转及停止三种。电动机一般工作在这三种状态之间工作，从而实现洗涤。但在脱水时，只工作在高速的正转状态。进水阀和排水阀则只有开、关这两种状态。系统的硬件原理框图如图 8.50 所示。键盘电路完成洗衣模式的选择，包括洗涤、漂洗、脱水、标准洗衣和经济洗衣。根据键盘的选择完成不同的功能，产生不同的控制量，同时显示剩余时间。

主程序流程如图 8.51 所示。洗衣机的程序如下：

(1) 洗涤过程。通电后，洗衣机进入暂停状态，以便放好衣物。若不选择洗衣周期，则洗衣机从洗涤过程开始。当按“暂停”键时，进入洗涤过程。首先进水阀通电，打开进水开关，向洗衣机供水；当到达预定水位时，水位开关接通，进水阀断电关闭，停止进水；电动机接通电源，带动波轮旋转，形成洗衣水流。电动机是一个正反转电动机，可以形成往返水流，有利于洗涤衣物。

(2) 脱水过程。洗涤或漂洗过程结束后，电动机停止转动，排水阀通电，开始排水。排水阀动作时，带动离合器动作，使电动机可以带动内桶转动。当水位低到一定值时，水位开关断开，再经过一段时间后，电动机开始正转，带动内桶高速旋转，甩干衣物。

(3) 漂洗过程。漂洗过程与洗涤过程操作相同，只是时间短一些。

全部洗衣工作完成后，由蜂鸣器发出音响，表示衣物已洗干净。

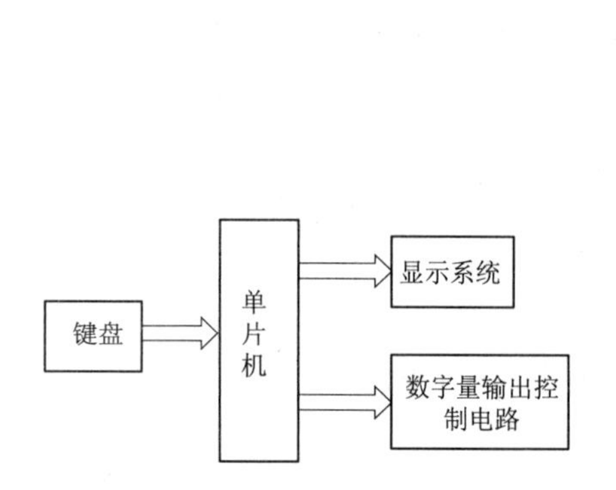

图 8.50　洗衣机控制系统硬件原理框图

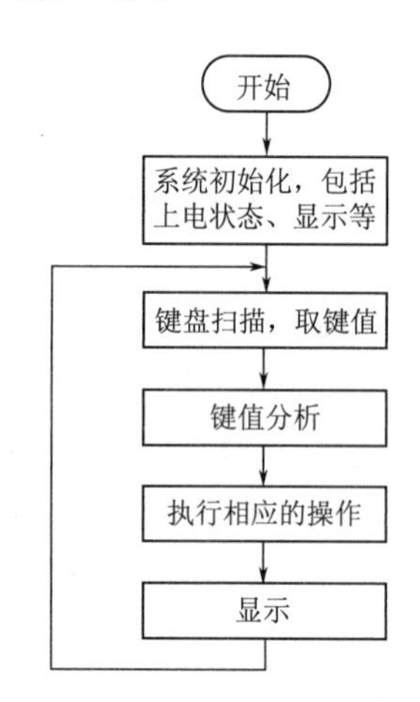

图 8.51　洗衣机控制系统主程序流程

题目 127　洗衣机人机界面的设计。基本要求：包括洗涤过程、脱水转速、温度的调节及程序切换、启动暂停等功能；用两个 7 段 LED 数码管显示剩余洗涤时间；设计一个“预约”键，用于定时启动洗衣机。扩展要求：不同模式下的过程及转速组合，例如，在棉普通方式下，过程包括洗涤、脱水，脱水转速为 800r/min，水温 30℃；其他功能（创新部分）。

题目 128　人体反应速度测试仪的设计。设计要求：测试者按下测试键后，测试灯亮起，测试随之开始；在测试过程中，测试者要注意观察测试灯的变化，当看到测试灯熄灭时，测试者要迅速放开测试按键，单片机会在数码管上显示测试者的反应时间；若测试者在测试灯熄灭之前放开测试按键，则系统自动判为犯规，并显示出错信息。

题目 129　乒乓球游戏机的设计。设计要求：本游戏供两人玩，发球权由玩家自行决定。若甲方发球开始，此时，“乒乓球”向右运动，接球方应在球到达终点时刻击球，如击球时机合适，则击球成功，球向对方运动；否则，击球失误，蜂鸣器报警，对方得分，用

LED 数码管显示双方比分。轮流发球，每方有两次发球权，先得 11 分一方即获胜。按下“开始”键，可切换发球方（静止的发光管停留在某一方）。双方各有一个按键，按键采用常开/常闭联动结构，通过按键按下时由常闭接点断开到常开接点闭合的时间差来决定球的回球速度。接球方的击球动作应发生在“乒乓球”到达“最左”或“最右”方的±0.5s 内。如接球方在此期间内按键，接球成功，“乒乓球”向反方向运动。如果接球方提前或延后击球，则接球方失误，对方得分。选做内容：击球键由双键组成，最好一个键帽两个触点。两个触点接通的时间间隔决定所击出球的运动速度。

乒乓球游戏规则如下：

(1) 球的运动。以连续排列的发光二极管作为乒乓球，点亮的发光二极管的移（位）动作为乒乓球的运动。

(2) 击球。甲、乙两方各有一个按键作为球拍，以按键的按下开关表示击球。如果没有失误，则甲方击球后发光二极管向乙方移动，反之亦然。

(3) 失误。接球方必须在发光二极管移动到己方最末一只二极管时，按下击球键使球向对方移动。如果击球过早或过迟，即发光二极管还没移动到最末一只或已经移出队列都是失误。

(4) 游戏等级。不同等级的游戏区别在于，球的运动速度级别越高，球的运动速度就越快。

(5) 记分牌。游戏机设有一个记分牌，由 4 位数码管显示双方的得分，胜一球累加一分。

设计提示：

(1) 乒乓球运动部分。两种方案可以考虑：①发光二极管直接接到锁存器（要考虑驱动问题），乒乓球的运动采用定时移位来实现，定时的时间长短决定了球的运动速度；②发光二极管接译码器输出（共阳接法），当译码器输入以二进制加计数方式变化时，可在译码输出端得到一个序列低脉冲，使发光二极管依次点亮，当以二进制减计数时，脉冲顺序相反，由此模拟乒乓球的运动方向。

(2) 球速的控制。球速的控制应由定时器来完成，球速与定时器的中断周期相关。具体速度可在调试时看情况而定。定时器中断部分程序流程如图 8.52 所示。

题目 130　篮球记分器的设计。基本要求：设计一款能够显示篮球比分的记分牌，如图 8.53 所示；通过加分按钮可以给 A 队或 B 队加分；设计对调功能，更换场地后，A、B 队分数互换。扩展要求：增加局数比分功能；增加比赛时间倒计时功能；其他功能（创新部分）。

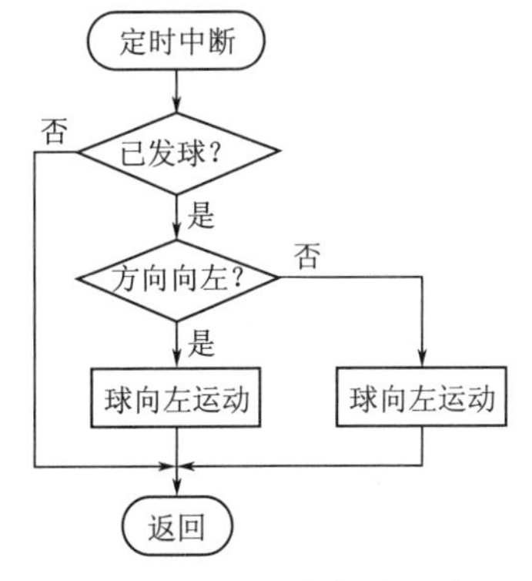

图 8.52　定时器中断部分程序流程

图 8.53　篮球计分器的实物示意图

题目 131　比赛记分牌的设计。设计要求：启动时显示为 10 分；当得分的时候加上相应的分数，失分时减去相应的分数；刷新分数的按键按下时，伴随提示音；计分范围设为 0～100。

题目 132　简易无线数传机的设计。基本要求：设计一个简易无线数传机，它可将有线数据传输转换为无线数据传输，实现数据传输方式的转换。将 RS－232 串行通信转化为无线通信，即串口收到数据可由无线发送，无线收到数据可由串口接收；可进行 RS－232 串行通信波特率的设置和无线通信帧地址的设置。扩展要求：实现一点对多点的数据传输；可实现远程信号监测（水位、温度等）。

设计提示：无线收发模块是本系统的核心，它包括编码/解码电路和高频收发电路两部分，即发射模块（含编码电路和高频发射电路）和接收模块（含解码电路和高频接收电路）。系统框图如图 8.54 所示。其中：①无线收发模块可选用编码/解码芯片 SC2262/2272，它们可在发射和接收之间建立一一对应关系；②一般单片机内部都集成有 TTL 电平串行接口，它与 RS－232 电平不兼容，可采用 MAX232 进行电平转换；③无线传输过程中，只有编码/解码芯片地址相同，才能保证数据的正确传输，为了增加系统的灵活性，可采用拨码开关设定编码/解码地址。在一点对多点的通信中，从机地址可用拨码开关设定地址，主机地址要由单片机根据数据的发送对象（从机）来设定。系统软件可分为串行通信接口和无线通信接口两部分。其中：① 串行通信接口程序包括串口初始化、波特率设置和收发程序，在波特率设置程序中要根据系统硬件拨码开关设置情况，给出相应波特率设置，串口收发程序可采用查询方式和中断方式；② 无线通信接口程序主要负责单片机与无线模块的数据交换工作，要根据无线模块的数据和地址的接口形式来分配单片机的 I/O 资源及程序设计。发送部分主程序流程如图 8.55 所示，接收部分主程序流程如图 8.56 所示。

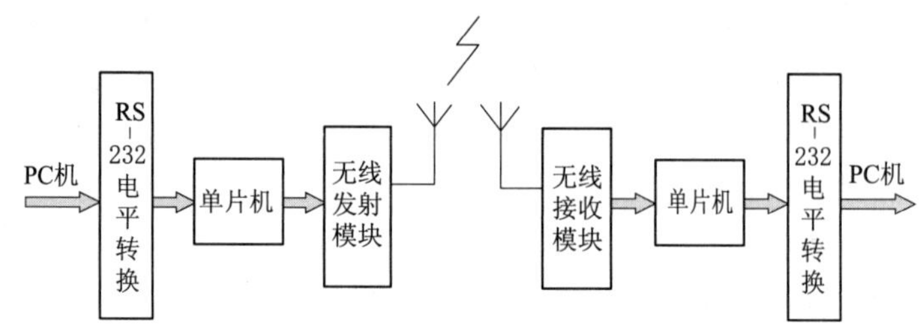

图 8.54　简易无线数传机系统框图

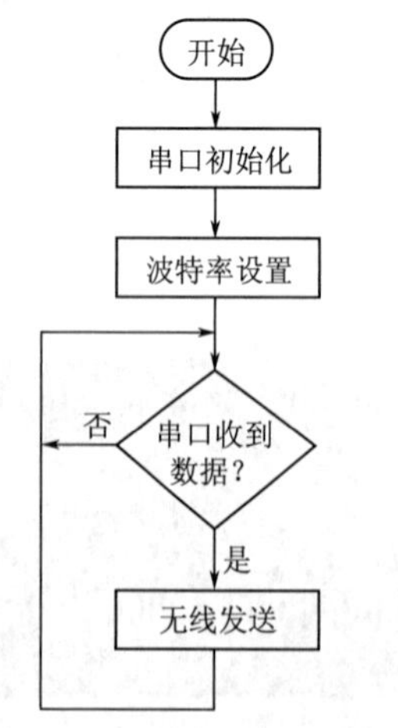

图 8.55　发送部分主程序流程

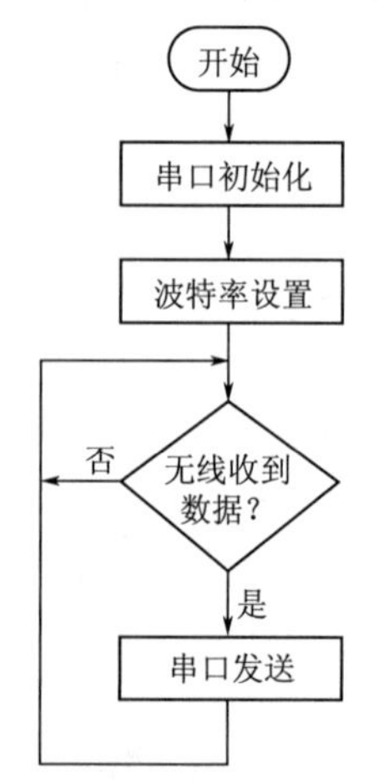

图 8.56　接收部分主程序流程

题目 133 电饭煲控制器的设计。设计要求：设计电饭煲控制器，可以烹饪米饭、粥，要求有预约、保温、冷饭加热等功能。

（1）控制策略。

1）米饭：当达到 105℃时，停止加热，并在 15min 后通过蜂鸣器提示用户。

2）粥：开始加热后，通过测温元件监视锅底温度，使锅底温度保持在 99～100.5℃（100℃时停止加热、99℃时开始加热），此种状态持续 20min，之后通过蜂鸣器提示用户过程结束。

3）保温：使锅底温度维持在 50～60℃。

4）冷饭加热：锅底加热至 100℃，使锅底温度保持在 99～100.5℃（100℃时停止加热、99℃时开始加热），此种状态持续 5min，之后通过蜂鸣器提示用户过程结束。

（2）定时。用户可以使电饭煲在预约时间（倒计时方式）开始工作，最长预约时长为 12h。

（3）控制面板。4 只发光二极管分别与米饭、粥、保温、冷饭加热相对应，另一发光二极管用于区分工作与预约，两位数码管用于预约时间及倒计时。按键有开始键、功能键、加键、减键。

设计提示：本系统除单片机外，应包含温度检测、键盘、显示以及蜂鸣器。温度检测可选择应用较为方便的串行式温度传感器，键盘个数较少，可用简单式键盘。由于预约时长为 12h，且精度要求不是很高，可用两位数码管显示器。电饭煲预约的精度要求不是很高，没有必要另加时间（日历）芯片，可用单片机定时中断通过软件扩展实现预约定时。单片机对功率元件的控制可用固态继电器，最好用光电隔离式以减少主回路对控制回路的干扰。系统软件可分为显示、键盘管理、预约延时、温度控制等。

题目 134 超声波测距仪的设计。基本要求：设计一个超声波测距仪，可应用在汽车倒车、建筑施工工地以及一些工业现场的位置测控，也可用于如液位、井深、管道长度的测量等场合；测量范围为 10～80cm；测量精度为 1cm；测量时与被测物体无直接接触，能够清晰稳定地显示测量结果。扩展要求：测量范围扩展为 10cm～4m，提高测量精度；语音播报测量结果。

设计提示：超声波测距的原理为超声波发生器在某一时刻发出一个超声波信号，当这个超声波遇到被测物体后反射回来，就被超声波接收器所接收。这样只要计算出从发出超声波信号到返回信号所用的时间 t，就可以算出超声波发生器与反射物体的距离 d，$d=s/2=(ct)/2$，式中，s 为声波来回的路程，c 为声速。系统硬件框图如图 8.57 所示。它主要由超声波发射电路、超声波接收电路以及信号采集电路、温度补偿电路等组成。压电式超声波传感器是利用内藏的压电晶体的压电效应，压电晶体在外电场作用下会产生机械变形，或者是压电晶体变形也会产生电压，前者称为逆压电效应，后者称为正压电效应。利用压电晶体的逆压电效应，电路的高频电压会转换为高频机械振动，以产生超声波，作为超声波发射探头，利用压电晶体的正压电效应可将接收的超声波振动转换成电信号，作为超声波接收探头；超声波接收电路的作用是对接收的超声波信号进行放大，并将放大后的信号处理成系统可以处理的电平信号；超声波是一种声波，其声速 c 与温度有关，若测距精度要求很高，则应通过温度补偿的方法加以校正，温度测量可采用数字温度传感器 DS18B20。系统软件主要由主程序、超声波发射子程序、超声波接收中断程序及显示子程序组成。图 8.58 所示为系统主程序框图，超声波测距仪主程序利用外部中断检测返回超声波信号，一旦接收到返回的超声波信号，立即进入中断程序。

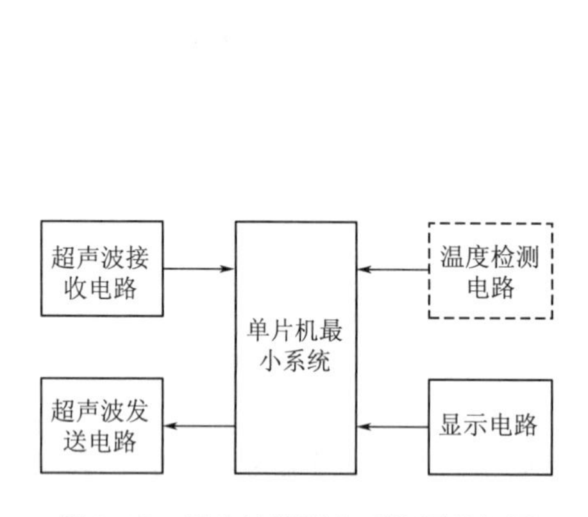

图 8.57　超声波测距仪系统硬件框图

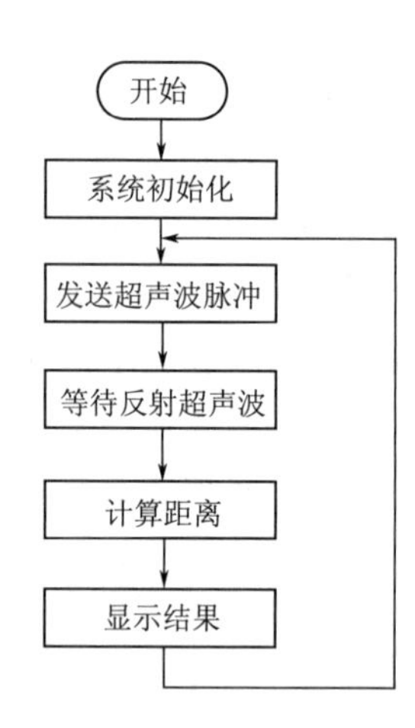

图 8.58　超声波测距仪系统主程序结构框图

题目 135　简易数字经纬度仪的设计。纬度系统是人们较为熟知的地理坐标设计方法，它通过经度和纬度两个数值来表示位置，被广泛应用于定位、导航、大地测量、位置服务等行业。基本要求：带有经度、纬度以及高度三维信息的显示；有掉电保护功能；信息的语音播报功能。扩展要求：能够实现速度的测量；能够存储某一时间的经度、纬度以及高度信息；能够实现远距离经度、纬度以及高度信息的传输。

设计提示：电子经纬度仪是利用 GPS 接收机获取的经纬度信息，通过单片机控制器的处理和显示，实现经纬度的数字测量。系统硬件原理框图如图 8.59 所示，其中：

(1) GPS 接收模块是系统的核心，可采用三种方案实现：①利用集成 GPS 芯片进行硬件搭建设计；②根据现有算法实现软件 GPS 接收机的设计；③利用二次开发的 GPS OEM 板作为接收模块。本系统的设计可选用方案③。GPS OEM 板在任意时刻能同时接收其视野范围内 4～11 颗卫星的信号，其内部硬件电路和软件对接收到的信息进行解码和处理。生产 GPS OEM 板的厂家很多，可选用性价比高的 Garmin 公司的 GPS15LOEM 板。

(2) 单片机完成对串行口控制器的初始化和数据读写，还要对接收的各种数据进行识别、转储、显示以及语音播报控制。

(3) 经纬度的显示不仅有数据，而且要显示经纬度汉字，数码管难于显示汉字，优选液晶显示方式。

(4) 本系统只需要启动键、翻屏键、语音录放键，可采用独立式键盘。

(5) 通过 ISD1420 语音录放芯片，可实现经纬度的实时语音播报。

系统软件模块主要有键盘管理、显示管理、语音录放管理、GPS 接收管理和单片机数据处理五部分。其中主程序的流程如图 8.60 所示。

题目 136　红外收发器的设计。基本要求：能够利用红外线实现无线数据的收发；能够将发送或接收的数据进行显示，或根据接收的命令执行相应的功能。扩展要求：所发送的数据利用 PC 机进行控制；能够实现的数据通信采用一对多的主从模式；能够实现远程的参数数据传送，如实现远程抄表（温度、湿度）等。

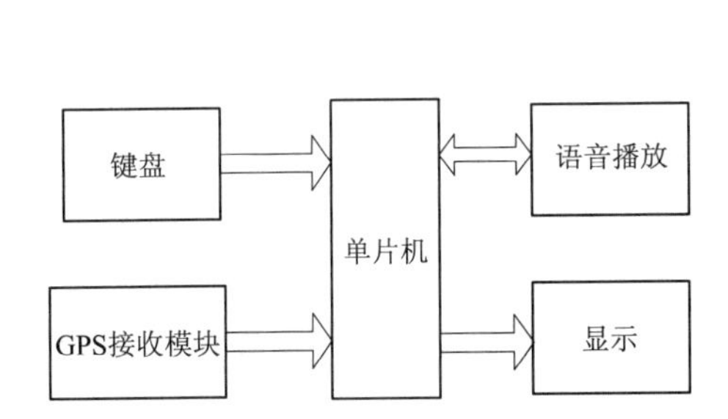

图 8.59 经纬度仪系统硬件原理框图

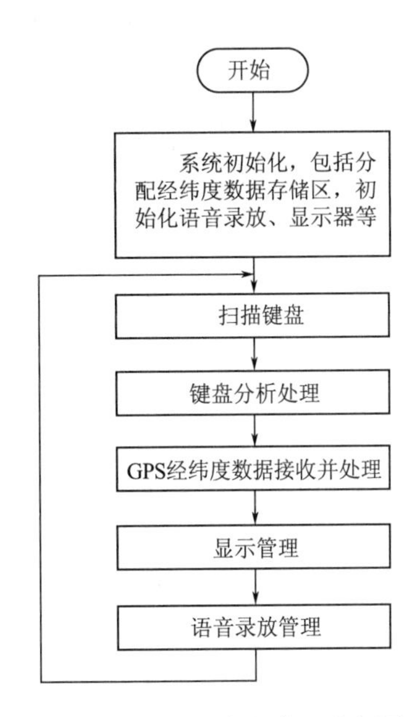

图 8.60 经纬度仪软件程序框图

设计提示：本设计的系统硬件框图如图 8.61 所示。本系统分发射和接收两个模块，其中，发射模块有键盘输入，通过单片机进行编码，红外线发射装置将编码发射出去；接收模块中，通过红外线接收，单片机进行解码，然后将数据送至显示。系统的显示部分可采用 LED 或 LCD 显示。系统软件可分为键盘管理、显示管理、数字编码/解码管理三部分。对于数字编码/解码管理部分，如果采用专用的红外收发芯片，不需考虑数字编码的方法，厂家已经确定；如果采用软件编程，则要设计合理的编码/解码方式，此方式的流程如图 8.62 所示。

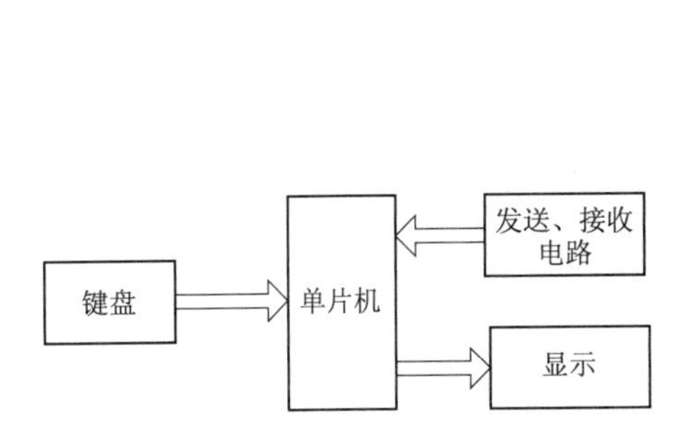

图 8.61 红外发射器的系统硬件框图

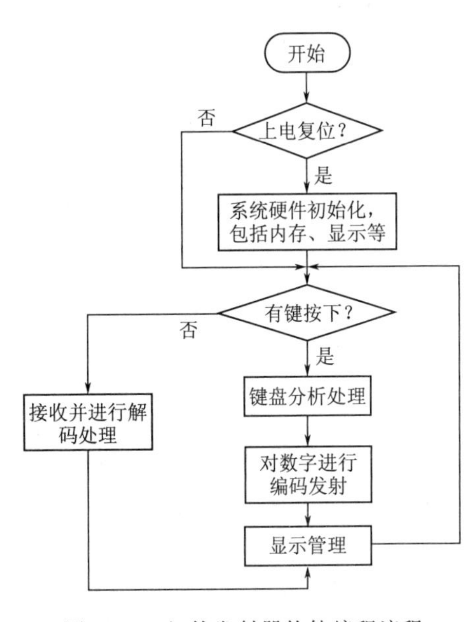

图 8.62 红外发射器软件编程流程

题目137　学习型红外遥控器的设计。设计要求：适用于编码式红外遥控型家用电器；可遥控多台家用电器；具有一个学习/控制利用键；可通过一个设备选择键和多个功能控制键实现对多台设备的常用功能的学习和控制；成本低、抗干扰能力强。

设计提示：遥控器有两种状态：学习状态和控制状态。当遥控器处于学习状态时，使用者每按一个控制键，红外线接收电路就开始接收外来红外信号，同时将其转换成电信号，然后经过检波、整形、放大，再由单片机定时对其采样，将每个采样点的二进制数据以8位为一个单位，分别存放到指定的存储单元中，供以后对该设备控制使用。当遥控器处于控制状态时，使用者每按下一个控制键，单片机从指定的存储单元中读取二进制数据，串行输出（位和位之间的时间间隔等于采样时的时间间隔）给信号保持电路，同时由调制电路进行信号调制，交调制信号经放大后，由红外线发射二极管进行发射，从而实现对该键对应设备功能的控制。

题目138　红外遥控解码器的设计。基本要求：能够对某一款家用VCD遥控器进行正确解码，并能显示出解码结果；能够把相应的按键（如数字键等）通过解码后再现（如按下数字键“1”时让单片机控制数码管显示“1”）。扩展要求：能够对不同类型的遥控器（如VCD遥控器、电视遥控器、万能遥控器等）进行解码；能够把相应的按键通过解码后再按特定的加密方式显示；其他自行增加的功能。

题目139　SD卡读写器的设计。设计要求：单片机与SD卡能进行通信；SD卡所能接收的逻辑电平与单片机提供的逻辑电平能够匹配；SD卡能够进行数据块的读写。

设计提示：SD卡的逻辑电平相当于3.3V TTL电平标准，而单片机的逻辑电平一般为5V CMOS电平标准。因此，需要解决电平的匹配问题。考虑到SD卡在SPI协议的工作模式下通信都是单向的，于是在单片机向SD卡传输数据时采用晶体管（如9013）加上拉电阻的方案。SD卡提供9针的引脚接口，它们随工作模式的不同有所差异。在SPI模式下，引脚1（DAT3）作为SPI片选线CS用，引脚2（CMD）用作SPI总线的数据输出线MOSI，而引脚7（DAT0）作为数据输入线MISO，引脚5用作时钟线（CLK）。除电源和地，保留引脚可空接。

题目140　IC卡读写器的设计。基本要求：设计一个IC卡读写器，可完成对特定型号IC卡内容的读写和修改，并可以显示出来；通过键盘对IC卡中的数据进行修改。扩展要求：与PC机利用RS-232进行通信；与PC机利用USB进行通信。

设计提示：IC卡具有智能性又便于携带，IC卡读写器利用单片机技术实现对IC卡的读写，利用读卡器与PC机的接口对IC卡进行管理。读卡器主要由IC卡接口、单片机主机系统、显示和键盘及与PC机的接口等组成。系统框图如图8.63所示。IC卡分为接触型IC卡和射频卡两类，本设计选用接触型IC卡。接触型IC卡的表面一般有4～8个金属触点，IC卡插入读写器的卡座内后，在单片机控制下完成卡的读写操作。本设计可采用西门子SLE4442逻辑加密型IC卡，由于SLE4442是开漏结构，在I/O接口必须接上拉电阻以提供高电平；IC卡读写时，一些数据需要键盘设置。本系统的键盘可以设置3～5个键，如功能键、确认键、加1键、减1键；可采用液晶显示或数码管显示。系统软件可分为键盘管理、显示管理、IC卡读写与PC机通信管理四部分。程序框图如图8.64所示。

题目141　射频卡读写器的设计。基本要求：设计一个射频卡读写器，可完成对特定型号射频卡内容的读写和修改，并可以显示出来。对非接触型IC卡（射频卡）进行读写，显示射频卡数据；通过键盘对射频卡中的数据进行修改。扩展要求：与PC机利用RS-232进行通信；与PC机利用USB进行通信。

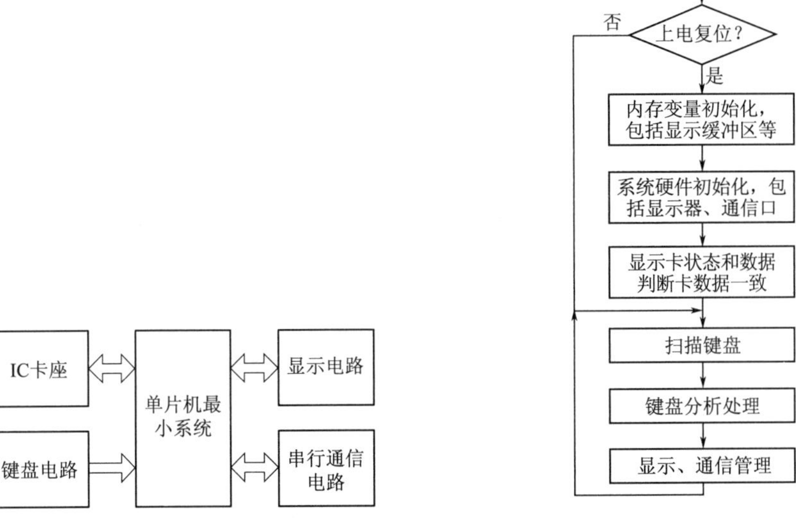

图 8.63 IC 卡读写器系统框图

图 8.64 IC 卡读写器系统程序框图

设计提示：非接触型 IC 卡（即射频 IC 卡）避免了接触型 IC 卡与读卡器之间的物理接触，减少了卡的磨损。非接触型 IC 卡系统由读写器和非接触型 IC 卡两部分组成，应用系统通过读写器对卡进行操作。本设计的系统结构框图如图 8.65 所示，可采用 Philips 公司的 Mifare1 卡，不需要卡座，但需要专用读写芯片，可选用与射频卡配套的 MFRC500 芯片。IC 卡读写时，一些数据需要键盘设置，本系统的键盘可设置 3～5 个键，如功能键、确认键、加 1 键、减 1 键。本系统可采用液晶显示或数码管显示。

系统程序框图如图 8.66 所示。系统软件可分为键盘管理、显示管理、IC 卡读写与 PC 机通信管理四部分。系统软件应实现的功能有读取有效的非接触型 IC 卡，对卡进行防冲突、密码认证、卡号认证等操作，并读出卡中存储的数据；系统周期性地扫描，动态显示 IC 卡存储的数据；当读写 IC 卡发生错误时，显示出错信息；键盘修改数据；可与上位机通信等。

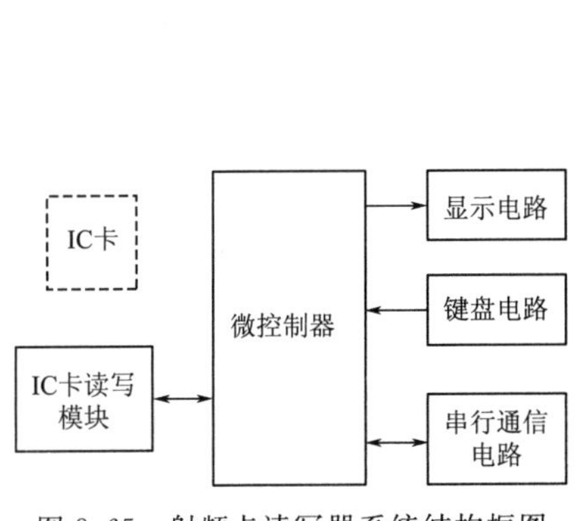

图 8.65 射频卡读写器系统结构框图

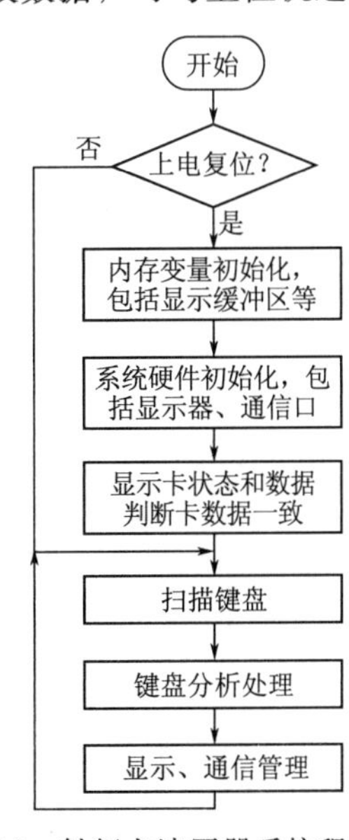

图 8.66 射频卡读写器系统程序框图

题目 142　电容检测装置的设计。 基本要求：测量范围为 100～10000pF；测量精度为±5%；采用 4 位数码管显示器或液晶显示器，显示测量数值，并用发光二极管指示所测元件的单位。扩展要求：扩大测量范围，提高测量精度；测量量程自动转换。

设计提示：电容检测的方法较多，如电桥法、阻抗法、RC 充电测时间常数等。本系统采用时间常数即测频方法。电容检测装置示意图如图 8.67 所示，系统硬件结构框图如图 8.68 所示。

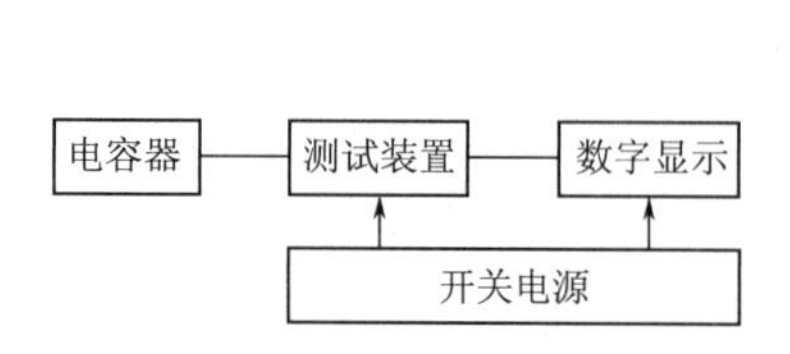

图 8.67　电容检测装置示意图

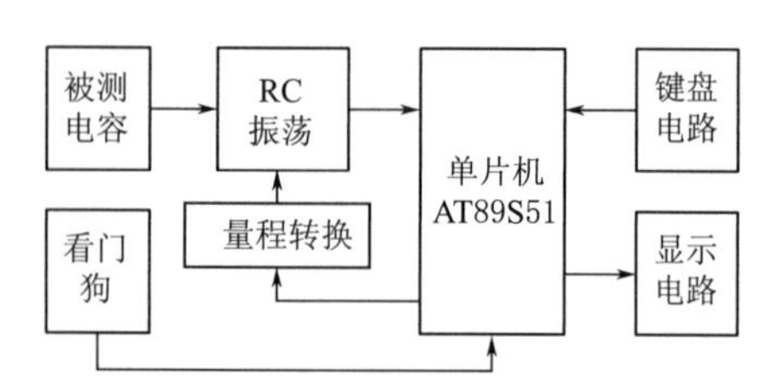

图 8.68　系统硬件结构框图

RC 振荡电路可由 555 定时器构成多谐振荡电路实现，如图 8.69 所示。若取 $R_1=R_2$，则 $f=\frac{1}{3\ (\ln 2)\ R_1 C_X}$。改变 R_1、R_2 的取值大小，即可设置不同的量程，使测量范围很宽。

单片机每次计算出频率值后先判断量程是否正确，然后通过浮点计算出相应的参数值。板上共有 MENU、UP、DOWN 和 ENTER 4 个按键。“MENU”键可退回到主菜单或者上一级菜单；“ENTER”键来用确认选用的功能；“UP”和“DOWN”键用来移动菜单和切换量程用。在电容测量的手动模式下，按动“MENU”键，将返回到主菜单；按动“UP”键，将增大量程；按动“DOWN”键，将减少量程；按动“ENTER”键，将保存当前量程状态，下次进入电容测试时，将会自动选择该量程。注意：上边的按动均指短按键。短按键指按键时间大于 20ms，小于 1s；长按键指按住按键超过 1s。

题目 143　电容、电阻参数测试仪的设计。 设计要求：设计一个能测量电容、电阻参数的测试系统。

设计提示：对电阻的测量，可将待测电阻与一标准电阻串联后接在＋5V 的电源上，根据串联分压原理，利用 ADC 测定电阻两端电压后，即可得到其阻值。

对电容的测量，可将其与已知阻值的电阻 R_8 和 R_9 组成基于 NE555 的多谐振荡器，如图 8.70 所示。其产生的方波信号频率 $f=\frac{1.44}{C_6(R_8+2R_9)}$，故通过测定方波信号的频率可以比较精确地测定 C_6 值。图 8.71 所示为电容、电阻参数单片机测试系统的设计电路原理图。

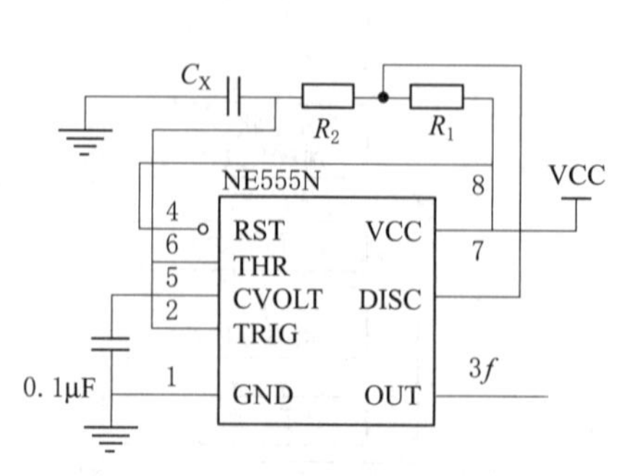

图 8.69　多谐振荡电路

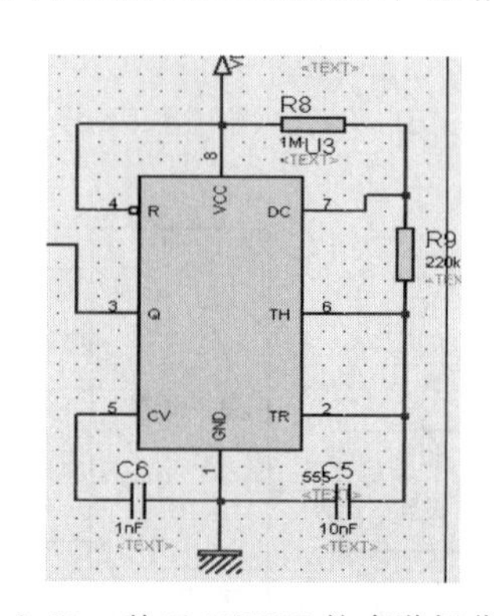

图 8.70　基于 NE555 的多谐振荡器

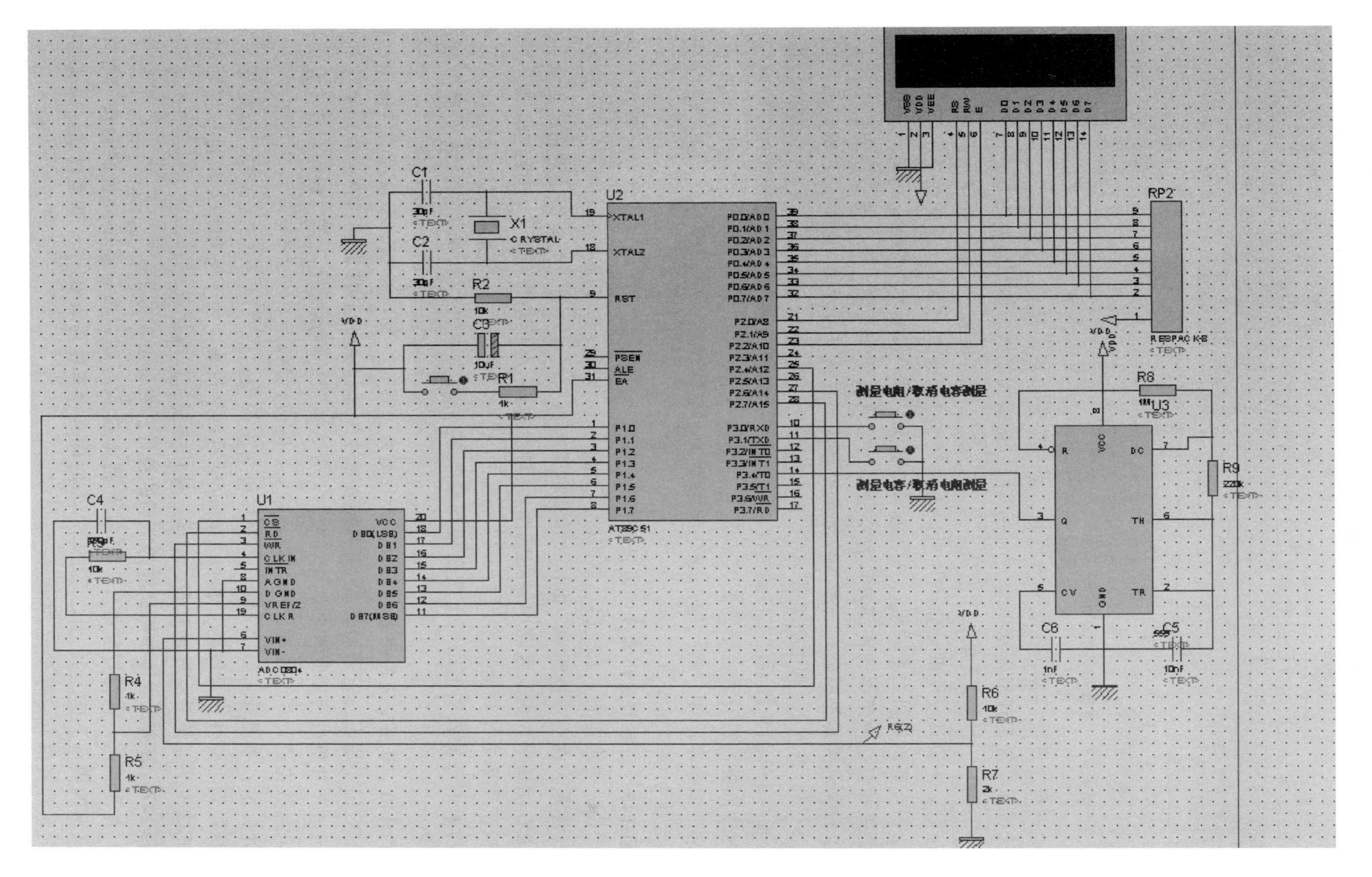

图 8.71 电容、电阻参数单片机测试系统的设计电路原理图

题目 144　简易调节器的设计。 设计要求：设计 PI 调节器，要求有 1 路 A/D 输入（4～20mA 或 0～5V）、1 路串行口输入、1 路 D/A 输出（0～5V）、1 路 PWM 输出、4 按键、4 位数码管显示以及手动/自动转换开关。调节器结构如图 8.72 所示。系统给定由内存直接给出，给定值大小由键盘设定。过程反馈经 A/D 转换后与给定值比较，将差值送给 PI 调节器算法单元，计算出控制输出后送给 D/A 转换器。控制算法的计算以单精度浮点格式进行。选做内容：实现分离积分、变速积分和死区 PID。

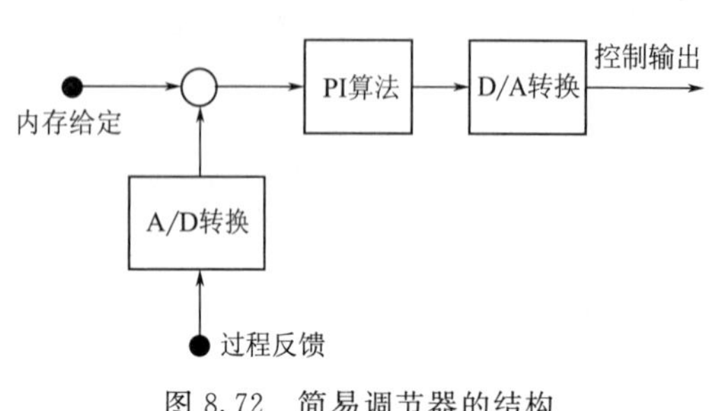

图 8.72　简易调节器的结构

设计提示：简易调节器从功能上可分为模拟量输入通道、模拟量输出通道（可选自动和手动切换电路）、显示和键盘 4 个模块，分别完成信号的变换、采集、控制运算以及人机交互的管理等。本设计硬件部分除单片机以外，还包括 A/D、D/A、键盘和显示部分，为方便用户使用，显示器可设置两组，一组显示设定值，另一组显示反馈量；另外，还应设置上下限报警提示灯。调节器软件部分较为复杂，必须认真仔细考虑。PID 调节器的数学计算公式分为位置型和增量型两种，一般采用增量型算法。在计算过程中，用户通过键盘输入比例系数 K_p、积分系数 K_i 和微分系数 K_d，偏差变量 $e(k)$、$e(k-1)$ 和 $e(k-2)$ 初值可设为 0，每次新的采样值获得后，应将偏差向后串一个。调节器的采样、算法计算以及控制输出都由定时中断控制进行。由于需要浮点运算，所以推荐使用 C 语言编程。另外，调节器还应设置给定值速率限制、最大输出变化率限制、上下限报警、手动控制、自动控制以及手动/自动无扰切换等功能。

题目 145　功率因数补偿仪的设计。 设计要求：对于城镇居民用户，开发智能功率因数自动补偿仪。要求实时显示线路功率因数，对低于 0.95 的功率因数可进行补偿。

设计提示：在交流电路中，电压与电流的乘积称为视在功率，而能起到做功作用的一部分功率为有功功率，由于线路中存在感性和容性负载，有功功率总是小于视在功率。有功功率与视在功率之比称为功率因数，以 $\cos\phi$ 表示。功率因数是衡量供电质量的一个重要参数，功率因数低说明电路用于交变磁场转换的无功功率大，增加功率因数可提高电网运行效率。

题目 146　单相交流多用表的设计。 设计要求：设计一种可自动切换量程的智能化高精度工频有效值多用表。它采用将 D/A 可控衰减放大器与 A/D 转换器相结合的方法来提高精度，并通过单片机进行实时控制，来完成对电压、电流的逐点采样及自动量程切换，并由单片机对采集数据进行相应处理后得到测量结果，完成检测。

设计提示：本设计可以 AT89C52 单片机为主控器，以 TLC7135 为核心，以电压、电流等传感器为主要外围元件的量程可自动转换的数字仪表。由于采用单片机进行控制和处理，因此该仪表系统具有显示直观、准确，使用方便可靠等优点。

题目 147　蜂窝式立体车库智能控制器的设计。 设计要求如下：

（1）存车控制。在绿灯状态下，驾驶员将车驶入车库，然后在中央控制台按“存车”键，在系统的提示下插入 IC 卡，系统将存车时间和存车位写入 IC 卡。圆盘转动，以就近的原则，向系统提供下一存车位。

（2）取车控制。用户在中央控制台按“取车”键，在系统的提示下插入 IC 卡，输入用户密码，系统将计算出本次存车的费用，如果 IC 卡上的金额不足，系统将提示充值后再取车，如果金额足够，系统将显示本次存车所需费用，同时圆盘转动，将车送到与路面相连的地方，驾驶员可将车取走。

(3) 修改密码。为了保护用户安全，系统设置对 IC 卡密码进行修改的功能。

设计提示：蜂窝式立体车库控制器由主机和从机两部分组成。主机负责系统的协调和存取车、修改密码及充值控制，从机负责车位的控制。系统启动后，红灯亮，圆盘运转到基准线后停车，同时向主机发送“准备就绪”信号；主机接收到信号后，返回接收到的信号；从机接收到主机返回信号后与发送信号相比，若相同，则表示双机通信成功；接下来，从机向主机发送车位信号，同时主机显示“欢迎使用立体停车系统”，系统绿灯亮，表示进入正常工作状态。①存车：驾驶员将车驶入车位，然后到控制台插入 IC 卡，在系统提示下完成存车；②取车：驾驶员在控制台插入 IC 卡，在系统提示下输入密码，扣除存车费用，圆盘将车送到取车位。对蜂窝式立体车库来说，取一条线作为基准，对车位进行编号，则每个车位都有一个初始角与之对应，将车位编号和车位初始角建成数据表。每存入一辆车，系统转动一定角度，数据表进行重新计算。对某车位来说，设初始角为 B，步进电机的步进角为 C，则圆盘运动后的角度 $A=B+NC-RC$，式中，N 为逆时针转动的步数，R 为顺时针转动的步数。

题目 148　数字集成电路故障测试仪的设计。基本要求：能测试引脚数在 20PIN（或 14PIN）以内的数字集成电路芯片的好坏；输入芯片编号后，系统调用对应的测试集进行测试，并将测试结果显示出来，可用数码管显示 OK 或 NG；测试 4 个 2 输入（简称为 4-2 输入）输入的或非门设计程序。扩展要求：能自动检测芯片的型号，并调用相应的测试集进行测试；不仅能测试 74 系列的集成电路，也能测试 4000 系列的集成电路；尽可能有故障定位功能。

设计提示：本设计把电路分为两部分：①IC 电路，用来方便换不同的 40 系列芯片进行测量，这里只能对 4011 与非、4001 或非、4081 与门、4030 异或等 4 个两输入的逻辑门芯片进行检测（以 4-2 输入的与非门的测试为例）；②单片机处理与显示电路，单片机给 IC 输入数据、处理 IC 逻辑输出的判断，最后用发光二极管显示各个门逻辑的好坏，如果逻辑门是好的，相应发光二极管亮，反之发光二极管灭。要测其他类型的逻辑门 IC，IC 电路和测量程序就根据具体的情况而改动，才能达到应有的效果。

8.2　单片机课程设计的举例

8.2.1　实例 1——6 位 LED 时钟系统的设计

1. 系统功能

单片机时钟要求用单片机及 6 位 LED 数码管显示时、分、秒，以 24h 计时方式运行，能整点提醒（短蜂鸣，次数代表整点时间），使用按键开关可实现时分调整、秒表/时钟功能转换、省电（关闭显示）、定时设定提醒（蜂鸣器）等功能。

2. 设计方案

为了实现 LED 显示器的数字显示，可以采用静态显示法和动态显示法。由于静态显示法需要数据锁存器等硬件，接口比较复杂，考虑时钟显示只有 6 位，且系统没有其他复杂的

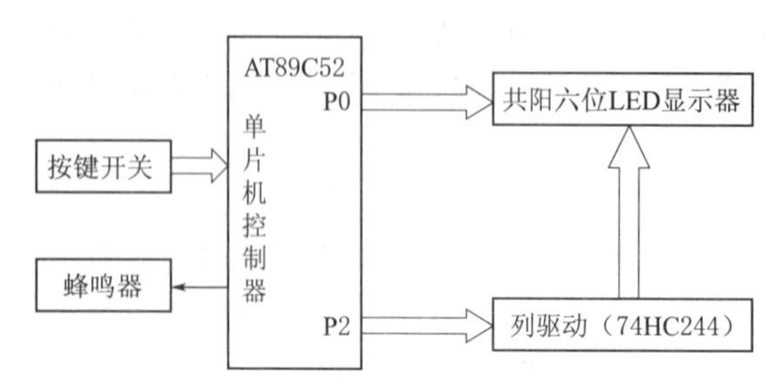

图 8.73　单片机时钟系统的总体设计框图

处理任务，所以采用动态扫描法实现 LED 的显示。单片机采用 AT89C52 系列，这样单片机具有足够的空余硬件资源实现其他扩充功能。单片机时钟系统的总体设计框如图 8.73 所示。

3. 系统硬件设计

单片机时钟硬件仿真电路如图 8.74 所示。采用单片机最小化应用设计，采用共阳七段 LED 显示器，P0 口输出段码数据，P2.0～P2.7 口作列扫描输出，P1、P3 口串联 16 个按钮开关后接 LED 发光管，P3.7 口接 5V 的小蜂鸣器，用于按键发音及定时提醒、整点到时提醒等。为了提供共阳 LED 数码管的列扫描驱动电压，用 74HC244 同相驱动器作 LED 数码管的电源驱动，采用 12MHz 晶振可提高秒计时的精确性。

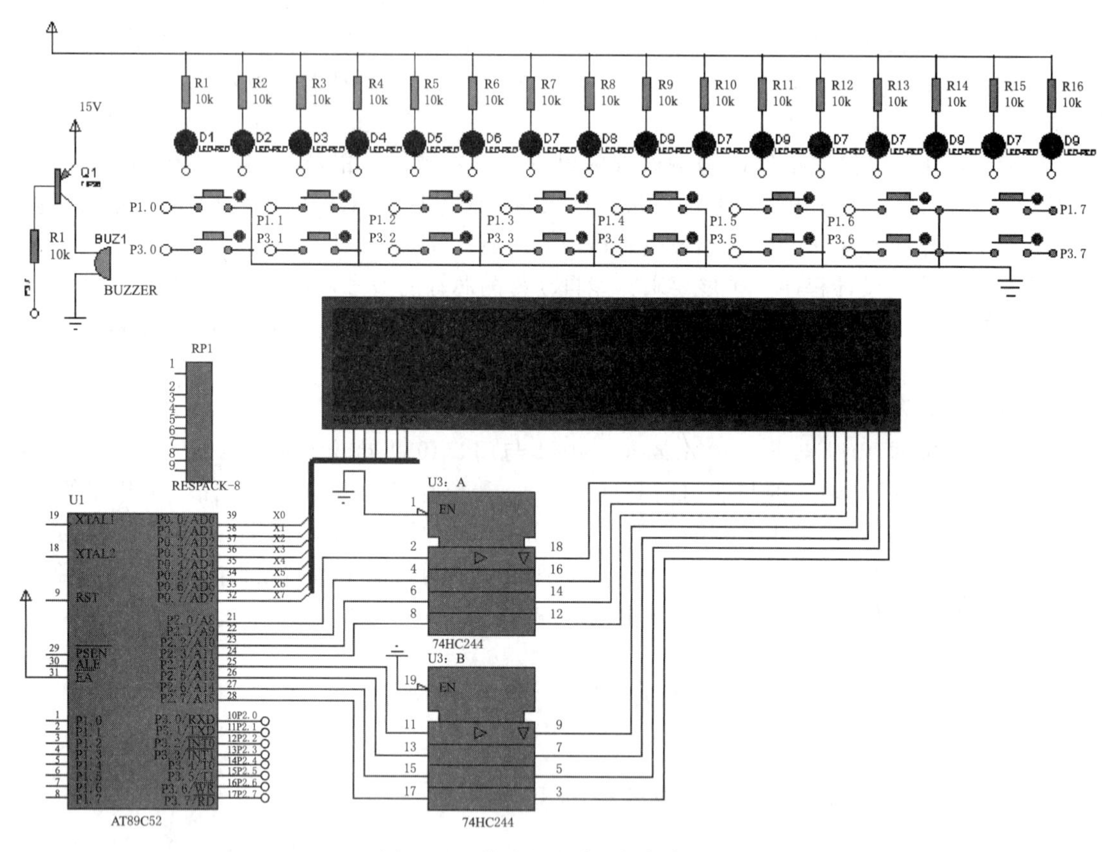

图 8.74　单片机时钟硬件仿真电路

4. 系统软件设计

(1) 主程序。本设计中计时采用定时器 T0 中断完成，秒表使用定时器 T1 中断完成，主程序循环调用显示子程序及查键，当端口有开关按下时，转入相应功能程序。其主程序执行流程如图 8.75 所示。

(2) 显示子程序。时间显示子程序每次显示 6 个连续内存单元的十进制 BCD 码数据，首地址在调用显示程序时先指定。内存中 50H～55H 为闹钟定时单元，60H～65H 为秒表计时单元，70H～75H 为时钟显示单元。由于采用七段共阳 LED 数码管动态扫描实现数据显示，显示采用的十进制 BCD 码所对应的七段码存放在 ROM 表中，显示时，先取出内存地址中的数据，然后查得对应的显示用段码，并从 P0 口输出，P2 口将对应的数码管选中供电，就能显示该地址单元的数据值。为了显示小数点及"—""A"等特殊字符，在开机显示班级信息和计时使用时采用不同的显示子程序。

(3) 定时器 T0 中断服务程序。定时器 T0 用于时间计时。定时溢出中断周期设为 50ms，进入中断后先进行定时中断初值校正，中断累计 20 次（50ms×20＝1s）时对秒计数单元进行加 1 操作。时钟计数单元地址分别在 70H～71H（s）、76H～77H（min）、78H～79H（h），最大计时值为 23h 59min 59s。7AH 单元内存放"熄灭符"数据（#0AH），用于时间调整时的闪烁功能。在计数单元中采用十进制 BCD 码计数，满 10 进位，T0 中断计时程序执行流程如图 8.76 所示。

(4) T1 中断服务程序。T1 中断程序用于指示时间调整单元数字的闪亮或秒表计数，在时间调整状态下，每过 0.3s 左右，将对应调整单元的显示数据换成"熄灭符"数据（#0AH)。这样在调整时间时，对应调整单元的显示数据会间隔闪亮。在作秒表计时时，每 10ms 中断 1 次，计数单元加 1，每 100 次为 1s。秒表计数单元地址在 60H～61H（10ms)、62H～63H（s)、64H～65H（min)，最大计数值为 99min 59.99s。T1 中断程序执行流程如图 8.77 所示。

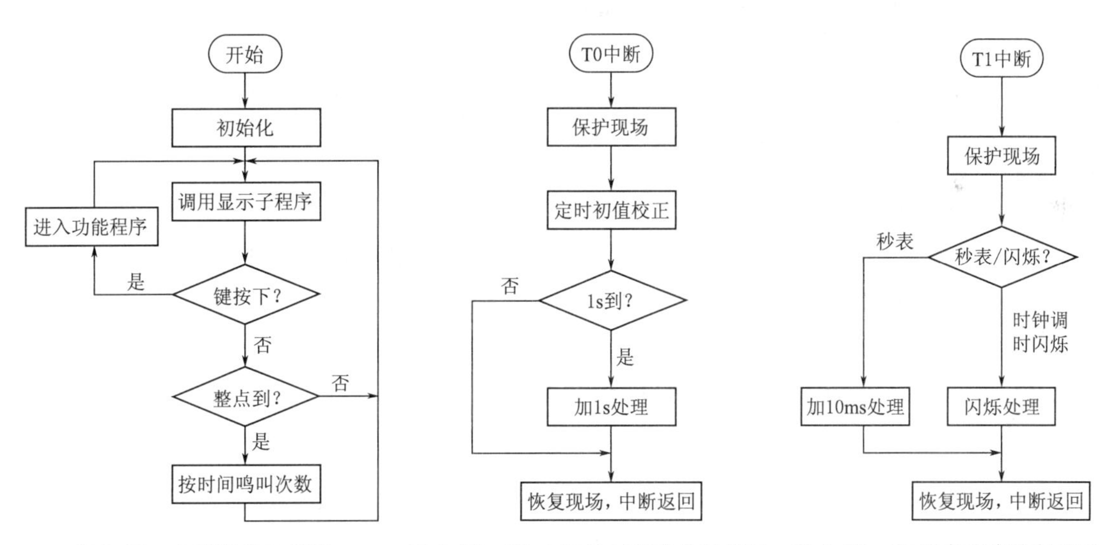

图 8.75　主程序执行流程　　图 8.76　T0 中断计时程序执行流程　　图 8.77　T1 中断程序执行流程

(5) 调时功能程序。调时功能程序的设计方法是：按下 P1.0 口按键，若按下时间小于 1s，进入省电状态（数码管不亮，时钟不停），否则进入调分状态，等待操作，此时计时器停止走动。当再按下 P1.0 按键时，若按下时间小于 0.5s，则时间加 1min，若按下时间大于 0.5s，则进入小时调整状态；按下 P1.1 按键时可进行减 1 调整。在小时调整状态下，当按键按下的时间大于 0.5s 时退出时间调整状态，时钟从 0s 开始计时。

(6) 秒表功能程序。在正常时钟状态下，若按下 P1.1 口按键，则进行时钟/秒表显示功能的转换，秒表中断计时程序启动，显示首址改为 60H，LED 将显示秒表计时单元

60H～65H 中的数据。按下 P1.2 口的按键开关可实现秒表清零、秒表启动、秒表暂停功能。当再按下 P1.1 口按键时关闭 T1 秒表中断计时，显示首址又改为 70H，恢复正常时间的显示功能。

(7) 闹钟时间设定功能程序。在正常时钟状态下，若按下 P1.3 口按键，则进入设定闹时分状态，显示首址改为 50H。LED 将显示 50H～55H 中的闹钟设定时间，显示式样为：00：00：--，其中高 2 位代表时，低 2 位代表分，在定时闹铃时精确到分。按 P1.2 键分加 1，按 P1.0 键分减 1；若再按 P1.3 键进入时调整状态，显示式样为 00：00：--，按 P1.2 键时加 1，按 P1.0 键时减 1，按 P1.1 键闹铃有效，显示式样变为 00：00：00，再按 P1.1 键闹铃无效（显示式样又为 00：00：--）。再按 P1.3 键调整闹钟时间结束，恢复时间的正常显示。在闹铃时可按一下 P1.3 口按键使蜂鸣停止，不按，则蜂鸣器将鸣叫 1min 后自行中止。在设定闹钟后若要取消闹铃功能，可按一下 P1.3 键，听到一“嘀”声表明已取消了闹铃功能。

5. 软件调试与运行结果

在 Proteus 软件上画好电路后先要进行硬件线路的测试。先测试 LED 数码管是否会亮，方法是写一段小程序（P0 口为＃00H，P2 口为＃0FFH），装入单片机后运行看 8 只数码管是否能显示 8 个“8”，如不会亮或部分不会亮，应检查硬件连接线路；按键小开关的检查是用鼠标按下小开关看对应口的发光管是否会亮；蜂鸣器电路接在 P3.7 口，在按下 P3.7 口小开关时应能听到蜂鸣声。

单片机时钟程序的编制与调试应分段或以子程序为单位逐一进行，最后可结合 Proteus 硬件电路调试。按照以下参考源程序，LED 显示器动态扫描的频率约为 167 次/s，实际使用观察时完全没有闪烁现象。由于计时中断程序中加了中断延时误差处理，所以实际计时的走时精度较高，可满足一般场合的应用需要。另外，上电时具有滚动显示子程序，可以方便显示制作日期等信息。

6. 程序源代码

本设计的汇编语言、C 语言的双语言源程序清单请扫描本章末的二维码查看。

7. 心得体会和参考文献

略。

8.2.2　实例 2——DS1302 实时时钟的设计

1. 系统功能

DS1302 实时时钟芯片能输出阳历年、月、日及星期、时、分、秒等计时信息，可制作成实时时钟。本系统要求用 8 位 LED 数码管实时显示时、分、秒时间。

2. 设计方案

按照系统设计功能的要求，确定系统由主控模块、时钟模块、显示模块、键盘接口模块、发声模块组成，电路系统构成框图如图 8.78 所示。主控芯片采用 AT89C52 系列单片机，时钟芯片采用美国 DALLAS 公司推出的一种高性能、低功耗、带 RAM 的实时时钟芯片 DS1302。采用 DS1302 作为计时芯片，可以做到计时准确，更重要的是 DS1302 可以在很小电流的后备电源

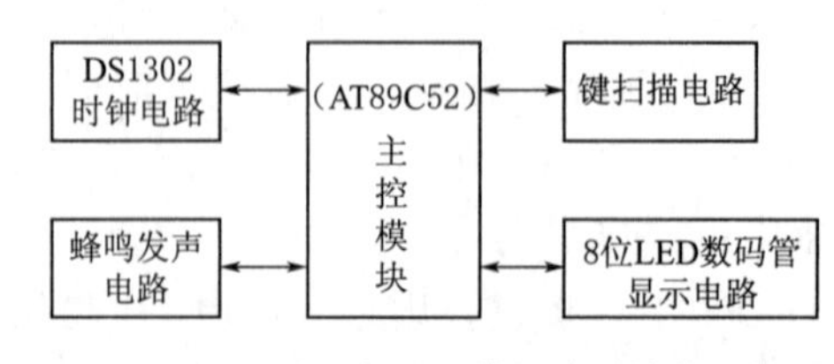

图 8.78　DS1302 实时时钟电路系统构成框图

（2.5～5.5V 电源，在 2.5V 时耗电小于 300nA）下继续计时，而且 DS1302 可以编程选择多种充电电流来对后备电源进行慢速充电，可以保证后备电源基本不耗电。显示电路采用 8 位共阳 LED 数码管，采用查询法查键实现功能调整。

3．系统硬件设计

DS1302 实时时钟的硬件仿真电路如图 8.79 所示。时钟芯片的晶振频率为 32.768kHz，3 个数据、时钟、片选口可不接上拉电阻；LED 数码管采用动态扫描方式显示，P0 口为段码输出口，P2 口为扫描驱动口，扫描驱动信号经 74HC244 功率放大用作 LED 点亮电源；调时按键设计了两个，分别接在 P3.5、P3.6 口，用于设定与加 1 调整；P3.7 口接了一个蜂鸣发声器，用于按键发声提醒用。

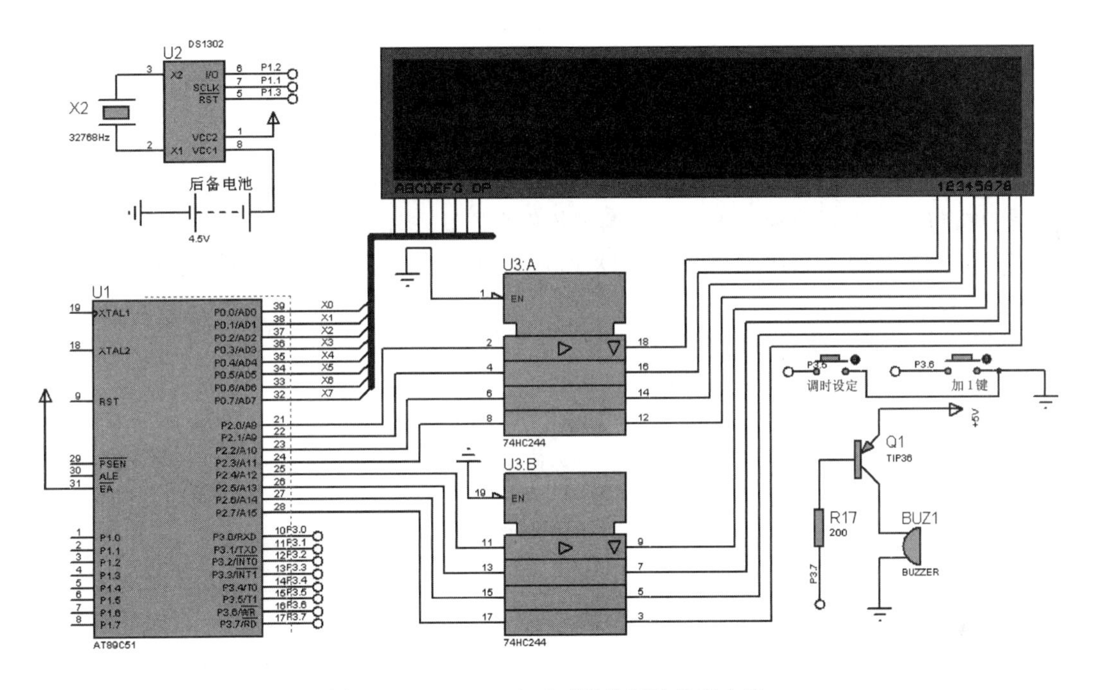

图 8.79　DS1302 实时时钟的硬件仿真电路

4．系统软件设计

（1）时钟读出程序设计。因为使用了时钟芯片 DS1302，时钟程序只需从 DS1302 各个寄存器中读出年、周、月、日、时、分、秒等数据再处理即可，本次设计中仅读出时、分、秒数据。在首次对 DS1302 进行操作之前，必须对它进行初始化，然后从 DS1302 中读出数据，再经过处理后送给显示缓冲单元。时钟读出程序流程如图 8.80 所示。

（2）时间调整程序设计。调整时间用两个调整按钮，一个作为设定控制用，另一个作为加调整用。在调整过程中，要调整的位与其他位应该有区别，所以增加了闪烁功能，即调整的位一直在闪烁直到调整下一位。闪烁原理就是让要调整的位，每隔一定时间熄灭一次，比如 50ms，利用定时器计时，当达到 50ms 时，就送给该位熄灭符，在下一次溢出时，再送正常显示的值，不断交替，直到调整该位结束。时间调整程序流程如图 8.81 所示。

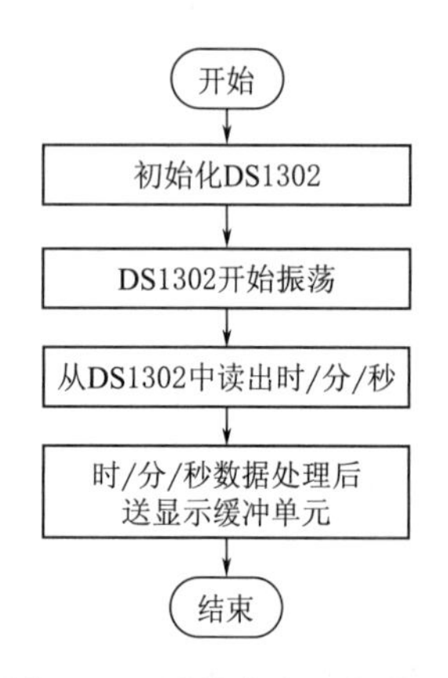

图 8.80　时钟读出程序流程

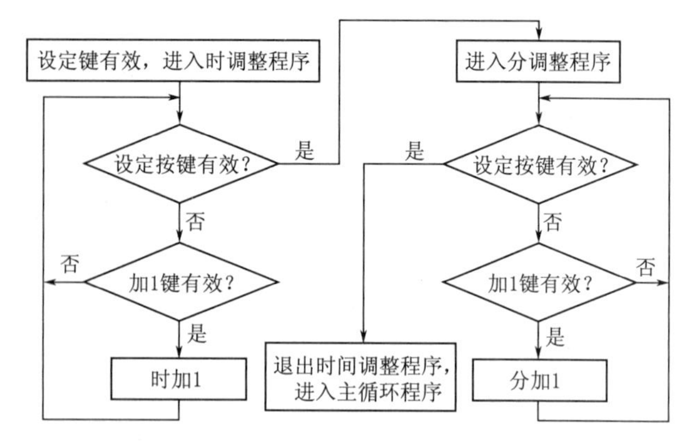

图 8.81　时间调整程序流程

5. 软件调试与运行结果

调试分为 Proteus 硬件电路调试和程序软件调试。硬件电路调试主要是检查各元件的连接线是否接好，另外可以通过编一个小调试软件来测试硬件电路是否正常；程序软件调试应分块进行，先进行显示程序调试，再写 DS1302 芯片的读写程序，最后通过多次修改与完善达到理想的功能效果。

DS1302 的晶振频率是计时精度的关键，实际设计中可换用标准晶振或用小电容进行修正，在本仿真电路中不需要对计时精度进行校准。

6. 程序源代码

本设计的汇编语言、C 语言的双语言源程序清单请扫描本章末的二维码查看。

7. 心得体会和参考文献

略。

8.2.3　实例 3——简易数字电压表的设计

1. 设计要求

简易数字电压表可以测量 0～5V 的 8 路输入电压值，并在 4 位 LED 数码管上轮流显示或单路选择显示。测量最小分辨率为 0.019V，测量误差约为±0.02V。

2. 设计方案与系统硬件设计

按系统功能实现要求，决定控制系统采用 AT89C52 单片机，A/D 转换采用 ADC0809。系统除能确保实现要求的功能外，还可以方便地进行 8 路其他 A/D 转换量的测量、远程测量结果传送等扩展功能。数字电压表系统设计方案框图如图 8.82 所示。

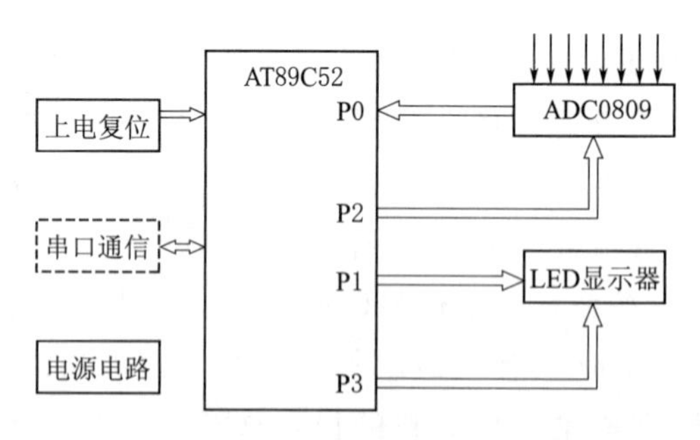

图 8.82　数字电压表系统设计方案框图

简易数字电压测量电路由 A/D 转换、数据处理及显示控制等组成，电路原理图如图 8.83 所示。A/D 转换由集成电路 ADC0809 完成。ADC0809 具有 8 路模拟输入端口，地址线（23～25 脚）可决定对哪一路模拟输入进行 A/D 转换。22 脚为地址锁存控制，当输入为高

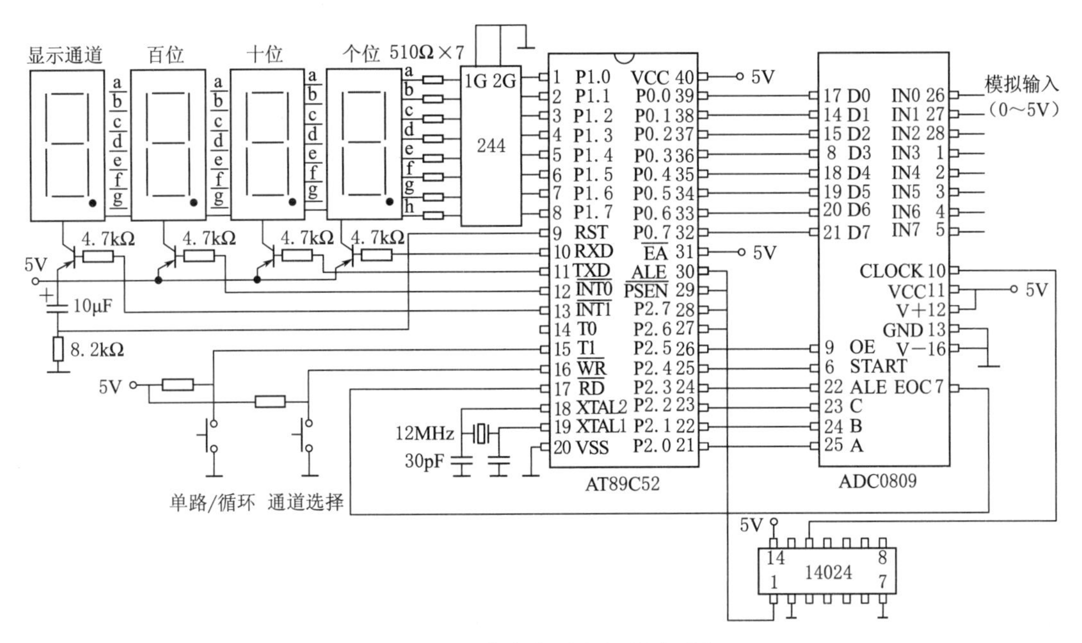

图 8.83 数字电压表电路原理图

电平时，对地址信号进行锁存。6 脚为测试控制，当输入一个 2μs 宽高电平脉冲时，就开始 A/D 转换。7 脚为 A/D 转换结束标志，当 A/D 转换结束时，7 脚输出高电平。9 脚为 A/D 转换数据输出允许控制，当 OE 脚为高电平时，A/D 转换数据从该端口输出。10 脚为 ADC0809 的时钟输入端，利用单片机 30 脚的六分频晶振频率再通过芯片 14024 二分频得到 1MHz 时钟。单片机的 P1、P3.0～P3.3 口作为 4 位 LED 数码管显示控制。P3.5 口用作单路显示/循环显示转换按钮，P3.6 口用作单路显示时选择通道。P0 口用于 A/D 转换数据读入，P2 口用于 ADC0809 的 A/D 转换控制。

3. 系统软件设计

(1) 初始化程序。系统上电时，初始化程序将 70H～77H 内存单元清 0，P2 口置 1。

(2) 主程序。在刚上电时，系统默认为循环显示 8 个通道的电压值状态。当进行一次测量后，将显示每一通道的 A/D 转换值，每个通道的数据显示时间为 1s 左右，主程序在调用显示子程序和测试子程序之间循环，主程序流程如图 8.84 (a) 所示。

(3) 显示子程序。显示子程序采用动态扫描法实现 4 位数码管的数值显示。测量所得的 A/D 转换数据放在 70H～77H 内存单元中，测量数据在显示时需转换成为十进制 BCD 码放在 78H～7BH 单元中，其中 7BH 存放通道标志数。寄存器 R3 用作 8 路循环控制，R0 用作显示数据地址指针。

(4) A/D 转换测量子程序。A/D 转换测量子程序用来控制对 8 路模拟输入电压的 A/D 转换，并将对应的数值移入 70H～77H 内存单元。其程序流程如图 8.84 (b) 所示。

4. 系统性能分析

(1) 制作测试。程序经编译及仿真调试，同时进行硬件电路板的设计制作，程序固化后进行软硬件联调，最后进行电压的对比测试，测试对比见表 8.2。表中标准电压值采用 UT56 数字万用表测得。

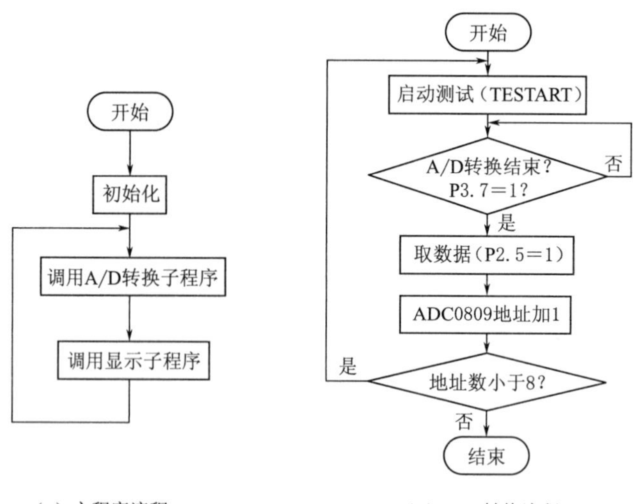

（a）主程序流程　　（b）A/D转换流程

图 8.84　主程序及 A/D 转换的流程

表 8.2　简易数字电压表与“标准”数字电压表测试对比

标准值/V	0.00	0.15	0.85	1.00	1.25	1.75	1.98	2.32	2.65
简易数字电压表测得值/V	0.00	0.17	0.86	1.02	1.26	1.76	2.00	2.33	2.66
绝对误差/V	0.00	+0.02	+0.01	+0.02	+0.01	+0.01	+0.02	+0.01	+0.01
标准值/V	3.00	3.45	3.55	4.00	4.50	4.60	4.70	4.81	4.90
简易数字电压表测得值/V	3.01	3.47	3.56	4.01	4.52	4.62	4.72	4.82	4.92
绝对误差/V	+0.01	+0.02	+0.01	+0.01	+0.02	+0.02	+0.02	+0.01	+0.02

从表中可见，简易数字电压表与“标准”数字电压表测得的电压值的绝对误差均在 0.02V 以内，这与采用 8 位 A/D 转换器所能达到的理论误差精度相一致，在一般的应用场合可完全满足要求。

（2）性能分析。

1）由于单片机为 8 位处理器，当输入电压为 5.00V 时，输出数据值为 255（FFH），因此单片机最大的数值分辨率为 0.0196V（5/255）。这就决定了该电压表的最大分辨率（精度）只能达到 0.0196V。测试时电压数值的变化一般以 0.02 的电压幅度变化，如要获得更高的精度要求，应采用 12 位、13 位的 A/D 转换器。

2）简易电压表测得的值基本上均比标准值偏大 0.01～0.02V。这可以通过校正 ADC0809 的基准电压来解决，因为该电压表设计时直接用 7805 的供电电源作为基准电压，电压可能有偏差。另外，可以用软件编程来校正测量值。

3）ADC0809 的直流输入阻抗为 1MΩ，能满足一般的电压测试需要。另外，经测试 ADC0809 可直接在 2MHz 频率下工作，这样可省去分频器 14024。

5. 程序源代码

本设计的汇编语言、C 语言的双语言源程序清单请扫描本章末的二维码查看。

6. 程序调试与运行、心得体会和参考文献

略。

8.2.4 实例4——超声波测距仪的设计

1. 设计要求

超声波测距仪可应用于汽车倒车、建筑施工工地以及一些工业现场的位置监控，也可用于如液位、井深、管道长度、物体厚度等的测量，其测量范围为0.10～4.00m，测量精度为1cm。测量时超声波测距仪与被测物体无直接接触，能够清晰、稳定地显示测量结果。

2. 设计方案

由于超声波指向性强，能量消耗缓慢，在介质中传播的距离较远，因而超声波经常用于距离的测量。利用超声波检测距离设计比较方便，计算处理也较简单，并且在测量精度方面也能达到日常使用的要求。

超声波发生器可以分为两大类：①电气方式产生超声波；②机械方式产生超声波。电气方式包括压电型、电动型等；机械方式有加尔统笛、液哨和气流旋笛等。它们所产生的超声波的频率、功率和声波特性各不相同，因而用途也各不相同。目前在近距离测量方面较为常用的是压电式超声波换能器。

根据设计要求并综合各方面因素，本例决定采用AT89C51单片机作为主控制器，用动态扫描法实现LED数字显示，超声波驱动信号用单片机的定时器完成。超声波测距仪系统设计框图如图8.85所示。

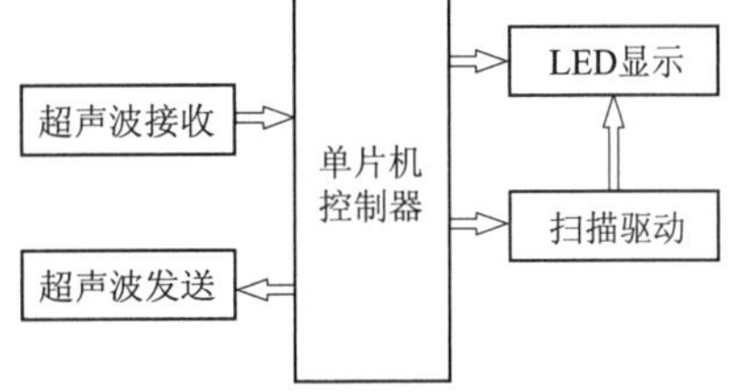

图8.85 超声波测距仪系统设计框图

3. 系统硬件设计

硬件电路主要分为单片机系统及显示电路、超声波发射电路和超声波检测接收电路三部分。

(1) 单片机系统及显示电路。单片机采用AT89C51或其兼容系列。系统采用12MHz高精度的晶振，以获得较稳定的时钟频率，并减小测量误差。单片机用P1.0口输出超声波换能器所需的40kHz方波信号，利用外中断0口监测超声波接收电路输出的返回信号。显示电路采用简单实用的4位共阳LED数码管，段码用74LS244驱动，位码用PNP三极管9012驱动。单片机系统及显示电路如图8.86所示。

(2) 超声波发射电路。超声波发射电路原理图如图8.87所示。发射电路主要由反向器74LS04和超声波换能器构成，单片机P1.0口输出的40kHz方波信号一路经一级反向器后送到超声波换能器的一个电极，另一路经两级反向器后送到超声波换能器的另一个电极，用这种推挽形式将方波信号加到超声波换能器两端可以提高超声波的发射强度。输出端采用两个反向器并联，用以提高驱动能力。上拉电阻R_{10}、R_{11}一方面可以提高反向器74LS04输出高电平的驱动能力；另一方面可以增加超声波换能器的阻尼效果，以缩短其自由振荡的时间。

压电式超声波换能器是利用压电晶体的谐振来工作的。超声波换能器内部结构如图8.88所示，它有两个压电晶片和一个共振板。当它的两极外加脉冲信号，其频率等于压电晶片的固有振荡频率时，压电晶片将会发生共振，并带动共振板振动产生超声波，这时它就是一个超声波发射换能器；反之，如果两电极间未外加电压，当共振板接收到超声波时，将

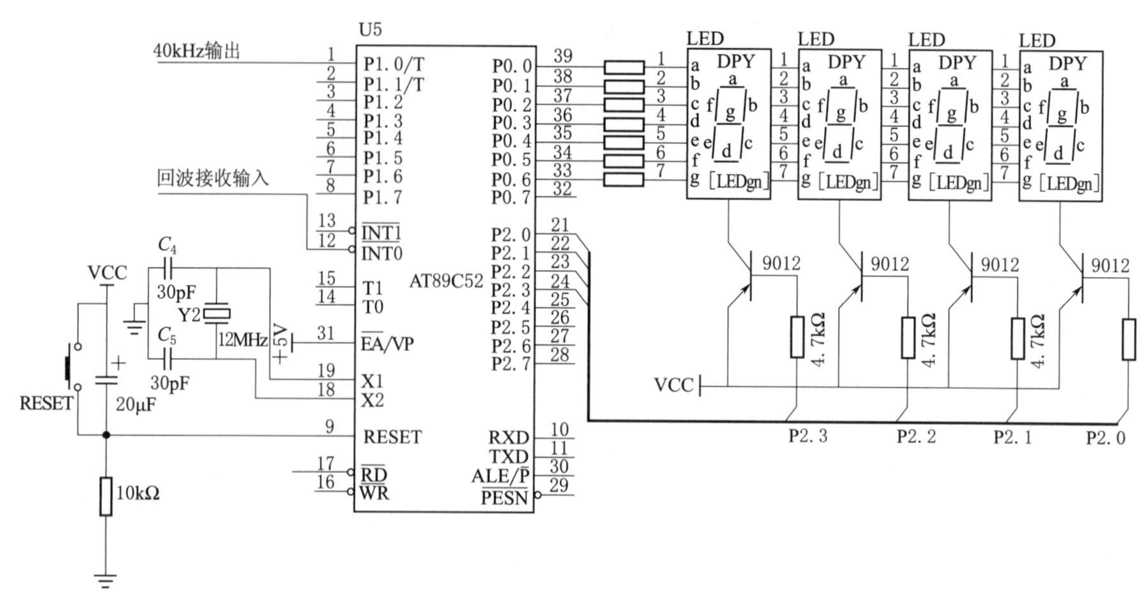

图 8.86　单片机系统及显示电路图

压迫压电晶片振动，将机械能转换为电信号，这时它就成为超声波接收换能器了。超声波发射换能器与接收换能器在结构上稍有不同，使用时应分清器件上的标志。

（3）超声波检测接收电路。集成电路 CX20106A 是一款红外线检波接收的专用芯片，常用于电视机红外遥控接收器。考虑到红外遥控常用的载波频率 38kHz 与测距的超声波频率 40kHz 较为接近，可以利用它制作超声波检测接收电路，如图 8.89 所示。采用 CX20106A 接收超声波（无信号时输出高电平）具有很高的灵敏度和较强的抗干扰能力。适当地更改电容 C_4 的大小，可以改变接收电路的灵敏度和抗干扰能力。

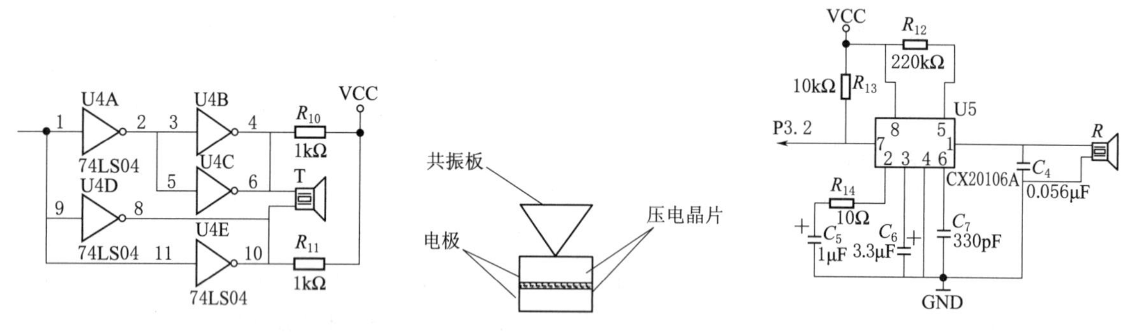

图 8.87　超声波发射电路原理图　　图 8.88　超声波换能器内部结构　　图 8.89　超声波检测接收电路图

4. 系统软件设计

超声波测距仪的软件设计主要由主程序、超声波发生子程序、超声波接收中断程序及显示子程序组成。由于 C 语言程序有利于实现较复杂的算法，汇编语言程序则具有较高的效率并且容易精确计算程序运行的时间，而超声波测距仪的程序既有较复杂的计算（计算距离时），又要求精确计算程序运行时间（超声波测距时），所以控制程序可采用 C 语言和汇编语言混合编程。

（1）超声波测距仪的算法设计。图 8.90 示意了超声波测距的原理，即超声波发生器 T 在某一时刻发出一个超声波信号，当这个超声波遇到被测物体后反射回来，就会被超声波接收器 R 接收到。这样，只要计算出从发出超声波信号到接收到返回信号所用的时间，就可算出超声波发生器与反射物体的距离。该距离的计算公式如下：

$$d=s/2=vt/2$$

式中：d 为被测物与测距仪的距离；s 为声波的来回路程；v 为声速；t 为声波来回所用的时间。

超声波也是一种声波，其声速 v 与温度有关。表 8.3 列出了几种不同温度下的超声波声速。在使用时，如果温度变化不大，则可认为声速是基本不变的。如果测距精度要求很高，则应通过温度补偿的方法加以校正。声速确定后，只要测得超声波往返的时间，即可求得距离。

表 8.3　　不同温度下超声波声速表

温度/℃	−30	−20	−10	0	10	20	30	100
声速/(m·s^{-1})	313	319	325	323	338	344	349	386

（2）主程序。主程序首先要对系统环境初始化，设置定时器 T0 工作模式为 16 位定时器/计数器模式，置位总中断允许位 EA 并对显示端口 P0 和 P2 清 0；然后调用超声波发生子程序送出一个超声波脉冲。为了避免超声波从发射器直接传送到接收器引起的直射波触发，需要延时约 0.1ms（这也就是超声波测距仪会有一个最小可测距离的原因）后才打开外中断 0 接收返回的超声波信号。由于采用的是 12MHz 晶振，计数器每计一个数就是 1μs，所以当主程序检测到接收成功的标志位后，将计数器 T0 中的数（即超声波来回所用的时间）进行计算，即可得被测物体与测距仪之间的距离。设计取 20℃时的声速为 344m/s，则有

$$d=vt/2=172T_0/10000(\text{cm})$$

式中：T_0 为计数器 T0 的计数值。

测出距离后，结果将以十进制 BCD 码方式送往 LED 显示约 0.5s，然后再发超声波脉冲重复测量过程。图 8.91 所示为主程序流程。

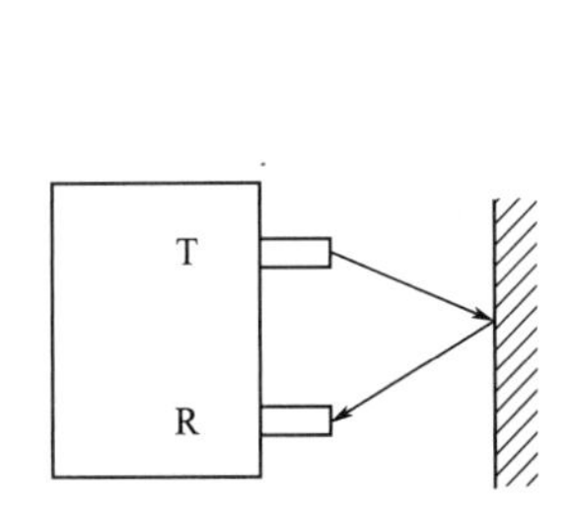

图 8.90　超声波测距原理图

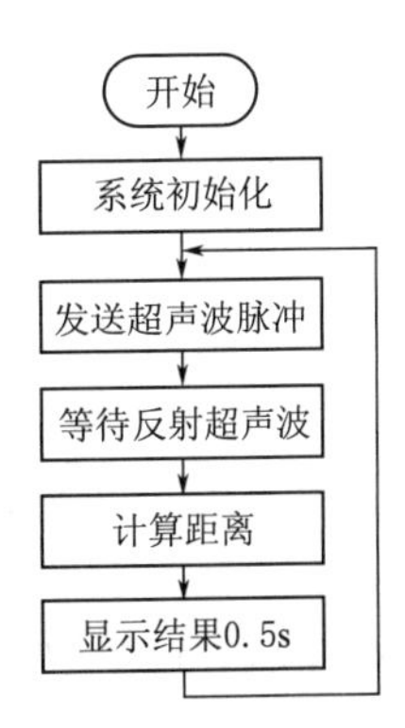

图 8.91　主程序流程

（3）超声波发生子程序和超声波接收中断程序。超声波发生子程序的作用是通过 P1.0 口发送两个左右的超声波脉冲信号（频率 40kHz 的方波），脉冲宽度为 12μs 左右，同时把

计数器 T0 打开进行计时。超声波发生子程序较简单，但要求程序运行时间准确，所以采用汇编语言编程。

超声波测距仪主程序利用外中断 0 检测返回超声波信号，一旦接收到返回超声波信号（当 $\overline{INT0}$ 引脚出现低电平），立即进入超声波接收中断程序。进入该中断后，就立即关闭计时器 T0，停止计时，并将测距成功标志字赋值 1。

如果当计时器溢出时还未检测到超声波返回信号，则定时器 T0 溢出中断将外中断 0 关闭，并将测距成功标志字赋值 2，以表示本次测距不成功。

5. 调试及性能分析

（1）调试。超声波测距仪的制作和调试都较为简单，其中超声波发射和接收采用 ϕ15 的超声波换能器 TCT40－10F1（T 发射）和 TCT40－10S1（R 接收），中心频率为 40kHz，安装时应保持两换能器中心轴线平行并相距 4～8cm，其余元件无特殊要求。若能将超声接收电路用金属壳屏蔽起来，则可提高抗干扰性能。根据测量范围要求不同，可适当地调整与接收换能器并接的滤波电容 C_4 的大小，以获得合适的接收灵敏度和抗干扰能力。

硬件电路制作完成并调整好后，便可将程序编译好下载到单片机试运行。根据实际情况，可以修改超声波发生子程序每次发送的脉冲数和两次测量的间隔时间，以适应不同距离的测量需要。

（2）性能指标。根据电路参数和程序，测距仪可测量的范围为 0.07～5.50m。实验中，对测量范围为 0.07～2.50m 的平面物体做了多次测试，测距仪的最大误差不超过 1cm，重复性很好。

6. 程序源代码

本设计的汇编语言、C 语言的双语言源程序清单请扫描本章末的二维码查看。

7. 心得体会和参考文献

略。

8.2.5　实例 5——16×16 点阵图文 LED 显示屏的设计

1. 功能要求

设计一个能显示 4 个 16×16 点阵图文 LED 显示屏，要求能显示图形或文字，显示图形或文字应稳定、清晰。图形或文字显示方式有静止、左移或右移等。

2. 方案论证

理论上讲，不论显示图形还是文字，只要控制与组成这些图形或文字的各个点所在位置相对应的 LED 器件发光，就可以得到想要的显示结果。这种同时控制各个发光点亮灭的方法称为静态驱动显示方式。每个 16×16 的点阵共有 256 只发光二极管，显然单片机没有这么多端口。如果采用锁存器来扩展端口，那么按 8 位锁存器来计算，一个 16×16 的点阵需要 256/8＝32 个锁存器。这个数字很庞大，因为这里仅仅是 16×16 的点阵，而在实际应用中的显示屏往往大得多，这样在锁存器上花的成本将是一个很庞大的数字。因此在实际应用中，显示屏几乎都不采用这种设计，而采用动态扫描的显示方法。

所谓动态扫描，简单地说就是逐行轮流点亮，这样扫描驱动电路就可以实现多行（如 16 行）的同名列共用一套列驱动器。以 16×16 点阵为例，把所有同一行发光管的阳极连在一起，把所有同一列发光管的阴极连在一起（共阳接法），先送出对应第一行发光管亮灭的数据并锁存，然后选通第一行使其点亮一定的时间，然后熄灭；再送出第二行的数据并锁存，然后选通第二行使其点亮相同的时间，然后熄灭……第16行之后又重新点亮第1行，这样反复轮回。当这样轮回的速度足够快（每秒24次以上）时，由于人眼的视觉暂留现象，人们就能看到显示屏上稳定的图形。

采用扫描方式进行显示时，每行有一个行驱动器，各行的同名列共用一个列驱动器。显示数据通常存储在单片机的存储器中，按8位一个字节的形式顺序排放。显示时，要把一行中各列的数据都传送到相应的列驱动器上，这就存在一个显示数据传输的问题。从控制电路到列驱动器的数据传输可以采用并行方式或串行方式。显然，采用并行方式时，从控制电路到列驱动器的线路数量大，相应的硬件数目多。当列数很多时，并行传输的方案是不可取的。

采用串行传输的方法，控制电路可以只用一根信号线，将列数据逐位地传往列驱动器，在硬件方面无疑是十分经济的。但是，串行传输过程较长，数据按顺序逐位地输出给列驱动器。只有当一行中的各列数据都已传输到位之后，这一行的各列才能并行地进行显示。这样，对于一行的显示过程就可以分解成列数据准备（传输）和列数据显示两部分。对于串行传输方式，列数据准备时间相对要长一些，在行扫描周期确定的情况下，行显示的时间就会缩短，以致影响LED的亮度效果。

解决串行传输中列数据准备和列数据显示的时间矛盾问题，可以采用重叠处理的方法，即在显示本行各列数据的同时，传送下一行的列数据。为了达到重叠处理的目的，列数据的显示就需要具有锁存功能。经过上述分析，可以归纳出列驱动器电路应具备的主要功能：对于列数据准备，应能实现串入并出的移位功能；对于列数据显示，应具有并行锁存的功能。这样，本行已准备好的数据打入并行锁存器进行显示时，串并移位寄存器就可以准备下一行的列数据，而不会影响本行的显示时间。图8.92所示为显示屏电路实现的结构框图。

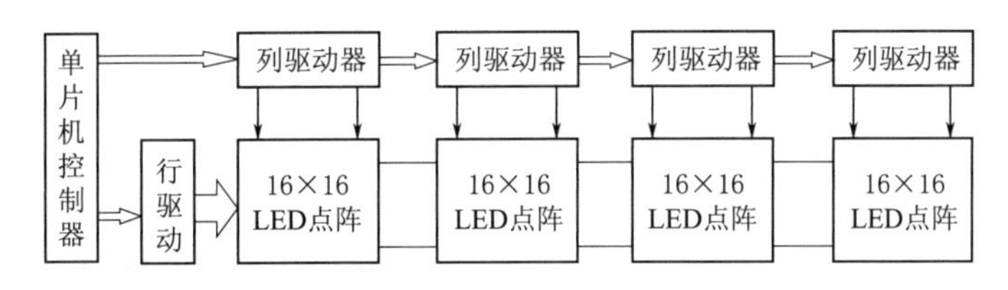

图8.92　显示屏电路框图

3. 系统硬件设计

硬件电路大致可分成单片机系统及外围电路、行驱动电路和列驱动电路三部分。

（1）单片机系统及外围电路。单片机采用AT89C51或其兼容系列的芯片。系统采用12MHz或更高频率的晶振，以获得较高的刷新频率，使显示更稳定。单片机的串口与列驱动器相连，用来送显示数据。P1口低4位与行驱动器相连，送出行选信号；P1.5～P1.7口则用来发送控制信号。P0和P2口空闲，在必要时，可以扩展系统的ROM和RAM。16×16点阵显示屏的硬件原理图如图8.93所示。

（2）行驱动电路。单片机P1口低4位输出的行号经4/16线译码器74LS154译码后生

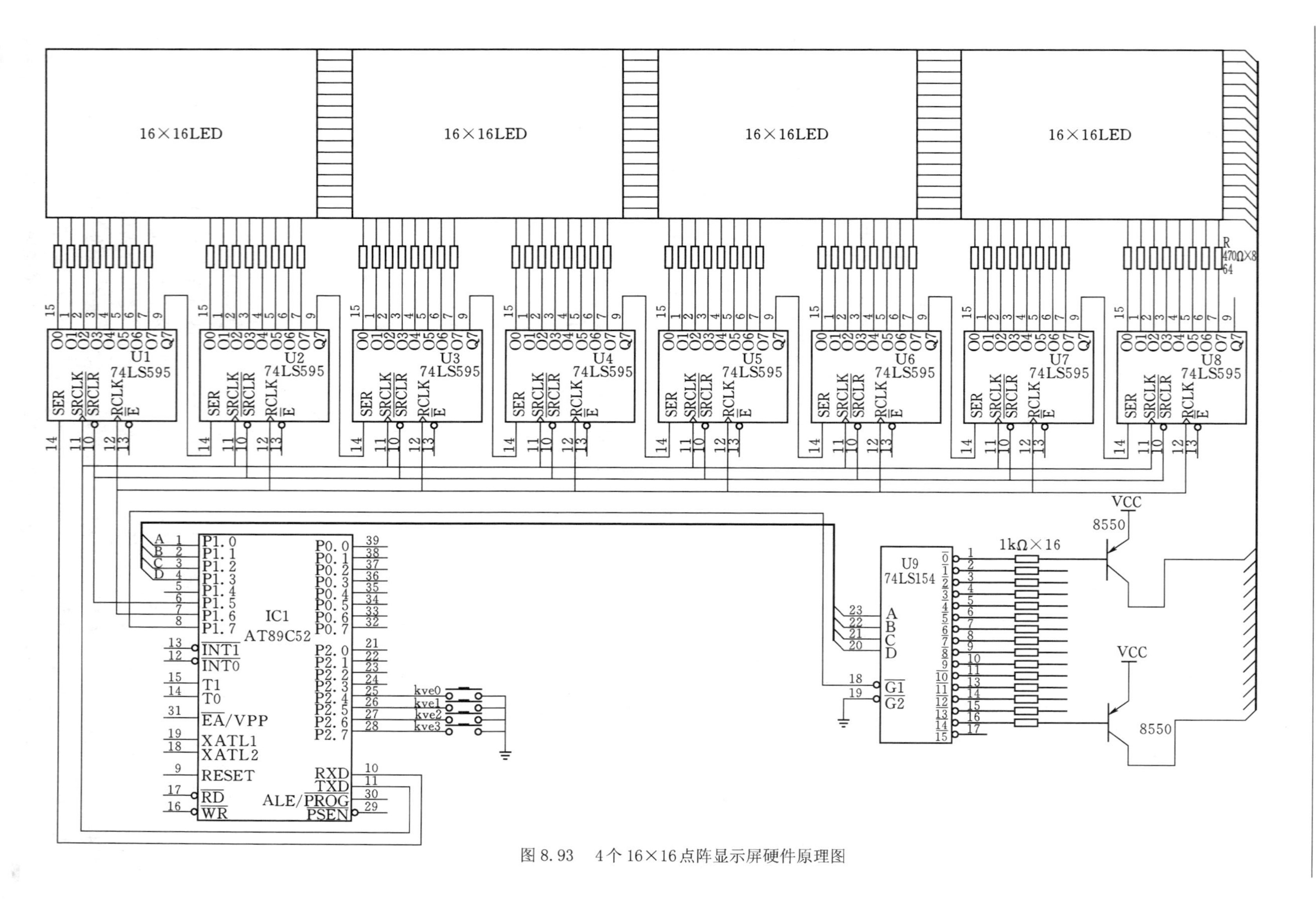

图 8.93　4个16×16点阵显示屏硬件原理图

成 16 条行选通信号线，再经过驱动器驱动对应的行线。一条行线上要带动 16 列×4 的 LED 进行显示，按每一 LED 器件 5mA 电流计算，64 个 LED 同时发光时，需要 320mA 的电流，选用三极管 8550 作为驱动管可满足要求。

（3）列驱动电路。列驱动电路由集成电路 74LS595 构成。它具有一个 8 位串入并出的移位寄存器和一个 8 位输出锁存器的结构，而且移位寄存器和输出锁存器的控制是各自独立的，可以实现在显示本行各列数据的同时，传送下一行的列数据，即达到重叠处理的目的。

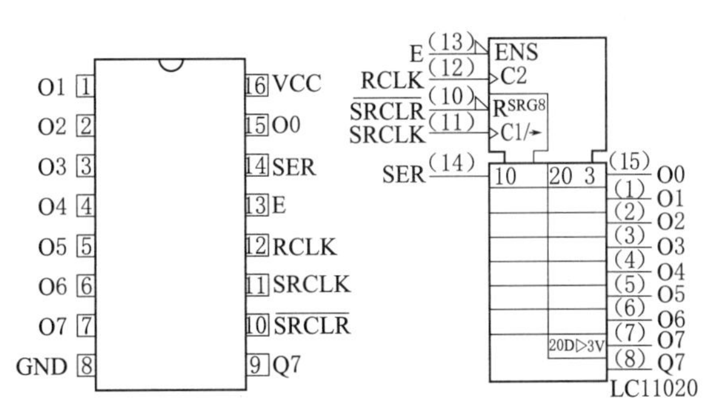

图 8.94　74LS595 的外形及内部结构图

74LS595 的外形及内部结构如图 8.94 所示。它的输入侧有 8 个串行移位寄存器，每个移位寄存器的输出都连接一个输出锁存器。引脚 SER 是串行数据的输入端。引脚 SRCLK 是移位寄存器的移位时钟脉冲，在其上升沿发生移位，并将 ER 的下一个数据输入最低位。移位后的各位信号出现在各移位寄存器的输出端，也就是输出锁存器的输入端。RCLK 是输出锁存器的输入信号，其上升沿将移位寄存器的输出信号输入输出锁存器。引脚 E 是输出三态门的开放信号，只有当其为低时锁存器的输出才开放；否则为高阻态。SRCLR 信号是移位寄存器的清 0 输入端，当其为低时移位寄存器的输出全部为 0。由于 SRCLK 和 RCLK 两个信号是相互独立的，所以能够做到输入串行移位与输出锁存互不干扰。芯片的输出端为 O0～O7，最高位 O7 可作为多片 74LS595 级联应用时向上一级的级联输出。但因 O7 受输出锁存器输入控制，所以还从输出锁存器前引出了 Q7，作为与移位寄存器完全同步的级联输出。

4. 系统软件设计

显示屏软件的主要功能是向屏体提供显示数据，并产生各种控制信号，使屏幕按设计的要求显示。

根据软件分层次设计的原理，可把显示屏的软件系统分成两大层：第一层是底层的显示驱动程序；第二层是上层的系统应用程序。显示驱动程序负责向屏体送显示数据，并负责产生行扫描信号和其他控制信号，配合完成 LED 显示屏的扫描显示工作。显示驱动程序由定时器 T0 中断程序实现。系统应用程序完成系统环境设置（初始化）、显示效果处理等工作，由主程序来实现。

从有利于实现较复杂的算法（显示效果处理）和有利于程序结构化考虑，显示屏程序适宜采用 C 语言编写。

（1）显示驱动程序。显示驱动程序在进入中断后首先要对定时器 T0 重新赋初值，以保证显示屏刷新率的稳定。16 行扫描格式的显示屏刷新率（帧频）的计算公式如下：

$$刷新率(帧频)=(1/16)\times T0\ 溢出率=(1/16)\times f_{osc}/[12(65536-t_0)]$$

式中：f_{osc}为晶振频率；t_0 为定时器 T0 初值（工作在 16 位定时器模式）。

其次，显示驱动程序查询当前点亮的行号，从显示缓存区内读取下一行的显示数据，并通过串口发送给移位寄存器。

为消除在切换行显示数据时产生拖尾现象，驱动程序先要关闭显示屏，即消隐，等显示数据输入输出锁存器并锁存后，再输出新的行号，重新打开显示。图 8.95 所示为显示驱动程序（显示屏扫描函数）流程。

（2）系统主程序。系统主程序开始后，首先对系统环境初始化，包括设置串口、定时器、中断和端口。然后以“卷帘出”效果显示文字或图案，停留几秒，接着向上滚动显示汉字或图形，停留几秒后，再左移显示汉字或图形、右移显示等。最后以“卷帘入”效果隐去文字。显示效果可以根据需要进行设置，系统程序会不断地循环执行显示效果。图 8.96 所示为系统主程序流程。

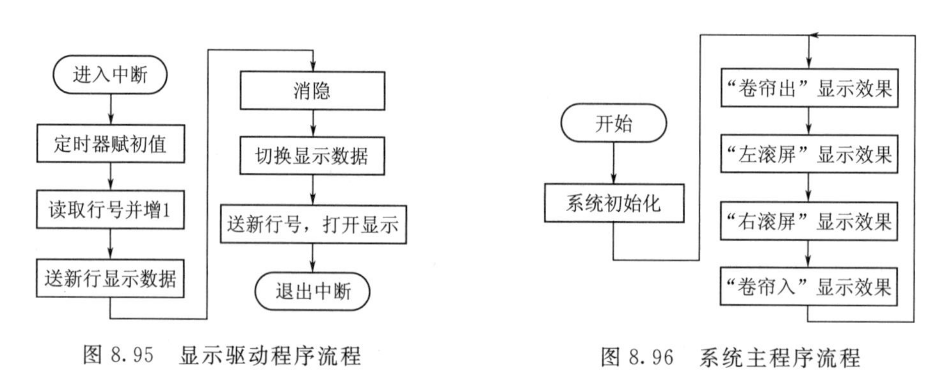

图 8.95　显示驱动程序流程　　　图 8.96　系统主程序流程

5. 调试及性能分析

LED 显示屏硬件电路只要器件质量可靠，引脚焊接正确，一般无须调试即可正常工作。软件部分需要调试的主要有显示屏刷新频率及显示效果两部分。显示屏刷新率由定时器 T0 的溢出率和单片机的晶振频率决定，表 8.4 给出了实验调试时采用的频率及其对应的定时器 T0 初值。

表 8.4　显示屏刷新率（帧频）与 T0 初值关系表（24MHz 晶振时）

刷新率/Hz	25	50	62.5	75	85	100	120
T0 初值	0xEC78	0xF63C	0xF830	0xF97E	0xFA42	0xFB1E	0xFBEE

理论上，24Hz 以上的刷新率就能看到连续稳定的显示，刷新率越高，显示越稳定，但显示驱动程序占用的 CPU 时间也越多。实验证明，在目测条件下，刷新率在 40Hz 以下的画面看起来闪烁较严重；刷新率在 50Hz 以上的已基本觉察不出画面闪烁；刷新率达到 85Hz 以上时，即使再增加刷新率，画面闪烁也没有明显改善。

显示效果处理程序的内容及方法非常广泛，其调试过程在此不做具体讨论，读者可对照源程序自行分析。

该方案设计的 4 个 16×16 点阵 LED 图文显示屏，电路简单，成本较低，且可方便地扩展成多字的显示屏。显示屏各点亮度均匀、充足，显示图形或文字稳定、清晰，可用静止、移入移出等多种显示方式显示图形或文字。

6. 程序源代码

本设计的汇编语言、C 语言的双语言源程序清单请扫描本章末的二维码查看。

7. 心得体会和参考文献

略。

8.2.6 实例 6——简易低频信号源的设计

1. 功能要求

简易低频信号源要求能输出 0.1～50Hz 的正弦波、三角波和方波信号，其中正弦波和三角波信号可以用按键选择输出，输出信号的频率可以在 0.1～50Hz 范围内调整。

2. 方案论证

由于输出信号的频率较低，因此考虑使用单片机作为控制器，用中断查表法完成波形数据的输出，再用 D/A 转换器输出规定的波形信号。方波信号直接由单片机的端口输出。结合功能要求情况，决定使用 AT89C2051 单片机作为控制器，用 DAC0832 作为 D/A 转换器。功能按键使用单片机的 3 个端口。实现系统的结构框图如图 8.97 所示。

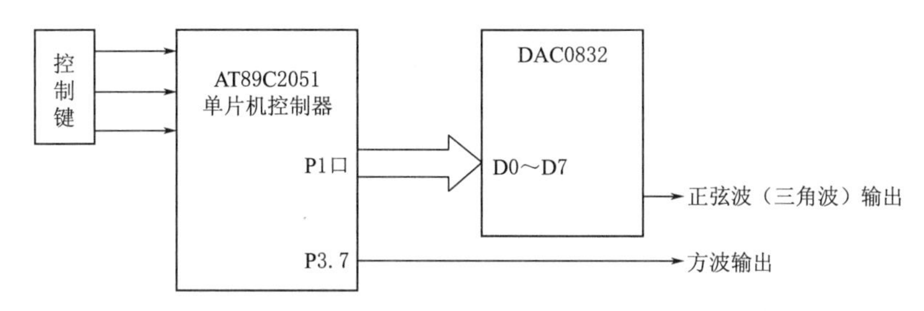

图 8.97 简易低频信号源系统结构框图

3. 系统硬件设计

图 8.98 所示为简易低频信号源电路原理图。

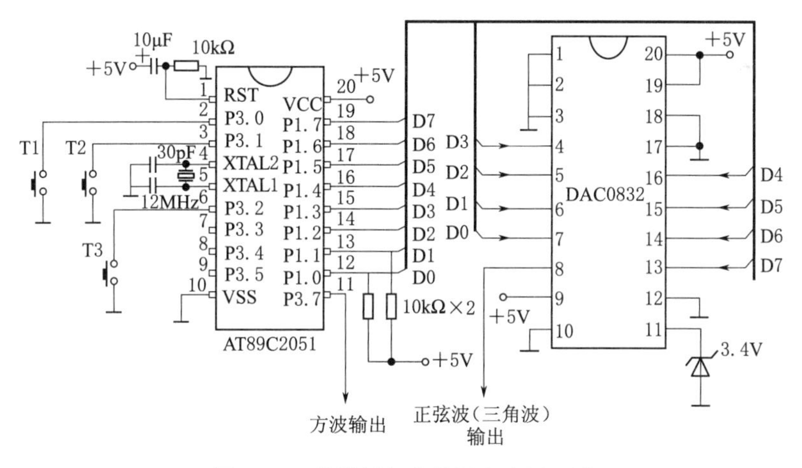

图 8.98 简易低频信号源电路原理图

控制芯片选择 ATMEL 公司的 AT89C2051 单片机。芯片为 20 脚双列直插封装，工作电压为 2.7～6V，具有 13 个 I/O 接口，完全能满足系统设计要求。控制系统按最小化工作模式设计，P3.0～P3.2 脚接 3 个按键，其中 T1 为频率增加键，T2 为频率减小键，T3 为正弦波与三角波选择按键。P1 口输出波形数据，其中 P1.0 和 P1.1 口须外接上拉电阻。

DAC0832 属于 8 位电流输出型 D/A 转换器，转换时间为 1μs，片内带输入数字锁存器。DAC0832 与单片机接成数据直接写入方式，当单片机把一个数据直接写入 D/A 寄存器时，

DAC0832 的输出模拟电压信号随之对应变化。利用 D/A 转换器可以产生各种波形，如方波、三角波、锯齿波等以及它们组合产生的复合波形和不规则波形。这些复合波形利用标准的测试设备是很难产生的。

4. 系统软件设计

（1）初始化子程序。初始化子程序的主要工作是设置定时器的工作模式、初值预置、开中断和打开定时器等。在这里，定时器 T1 工作于 16 位定时模式，单片机按定时时间重复地把波形数据送到 DAC0832 的寄存器。初始化子程序流程如图 8.99 所示。

（2）键扫描子程序。键扫描子程序的任务是检查 3 个按键是否有键按下，若有键按下，则执行相应的功能。在这里，3 个按键分别用于频率增加、频率减小和正弦波与三角波的选择功能。键扫描子程序流程如图 8.100 所示。

（3）波形数据产生子程序。波形数据产生子程序是定时器 T1 的中断程序。当定时器计数溢出时，发生一次中断，当发生中断时，单片机将按次序将波形数据表中的波形数据一一送入 DAC0832，DAC0832 再根据输入的数据大小输出对应的电压。波形数据产生子程序流程如图 8.101 所示。

（4）主程序。主程序的任务是进行上电初始化，并在程序运行中不断查询按键情况，执行相应的功能。

5. 调试及性能分析

硬件电路的调试较简单，只要元器件安装无误，一般能一次成功。软件的调试主要是各子程序的调试。对于中频率的增减按键，由于计数器为 16 位定时器，最大值为 65535，所以在加减时用 255 作为加减数。这样频率的调整变化较快些，但在接近最高频率时变化太快。如果加减时用 1 作为加减数，那么在频率的高端变化平稳，而在频率的低端则变化太慢。调试时可根据应用特点选择加减数的大小。

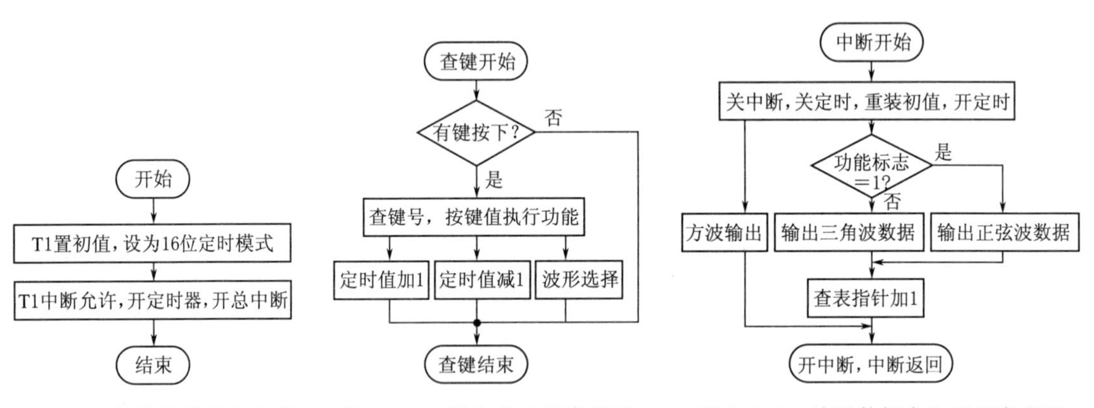

图 8.99　初始化子程序流程　　图 8.100　键扫描子程序流程　　图 8.101　波形数据产生子程序流程

简易低频信号源输出频率指标实际测试如下：

（1）正弦波（三角波）输出频率为 0.01～83Hz，幅值为 1.0～1.5V。

（2）方波输出频率为 1.3～10.6kHz，幅值为 5V。

简易低频信号源输出的频率不是很高，在设计时每周期波形用了 256 个采样点合成，波形不是很光滑。如果增加采样点，输出的频率会更低。在设计中应根据应用特点选择合理的采样点数。

用单片机产生低频信号的最大优点是可以输出复杂的不规则波形，这是一般的通用信号源无法做到的。

6. 程序源代码

本设计的汇编语言、C语言的双语言源程序清单请扫描本章末的二维码查看。

7. 心得体会和参考文献

略。

本章的参考程序请扫描下方二维码查看。

第 4 部分

单片机的学习指导与习题解答

第 9 章　学习指导与习题解答

本章是配合教材《基于汇编与 C 语言的单片机原理及应用》使用的学习指导。各节分为 4 小节，其中第 1 小节是内容提要，对要掌握的重点内容进行了归纳并加以说明；第 2 小节是学习基本要求，按照教学大纲要求，对单片机内容需要掌握的程度做出说明；第 3 小节是习题解答，对原教材中所有的习题都进行了详尽的解答；第 4 小节是自我检测题，对所学知识进行自检。

9.1　单片机的基础知识

本节对应教材的第 1 章内容，该章对微机及单片机进行了概述，对计算机发展、微机发展/分类/主要性能指标、单片机概念/发展概况/技术发展方向进行了概括；对单片机的基本组成、特点和应用领域进行了介绍；对单片机目前的主要生产厂家和机型、MCS－51 系列单片机分类进行了描述；对微机的数制及其转换、带符号数的表示、常用的编码进行了讲述。第 1 章从微机及单片机系统的总统框架入手，帮助学生建立起微机及单片机系统的概念，为学生后继学习奠定基础。学习重点是微机的系统组成、各数制间的转换、计算机中数的表示方法、计算机的二进制数运算等。

9.1.1　内容提要

9.1.1.1　微机概述

（1）计算机的发展。计算机经历了电子管、晶体管、中小规模集成电路、大或超大规模集成电路、智能计算机 5 个阶段。

（2）计算机的分类。计算机按性能规模可分为巨型机、大型机、中型机、小型机、微型机和工作站。

（3）微机的发展。按 CPU 字长位数和功能来划分，微处理器的发展过程可分为 8 个时代。

（4）微型计算机的分类。微型计算机的分类方法有 4 类：①按字长分类；②按结构类型分类；③按用途分类；④按体积或外形分类。

（5）微机系统的主要性能指标有：①字长；②运算速度；③存储容量；④存取速度；⑤指令系统；⑥总线类型与总线速度；⑦主板芯片组类型；⑧外设的配置；⑨系统软件的配置；⑩可靠性、可用性和可维护性。

9.1.1.2　单片机概述

（1）单片机的概念。

（2）单片机的发展概况。

（3）单片机的技术发展方向。

9.1.1.3　微型计算机系统的结构和工作原理

(1) 计算机系统的组成。

1) 硬件系统概述和计算机的基本工作原理。

2) 软件系统概述。

(2) 微型计算机系统的组成。微型计算机系统的组成由小到大可分为微处理器、微型计算机、微型计算机系统 3 个层次结构，如图 9.1 所示。

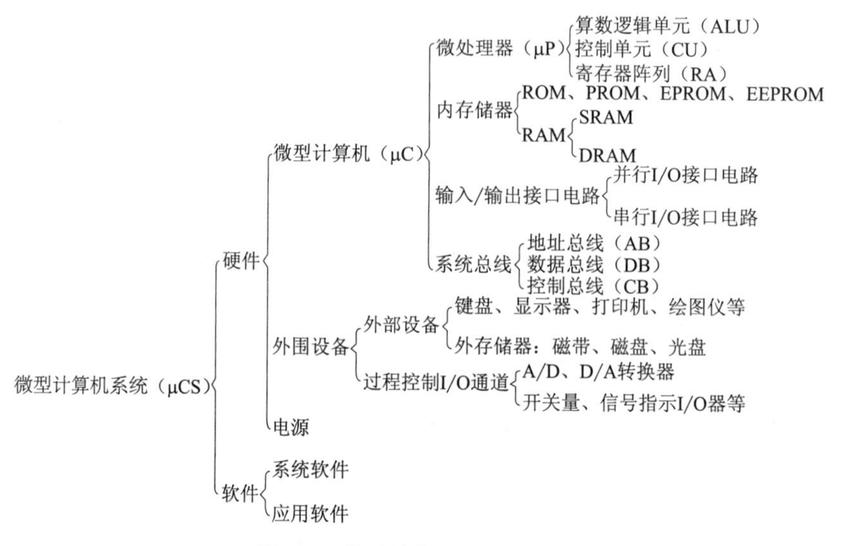

图 9.1　微型计算机系统的组成

嵌入式系统就是嵌入对象体系中的专用计算机系统。

(3) 微处理器的内部结构与基本功能。微处理器 CPU 外部一般采用三总线结构；内部则采用单总线即内部所有单元电路都挂在内部总线上，分时享用。

(4) 微机系统硬件的组成及结构。微型计算机的硬件主要由微处理器、存储器、I/O 接口和外部设备等组成。各组成部分之间通过系统总线联系起来。

(5) 内存的组成与操作。内存通常由存储体、地址译码驱动电路、I/O 和读写电路等部分组成。RAM 型内存的主要操作有读、写两种；而 ROM 型内存只能读操作。

(6) 微机系统的软件结构。微机系统的软件结构主要指系统软件和应用软件。

(7) 微机系统的工作过程。略。

9.1.1.4　单片机的组成、特点与应用

(1) 单片机的基本组成。

1) 中央处理器 CPU。

2) 存储器 M。有普林斯顿和哈佛两种单片机存储空间，MCS－51 单片机采用哈佛结构。

3) 单片机内部的程序存储器主要形式有：无 ROM、PROM、掩膜 ROM、EPROM 和闪速 (Flash) ROM。

4) 并行 I/O 接口。

5) 串行 I/O 接口。

6）定时器/计数器。

（2）单片机的特点。单片机是集成在一块芯片上的微型计算机，它在软、硬件上也有独到之处。单片机主要特点有哈佛结构体系的单片机、多功能的 I/O 引脚、面向控制的指令系统、系列齐全和功能扩展性强等。

（3）单片机的应用。单片机被广泛应用于各个领域，其应用范围小到玩具、信用卡，大到航天器、机器人，从实现数据采集、过程控制等智能系统到人类的日常生活。

9.1.1.5 常用单片机产品系列及性能简介

（1）单片机的主要生产厂家和机型。略。

（2）MCS-51 系列单片机的分类。略。

（3）AT89 系列单片机分类。略。

9.1.1.6 微型计算机的数制与码制

（1）微机常用的数制及其转换。

1）进位计数制。数字后面加 Q、H、B 和 D（或不加任何字符）表示八进制、十六进制、二进制和十进制数。

① 十进制数主要特点。一般地，任意一个十进制数 N 都可采用按权展开表示为

$$N=\sum_{i=n-1}^{-m} K_i \times 10^i$$

式中：10 为十进制数的基数，若基数用 R 表示，则对于十进制，$R=10$；i 为数的某一位，10^i 称为该位的权；K_i 为第 i 位的数码，它可以是 0～9 中的任意一个数，由具体的数 N 确定；m 和 n 为正整数，n 为小数点左边的位数，m 为小数点右边的位数。

② 二、八、十六进制数主要特点。对于二进制，$R=2$，K 为 0 或 1，逢二进一。

$$N=\sum_{i=n-1}^{-m} K_i \times 2^i$$

对于八进制，$R=8$，K 为 0～7 中的任意一个，逢八进一。

$$N=\sum_{i=n-1}^{-m} K_i \times 8^i$$

对于十六进制，$R=16$，K 为 0～9、A、B、C、D、E、F 共 16 个数码中的任意一个，逢十六进一。

$$N=\sum_{i=n-1}^{-m} K_i \times 16^i$$

几种进位制的共同点为：①每种进位制都有一个确定的基数 R，每一位的系数 K 有 R 种可能的取值；②按“逢 R 进一”方式计数，在混合小数中，小数点左移一位相当于乘以 R，右移一位相当于除以 R。

2）数制间的转换。

① 二、八、十六进制数转换为十进制数。

② 十进制转换成二、八、十六进制数。整数的转换、小数的转换、含整数和小数两部分的数的转换。

③ 二进制与八进制、十六进制的相互转换。

（2）微机中带符号数的表示。

1）机器数与真值：机器数是一个数在计算机中的表示形式，一个机器数所表示的数值

称为真值。

2）带符号数机器数表示方法：带符号数机器数有原码、反码和补码三种表示方法。

3）二进制数的加减运算。

① 无符号数的运算及进位概念。

② 带符号数的补码运算及溢出概念，主要包括补码的加减法运算，运算溢出的判断方法和进位与溢出的区别。

4）二进制数的扩展。

① 无符号数的扩展。

② 带符号数的扩展。

5）定点数与浮点数。

（3）微机常用的码制。

1）BCD码。

① BCD码表示的两种形式：压缩型（也称组合型）和非压缩型（也称非压缩）。

② BCD数的加减运算。

2）ASCII码。

3）汉字编码。

9.1.2　学习基本要求

（1）概述。

1）了解计算机、微型计算机、单片机的发展概况。

2）了解计算机、微型计算机的分类。

3）了解微型计算机系统的主要性能指标。

4）了解单片机的定义，与微处理机和嵌入式系统的关系，单片机技术的发展趋势。

5）了解计算机系统、微型计算机系统的组成。

6）了解微机系统的硬件组成及结构，内存的组成与操作，系统的软件组成和工作过程。

7）了解单片机的基本组成、特点和应用领域。

8）了解MCS-51系列单片机的分类，知道常用单片机产品系列及性能。

（2）计算机中数的表示方法及运算。

1）建立二进制和十六进制数概念。

2）掌握二进制、十进制和十六进制数相互转换的方法。

3）熟记0～16之间二进制、十进制和十六进制数的对应关系和相互转换。

4）熟悉二进制和十六进制数加、减、乘、除以及“与”“或”运算的方法。

5）理解计算机和微机中数的表示方法，理解定点数、浮点数的表示方法。

6）掌握二进制数原码、反码和补码的表示方法。

（3）常用编码。

1）了解BCD码的编码方法、转换关系和加减法运算时出错修正的原因、条件和方法。

2）了解ASCII码和查表换算的方法。

3）知道汉字的编码。

9.1.3 习题解答

1－1 计算机发展和微机发展可划分为哪几个阶段？

答：略。

1－2 微型计算机系统有哪些特点？微型计算机有哪些分类方法？PC机、工控机、单片机、嵌入式系统有何异同？

答：略。

1－3 微型计算机系统主要有哪些性能指标？试说明微处理器字长的意义。

答：略。

1－4 简述微型计算机系统的组成及微处理器、微型计算机、微型计算机系统三者的异同。

答：略。

1－5 微处理器的内部结构由哪些部分组成？各部分的主要功能是什么？

答：略。

1－6 微机硬件结构由哪些部分组成？各部分的主要功能是什么？

答：略。

1－7 什么是系统总线？常用的系统总线标准有哪些？

答：系统总线是一组连接计算机各部件（即CPU、存储器、I/O接口）的公共信号线。目前系统总线的标准主要有ISA、EISA、VESA、PCI、Compact PCI等。

1－8 内存的结构由哪些部分组成？内存如何实现读写操作动作？

答：略。

1－9 简述冯·诺依曼计算机的基本特点，并说明程序存储及程序控制的概念。

答：略。

1－10 简述微型计算机系统的工作过程，并画图说明计算机执行指令ADD AL，08H的工作过程。

答：略。

1－11 什么是单片机？其主要特点有哪些？

答：略。

1－12 简述单片机与微处理器的关系、单片机与嵌入式系统的关系。

答：略。

1－13 单片机发展分哪几个阶段？各阶段的特点是什么？

答：略。

1－14 当前单片机的主要产品有哪些？各有何特点？

答：略。

1－15 MCS－51单片机如何进行分类？AT89系列单片机分几类？

答：略。

1－16 微型计算机中常用数制有几种？计算机内部采用哪种数制？

答：微型计算机中常用数制有二进制数、八进制数、十进制数、十六进制数等，计算机内部采用二进制数。

1－17 什么叫机器数？机器数的表示方法有几种？

答：机器数是一个数在计算机中的表示形式，一个机器数所表示的数值称为真值。对无符号数，机器数与真值相同。机器数可以有不同的表示方法。对有符号数，机器数常用的表示方法有原码、反码、补码三种。

1-18　将下列十进制数转换为二进制数和十六进制数。

（1）125　　（2）0.525　　（3）121.687　　（4）47.945

答：（1）125＝1111101B＝7DH

（2）0.525＝0.10000110011001100…B＝0.8666…H

（3）121.687＝1111001.101011111…1…B＝79.AFF…H

（4）47.945＝101111.11110001111111…B＝2F.F1FFFF…H

1-19　将下列二进制数转换为十进制数和十六进制数。

（1）10110101　（2）0.10110010　（3）0.1010　（4）1101.0101

答：（1）10110101＝181＝B5H

（2）0.10110010＝0.6953125＝0.B2H

（3）0.1010＝0.625＝0.AH

（4）1101.0101＝13.3125＝D.5H

1-20　将下列十六进制数转换为十进制数和二进制数。

（1）ABH　　（2）28.07H　　（3）ABC.DH　（4）0.35FH

答：（1）ABH＝171＝10101011B

（2）28.07H＝40.02734375＝101000.00000111B

（3）ABC.DH＝2748.8125＝101010111100.1101B

（4）0.35FH＝0.210693359375＝0.001101011111B

1-21　已知下列各组二进制数 X、Y，试求 $X+Y$、$X-Y$、$X\times Y$、$X\div Y$。

（1）X＝10101110B，Y＝1001B　　（2）X＝101101B，Y＝1010B

（3）X＝11010011B，Y＝1110B　　（4）X＝11001110B，Y＝110B

答：（1）$X+Y$＝10110111B，$X-Y$＝10100101B，$X\times Y$＝11000011110B，$X\div Y$＝10011.01010101…B

（2）$X+Y$＝110111B，$X-Y$＝100011B，$X\times Y$＝111000010B，$X\div Y$＝100.1B

（3）$X+Y$＝11100001B，$X-Y$＝11000101B，$X\times Y$＝101110001010B，$X\div Y$＝1111.0001001001…B

（4）$X+Y$＝11010100B，$X-Y$＝11001000B，$X\times Y$＝10011010100B，$X\div Y$＝100010.010101…B

1-22　写出下列各十进制数的原码、反码和补码（采用 8 位二进制数表示）。

（1）＋28　　（2）＋69　　（3）－125　　（4）－54

答：（1）$[+28]_{原}$＝00011100B，$[+28]_{反}$＝00011100B，$[+28]_{补}$＝00011100B

（2）$[+69]_{原}$＝01000101B，$[+69]_{反}$＝01000101B，$[+69]_{补}$＝01000101B

（3）$[-125]_{原}$＝11111101B，$[-125]_{反}$＝10000010B，$[-125]_{补}$＝10000011B

（4）$[-54]_{原}$＝10110110B，$[-54]_{反}$＝11001001B，$[-54]_{补}$＝11001010B

1-23　写出下列用补码表示数的真值（采用 8 位二进制数表示）。

（1）01110011B　（2）10010101B　（3）68H　　（4）B5H

答：（1）115　　（2）－107　　（3）104　　（4）－75

1-24 进位与溢出有何异同？它们如何判断？它们各适应何场合？

答：略。

1-25 什么是 BCD 码？BCD 码与二进制数有何区别？

答：略。

1-26 给出下列十进制数对应的压缩和非压缩 BCD 码形式。

(1) 34 (2) 59 (3) 1983 (4) 270

答：(1) 00110100B；00000011B、00000100B

(2) 01011001B；00000101B、00001001B

(3) 00011001B、10000011B；00000001B、00001001B、00001000B、00000011B

(4) 00000010B、01110000B；00000010B、00000111B、00000000B

1-27 已知下列各组数据，用压缩 BCD 码求 $X+Y$ 和 $X-Y$。

(1) $X=36$，$Y=26$ (2) $X=100$，$Y=44$ (3) $X=27$，$Y=79$ (4) $X=51$，$Y=88$

答：(1) $X+Y=62$，$X-Y=10$

(2) $X+Y=0144$，$X-Y=0056$

(3) $X+Y=06$、CY=1，$X-Y=48$、CY=1

(4) $X+Y=39$、CY=1，$X-Y=62$、CY=1

1-28 为何要进行 BCD 码调整运算？对压缩 BCD 码、非压缩 BCD 码运算如何调整？

答：略。

1-29 什么是 ASCII 码？查表写出下列字符的 ASCII 码。

(1) A (2) 7 (3) b (4) @ (5) = (6)? (7) G (8) CR（回车）

答：ASCII 码的定义略。

(1) ‘A’：41H (2) ‘7’：37H (3) ‘b’：62H (4) ‘@’：40H

(5) ‘=’：3DH (6) ‘?’：3FH (7) ‘G’：47H (8) 回车 ‘CR’：0DH

1-30 非压缩 BCD 码与 ASCII 码表示数字 0～9 有何差异？什么叫奇、偶校验？

答：略。

9.1.4 自我检测题

下面给出该章的自我检测题，题型只有判断题、单项选择题和多项选择题，一般都为基础题，读者自我测试一下对本章基础知识的掌握程度。

9.1.4.1 判断题

( ) 1. 计算机的工作原理是存储程序控制，所以计算机中的程序都是顺序执行的。

( ) 2. 汇编语言源程序是单片机可以直接执行的程序。

( ) 3. 存储器是以字节为单位编址的，所以计算机处理数据的基本单位是字节。

( ) 4. 在计算机中，程序和数据都是以二进制形式不加区别存放的。

( ) 5. 已知$[X]_{原}=0001111$，则$[X]_{反}=11100000$。

( ) 6. $(-86)_{原}=11010110$，$(-86)_{反}=10101001$，$(-86)_{补}=10101010$。

( ) 7. 已知$[X]_{原}=11101001$，则$[X]_{反}=00010110$。

( ) 8. 1KB=400H。

( ) 9. 800H=2KB。

( ) 10. 十进制数 89 化成二进制数为 10001001。

(　) 11. 因为 10000H＝64KB，所以 0000H～FFFFH 一共有 63KB 个单元。

(　) 12. 十进制数 89 的 BCD 码可以记为 89H。

(　) 13. 8 位二进制数补码的大小范围是－127～＋127。

(　) 14. 0 的补码是 0。

(　) 15. －128 的补码是 10000000。

(　) 16. 11111111 是－1 的补码。

(　) 17. －2 的补码可以记为 FEH。

(　) 18. 已知$[X]_{原}=10000100$，则$[X]_{补}=11111100$。

(　) 19. 将二进制数 $(11010111)_2$ 转换成八进制数是 $(327)_8$。

(　) 20. 将十进制 $(0.825)_{10}$ 转换成二进制数是 $(0.1101)_2$。

(　) 21. 1000001÷101 的结果是 1101。

(　) 22. 计算机中的机器码就是若干位二进制数。

(　) 23. 计算机中的所谓原码，就是正数的符号位用“0”表示，负数的符号用“1”表示，数值位保持二进制数值不变的数码。

(　) 24. 计算机中负数的反码是把它对应的正数连同符号位按位取反而形成的。

(　) 25. 计算机中负数的补码是在它的反码的末位加 1（即求反加 1）而成的。

9.1.4.2　单项选择题

1. 微型计算机采用总线结构（　　）。

A. 提高了 CPU 访问外设的速度　　B. 可以简化系统结构，易于系统扩展

C. 提高了系统成本　　D. 使信号线的数量增加

2. 在微型计算机的总线上单向传送信息的是（　　）。

A. 数据总线　　B. 地址总线　　C. 控制总线　　D. 三总线

3. 微机的控制总线提供（　　）。

A. 数据信息流　　B. 存储器和 I/O 设备的地址码

C. 所有 I/O 设备的控制信号　　D. 所有存储器和 I/O 接口的控制信号

4. 微机的地址总线的功能是（　　）。

A. 用于选择存储器单元　　B. 用于选择进行信息传输的设备

C. 用于传送要访问的存储器单元或 I/O 接口的地址　　D. 用于选择 I/O 接口

5. 将微处理器、内存储及 I/O 接口连接起来的总线是（　　）。

A. 片总线　　B. 外总线　　C. 系统总线　　D. 内部总线

6. 以下不是控制器部件的是（　　）。

A. 程序计数器　B. 指令寄存器　　C. 指令译码器　D. 存储器

7. 在微机中将各个主要组成部件连接起来，组成一个可扩充基本系统的总线，称为（　　）。

A. 外部总线　　B. 内部总线　　C. 局部总线　　D. 系统总线

8. 处理器的速度是指处理器核心工作的速率，它常用（　　）来表述。

A. 系统的时钟速率　　B. 执行指令的速度

C. 执行程序的速度　　D. 处理器总线的速度

9. 处理器的内部数据宽度与外部数据宽度可以（　　）。

A. 相同　　B. 不同　　C. 相同或不同　D. 没有要求

10. 存储器是计算机系统中的记忆部件，它主要用来（　　）。

A. 仅存放数据　B. 存放数据和程序　C. 仅存放程序　D. 存放微程序

11. 微型计算机的存储系统一般指主存储器和（　　）。

A. 累加器　B. 辅助存储器　C. 寄存器　D. RAM

12. 动态 RAM 的特点是（　　）。

A. 工作中需要动态地改变存储单元内容　B. 工作中需要动态地改变访存地址

C. 每隔一定时间需要刷新　D. 每次读出后需要刷新

13. 除外存之外，微型计算机的存储系统一般指（　　）。

A. ROM　B. 控制器　C. RAM　D. 内存

14. 计算机工作的本质是（　　）。

A. 取指令、运行指令　B. 执行程序的过程

C. 进行数的运算　D. 存、取数据

15. 单片机在调试过程中，通过查表将源程序转换成目标程序的过程称为（　　）。

A. 汇编　B. 编译　C. 自动汇编　D. 手工汇编

16. 在微型计算机中，负数常用（　　）表示。

A. 原码　B. 反码　C. 补码　D. 真值

17. 将十进制数 215 转换成对应的二进制数是（　　）。

A. 11010111　B. 11101011　C. 10010111　D. 10101101

18. 将十进制数 98 转换成对应的二进制数是（　　）。

A. 1100010　B. 11100010　C. 10101010　D. 1000110

19. 将二进制数 1101001 转换成对应的八进制数是（　　）。

A. 141　B. 151　C. 131　D. 121

20. 十进制数 126 对应的十六进制数可表示为（　　）。

A. 8F　B. 8E　C. FE　D. 7E

21. 二进制数 110110110 对应的十六进制数可表示为（　　）。

A. 1D3H　B. 1B6H　C. DB0H　D. 666H

22. −3 的补码是（　　）。

A. 10000011　B. 11111100　C. 11111110　D. 11111101

23. 在计算机中“A”是用（　　）来表示。

A. BCD 码　B. 二-十进制　C. 余 3 码　D. ASCII 码

24. 将十六进制数 1863.5B 转换成对应的二进制数是（　　）。

A. 1100001100011.0101B　B. 1100001100011.01011011

C. 1010001100111.01011011　D. 100001111001.1000111

25. 将十六进制数 6EH 转换成对应的十进制数是（　　）。

A. 100　B. 90　C. 110　D. 120

26. 已知 $[X]_{补}=00000000$，则真值 $X=$（　　）。

A. +1　B. 0　C. −1　D. 以上都不对

27. 已知 $[X]_{补}=01111110$，则真值 $X=$（　　）。

A. +1　B. −126　C. −1　D. +126

28. 十六进制数 4F 对应的十进制数是（　　）。

A. 78　B. 59　C. 79　D. 87

29. 计算机中最常用的字符信息编码是（　　）。

A. ASCII　B. BCD码　C. 余3码　D. 循环码

9.1.4.3 多项选择题

1. 中央处理器是由（　　）构成的。

A. 运算器　B. 存储器　C. 控制器　D. I/O设备

2. 在下列各项中，一般可包含在主机中的部件是（　　）。

A. 微处理器　B. 硬盘　C. I/O接口　D. 电源

3. 微处理器的主要作用是（　　）。

A. 计算机的发动机　B. 进行计算　C. 进行处理　D. 进行控制

4. 在衡量处理器性能时，常用的三个指标是（　　）。

A. 处理速度　B. 处理器的总线频率

C. 数据宽度　D. 寻址能力

5. 数据宽度指明了（　　）。

A. 一个数据总线有多少条信号线　B. 处理器能够识别的最大数值

C. 处理器一次能处理的最大数值　D. 处理器一次能处理的数据位数

6. 地址总线主要用来（　　）。

A. 传送处理器与内存储器之间的数据　B. 指明数据要发送到存储器的位置

C. 指明从存储器获得数据的位置　D. 地址信号

7. 微型计算机中常用的进位计数制有（　　）。

A. 十进制　B. 二进制　C. 八进制　D. 五进制　E. 十六进制

8. 计算机中常用的数码有（　　）。

A. 补码　B. BCD码　C. 十进制　D. 二进制　E. ASCII码

9. 与十进制89相等的数为（　　）。

A. 59H　B. 10001001B　C. 131Q　D. 1011001B　E. (10001001) BCD

10. 为方便运算，计算机中的正数永远用原码表示，而负数有三种表示法，即（　　）。

A. 原码　B. 真值　C. 反码　D. 机器码　E. 补码

11. 微型计算机中的软件主要有（　　）。

A. 操作系统　B. 系统软件　C. 应用软件　D. 诊断程序

E. 数据库和数据库管理系统

12. 用4位二进制数来表示1位十进制数的编码方法称为（　　）。

A. 二-十进制　B. 8421BCD码　C. 余3码　D. 二进制编码　E. ASCII码

13. 数123可能是（　　）。

A. 二进制数　B. 八进制数　C. 十六进制数　D. 四进制数　E. 十进制数

9.2 MCS-51系列单片机的硬件结构

本节对应教材的第2章内容，该章系统地介绍了MCS-51单片机的内部硬件基本结构，包括单片机的结构、引脚功能、运算器、控制器、存储器结构、特殊功能寄存器、并行接口的结构和特点、复位电路、时钟电路及指令时序、运行方式等内容。目的是为单片机系统的应用设计打下基础，重点是单片机的存储器组织结构和引脚及其功能、P0～P3口的结构与操作，教学难点是单片机存储器的组织结构。

9.2.1　内容提要

9.2.1.1　MCS-51单片机的主要性能特点

（1）MCS-51有两个子系列（51和52），其中51子系列是基本型（也称普通型），而52子系列属于增强型。这两种子系列的结构、功能基本相同，其主要差别在于存储器类型、存储器容量、定时器/计数器个数、中断源个数、制作工艺等方面。51子系列主要有8031、8051、8751、89C51等机型，它们的指令系统与芯片引脚完全兼容，仅片内ROM的容量有所不同。

（2）MCS-51系列单片机以片内ROM的形式分为：①8031，片内无ROM；②8051，片内有4KB ROM；③8751，片内有4KB EPROM；④89C51，片内有4KB Flash EEPROM。

（3）51/52子系列的主要性能和模块。

1）主要性能。略。

2）组成模块。略。

3）52子系列与51子系列的不同：片内数据存储器增至256B，片内程序存储器增至8KB（8032单片机中无ROM），有3个16位定时器/计数器，有6个或7个中断源。其他性能均与51子系列相同。

9.2.1.2　MCS-51单片机的基本结构

1．MCS-51系列单片机的组成及内部结构

（1）MCS-51单片机包括CPU（包括ALU、CU）、片内存储器（RAM和ROM）、并行I/O接口（P0、P1、P2、P3）、串行I/O接口、定时器/计数器、中断系统、振荡器等功能部件，这些部件通过内部总线紧密地联系在一起。单片机与一般微机的通用寄存器加接口寄存器控制不同，单片机的CPU与外设的控制不再分开，采用了特殊功能寄存器SFR集中控制，这样使用更加方便。

（2）片内存储器。存储器编程结构可分为两种：①普林斯顿结构，ROM和RAM安排在同一空间的不同范围（统一编址）；②哈佛结构，ROM和RAM分别在两个独立的空间（分开编址）。MCS-51单片机采用的是哈佛结构。

1）ROM的寻址范围为0000H～FFFFH，片内、片外统一编址。

2）片内RAM的寻址范围：51子系列128B为00H～7FH、52子系列256B为00H～FFH。片外RAM的寻址范围为0000H～FFFFH。

3）特殊功能寄存器SFR。51子系列单片机内部有21个特殊功能寄存器SFR，它们与内部RAM统一编址，离散地分布在80H～FFH的地址单元中。

（3）并行I/O接口：4个8位的并行口（P0、P1、P2、P3），每个并行口各有8根I/O接口线，可单独操作每根接口线。

（4）串行I/O接口：1个全双工串行I/O接口，可对外与外设进行串行通信，也可用于扩展I/O接口。

（5）定时器/计数器。51子系列有两个16位的可编程定时器/计数器T0和T1，用于精确定时或对外部事件进行计数。

（6）中断系统。51子系列提供5个中断源，具有两个优先级，可形成中断嵌套。

2. MCS－51 单片机的引脚及其功能

（1）MCS－51 单片机的引脚分布：40 个引脚。

（2）MCS－51 单片机的引脚功能：4 个 8 位的并行口（P0、P1、P2、P3）I/O 接口线共 32 个引脚，电源（VCC、VSS）两个，晶振（XTAL1、XTAL2）两个，控制 4 个（$\overline{\text{PSEN}}$、$\overline{\text{EA}}$、ALE、RST），总共 40 个。

9.2.1.3　MCS－51 单片机的存储器配置

单片机内部存储器的功能是存储程序和数据。存储器按其存取方式可以分成 ROM 和 RAM 两大类。MCS－51 单片机的存储器地址空间可分为如下 5 块：

片内程序存储器地址空间 }统一编址
片外程序存储器地址空间
片内数据存储器地址空间 }
片外数据存储器地址空间 }独立编址
特殊功能寄存器地址空间

1. 程序存储器 ROM

MCS－51 单片机的程序存储器有片内和片外之分。对于内部无 ROM 型号，工作时只能扩展外部 ROM，最多可扩展 64KB，地址范围为 0000H～FFFFH；对于内部有 ROM 的芯片，根据情况外部可以扩展 ROM，但内部 ROM 和外部 ROM 共用 64KB 存储空间，因此，对于带有片内程序存储器的单片机，片内程序存储器地址空间和片外程序存储器的地址空间重叠，其中 51 子系列重叠区域为 0000H～0FFFH；而 52 子系列重叠区域为 0000H～1FFFH。如果$\overline{\text{EA}}$/VPP 引脚为高电平（即$\overline{\text{EA}}$＝1）时，CPU 将首先访问片内存储器，当指令地址超过 0FFFH（51 子系列）/1FFFH（52 子系列）时，自动连续地转向片外 ROM 去取指令；而当$\overline{\text{EA}}$/VPP 引脚为低电平（即$\overline{\text{EA}}$＝0）时，CPU 只能从外部程序存储器取指令。因此，对于无 ROM 的单片机，$\overline{\text{EA}}$/VPP 引脚一律接地。

程序存储器底端有一些地址被固定地用作特定程序的入口地址。

2. 数据存储器 RAM

MCS－51 的数据存储器分为片外 RAM 和片内 RAM。片外 RAM 地址空间为 64KB，地址范围是 0000H～FFFFH。片内 RAM 地址空间为 128B（51 子系列）/256B（52 子系列），地址范围是 00H～7FH（51 子系列）/FFH（52 子系列），片内 RAM 与片内特殊功能寄存器 SFR 统一编址。

（1）片内数据存储器（00H～7FH/ FFH）。在 MCS－51 单片机中，尽管片内数据存储器的容量不大，但它的功能多，使用灵活。片内数据存储器除了 RAM 块外，还有特殊功能寄存器（SFR）块。其中对于 51 子系列，RAM 块有 128B，编址为 00H～7FH，SFR 也占 128B，编址为 80H～FFH；对于 52 子系列，RAM 有 256B，编址为 00H～FFH，SFR 也有 128B，编址为 80H～FFH。52 子系列 RAM 的后 128 个字节与 SFR 的编址是重叠的，它们可通过间接和直接两种不同的寻址方式来区分。

片内数据存储器共有 128B RAM（51 子系列）/256B RAM（52 子系列），再加上 128B SFR。片内数据存储器按功能分成 4 个部分：①工作寄存器组区；②位寻址区（也称位地址区）；③一般 RAM 区（也称数据缓冲区、通用 RAM 区或用户 RAM 区），其中还包含堆栈区；④特殊功能寄存器区。其中①～③为片内 RAM 区。

单片机 RAM 的数据传送及寻址方式如下：

1）128B 的内部 RAM 存储器（00H～7FH）。对于低 128B 的内部 RAM 存储器（00H～7FH），可以通过直接寻址方式或寄存器间接寻址方式读写。

2）21/26 个特殊功能寄存器 SFR。对于特殊功能寄存器，只能使用直接寻址方式访问。

3）高 128B 内部 RAM 存储器（80H～FFH）。对于具有 256B 内部 RAM 的 52 子系列单片机，高 128B 内部 RAM 地址空间与特殊功能寄存器的地址重叠，读写时需要通过不同的寻址方式加以区别。规定用寄存器间接寻址方式访问高 128B（80H～FFH）的内部 RAM；用直接寻址方式访问特殊功能寄存器。

4）位寻址区。MCS－51 系列单片机既是 8 位机，同时也是一个功能完善的 1 位机。作为 1 位机时，它有自己的 CPU、位存储区（位于内部 RAM 的 20H～2FH 单元）、位寄存器（如将进位标志 CY 作为“位累加器”）以及具有完整的位操作指令［包括置 1、清零、非（取反）、与、或、传送、测试转移等］。对于位存储器（即 20H～2FH 单元中的 128 个位），只能采用直接寻址方式确定操作数所在的存储单元。

（2）片外数据存储器（0000H～FFFFH）。MCS－51 单片机片内有 128B（51 子系列）或 256B（52 子系列）的 RAM，当这些 RAM 不够时，可在外部扩展外部 RAM，片外 RAM 一般由静态 RAM 构成，其容量大小由用户根据需要而定，扩展的外部 RAM 最多 64KB，地址范围为 0000H～0FFFFH，通过 DPTR 作指针间接方式访问。对于高 8 位地址不变，而低 8 位地址变化的 256B，低 8 位的地址范围为 00H～0FFH，此时可通过 R0 和 R1 间接寻址方式访问，而高 8 位地址直接送入 P2 口即可。

MCS－51 单片机的内部 RAM 与内部 I/O 接口（即 SFR）采用统一编址，外部 RAM 与外部 I/O 接口也采用统一编址，所有的外扩 I/O 接口要占用 64KB 中的地址单元，它们用访问片外数据存储器 RAM 的方法访问。

1）64KB 程序存储器 ROM 和 64KB 片外数据存储器 RAM 的地址空间都为 0000H～0FFFFH，它们的地址空间是完全重叠的，它们是通过不同的信号来对片外 RAM 和 ROM 进行读、写的，片外 RAM 的读、写通过 $\overline{\mathrm{RD}}$ 和 $\overline{\mathrm{WR}}$ 信号来控制，而 ROM 的读通过 $\overline{\mathrm{PSEN}}$ 信号控制，通过用不同的指令来实现，片外 RAM 用 MOVX 指令，ROM 用 MOVC 指令。

2）片内 RAM 和片外 RAM 的低 256B 的地址空间是重叠的，它们采用不同的指令来区分。片内 RAM 用 MOV 指令，片外 RAM 用 MOVX 指令。

9.2.1.4　MCS－51 系列单片机的并行 I/O 端口

单片机有 32 根 I/O 线，组成 4 个 8 位并行 I/O 接口 P0、P1、P2、P3 口。这 4 个接口可以并行输入或输出 8 位数据，也可按位使用，即每一根 I/O 线都能独立地用作输入或输出口。输出时具有锁存能力，输入时具有缓冲功能。

P0、P1、P2、P3 口寄存器实际上就是 P0～P3 口对应的 I/O 接口锁存器，它们是特殊功能寄存器 SFR 中的 4 个，其字节地址分别为 80H、90H、A0H 和 B0H，位地址分别为 80H～8FH、90H～9FH、A0H～AFH、B0H～BFH。它们用于锁存通过接口输出的数据。

P0～P3 这 4 个接口的功能不完全相同，其内部结构也略有不同。在无扩展的单片机系统（即最小系统）中，这 4 个接口的每一位都可以作为双向通用 I/O 接口使用，其特性基本相同；但在有片外扩展的存储器或 I/O 接口系统（即扩展系统）中，P0 分时作为低 8 位地址总线和双向数据总线，P2 作为高 8 位地址总线，P3 作为控制总线（第二功能）。

与 P1、P2、P3 口相比，P0 口的驱动能力较大，每位可驱动 8 个 LS TTL 输入，而 P1、P2、P3 口的每一位的驱动能力，只有 P0 口的一半，只能驱动 3～4 个 LS TTL 输入。当负载过多超过限定时，必须驱动，否则造成接口工作不稳定。

P0 口可作为总线口，为真正的双向口。P0 作为通用的 I/O 接口使用时，为准双向口，这时 P0 口需加上拉电阻，否则无法输出高电平，上拉电阻阻值一般为 5～10kΩ。P1、P2、P3 口均为准双向口，这 3 个接口内部已集成了上拉电阻，无需再外接上拉电阻。P3 口具有第二功能，因此在 P3 口电路增加了第二功能控制逻辑。

注意：准双向口与双向口是有差别的。只有 P0 口是一个真正的双向口，P1～P3 口都是准双向口。原因在于：P0 口作数据总线使用时，为保证数据正确传送，需解决芯片内外的隔离问题，即只有在数据传送时芯片内外才接通；否则应处于高阻“悬浮”的隔离状态。因此，P0 口的输出缓冲器应为三态门。准双向口仅有两个状态，其 I/O 接口无高阻的“悬浮”状态。

准双向口作通用 I/O 的输入口使用时，一定要向该口先写入“1”，即(P0)＝(P1)＝(P2)＝(P3)＝FFH（单片机复位后 P0～P3 口就处于这种状态），使单片机内部并行接口的输出 MOS 管 T1、T2 或 T 截止，方可实现高阻输入，否则该口被引脚上的电位箝位为低电平“0”，外部信号无法通过该口输入。

CPU 对 P0～P3 口的读操作有两种：读引脚和“读-修改-写”锁存器。锁存器的状态与其相应引脚的状态可能不一致。

当单片机不扩展时，P0～P3 口都用于通用 I/O 接口；但当单片机需扩展时，P0、P2、部分 P3，再加上单片机的其他引脚被用于形成扩展所需要的三总线，只有 P1 口和剩下的 P3 口还可用于通用 I/O 接口。

在使用 P0、P2、P3 口时，无论是 P0、P2 的总线复用，还是 P3 口的功能复用，均由系统自动选择，不需要人工干预来进行端口复用的识别。

MCS－51 单片机共 40 个引脚，当单片机需要外部扩展时，除电源、地、复位、晶振引脚和 P1 通用 I/O 接口外，其他的引脚都是用于系统扩展而设置的。典型的系统总线结构就是地址总线 AB、数据总线 DB 和控制总线 CB 三总线结构，如图 9.2 所示。三总线结构为，AB（16 位）由 P0 经地址锁存器提供地址低 8 位和 P2 口（地址高 8 位）组成；DB（8 位）由 P0 口提供；CB（5 根）由 P3 口的第二功能 $\overline{WR}$、$\overline{RD}$、$\overline{INT0}$、$\overline{INT1}$和$\overline{PSEN}$提供。

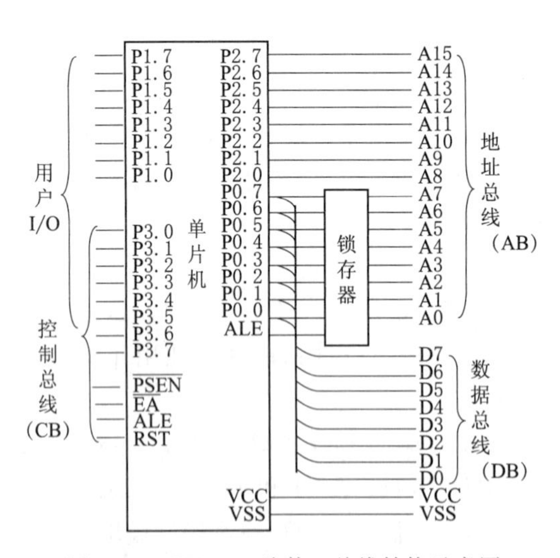

图 9.2　MCS－51 片外三总线结构示意图

（1）地址总线 AB。地址总线宽度为 16 位，寻址范围都为 64KB，由 P0 口经地址锁存器（借助 ALE）提供低 8 位（A7～A0），P2 口提供高 8 位（A15～A8）而形成。可对片外 ROM 和片外 RAM 或 I/O 接口寻址。ALE 可作为锁存扩展地址低 8 位的控制信号。当单片机需扩展时，P0 口为地址/数据分时复用口，即 P0 口既用作低 8 位地址总线，又用作数据总线（分时复用），因此需增加一个 8 位地址锁存器。单片机访问外部扩展的存储器单元或 I/O 接口寄存器时，先发出低 8 位地址，此时可通过 ALE 信号将低 8 位地址信号锁存到外部地址锁存器中，锁存器输出作为系统的低 8 位地址（A7～A0）。随后，P0 口又作为数据总线口（D7～D0），从而实现了 P0 分时复用口的地址低 8 位、数据（8 位）通过两路分割输出。

（2）数据总线 DB。数据总线宽度为 8 位，由 P0 口直接提供。

（3）控制总线 CB。控制总线由第二功能状态下的 P3 口和 4 根独立的控制线 RST、$\overline{EA}$、ALE 和 $\overline{PSEN}$ 组成。实际上，真正意义上的控制总线 CB 只有 $\overline{WR}$、$\overline{RD}$、$\overline{PSEN}$、$\overline{INT0}$ 和 $\overline{INT1}$。

9.2.1.5　MCS－51 单片机的时钟电路和时序

单片机的工作过程是：取一条指令，译码，微操作；再取一条指令，译码，微操作；循环进行。各指令的微操作在时间上有严格的次序，这种微操作的时间次序就称为时序。因此，单片机的时序就是 CPU 在执行指令时所需控制信号的时间顺序。单片机的时钟信号用来为芯片内部各种微操作提供时间基准，时钟电路用来产生单片机工作所需要的时钟信号。

（1）单片机的时钟产生方式分为内部振荡方式和外部时钟方式。

（2）单片机的时钟信号。

1）振荡周期（节拍）。振荡周期是单片机所能分辨的最小时间单位。

2）时钟周期（状态周期）。晶振频率经分频器 2 分频后形成两相错开的时钟信号 P1 和 P2，时钟信号的周期称为时钟周期，也称机器状态周期，它是振荡周期的 2 倍，是振荡周期经 2 分频后得到的，即一个时钟周期包含两个振荡周期。CPU 就是以两相时钟 P1 和 P2 为基本节拍指挥 MCS－51 单片机各个部件协调工作的。时钟电路产生的振荡脉冲经过触发器进行 2 分频之后，才成为单片机的时钟脉冲信号。

3）机器周期。一条指令的执行过程可划分为若干个阶段，每一阶段完成一项工作，例如取指令、存储器读、存储器写等，每一项工作称为一个基本操作。CPU 完成一种基本操作所需要的时间称为机器周期（也称 M 周期）。一个机器周期由 12 个振荡周期或 6 个状态周期构成，在一个机器周期内，CPU 可以完成一个独立的操作。由于每个状态 S 有两个节拍 P1 和 P2，因此，每个机器周期的 12 个振荡周期可以表示为 S1P1，S1P2，S2P1，S2P2，…，S6P2。

4）指令周期。CPU 执行一条指令所需要的时间称为指令周期。它一般由若干个机器周期组成，不同的指令所需的机器周期数也不同。单片机的指令按执行时间可以分为三类：单周期指令、双周期指令和四周期指令。

5）四种周期之间的关系。

指令周期＝(1、2 或 4) 机器周期＝(1、2 或 4)×6时钟周期＝(1、2 或 4)×6×2 振荡周期。

（3）单片机的取指令和执行指令时序。

1）单周期指令的时序。

2）单字节双周期指令的时序。

3）片外存储器访问指令时序。

9.2.1.6　MCS－51 系列单片机的工作方式

单片机的工作方式主要有复位方式、程序执行方式、节电方式、编程和校验方式等。

(1) 复位方式。MCS-51 单片机的复位靠外部电路实现，信号由 RESET (RST) 引脚输入，高电平有效，在振荡器工作时，只要保持 RST 引脚高电平两个机器周期，单片机即复位。若 RST 引脚一直保持高电平，那么单片机就处于循环复位状态。为了保证复位成功，一般复位引脚 RST 上只要出现 10ms 以上的高电平，单片机就实现了可靠复位。

复位电路一般有上电复位、手动开关复位和自动复位电路三种。

(2) 程序执行方式。程序执行方式是单片机的基本工作方式。由于复位后 PC=0000H，因此程序执行总是从地址 0000H 开始，但一般程序并不是真正从 0000H 开始，为此就得在 0000H 开始的单元中存放一条无条件转移指令，以便跳转到实际程序的入口去执行。程序执行方式又可分为连续执行和单步执行两种。

程序的单步执行方式是在单步运行键 (用于产生外部单步脉冲) 的控制下实现的，每按一次单步运行键，程序执行一条指令后就暂停下来，再一个单步脉冲再执行一条指令后又暂停下来。单步执行方式通常只在用户调试程序时使用，用于逐条指令地观察、跟踪程序的执行情况。单片机没有单步执行中断，单步执行是借助单片机的外部中断功能来实现的。利用外部中断 0 可实现程序的单步执行，具体实现办法请参见教材《基于汇编与 C 语言的单片机原理及应用》中的单片机中断系统部分的相关内容。

(3) 节电方式：①掉电模式的进入；②掉电模式的退出。

(4) 编程和校验方式。略。

9.2.2 学习基本要求

1. 内部结构和引脚功能

(1) 熟悉 MCS-51 单片机的内部结构和原理。

(2) 了解 MCS-51 单片机的主要性能特点和片外总线结构。

(3) 掌握 MCS-51 单片机的组成与结构、引脚及其功能。MCS-51 单片机有 40 个引脚，可分为 4 个 8 位 I/O 接口、控制线、电源/接地/时钟。重点熟悉 4 个控制引脚：ALE、$\overline{\text{PSEN}}$、RST、$\overline{\text{EA}}$，熟记其第一功能，了解其第二功能。熟悉 P3 口第二功能。

2. 存储空间配置和功能

(1) 熟悉 MCS-51 单片机的存储器配置及其特点，特殊功能寄存器的功能。

(2) 熟悉 MCS-51 单片机 3 个不同存储空间配置及地址范围，了解其操作指令和控制信号。

(3) 熟悉 MCS-51 单片机内 RAM 128B 分区结构和作用。

(4) 了解 MCS-51 单片机的特殊功能寄存器地址分布范围，理解 ACC、B、SP、DPTR 的用途和功能，重点掌握 PSW 结构组成和各位作用。

(5) 理解 MCS-51 单片机的程序计数器 PC 的功能。

3. I/O 接口结构及工作原理

(1) 了解并行 I/O 接口 P0～P3 的内部结构及工作原理。

(2) 了解在扩展外存储器情况下 P0、P2 及 P3 口的功能作用。

4. 时钟和时序

(1) 理解时钟电路组成。

(2) 了解 CPU 的工作时序。

（3）理解 MCS－51 单片机的时钟和机器周期的概念。

（4）了解指令执行的时序过程。

（5）理解控制信号在读写外 RAM 和读 ROM 时的作用。

5. 复位和低功耗工作方式

（1）熟悉 MCS－51 单片机的复位条件、复位电路和复位后状态。

（2）理解 MCS－51 单片机的两种低功耗方式的作用和进入退出的方法。

9.2.3　习题解答

2－1　MCS－51 单片机的主要性能特点是什么？

答：略。

2－2　MCS－51 单片机内部的主要部件有哪些？各部分的主要作用是什么？

答：略。

2－3　MCS－51 的存储器分哪几个空间？如何区别不同空间的寻址？

答：略。

2－4　简述 MCS－51 片内 RAM 的空间分配。各部分主要功能是什么？

答：略。

2－5　简述布尔处理存储器的空间分配，片内 RAM 中包含哪些可位寻址单元？位地址为 00H～7FH 与 RAM 字节地址 00H～7FH 相同，在实际使用中如何区分？位地址 7CH 具体在片内 RAM 中什么位置？

答：MCS－51 单片机中布尔处理存储器的空间有 256 位，分配在片内 RAM 的 20H～2FH 的 16 个单元中，共 128 位；另外的 128 位分配在特殊功能寄存器字节地址能被 8 整除的单元中。在实际使用中，通过不同的寻址命令来区分相同数值的位地址与 RAM 字节地址，例如：MOV C，7CH 中的 7CH 是位地址；MOV A，7CH 中的 7CH 是字节地址。位地址 7CH 具体位置在片内 RAM 字节地址为 2FH 单元中的 D4 位 $(D7D6D5D4D3D2D1D0)_{2FH}$。

2－6　52 子系列的单片机内部 RAM 为 256B，其中 80H～FFH 与特殊功能寄存器 SFR 区地址空间重叠，使用中如何区分这两个空间？

答：地址空间重叠部分使用不同寻址方式的命令来区分这两个空间，特殊功能寄存器 SFR 区地址空间用直接寻址方式，52 子系列的单片机 80H～FFH 的内部 RAM 地址空间用间接寻址方式。

2－7　MCS－51 系列单片机 CPU 内有哪些寄存器？MCS－51 单片机工作寄存器有几组？如何判断 CPU 当前使用哪一组寄存器？

答：略。

2－8　程序状态字寄存器（PSW）的作用是什么？常用标志有哪些位？

答：略。

2－9　程序计数器（PC）是否属于特殊功能寄存器？它的作用是什么？

答：略。

2－10　DPTR 由哪几个特殊功能寄存器组成？它的作用是什么？

答：略。

2－11　MCS－51 单片机应用系统中，$\overline{EA}$端有何用途？在使用 8031 时，$\overline{EA}$信号引脚应

如何处理？

答：$\overline{EA}$为片内外程序存储器选用端。该引脚为低电平（$\overline{EA}=0$）时，只选用片外程序存储器；该引脚为高电平（$\overline{EA}=1$）时，先选用片内程序存储器，然后选用片外程序存储器。对于本身没有片内 ROM 的单片机，如 8031 等，设计电路时，必须使$\overline{EA}=0$。

2-12　什么是堆栈？堆栈指针 SP 的作用是什么？在程序设计时，为什么还要对 SP 重新赋值？MCS-51 单片机堆栈的容量不能超过多少字节？

答：略。

2-13　请写出地址为 90H 所有可能的物理单元。

答：若为 52 子系统，地址为 90H 的字节单元共有两个：①P1 口，必须使用直接寻址方式访问；②90H 的 RAM 单元，必须使用寄存器间接寻址方式访问。此外，P1 口第 0 位的位地址也是 90H。

若为 51 子系统，则仅有一个 P1 口和 P1 口第 0 位的位地址，也是 90H。

2-14　什么是振荡周期、时钟周期、机器周期、指令周期？它们之间关系如何？如果晶振频率为 4MHz、6MHz 和 12MHz，则一个机器周期是多少微秒？

答：略。如果晶振频率为 4MHz、6MHz 和 12MHz，则一个机器周期分别是 3μs、2μs、1μs。

2-15　MCS-51 单片机程序存储器 ROM 空间中 0003H、000BH、0013H、001BH、0023H 有什么特殊用途？

答：它们分别是外部中断 0 的中断服务子程序、定时器/计数器 0 的中断服务子程序、外部中断 1 的中断服务子程序、定时器/计数器 1 的中断服务子程序、串行口的中断服务子程序的入口地址。

2-16　MCS-51 单片机 P0～P3 共 4 个并行 I/O 接口的异同点是什么？它们的第二功能是什么？

答：略。

2-17　何谓准双向口？准双向口作 I/O 输入时，要注意什么？

答：准双向口不同于三态双向口，它的输出驱动电路只由一个场效应管 T 与内部上拉电阻组成，如果场效应管 T 导通，则引脚被始终钳制在低电平上，不可能输入高电平。所以准双向口作 I/O 输入时，要使场效应管 T 截止，即引脚保持高电平。

2-18　在 MCS-51 应用中，什么情况下 P2 口可以作为 I/O 接口连 I/O 设备？

答：在 MCS-51 应用中，当系统不扩展 ROM 且片外 RAM 容量不超过 256B，在访问 RAM 时，只需 P0 口送数据指针 R0/R1 中的低 8 位地址，P2 口就可以作为 I/O 接口连 I/O 设备。

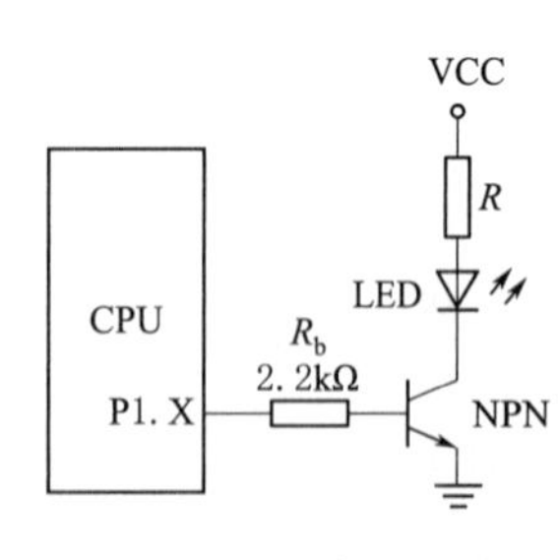

图 9.3　习题 2-19 的电路图

2-19　在图 9.3 所示电路中，如果 CPU 是 80C31，则复位期间和复位后 LED 是否发光？为什么？

答：在图 9.3 所示电路中，如果 CPU 是 80C31，则复位期间 LED 是否发光不确定，复位后 LED 发光。因为 80C31 复位后 P1.X 输出高电平，NPN 三极管导通。

2-20　MCS-51 引脚中有多少 I/O 线？它们与地址总线和数据总线有什么关系？地址总线与数据总线各是几位？地址锁存信号 ALE 引脚的作用是

什么？

答：MCS-51 单片机芯片有 32 根 I/O 线，组成 4 个 8 位并行 I/O 接口，分别称为 P0 口、P1 口、P2 口和 P3 口。这 4 个口中 P0 分时作为低 8 位地址总线和双向数据总线，P2 作为高 8 位地址总线。P0 在高电平时为低 8 位地址总线，在低电平时为双向数据总线。

2-21　片外 ROM 存储器如何访问指令的时序？片外 RAM 存储器如何访问指令的时序？

答：略。

2-22　单片机的复位方式有几种？复位后各寄存器、片内 RAM 的状态如何？

答：复位电路一般有上电复位、手动开关复位和自动复位电路三种。单片机复位后各内部寄存器的状态参见教材，片内 RAM 的状态随机。

2-23　程序的执行方式有几种？MCS-51 单片机的节电方式有几种？各自的特点是什么？

答：略。

9.2.4 自我检测题

下面给出第 2 章的自我检测题，题型只有判断题、单项选择题、多项选择题一般都为基础题，读者自我测试一下对本章基础知识的掌握程度。

9.2.4.1 判断题

（ ）1. 单片机的 CPU 从功能上可分为运算器和存储器。

（ ）2. MCS-51 的指令寄存器是一个 8 位寄存器，用于暂存待执行指令，等待译码。

（ ）3. 单片机的一个机器周期是指完成某一个规定操作所需的时间，一般情况下，一个机器周期等于一个时钟周期。

（ ）4. 程序计数器 PC 不能为用户编程时直接使用，因为它没有地址。

（ ）5. MCS-51 单片机上电复位后，片内数据存储器的内容均为 00H。

（ ）6. 当 8051 单片机的晶振频率为 12MHz 时，ALE 地址锁存信号端输出频率为 2MHz 的方脉冲。

（ ）7. 8051 单片机片内 RAM 中 00H～1FH 的 32 个单元，不仅可以作工作寄存器使用，而且可作为 RAM 来读写。

（ ）8. MCS-51 单片机的片内存储器称为程序存储器。

（ ）9. MCS-51 单片机的特殊功能寄存器集中布置在片内数据存储器的一个区域中。

（ ）10. CPU 对内部 RAM 和外部 RAM 的读写速度一样快。

（ ）11. 8051 单片机，程序存储器和数据存储器扩展的最大范围都是一样的。

（ ）12. 读端口还是读锁存器是用指令来区别的（如 MOV C，P1.0 是读端口，而 CPL P1.0 是读改写锁存器）。

（ ）13. 当 8051 的 EA 引脚接低电平时，CPU 只能访问片外 ROM，而不管片内是否有程序存储器。

（ ）14. 特殊功能寄存器可以当作普通的 RAM 单元来使用。

（ ）15. 访问 128 个位地址用位寻址方式，访问低 128B 单元用直接或间接寻址方式。

（ ）16. 堆栈指针 SP 的内容可指向片内 00H～7FH 的任何 RAM 单元，系统复位后，SP 初始化为 00H。

（　）17. 8051 复位后，其 PC 指针初始化为 0000H，使单片机从该地址单元开始执行程序。

（　）18. 8031 共有 21 个特殊功能寄存器，它们的位都是可以用软件设置的，因此，是可以进行位寻址的。

（　）19. MCS－51 系列单片机直接读端口和读端口锁存器的结果永远是相同的。

9.2.4.2　单项选择题

1. 单片机的主要组成部件为（　　）。

A. CPU，内存，I/O 接口　　B. CPU，键盘，显示器

C. 主机，外部设备　　D. 以上都是

2. MCS－51 单片机的 CPU 的主要组成部分为（　　）。

A. 运算器、控制器　　B. 加法器、寄存器

C. 运算器、加法器　　D. 运算器、译码器

3. 单片机中的程序计数器 PC 用来（　　）。

A. 存放指令　　B. 存放正在执行指令地址

C. 存放正在执行指令的下一条指令地址　　D. 存放正在执行指令的上一条指令地址

4. 单片机上电复位后，PC 的内容和 SP 的内容为（　　）。

A. 0000H，00H　　B. 0000H，07H　　C. 0003H，07H　　D. 0800H，08H

5. 单片机 8031 的 ALE 引脚是（　　）。

A. 输出高电平　　B. 输出矩形脉冲，频率为 fosc 的 1/6

C. 输出低电平　　D. 输出矩形脉冲，频率为 fosc 的 1/2

6. 单片机 8031 的$\overline{EA}$引脚（　　）。

A. 必须接地　　B. 必须接＋5V　　C. 可悬空　　D. 以上三种视需要而定

7. 访问外部存储器或其他接口芯片时，作为数据线和低 8 位地址线的是（　　）。

A. P0 口　　B. P1 口　　C. P2 口　　D. P0 口和 P2 口

8. PSW 中的 RS1 和 RS0 用来（　　）。

A. 选择工作寄存器区号　　B. 指示复位

C. 选择定时器　　D. 选择工作方式

9. 单片机上电复位后，堆栈区的最大允许范围是（　　）个单元。

A. 64　　B. 120　　C. 128　　D. 256

10. 单片机上电复位后，堆栈区的最大允许范围是内部 RAM 的（　　）。

A. 00H～FFH　B. 00H～07H　C. 07H～7FH　D. 08H～7FH

11. MCS－51 单片机的最大时序定时单位是（　　）。

A. 拍节　　B. 状态　　C. 机器周期　　D. 指令周期

12. 8031 的 P0 口，当使用外部存储器时它是一个（　　）。

A. 传输高 8 位地址口　　B. 传输低 8 位地址口

C. 传输高 8 位数据口　　D. 传输低 8 位地址/数据口

13. P0 口作数据线和低 8 位地址线时（　　）。

A. 应外接上拉电阻　　B. 不能作 I/O 接口

C. 能作 I/O 接口　　D. 应外接高电平

14. 若单片机晶振频率 f_{osc}＝12MHz，则一个机器周期等于（　　）μs。
A. 1/12　　B. 1/2　　C. 1　　D. 2

15. 单片机的数据指针 DPTR 是一个 16 位的专用地址指针寄存器，主要用来存放（　　）。
A. 指令　　B. 16 位地址，作地址寄存器使用
C. 下一条指令地址　　D. 上一条指令地址

16. 单片机上电或复位后，工作寄存器 R0 是在工作寄存器区的（　　）。
A. 0 区 00H 单元　　B. 0 区 01H 单元
C. 0 区 09H 单元　　D. SFR

17. 8051 单片机（　　）口是一个 8 位漏极型开路型双向 I/O 接口。
A. P0　　B. P1　　C. P2　　D. P3

18. MCS－51 SFR 中的堆栈指针 SP 是一个特殊的存储区，用来（　　），它是按后进先出的原则存取数据的。
A. 存放运算中间结果　　B. 存放标志位
C. 暂存数据和地址　　D. 存放待调试的程序

19. 单片机的堆栈指针 SP 始终是指示（　　）。
A. 堆栈底　　B. 堆栈顶　　C. 堆栈地址　　D. 堆栈中间位置

20. 单片机的 P1 口作输入用途之前必须（　　）。
A. 在相应端口先置 1　　B. 在相应端口先置 0
C. 外接高电平　　D. 外接上拉电阻

21. 8051 单片机中，唯一一个用户可使用的 16 位寄存器是（　　）。
A. PSW　　B. ACC　　C. SP　　D. DPTR

22. 单片机应用程序是存放在（　　）中。
A. RAM　　B. ROM　　C. 寄存器　　D. CPU

23. 在单片机中，通常将一些中间计算结果放在（　　）中。
A. 累加器　　B. 控制器　　C. 程序存储器　　D. 数据存储器

24. 进位标志 CY 在（　　）中。
A. 累加器　　B. 算术逻辑部件 ALU
C. 程序状态字寄存器 PSW　　D. DPTR

25. 对 8031 单片机，下面单元中既可位寻址又可字节寻址的单元是（　　）。
A. 20H　　B. 30H　　C. 00H　　D. 70H

26. 8031 单片机中片内 RAM 共有（　　）字节。
A. 128　　B. 256　　C. 4K　　D. 64K

27. 提高单片机的晶振频率，则机器周期（　　）。
A. 不变　　B. 变长　　C. 变短　　D. 不定

28. 在 CPU 内部，反映程序运行状态或运算结果的特征寄存器是（　　）。
A. PC　　B. PSW　　C. A　　D. SP

29. 单片机片内 RAM 低 128B 中的可位寻址的位共（　　）位。
A. 32　　B. 64　　C. 128　　D. 256

30. 8086 是普林斯顿体系结构，MCS－51 系列单片机属于（　　）体系结构。
A. 冯·诺依曼　　B. 普林斯顿　　C. 哈佛　　D. 图灵

9.2.4.3　多项选择题

1. MCS-51 的产品 8051 单片机内部由（　　）及 4 个 8 位的 I/O 接口 P0、P1、P2、P3，串行口等组成。

A. CPU　　B. 4KB 的 ROM　　C. 低 128B 的 RAM 和高位的 SFR
D. 8KB 的 EPROM　　E. 两个 16 位的定时器/计数器 T0 和 T1

2. 8051 单片机 CPU 的主要功能有（　　）。

A. 产生各种控制信号　　B. 存储数据　　C. 算术、逻辑运算及位操作
D. I/O 接口数据传输　　E. 驱动 LED 发光二极管

3. 8051 单片机的运算器由（　　）等组成。

A. 算术逻辑部件 ALU　　B. 累加器 ACC　　C. 计数器 PC
D. 程序状态寄存器 PSW　　E. BCD 码运算调整电路

4. 8051 单片机算术逻辑部件 ALU 是由加法器和其他逻辑电路组成的，用于对数据进行（　　）。

A. 算术四则运算和逻辑运算　　B. 移位操作　　C. 存程序运行中的各种状态信息
D. 用来存一个操作数中间结果　　E. 位操作

5. 8051CPU 具有（　　）。

A. 4KB 的程序存储器　　B. 128B 的数据存储器　　C. 32 线并行 I/O 接口
D. 全双工串行 I/O 接口一个　　E. 2 个 16 位定时器/计数器

6. 下列寄存器中，属于 8051CPU 的专用寄存器是（　　）。

A. ACC　　B. PSW　　C. R0　　D. C　　E. B

7. MCS-51 的存储器配置在物理结构上有 4 个存储空间，它们是（　　）。

A. 片内程序存储器　　B. 片内外统一编址的 64KB 的程序存储器地址空间
C. 片外程序存储器　　D. 片内数据存储器　　E. 片外数据存储器

8. MCS-51 的数据存储器用于存放（　　）。

A. 运算中间结果　　B. 数据暂存和缓冲　　C. 编好的程序和表格常数
D. 标志位　　E. 待调试的程序

9. 8051 单片机（　　）口是一个带内部上拉电阻的位双向 I/O 接口。

A. P0　　B. P1　　C. P2　　D. P3　　E. P0.7

10. 8051CPU 在访问外部存储器时，地址输出是（　　）。

A. P2 口输出高 8 位地址　　B. P1 口输出高 8 位地址　　C. P0 口输出低 8 位地址
D. P1 口输出低 8 位地址　　E. P2 口输出低 8 位地址

11. 8031 单片机 P0 口的输入/输出电路的特点是（　　）。

A. 漏极开路　　B. 驱动电流负载时需外接上拉电阻
C. 驱动电流负载时不需外接上拉电阻
D. 有三态缓冲器　　E. 有锁存器

12. 对 8031 的 P0 口来说，使用时可作为（　　）。

A. 低 8 位地址线　　B. 高 8 位地址线　　C. 数据线　　D. I/O 接口操作　　E. 时钟线

13. MCS-51 单片机复位后，下列专用寄存器状态为 00H(或 0000H) 的是（　　）。

A. PC　　B. ACC　　C. B　　D. SP　　E. PSW

9.3 MCS－51 单片机指令和汇编语言程序设计

本节对应教材的第 3 章内容，该章主要介绍了 MCS－51 系列单片机指令的基本格式、指令符号，并给出了应用例子。同时介绍了汇编语言程序的设计方法，并就常用的延时、数码转换、查表、BCD 码减法和解决有符号数相加溢出出错等问题进行了程序设计分析。目的是掌握单片机汇编语言的设计方法，在汇编指令系统基础上熟悉寻址方式和各种指令的应用，掌握程序设计的规范和理解程序设计的思想。学习重点在于寻址方式、各种指令的应用、程序设计的规范、程序设计的思想及典型程序的理解和掌握。

9.3.1 内容提要

9.3.1.1 MCS－51 单片机的指令系统

1. 指令的定义

(1) 指令是指挥计算机执行操作的命令，一条指令对应某一种操作。指令系统就是 CPU 所能执行的全部指令的集合。程序就是完成某项特定任务的指令的集合。计算机的运行实质上就是分步执行程序中的指令。用户要计算机完成各项任务，就要设计各种应用程序，而设计程序就要用到程序设计语言。

(2) 程序设计语言有机器语言、汇编语言和高级语言三种。机器语言用二进制代码表示，又称目标代码，它可以直接识别和运行机器语言程序，但其不形象直观，且不易记忆，易写错；人们采用可帮助记忆的符号（助记符）或简单英文日常会话来书写指令，这种表示方式就是汇编语言或高级语言，它们所编写的程序称为源程序，源程序比较形象直观，但它们必须被汇编或编译成目标代码后才能被计算机执行。

(3) MCS－51 指令系统使用 44 种助记符，它们代表着 33 种功能，可以实现 51 种操作。指令助记符与操作数的各种可能的寻址方式的结合一共可构造出 111 条汇编指令。

2. 指令的格式与分类

(1) 按指令长度分类。指令可分为单字节指令（49 条）、双字节指令（46 条）和 3 字节指令（16 条）。指令长度不同，格式也就不同。其中，单字节指令只有一个字节，其操作码和操作数在同一个字节中；双字节指令的一个字节为操作码，另一个字节是操作数；3 字节指令的操作码占 1 个字节，操作数占两个字节，且操作数既可能是数据，也可能是地址。一般地，操作码占 1 字节；操作数中，直接地址 derict 占 1 字节，＃data 占 1 字节，＃data16 占两字节；操作数中的 A、B、R0～R7、@Ri、DPTR、@A＋DPTR、@A＋PC 等均隐含在操作码中。

(2) 按指令执行时间分类。指令可分为 1 个机器周期指令（64 条）、2 个机器周期指令（45 条）和 4 个机器周期指令（2 条）。只有乘、除两条指令的执行时间为 4 个机器周期。

(3) 按指令功能（即操作性质）分类。指令可分为数据传送指令（29 条）、算术运算指令（24 条）、逻辑运算指令（24 条）、控制转移指令（17 条）和位操作指令（也称布尔处理指令，17 条）五大类。

3. MCS－51 单片机的寻址方式

一条指令由操作码和操作数两个部分构成。其中操作码规定 CPU 的操作性质，而操作数规定以何种方式提供 CPU 进行操作所需的数据，即寻址方式。

单片机有以下 7 种寻址方式：

(1) 立即寻址。在指令中直接给出操作数，即操作数包含在指令中的寻址方式。寻址范围：程序存储器 ROM(0000H～FFFFH) 中。

(2) 直接寻址。由指令直接给出操作数所在的存储器地址的寻址方式。寻址范围：①片内 RAM 的低 128 个单元 (00H～7FH)；②特殊功能寄存器 SFR (80H～FFH)，此寻址方式是访问 SFR 的唯一寻址方式。

(3) 寄存器寻址。操作数在指定寄存器中的寻址方式。寻址范围：①4 组通用工作寄存区共 32 个工作寄存器 Rn (即 R0～R7)；②部分特殊功能寄存器 SFR (A、B 以及 DPTR 等)。

(4) 寄存器间接寻址 (简称寄存器间址寻址或间址寻址)。指令给出的寄存器中存放的是操作数据的单元地址，即操作数在 RAM 之中，而其单元地址就是由指令指定的寄存器的值。寻址范围：①访问内部 RAM 低 128 个单元 (00H～7FH)，只能采用 Ri (即 R0 或 R1) 作间址寄存器；访问 52 子系列的内部 RAM 高 128 个单元 (80H～FFH)，只能采用这种寻址方式；②对片外 RAM 的 64KB 的间接寻址 (0000H～FFFH)，采用 DPTR 作间址寄存器；③片外 RAM 的低 256B，高 8 位不变或高 8 位无连线 (xx00H～xxFFH)，采用 Ri 作间址寄存器；④堆栈区 (只能设在内部 RAM 中) 的堆栈操作指令 PUSH (压栈) 或 POP (出栈) 采用堆栈指针 (SP) 作间址寄存器。

(5) 变址寻址 (也称基址寄存器加变址寄存器间址寻址或基址加变址寻址)。以累加器 A 作为变址寄存器，以程序计数器 PC 或数据指针 DPTR 作为基址寄存器，这两者内容之和形成 16 位 ROM 地址的寻址方式。寻址范围：只能对程序存储器 ROM 进行寻址，用于查表性质的访问。①该寻址方式是专门针对程序存储器 ROM 中表格数据的寻址方式，寻址范围可达到 ROM 64KB 空间 (0000H～FFFH)；②该寻址方式中的累加器 A 里存放的操作数地址相对基地址的偏移量的范围为 00H～FFH (无符号数)；③该寻址方式的指令只有 2 条查表指令和 1 条散转指令：MOVC A，@A＋PC，MOVC A，@A＋DPTR，JMP @A＋DPTR。

(6) 相对寻址。以程序计数器 PC 的当前值为基准 (取出本条指令后的 PC 值)，加上指令中给出的相对偏移量 (rel) 形成新的转移目标地址。寻址范围：①只能对程序存储器 ROM 中的指令进行寻址；②相对地址偏移量 (rel) 是一个带符号的 8 位二进制补码数据，其取值范围为－128～＋127。

(7) 位寻址。MCS－51 设置了独立的位处理器，CPU 进行位处理时，可对内部 RAM 和特殊功能寄存器的某些位寻址单元进行 1 位寻址。位寻址方式的指令中给出的操作数是一个可单独寻址的位地址，这种寻址方式称为位寻址方式。寻址范围：①内部 RAM 中的位寻址区，即位寻址区的低 128B (00H～7FH)；②SFR 中的可寻址位，即 SFR 字节地址能被 8 整除的位寻址区高 128B (80H～FFH)。

在指令中位寻址的位地址 bit 可表示为四种形式：①直接使用位地址形式；②字节地址加位序号的形式；③位的符号地址 (位名称) 的形式，对于部分特殊功能寄存器，其各位均有一个特定的名字，所以可以用它们的位名称来访问该位；④字节符号地址 (字节名称) 加位序号的形式。对于部分 SFR (如 PSW)，还可以用其字节名称加位序号形式来访问某一位。

4. MCS-51单片机的指令功能（五大类功能）

（1）数据传送类指令（5种/共29条）。对PSW影响：不影响标志位CY、AC和OV。

（2）算术运算类指令（5种/共24条）。对PSW影响：一般对进位CY、辅助进位AC、溢出OV这三种标志有影响。但增1和减1指令不影响这些标志。乘法MUL指令影响PSW中的OV、P、CY标志位。其中，若乘积大于FFH，则OV标志位置1，否则清0；CY位总是被清0的。除法DIV指令影响PSW中的OV、P、CY标志位。其中，若除数B为0，则存放结果的A、B中的内容不定，OV置1，否则清0；CY位总是被清0的。

（3）逻辑运算类指令（3种/共24条）。对PSW影响：除了两条带进位的循环移位指令（RLC、RRC）外，其余均不影响PSW中的各标志位。

（4）控制转移类指令（4种/共17条）。

1）对PSW影响：除了CJNE影响PSW的进位标志位CY外，其余均不影响PSW的各标志位。

2）条件转移指令均为相对转移指令，只能“短跳”，不能“长跳”或“中跳”，因此指令的转移范围十分有限。转移目的地址在以下一条指令首地址为中心的256B范围内（－128～＋127）。rel的取值范围是在执行当前转移指令后的PC值基础上（当前PC值＋2或3，其中2或3为当前转移指令的字节数）的－128～＋127（用补码表示）。可以采用符号地址表示。偏移量rel的计算方法为

rel＝转移目标地址－转移指令地址(当前PC值)－2或3

若要实现64KB范围内的转移，则可以借助一条长转移指令的过渡来实现。

（5）布尔处理类指令（位操作指令）（4种/共17条）。

对PSW影响：一般不影响任何标志位，操作位bit本身就是PSW中的标志位。

（6）某些指令的说明。

1）十六进制数据前要加“0”问题。

2）操作数的字节地址和位地址的区分问题。

3）累加器A与ACC的书写问题。

4）并行I/O接口P0～P3的“读引脚”和“读锁存器”指令的区别问题。

9.3.1.2 汇编语言的程序设计

1. 汇编语言程序设计的概述

（1）程序设计语言的种类。程序设计语言可分为机器、汇编和高级共三种语言。

（2）汇编语言的指令类型。单片机汇编语言包含指令性语句和指示性语句两类。

1）指令性语句（也称真指令、指令语句）：指令系统中的指令，它们都是CPU能够执行的指令，每一条指令都有对应的机器码。MCS-51单片机的指令系统中111条汇编指令都是指令性语句。

2）指示性语句（也称伪指令、指示语句）：汇编时用于控制汇编的指令，它是程序员发给汇编程序的命令，用于向汇编程序发出指示信息，告诉它如何完成汇编工作，它可用来设置符号值、保留和初始化存储空间、控制用户程序代码的位置。它们仅是为汇编过程服务的，汇编后不产生任何机器代码。伪指令只出现在汇编前的源程序中，经过汇编得到目标程序（机器代码）后，伪指令已无存在的必要，所以“伪”体现在汇编时，伪指令没有相应的机器代码产生。

2. 常用的伪指令

(1) ORG (ORiGin): 汇编起始地址定位伪指令。

(2) END (END of Assembly): 汇编结束伪指令。

(3) EQU (EQUate): 赋值伪指令 (赋值命令)。

(4) DATA: 数据地址赋值伪指令。

(5) DB (Define Byte): 定义字节伪指令。

(6) DW (Define Word): 定义字 (双字节) 伪指令。

(7) DS (Define Storage): 定义预留存储空间伪指令。

(8) BIT: 定义位地址符号伪指令。

3. 汇编语言指令的格式

(1) MCS-51汇编语言的指令格式采用4分段形式，具体格式为

[标号:] 操作码 [操作数][,操作数][;注释]

(2) 基本语法规则。

1) 标号字段。标号是指本条指令所在起始地址的标志符号，也称指令的符号地址。它代表该条指令在程序编译时的具体地址。

2) 操作码字段。它是由对应的英文缩写构成的，它规定了指令具体的操作功能，描述指令的操作性质，是汇编语言指令中唯一不能空缺的部分。

3) 操作数字段。操作数既可以是一个具体的数据，也可以是存放数据的地址。通常有0、1、2、3个操作数4种情况。如果是多操作数，则操作数之间，要以逗号隔开。操作数可用二进制、十六进制和十进制形式来表示。

4) 注释字段。注释是为增加程序的可读性而设置的，是针对某指令而添加的说明性文字，用于解释指令或程序的含义。汇编时遇到";"就停止"翻译"，因此注释字段不会产生机器代码。注释是指令语句的可选项，若使用则须在分号";"后开始加注释。

4. 汇编语言程序设计的步骤

(1) 分析问题，建立数学模型。

(2) 确定算法。

(3) 画出程序框图。

(4) 确定数据格式，分配内存单元。

(5) 编制汇编语言源程序。

(6) 上机调试。

(7) 程序优化。

5. 汇编语言的开发环境

(1) 单片机开发系统。

(2) 汇编语言的编辑与汇编。

(3) 汇编语言的调试。

6. 汇编语言的基本程序设计

(1) 顺序结构 (简单结构) 的程序设计。

(2) 分支结构的程序设计。

1) 单分支转移结构。

2) 多分支转移结构。

（3）循环结构的程序设计。

1）循环结构程序的组成。

2）循环结构的控制。

（4）子程序结构的程序设计。

1）子程序的基本结构。

2）调用子程序应注意两个问题：①子程序的参数传递；②现场保护和恢复。

3）子程序特性。

（5）查表结构的程序设计。

7. 实用汇编程序设计的例子

略。

9.3.2　学习基本要求

1. 指令系统基本概念

（1）理解 MCS－51 指令的基本格式和各组成部分的功能。

（2）了解 MCS－51 指令分类概况。

（3）熟悉和理解指令系统中常用符号的书写形式及含义。

（4）熟悉 MCS－51 七种寻址方式的形式、寻址范围和特点。

（5）熟悉指令的功能、寻址方式、操作对象和结果，以及指令执行后对 PSW 有关位的影响。

2. 指令系统

（1）数据传送类指令。

1）熟悉内 RAM 和特殊功能寄存器间数据传送，记住 Rn 之间不能直接传送。

2）熟悉读写外 RAM 的方法，记住要用 MOVX 指令间址传送。

3）熟悉用 DPTR 作基址寄存器读 ROM 的方法，了解用 PC 作基址寄存器的方法。

4）理解堆栈操作，熟悉堆栈操作对 SP 的影响。

5）熟悉字节交换、低半字节交换和高低 4 位互换指令的功能及条件范围。记住只能是和 A 进行的交换。

（2）算术运算类指令。

1）熟悉加减乘除指令的功能、条件范围和对标志位的影响。

2）熟悉加 1 减 1 指令，记住加 1 减 1 指令不影响 CY。

3）理解 BCD 码调整指令的作用和条件。

（3）逻辑运算及移位指令。

1）熟悉“与”“或”和“异或”逻辑运算指令。

2）熟悉循环移位指令，记住循环移位必须在 A 中进行。

3）熟悉字节清零和取反指令，记住字节清零和取反只有 A 可以。

（4）位操作类指令。

1）熟悉位传送指令，记住 bit 与 bit 之间不能直接传送。

2）熟悉位置 1、清 0 和取反指令。

3）熟悉位逻辑运算指令，记住无位“异或”指令。

（5）控制转移类指令。

1）理解无条件长、短、相对转移指令的转移范围，理解 AJMP 和 SJMP 指令可能超出转移范围出错。熟悉 LJMP 和 SJMP 指令的应用。

2）熟悉间接转移（散转）指令的应用。

3）熟悉各类条件转移指令的条件和应用。记住条件转移指令都是相对转移。

4）熟悉 LCALL 调用指令，了解 ACALL 调用指令以及它们对 SP 的影响。

5）理解返回指令 RET 和 RETI 的作用和对 SP 的影响。

6）理解空操作指令及其用法。

3. 汇编语言程序设计基本概念

(1) 熟悉汇编语言的语句结构。

(2) 理解伪指令功能，熟悉常用伪指令的应用。

(3) 熟悉计算偏移量及转移地址的方法。

(4) 了解程序设计的步骤和程序流程图的画法，能对给出的程序进行分析。

(5) 熟悉汇编语言编程的步骤、方法和技巧，学会模块化的程序设计方法。

4. 程序设计举例

掌握顺序程序、分支程序、循环程序、查表程序和散转程序的编制方法，掌握分支、循环、查表程序中几个典型和常用子程序的编制方法。

9.3.3 习题解答

3-1　MCS-51 指令系统中有哪几种寻址方式？对内部 RAM 的 0～7FH 的操作有哪些寻址方式？对 SFR 的操作有哪些寻址方式？

答：寻址方式略。对内部 RAM 的 0～7FH 的操作有直接寻址、寄存器寻址、寄存器间接寻址 3 种寻址方式，如对 20H～2FH 单元的可位寻址操作，还可以有位寻址方式。对 SFR 的字操作仅有直接寻址方式，对 SFR 中的可位寻址操作，则有位寻址方式。

3-2　简述 MOV、MOVC、MOVX 指令的区别。

答：MOV 指令用于立即数、寄存器、SFR、片内 RAM 这些单片机内的单元中的数据的读写；MOVC 用于取 ROM 中的数据；MOVX 用于读写片外 RAM 或片外 I/O 接口单元中的数据。

3-3　执行下列指令序列后，将会实现什么功能？

(1)
```
MOV R0,#20H
MOV R1,#30H
MOV P2,#90H
MOVX A,@R0
MOVX @R1,A
```

(2)
```
MOV DPTR,#9010H
MOV A,#10H
MOVC A,@A+DPTR
MOVX @DPTR,A
```

(3)
```
MOV SP,#0AH
POP  09H
POP  08H
POP  07H
```

(4)
```
MOV PSW,#20H
MOV 00H,#20H
MOV 10H,#30H
MOV A,@R0
MOV PSW,#10H
MOV @R0,A
```
(5)
```
MOV R0,#30H
MOV R1,#20H
XCH A,@R0
XCH A,@R1
XCH A,@R0
```

答：(1) 片外 RAM (9020H) →片外 RAM (9030H)。

(2) ROM (9020H) →片外 RAM (9010H)。

(3) 片内 RAM (0AH) →片内 RAM (07H)，SP=06H。

(4) 片内 RAM(20H)→片内 RAM(30H)，A=片内 RAM(20H)，位 F0(PSW.5)=0。

(5) 片内 RAM(20H)⇆(30H)，A 不变。

3-4 指出下面程序段的功能。

(1)
```
MOV DPTR, #8000H
MOV A, #5
MOVC A, @A+DPTR
```
(2)
```
ORG   2000H
MOV A, #80H
MOVC A, @A+PC
```

答：(1) ROM (8005H) →A

(2) ROM (2083H) →A

3-5 说明以下指令执行操作的异同。

(1) MOV R0, #11H 和 MOV R0, 11H

(2) MOV A, R0 和 MOV A, @R0

(3) ORL 20H, A 和 ORL A, 20H

(4) MOV B, 20H 和 MOV C, 20H

(5) CLR A 和 MOV A, #00H

答：(1) 相同点：都是传送指令；不同点：11H→R0，片内 RAM (11H)→R0。

(2) 相同点：都是传送指令；不同点：R0→A，片内 RAM ((R0))→A。

(3) 相同点：都是“或”指令；不同点：片内 RAM (20H) ∨ A→片内 RAM (20H)，A ∨ RAM (20H)→ A。

(4) 相同点：都是传送指令；不同点：传送字（节）(20H)→B，传送位（位地址 20H)→A。

(5) 相同点：都是累加器 A 内容清零，单周期；不同点：单字节指令，双字节指令。

3-6 执行下列指令序列后，累加器 A 与各标志 CY、AC、OV、P 及 Z 各等于什么?

并说明标志变化的理由。

（1）
```
MOV A，#99H
MOV R7，#77H
ADD A，R7
DA A
```
（2）
```
MOV A，#77H
MOV R7，#0AAH
SUBB A，R7
```

答：(1) CY=1、AC=1、OV=0、P=1、MCS-51 中没有 Z 标志。

(2) CY=1、AC=1、OV=1、P=1、MCS-51 中没有 Z 标志。

3-7　MCS-51 单片机布尔处理器硬件由哪些部件构成？布尔处理器指令主要有哪些功能？布尔处理机的位处理与 MCS-51 的字节处理有何不同？

用布尔指令，求逻辑方程。

（1）PSW.5=P1.3∧ACC.2∨B.5∧P1.1

（2）PSW.5=P1.5∧B.4∨ACC.7∧P1.0

答：MCS-51 单片机由一个功能相对独立的位处理机（即布尔处理机）以及可位寻址 RAM 和 SFR 构成，布尔处理器提供了位寻址功能和位操作指令，位操作指令实现了位传送、位逻辑与/或/非运算、位清零/置位、位条件转移等功能。位操作的操作数不是字节，而是字节中的某个位，每位的取值只能取 0 或 1。位操作是以进位标志 CY 作为位累加器，可以实现布尔变量的传送、运算和控制转移等功能。

（1）PSW.5=P1.3∧ACC.2V B.5∧P1.1
```
MOV C，P1.3
ANLC，ACC.2
ORLC，B.5
ANLC，P1.1
MOV PSW.5，C
```
（2）PSW.5=P1.5∧B.4V ACC.7∧P1.0
```
MOV C，P1.5
ANLC，B.4
ORLC，AC C.7
ANLC，P1.0
MOV PSW.5，C
```

3-8　试分析下列程序的功能。

```
       CLR  A
       MOV  R2,A
       MOV  R7,#4
LOOP:  CLR  C
       MOV  A,R0
       RLC  A
       MOV  R0,A
       MOV  A,R1
       RLC  A
```

```
MOV  R1,A
MOV  A,R2
RLC  A
MOV  R2,A
DJNZ R7,LOOP
```

答：功能：R2＝0000［原 R1 的高 4 位］

R1＝［原 R1 的低 4 位］［原 R0 的高 4 位］

R0＝［原 R0 的低 4 位］0000

3－9　指出下面子程序中每条指令的功能，画出程序框图，指出子程序 SSS 的功能。

```
SSS:   MOV R7,#4
       MOV R2,#0
SSL0:  MOV R0,#30H
       MOV R6,#3
       CLR C
SSL1:  MOV A,@R0
       RRC A
       MOV @R0,A
       INC R0
       DJNZ R6,SSL1
       MOV A,R2
       RRC A
       MOV R2,A
       DJNZ R7,SSLO
       RET
```

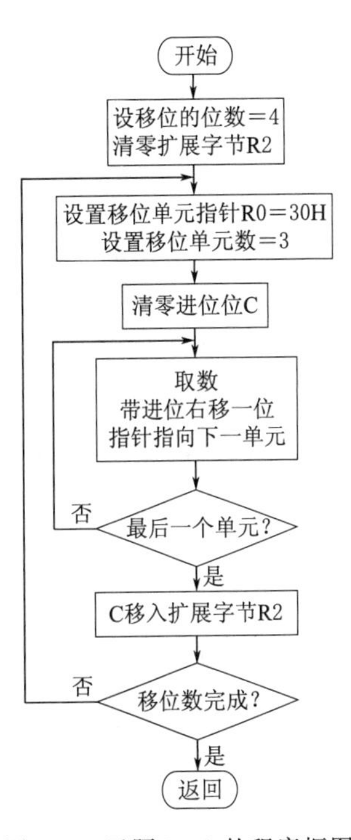

图 9.4　习题 3－9 的程序框图

答：
```
SSS:   MOV R7,#4        ;R7=4
       MOV R2,#0        ;R2=2
SSL0:  MOV R0,#30H      ;R0=30H
       MOV R6,#3        ;R6=3
       CLR C            ;CY=0
SSL1:  MOV A,@R0        ;A=((R0)),第 1 次 A=(30H)
       RRC A            ;A 右移一位,最高位=CY
       MOV @R0,A        ;((R0))=A
       INC R0           ;R0+1
       DJNZ R6,SSL1     ;循环 3 次,三个单元
       MOV A,R2         ;A=R2
       RRC A            ;A 右移一位,最高位=CY,第 1 次 CY=(32H).0
       MOV R2,A         ;R2=A
       DJNZ R7,SSLO     ;循环 4 次
       RET              ;子程序返回
```

程序框图如图 9.4 所示。子程序 SSS 的功能为：(30H)(31H)(32H) R2 右移 4 位，(30H) 高 4 位和 R2 低 4 位为 0000B。

3－10　MCS－51 汇编语言重要伪指令有几条？它们分别具有哪些功能？

答：略。

3－11 在内部RAM的ONE和TWO单元各存有一带符号X和Y。试编程按下式要求运算，结果F存入FUNC单元。

$$F=\begin{cases}X+Y & \text{若 X 为正奇数}\\ X\wedge Y & \text{若 X 为正偶数}\\ X\vee Y & \text{若 X 为负奇数}\\ X+Y & \text{若 X 为负偶数}\\ X & \text{若 X 等于零}\end{cases}$$

答：

```
        MOV     A,ONE
        JZ      XEND        ;X等于零转
        JB      ACC.7,NX
        JNB     ACC.0,PEX
NEX:    ADD     A,TWO       ;X为正奇数
        SJMP    XEND
PEX:    ANL     A,TWO       ;X为正偶数
        SJMP    XEND
NX:     JNB     ACC.0,NEX   ;X为负偶数转
        ORL     A,TWO       ;X为负奇数
XEND:   MOV     FUNC,A
        ……
```

3－12 设变量X存入VAR单元，函数F存入FUNC单元，试编程按下式要求给F赋值。

$$F=\begin{cases}1 & X\geqslant 20\\ 0 & 20>X\geqslant 10\\ -1 & X<10\end{cases}$$

答：

```
        MOV     A,VAR
        CJNE    A,#20,F001
F001:   JC      F002
        MOV     A,#1        ;X≥20
        SJMP    FEND
F002:   CJNE    A,#10,F003  ;X<20
F003:   JC      F004
        MOV     A,#0        ;20>X≥10
        SJMP    FEND
F004:   MOV     A,#-1       ;X<10
FEND:   MOV     FUNC,A
        ……
```

3－13 已知单片机的晶振频率为12MHz，分别设计延时为0.1s、1s的子程序。

答：晶振频率为12MHz，1个机器周期T=1μs。

0.1s延时子程序：

```
DEL01S:     MOV     R2,#200     ;1T
DEL01S_1:   MOV     R3,#248     ;1T
            NOP                 ;1T
```

```
        DJNZ    R3,$            ;2T×248=496μs
        DJNZ    R2,DEL01S_1     ;(2T+1T+1T+496)×200=100000μs=100ms
        RET                     ;2T+1T+100000=100003μs=100.003ms
```

1s 延时子程序：

```
DEL1S:    MOV     R4,#10          ;1T
DEL1S_2:  MOV     R3,#200         ;1T
DEL1S_1:  MOV     R2,#248         ;1T
          NOP                     ;1T
          DJNZ    R2,$            ;2T×248=496μs
          DJNZ    R3,DEL1S_1      ;(2T+1T+1T+496)×200=100000μs=100ms
          DJNZ    R4,DEL1S_2      ;(2T+1T+100000)×10=1000030μs=1.00003s
          RET                     ;1T+2T+1000030=1.000033s
```

3-14 编程查找内部 RAM 的 32H～41H 单元中是否有 0AAH 这个数据，若有这一数据，则将 50H 单元置为 0FFH，否则将 50H 单元清零。

```
答：      MOV     R0,#32H
PRO_1:    MOV     A,@R0
          CJNE    A,#0AAH,PRO_2
          MOV     50H,#0FFH
          SJMP    PRO_3
PRO_2:    INC     R0
          CJNE    R0,#42H,PRO_1
          MOV     50H,#00H
PRO_3:    ……
```

3-15 内部 RAM 从 20H 单元开始处有一数据块，以 0DH 为结束标志，试统计该数据块的长度，将该数据块送到外部数据存储器 7E01H 开始的单元，并将长度存入 7E00H 单元。

```
答：      MOV     R0,#20H
          MOV     DPTR,#7E01H
          MOV     R2,#0
PRO_1:    MOV     A,@R0
          CJNE    A,#0DH,PRO_2
          MOV     A,R2
          MOV     DPTR,#7E00H
          MOVX    @DPTA,A         ;长度存入 7E00H 单元
          SJMP    PRO_3
PRO_2:    MOVX    @DPTA,A         ;数据送入 7E01H 开始的单元
          INC     R2              ;长度+1
          INC     R0              ;下一数据地址
          INC     DPTR
          SJMP    PRO_1
PRO_3:    ……
```

3-16 内部 RAM 从 DATA1 和 DATA2 单元开始处存放着两个等长的数据块，数据

块的长度在LEN单元中。请编程检查这两个数据块是否相等，若相等，将0FFH写入RESULT单元，否则将0写入RESULT单元。

答：

```
        MOV     A,LEN
        JZ      PRO_2               ;数据块长度=0,数据块相等
        MOV     R0,# DATA1
        MOV     R1,# DATA2
PRO_1:  MOV     A,@R0
        MOV     B,@R1
        CJNE    A,B,PRO_3           ;不等转
        INC     R0
        INC     R1
        DJNZ    LEN,PRO_1
PRO_2:  MOV     RESULT,#0FFH        ;相等
        SJMP    PRO_4
PRO_3:  MOV     RESULT,#00H
PRO_4:  ……
```

3-17　试编写一个子程序，其功能为将内部RAM中的30H～32H的内容左移1位，如图9.5所示。

答：

```
CLR     C
MOV     A,32H
RLC     A
MOV     32H,A
MOV     A,31H
RLC     A
MOV     31H,A
MOV     A,30H
RLC     A
MOV     30H,A
……
```

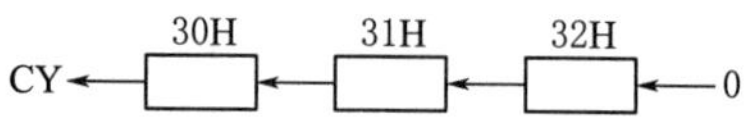

CY ← 30H ← 31H ← 32H ← 0

图9.5　习题3-17的图形

3-18　5个双字节数，存放在外部RAM中barf开始的单元中，求它们的和，并把和存放在sum开始的单元中，请编程实现。

答：设sum开始的单元为内部RAM，5个双字节数之和要用三字节存放，数据存放格式为低位低地址。

```
        MOV     R0,#sum
        MOV     R2,#3
PRO_1:  CLR     A
        MOV     @R0,A               ;和清零
        INC     R0
        DJNZ    R2,PRO_1
        MOV     DPTR,#barf
        MOV     R2,#5
PRO_2:  MOV     R0,#sum
        MOVX    A,@DPTR
```

```
        ADD    A,@R0
        MOV    @R0,A
        INC    DPTR
        INC    R0
        MOVX   A,@DPTR
        ADDC   A,@R0
        MOV    @R0,A
        INC    DPTR
        INC    R0
        CLR    A
        ADDC   A,@R0
        MOV    @R0,A
        DJNZ   R2,PRO_2
        ……
```

3-19 试求内部RAM30H～37H单元中8个无符号数的算术平均值，结果存入38H单元。

答：

```
        CLR   A
        MOV   R4,A          ;累加值存放初始值=0
        MOV   R5,A
        MOV   R0,#30H
        MOV   R2,#8         ;8个无符号数
PRO_1:  MOV   A,@R0
        ADD   A,R4
        MOV   R4,A
        CLR   A
        ADDC  A,R5
        MOV   R5,A
        INC   R0
        DJNZ  R2,PRO_1
        MOV   R2,#3         ;除以8(右移3位)
PRO_2:  CLR   C
        MOV   A,R5
        RRC   A
        MOV   R5,A
        MOV   A,R4
        RRC   A
        MOV   R4,A
        DJNZ  R3,PRO_2
        ADDC  A,#0          ;四舍五入
        MOV   @R0,A
        ……
```

3-20 试编写一个子程序，其功能为（R2R3）*R4→R5R6R7。

答：

```
MUL23:  MOV    A,R3
        MOV    B,R4
```

```
        MUL     AB
        MOV     R7,A
        MOV     R6,B
        MOV     A,R2
        MOV     B,R4
        MUL     AB
        ADD     A,R6
        MOV     R6,A
        CLR     A
        ADDC    A,B
        MOV     R5,A
        RET
```

3-21　试编写一个子程序，将内部 RAM 中 30H～4FH 单元的内容传送到外部 RAM 中 7E00H～7E1FH 单元。

答：

```
MVRX:     MOV     R0,#30H
          MOV     DPTR,#7E00H
          MOV     R2,#20H
MVRX_1:   MOV     A,@R0
          MOVX    @DPTR,A
          INC     R0
          INC     DPTR
          DJNZ    R2,MVRX_1
          RET
```

3-22　从内部 RAM 缓冲区 buffin 向外部 RAM buffout 传送一个字符串，遇 9DH 结束，置 PSW 的 F0 位为“1”；或传送完 128 个字符后结束，并置 PSW 的 OV 位为“0”。

答：

```
          MOV     R0,#buffin
          MOV     DPTR,#buffout
          MOV     R2,#128
MVRX_1:   MOV     A,@R0
          CJNE    A,#9DH,MVRX_2
          SETB    F0
          SJMP    MVRX_3
MVRX_2:   MOVX    @DPTR,A
          INC     R0
          INC     DPTR
          DJNZ    R2,MVRX_1
          CLR     OV
MVRX_3:   ……
```

3-23　从 2030H 单元开始，存有 100 个有符号数，要求把它传送到从 20B0H 开始的存储区中，但负数不传送，试编写程序。

答：

```
          MOV     P2,#20H
          MOV     R0,#30H
          MOV     R1,#0B0H
```

```
          MOV     R2,#100
MVRX_1:   MOVX    A,@R0
          INC     R0
          JB      ACC.7,MVRX_2      ;负数不传送
          MOVX    @R1,A             ;正数
          INC     R1
MVRX_2:   DJNZ    R2,MVRX_1
          ……
```

3-24 片外 RAM 区从 1000H 单元开始存有 100 个单字节无符号数，找出最大值并存入 1100H 单元中，试编写程序。

答：

```
          MOV     DPTR,#1000H
          MOVX    A,@DPTR
          MOV     B,A
          MOV     R2,#100
MAX_1:    MOVX    A,@DPTR
          CJNE    A,B,MAX_2
MAX_2:    JC      MAX_3
          MOV     B,A
MAX_3:    INC     DPTR
          DJNZ    R2,MVRX_1
          MOV     DPTR,#1100H
          MOV     A,B
          MOVX    @DPTR,A
          ……
```

3-25 设有 100 个单字节有符号数，连续存放在以 2100H 为首地址的存储区中，试编程统计其中正数、负数、零的个数。

答：设 R5＝正数的个数，R6＝负数的个数，R7＝零的个数。

```
          CLR     A
          MOV     R5,A
          MOV     R6,A
          MOV     R7,A
          MOV     DPTR,#2100H
          MOV     R2,#100
PRO_1:    MOVX    A,@DPTR
          JNZ     PRO_2
          INC     R7                ;=零计数
          SJMP    PRO_4
PRO_2:    JNB     ACC.7,PRO_3
          INC     R6                ;负数计数
          SJMP    PRO_4
PRO_3:    INC     R5                ;正数计数
PRO_4:    INC     DPTR
          DJNZ    R2,PRO_1
```

……

3－26　试编程把以 2040H 为首地址的连续 10 个单元的内容按升序排列，存到原来的存储区中。

答：
```
PRO_1:  MOV     DPTR,#2040H
        MOV     R2,#10
        CLR     F0
        MOVX    A,@DPTR
        MOV     B,A
        DEC R2
PRO_2:  INC     DPTR
        MOVX    A,@DPTR
        CJNE    A,B,PRO_3
PRO_3:  JNC     PRO_5
        INC     DPL             ;DPTR-1
        DJNZ    DPL,PRO_4
        DEC DPH
PRO_4:  DEC     DPL
        MOVX    @DPTR,A         ;本次数送前次数单元
        MOV     A,B             ;前次数送本次数单元
        INC     DPTR
        MOVX    @DPTR,A
        SETB    F0
PRO_5:  MOV     B,A             ;本次数作后次比较的前次数
        DJNZ    R2,PRO_2
        JB      F0,PRO_1
        ……
```

3－27　试编写一个子程序，其功能为将 30H～32H 中的压缩 BCD 码拆成 6 位单字节 BCD 码存放到 33H～38H 单元。

答：
```
        MOV     R0,#30H
        MOV     R1,#33H
        MOV     R2,#3
PRO_1:  MOV     A,@R0
        SWAP    A
        ANL     A,#0FH
        MOV     @R1,A
        MOV     A,@R0
        ANL     A,#0FH
        INC     R1
        MOV     @R1,A
        INC     R0
        INC     R1
        DJNZ    R2,PRO_1
        ……
```

3-28 试编写一个子程序，其功能为将 33H～38H 单元的 6 个单字节 BCD 码拼成 3 字节压缩 BCD 码存入 40H～42H 单元。

答：
```
        MOV   R0,#33H
        MOV   R1,#40H
        MOV   R2,#3
PRO_1:  MOV   A,@R0
        SWAP  A
        INC   R0
        ADD   A,@R0
        MOV   @R1,A
        INC   R0
        INC   R1
        DJNZ  R2,PRO_1
        ……
```

3-29 试编程将 R0 指向的内部 RAM 中 16 个单元的 32 个十六进制数转换成 ASCII 码并存入 R1 指向的内部 RAM 中。

答：
```
        MOV   R2,#16
        MOV   DPTR,#ASC
PRO_1:  MOV   A,@R0
        SWAP  A
        ANL   A,#0FH
        MOVC  A,@A+DPTR
        MOV   @R1,A
        MOV   A,@R0
        ANL   A,#0FH
        MOVC  A,@A+DPTR
        INC   R1
        MOV   @R1,A
        INC   R0
        INC   R1
        DJNZ  R2,PRO_1
        SJMP  PRO_2
ASC:    DB '0','1','2','3','4','5','6','7'
        DB '8','9','A','B','C','D','E','F'
PRO_2:  ……
```

3-30 试设计一个子程序，其功能为将片内 RAM 20H～21H 中的压缩 BCD 码转换为二进制数，并存于以 30H 开始的单元。

答：设片内 RAM 20H～21H 中的压缩 BCD 码是 1 个 4 位的十进制数，20H 为高位，转换为二进制数，30H 为高位。

```
    MOV    R0,#31H      ;低位
    MOV    A,21H
    ANL    A,#0FH       ;个位
    MOV    @R0,A
```

```
          MOV     A,21H
          SWAP    A              ;十位
          ANL     A,#0FH
          MOV     B,#10
          MUL     AB             ;结果<100,B=00H
          ADD     A,@R0
          MOV     @R0,A
          MOV     A,20H
          ANL     A,#0FH         ;百位
          MOV     B,#100
          MUL     AB             ;结果<1000,B<>00H
          ADD     A,@R0
          MOV     @R0,A
          CLR     A              ;高位原先的结果=0
          ADDC    A,B
          DEC     R0             ;高位
          MOV     @R0,A
          INC     R0             ;低位
          MOV     A,20H
          SWAP    A              ;千位
          ANL     A,#0FH
          JZ      PRO_2
          MOV     B,A
PRO_1:    MOV     A,#LOW(1000)   ;取 1000 的十六进制数的低位
          ADD     A,@R0
          MOV     @R0,A
          MOV     A,#HIGH(1000)  ;取 1000 的十六进制数的高位
          DEC     R0             ;高位
          ADDC    A,@R0
          MOV     @R0,A
          INC     R0             ;低位
          DJNZ    B,PRO_1
PRO_2:    ……
```

9.3.4　自我检测题

下面给出该章的自我检测题，题型只有判断题、单项选择题、多项选择题三种，一般都为基础题，读者自我测试一下对本章基础知识的掌握程度。

9.3.4.1　判断题

（　）1. MCS-51 单片机的指令格式中操作码与操作数之间必须用“,”分隔。

（　）2. MCS-51 指令：MOV A，@R0；表示将 R0 指示的地址单元中的内容传送至 A 中。

（　）3. MCS-51 的数据传送指令是把源操作数传送到目的操作数，指令执行后，源操作数改变，目的操作数修改为源操作数。

（ ）4. MCS-51 指令中，MOVC 为 ROM 查表指令。

（ ）5. 将 37H 单元的内容传送至 A 的指令是：MOV A，#37H。

（ ）6. 如 JC rel 发生跳转时，目标地址为当前指令地址加上偏移量。

（ ）7. 指令 MUL AB 执行前，(A)=F0H，(B)=05H；执行后，(A)=F5H，(B)=00H。

（ ）8. 已知：A=11H,B=04H，执行指令 DIV AB 后，其结果：A=04H，B=1，CY=OV=0。

（ ）9. 已知：DPTR=11FFH，执行 INC DPTR 后，结果：DPTR=1200H。

（ ）10. 已知：A=1FH，(30H)=83H，执行 ANL A，30H 后，结果：A=03H (30H)=83H，P=0。

（ ）11. 无条件长转移指令 LJMP addr16，允许转移的目标地址在 128KB 空间范围内。

（ ）12. 指令系统中执行指令 FG0 bit F0，表示凡用到 F0 位的指令中均可用 FG0 来代替。

（ ）13. 指令系统中执行指令 ORG 2000H；BCD：DB “A，B，C，D”表示将 A、B、C、D 的 ASCII 码值依次存入 2000H 开始的连续单元中。

（ ）14. 指令系统中指令 CJNE A，#data，rel 的作用相当于 SUBB A，#data 与 JNC rel 的作用。

（ ）15. 指令系统中指令 JNB bit，rel 是判位转移指令，即表示 bit=1 时转。

（ ）16. 单片机的 PC 与 DPDR 都在 CPU 片内，因此 MOVC A，@A+PC 与 MOVC A，@A+DPTR 执行时只在单片机内部操作，不涉及片外存储器。

（ ）17. 设 PC 的内容为 35H，若要把程序存储器 08FEH 单元的数据传送至累加器 A，则必须使用指令 MOVC A，@A+PC。

（ ）18. 指令 MOV A，00H 执行后 A 的内容一定为 00H。

（ ）19. MCS-51 单片机的布尔处理器是以 A 为累加器进行位操作的。

（ ）20. 当 CPU 访问片内、外 ROM 区时用 MOVC 指令，访问片外 RAM 区时用 MOVX 指令，访问片内 RAM 区时用 MOV 指令。

（ ）21. 伪指令本身不产生机器码，因此对源程序汇编后产生的目标程序没影响，也不会影响程序的运行。

9.3.4.2 单项选择题

1. MCS-51 汇编语言指令格式中，唯一不可缺少的部分是（ ）。

   A. 标号　　B. 操作码　　C. 操作数　　D. 注释

2. MCS-51 的立即寻址方式中，立即数前面（ ）。

   A. 应加前缀“/：”号　　B. 不加前缀号

   C. 应加前缀“@”号　　D. 应加前缀“#”号

3. 下列完成 8031 单片机内部 RAM 数据传送的指令是（ ）。

   A. MOVX A，@DPTR　　B. MOVC A，@A+PC

   C. MOV A，#data　　D. MOV direct，direct

4. 单片机中 PUSH 和 POP 指令常用来（ ）。

   A. 保护断点　B. 保护现场　C. 保护现场，恢复现场　D. 保护断点，恢复断点

5. MCS-51 寻址方式中，操作数 Ri 加前缀“@”号的寻址方式是（ ）。

A. 寄存器间接寻址　　B. 寄存器寻址　　C. 基址加变址寻址　D. 立即寻址

6. MCS－51 寻址方式中，立即寻址的寻址空间是（　　）。

A. 工作寄存器 R0～R7　B. 专用寄存器 SFR　C. 程序存储器 ROM

D. 片内 RAM 的 20H～2FH 字节中的所有位和部分专用寄存器 SFR 的位

7. 执行指令 MOVX　A，@DPTR 时，$\overline{WR}$、$\overline{RD}$脚的电平为（　　）。

A. $\overline{WR}$高电平，$\overline{RD}$高电平　　B. $\overline{WR}$低电平，$\overline{RD}$高电平

C. $\overline{WR}$高电平，$\overline{RD}$低电平　　D. $\overline{WR}$低电平，$\overline{RD}$低电平

8. 主程序执行完 ACALL 返回主程序后，堆栈指针 SP 的值（　　）。

A. 不变　　B. 加 2　　C. 加 4　　D. 减 2

9. 单片机中使用 MOVX　A，@R1 指令（　　）寻址数据存储器 1050H 单元。

A. 能直接　　B. 不能　　C. 与 P2 口配合能　　D. 与 P1 口配合能

10. 指令 JB 0E0H，LP 中的 0E0H 是指（　　）。

A. 累加器 A　　B. 累加器 A 的最高位

C. 累加器 A 的最低位　　D. 一个单元的地址

11. 指令 MOV R0，20H 执行前（R0）＝30H，（20H）＝38H，执行后（R0）＝（　　）。

A. 20H　　B. 30H　　C. 50H　　D. 38H

12. 执行如下 3 条指令后，30H 单元的内容是（　　）。

```
MOV R1，#30H
MOV 40H，#0EH
MOV @R1，40H
```

A. 40H　　B. 0EH　　C. 30H　　D. FFH

13. MCS－51 指令包括操作码和操作数，其中操作数是指（　　）。

A. 参与操作的立即数　　B. 寄存器　　C. 数据所在地址　　D. 前三者都包含

14. MCS－51 单片机在执行 MOVX A，@DPTR 或 MOVC A，@A＋DPTR 指令时，其寻址单元的地址是由（　　）。

A. P0 口送高 8 位，P2 口送高 8 位 B. P0 口送低 8 位，P2 口送高 8 位

C. P0 口送低 8 位，P2 口送低 8 位　D. P0 口送高 8 位，P2 口送低 8 位

15. 下列指令中影响堆栈指针的指令是（　　）。

A. LJMP　　B. ADD　　C. MOVC A，@A＋PC　　D. LCALL

16. MCS－51 指令系统中，指令 ADDC A，@R0　执行前（A）＝38H，（R0）＝30H，（30H）＝0FOH，（C）＝1 执行后，其结果为（　　）。

A.（A）＝28H，（C）＝1　　B.（A）＝29H，（C）＝1

C.（A）＝28H，（C）＝0　　D.（A）＝29H，（C）＝0

17. 已知：（A）＝0DBH，（R4）＝73H，（CY）＝1，指令 SUBB A，R4　执行后的结果是（　　）。

A.（A）＝73H　　B.（A）＝0DBH　　C.（A）＝67H　　D. 以上都不对

18. 已知：（A）＝0D2H，（40H）＝77H，执行指令：ORL　A，40H 后，其结果是（　　）。

A.（A）＝77H　　B.（A）＝0F7H　　C.（A）＝0D2H　　D. 以上都不对

19. 将内部数据存储单元的内容传送到累加器 A 中的指令是（　　）。

A. MOVX A，@R0　　B. MOV A，#data

C. MOV A，@R0　　D. MOVX A，@DPTR

20. 下列指令执行时，不修改 PC 中内容的指令是（　　）。

A. SJMP　　B. LJMP　　C. MOVC A，@ A+PC　　D. LCALL

21. 下列指令执行时，修改 PC 中内容的指令是（　　）。

A. AJMP　　B. MOVC A，@A+PC

C. MOVC A，@A+DPTR　　D. MOVX A，@Ri

22. MCS-51 指令系统中，清零指令是（　　）。

A. CPL　A　　B. RLC　A　　C. CLR　A　　D. RRC　A

23. 下列指令能使累加器 A 低 4 位不变，高 4 位置 F 的是（　　）。

A. ANL A，#0FH　　B. ANL A，#0F0H

C. ORL A，#0FH　　D. ORL A，#0F0H

24. 下列指令能使累加器 A 高 4 位不变，低 4 位置 F 的是（　　）。

A. ANL A，#0FH　　B. ANL A，#0F0H

C. ORL A，#0FH　　D. ORL A，#0F0H

25. 下列指令能使 R0 低 4 位不变，高 4 位置 0（即屏蔽高 4 位）的是（　　）。

A. ANL R0，#0F0H　　B. ORL R0，#0F0H

C. ANL R0，#0FH　　D. ORL R0，#0FH

26. 下列指令能使 R0 高 4 位不变，低 4 位置 0（即屏蔽低 4 位）的是（　　）。

A. ANL R0，#0FH　　B. ANL R0，#0F0H

C. ORL R0，#0FH　　D. ORL R0，#0F0H

27. 下列指令能使累加器 A 的最高位置 1 的是（　　）。

A. ANL A，#7FH　　B. ANL A，#80H

C. ORL A，#7FH　　D. ORL A，#80H

28. 下列指令能使 R0 的最高位置 0 的是（　　）。

A. ANL R0，#7FH　　B. ANL R0，#80H

C. ORL R0，#7FH　　D. ORL R0，#80H

29. 下列指令能使 A 的最高位取反的是（　　）。

A. CPL ACC.7　　B. XRL A，#80H

C. CPL (ACC).7　　D. ANL A，#80H

30. 下列指令判断若累加器 A 的内容不为 0 就转 LP 的是（　　）。

A. JB A，LP　　B. JNZ A，LP　　C. JZ LP　　D. CJNE A，#0，LP

31. MCS-51 指令系统中，指令 DA　A 应跟在（　　）。

A. 加法指令后　　B. BCD 码的加法指令后

C. 减法指令后　　D. BCD 码的减法指令后

32. 能将 A 的内容向左循环移一位，第 7 位移进第 0 位的指令是（　　）。

A. RLC　A　　B. RRC　A　　C. RR　A　　D. RL　A

33. 可以控制程序转向 64KB 程序存储器地址空间的任何单元的无条件转移指令是（　　）。

A. AJMP　addr11　　B. LJMP　addr16　　C. SJMP　rel　　D. JC　rel

34. 将外部数据存储器 083AH 单元的内容传送至累加器，必须使用指令（　　）。

A. MOVX A，@Ri　　B. MOVX A，@DPTR

C. MOVX A，direct　　D. MOVC A，@A+DPTR

35. 跳转指令 SJMP 的转移范围为（　　）。

A. 2KB　　B. 512B　　C. 128B　　D. 64KB

36. AJMP 指令的跳转范围是（　　）。

A. 256B　　B. 1KB　　C. 2KB　　D. 64KB

37. 欲将 P1 口的高 4 位保留不变，低 4 位取反，可用指令（　　）。

A. ANL P1，#0F0H　　B. ORL P1，#0FH

C. XRL P1，#0FH　　D. 以上三句都不行

38. 指令 SJMP $ 的含义是（　　）。

A. 程序转到 $ 标号处　B. 程序转到前面 $ 符号赋值的地方　C. 转到任意地方

D. 程序转到 SJMP $ 指令前面，相当于 HERE：SJMP HERE，构成死循环

39. 以下为延时子程序，假设时钟频率为 6MHz，其延时时间约为（　　）。

```
DEL1： MOV     R2,#0C8H    ;单周期指令
DEL0： NOP                 ;单周期指令
       DJNZ    R2,DEL0     ;双周期指令
       RET                 ;双周期指令
```

A. 600μs　　B. 1000μs　　C. 1.2ms　　D. 机 2.4ms

40. 下列指令中正确的是（　　）。

A. MOV　P2.1，A　　B. JBC　20H，L1

C. MOVX　B，@DPTR　　D. MOV　A，@R3

41. 执行指令 MOVX　@R0，A 时，$\overline{WR}$、$\overline{RD}$脚的电平为（　　）。

A. $\overline{WR}$高电平，$\overline{RD}$低电平　　B. $\overline{WR}$低电平，$\overline{RD}$高电平

C. $\overline{WR}$高电平，$\overline{RD}$高电平　　D. $\overline{WR}$低电平，$\overline{RD}$低电平

42. 单片机能直接运行的程序称为（　　）。

A. 源程序　　B. 汇编程序　　C. 目标程序　　D. 编译程序

9.3.4.3　多项选择题

1. MCS-51 汇编语言指令格式由（　　）组成。

A. 标号　　B. 操作码　　C. 操作数　　D. 符号　　E. 注释

2. MCS-51 的指令可分为（　　）。

A. 数据传送　B. 算术运算　　C. 逻辑运算　　D. 控制程序转移E. 布尔操作

3. MCS-51 的寄存器寻址方式可用于访问（　　）。

A. 工作寄存器 R0～R7　　B. 寄存器 A　　C. 寄存器 B

D. 进位 CY　　E. 指针寄存器 DPTR

4. MCS-51 寻址方式中，直接寻址的寻址空间是（　　）。

A. 片内 RAM 低 128B　　B. 专用寄存器 SFR

C. 片内 RAM 可位寻址的单元 20H～2FH　　D. 程序存储器 ROM

E. 工作寄存器R0～R7

5. 堆栈指针SP可指示堆栈的栈顶，下列指令中影响SP内容的是（　　）。

A. MOV SP，#data　　B. LJMP　　C. RETI或RET

D. LCALL　　E. PUSH和POP

6. 在MCS-51指令中，下列指令中能完成CPU与外部存储器之间信息传送的是（　　）。

A. MOVC　A，@A+PC　　B. MOVX　A，@A+DPDR

C. MOVX　A，@Ri　　D. MOV　A，driect　　E. MOV　@R0，A

7. 在MCS-51指令系统中，以累加器A为目的操作数指令是（　　）。

A. MOV A，Rn　　B. MOV A，#data　　C. MOV Rn，A

D. MOV A，@Ri　　E. MOV A，direct

8. 在MCS-51指令系统中，以直接地址为目的操作数指令是（　　）。

A. MOV　direct，A　　B. MOV　direct，Rn　　C. MOV　direct，direct

D. MOV　direct，@Ri　　E. MOV　direct，#data

9. 在MCS-51指令系统中，以间接地址为目的操作数指令是（　　）。

A . MOV @Ri，A　　B. MOV　A，@Ri　　C. MOV @Ri，direct

D. MOV @Ri，#data　　E. MOV　direct，#data

10. 在MCS-51指令系统中，用于片外数据存储器传送指令是（　　）。

A. MOVX　A，@Ri　　B. MOVX　A，@DPTR　　C. MOV @Ri，A

D. MOVX　@Ri，A　　E. MOVX @DPTA，A

11. 在MCS-51指令系统中，用于带进位的加法指令是（　　）。

A. ADDC　A，Rn　　B. ADDC　A，@Ri　　C. ADDC　A，direct

D. ADD A，Rn　　E. ADDC　A，#data

12. 在MCS-51指令系统中，无条件转移指令是（　　）。

A. LJMP addr16　B. ALMP addr11　C. JC rel　D. JNZ rel　　E. SJMP rel

13. 在MCS-51指令系统中，位逻辑运算指令是（　　）。

A. ANL C，bit　B. ANL C，/bit　C. CLR C　D. ORL C，bit　E. ORL C，bit

14. 循环程序的结构中含有（　　）。

A. 循环初始化　B. TMOD初始化　C. 循环语句　D. 循环控制　E. 循环判断

15. 下列指令中影响PC内容的是（　　）。

A. MOVC　A，@A+PC　　B. LJMP　　C. RETI　　D. SJMP　　E. POP

16. 下列指令中不影响PC内容的是（　　）。

A. MOVC　A，@A+PC　　B. SJMP　　C. RET　　D. ACALL　　E. PUSH

17. 程序计数器PC用来存放下一条指令的地址，CPU取指令后会自动修改PC的内容，除此以外，PC内容的改变是由（　　）引起的。

A. 压栈指令　　B. 转移指令　　C. 调用指令

D. 查表指令　　E. 中断或子程序返回

18. 8051单片机寻址方式有（　　）寻址方式。

A. 寄存器间接　　B. 立即　　C. 直接　　D. 变址间接　E. 位

19. 如有程序段：

```
CLR    C
MOV    A,#0BCH
ADDC   A,#65H
```

则其结果为（　　）。

A. (A) =21H　　B. CY=1　　C. AC=1　　D. CY=0　　E. AC=0

20. 对于 JBC　bit，rel 指令，下列说法正确的是（　　）。

A. bit 位状态为 1 时转移　B. bit 位状态为 0 时转移　C. bit 位状态为 1 时不转移

D. bit 位状态为 0 时不转移 E. 转移时，同时对该位清零

21. 对于 DIV　AB 指令的执行结果，下列说法正确的是（　　）。

A. 商在 A 中　　B. 余数在 B 中　　C. 商在 B 中

D. 余数在 A 中　　E. 如果除数为 0，则溢出标志位置 1

22. 关于指针 DPTR，下列说法正确的是（　　）。

A. DPTR 是 CPU 和外部存储器进行数据传送的唯一桥梁

B. DPTR 是 16 位寄存器　　C. DPTR 不可寻址

D. DPTR 是由 DPH 和 DPL 两个 8 位寄存器组成的

23. 8031 单片机中堆栈的作用有（　　）。

A. 保护 SP　　B. 保护栈顶　　C. 保护断点

D. 保护现场　　E. 保护调用指令的下一条指令的地址

24. 下列与堆栈无关的指令是（　　）。

A. ACALL　B. AJMP　C. LJMP　D. RET　E. MOVC　A，@A+PC

25. 下列指令可使累加器 A 清零的是（　　）。

A. ANL A，00H　　B. ORL A，00H　　C. MOV A，00H

D. XRL A，#0E0H　　E. ANL A，#00H

26. 若累加器 A 中数为负数，就转到 LDF 处，则以下指令正确的是（　　）。

A. JB A .7，LDF　　B. JB ACC .7，LDF　　C. JB 0E7H，LDF

D. JB E7H，LDF　　E. JB E7，LDF

27. 用汇编语言编写程序时，常用的程序结构有（　　）。

A. 子程序结构　　B. 顺序程序结构　　C. 分支程序结构

D. 循环程序结构　　E. 主程序结构

9.4 Keil C51 程序设计

本节对应教材的第 4 章内容。Keil C51（简称 C51）是目前最流行的 51 系列单片机 C 语言软件开发平台，该章介绍了 Keil μVision4 的使用方法，对标准 C 的基本语法做了概括性的介绍，重点阐述了 C51 的扩展功能，介绍了 C51 的基本数据类型、存储类型及其对单片机内部部件的定义，最后通过几个简单例子，概要地介绍了单片机 C51 语言编程方法。第 4 章利用 C 语言编单片机程序的基础，学生应该掌握并灵活应用，只有多编程、多上机才能不断提高编程的能力。

9.4.1 内容提要

9.4.1.1 Keil C51 编程语言

目前 51 系列单片机编程的 C 语言都采用 C51，C51 是在标准 C 语言基础上发展起来的。

1. C51 特点

C51 语言是在 ANSI C 的基础上针对 51 单片机的硬件特点进行的扩展，并向 51 单片机上移植，经过多年努力，C51 语言已经成为公认的高效、简洁且贴近 51 单片机硬件的实用高级编程语言。目前大多数的 51 单片机用户都在使用 C51 语言进行程序设计。

采用 C51 进行单片机软件开发有以下优点：①可读性好；②模块化开发与资源共享；③可移植性好；④代码效率高。

2. Keil C51 的开发环境

C51 已被完全集成到一个功能强大的全新集成开发环境（IDE）μVision2/3/4 中，该环境下集成了文件编辑处理、编译链接、项目管理、窗口、工具引用和仿真软件模拟器以及硬件目标调试器（Monitor51）等多种功能，这些功能均可在 Keil μVision 环境中极为简便地进行操作。μVision 内部集成了源程序编辑器，并允许用户在编辑源文件时就可设置程序调试断点，便于在程序调试过程中快速检查和修改程序。在软件模拟仿真方式下不需要任何 51 单片机及其外围硬件即可完成用户程序仿真调试。在用户目标板调试方式下，利用硬件目标板中的监控程序可以直接调试目标硬件系统，使用户节省购买硬件仿真器的费用。

9.4.1.2 MCS－51 单片机 C51 语言的程序设计基础

1. C51 与 MCS－51 汇编语言的比较

（1）C51 的特点。

1）C51 要比汇编语言的可读性好。

2）程序由若干函数组成，为模块化结构。

3）使用 C51 编写的程序可移植性好。

4）编程及程序调试的时间短。

5）C51 中的库函数包含了许多标准的子程序，且具有较强的数据处理能力，大大减少编程工作量。

6）对单片机中的寄存器分配、不同存储器的寻址以及数据类型等细节可由编译器来管理。

（2）汇编语言的特点。

1）代码执行效率高。

2）占用存储空间少。

3）可读性和可移植性差。

2. C51 与标准 C 的主要区别

C51 与标准 C 的主要区别有：①头文件的差异；②数据类型的不同；③数据存储类型的不同；④标准 C 语言没有处理单片机中断的定义；⑤C51 与标准 C 的库函数有较大的不同；⑥程序结构的差异。

3. C51 数据类型与 MCS－51 的存储方式

（1）C51 的字符集、标识符与关键字。略。

（2）C51 常量与变量的数据类型：数据类型是数据的不同格式，数据按一定的数据类型进行的排列、组合、架构称为数据结构。C51提供的数据结构是以数据类型的形式出现的，C51编译器支持的数据类型有位型（bit）、无符号字符型（unsigned char）、有符号字符型（signed char）、无符号整型（unsigned int）、有符号整型（signed int）、无符号长整型（unsigned long）、有符号长整型（signed long）、浮点型（float）、双精度浮点型（double）以及指针类型（point）等。

（3）C51数据变量在MCS-51中的存储方式。略。

（4）C51数据的存储类型与MCS-51单片机的存储关系。

1）C51数据的存储类型。略。

2）C51存储模式。略。

（5）MCS-51特殊功能寄存器（SFR）及其C51定义方法。略。

4. MCS-51并行接口及其C51定义方法

略。

5. C51的运算符和表达式

（1）算术运算符和算术表达式。略。

（2）位运算符和位运算。略。

（3）赋值运算符和赋值表达式。略。

（4）逗号运算符和逗号表达式。略。

6. C51语句和结构化程序设计

（1）C51语句和程序结构。略。

（2）表达式语句、复合语句和顺序结构程序。略。

（3）选择语句和选择结构程序。

1）关系运算符和关系表达式。

2）逻辑运算符和逻辑表达式。

3）if语句。

4）条件表达式。

5）switch语句。

（4）循环语句和循环结构程序。

1）while语句。

2）do-while语句。

3）for语句。

4）goto语句、break语句和continue语句。

7. C51构造数据类型

（1）数组。数组是相关的同类对象的集合，是一种构造类型的变量。其内容包括：①一维数组的定义；②一维数组的引用；③一维数组的初始化。

（2）结构体的定义与引用。结构是另一种构造类型数据。通过使用结构可以把一些数据类型可能不同的相关变量结合在一起，给它们一个共同的名称，以方便编程。其内容包括：①定义结构类型；②定义结构类型变量；③结构变量的引用。

（3）联合的定义与引用。联合也称共用体，联合中的成员是几种不同类型变量，它们共用一个存储区域，任意瞬间只能存取其中的一个变量，即一个变量被修改了，其他变量原来的值也就消失了。其内容包括：①定义联合类型和联合类型变量；②联合类型变量成员引用。

(4) 指针。在 C 语言中，把存放数据的地址称为指针，把存放数据地址的变量称为指针变量。一般的数据变量表示存储单元内容，而指针变量表示存储单元的地址。利用指针变量访问数据对象类似于用 DPTR 间接寻址。其内容包括：①定义指针变量；②指针变量的引用。

8. C51 函数与中断函数

(1) 函数的定义。略。

(2) 函数的调用。略。

(3) C51 函数的参数传递。C51 支持用工作寄存器传递参数，最多可以传 3 个参数，也可以通过固定存储区来传递参数。

(4) 中断函数。C51 提供了以调用中断函数的方法处理中断的方式，编译器在中断入口产生中断向量，当中断发生时，跳转到中断函数，中断函数以 RETI 指令返回。其内容包括：①中断函数的定义；②中断函数注意事项；③无用中断的处理。

(5) 局部变量和全局变量。略。

(6) 变量的存储种类。变量定义中的存储种类指出变量的存储方式和作用域。其内容包括：①auto动态变量；②static 静态变量；③用 extern 声明外部变量；④用 extern 声明外部函数。

9. C51 预处理命令和库函数

(1) 预处理命令，包括：①宏定义 #define；②类型定义 typedef；③文件包含 #include。

(2) C51 的通用文件。

1) init _ mem. C，功能是初始化动态内存区，指定动态内存区的大小。

2) init. a51，功能是对 watchdog 操作。

3) C51 启动配置文件 startup. a51，startup. a51 中包含了目标系统启动代码，可以在每个工程项目中加入这个文件，复位以后先执行该程序，然后转主函数 main ()。

启动配置文件的功能包括：①定义内部和外部 RAM 的大小，可重入堆栈的位置；②初始化内部和外部 RAM 存储器；③按存储模式初始化重入堆栈和重入堆栈指针；④初始化硬件堆栈指针 (sp)；⑤转向 main ()，向 main 交权。

(3) C51 的库函数。

1) 本征函数文件。本征函数也称内联函数，这种函数不采用调用形式，编译时直接将代码插入当前行。

2) 库函数。C51 针对 51 单片机硬件特点设置了 SMALL、COMPACT、LARGE 的有和没有浮点运算的函数库。

3) 头文件。每个函数库都有相应头文件，用户如果需要用库函数，必须用 #include 命令包含相应头文件。用户尽可能采用小系统无浮点运算的函数库，以减少代码的长度。

10. MCS-51 汇编语言与 C51 的混合编程

(1) C51 代码中直接嵌入汇编代码。

(2) 控制命令 SRC 控制。

(3) 模块间接口。

9.4.1.3　MCS-51 单片机的 C51 语言程序设计方法

在 C51 程序设计时，应注意软件程序设计和硬件结构设计协调一致。尽管 C51 语言是类似于通用 C 语言的编程语言，但其平台是 MCS-51 单片机，因此，软件设计必须注意以下几点：①存储种类和存储模式的选择应和硬件存储器物理地址范围对应，还应注意存储器是否溢出；②外部 I/O 接口绝对地址的定义和 I/O 接口物理地址对应，还须考虑 P2 口是否作为地址总线口使用来选择 XBYTE 或 PBYTE 来定义，选用 PBYTE 时注意和 P2 口操作一致；③寄存器定义文件的选择和单片机型号一致；④动态参数选择应考虑时钟频率的因素；⑤算法选择应考虑硬件和 C51 的特点；⑥设法提高内部 RAM 使用效率（尽可能缩短变量字节数，如循环变量一般用 unsigned char 类型；使用存储器类型指针等）。

1. 系统软件设计

（1）软件结构设计。略。

（2）程序设计方法包括：①自顶向下模块化设计方法；②逐步求精设计方法；③结构化程序设计方法，按顺序结构、选择结构、循环结构模式编写程序。

（3）算法和数据结构。略。

（4）程序设计语言选择和编写程序。略。

2. C51 语言程序设计的例子

略。

9.4.1.4　MCS-51 单片机 C51 语言的编程技巧

通过一些编程上的技巧可帮助编译器产生更好的代码。常用编程技巧如下：

（1）尽可能定位变量在内部存储区。

（2）尽可能使用“char”数据类型。

（3）尽可能使用“unsigned”数据类型。

（4）尽可能使用局部函数变量。

（5）避免使用浮点指针。

（6）使用位变量。

（7）使用特定指针。

（8）使用宏替代函数。

（9）避免复杂的运算。

（10）其他。如认真考虑编程的细节和操作的次序，尽量采用子程序的办法提高效率；用 switch case 语句产生的代码要比 if 多，当规模很大时尽量避免用 switch case 语句；scanf ()函数编译后占用的字节较多。

9.4.2　学习基本要求

（1）了解 C51 基本功能，熟悉和使用 Keil μVision 的开发环境。

（2）了解 C51 和汇编语言的特点。

（3）了解 C51 与标准 C 的主要区别。

（4）熟悉 C51 的字符集、标识符与关键字。

（5）理解 C51 的常量、变量的数据类型、长度和数据的表示域。

（6）掌握转义字符及其含义。

（7）掌握常量表示和变量的定义格式。

(8) 理解 C51 数据变量在 MCS-51 中的存储方式。

(9) 了解存储模式编译控制命令 SMALL、COMPACT 和 LARGE。

(10) 掌握 51 特殊寄存器 SFR 在 C51 中的定义方法。

(11) 掌握 51 并行接口在 C51 中的定义方法。

(12) 熟悉 C51 的运算符和表达式。

(13) 熟悉 C51 的基本数据类型和构造数据类型的定义，引用以及运算规则。

(14) 掌握 C51 语句和结构化程序的设计。

(15) 掌握 C51 函数和中断函数的定义、调用及其应用规则。

(16) 掌握 C51 预处理命令和库函数的定义及应用。

(17) 了解 51 汇编语言与 C51 混合编程的 3 种方法。

(18) 掌握 C51 程序设计的步骤。

(19) 熟悉 C51 结构化程序设计方法。

(20) 理解 C51 语言的编程技巧。

9.4.3　习题解答

4-1　简述通用 C 语言与单片机 C51 编程语言的异同。

答：略。

4-2　C51 与汇编语言的特点各有哪些？怎样实现两者的优势互补？

答：略。

4-3　简述 C51 语言和汇编语言的混合编程。

答：略。

4-4　在 Keil C51 环境下，如何设置和删除断点？如何查看和修改寄存器的内容？如何观察和修改变量？如何观察存储器区域？

答：略。

4-5　在 C51 编程环境下，C 语言编程如何让 T0 工作于方式 1？如何编写 C 语言中断处理子程序？

答：略。

4-6　哪些变量类型是 51 单片机直接支持的？

答：略。

4-7　C51 语言的变量定义包含哪些关键因素？为何这样考虑？

答：略。

4-8　简述 C51 对 51 单片机特殊功能寄存器的定义方法。

答：略。

4-9　C51 的 data、bdata、idata 有什么区别？

答：略。

4-10　C51 中的中断函数和一般的函数有什么不同？简述 C51 中断处理子函数编写的方法。

答：略。

4-11　按照给定的数据类型和存储类型，写出下列变量的说明形式：

(1) 在 data 区定义字符变量 val1；

（2）在 idata 区定义整型变量 val2；

（3）在 xdata 区定义无符号字符型数组 val3 [4]；

（4）在 xdata 区定义一个指向 char 类型的指针 px；

（5）定义可位寻址变量 flag；

（6）定义特殊功能寄存器变量 P3。

答：（1）char data varl1；

（2）char idata varl2；

（3）unsigned char xdata varl3 [4]；

（4）unsigned char xdata * px；

（5）bit flag；

（6）sfr P3=0xb0。

4-12　什么是重入函数？重入函数一般什么情况下使用，使用时有哪些需要注意的地方？

答：略。

4-13　指出下列标识符的命名是否正确：

using　　pl.5　　pl_5　　8155_PA　　PA_8255　　8155

答：using 错；　pl.5 错；　pl_5 对；　8155_PA 错；　PA_8255 对；　8155 错。

4-14　指出下列各项是否为 C51 的常量？若是，指出其类型。

E-4　　A423　　.32E31　　003　　0.1

答：E-4 非法；A423 非法；.32E31 是实型常量；003 是整型常量；0.1 是实型常量（但 51 单片机适合于处理单字节整数）。

4-15　请分别定义下述变量：

（1）内部 RAM 直接寻址区无符号字符变量 a；

（2）内部 RAM 无符号字符变量 key_buf；

（3）RAM 位寻址区无符号字符变量 flag；

（4）将 flay.0～2 分别定义为 K_IN、K_D、K_P；

（5）外部 RAM 的整型变量 x。

答：（1）unsigned char data a；

（2）unsigned char idata key_buf；

（3）unsigned char bdata flag；

（4）sbit K_IN=flay.0，K_D=flay.1，K_P=flay.2；

（5）int xdata x。

4-16　请将外部 8255 的 PA、PB、PC、控制口分别定义为绝对地址 7FFCH、7FFDH、7FFEH、7FFFH 的绝对地址字节变量。

答：unsigned char xdata *PA=0x7ffc；

unsigned char xdata *PB=0x7ffd；

unsigned char xdata *PC=0x7ffe；

unsigned char xdata *PD=0x7fff。

4-17　设无符号字符变量 key 为输入键的键号（0～9、A～F），请编写一个 C51 复合语句把它转为 ASCII 码。

答：{ if (key>=0&&key<=9) key=key+0x30;
　　elseif (key>=10&&key<+15) key=key+0x37;
　　else;
}

4-18 在定义 unsigned char a=5，b=4，c=8 以后，写出下述表达式的值：

(1) (a+b>c) && (b==c)；

(2) (a || b) && (b-4)；

(3) (a>b) && (c)。

答：(1) flase

(2) flase

(3) true

可以编程测试

```
#include <stdio.h>
#include <stdlib.h>
void main()
{
unsigned char a,b,c;
 a=5;
 b=4;
 c=8;
 int x,y,z;
 x=(a+b>c)&&(b==c);
 y=(a || b)&&(b-4));
 z=(a>b)&&(c);
 printf( "x=%d,y=%d,z=%d \n",x,y,z);
}
```

4-19 求下列算术运算表达式的值：

(1) x+a%3*(int)(x+y)%2/4，设 x=2.5，a=7，y=4.7；

(2) a*=2+3，设 a=12。

答：(1)%取余运算，7%3=1。(int)(x+y) 把 x+y 的值强制转换为整型，即 1*7=7，7%2=1。得到的结果是整数，舍去小数部分 1/4=0，0+2.5=2.5，所以答案是 2.5。

(2) +的运算优先级高于*=，2+3 先执行，则 a*=2+3 等价于 a=a*(2+3)=12*5=60。

4-20 请分别定义下列数组：

(1) 外部 RAM 中 255 个元素的无符号字符数组 temp；

(2) 内部 RAM 中 16 个元素的无符号字符数组 buf；

(3) temp 初始化为 0，buf 初始化为 0；

(4) 内部 RAM 中定义指针变量 ptr，初始值指向 temp [0]。

答：(1) unsigned char xdata temp [255]；

(2) unsigned char idata buf [16]；

(3) temp [255] = {0}；buf [16] = {0}；

（4） unsigned char xdata idata ＊ ptr＝ {0}。

4-21　指出下面程序的语法错误：

```
#include<reg51.h>
main()
{
 a=C;
 int a=7,C
 delay(10)
 void delay();{
 cgar i;
 for(i=0;i<=255;"++");
}
```

答：（1） a 和 C 要先定义才可使用。

（2） int a=7，C 句末缺分号。

（3） delay （10） 延时子程序未定义。

（4） “ {” 前不应有分号。

（5） 作为函数原型说明，应该放在函数调用之前，且其后不应该接函数体。

（6） cgar i；字符型应该用 char 定义。

（7） “＋＋” 应改成 “i＋＋”。

4-22　定义变量 a，b，c，其中 a 为内部 RAM 的可位寻址区的字符变量，b 为外部数据存储区浮点型变量，c 为指向 int 型 xdata 区的指针。

答：char bdata a；

float xdata b；

int xdata ＊c。

4-23　编程将 8051 的内部数据存储器 20H 单元和 35H 单元的数据相乘，结果存到外部数据存储器中（任意位置）。

答：

```
#include<reg51.h>
void main()
{ # pragma  asm
 MOV A,20H
 MOV B,35H
 MUL AB
 MOV DPTR,#1234H
 MOVX @DPTR,A
 INC DPTR
 MOV A,B
 MOVX @DPTR,A
 # pragma  endasm
}
```

4-24　8051 的片内数据存储器 25H 单元中存放有一个 0～10 的整数，编程求其平方根（精确到 5 位有效数字），将平方根放到 30H 单元为首址的内存中。

答：
```
#include<reg51.h>
#include<math.h>
int movdata(char);
void main()
{ char n;
 char *ptr;
 float *ptr2;
float f;
ptr=0x25;
n=*ptr;
f=sqrt(n);
ptr2=0x30;
*ptr2=f;
}
```

4-25 将外部RAM 10H～15H单元的内容传送到内部RAM 10H～15H单元。

答：采用C语言与汇编语言混合编程。

```
//用C语言编写的主函数MAIN.C
#include<reg51.h>
char movdata(char,char);
void main()
{char a=0x10,b=0x06;
movdata(a,b);
}
;用汇编语言编写的移动数据子函数movdata,其中第一个参数在R7中为首地址,
;第二个参数在R5中为字节数
PUBLIC  _MOVDATA
DE SEGMENT CODE
RSEG  DE
_MOVDATA:  MOV A,R7   ;取参数
           MOV R0,A
     LOOP: MOVX A,@R0
           MOV @R0,A
           DJNZ R5,LOOP
     EXIT: RET
           END
```

4-26 内部RAM 20H、21H和22H、23H单元分别存放着两个无符号的16位数，将其中的大数置于24H和25H单元。

答：
```
#include<reg51.h>
void main()
{unsigned int *ptr;       // 设置一个内部RAM指针
 unsigned int x,y,z;
 ptr=0x20;                // 指向0x20单元
 x=*ptr;                  // 取第一个数
```

```
ptr=ox22;               // 指向 0x22 单元
y= * ptr;               // 取第二个数
z=(x>y)? x:y;           // 将两数中的较大者赋给 z
ptr=0x24;               // 指向地址为 0x24 的目标单元
* ptr=z;                // 将大数存入目标单元
}
```

4-27　编写一个函数，参数为指针，功能为将 buf 中的 16 个数据写入指针指出的 temp 数组中。

答：

```
#include<reg51.h>
#include <stdio.h>
int main()
  {unsigned char xdata buf[16]={任意的 16 个字节的字符类型数据};
  unsigned char xdata temp[16]={};
  unsigned char xdata * ptr=temp;
  int i;
for(i=0;i<=15;i++)
   { * ptr=buf[i];
      ptr++;
   }
  return 0;
  }
```

4-28　编写一个函数计算两个无符号数 a 与 b 的平方和，结果的高 8 位送 P1 口显示，低 8 位送 P0 口显示。

答：

```
void main(void)
{
unsigned z;
z=square_sum(2008,2009);
P1=z/256;                        //取得 z 的高 8 位
P0=z%256;                        //取得 z 的低 8 位
while(1);
}
unsigned int square_sum(int a,int b)
{
unsigned int s;
s=a * a +b * b;
return (s);
}
```

4-29　将 n 个数按输入时的顺序进行逆序排序，用函数实现。

答：

```
 #include<iostream>
using namespace std;
int main()
{
 void sort(char * p,int m);
```

```
  int n,i;
  char num[20], * p;
  cout<<"input n:";
  cin>>n;
  cout<<"please input these numbers:"<<endl;
  for(i=0;i<n;i++)
  cin>>num[i];
  p=&num[0];
  sort(p,n);
  cout<<"now the sequence is:"<<endl;
  for(i=0;i<n;i++)
  cout<<num[i]<<" ";
  cout<<endl;
  return 0;
}
void sort(char * p,int m)
{
  int i;
  char temp, * p1, * p2;
  for(i=0;i<m/2;i++)
  {p1=p+i;
  p2=p+(m-1-i);
  temp= * p1;
  * p1= * p2;
  * p2=temp;
  }
}
```

4-30 用指向指针的方法对5个字符串排序并输出。

答：

```
#include <iostream>
#include <string>
using namespace std;
void select_sort(string * str,int n);
int main()
{
  string str[5];
  string * p;
  char temp[100];
  int i;
  p=str;
  cout<<"输入5个字符串:"<<endl;
  for(i=0;i<5;i++)
  {
      cin>>temp;
      p[i]=temp;
  }
```

```
    select_sort(p,5);
    cout<<"排序后的5个字符串:"<<endl;
    for(i=0;i<5;i++)
        cout<<*(p+i)<<'\n';
    cout<<endl;
    return 0;
}
void select_sort(string *str,int n)
{
    int i,j,k;
    string t;
    string *p;
    p=str;
    for (i=0;i<n-1;i++)
    {
    k=i;
    for(j=i+1;j<n;j++)
    if( p[j]<p[k])k=j;

    t=p[k];
    p[k]=p[i];
    p[i]=t;
    }
}
```

4-31　用"冒泡法"和"选择法"两种方法分别将输入的10个字符按由小到大的顺序排列。

答：

```
 #include "stdio.h"
main()
{int i,j,temp,a[10];
 clrscr();
for(i=0;i<=9;i++)
scanf("%d",&a[i]);
for(i=0;i<=9;i++)
for(j=0;j<=8-i;j++)
if(a[j]>a[j+1])
 {
temp=a[j+1];
a[j+1]=a[j];
a[j]=temp;
 }
for(i=0;i<=9;i++)
printf("%4d",a[i]);
}
 #include <stdio.h>
 #include <string.h>
```

```
char * selectionsort(char * sorce,int n)
{
int min,i,j,temp;
for(i=0;i<n-1;i++)
{
min= * (sorce+i);
for(j=i+1;j<n;j++)
 {
if( * (sorce+j)< min)
  {
temp=min;
min= * (sorce+j);
 * (sorce+j)=temp;
  }
 }
 * (sorce+i)=min;
}
return sorce;
}
int main(void)
{
char sort[]="dsklfbeowr";
printf("%s \n",sort);
selectionsort(sort,strlen(sort));
printf("%s \n",sort);
return 0;
}
```

4-32 求一个 3×3 矩阵对角线元素之和。

答：
```
#include <stdio.h>
void main()
{
int a[3][3];
int i,j;
int sum=0;
int sum1=0;
// input
for( i=0;i<=2;i++)
{
for( j=0;j<=2;j++)
 {
printf ("a[%d][%d]:",i+1,j+1);
scanf ("%d",&a[i][j]);
 }

printf("\n");
```

```
    }
    // sum
    for( i=0;i<=2;i++)
    {
    for( j=0;j<=2;j++)
      {
    if(i==j)
    sum=sum+a[i][j];
    if(i+j==2)
    sum1=sum1+a[i][j];
      }
    }

    //output
    printf ("DuiJIao 1: %d\n",sum);
    printf("DuiJIao 2: %d\n",sum1);

    //output matrix
    printf("\n");
    for( i=0;i<=2;i++)
    { for( j=0;j<=2;j++)
    { printf("%d ",a[i][j]);
    }
    printf("\n");
    }
  }
```

4－33　已知片外 RAM 的 70H 和 71H 单元的内容都是 1，编程排列连续的 10 个斐波那契数。

提示：斐波那契数列数字排列规律为：1，1，2，3，5，8，13，21，…

答：

```
#include <stdio.h>
int main()
{
 int a=1,b=1,i=2;
 for(i=2;i<10;i+=2)
   {
    printf ("%d %d",a,b);
    a=a+b;
    b=a+b;
   }
  return 0;
}
```

9.4.4　自我检测题

下面给出该章的自我检测题，题型只有判断题、单项选择题两种，一般都为基础题，读者自我测试一下对本章基础知识的掌握程度。

9.4.4.1 判断题

（ ）1. 在单片机C语言中，函数的调用是可以根据需要随便调用，即前面的函数和后面的函数可以相互调用，无需声明。

（ ）2. 程序的执行以主函数作为结束。

（ ）3. #include <reg51.h>与#include "reg51.h"是等价的。

（ ）4. 若一个函数的返回类型为void，则表示其没有返回值。

（ ）5. 特殊功能寄存器的名字，在C51程序中，全部大写。

（ ）6. "sfr"后面的地址可以用带有运算的表达式来表示。

（ ）7. sbit不可以用于定义内部RAM的可位寻址区，只能用在可位寻址的SFR上。

（ ）8. continue和break都可用来实现循环体的中止。

（ ）9. 所有定义在主函数之前的函数无需进行声明。

（ ）10. int i, *p=&i；是正确的C说明。

（ ）11. 7&3+12的值是15。

（ ）12. 一个函数利用return不可能同时返回多个值。

9.4.4.2 单项选择题

1. 当前出现了以单片机C语言C51取代汇编语言的趋势，但汇编语言却是不可摒弃的，因为实际运行的程序会要求（ ）。

   A. 运行速度、响应时间、代码空间、编程简单

   B. 运行速度、响应时间、代码空间、时序控制

   C. 运行速度、移植性好、代码空间、时序控制

   D. 接口简单、响应时间、驱动力强、时序控制

2. 不太适合用汇编语言编程，更适合用C语言编程的情况是（ ）。

   A. 对时序要求较严格的产品　　B. 对程序代码空间有严格要求的产品

   C. 对软件开发的进度有所要求的时候　　D. 对实时性要求较高的应用场合

3. 以下哪条不属于C51的优点（ ）。

   A. 具有较好的可读性，方便系统维护和升级

   B. 不需要较多地考虑微处理器具体指令和体系结构的细节问题

   C. 源程序代码简短，运行速度快

   D. 具有较好的移植性，能实现程序代码资源的灵活共享

4. 关于C51与汇编语言混合编程，其说法不合适的是（ ）。

   A. 用C语言写主程序、数值运算和时序要求宽松的硬件程序，方便程序维护

   B. 用汇编写有严格时序要求的硬件子程序，更易符合硬件要求

   C. 对于最频繁执行、最消耗时间的一段程序可用汇编写成子程序，有利于加快程序整体速度

   D. 混合编程时，C51程序与汇编子程序间可通过寄存器传递参数，最多为4个

5. 下列关于C51的说法中，正确的是（ ）。

   A. 用C51编程不需要考虑微处理器具体指令和体系结构的细节问题

   B. 编程时在程序中不能出现常数

   C. 用C51编程有可能某些指令或类型编译时能通过，但实际运行时会出错

D. 在编写软件时开发速度比代码的长度重要

6. 下列关于 C51 的说法中，错误的是（　　）。

A. 单片机程序设计时常常要在最开始时用循环语句来延时几十毫秒

B. 一个实际应用软件常常会严格要求程序的代码大小与运行速度

C. C51 自带的库函数与用户自定义函数具有本质上的区别

D. 使用符号常量可以做到一改全改，有利于移植和升级

7. 下列关于 C51 的说法中，错误的是（　　）。

A. 中断函数的调用是在满足中断的情况下，自动完成函数调用的

B. 单片机能直接处理任何类型的变量，因此对变量的定义无特殊要求

C. 单片机程序设计时，C 语言中的 XBYTE 和汇编中的 MOVX 是等效的

D. C51 程序设计中，在定义变量类型时，一般要求优先定义无符号数据类型

8. 下列关于 C51 的说法中，错误的是（　　）。

A. 用 C51 编程必须在每个函数说明后用 using 选择寄存器组

B. 若一个函数的返回类型为 void，则表示其没有返回值

C. 在 C51 程序中，特殊功能寄存器的名字全部大写

D. 程序的执行以主函数作为结束

9. 下列关于 C51 的说法中，正确的是（　　）。

A. sbit 不可以用于定义内部 RAM 的可位寻址区，只能用在可位寻址的 SFR 上

B. “sfr”后面的地址可以用带有运算的表达式来表示

C. C51 无专门的循环语句，可用内部函数库 intrins. h 的 crol 完成一个字节的循环左移，用 irol 完成两个字节的循环左移

D. 采用单片机 C 语言开发时，只能用 C51 写程序，不能嵌套汇编语言

10. 下列关于 C51 的 bit 变量类型的说法中，错误的是（　　）。

A. bit 定义的变量一定位于内部 RAM 的位寻址区，即 20H～2FH

B. 由于位寻址区只有 16B，所以程序中 bit 变量最多为 128 个

C. 任何情况下函数都可以返回 bit 类型的变量值，中断函数也不例外

D. bit 类型变量不能被声明为指针或数组

11. 在 C51 中被 reentrant 定义为重入函数后，以下说法中错误的是（　　）。

A. 可以做递归调用

B. 在低中断调用时，又被高级中断再次调用

C. bit 类型的函数也可以被定义为重入函数

D. 这种情况常见于实时系统中

12. 在 C51 中被 interrupt 定义为中断函数后，以下说法中正确的是（　　）。

A. 此函数结束返回时会调用 51 汇编指令的 ret 指令，返回 call 本函数的下一句

B. 此函数结束返回时会调用 51 汇编指令的 reti 指令，返回程序中断处的断点

C. 此函数可以在主程序中被直接调用

D. 此函数可以在其他函数中被直接调用

13. 带 interrupt 的函数，关于其参数和返回值的说法，正确的是（　　）。

A. 必须带入口参数

B. 必须带返回值

C. 不允许带入口参数和返回值

D. 入口参数和返回值可带也可不带，根据需要决定

14. 带 interrupt 的中断函数，下面关于其中断属性的说法中，错误的是（　　）。

A. 在满足中断的情况下，被硬件自动完成函数调用

B. 不允许被任何程序以软件方式（用指令/语句）调用，它可以调用普通函数

C. 不允许被其他函数调用，但可以被主函数用 call 语句调用

D. 中断函数既无入口参数也无返回值

15. 单片机程序设计中，下列关于 C51 程序说法错误的是（　　）。

A. 程序总是从 main () 开始

B. 程序总是在 main () 中的死循环中结束

C. 程序总是从 main () 开始，可以在合适的任何子程序中结束

D. main () 中没有死循环部分，也要在最后加 while (1)；或 for (;;)；进入死循环

16. C51 语言提供的合法的数据类型关键字是（　　）。

A. Float　　B. int　　C. integer　　D. Char

17. C51 语言提供的合法的数据类型关键字是（　　）。

A. sfr　　B. BIT　　C. Char　　D. integer

18. 间接寻址片内数据存储区（256B），C51 语言所用的存储类型是（　　）。

A. data　　B. bdata　　C. idata　　D. xdata

19. 可以将 P1 口的低 4 位全部置高电平的表达式是（　　）。

A. P1&=0x0f　　B. P1|=0x0f　　C. P1^=0x0f　　D. P1=~P1

20. C51 程序中，函数参数通过寄存器传递时速度快，参数的个数不能够超过（　　）。

A. 1　　B. 2　　C. 3　　D. 4

21. 如果执行 IP=0x0A；　则优先级最高的是（　　）。

（附 IP 的定义：×，×，×，PS，PT1，PX1，PT0，PX0）

A. 外部中断 1　　B. 外部中断 0　　C. 定时器/计数器 1　　D. 定时器/计数器 0

22. 单片机 C51 中定义函数是重入函数用关键字（　　）。

A. interrupt　　B. unsigned　　C. using　　D. reentrant

23. 单片机 C51 使用 _nop_ () 函数时，必须包含的库文件是（　　）。

A. reg51.h　　B. absacc.h　　C. intrins.h　　D. stdio.h

24. 51 系列的单片机至少有 5 个中断，Keil C51 软件最多支持（　　）个中断。

A. 8　　B. 16　　C. 32　　D. 64

25. 汇编用 RS1、RS0 改变工作寄存器组，C51 用关键字（　　）改变工作寄存器组。

A. interrupt　　B. sfr　　C. while　　D. using

26. C51 利用关键字（　　）定义中断。

A. interrupt　　B. sfr　　C. while　　D. using

27. C51 中通用指针变量占用（　　）个字节存储。

A. 1　　B. 2　　C. 3　　D. 4

28. 下列关于 C51 指针的说法中错误的是（　　）。

A. C51 通用指针占 3 字节

B. C51 存储器指针指向 data、idata、bdata、pdata 时占 1 字节

C. C51 存储器指针指向 xdata、code 时占 2 字节

D. char data *str；是定义字符串的通用指针，字符串放在片外 RAM 中

29. 使用宏来访问绝对地址时，一般需包含的库文件是（　　）。

A. reg51. h　B. absacc. h　C. intrins. h　D. startup. h

30. 执行 #define PA8255 XBYTE [0x3F] 和 PA8255=0x7e 后，下列说法正确的是（　　）。

A. 片外 RAM 存储单元 003FH 的值是 7EH　B. PA 单元的值为 8255H

C. 片内 RAM 存储单元 003FH 的值是 0x7e　D. PA 单元的值为 7EH

31. 不属于 C51 中使用最广泛的三个数据类型的是（　　）。

A. bit　B. unsigned char　C. unsigned int　D. 指针

32. 不属于 C51 中使用最广泛的三个数据类型的是（　　）。

A. bit　B. unsigned char　C. unsigned int　D. int

33. 关于 bit 型变量的用法，说法不正确的是（　　）。

A. bit 变量不能声明为指针，即位指针　B. 不能定义为 bit 数组

C. bit 型变量自动存储于内部 RAM 的位寻址区

D. bit 型变量不可用作函数返回值

34. 程序运行中不断变化的变量，其存储器类型不可能为（　　）。

A. data　B. bdata　C. idata　D. code

35. 不属于三种存储器模式的是（　　）。

A. middle　B. Small　C. compact　D. Large

36. 关于 C51 支持的指针，说法正确的是（　　）。

A. 只支持一般指针，或称通用指针，即标准 C 语言的指针

B. 只支持存储器指针　C. 和标准 C 一样同时支持一般指针和存储器指针

D. C51 同时支持一般指针和存储器指针，但标准 C 不支持存储器指针

37. 单片机程序设计中需要在主程序设计死循环来防止程序跑飞，在 C51 中实现死循环采用语句（　　）。

A. while (1)；　B. for (;;)；

C. while (1)；或 for (;;)；都可以　D. 前面的语句都不行

38. 程序定义如：void T0 _ svr (void) interrupt 1using 1，下面说法中错误的是（　）。

A. T0 _ svr 无入口参数，也无返回值

B. T0 _ svr 是中断函数，中断序号为 1，对应汇编入口地址为 000BH

C. T0 _ svr 不能被其他程序调用，但可以被主程序 call T0 _ svr 调用

D. T0 _ svr 的工作寄存器为 1 组，即片内 RAM 的 08H～0FH 地址处

39. 编写外部 0 中断程序时要在函数说明部分写（　　）。

A. Interrupt 0　B. interrupt 1　C. interrupt 2　D. Interrupt 3

40. 编写定时器 1 中断程序时要在函数说明部分写（　　）。

A. Interrupt 0　B. interrupt 1　C. interrupt 2　D. Interrupt 3

41. 编写串口中断程序时要在函数说明部分写（　　）。

A. Interrupt 1　B. interrupt 2　C. interrupt 3　D. Interrupt 4

42. 汇编语言中对字节或位取反都用 CPL，在 C51 中有个无符号型字符变量 temp 和一

个位变量 flag，要对它们取反，相应的 C51 语句为（　　）。

A. temp=～temp；flag=！flag　　B. temp=！emp；flag=～flag

C. temp=！emp；flag=！flag　　D. temp=～temp；flag=～flag

43. 在 C51 的所有数据类型中，可以直接支持机器指令的是（　　）。

A. bit 和 unsigned int　　B. bit 和 unsigned char

C. sbit 和 unsigned short　　D. 指针 和 int

44. 直接出现在程序中的数值（如 TMOD=0X21；的 0X21）称为（　）；在程序运行过程中，其值不能改变且被定义为符号的（如#define CONST 60 的 CONST）称为（　　）。

A. 常数，符号常量　　B. 常量，常数

C. 常量，符号常量　　D. 常数，字符串常量

45. 用赋值语句实现开 T0 中断需要执行（　　）。

（IE 定义：EA××ES，ET1，EX1，ET0，EX0；TCON 定义：TF1，TR1，TF0，TR0，IE1，IT1，IE0，IT0）

A. IE=0x82　　B. iE=82H

C. IE=0x02；TCON=0x01　　D. IE=0x80；TCON=0x10

46. 单片机 C51 语句 temp=XBYTE［地址］是（　　）。

A. 从片内 RAM 指定地址读数送变量 temp

B. 从片外 RAM 指定地址读数送变量 temp

C. 从片内 ROM 指定地址读数送变量 temp

D. 从片外 ROM 指定地址读数送变量 temp

47. 单片机 C51 中如果不在函数说明中用 using 选择寄存器组，则函数默认使用片内 RAM 的地址范围为（　　）。

A. 0x0～0x07　　B. 0x08～0x0f　　C. 0x10～0x17　　D. 0x18～0x1f

48. 与 MCS-51 硬件资源无关的关键字是（　　）。

A. char　　B. code　　C. interrupt　　D. using

49. 单片机 C51 数据寄存区定义之 idata 是指（　　）。

A. 片内 RAM 直接寻址区，0x00～0x7F

B. 片内 RAM 可间接寻址区，0x00～0xff

C. 片内 RAM 位寻址区，0x20～0x2F

D. 片外 RAM 全部空间，0x0000～0xffff

50. 单片机 C51 语言程序设计中，定义单片机的 I/O 接口可用关键字（　　）。

A. sbit　　B. bit　　C. unsigned char　　D. unsigned int

51. 单片机 C51 中改变寄存器组用关键字（　　）。

A. Interrupt　　B. unsigned　　C. using　　D. define

52. 与开启定时器 1 中断无关的是（　　）。

A. TR1=1　　B. ET1=1　　C. EX1=1　　D. EA=1

53. 一个在程序运行中其值不会改变的数组，应定义其类型为（　　）。

A. char　　B. unsigned char　　C. code　　D. xdata

54. 与存储器相关的 data、bdata、idata、pdata、xdata、code 的叙述，下面说法错误的是（　　）。

A. pdata，访问片外 RAM 的 1 分页（256B），相当于 MOVX A，@Ri 之类指令

B. xdata，片外 RAM（64KB），0000H～FFFFH，相当于 MOVX A，@DPTR 之类指令

C. code，程序存储器（64KB），0000H～FFFFH，相当于 MOVC A，@A＋DPTR 之类指令

D. bdata，可位寻址片内 RAM（16B），20H～35H，相当于 MOV C，bit 之类指令

55. C51 函数声明中扩展了标准 C 格式，下面说法错误的是（　　）。

A. small/compact/large 定义函数模式选择　B. reentrant 定义函数是否可以重入

C. interrupt n 定义函数中断序号　D. using n 变量 n 是可用的

56. 关于 C51 中 bit 和 sbit 的使用，下面说法不正确的是（　　）。

A. bit，位变量，保存在片内 RAM 的位寻址区（20H～2FH）的某位中，最多 128 位

B. sbit，位寻址，多用于声明特殊功能存储器的位，在 80H～FFH 字节中

C. bit，与 sbit 相当，可 sbit 换用，也是定义特殊功能存储器的位

D. sbit 可定义的范围大于 bit 可定义的范围，两者不可换用

57. 关于 _ at _ 的用法，下面说法错误的是（　　）。

A. 当希望把某变量固定在 51 单片机的某地址空间上时，要用 C51 关键字 _ at _

B. C51 关键字 _ at _ 是对标准 C 的扩展

C. xdada int abc　_ at _　0x8000；　定义 int 变量 abc 放在片外 RAM 的 0x8000 地址处

D. bit 变量也可以被 _ at _ 定义为绝对地址

58. 关于 using 的说法不正确的是（　　）。

A. using 是 C51 对标准 C 的扩展　B. using 用来选择使用的寄存器组

C. using 只能用在有返回值的函数中　D. using 不能用在有返回值的函数中

59. 关于 interrupt 的说法不正确的是（　　）。

A. interrupt 是 C51 对标准 C 的扩展　B. interrupt n 用来选择使用的中断序号

C. interrupt 函数可以有输入或返回值　D. interrupt 函数不可以有输入或返回值

60. 在 C51 引用了 ABSACC. H 库函数后，下列说法不正确的是（　　）。

A. PBYTE 寻址分页 DATA 区 1 页　B. DBYTE 寻址 DATA 区

C. XBYTE 寻址 XDATA 区　D. CBYTE 寻址 CODE 区

61. 关于 C51 变量类型优先使用 bit、unsigned char、unsigned int 的原因，以下说法不合适的是（　　）。

A. 8051 是 8 位机，RAM 内存小，能用 bit 就不用 unsigned char，可以节省 7 位

B. 能用 unsigned char 就不用 unsigned int，可以节省 1B RAM 内存

C. 8051 只能直接处理 8 位无符号数，所以优先选用 unsigned 的类型

D. 8051 对有无符号的数均能直接处理，优先选用 unsigned 只是一种习惯而已

62. 执行 IE＝0x9F；IP＝0x0A；则中断优先顺序为（　　）。

(IE 的定义：EA，×，×，ES，ET1，EX1，ET0，EX0；IP 的定义：×，×，×，PS，PT1，PX1，PT0，PX)

A. 外部中断1→外部中断0→定时器0

B. 外部中断0→外部中断1→定时器0

C. 外部中断0→定时器1→定时器0→外部中断1→串口

D. 定时器0→定时器1→外部中断0→外部中断1→串口

63. 下列指令判断若定时器T0计满数就转LP的是（　　）。

A. if（T0==1）goto LP　　B. if（T0==0）goto LP

C. if（TR0==0）goto LP　　D. if（TF0==1）goto LP

64. 下列指令判断若定时器T0未计满数就原地等待的是（　　）。

A. while（T0==1）　　B. while（TF0==0）

C. while（TR0==0）　　D. while（TF0==1）

65. 当外部中断0发出中断请求后，中断响应的条件是（　　）。

A. ET0=1　　B. EX0=1　　C. IE=0x81　　D. IE=0x61

66. 单片机混合编程时，如在C中定义了一个字符变量Count，要在汇编语言中使用，对它正确的声明是（　　）。

A. extrn bit（Count）　　B. extrn code（Count）

C. extrn data（Count）　　D. extern data（Count）

67. 混合编程中C51调用汇编语言时，在汇编语言编程时要用（　　）将汇编函数予以声明。

A. extern　　B. extrn　　C. extern code　　D. public

9.5 I/O接口传输方式及其中断技术

本节对应教材的第5章内容。I/O设备是计算机系统的重要组成部分，而I/O设备需通过I/O接口才能与计算机连接在一起。因此，I/O接口技术是计算机接口技术涉及的首要问题。中断是用以提高计算机工作效率的一种重要技术，是对微处理器功能的有效扩展。如何建立准确的中断概念和灵活掌握中断技术是学好本门课程的关键问题之一。

9.5.1 内容提要

该章首先介绍I/O的基本概念、接口的功能作用、CPU与外设数据传送的方式（包括无条件方式、查询方式、中断方式、直接存储器存取方式和通道方式）。接着介绍MCS-51单片机的中断系统和51单片机中断的应用。

9.5.1.1 I/O接口电路

（1）I/O接口电路的定义。

（2）I/O接口电路的作用。

（3）I/O接口电路的功能。

（4）I/O接口电路的信号。

（5）I/O接口电路的基本结构。

1）I/O接口部件的端口（数据端口、控制端口、状态端口）。

2）I/O接口的外部特性。

（6）I/O接口电路芯片的分类。

1）通用接口芯片。支持通用的数据输入/输出和控制的接口芯片。

2）面向外设的专用接口芯片。针对某种外设设计与该种外设接口。

3）面向微机系统的专用接口芯片。与 CPU 和系统配套使用，以增强其总体功能。

（7）I/O 接口电路芯片的可编程性。许多 I/O 接口电路具有多种功能和工作方式，可以通过编程的方法选定其中一种。I/O 接口除需进行硬件连接，还需要编写相应的接口软件。

（8）I/O 接口的编址方式。

1）I/O 接口地址。

2）I/O 接口编址。从接口地址的安排上，I/O 接口有与存储器统一编址和独立编址两种不同的方式可以选择。

① 统一编址的优缺点。略。

② 独立编址的优缺点。略。

（9）MCS－51 单片机 I/O 接口的统一编址方式。MCS－51 单片机采用统一编址，其内容包含：①对内部 I/O 接口（也称片内 I/O 接口），内部的并行接口锁存器 P0/P1/P2/P3、串行接口寄存器 SCON/SBUF、定时计数器的寄存器 TMOD/TCON/TH0/TL0/TH1/TL1、中断寄存器 IE/IP 等编址在特殊功能寄存器 SFR 中；②对外部 I/O 接口（也称扩展 I/O 接口），编址在外部数据存储器地址中，访问外设 I/O 接口和访问数据存储器应该使用相同的方式，即将外设当作数据存储器来访问，使用外部 RAM 的地址空间（0000H～FFFFH，64KB）。

9.5.1.2　I/O 接口数据传送的控制方式

数据传送的控制方式有程序控制方式、直接存储器存取方式（DMA 方式）和 I/O 处理机方式（通道方式）三大类。

1. 程序控制方式

程序控制方式的数据传送分为无条件传送、查询传送和中断传送，这类传送方式的特点是以 CPU 为中心，由 CPU 控制，通过预先编制好的输入或输出程序实现数据传送。这种传送方式的数据传送速度较低，传送时要经过 CPU 内部的寄存器，同时数据输入/输出的响应也较慢。

（1）无条件传送方式（也称同步传送方式或立即传送方式）。

特点：软件及接口硬件十分简单，但只适用于简单外设，适应范围较窄。

适用场合：适用于总是处于准备好状态的简单外设。例如，开关/按键/按钮、发光器件（如发光二极管、LED 数码管、灯泡等）、继电器和步进电机等。这些简单外设的操作时间是固定或已知的。

（2）查询传送方式（也称条件传送方式或异步传送方式）。

特点：避免了无条件传送对端口的“盲读”“盲写”，能够保证输入/输出数据的正确性，数据传送的可靠性高；适用面宽，可用于多种外设和 CPU 的数据传送；接口的硬件相对简单，接口的软件也比较简单。但由于需要有一个查询状态的等待过程，特别是在连续进行数据传送时，由于外设工作速度比 CPU 慢得多，所以 CPU 在完成一次数据传送后要等待很长的时间（与数据传送相比），才能进行下一次传送，而在查询等待过程中，CPU 不能进行其他操作。因此，CPU 工作效率低，数据传送的实时性差，I/O 响应速度慢。

优先级问题：当 CPU 需对多个外设进行查询时，就出现了所谓的优先级问题，即究竟先为哪个设备服务。一般而言，这种情况下都是采用轮流查询的方式来解决，即先查询的设备具有较高的优先级。但这种优先级管理方式，也存在一个问题，即某设备的优先级是变化的，如当为设备 B 服务以后，这时即使 A 已准备好，它也不理睬，而是继续查询 C，直至 X，也就是说，A 的优先地位并不巩固（即不能保证随时处于优先）。为了保证 A 随时具有较高的优先级，可采用加标志的方法，当 CPU 为 B 服务完以后，先查询 A 是否准备好，若此时发现 A 已准备好，立即转向对 A 的查询服务，而不是为 C 设备服务。

（3）中断传送方式（简称中断方式或称中断）。

1）中断传送方式的概述。略。

2）中断的定义。略。

3）中断技术能实现的功能，包括：①分时操作（并行处理）；②实时处理；③故障处理。

4）中断传送方式的特点。CPU 和外设大部分时间处在并行工作状态，只在 CPU 响应外设的中断申请后，进入数据传送的过程，避免了 CPU 反复低效率的查询，大大提高了 CPU 的工作效率；对外设的请求能做出实时响应，并可用于故障处理。但中断处理过程比较复杂，外设应具有必要的联络（握手）信号（如 READY 等），实现中断系统的硬件电路和软件编制都比较复杂。此外，中断方式的 I/O 操作还是由 CPU 控制，此时每传输一个数据，往往就要做一次中断处理，当 I/O 设备很多时，CPU 可能完全陷入 I/O 处理中，甚至由于中断次数的急剧增加造成 CPU 无法响应中断和出现数据丢失现象。

5）能够实现中断处理功能的部件称为中断系统（或中断机构）；能够向 CPU 发出中断请求的来源称为中断源；中断源向 CPU 提出的处理请求称为中断请求（或中断申请）；CPU 同意处理该请求称为中断响应；处理中断请求的程序称为中断服务（子）程序，而正在执行中断服务程序的处理中断过程称为中断处理（或中断服务）；CPU 执行完中断服务子程序，返回断点继续执行被中断的程序，称为中断返回。另外，由于一般中断源有多个，而它们又有不同的优先级别，因此当它们同时申请中断时，需要排队，从中选出优先级最高的中断，称为中断排队（或中断判优）；而当它们不同时申请中断时，可能会发生正在处理的中断被新的更高级别所中断的情况，称为中断嵌套（或多重中断）。

6）中断处理的完整过程：完整的中断工作过程应该包括 5 个步骤，即中断请求、中断排队（有时还要进行中断源识别）、中断响应、中断处理（有时还要进行中断嵌套）和中断返回。

① 中断请求。内容有：中断源；中断类型；中断源的识别。

② 中断排队。内容有：中断优先级（也称优先权）的定义；中断优先级控制：中断排队和中断嵌套。

③ 中断响应。内容有：中断响应的条件；断点和现场的保护与恢复；中断响应过程。

④ 中断处理。内容有：中断处理的过程；对中断的控制；中断嵌套。区分多重中断流程编程与单级中断编程的主要区别。

⑤ 中断返回。略。

7）中断过程与主程序调用子程序过程的比较。

① 两者的定义和作用。略。

② 两者的相同点。尽管中断与调用子程序两过程属于完全不同的概念，但它们有一定的相似之处。主要相似之处有：调用过程相似；嵌套方式相似。

③ 两者的不同点。中断过程与调用子程序过程相似点仅是表面的，从本质上讲两者是完全不一样的。两者的根本区别主要表现在服务时间、服务对象、系统结构、入口地址、响

应时间、同时调用的个数、程序嵌套数等方面。

2. 直接存储器存取方式（DMA方式）

（1）DMA方式的定义。略。

（2）DMA方式与中断方式的区别。

1）中断传送方式是在数据缓冲寄存器满之后发出中断，要求CPU进行中断处理；而DMA方式则是在所要求传送的数据块全部传送结束时要求CPU进行中断处理，这就大大减少了CPU进行中断处理的次数。

2）中断传送方式的数据传送是在中断处理时由CPU控制完成的；而DMA方式则是在DMA控制器的控制下，不经过CPU控制完成的，这就排除了CPU因并行设备过多而来不及处理以及因速度不匹配而造成数据丢失等现象。

（3）DMA方式的实现方法。

1）由专用接口芯片DMA控制器（称DMAC）控制传送过程。

2）当外设需传送数据时，通过DMAC向CPU发出总线请求HOLD。

3）CPU发出总线响应信号HLDA，释放总线。

4）DMAC接管总线，控制外设、内存之间直接数据传送。

（4）DMAC的基本功能。当采用DMA方式传送时，CPU让出总线（即CPU连到这些总线上的线处于高阻状态），系统总线由DMA接管，故DMAC必须具备以下功能：

1）能向CPU发出要求控制总线的总线请求信号HRQ。

2）当收到CPU发出的同意出让总线的应答信号HLDA后，能接管总线并进入DMA方式。

3）能发出地址信息对储存器及I/O寻址并能修改地址指针。

4）能发存储器及I/O外设的读、写控制信号。

5）能决定传送的字节数，并能判断DMA传送是否结束。

6）接收I/O设备的DMA请求信号和向I/O设备发出DMA响应信号。

7）能发出DMA结束信号，使CPU恢复正常工作。

（5）DMAC的内部结构。略。

（6）DMA方式的工作过程。略。

（7）DMA方式的特点。在DMAC硬件控制下，内存和外设之间直接交换数据，不通过CPU，可以达到很高的I/O传输速率（可达几MBit/s）；CPU与外设可实现真正的并行工作，CPU的效率得到提高。但DMAC的加入使接口电路结构变得复杂，硬件开销增大。另外，DMAC需要为每次数据传送做大量的工作，数据传送单位的增大意味着传送次数的减少；DMA方式对外围设备的管理和某些操作仍由CPU控制；随着系统所配外设种类和数量的增加，多个DMAC的同时使用显然会引起内存地址的冲突并使控制过程进一步复杂。

采用DMA方式的一个必要前提是CPU允许接受这种方式。也就是说，并不是所有的CPU都可以接受DMA方式的，例如MCS-51单片机不具备这种功能。

3. I/O处理机方式（通道方式）

通道是一种能执行有限指令集的、专用于输入/输出控制的I/O处理器，它具有自己的指令系统，包括读、写、控制、转移、结束以及空操作等指令，并可以执行由这些指令编写的通道程序。

通道方式主要用于高级微机中，单片机无通道方式的功能。

9.5.1.3 MCS－51单片机的中断系统

1. MCS－51单片机中断系统组成

(1) 单片机的中断系统有5个（51子系列）/6个（52子系列）中断源，两个中断优先级，可实现两级中断服务程序嵌套。每个中断源均可软件编程为高优先级或低优先级中断，允许或禁止向CPU请求中断。

(2) 单片机内部对中断系统的管理主要通过中断源寄存器（TCON、SCON中的有关位）、中断允许寄存器IE、中断优先级控制寄存器IP共4个特殊功能寄存器SFR来实施。

(3) 单片机的中断系统由中断源、中断标志位、中断控制位、硬件查询机构组成。

2. MCS－51单片机中断处理过程

中断处理的完整过程大致可分为中断请求、中断排队、中断响应、中断处理、中断返回共5步。

(1) 中断请求。

1) 中断源（51子系列5个）：单片机中断源都属于硬件中断源，单片机无软件中断源。

① 外部中断两个：外部中断0（$\overline{INT0}$）、外部中断1（$\overline{INT1}$）；外部中断有低电平、下降沿两种触发方式，分别由触发方式控制位IT0、IT1来设置，0为电平触发方式，1为跳沿（边沿）触发方式；外部中断源是通过P3.2（即$\overline{INT0}$）、P3.3（即$\overline{INT1}$）两个引脚由片外输入，为外部的中断源。

② 定时器/计数器溢出中断两个：定时器/计数器0溢出中断（T0）、定时器/计数器1溢出中断（T1）；用作定时器时，其中断请求信号取自单片机内部的定时脉冲；用作计数器时，其中断请求信号由引脚P3.4(T0)、P3.5(T1)输入。定时器/计数器属于单片机内部资源，它们的中断申请为内部的中断源。

③ 串行口发送/接收中断（TXD/RXD）1个：串行口中断源分为发送中断（TXD）（发送缓冲器空）和接收中断（RXD）（接收缓冲器满）两种。串行口属于单片机内部资源，它们的中断申请为内部的中断源。

2) 中断申请的标志位：IE0（外部中断0）、TF0（定时器/计数器0溢出）、IE1（外部中断1）、TF1（定时器/计数器1溢出）、TI（串行口发送中断）和RI（串行口接收中断）共6个（51子系列）；在程序设计过程中，可以通过查询定时器/计数器的控制寄存器（TCON）、串行口控制寄存器（SCON）中的中断请求标志位来判断中断请求来自哪个中断源。当MCS－51复位后，TCON、SCON被清0，所有中断请求标志为0。

3) 外部中断的电平、跳沿两种触发方式下要注意以下事项：

① 在电平触发方式下，CPU响应中断时不能自动清除中断请求标志IE0/IE1，中断请求标志由外部中断线$\overline{INT0}$/$\overline{INT1}$的状态决定，所以在中断服务程序返回前，必须撤除外部中断请求输入$\overline{INT0}$/$\overline{INT1}$引脚的低电平（即变为高电平），否则CPU返回主程序后会再次响应中断，这就出现了一次中断请求被多次中断响应的“中断重复响应”问题。此外，由于CPU在每个机器周期自动查询一次各个中断申请标志位，因此，$\overline{INT0}$/$\overline{INT1}$引脚输入的负脉冲宽度至少保持1个机器周期。电平触发方式适于外中断以低电平输入且中断服务程序能清除外部中断请求（即外部中断输入电平又变为高电平）的情况。

② 跳沿（下降沿）触发方式下，$\overline{INT0}$/$\overline{INT1}$引脚的高、低电平应各自保持1个机器周期以上。当连续2个机器周期采样外部中断输入线$\overline{INT0}$/$\overline{INT1}$的电平，若一个机器周期采样

到外部中断输入为高，而下一个机器周期采样为低，也就是出现从高电平变为低电平的下降沿，则置“1”中断请求标志 IE0/IE1，当 CPU 响应此中断请求时，该 IE0/IE1 标志能自动清除（清 0）。一般情况下，定义跳沿触发方式为宜。若外中断信号无法适用跳沿触发方式，必须采用电平触发方式时，应在硬件电路和中断服务程序中采取撤除中断请求信号的措施。

4）中断允许控制：中断允许（开放）或禁止（屏蔽）的控制由 1 个总开关和 5 个分开关（对应于 5 个中断源）串联来控制，其中总开关为 EA，而对应于 5 个中断源的分开关为 EX0（外部中断 0）、ET0（定时器/计数器 0 溢出）、EX1（外部中断 1）、ET1（定时器/计数器 1 溢出）和 ES（串行口发送/接收中断）。

（2）中断排队（中断优先级）。

1）单片机采用外部可设定的 2 级优先级和内部已设定好的 5 级优先级串行的优先级排队方式。其中外部可设定的 2 级中断优先级通过 SFR 中的中断优先级寄存器 IP 来编程，每一中断请求源为高优先级中断或低 2 个优先级中断。其 5 个中断源（51 子系列）对应的优先级控制位为 PX0（外部中断 0）、PT0（定时器/计数器 0 溢出）、PX1（外部中断 1）、PT1（定时器/计数器 1 溢出）和 PS（串行口发送/接收中断）。当系统复位后，IP 的低 5 位全部清零，即将所有的中断源设置为低优先级中断。

2）中断优先级的控制原则。

① CPU 同时接收到多个中断请求时，首先按照外部设定的 2 级优先级，把多个中断请求分成高、低两个优先队列，并准备响应高优先级队列中的中断请求。

② CPU 同时接收到同一优先级的请求中断时，优先响应哪一个中断取决于内部已设定好的 5 级优先级，这相当于在同一个优先级内，还存在另一个辅助优先级结构。此时 CPU 通过内部硬件顺序查询，按自然优先级（即内部已确定的优先级）确定应该响应哪一个中断请求。自然优先级顺序由高至低为：外部中断 0、定时器/计数器 0 溢出、外部中断 1、定时器/计数器 1 溢出、串行口发送/接收中断。同一优先级条件下，外部中断 0 的中断优先权最高，串行口中断优先权最低。

③ CPU 不同时接收到中断请求时，正在进行的中断过程不能被新的同级或低优先级中断请求所中断。

④ CPU 不同时接收到中断请求时，正在进行的低优先级中断服务程序只能被高优先级中断请求所中断，从而实现低、高两级中断嵌套。

⑤ 为了实现以上优先原则，MCS－51 的中断系统内部有两个对用户不透明的、不可寻址的中断优先级状态触发器：一个用于指明某高优先级中断正在得到服务，所有后来的中断都被阻断；另一个用于指明已进入低优先级服务，所有同级的中断均被阻断，但不能阻断高优先级的中断。中断优先级状态触发器只能用 RETI 复位，而没有其他软硬件措施。

（3）中断响应。中断响应是对中断源提出的中断请求的接受。CPU 在中断查询（检测）中查询到有效的中断请求（中断标志为“1”）时，在满足中断响应条件下，紧接着进行中断响应。

1）中断响应的条件。一个中断请求被响应的 6 个必要条件如下：

① IE 寄存器中的中断总允许位 EA＝1，相当于 CPU 开放中断。

② 该中断源发出中断请求，即该中断源对应的中断请求标志为“1”。

③ 该中断源的中断允许位＝1，对应的中断源允许中断，也即该中断没有被屏蔽。

④ 无同级或更高级中断正在被 CPU 响应并服务。

⑤ 当前正处于所执行指令的最后一个机器周期，也即当前的指令周期将结束。

⑥ 正在执行的指令不是 RETI 或访向 IE、IP 的指令，否则除了需要执行这些指令外，还必须另外执行这些指令后面的一条指令后才能响应。

当 CPU 查询到有效的中断请求时，在满足上述条件时，紧接着就进行中断响应。

2）中断响应的阻断。遇到下列 3 种情况之一时，中断响应被封锁（阻断）：

① 当前 CPU 正在处理同级或更高级的中断。

② 当前的机器周期不是执行指令的最后一个机器周期，也就是正在执行的指令没有执行完。只有在当前指令执行完毕后，才能进行中断响应。

③ 正在执行的指令是 RETI 或对 IE、IP 的写操作指令。此时，只有在执行这些指令后，至少再执行一条指令后才会响应新的中断请求。

如果存在上述 3 种情况之一，CPU 将丢弃中断查询结果，不对中断进行响应。

3）中断响应的操作过程。

① 查询中断源，以确定有无中断请求以及是哪一个中断请求。

② 置位两个优先级生效触发器的中断处理标志。

③ 转入中断服务程序。执行一条硬件子程序调用（相当于 LCALL addr16 指令），它要做以下两个工作：

保护断点：断点地址的 PC 值压入堆栈（先送低 8 位，再送高 8 位）。

转去执行中断服务程序：把被响应的中断服务程序的入口地址装入 PC 并执行。单片机的各中断源服务程序的入口地址是固定的，分别是：外部中断源 0（$\overline{\text{INT0}}$）0003H；定时器/计数器 T0 溢出中断 000BH；外部中断源 1（$\overline{\text{INT1}}$）0013H；定时器/计数器 T1 溢出中断 001BH；串行口中断 0023H。由于 5 入口之间间隔仅 8 个字节，存放不下中断程序，所以一般加一条跳转指令 AJMP 或 LJMP，跳转到真正的中断程序。

单片机响应中断后，只保护断点而不保护现场（如标志位寄存器 PSW 的内容），且不能清除串行口中断请求标志（TI 和 RI），也无法清除外中断输入电平申请信号，所有这些应在用户编写中断处理程序时予以考虑。

上述过程基本上都由中断系统硬件自动完成。

4）外部中断的响应时间。中断响应时间是指从中断响应有效（标志位置 1）到转向其中断服务程序地址区的入口地址所需的时间。在一个单一中断的系统里，MCS－51 单片机对外部中断请求的响应时间为 3～8 个机器周期。

5）中断请求的撤销。在 CPU 响应中断后，应撤销该中断请求，否则会引起再次中断，也即出现“重复响应”问题。

① 由中断机构硬件自动撤销中断请求标志 IE0、TF0、IE1 和 TF1。

② 不会被自动撤销的中断请求标志 RI 和 TI（串行口中断请求），需要用软件来撤销，这在编写串行中断服务程序时应加以注意。

③ 边沿（跳沿）触发的外部中断请求撤销：脉冲信号过后就消失了，在响应中断后由中断机构硬件自动撤销中断请求标志。

④ 电平触发的外部中断请求撤销：CPU 响应中断后，必须立即撤除引脚上的低电平触发信号，才能由硬件自动撤销中断请求标志 IE0 和 IE1。

（4）中断处理。

1）中断服务的流程。中断处理应根据任务的具体要求，来编写中断处理部分的程序。

在编写中断服务程序时，要注意以下问题：①保护现场/恢复现场；②关中断/开中断。

2）中断服务程序的设计。

① 中断服务程序设计的基本任务：设置中断允许控制寄存器IE；设置中断优先级寄存器IP；若为外中断，设定外部中断是采用电平触发还是跳沿触发；编写中断服务程序，处理中断请求。前3条的中断系统初始化一般放在主程序的初始化程序段中。

② 采用中断时的主程序结构。

（5）中断返回。中断服务子程序最后一条指令必须是中断返回指令RETI。RETI指令完成两个操作：①清除中断服务标志，清除中断响应时所置位的不可寻址的优先级生效触发器，从而开放同级中断，以便允许同级中断源请求中断；②恢复断点地址，由栈顶弹出断点地址送程序计数器PC，从而实现从子程序返回主程序的断点处，并重新执行主程序。

子程序返回主程序的指令RET只做第②项操作，因此，中断返回指令RETI不能用RET代替。

3. MCS-51单片机外部中断的应用与扩展

（1）使用外部中断源$\overline{INT0}/\overline{INT1}$的实例。略。

（2）外部中断源的扩展。MCS-51单片机只有两个外部中断请求源往往不够用。为了能服务于多个外设，就要设法扩展外部中断源。扩展外部中断源有以下方法：

1）采用定时器/计数器溢出中断作为外部中断。

2）采用串行中断扩展外部中断源。

3）采用查询方式扩展外部中断源。

4）采用优先编码器扩展外部中断源。

5）采用可编程中断控制器扩展外部中断源。

9.5.2 学习基本要求

1. I/O接口及其传输方式

（1）了解I/O接口的定义和作用。

（2）了解I/O接口电路的作用、功能、信号及其基本结构。

（3）了解I/O接口电路芯片的分类及其可编程性。

（4）理解I/O接口的编址方式。

（5）了解I/O接口数据传送的三大类控制方式。

（6）熟悉无条件传送、查询传送和中断传送三种程序控制方式的特点。

2. 中断技术

（1）理解中断概念。

（2）了解中断技术能实现的功能。

（3）了解中断、中断源、中断请求、中断查询、中断优先级、中断嵌套、中断屏蔽、中断响应和中断处理过程等概念。

（4）掌握CPU对中断响应的步骤，包括保护断点、中断矢量的使用、中断允许或禁止的实现方法以及主程序和中断服务程序的连接方法等。

（5）掌握中断服务程序的一般格式。

3. MCS-51中断系统

（1）掌握MCS-51系列单片机中断系统的硬件结构。

(2) 熟记 MCS-51 的 5 个中断源及其中断入口地址。

(3) 熟悉 TCON、SCON、IE、IP 的结构、控制作用和设置方法。

(4) 理解 MCS-51 中断响应过程。

(5) 了解中断响应等待时间。

(6) 理解中断请求撤除情况和应对措施。

(7) 熟悉中断优先控制的方法。

(8) 熟悉中断工作过程的 5 个步骤。

(9) 掌握中断应用程序的编制方法。

(10) 了解 MCS-51 单片机外部中断的扩展办法。

9.5.3 习题解答

5-1 外部设备为什么要通过接口电路和主机系统相连?

答:略。

5-2 简述 I/O 接口的基本功能。

答:略。

5-3 CPU 和输入/输出设备之间传送的信息有哪几类?

答:略。

5-4 简述 I/O 接口的编址方式及优缺点。MCS-51 单片机采用哪一种 I/O 编址方式?

答:略。

5-5 什么是中断?什么是中断系统?中断系统的功能是什么?

答:略。

5-6 CPU 在什么条件下可以响应中断?

答:略。

5-7 什么是中断嵌套?使用中断嵌套有什么好处?对于可屏蔽中断,实现中断嵌套的条件是什么?

答:略。

5-8 通常解决中断优先级的方法有哪几种?各有什么优缺点?

答:略。

5-9 什么是保护断点和保护现场?它们有什么差别?

答:略。

5-10 简述无条件、查询、中断和 DMA 4 种方式的优缺点。

答:略。

5-11 MCS-51 有哪些中断源?各有什么特点?

答:略。

5-12 MCS-51 外部中断有几种触发方式?如何选择?MCS-51 中断系统对外部请求信号有何要求?

答:略。

5-13 MCS-51 的中断系统有几个中断优先级?中断优先级是如何控制的?

答:略。

5-14 MCS-51 可否实现中断嵌套?可实现几级中断嵌套?

答：可以实现中断嵌套，可实现两级中断嵌套。

5-15　如果要允许 MCS-51 串行口中断，并将串行口中断设置为高级别的中断源，应该如何对有关的特殊功能寄存器进行设置？

答：中断允许寄存器 IE 中，ES 位置 1：允许串行口中断；EA 位置 1：开放 CPU 中断。中断优先级寄存器 IP 中，PS 位置 1：串行口中断设置为高优先级。

5-16　MCS-51 用软件模拟第 3 个中断优先级，采用哪种方法实现之？

答：由于单片机一旦响应中断，首先对两个不可编程的高优先级生效触发器或低优先级生效触发器置位，指明已进行高优先级或低优先级的中断服务以阻止其他的中断请求或阻止除高优先级以外的全部其他中断请求。在 2 个中断后实现第 3 个中断，就要把不可编程的已置位的优先级生效触发器复位，使第 3 个中断可以响应。MCS-51 中没有指令置位优先级生效触发器，但复位可用 RETI 指令。下面是在低优先级（IP 寄存器中的对应位为 0）的中断中实现第 3 个中断优先级（优先级最低）的参考程序：

```
INT_3:    PUSH   IE                    ;保护允许寄存器
          CLR    ??                    ;禁止本次
          CLR    ??                    ;禁止第3个的同级中断,0～2个
          PUSH   ACC                   ;保护现场
          MOV    A,#LOW(INT_3X)        ;取第3个中断服务程序入口地址低位
          PUSH   ACC
          MOV    A,#HIGH(INT_3X)       ;取第3个中断服务程序入口地址高位
          PUSH   ACC
          RETI                         ;中断返回,复位低优先级生效触发器
                                       ;并转第3个中断优先级的中断服务程序
INT_3X:   ……                           ;第3个中断优先级的中断服务程序入口

          POP    ACC                   ;恢复现场
          POP    IE                    ;恢复允许寄存器
          RET                          ;程序返回
```

5-17　MCS-51 中，子程序和中断服务程序有何异同？中断服务子程序返回指令 RETI 和普通子程序返回指令 RET 有什么区别？

答：略。

5-18　MCS-51 单片机响应外部中断的典型时间是多少？在哪些情况下，CPU 将推迟对外部中断请求的响应？

答：略。

5-19　MCS-51 中断响应的条件是什么？当某中断暂时受阻时，CPU 是否放弃该中断请求？

答：略。

5-20　在一个 MCS-51 实际系统中，晶振主频为 12MHz，一个外部中断请求信号宽度为 300ns 的负脉冲，应该采用哪些触发方式？如何实现之？

答：晶振频率为 12MHz 时，机器周期为 1μs，采用跳沿触发时，请求信号至少应该保持 1μs，所以只能对原信号进行展宽，一般是用一个单稳态电路，使其时间常数为 1～1.5μs 即可。

5－21　MCS－51的中断处理程序能否放在64KB程序存储器的任意区域？如何实现？

答：MCS－51的中断处理程序可以放在64KB程序存储器的任意区域，只要在对应的中断矢量入口填写相应的跳转指令即可。

5－22　MCS－51有哪几种扩展外部中断源的方法？各有什么特点？

答：略。

5－23　如图9.6所示，某MCS－51系统有3个外部中断源1、2、3，当某一中断源变为低电平时，便要求CPU进行处理，它们的优先处理次序由高到低依次为3、2、1，中断处理程序的入口地址分别为1000H、1100H、1200H。试编写主程序及中断服务程序（转至相应的中断处理程序的入口即可）。

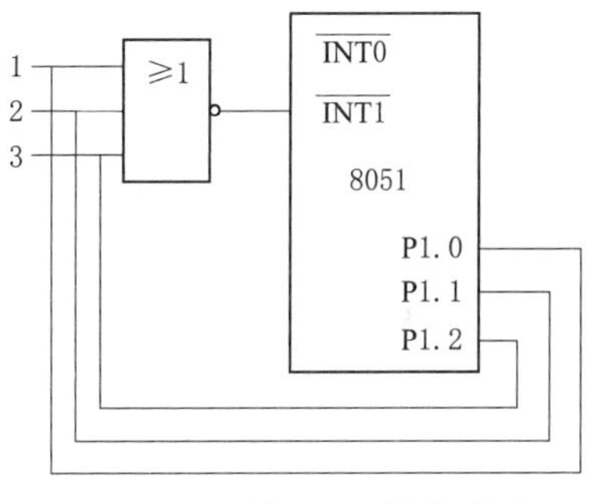

图9.6　习题5－23的电路图

答：

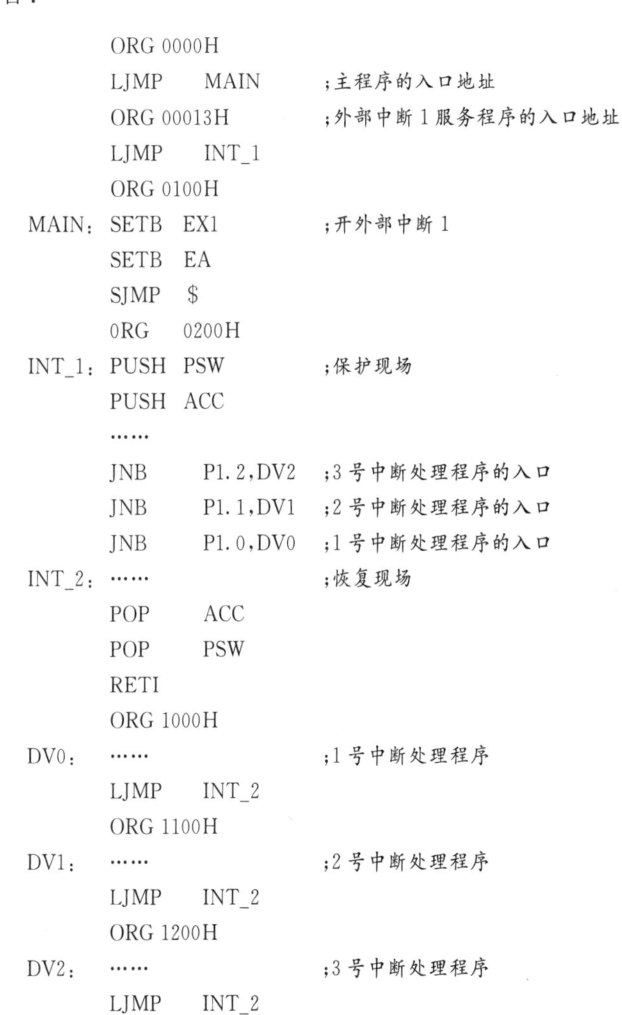

```
        ORG 0000H
        LJMP    MAIN         ;主程序的入口地址
        ORG 00013H           ;外部中断1服务程序的入口地址
        LJMP    INT_1
        ORG 0100H
MAIN:   SETB  EX1            ;开外部中断1
        SETB  EA
        SJMP  $
        0RG   0200H
INT_1:  PUSH  PSW            ;保护现场
        PUSH  ACC
        ……
        JNB     P1.2,DV2     ;3号中断处理程序的入口
        JNB     P1.1,DV1     ;2号中断处理程序的入口
        JNB     P1.0,DV0     ;1号中断处理程序的入口
INT_2:  ……                   ;恢复现场
        POP     ACC
        POP     PSW
        RETI
        ORG 1000H
DV0:    ……                   ;1号中断处理程序
        LJMP    INT_2
        ORG 1100H
DV1:    ……                   ;2号中断处理程序
        LJMP    INT_2
        ORG 1200H
DV2:    ……                   ;3号中断处理程序
        LJMP    INT_2
```

9.5.4　自我检测题

下面给出该章的自我检测题，题型只有判断题、单项选择题、多项选择题三种，一般都

为基础题，读者自我测试一下对本章基础知识的掌握程度。

9.5.4.1　判断题

（　）1. 在查询方式下输入/输出时，在 I/O 接口中设有状态寄存器，通过它来确定 I/O 设备是否准备好。输入时，准备好表示已满；输出时，准备好表示已空。

（　）2. 无条件式的 I/O 是按先读状态口、再读数据口的顺序传送数据的。

（　）3. I/O 数据缓冲器主要用于协调 CPU 与外设在速度上的差异。

（　）4. 查询式输入/输出是按先读状态端口、后读/写数据端口的顺序传送数据的。

（　）5. 连接 CPU 和外设的接口电路中必须要有状态端口。

（　）6. 总线是专门用于完成数据传送的一组信号线。

（　）7. I/O 接口的基本功能之一是完成数据的缓冲。

（　）8. 要实现微机与慢速外设间的数据传送，只能利用查询方式完成。

（　）9. 8051 单片机 5 个中断源在芯片上都相应地有中断请求输入引脚。

（　）10. 中断初始化时，对中断控制器的状态设置，只可使用位操作指令，而不能使用字节操作指令。

（　）11. MCS－51 单片机系统复位后，中断请求标志 TCON 和 SCON 中各位均为 0。

（　）12. MCS－51 单片机的中断允许寄存器 IE 的作用是用来对各中断源进行开放或屏蔽的控制。

（　）13. 开放外部中断 0 中断，应置中断允许寄存器 IE 的 EA 位和 EX0 位为 1。

（　）14. 用户在编写中断服务程序时，应在中断入口矢量地址存放一条无条件转移地址，以防止中断服务程序容纳不下。

（　）15. 若要在执行当前中断程序时禁止更高优先级中断，应用软件关闭 CPU 中断，或屏蔽更高级中断源的中断，在中断返回时再开放中断。

（　）16. 串行口的中断，CPU 响应中断后，必须在中断服务程序中用软件清除相应的中断标志位，以撤销中断请求。

（　）17. 外部中断 0 中断的入口地址是 0003H。

（　）18. 8051 单片机对最高优先权的中断响应是无条件的。

（　）19. MCS－51 的 5 个中断源优先级相同。

（　）20. 一般情况下，8051 单片机允许同级中断嵌套。

（　）21. 同一级别的中断请求按时间的先后顺序响应。

（　）22. 低优先级中断请求不能中断高优先级中断请求，但是高优先级中断请求能中断低优先级中断请求。

（　）23. 中断的矢量地址位于 RAM 区中。

（　）24. MCS－51 单片机中，中断服务程序从矢量地址开始执行，直到 RETI 为止。

（　）25. 在执行子程序调用或执行中断服务程序时都将产生压栈的动作。

（　）26. 各中断发出的中断请求信号，都会标记在 MCS－51 的 TCON 与 SCON 寄存器中。

9.5.4.2　单项选择题

1. CPU 与外设间数据传送的控制方式有（　　）。

   A. 中断方式　　B. DMA 方式　　C. 程序控制方式　　D. 以上三种都是

2. CPU 与 I/O 设备间传送的信号有（　　）。

A. 数据信息　　B. 控制信息　　C. 状态信息　　D. 以上三种都是

3. 在中断方式下，外设数据输入到内存的路径是（　　）。

A. 外设→数据总线→内存　　B. 外设→数据总线→CPU→内存

C. 外设→CPU→DMAC→内存　　D. 外设→I/O 接口→CPU→内存

4. CPU 响应中断请求和响应 DMA 请求的本质区别是（　　）。

A. 中断响应靠软件实现　　B. 速度慢　　C. 控制简单

D. 响应中断时，CPU 仍然控制总线，而响应 DMA 请求时，CPU 要让出总线

5. 下列芯片中可接管总线控制数据传送的是（　　）。

A. 定时器/计数器芯片　　B. 串行接口芯片

C. 并行接口芯片　　D. DMA 控制器芯片

6. 支持无条件传送方式的接口电路中，至少应包含（　　）。

A. 数据端口，控制端口　　B. 状态端口　　C. 控制端口　　D. 数据端口

7. CPU 与慢速的外设进行数据传送时，采用（　　）方式可提高 CPU 的效率。

A. 查询　　B. 中断　　C. DMA　　D. 无条件传送

8. 当采用（　　）输入操作情况时，除非计算机等待，否则无法传送数据给计算机。

A. 程序查询方式　　B. 中断方式　　C. DMA 方式　　D. I/O 处理机方式

9. 占用 CPU 时间最长的数据传送方式是（　　）。

A. DMA　　B. 中断　　C. 查询　　D. 无条件

10. 通常一个外设的状态信息在状态端口内占有（　　）位。

A. 1　　B. 2　　C. 4　　D. 8

11. 按与存储器的关系，I/O 接口的编址方式分为（　　）。

A. 线性和非线性编址　　B. 集中与分散编址

C. 统一和独立编址　　D. 重叠与非重叠编址

12. 在中断传送方式下，主机与外部设备间的数据传送通路是（　　）。

A. 数据总线 DB　　B. 专用数据通路

C. 地址总线 AB　　D. 控制总线 CB

13. 状态信息是通过（　　）总线进行传送的。

A. 数据　　B. 地址　　C. 控制　　D. 外部

14. 利用程序查询方式传送数据时，CPU 必须读（　　）以判断是否传送数据。

A. 外设的状态　　B. DMA 的请求信号

C. 数据输入信息　　D. 外设中断请求

15. 中断是一种（　　）。

A. 资源共享技术　　B. 数据转换技术

C. 数据共享技术　　D. 并行处理技术

16. 计算机在使用中断方式与外界交换信息时，保护现场的工作方式应该是（　　）。

A. 由 CPU 自动完成　　B. 在中断响应中完成

C. 应由中断服务程序完成　　D. 在主程序中完成

17. 在中断服务程序中，至少应有一条（　　）。

A. 传送指令　　B. 转移指令　　C. 加法指法　　D. 中断返回指令

18. 当 CPU 响应外部中断 1（INT1）的中断请求后，程序计数器 PC 的内容是（　　）。

A. 0003H　　B. 000BH　　C. 0013H　　D. 001BH

19. MCS-51 单片机在同一级别里除串行口外，级别最低的中断源是（　　）。

A. 外部中断 1　　B. 定时器 T0　　C. 定时器 T1　　D. 串行口

20. MCS-51 单片机在同一级别里除 INT0 外，级别最高的中断源是（　　）。

A. 外部中断 1　　B. 定时器 T0　　C. 定时器 T1　　D. 外部中断 0

21. 当 CPU 响应定时器 T1 的中断请求后，程序计数器 PC 的内容是（　　）。

A. 0003H　　B. 000BH　　C. 0013H　　D. 001BH

22. 当外部中断 0 发出中断请求后，中断响应的条件是（　　）。

（附 IE 的定义：EA，×，×，ES，ET1，EX1，ET0，EX0）

A. SETB ET0　　B. SETB EX0　　C. MOV IE，#81H　　D. MOV IE，#61H

23. 当定时器 T0 发出中断请求后，中断响应的条件是（　　）。

A. SETB ET0　　B. SETB EX0　　C. MOV IE，#82H　　D. MOV IE，#61H

24. MCS-51 单片机的中断源个数和中断优先级个数分别是（　　）。

A. 5、2　　B. 5、3　　C. 6、2　　D. 6、3

25. MCS-51 单片机 CPU 开中断总允许的指令是（　　）。

A. SETB　EA　　B. SETB　ES　　C. CLR　EA　　D. SETB　EX0

26. MCS-51 单片机外部中断 0 开中断的指令是（　　）。

A. SETB　ET0　　B. SETB　EX0　　C. CLR　ET0　　D. SETB　ET1

27. MCS-51 单片机定时器外部中断 1 和外部中断 0 的触发方式选择位是（　　）。

A. TR1 和 TR0　　B. IE1 和 IE0　　C. IT1 和 IT0　　D. TF1 和 TF0

28. 8031 响应中断后，中断的一般处理过程是（　　）。

A. 关中断，保护现场，开中断，中断服务，关中断，恢复现场，开中断，中断返回

B. 关中断，保护现场，保护断点，开中断，中断服务，恢复现场，中断返回

C. 关中断，保护现场，保护中断，中断服务，恢复断点，开中断，中断返回

D. 关中断，保护断点，保护现场，中断服务，关中断，恢复现场，开中断，中断返回

29. 8031 单片机共有 5 个中断入口，在同一级别里，5 个中断源同时发出中断请求时，程序计数器 PC 的内容变为（　　）。

A. 000BH　　B. 0003H　　C. 0013H　　D. 001BH

30. MCS-51 单片机串行口发送/接收中断源的工作过程是：当串行口接收或发送完一帧数据时，将 SCON 中的（　　），向 CPU 申请中断。

A. RI 或 TI 置 1　　B. RI 或 TI 置 0

C. RI 置 1 或 TI 置 0　　D. RI 置 0 或 TI 置 1

31. MCS-51 单片机响应中断的过程是（　　）。

A. 断点 PC 自动压栈，对应中断矢量地址装入 PC

B. 关中断，程序转到中断服务程序

C. 断点压栈，PC 指向中断服务程序地址

D. 断点 PC 自动压栈，对应中断矢量地址装入 PC，程序转到该址，再转至中断程序首址

32. 执行中断处理程序最后一句指令 RETI 后，（　　）。

A. 程序返回到 ACALL 的下一句　　B. 程序返回到 LCALL 的下一句

C. 程序返回到主程序开始处　　D. 程序返回到响应中断时一句的下一句

33. 当 TCON 的 IT0 为 1，且 CPU 响应外部中断 0（$\overline{INT0}$）的中断请求后，（　　）。

A. 需用软件将 IE0 清 0　　B. 需用软件将 IE0 置 1

C. 硬件自动将 IE0 清 0

D. 仅当$\overline{INT0}$（P3.2 引脚）为高电平时自动将 IE0 清 0

34. 某中断子程序的最后一句不是 RETI 而错写为 RET，中断返回后（　　）。

A. 返回到主程序中 ACALL 或 LCALL 的下一句

B. 返回到主程序中响应中断时一句的下一句

C. 返回到主程序开始处

D. 返回到 0000H 处

35. 在 MCS－51 中，需要外加电路实现中断撤除的是（　　）。

A. 电平方式的外部中断　　B. 定时中断

C. 外部串行中断　　D. 脉冲方式的外部中断

36. 定时器控制寄存器 TCON 的 IT1 和 IT0 位清 0 后，则外部中断请求信号方式为（　　）。

A. 低电平有效　　B. 高电平有效　　C. 脉冲上跳沿有效　　D. 脉冲后沿负跳有效

37. 主程序中有一句 LP：SJMP LP，功能为等待中断，当发生中断且中断返回后，（　　）。

A. 返回到主程序开始处　　B. 返回到该句的下一条指令处

C. 返回到该句的上一条指令处　　D. 返回到该句

38. 已知系统使用了外部中断 0，下面是汇编程序开头格式，空白处填（　　）。

```
        ORG 0000H
        AJMP MAIN

        ____________
        AJMP   Subgrom
        ORG 030H
MAIN：……
```

A. ORG 0003H　B. ORG 000BH　C. ORG 0013H　D. ORG 001BH

39. 设置外部中断 1、串口为高优先级，其余为低优先级，设置正确的是（　　）。

（附 IP 的定义：×，×，×，PS，PT1，PX1，PT0，PX0）

A. MOV IP，#24H　　B. MOV IP，#14H

C. MOV IP，#12H　　D. MOV IP，#16H

40. 在中断响应后必须用软件清零的是（　　）。

A. TF1　　B. TI　　C. IE1　　D. TF0

41. 中断查询的是（　　）。

A. 中断请求信号　B. 中断标志位　C. 外中断方式控制位　D. 中断允许控制位

42. 为了开放中断并从左到右优先排序：[外部中断 0→外部中断 1→定时/计数器 0→串行口]，应选（　　）。

A. MOV IE，#97H 和 MOV IP，#04H

B. MOV IE，#97H 和 MOV IP，#05H

C. MOV IE，#97H 和 MOV IP，#03H

D. MOV IE，#87H 和 MOV IP，#06H

43. 执行 MOV IE，#9FH 和 MOV IP，#0AH，则中断优先顺序为（　　）。

A. 外部中断 1→外部中断 0→定时器 0

B. 外部中断 0→外部中断 1→定时器 0

C. 外部中断 0→定时器 1→定时器 0→外部中断 1→串行口

D. 定时器 0→定时器 1→外部中断 0→外部中断 1→串行口

9.5.4.3 多项选择题

1. MCS-51 的中断系统由（　　）组成。

A. 特殊功能寄存器 TCON、SCON　　B. 模式控制寄存器 TMOD

C. 中断允许控制寄存器 IE　　D. 中断优先级寄存器 IP

E. 中断顺序查询逻辑电路

2. CPU 响应中断的条件包括（　　）。

A. 现行指令运行结束　B. 保护现场　C. 有中断请求

D. 申请中断的中断源中断允许位为 1　E. 已开放 CPU 中断允许总控制位

3. MCS-51 的中断源是（　　）。

A. 外部输入中断源$\overline{\text{INT0}}$（P3.2）　B. 外部输入中断源$\overline{\text{INT0}}$（P3.3）

C. T0 的溢出中断源　D. 串行口发送/接收中断源　E. T1 的溢出中断源

4. 8051 单片机的中断矢量地址有（　　）。

A. 0003H　B. 000BH　C. 0023H　D. 0013H　E. 001BH

5. MCS-51 单片机外部中断源的中断请求方法可以是（　　）。

A. 高电平触发　B. 低电平触发　C. 上升沿触发　D. 下降沿触发

6. 8051 单片机的 IE 寄存器的用途是（　　）。

（附 IE 的定义：EA，×，×，ES，ET1，EX1，ET0，EX0）

A. 确定中断方式　B. 确定 CPU 中断的开放或禁止

C. 定时器中断的开放或禁止　D. 定时器溢出标志

E. 选择外部中断的开放或禁止

7. 中断指令的撤除有（　　）。

A. 定时器/计数器中硬件自动撤除　B. 脉冲方式外部中断自动撤除

C. 电平方式外部中断强制撤除　D. 串行中断软件撤除

E. 串行中断硬件自动撤除

8. 下述条件中，能封锁主机对中断响应的条件是（　　）。

A. 一个同级或高一级的中断正在处理

B. 当前周期不是执行当前指令的最后一个周期

C. 当前执行的指令是 RETI 指令或对 IE 或 IP 寄存器进行读/写的指令

D. 当前执行的指令是一长跳转指令

E. 一个低级的中断正在处理

9.6　MCS－51 系列单片机的内部功能模块及其应用

本节对应教材的第 6 章内容。MCS－51 单片机的内部集成了一些基本功能模块，在开发单片机应用系统时，一般应先使用内部模块，只有内部模块不够用时，才考虑通过总线接口扩展外部功能模块。内部模块包括中断系统、P0/P1/P2/P3 4 个双向 8 位并行口，T0/T1 2 个 16 位定时器/计数器（52 子系列还有 T2）和 1 个 TTL 电平的全双工串行口。该章讨论除 P0～P3 并行口、中断系统以外的内部所有基本模块，重点是这些内部模块的硬件结构及软件编程，难点在于内部模块的中断编程技术。

9.6.1　内容提要

9.6.1.1　MCS－51 单片机内部的并行口

教材第 2 章已做了介绍，第 6 章通过并行接口应用的例子加深学生对并行接口使用的理解。

9.6.1.2　MCS－51 单片机内部的定时器/计数器

1. 实现定时器/计数器的三种主要方法

（1）软件定时。软件定时不占用硬件资源，但占用了 CPU 时间，降低了 CPU 的利用率。

（2）时基电路硬件定时。在硬件连接好以后，这种定时电路修改不方便，即不可编程。

（3）可编程定时器/计数器定时。此种芯片采用硬件定时且可修改定时值，通过初始化编程，能够满足各种不同的定时和计数要求。单片机内部的定时器/计数器也属于这种定时器/计数器。

2. 单片机内部的定时器/计数器结构

（1）51 子系列单片机有两个定时器/计数器 T0 和 T1，52 子系列单片机还有 1 个定时器/计数器 T2，且功能更强。

（2）定时器/计数器主要由几个特殊功能寄存器 TH0、TL0、TH1、TL1 以及 TMOD、TCON 组成。定时器/计数器的实质是加 1 计数器（16 位），由高 8 位和低 8 位两个寄存器组成。其中：TH0（高 8 位）、TL0（低 8 位）构成 16 位加 1 计数器 T0，用来存放 T0 的计数初值；TH1（高 8 位）、TL1（低 8 位）构成 16 位加 1 计数器 T1，用来存放 T1 的计数初值。这两个 16 位计数器都是 16 位的加 1 计数器。TMOD 用来控制两个定时器/计数器的工作方式，TCON 用作中断溢出标志并控制定时器的启停。

（3）加 1 计数器输入的计数脉冲有两个来源：①由系统的时钟振荡器输出脉冲经 12 分频后送来；②T0 或 T1 引脚输入的外部脉冲源。它有两种工作模式：①设置为定时器模式时，加 1 计数器是对内部机器周期计数（计数频率为晶振频率的 1/12），计数值 N 乘以机器周期 T_{cy} 就是定时时间 t；②设置为计数器模式时，外部事件计数脉冲由 T0 或 T1 引脚输入到计数器，当某周期采样到一高电平输入，而下一周期又采样到一低电平时，则计数器加 1，检测一个从 1 到 0 的下降沿需要两个机器周期，因此要求被采样的电平至少要维持一个机器周期。

（4）定时器/计数器的控制寄存器。单片机定时器/计数器 T0、T1 的工作主要由

TMOD、TCON、IE 三个特殊功能寄存器控制。其中：TMOD 用来设置各个定时器/计数器的工作方式、选择定时或计数功能；TCON 用于控制启动运行以及作为运行状态的标志等；IE 用于对定时器/计数器中断允许进行控制。

（5）工作方式控制寄存器 TMOD 的定义如下：

TMOD	D7	D6	D5	D4	D3	D2	D1	D0
符号	GATE	$C/\overline{T}$	M1	M0	GATE	$C/\overline{T}$	M1	M0
功能	门控位	计数/定时选择	工作方式选择		门控位	计数/定时选择	工作方式选择	
	高 4 位控制 T1				低 4 位控制 T0			

（6）定时器控制寄存器 TCON 的定义如下：

TCON	D7	D6	D5	D4	D3	D2	D1	D0
位名称	TF1	TR1	TF0	TR0	IE1	IT1	IE0	IT0
位地址	8FH	8EH	8DH	8CH	8BH	8AH	89H	88H
功能	T1 中断标志	T1 运行标志	T0 中断标志	T0 运行标志	$\overline{INT1}$中断标志	$\overline{INT1}$触发方式	$\overline{INT0}$中断标志	$\overline{INT0}$触发方式
	高 2 位控制 T1		低 2 位控制 T0					

（7）中断允许控制寄存器 IE。IE 寄存器与定时器/计数器有关的位为 ET0 和 ET1，它们分别是定时器/计数器 0、1 的中断允许控制位。当 ET0（或 ET1）＝0 时，禁止定时器/计数器 0（或 1）中断；而当 ET0（或 ET1）＝1 时，允许定时器/计数器 0（或 1）中断。

3. 定时器/计数器的工作方式

（1）工作方式 0：13 位计数结构的工作方式。

（2）工作方式 1：16 位计数结构的工作方式。其逻辑电路和工作情况与工作方式 0 基本相同。

（3）工作方式 2：具有自动重装初值的 8 位计数结构的工作方式。定时器/计数器 T0、T1 都可以设置工作方式 2。

（4）工作方式 3。该方式的作用比较特殊，只适用于定时器 T0。

在工作方式 3 下，T0 和 T1 的工作有很大的不同：

1）若把 T1 置于工作方式 3，则 T1 停止计数，其效果与置 TR1＝0 相同，即关闭定时器 T1。此进，定时器 T1 保持其内容不变。因此，一般不会把 T1 置于工作方式 3。

2）若把 T0 置于工作方式 3，则 16 位计数器拆开为两个独立工作的 8 位计数器 TL0 和 TH0。但这两个 8 位计数器的工作是有差别的。首先，它们的工作方式不同：对 TL0 来说，它既可以按计数方式工作，也可以按定时方式工作；而 TH0 只能按定时方式工作。另外，它们的控制方式也不同。

3）当 T0 处于工作方式 3 时，此时 T1 可为工作方式 0、1、2，但由于此时 T1 已没有控制通断 TR1 和溢出中断 TF1 的功能，T1 只能作为串行口的波特率发生器使用，或不需要中断的场合。

4. 定时器/计数器的计数初值计算

定时器/计数器采用增量计数。根据定时器/计数器的计数结构，其最大计数为 2^m，其

中 m 为计数器的位数，对于工作方式 0，$m=13$，其最大计数为 $2^{13}=8192$；对于工作方式 1，$m=16$，其最大计数为 $2^{16}=65536$；对于工作方式 2 和工作方式 3，$m=8$，其最大计数为 $2^{8}=256$。

在实际应用中，经常会有少于 2^m 个计数值的要求，例如，要求计数到 1000 就产生溢出，这时可在计数时，不从 0 开始，而是从一个固定值开始，这个固定值的大小，取决于被计数的大小。如要计数 1000，预先在计数器里放进（2^m-1000）的数，再来 1000 个脉冲，就到了 2^m，就会产生溢出，置位 TF0。这个（2^m-1000）的数称为计数初值，也称为预置值。

定时也有同样的问题，并且也可采用同样的方法来解决。当定时器/计数器为工作方式 0，并假设单片机的晶振频率是 12MHz，那么每个计时脉冲是 1μs，计满 $2^{13}=8192$ 个脉冲需要 8.192ms，如果只需定时 1ms，可以做如下处理：1ms 即 1000μs，也就是计数 1000 时满。因此，计数之前预先在计数器里放进 $2^{13}-1000=8192-1000=7192$，开始计数后，计满 1000 个脉冲到 8192 即产生溢出。如果计数初值为 X，则计算定时时间 t 为

$$t=(2^N-X)T_{cy}=(2^N-X)\times 12/f_{osc}$$

式中：T_{cy} 为机器周期；f_{osc} 为晶振频率。

单片机中的定时器通常要求不断重复定时，一次定时时间到后，紧接着进行第二次的定时操作。一旦产生溢出，计数器中的值就回到 0，下一次计数从 0 开始，定时时间将不正确，为使下一次的定时时间不变，需要在定时溢出后马上把计数初值送到计数器。

5. 计数器的初始化编程及应用

定时器/计数器的初始化编程步骤如下：

（1）根据要求选择方式，确定方式控制字，写入方式控制寄存器 TMOD。

（2）根据定时时间要求或计数要求，计算定时器/计数器的计数值，再由计数值求得初值，送计数初值的高 8 位和低 8 位到 TH0（或 TH1）和 TL0（或 TL1）寄存器中。设最大计数值为 M，则各种工作方式下的 M 值如下：工作方式 0 时，$M=2^{13}=8192$；工作方式 1 时，$M=2^{16}=65536$；工作方式 2 时，$M=2^{8}=256$；工作方式 3 时，T0 分成两个 8 位计数器，所以两个定时器的 M 值均为 256。由于定时器/计数器工作的实质是做“加 1”计数，所以，当最大计数值 M 值为已知且计数值为 N 时，初值 X 可计算为：$X=M-N$。

（3）如果工作于中断方式，则根据需要开放定时器/计数器的中断，即对 IE 寄存器赋值（后面还需编写中断服务程序）。

（4）设置定时器/计数器控制寄存器 TCON 的值（即将其 TR0 或 TR1 置位），启动定时器/计数器开始工作。

（5）等待定时/计数时间到，定时/计数到则执行中断服务程序；若用查询处理，则需编写查询程序判断溢出标志，溢出标志等于 1，则进行相应处理。

9.6.1.3 MCS-51 单片机内部的串行接口

1. 计算机串行通信基础

（1）计算机与外界的通信有并行通信和串行通信两种基本方式。

（2）串行通信按信息的格式又可分为异步通信和同步通信两种方式。

（3）串行通信的传输方向有 3 种：①单工；②半双工；③全双工。

（4）串行信号的调制与解调。

（5）串行通信的错误校验，主要包括 3 种：①奇偶校验；②代码和校验（也称累加和校

验)；③循环冗余校验。

(6) 串行的传输速率与传输距离。

1) 传输速率。比特率是每秒传输二进制代码的位数，单位：bit/s。波特率表示每秒调制信号变化的次数，单位：Baud。波特率＝1个字符的二进制位数×字符/秒，波特率和比特率不总是相同的，对于将数字信号1或0直接用两种不同电压表示的所谓基带传输，比特率和波特率是相同的。

2) 传输距离与传输速率的关系。串行接口或终端直接传送串行信息位流的最大距离与传输速率及传输线的电气特性有关。

(7) 串行接口的基本任务，包括：①实现数据格式化；②进行串、并转换；③控制数据的传输速率；④进行传送错误检测。

(8) 串行通信总线的接口标准及其接口。串行接口通常分为两种类型：串行通信接口和串行扩展接口。串行通信接口是指设备之间的互连接口，它们互相之间距离比较长，根据通信距离和抗干扰性要求，可选择TTL电平传输、RS-232C/RS-422A/RS-485等串行通信总线接口标准进行串行数据传输；串行扩展接口是设备内部器件之间的互连接口。常用的串行扩展总线接口标准有SPI、I2C等，串行接口扩展的芯片很多，可以根据需要选择。

2. MCS-51单片机内部的串行接口

单片机内部的串行接口是一个全双工串行接口，这个接口既可以用于网络通信，也可以实现串行异步通信，还可以作为同步移位寄存器使用。

(1) MCS-51系列单片机的串行口通过引脚RXD (P3.0，串行口数据接收端) 和引脚TXD (P3.1，串行口数据发送端) 与外部设备进行串行通信。单片机内部的串行接口共有两个物理上独立、逻辑上同名的接收、发送缓冲器SBUF (属于特殊功能寄存器SFR)，可同时发送、接收数据，实现全双工方式串行通信。发送缓冲器只能写入不能读出；接收缓冲器只能读出不能写入。串行接口的通信由3个特殊功能寄存器对数据的接收和发送进行控制，它们分别是串行口控制寄存器SCON、电源控制寄存器PCON和中断允许控制寄存器IE。

(2) 串行接口的控制寄存器。

1) 串行口控制寄存器SCON，其形式如下：

SCON	D7	D6	D5	D4	D3	D2	D1	D0
位名称	SM0	SM1	SM2	REN	TB8	RB8	TI	RI
位地址	9FH	9EH	9DH	9CH	9BH	9AH	99H	98H
功能	工作方式选择		多机通信控制	接收允许	发送第9位	接收第9位	发送中断	接收中断

2) 电源控制寄存器PCON，其形式如下：

PCON	D7	D6	D5	D4	D3	D2	D1	D0
位名称	SMOD	—	—	—	GF1	GF0	PD	IDL

电源控制寄存器PCON中，与串行口工作有关的仅有它的最高位SMOD，SMOD称为串行口的波特率倍增位。在串行口工作方式1、2、3中，当SMOD=1时，波特率加倍；否

则，波特率不加倍。系统复位时，SMOD=0。

3）中断允许控制寄存器IE中，与串行通信有关的位有ES位。ES为串行中断允许位，ES=0，禁止串行中断；ES=1，允许串行中断。

（3）串行接口的工作方式。MCS-51单片机串行接口有4种工作方式，分别为方式0、方式1、方式2和方式3，由串行接口控制寄存器SCON中最高两位SM0、SM1的状态，通过软件设置来决定选择何种工作方式。

1）工作方式0：8位同步移位方式，波特率固定，为$f_{osc}/12$。是以8位数据为一帧进行传输，不设起始位和停止位，先发送或接收最低位。

2）工作方式1：10位UART，波特率可变，以10位数据为一帧的串行异步通信口。TXD为数据发送引脚，RXD为数据接收引脚。在一帧数据中，1位起始位（0）、8位数据位（数据位是先低位后高位）和1位停止位（1）。工作方式1可用于无奇偶校验的双机串行异步通信方式。

3）工作方式2和工作方式3：11位UART。工作方式2波特率固定，工作方式3波特率可变，工作方式2和工作方式3都为以11位数据为一帧的串行异步通信接口，TXD为数据发送引脚，RXD为数据接收引脚。在每帧11位数据中，1位起始位（0），8位数据位（先低位），1位可程控为1或0的附加第9位数据（发送时为SCON中的TB8，接收时为RB8）和1位停止位（1）。

（4）多机通信原理：多个单片机可利用串行口工作方式2、3进行多机通信，采用的是主从式结构。系统中有1个主机（单片机或其他有串行接口的微机）和1、2、…、N个单片机组成的从机系统。主机的RXD与所有从机的TXD端相连，TXD与所有从机的RXD端相连。从机地址分别为01H，02H，…，$(N-1)$H。

（5）波特率的制定方法。

1）工作方式0时，波特率固定，不受SMOD位值的影响。工作方式0的波特率=$f_{osc}/12$。

2）工作方式2时，波特率仅与SMOD位的值有关。工作方式2的波特率=$2^{SMOD}f_{osc}/64$。

3）工作方式1或工作方式3时，常用T1作为波特率发生器，其关系式为

$$波特率=2^{SMOD}/32\times 定时器T1的溢出率$$

在实际设定波特率时，T1设置为工作方式2定时（自动装初值），即TL1作为8位计数器，TH1存放备用初值。设定时器T1工作方式2的初值为X，则有

$$定时器T1溢出率=f_{osc}/\{12\times[256-X]\}$$

$$波特率=2^{SMOD}/32f_{osc}/\{12\times[256-X]\}$$

3. MCS-51单片机内部串行口的应用

（1）串行口的初始化。

1）设定串行口的工作方式，设定SCON寄存器。

2）设置波特率。

3）串行工作方式1、工作方式3需对T1编程。确定T1的工作方式（编程TMOD寄存器），计算T1的初值，装载TH1、TL1，启动T1。

4）选择查询方式或中断方式，在中断工作方式时，需要进行中断设置（编程IE、IP寄

存器）。

（2）串行通信设计需要考虑的问题。

1）首先确定通信双方的数据传输速率。

2）由数据传输速率确定采用的串行通信接口标准。

3）在通信接口标准允许的范围内确定通信的波特率。

4）根据任务需要，确定收发双方使用的通信协议。

5）通信线的选择，这是要考虑的一个很重要的因素。通信线一般选用双绞线较好，并根据传输的距离选择纤芯的直径。如果空间的干扰较多，还要选择带有屏蔽层的双绞线。

6）通信协议确定后，进行通信软件编程。利用串行口可实现单片机间的点对点串行通信、多机通信以及单片机与 PC 机间的单机或多机通信。

（3）串行口应用的实例。略。

9.6.2 学习基本要求

1. MCS－51 并行口

（1）了解 MCS－51 并行口 P0、P1、P2、P3 的结构。

（2）熟悉 MCS－51 并行口 P0、P1、P2、P3 输入和输出的使用方法。

2. MCS－51 定时器/计数器

（1）定时器/计数器的工作原理。

（2）熟悉 MCS－51 定时器/计数器控制寄存器 TCON、TMOD 结构、控制作用和设置方法。

（3）理解定时器/计数器四种工作方式的功能及其初值的计算。

（4）掌握定时器/计数器初始化、应用程序的编制方法。

3. 串行通信概述

（1）了解并行通信和串行通信的基本概念。

（2）理解异步通信和同步通信的基本概念。

（3）了解串行通信的三种通信方式。

（4）理解波特率概念，学会波特率计算方法。

（5）了解串行通信的校验方法。

4. MCS－51 串行口

（1）了解 MCS－51 单片机串行口的基本结构。

（2）串行口的控制寄存器。

1）理解串行数据缓冲器 SBUF 的功能和读写方法。

2）熟悉 SCON 的结构、各位的含义及功能和设置方法。

3）了解电源控制寄存器 PCON，熟悉 SMOD。

（3）串行四种工作方式。

1）理解串行四种工作方式的特点和区别。

2）熟悉串行口四种工作方式下的数据格式、波特率计算及实际应用。

3）掌握串行工作方式 0 的应用。

4）熟悉串行工作方式 1、工作方式 2、工作方式 3 应用程序的编制方法。

（4）多机通信。

1）理解双机通信/多机通信的基本原理。

2）了解多机通信硬件系统及软件设计。

9.6.3 习题解答

6-1 请分别编写实现下列功能的子程序：

（1）$(P1.0)\wedge(P1.1)\rightarrow(20H).0$　　（2）$(P1.2)\wedge(P1.3)\rightarrow(20H).7$

（3）$\overline{(P1.0)}\rightarrow P1.4$　　（4）$\overline{(P1.1)}\rightarrow P1.5$

（5）$\overline{(P1.2)}\rightarrow P1.6$　　（6）$\overline{(P1.3)}\rightarrow P1.7$

答：（1）

```
LOGIC_1:  SETB   P1.0
          SETB   P1.1
          MOV    C,P1.0
          ANL    C,P1.1
          MOV    20H.0,C
          RET
```

（2）

```
LOGIC_2:  SETB   P1.2
          SETB   P1.3
          MOV    C,P1.2
          ANL    C,P1.3
          MOV    20H.7,C
          RET
```

（3）

```
LOGIC_3:  SETB   P1.0
          MOV    C,P1.0
          CPL    C
          MOV    P1.4,C
          RET
```

（4）

```
LOGIC_4:  SETB   P1.1
          MOV    C,P1.1
          CPL    C
          MOV    P1.5,C
          RET
```

（5）

```
LOGIC_5:  SETB   P1.2
          MOV    C,P1.2
          CPL    C
          MOV    P1.6,C
          RET
```

（6）

```
LOGIC_6:  SETB   P1.3
          MOV    C,P1.3
          CPL    C
          MOV    P1.7,C
          RET
```

6－2　MCS－51 单片机内部设有几个定时器/计数器？它们是由哪些特殊功能寄存器组成的？

答：略。

6－3　根据计数器结构不同，T0、T1 分别有哪几种工作方式？

答：略。

6－4　MCS－51 定时器方式和计数器方式的区别是什么？

答：略。

6－5　定时器/计数器用作定时器时，其定时时间与哪些因素有关？作计数器时，对外界计数频率有何限制？

答：略。

6－6　若 $f_{osc}=12\text{MHz}$，则 T0 的工作方式 1 和工作方式 2 的最大定时时间为多少？若要求定时 1min，最简洁的方法是什么？试画出硬件连线图并编程。

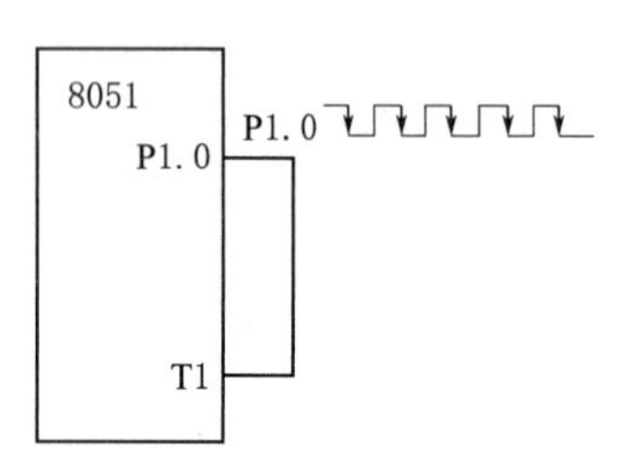

图 9.7　习题 6－6 的连线图

答：若 $f_{osc}=12\text{MHz}$，机器周期 $T_c=1\mu s$，则 T0 的方式 1 的最大定时时间为 $65536\mu s=65.536\text{ms}$；方式 2 的最大定时时间为 $256\mu s$。

在单片机定时器/计数器和端口资源充足的情况下，可用两个定时器/计数器串联使用，采用 T0 产生周期为 100ms 脉冲，即 P1.0 每 50ms 取反一次作为 T1 的计数脉冲，T1 对下降沿计数，因此 T1 计 600 个脉冲共 60000ms＝60s，正好 1min。T0 采用方式 1，定时 100ms。计数初值 $X=2^{16}-50\times10^3/1=$3CB0H；T1 采用方式 1，计 600 个脉冲，计数初值 $X=2^{16}-600=$FDA8H。硬件连线图如图 9.7 所示，程序如下：

```
            #ORG      0000H
            LJMP      MAIN
            ORG       000BH         ;T0 中断
            LJMP      INTT0
            ORG       0013H         ;T1 中断
            LJMP      TIM_1MIN      ;转 1min 到处理程序

            ORG       0100H         ;中断处理程序
INTT0:      CPL       P1.0
            MOV       TH0,#3CH
            MOV       TL0,#0B0H
            RETI
TIM_1MIN:   MOV       TH1,#0FDH
            MOV       TL1,#0A8H
            ....                    ;1min 到处理程序
            RETI
            ORG       0200H         ;主程序
MAIN:       CLR       P1.0
            MOV       TMOD,#51H     ;T0 定时方式 1,T1 计数方式 1
            MOV       TH0,#3CH
```

```
        MOV     TL0,#0B0H
        MOV     TH1,#0FDH
        MOV     TL1,#0A8H
        SETB    ET0
        SETB    TR0
        SETB    ET1
        SETB    TR1
        SETB    EA
        SJMP    $
```

6－7 请叙述 TMOD＝A6H 所表示的含义。

答：TMOD＝A6H＝10100110B，由 TMOD 的各位定义可知：T0 用于非门控计数工作方式 2；T1 用于门控定时工作方式 2。

6－8 使用定时器 0 以定时方法在 P1.0 输出周期为 400μs、占空比为 20%的矩形脉冲，设单片机晶振频率为 12MHz，编程实现。

答：400μs×0.2＝80μs，用定时器 0 以定时工作方式 2 产生定时中断，1 个输出周期由 5 个中断组成，用 R2 计数。定时器的计数初值 $X=2^8-80=256-80=176=$B0H。

采用中断方式编写的程序如下：

```
        ORG     0000H
        LJMP    MAIN
        ORG     000BH           ;T0中断
        LJMP    INTT0
        ORG     0100H           ;中断处理程序
INTT0:  DJNZ    R2,T0_1
        SETB    P1.0
        MOV     R2,#5
        RETI
T0_1:   CLR     P1.0
        RETI
        ORG     0200H           ;主程序
MAIN:   MOV     TMOD,#02H       ;T0定时方式2
        MOV     TH0,#0B0H
        MOV     TL0,#0B0H
        MOV     R2,#5
        SETB    ET0
        SETB    TR0
        SETB    EA
        SJMP    $
```

6－9 若 f_{osc}＝12MHz，用 T0 方式 2 产生 250μs 定时中断，使用中断控制方法使 P3.4 输出周期为 1s 的方波（使 P3.4 上接的指示灯以 0.5s 速率闪亮）。试分别编写出 T0 和中断的初始化程序和中断服务程序。

答：周期为 1s 的方波高电平和低电平各为 0.5s，0.5s÷250μs＝500ms÷0.25ms＝2000，要用 2 个字节计数，现用 R2、R3，R2＝200，定时 250μs×200＝50ms；R3＝20，定

时 50ms×20＝1000ms＝1s；定时器的计数初值 $X=2^8-250=6=06H$。

```
        ORG     0000H
        LJMP    MAIN
        ORG     000BH           ;T0 中断
        LJMP    INTT0
        ORG     0100H           ;中断处理程序
INTT0:  DJNZ    R2,T0_1
        MOV     R2,#200
        DJNZ    R3,T0_1
        MOV     R3,#20
        CPL     P1.0
T0_1:   RETI
        ORG     0200H           ;主程序
MAIN:   MOV     TMOD,#02H       ;T0 定时方式 2
        MOV     TH0,#06H        ;250μs
        MOV     TL0,#06H
        MOV     R2,#200         ;50ms
        MOV     R3,#20          ;1s
        SETB    ET0
        SETB    TR0
        SETB    EA
        SJMP    $
```

6－10　若 $f_{osc}=12MHz$，用 T0 产生 50ms 定时，试编写一个初始化程序，其功能为对 T0 和中断初始化，并清零时钟单元 30H～32H，秒定时计数单元置初值，并编写 T0 中断程序，其功能为 1s 定时，并对时钟单元（时、分、秒）计数。

答：$f_{osc}=12MHz$ 时，定时器能产生 50ms 定时的只有工作方式 1。定时器的计数初值 $X=2^{16}-50000=65536-50000=15536=3CB0H$。使用 R2 对 50ms 定时中断计数到 1s，R2 初值＝20。

```
        ORG     0000H
        LJMP    MAIN
        ORG     000BH           ;T0 中断
        LJMP    INTT0
        ORG     0100H           ;中断处理程序
INTT0:  MOV     TL0,#0B0H       ;50ms
        MOV     TH0,#3CH
        DJNZ    R2,T0_1
        MOV     R2,#20          ;1s 到
        INC     32H             ;秒加 1
        MOV     A,32H
        CJNE    A,#60,T0_1
        MOV     32H,#0          ;秒到 60,秒回到 0
        INC     31H             ;分加 1
        MOV     A,31H
```

```
        CJNE    A,#60,T0_1
        MOV     31H,#0          ;分到 60,分回到 0
        INC     30H             ;时加 1
        MOV     A,30H
        CJNE    A,#24,T0_1
        MOV     30H,#0          ;时到 24
T0_1:   RETI
        ORG     0200H           ;主程序
MAIN:   MOV     TMOD,#01H       ;T0 定时方式 1
        MOV     TH0,#3CH        ;50ms
        MOV     TL0,#0B0H
        MOV     R2,#20          ;1s
        SETB    ET0
        SETB    TR0
        SETB    EA
        SJMP    $
```

6－11　利用 MCS－51 单片机的定时器测量某正单脉冲宽度时，采用何种工作方式可以获得最大的量程？若系统时钟频率为 6MHz，那么最大允许的脉冲宽度是多少？

答：采用具有门控的定时器工作方式 1 可以获得最大的量程。若系统时钟频率为 6MHz，那么最大允许的脉冲宽度是$[12/(6\times10^6)]\times2^{16}=2\mu s\times65536\approx130ms$。

6－12　若要求晶振主频为 12MHz，如何用定时器 T0 来测试频率为 0.5MHz 左右的方波周期？试编初始化程序。

答：12MHz 晶振，则 1 个机器周期 1μs，0.5MHz 方波的周期是 2μs。不管是采用计数方式还是门控计时方式，对大于等于 0.5MHz 的方波，测试周期都会产生明显误差。可以通过提高系统晶振频率来消除上述问题。在系统晶振频率提高有限的情况下，可采用门控方式。初始化程序如下：

```
        MOV     TMOD,#09H       ;T0:门控、定时、工作方式 1
        MOV     TH0,#0H
        MOV     TL0,#0H
        SETB    TR1
```

6－13　单片机用内部定时方法产生频率为 200kHz 的方波，设单片机晶振频率为 12MHz，请编程实现。

答：频率为 200kHz 的方波的周期为 1/200000s＝0.005ms＝5μs。单片机晶振频率为 12MHz，机器周期为 1μs，无法实现 2.5μs 的定时。如题目改为产生频率为 200Hz 的方波，则方波的周期为 1/200s＝0.005s＝5ms。设在 P1.0 上产生频率为 200Hz 的方波，用 T0 产生 2.5ms 定时，定时器计数初值 $X=2^{16}-2.5\times10^3/1=65536-2500=63036=F63CH$。

```
        ORG     0000H
        LJMP    MAIN
        ORG     000BH           ;T0 中断
        LJMP    INTT0
```

```
         ORG     0100H          ;中断处理程序
INTT0:   CPL     P1.0
         MOV     TL0,#3CH
         MOV     TH0,#0F6H
         RETI
         ORG     0200H          ;主程序
MAIN:    MOV     TMOD,#01H      ;T0 定时方式 1
         MOV     TH0,#0F6H
         MOV     TL0,#3CH
         SETB    ET0
         SETB    TR0
         SETB    EA
         SJMP    $
```

6－14　在晶振主频为 12MHz 时，要求 P1.0 输出周期为 1ms 对称方波；要求 P1.1 输出周期为 2ms 不对称方波，占空比为 1∶3（高电平短，低电平长），试用定时器方式 0，方式 1 编程。

答：周期为 1ms 的对称方波要求定时时间为 0.5ms，周期为 2ms、不对称占空比为1∶3的方波要求定时时间为 $2\times1/4=0.5$ms，定时器计数初值 $X=2^{16}-0.5\times10^{3}/1=65536-500=65036=$ FE0CH。采用 R2 计数的不对称方波程序如下：

```
         ORG     0000H
         LJMP    MAIN
         ORG     000BH          ;T0 中断
         LJMP    INTT0
         ORG     0100H          ;中断处理程序
INTT0:   MOV     TL0,#0CH
         MOV     TH0,#0FEH
         CPL     P1.0           ;输出 1ms 对称方波
         DJNZ    R2,T0_1
         MOV     R2,#4
         SETB    P1.1           ;输出 2ms 不对称方波高电平
         RETI
T0_1:    CLR     P1.1           ;输出 2ms 不对称方波低电平
         RETI
         ORG     0200H          ;主程序
MAIN:    MOV     TMOD,#01H      ;T0 定时方式 1
         MOV     TH0,#0FEH
         MOV     TL0,#0CH
         MOV     R2,#4
         SETB    ET0
         SETB    TR0
         SETB    EA
         SJMP    $
```

6－15　片外 RAM 以 30H 开始的数据区中有 100 个数，要求每隔 100ms 向片内 RAM

以 10H 开始的数据区传送 20 个数据，通过 5 次传送把数据全部传送完。以定时器 1 作为定时，编写有关的程序。设 $f_{osc}=6MHz$。

答：采用工作方式 1，定时器计数初值 $X=2^{16}-100\times10^{3}/2=65536-50000=15536=$ 3CB0H。假设 R2 传送数据计数，R3 传送次数计数，R0 片外 RAM 地址，R1 片内 RAM 地址，编写的程序如下：

```
        ORG     0000H
        LJMP    MAIN
        ORG     000BH           ;T0 中断
        LJMP    INTT0
        ORG     0100H           ;中断处理程序
INTT0:  MOV     TL0,#3CH
        MOV     TH0,#0B0H
T0_1:   MOVX    A,@R0
        MOV     @R1,A
        INC     R0
        INC     R1
        DJNZ    R2,T0_1         ;传送 20 个数据
        MOV     R2,#20
        DJNZ    R3,T0_2
        CLR     ET1             ;传送 5 次到
        CLR     TR1
T0_2:   RETI
        ORG     0200H           ;主程序
MAIN:   MOV     TMOD,#10H       ;T1 定时方式 1
        MOV     TH0,#0B0H
        MOV     TL0,#3CH
        MOV     R2,#20
        MOV     R3,#5
        MOV     R0,#30H
        MOV     R1,#10H
        SETB    EA
        SJMP    $
```

6-16 每隔 1s 读一次 P1.0，如果所读的状态为“1”，内部 RAM 10H 单元加 1，如果所读的状态为“0”，则内部 RAM 11H 单元加 1，假定单片机晶振频率为 12MHz，请以软硬件结合方法定时实现之。

答：$f_{osc}=12MHz$，用定时器工作方式 1 产生 50ms 定时，使用 R2 对 50ms 定时中断计数到 1s，R2 初值 = 20。定时器的计数初值 $X=2^{16}-50000=65536-50000=$ 15536=3CB0H。

```
        ORG     0000H
        LJMP    MAIN
        ORG     000BH           ;T0 中断
        LJMP    INTT0
```

```
        ORG     0100H          ;中断处理程序
INTT0:  MOV     TL0,#0B0H      ;50ms
        MOV     TH0,#3CH
        DJNZ    R2,T0_1
        MOV     R2,#20         ;1s 到
        SETB    P1.0           ;置 P1.0 为输入状态
        JNB     P1.0,T0_2
        INC     10H            ;P1.0=1 加 1
        SJMP    T0_1
T0_2:   INC     11H            ;P1.0=0 加 1
T0_1:   RETI
        ORG     0200H          ;主程序
MAIN:   MOV     TMOD,#01H      ;T0 定时方式 1
        MOV     TH0,#3CH       ;50ms
        MOV     TL0,#0B0H
        MOV     R2,#20         ;1s
        MOV     10H,#00H
        MOV     11H,#00H
        SETB    ET0
        SETB    TR0
        SETB    EA
        SJMP    $
```

6-17　何谓单工行口、半双工串行口、全双工串行口？

答：略。

6-18　串行口异步通信为什么必须按规定的字符格式发送与接收？

答：略。

6-19　MCS-51 单片机串行口由哪些面向用户的特殊功能寄存器组成？它们各有什么作用？

答：略。

6-20　MCS-51 单片机串行口有几种工作方式？各自的功能是什么？如何应用？

答：略。

6-21　试述串行口方式 0 和方式 1 发送与接收的工作过程。

答：略。

6-22　MCS-51 单片机串行口控制寄存器 SCON 中的 SM2、TB8 和 RB8 有什么作用？其适用场合是怎样的？

答：SM2：多机通信控制位，主要在工作方式 1、工作方式 2、工作方式 3 下使用；TB8：存放发送数据的第 9 位，主要在工作方式 2、工作方式 3 下使用；RB8：存放接收数据的第 9 位或停止位，主要在工作方式 1、工作方式 2、工作方式 3 下使用。

6-23　请编程实现串行口在方式 2 下的发送程序。设发送数据缓冲区在外部 RAM，起始地址是 1500H，发送数据长度为 60H，采用奇校验，放在发送数据第 9 位上。

答：

```
        MOV     SCON,#80H      ;设定串口工作方式 2
        MOV     PCON,#80H      ;波特率为 fosc/32
```

```
        MOV     DPTR,#1500H     ;设定数据传送的起始地址
        MOV     R7,#60H         ;设定数据传送的个数 60H
        CLR     TI
LOOP:   MOVX    A,@DPTR         ;取数
        MOV     C,PSW.0         ;取来奇偶校验位
        MOV     TB8,C           ;送到发送的位置
        MOV     SBUF,A          ;串口发送
WAIT:   JBC     TI,CONT         ;等待发送完成
        SJMP    WAIT
CONT:   INC     DPTR            ;转向下一个数据
        DJNZ    R7,LOOP         ;循环
        RET                     ;返回主程序
```

6－24　利用单片机的串行口扩展并行 I/O 接口，控制 16 个发光二极管依次发光，请画出电路图，编写相应的程序。

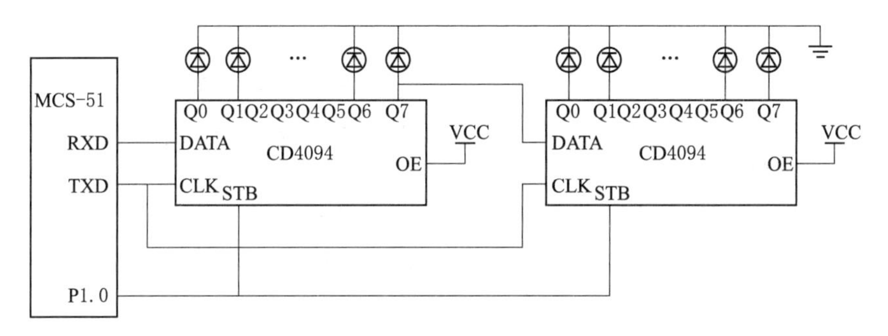

图 9.8　习题 6－24 的连线图

答：电路如图 9.8 所示。

```
        MOV     SCON,#00H       ;设置串行口工作于方式 0
        MOV     R3,#80H         ;点亮最左边的发光二极管的数据
        MOV     R2,#00H
LOOP:   CLR     P1.0            ;串行传送时,切断与并行输出口的连接
        MOV     A,R2
        MOV     SBUF,A          ;串行传送
        JNB     TI,$            ;等待串行传送完毕
        CLR     TI              ;清发送标志位
        MOV     A,R3
        MOV     SBUF,A          ;串行传送
        JNB     TI,$            ;等待串行传送完毕
        CLR     TI              ;清发送标志位
        SETB    P1.0            ;串行传送完毕,选通并行输出
        ACALL   DELAY           ;状态维持
        MOV     A,R2            ;选择点亮下一发光二极管的数据
        RR      A
        MOV     R2,A
        MOV     A,R3
```

```
        RR      A
        MOV     R3,A
        LJMP    LOOP          ;继续串行传送
DELAY:  MOV     R7,#05H
LOOP1:  MOV     R6,#0FFH
        DJNZ    R6,$
        DJNZ    R7,LOOP1
        RET
```

9.6.4　自我检测题

下面给出该章的自我检测题，题型只有判断题、单项选择题、多项选择题三种，一般都为基础题，读者自我测试一下对本章基础知识的掌握程度。

9.6.4.1　判断题

（　）1. MCS－51 单片机的两个定时器均有两种工作方式，即定时和计数工作方式。

（　）2. 定时器/计数器在工作时需要消耗 CPU 的时间。

（　）3. MCS－51 单片机的 TCON 主要用来控制定时器的启动与停止。

（　）4. MCS－51 单片机的 TMOD 不能进行位寻址，只能用字节传送指令设置定时器的工作方式及操作模式。

（　）5. 特殊功能寄存器 IE，与定时器/计数器的控制无关。

（　）6. 指令 LP：JNB TF0，LP 含义是：若定时器 T0 未计满数，就转 LP，即等待计数满。

（　）7. 启动定时器 Ti(i=0,1)工作，可使用 SETB TRi(i=0,1)启动。

（　）8. 若置 8031 的定时器/计数器 T1 于定时模式，工作于方式 2，则工作方式字为 20H。

（　）9. 当 8031 的定时器 T0 计满数变为 0 后，溢出标志位（TCON 的 TF0）也变为 0。

（　）10. 定时器/计数器工作于定时方式时，是通过 8051 片内振荡器输出经 12 分频后的脉冲进行计数，直至溢出为止。

（　）11. 定时器/计数器工作于计数方式时，通过 8051 的 P3.4 和 P3.5 对外部脉冲进行计数，当遇到脉冲下降沿时计数一次。

（　）12. 定时器/计数器在使用前和溢出后，必须对其赋初值才能正常工作。

（　）13. 串行通信的优点是只需一对传送线，成本低，适于远距离通信，缺点是传送速度较低。

（　）14. 异步通信中，在线路上不传送字符时保持高电平。

（　）15. 在异步通信的帧格式中，数据位是低位在前高位在后的排列方式。

（　）16. 异步通信中，波特率是指每秒传送二进制代码的位数，单位是 bit/s。

（　）17. 单片机 8051 和 PC 机的通信中，使用芯片 MAX232 是为了进行电平转换。

（　）18. 在 8051 中，串行口数据缓冲器 SBUF 是可以字节直接寻址的专用寄存器。

（　）19. 在 8051 串行通信中，串行口的发送和接收都是对 SBUF 进行读/写而实现的。

（　）20. 在 8051 中，读和写的 SBUF 在物理上是独立的，但地址是相同的。

（　）21. 串行通信发送时，指令把 SCON 寄存器的 TB8 状态（第 9 数据位）送入发送

SBUF。

（　）22. 串行通信接收到的第 9 位数据送 SCON 寄存器的 RB8 中保存。

（　）23. 在单片机 8051 中，串行通信方式 1 和方式 3 的波特率是固定不变的。

（　）24. 串行口方式 1 的波特率是可变的，通过定时器/计数器 T1 的溢出率设定。

（　）25. 要进行多机通信，MCS－51 串行接口的工作方式应选为方式 1。

9.6.4.2　单项选择题

1. 用 8031 的定时器 T1 作定时方式，用模式 1，则工作方式控制字为（　　）。

（附 TMOD 的定义：GATE，C/T，M1，M0 ‖ GATE，C/T，M1，M0，即 T1 的定义||T0的定义）

A. 01H　　B. 05H　　C. 10H　　D. 50H

2. 8031 的定时器 T0 作计数方式，用模式 1（16 位计数器），则应用指令（　　）初始化编程。

A. MOV TMOD，#01H　　B. MOV TMOD，#10H

C. MOV TMOD，#05H　　D. MOV TCON，#05H

3. 用 8031 的定时器，若可以软件启动，应使 TOMD 中的（　　）。

A. GATE 位置 1　　B. $C/\overline{T}$ 位置 1　　C. GATE 位置 0　　D. $C/\overline{T}$ 位置 0

4. 启动定时器 0 开始计数的指令是使 TCON 的（　　）。

A. TF0 位置 1　　B. TR0 位置 1　　C. TR0 位置 0　　D. TR1 位置 0

5. 使 8031 的定时器 T1 停止定时的指令是（　　）。

A. CLR TR0　　B. CLR TR1　　C. SETB TR0　　D. SETB TR1

6. 下列指令判断若定时器 T0 计满数就转 LP 的是（　　）。

A. JB T0，LP　　B. JNB TF0，LP　　C. JNB TR0，LP　　D. JB TF0，LP

7. 下列指令判断若定时器 T0 未计满数就原地等待的是（　　）。

A. JB T0，$　　B. JNB TF0，$　　C. JNB TR0，$　　D. JB TF0，$

8. 8031 单片机的定时器 T1 用作定时方式时是（　　）。

A. 由内部时钟频率定时，一个时钟周期加 1

B. 由内部时钟频率定时，一个机器周期加 1

C. 由外部时钟频率定时，一个时钟周期加 1

D. 由外部时钟频率定时，一个机器周期加 1

9. 8031 单片机的定时器 T1 用作计数方式时计数脉冲是（　　）。

A. 外部计数脉冲由 T1（P3.5）输入　　B. 外部计数脉冲由内部时钟频率提供

C. 外部计数脉冲由 T0（P3.4）输入　　D. 由附加的外部脉冲计数器来计数

10. 8051 单片机的定时器/计数器，本质上就是计数器，下面说法正确的是（　　）。

A. 当对外计数时就是定时器　　B. 当对内部机器周期计数时就是定时器

C. 不允许对外计数　　D. 不允许对内部计数

11. 用定时器 T1 方式 1 计数，要求每计满 10 次产生溢出标志，则 TH1、TL1 初始值是（　　）。

A. FFH、F6H　　B. F6H、F6H　　C. F0H、F0H　　D. FFH、F0H

12. 启动定时器 0 开始定时的指令是（　　）。

A. CLR TR0　　B. CLR TR1　　C. SETB TR0　　D. SETB TR1

13. 单片机的两个定时器作定时器使用时，其TMOD的D6或D2应分别为（　　）。

A. D6=0，D2=0　　B. D6=1，D2=0

C. D6=0，D2=1　　D. D6=1，D2=1

14. MCS-51单片机定时器溢出标志是（　　）。

A. TR1和TR0　　B. IE1和IE0　　C. IT1和IT0　　D. TF1和TF0

15. 用定时器T1方式2计数，要求每计满100次，向CPU发出中断请求，TH1、TL1的初始值是（　　）。

A. 9CH　　B. 20H　　C. 64H　　D. A0H

16. MCS-51单片机定时器T1的溢出标志TF1，若计满数产生溢出时，如不用中断方式而用查询方式，则应（　　）。

A. 由硬件清零　　B. 由软件清零　　C. 由软件置1　　D. 可不处理

17. MCS-51单片机定时器T0的溢出标志TF0，若计满数，在CPU响应中断后（　　）。

A. 由硬件清零　　B. 由软件清零　　C. A和B都可以　　D. 随机状态

18. 8051单片机计数初值计算中，若设最大计数值为M，模式1下M值为（　　）。

A. $M=2^{13}=8192$　　B. $M=2^{8}=256$

C. $M=2^{4}=16$　　D. $M=2^{16}=65536$

19. 单片机工作方式为定时工作方式（计数器为L位）时，其定时工作方式的计数初值$X=$（　　）。

A. 2^L-f_{osc}　　B. 2^L+f_{osc}　　C. $2^L-f_{osc}\times t/12$　　D. $2^L-(f_{osc}\times t)$

20. MCS-51的串行口工作方式中适合多机通信的是（　　）。

A. 方式0　　B. 方式3　　C. 方式1　　D. 方式2

21. MCS-51单片机串行口接收数据的次序是（　　）。

(1) 接收完一帧数据后，硬件自动将SCON的RI置1（中断方式）

(2) 用软件将RI清零（查询方式）[注：实际使用中(1)、(2)仅选一种]

(3) 接收到的数据由SBUF读出

(4) 置SCON的REN（允许接收位）为1，外部数据由RXD（P3.0）输入

A. [(1)或(2)](3)(4)　　B. (4)[(1)或(2)](3)

C. [(1)或(2)](4)(3)　　D. (3)(4)[(1)或(2)]

22. MCS-51单片机串行口发送数据的次序是（　　）。

(1) 待发送数据送SBUF

(2) 发送完毕硬件自动将SCON的TI置1

(3) 经TXD（P3.1）串行发送一帧数据完毕

(4) 查询到TI的值为1说明发送完了，再用软件将TI清0，准备发下一帧数据

A. (1)(3)(2)(4)　　B. (1)(2)(3)(4)

C. (4)(3)(1)(2)　　D. (3)(4)(1)(2)

23. 8051单片机串行口用工作方式0时，不用于通信，用于扩展I/O接口，此时（　　）。

A. 数据从RXD串行输入，从TXD串行输出

B. 数据从RXD串行输出，从TXD串行输入

C. 数据从RXD串行输入或输出，同步信号从TXD输出

D. 数据从TXD串行输入或输出，同步信号从RXD输出

24. 若单片机的晶振频率为 6MHz，定时器/计数器的外部输入最高计数频率为（　　）。

A. 2MHz　　B. 1MHz　　C. 500kHz　　D. 250kHz

25. 串行口的移位寄存器方式为（　　）。

A. 方式 0　　B. 方式 1　　C. 方式 2　　D. 方式 3

26. 当 MCS-51 用串行口扩展并行 I/O 接口时，串行口工作方式应选择（　　）。

A. 方式 0　　B. 方式 1　　C. 方式 2　　D. 方式 3

27. 关于串口异步通信的串行帧数据格式的说法，错误的有（　　）。

A. 起始位、数据位、奇偶校验位、停止位

B. 起始位、数据位、停止位

C. 不一定按 A 或 B 格式，可以自定义格式

D. 不能自定义格式，只能在 A 或 B 中选一

28. 晶振 f_{osc}为 6MHz，用定时器 0 方式 2 产生定时，已知初值(TH0)=(TL0)=06H，则定时时间为（　　）。

A. 12ms　　B. 300μs　　C. 150μs　　D. 500μs

29. 设 8051 的晶振频率为 11.0592MHz，选用定时器 T 工作方式 2 作波特率发生器，波特率为 1200bit/s，且 SMOD=0，则定时器的初值 TH1 为（　　）。

A. E8H　　B. F4H　　C. FAH　　D. FDH

9.6.4.3　多项选择题

1. MCS-51 单片机内部设置有两个 16 位可编程的定时器/计数器，简称定时器 T0 和 T1，它们的（　　）等均可通过程序来设置和改变。

A. 工作方式　　B. 定时时间　　C. 量程　　D. 启动方式　　E. 计数时间

2. MCS-51 单片机定时器内部结构由（　　）组成。

A. TCON　　B. TMOD　　C. 计数器　　D. T0　　E. T1

3. MCS-51 单片机控制寄存器 TCON 的作用是（　　）等。

(附 TCON 的定义：TF1，TR1，TF0，TR0，IE1，IT1，IE0，IT0)

A. 定时器/计数器的启、停控制　　B. 定时器的溢出标志　　C. 外部中断请求标志

D. 确定中断优先级　　E. 选择外部中断触发方式

4. 8051 单片机定时器 T0 作定时用，采用操作模式 1，编程时需有下列步骤（　　）。

A. TMOD 初始化　　B. 选择电平触发还是边沿触发　　C. 置入计数初值

D. 启动定时器　　E. 判断计数是否溢出（即定时时间到）

5. MCS-51 单片机中定时器/计数器的工作模式有（　　）。

A. 8 位自动重装计数器　　B. 13 位计数器　　C. 16 位计数器

D. 32 位计数器　　E. 两个独立的 8 位计数器

6. 8031 单片机上电复位后，内容为 0 的寄存器是（　　）。

A. R0～R7　　B. SP　　C. ACC　　D. B　　E. TMOD、TCON

7. 8051 单片机的 SCON 寄存器的用途是（　　）。

(附 SCON 的定义：SM0，SM1，SM2，REN，TB8，RB8，TI，RI)

A. 接收中断标志　　B. 低电平触发　　C. 发送中断标志

D. 下降沿触发　　E. 允许/不允许接收选择

8. 已知系统使用了外部中断 1 和串口中断，下面是汇编程序开头格式，空白处依次填（　　）。

```
        ORG     0000H
        AJMP    MAIN
        ________
        AJMP    Int1grom
        ________
        AJMP    Esintgrom
        ORG     030H
MAIN: ……
```

A. ORG　0003H　　B. ORG　000BH　　C. ORG　0013H
D. ORG　001BH　　E. ORG　0023H　　F. ORG　002BH

9.7　MCS－51 单片机的外部扩展技术（一）

本节对应教材的第 7 章内容。当单片机的内部资源不够用时，就需要外加相应的芯片和电路，进行系统扩展。系统扩展有并行扩展和串行扩展两种方法。该章主要介绍并行扩展的一般方法（几种地址译码方法）、常见的外部存储器（RAM 和 ROM）、常用的 I/O 接口芯片（不可编程的锁存器与缓冲器、可编程的 8155/8255），最后还简单介绍了串行扩展技术。学习重点是并行扩展方法中常用的存储器芯片、I/O 接口芯片与 MCS－51 单片机的接口设计和编程，难点是外部扩展芯片如何与 MCS－51 单片机正确连接、地址译码方式选择及地址计算、可编程 I/O 接口 8155/8255 的初始化及其编程等。

9.7.1　内容提要

9.7.1.1　并行扩展方法的概述

（1）MCS－51 单片机并行扩展的三总线结构。MCS－51 单片机采用三总线结构形式（图 9.9）：地址总线 AB、数据总线 DB 和控制总线 CB。

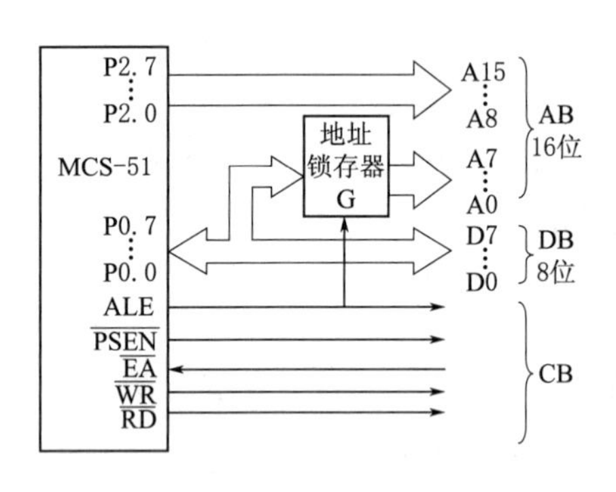

图 9.9　MCS－51 单片机的三总线结构形式

1）地址总线 AB。由 P0 口提供低 8 位 A7～A0，P2 口提供高 8 位 A15～A8，共 16 位，可寻址范围达 $2^{16}=64K$。由于 P0 口是数据、地址分时复用，所以 P0 口输出的低 8 位地址必须采用地址锁存器进行锁存，地址锁存器一般选用带三态缓冲器输出的 8D 锁存器 74LS373。

2）数据总线 DB。P0 口提供的 D7～D0，共 8 位。

3）控制总线 CB，包括 $\overline{PSEN}$、$\overline{WR}$、$\overline{RD}$、ALE、$\overline{EA}$等信号线，它们用于读/写控制、地址锁存控制和片内、片外 ROM 选择。

在单片机应用系统中，当扩展的三总线上负载很多时，常常需要通过连接总线驱动器进行总线驱动。常用的总线驱动器有 74LS245（双向）和 74LS244（单向）。

（2）并行扩展的一般连接方法。

1）数据总线的连接。单片机的数据总线为 8 位，一般扩展的芯片也应选用数据线是 8

位的，此时它们的连接只需与单片机的8位数据总线DB（D0～D7）按由低位到高位的顺序顺次对接即可。

2）控制总线的连接。对于程序存储器ROM芯片，读操作控制线$\overline{OE}$与单片机的$\overline{PSEN}$信号线相连；对于数据存储器RAM和I/O接口芯片，读操作控制线$\overline{OE}$和写操作控制线$\overline{WE}$（$\overline{WR}$）与单片机的$\overline{RD}$、$\overline{WR}$信号线相连。

3）地址总线的连接。单片机从A0开始的低位地址线直接接外围芯片的字选（片内选择）地址线引脚；剩余地址线一般作为译码线与外围芯片的片选（芯片选择）信号线$\overline{CE}$相接。一个芯片的某个单元或某个端口的地址由片选的地址和片内字选择地址共同组成。连线的方法是：①字选——外围芯片的字选（片内选择）地址线引脚直接接单片机从A0开始的低位地址线；②片选——外围芯片的片选（芯片选择）采用高位地址线经译码后的输出来选择。

（3）扩展芯片的选片方式有线选译码（或称线译码）、译码器译码、直接接地三种。

1）线选译码。高位地址线不经过译码，直接（或经反相器）分别接各存储器芯片的片选端来区别各芯片的地址。它的优点是电路最简单，但缺点是会造成地址重叠，且各芯片地址不连续。此法适用于外围芯片不多的情况，它是一种最简单、最低廉的连接方法。

2）译码器译码。片选引脚接到高位地址线经译码器译码后的输出线，这种通过译码器的译码方式又可分为部分译码和全译码两种。部分译码用片内寻址外的高位地址的一部分（而不是全部）作为译码产生片选信号，其优点是较全译码简单，但缺点是存在地址重叠区，造成地址浪费。全译码是把全部高位地址线都作为译码信号来参加译码，译码输出作为片选信号，其优点是每个芯片的地址范围唯一确定，而且各片之间是连续的，缺点是译码电路比较复杂。

3）直接接地。略。

9.7.1.2 MCS－51单片机的外部存储器扩展

（1）MCS－51单片机的扩展能力。根据MCS－51单片机的地址总线AB的宽度（16位），地址范围为0000H～FFFFH。对片内、外程序存储器ROM和片外数据存储器RAM的操作使用不同的指令和控制信号，允许两者的地址空间重叠，所以片内加上片外可扩展的程序存储器容量为64KB。对扩展的I/O接口与片外数据存储器RAM统一编址，即占据相同的地址空间。片外数据存储器RAM和I/O接口加在一起的扩展容量是64KB。

（2）存储器的种类。根据存储元件的材料不同，存储器可分为半导体存储器、磁存储器及光存储器。其中半导体存储器按存取方式可分为两大类：只读存储器ROM和随机存取存储器RAM。

1）只读存储器ROM可分为掩膜ROM、可编程ROM（PROM）、光可擦除ROM（EPROM）、电可擦除EEPROM（也称E^2PROM）和闪存Flash。

2）随机存取存储器RAM按采用器件可分为双极性存储器和MOS型存储器。MOS型存储器按存储原理又可分为静态读写存储器（SRAM）和动态读写存储器（DRAM）两种。SRAM读写速度高，使用方便，但成本高，功耗大；DRAM需要定时充电以维持存储内容不丢失（称为动态刷新）。DRAM的集成度高、功耗低、价格低，但速度慢，需要刷新电路。由于MCS－51单片机内部没有集成刷新电路，单片机外部扩展的数据存储器一般只用

SRAM。

（3）存储器的字、位扩展。

1）位扩展是指增加存储的字长。

2）字扩展是对存储器容量的扩展（或存储空间的扩展）。当存储器芯片上每个存储单元的字长已满足要求（如字长已为 8 位），而只是存储单元的个数不够，需要的是增加存储单元的数量。字扩展就是用多片字长为 8 位的存储芯片构成所需要的存储空间。一般而言，最终用户做的都是字扩展（即增加内存地址单元）工作。

3）字位扩展。在构成一个实际的存储器时，往往同时进行位扩展和字扩展才能满足存储容量的要求。进行字位扩展时，一般先进行位扩展，构成字长满足要求的内存模块，然后再用若干个此类模块进行字扩展，使总容量满足要求。

（4）扩展存储器所需芯片数目的确定。

1）当所选存储器芯片字长与单片机字长一致，只需扩展容量。所需芯片数目＝系统扩展容量/存储器芯片容量。

2）当所选存储器芯片字长与单片机字长不一致，则不仅需扩展容量，还需字扩展。若要构成一个容量为 $M \times N$ 位的存储器，并采用 $L \times K$ 位的芯片（$L < M, K < N$），则所需的存储器芯片数目＝(系统扩展容量 M/存储器芯片容量 L)×(系统字长 N/存储器芯片字长 K)$=MN/LK$。

3）单片机应用系统需要扩展存储器的规模较小，一般不会使用单片大容量存储器芯片，而为使扩展电路简单，通常选用字长已满足要求的芯片，存储器扩展一般只进行字扩展，即容量扩展。

（5）扩展存储器的一般连接方法。一般采用三总线并行扩展方法连接。

（6）存储器芯片的选片方式。存储器芯片的字选（片内选择）地址线引脚直接接单片机从 A0 开始的低位地址线；而片选引脚的连接方法主要采用线选译码、译码器译码、直接接地三种。

（7）存储器芯片的译码电路。译码电路可用普通的逻辑芯片或专门的译码器芯片实现。常见的专门译码器有 3－8 译码器 74LS138、双 2－4 译码器 74LS139 和 4－16 译码器 74LS154 等。

（8）单片机扩展系统的分类。单片机系统根据所扩展的规模，可分为最小（Small）系统、紧凑（Compact）系统、大（Large）系统和海量（Vast）系统四种。

（9）MCS－51 片外程序存储器的扩展。

1）常见的程序存储器 ROM 的芯片：①EPROM 有 2716(2K×8bit)、2732(4K×8bit)、2764(8K×8bit)、27128(16K×8bit)、27256(32K×8bit)、27512(64K×8bit)；②EEPROM有 2816(2K×8bit)、2817(2K×8bit)、2864(8K×8bit)等；③Flash 存储器(闪速存储器)有 AT29C256(32K×8bit)。

2）程序存储器 ROM 的操作时序。

3）片外程序存储器 ROM 的扩展方法。ROM 的扩展是使用 P0、P2 端口作为地址总线、数据总线，将$\overline{\text{PSEN}}$信号与片外 ROM 相应的读$\overline{\text{OE}}$相连接。

（10）MCS－51 片外数据存储器 RAM 的扩展。

1）常用的 SRAM 芯片主要有 2114(1K×4bit)、6116(2K×8bit)、6264(8K×8bit)、

62256(32K×8bit)等。

2）片外数据存储器 RAM 的操作时序。

3）片外数据存储器 RAM 的扩展方法。与程序存储器 ROM 扩展原理相同，数据存储器 RAM 的扩展也是使用 P0、P2 端口作为地址总线、数据总线，将$\overline{RD}$、$\overline{WR}$信号分别与片外 RAM 相应的读$\overline{OE}$、写$\overline{WE}$相连接。

（11）兼有片外程序存储器和片外数据存储器的扩展。

9.7.1.3 MCS-51 单片机的 I/O 接口扩展

（1）I/O 接口扩展概述。

1）I/O 接口。当 MCS-51 单片机系统较为复杂时，往往要借助 I/O 接口电路（简称 I/O接口）完成单片机与 I/O 设备的连接。图 9.10 所示为单片机与 I/O 设备的连接原理图。

I/O 接口的功能为：①对单片机输出的数据锁存，以解决单片机与 I/O 设备的速度协调问题；②对输入设备的三态缓冲，不传送数据时对总线呈高阻状态，以隔离系统总线；③信号转换，对信号类型（数字与模拟、电流与电压）、信号电平（高与低、正与负）、信号格式（并行与串行）等的转换；④时序协调，对不同的 I/O设备定时与控制逻辑是不同的，与 CPU 的时序往往是不一致的，这就需要 I/O接口进行时序的协调。

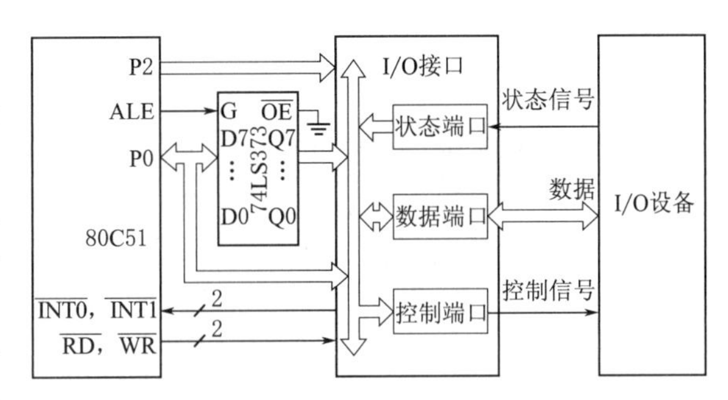

图 9.10 单片机与 I/O 设备连接原理图

2）MCS-51 单片机 I/O 接口扩展性能。单片机应用系统中的 I/O 接口扩展方法与单片机的 I/O 接口扩展性能有关。

① 扩展的 I/O 接口采取与数据存储器 RAM 相同的寻址方法。所有扩展的 I/O 接口或通过扩展 I/O 接口连接的外围设备均与片外数据存储器 RAM 统一编址。任何一个扩展 I/O接口，根据地址线的选择方式不同，占用一个片外 RAM 地址，而与外部程序存储器无关。

② 利用串行口的移位寄存器工作方式（方式 0），也可扩展 I/O 接口，这时所扩展的 I/O接口不占用片外 RAM 地址。

③ 扩展 I/O 接口的硬件相依性。在 I/O 接口扩展时，必须考虑与之相连的外部硬件电路特性，如驱动功率、电平、干扰抑制及隔离等。

④ 扩展 I/O 接口的软件相依性。选用不同的 I/O 接口扩展芯片或外部设备时，扩展 I/O接口的操作方式不同，因而应用程序应有不同，如入口地址、初始化状态设置、工作方式选择等。

3）I/O 接口扩展方法。根据扩展并行 I/O 接口时数据线的连接方式，I/O 接口扩展可分为总线扩展方法、串行口扩展方法和 I/O 接口扩展方法。

（2）I/O 接口扩展芯片及简单 I/O 接口扩展。

1）I/O 接口扩展芯片分类。I/O 接口扩展用芯片主要有采用简单 I/O 接口（TTL/

CMOS锁存器、缓冲器电路芯片）和采用可编程的I/O接口芯片两大类。

2）简单I/O接口扩展。①采用锁存器扩展输出接口；②采用锁存器扩展输入接口；③采用缓冲器、锁存器扩展输入、输出接口。

（3）可编程的并行I/O接口8255A扩展。

1）8255A可编程并行I/O接口内部结构及引脚功能。略。

2）内部寄存器及其操作。略。

3）8255A的内部结构。略。

4）8255A的控制字（图9.11），包括：①方式选择控制字；②PC端口置/复位控制字。

5）8255A的A口有3种工作方式。方式0（基本输入/输出方式）、方式1（选通输入/输出方式）、方式2（双向选通输入/输出方式）；B口有2种工作方式；C口的工作方式由方式选择控制字决定，只有输入和输出或作为接口的联络控制。方式的选择是通过写8255的控制字的方法来完成的。

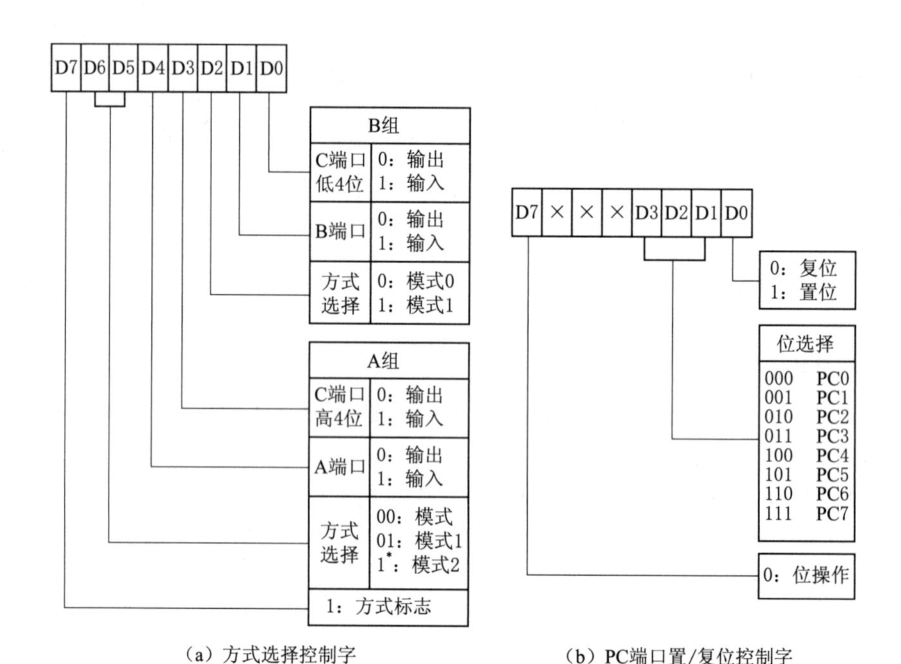

（a）方式选择控制字　（b）PC端口置/复位控制字

图9.11 8255A的控制字

6）8255A接口的应用举例。略。

（4）可编程的RAM/IO/CTC接口8155扩展。

1）8155可编程RAM/IO/CTC接口的内部结构及引脚功能。略。

2）内部寄存器及其操作。略。

3）8155命令字和状态字及其功能。8155命令字的格式和定义见图9.12。8155状态字的格式和定义见图9.13。8155的定时器/计数器有4种操作方式，不同方式下引脚T0输出不同的波形。8155定时器控制字的格式和定义见图9.14。8155定时器/计数器的4种操作方式见表9.1。

4）8155接口的应用举例。略。

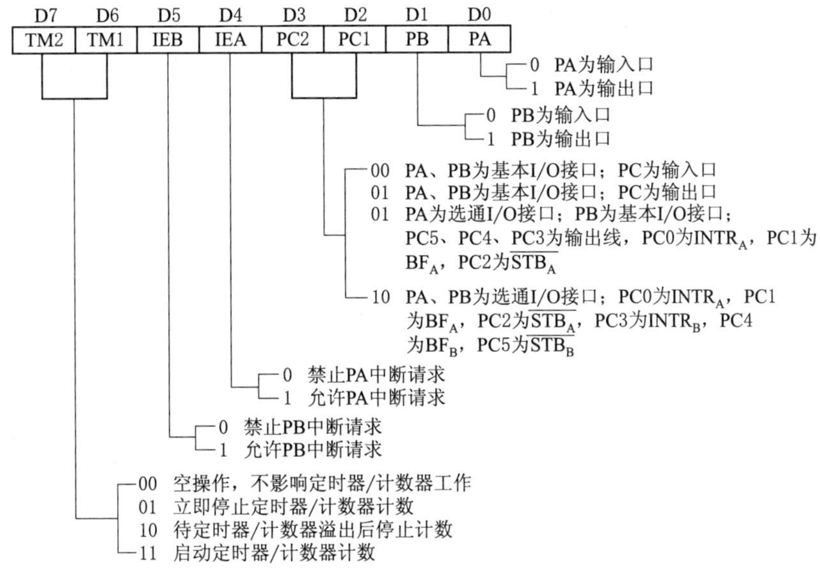

图 9.12 8155命令字

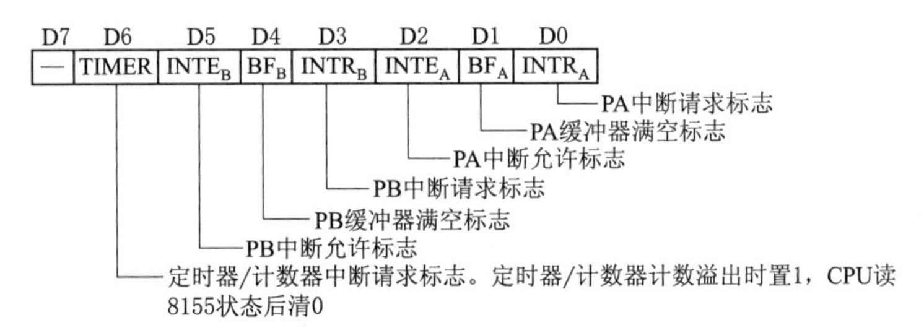

图 9.13 8155状态字

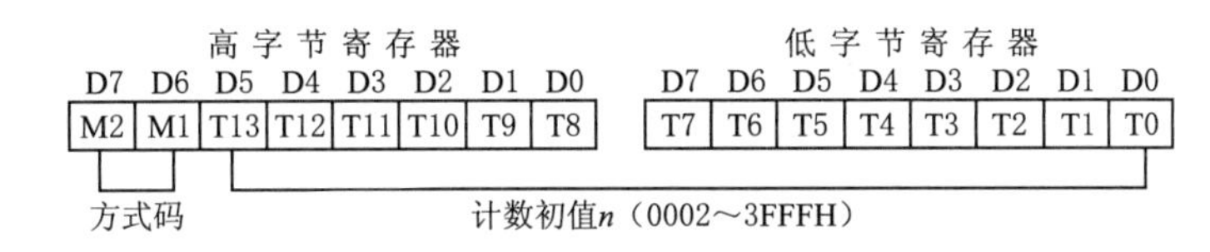

图 9.14 8155定时器控制字

表 9.1　　8155定时器/计数器的4种操作方式

M_2 M_1	方式	T0脚输出波形	说　明
0 0	单负方波		宽为 $n/2$ 个(n 偶)或$(n-1)/2$ 个(n 奇)T1时钟周期
0 1	连续方波		低电平宽 $n/2$ 个(n 偶)或$(n-1)/2$ 个(n 奇)T1时钟周期;高电平宽 $n/2$ 个(n 偶)或$(n+1)/2$ 个(n 奇)T1时钟周期,自动恢复初值
1 0	单负脉冲		计数溢出时,输出一个宽为T1时钟周期的脉冲
1 1	连续脉冲		每次计数溢出时,输出一个宽为T1时钟周期的负脉冲,并自动恢复初值

9.7.1.4 MCS-51单片机的串行扩展方法

串行通信是MCU与其他计算机设备通信的重要手段之一，MCS-51除自带的串行通信扩展，还有I^2C总线、SPI以及USB等串行通信方式的扩展。

(1) 串行扩展的概述。

1) 串行扩展的特点。

串行扩展的优点：①最大限度发挥最小系统的资源功能，原来由并行扩展占用的P0口、P2口资源，直接用于I/O接口；②简化连接线路，缩小印制电路板面积；③扩展性好，可简化系统的设计。

串行扩展的缺点：数据吞吐容量较小，信号传输速度较慢。但随着CPU芯片工作频率的提高，以及串行扩展芯片功能的增强，这些缺点将逐步淡化。

2) 串行扩展方式分类。串行扩展方式可分为一线制（1-wire）、二线制（I^2C）、三线制（SPI和Micro wire/PLUS）、移位寄存器串行扩展、USB和CAN6种。

(2) MCS-51单片机的串行口扩展并行I/O接口。

1) 采用串行口扩展并行输入口。

2) 采用串行口扩展并行输出口。

(3) MCS-51单片机的模拟串行扩展技术。

1) I^2C时序模拟。

2) SPI时序模拟。

9.7.2 学习基本要求

(1) 并行扩展概述。

1) 了解单片机并行口基本概念与功能，掌握单片机扩展并行口的基本总线要求。

2) 熟悉并行扩展总线3个组成部分，理解低8位地址总线，它须由74LS373锁存器输出；P0口完成低8位地址和数据分时传送。

3) 知道并行扩展ROM、RAM的容量，理解扩展I/O接口与外RAM统一编址。

4) 理解并行扩展寻址方式线选译码、译码器译码、直接接地的优缺点，掌握它们的应用，熟悉线路连接和确定扩展芯片地址范围。

5) 掌握$\overline{WR}$和$\overline{RD}$控制信号线的含义及读/写程序设计方法。

(2) 并行扩展外ROM。

1) 了解存储器的分类及特点，熟悉常用的EPROM、Flash ROM、RAM和EEPROM芯片的性能及引脚功能。

2) 理解并行扩展EPROM和EEPROM典型连接线路的原理和规律，了解并行扩展ROM已很少见的原因。

(3) 并行扩展外RAM。

1) 理解并行扩展外RAM典型连接线路的原理和规律。

2) 理解并行扩展ROM、RAM虽然地址空间重叠，但不会“撞车”的道理。

(4) 用74系列芯片并行扩展I/O接口。熟悉并行扩展输入口（74373和74244）、扩展输出口（74377和74273）典型连接线路和读写程序。

(5) 并行扩展I/O接口可编程芯片介绍。

1）熟悉8155芯片结构、功能、控制字，掌握单片机接口方法与程序设计方法。

2）熟悉8255芯片结构、功能、控制字，掌握单片机接口方法与程序设计方法。

9.7.3 习题解答

7-1 MCS-51应用系统扩展时，采用三总线结构有何优越性？

答：略。

7-2 MCS-51单片机系统工作时，何时产生ALE和$\overline{\text{PSEN}}$控制信号？何时产生$\overline{\text{WR}}$（P3.6）和$\overline{\text{RD}}$（P3.7）控制信号？

答：除了访问外部数据存储器指令MOVX的第二个机器周期外，每一个机器周期产生两个ALE（在S1、S2和S4、S5中）；在访问外部ROM时（取指或MOVC指令）产生$\overline{\text{PSEN}}$控制信号；在访问外部RAM时，单片机向RAM写数据（如MOVX @DPTR，A指令）产生$\overline{\text{WR}}$（P3.6）信号；单片机向RAM读数据（如MOVX A，@DPTR）产生$\overline{\text{RD}}$（P3.7）信号。

7-3 MCS-51单片机与外部扩展的存储器相接时，P0口输出的低8位地址为何必须通过地址锁存器，而P2口输出的高8位地址则不必锁存？

答：略。

7-4 当8031应用系统中有外扩存储器时，空余的P2口能否再作I/O线用？为什么？

答：在8031应用系统中，由于8031系统取指访问外扩ROM存储器时，P2口要输出高8位地址（PC寄存器高8位），所以空余的P2口一般不再作I/O线用，在某些场合可作出入口用。

7-5 简述全译码、部分译码、线选译码、直接接地法的特点及应用场合。

答：略。

7-6 什么是大系统、紧凑系统和小系统？

答：略。

7-7 MCS-51单片机的最大寻址范围是多少字节？如果一个8031应用采用的外部数据存储器RAM需扩展256KB，你将采用什么措施扩展之？

答：MCS-51单片机的最大寻址范围是64KB。一个8031应用系统中的单片机具有片内ROM且不需扩展，则可用紧凑系统来作扩展，如需扩程序存储器ROM，则采用已有的大系统扩展。

7-8 在MCS-51单片机系统中，外接程序存储器和数据存储器共用16位地址线和8位数据线，为什么不会发生冲突？在存储器扩展中，片外数据存储器和程序存储器的地址空间可以重叠，为什么访问这两个存储空间不会发生冲突？

答：略。

7-9 以两片2716给80C51单片机扩展一个4KB的外部程序存储器，要求地址空间与8051的内部ROM相衔接，请画出逻辑连接图。

答：80C51的内部程序存储器容量为4KB，地址0000H～0FFFH，外部程序存储器衔接的地址是1000H。电路图如图9.15所示。

7-10 试用译码器74LS138设计一个译码电路，分别选中4片2732，画出电路图并写出各个2732所占的地址空间。

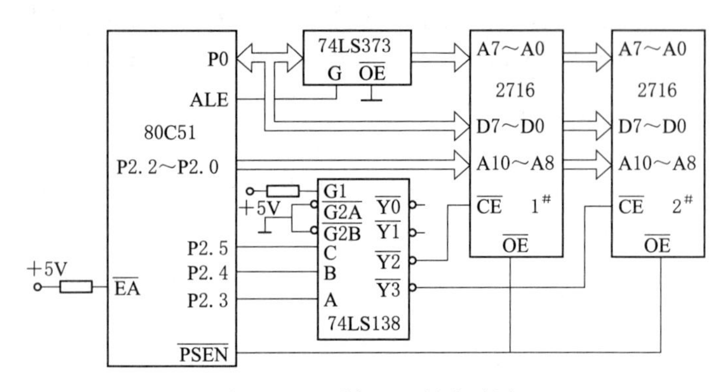

图 9.15　习题 7－9 的电路图

答：电路图如图 9.16 所示。

1# 2732 地址空间：0000～0FFFH；2# 2732 地址空间：1000～1FFFH；3# 2732 地址空间：2000～2FFFH；4# 2732 地址空间：3000～3FFFH。

7－11　试画出 51 系列单片机扩展两片 2817A 兼作程序存储器和数据存储器的接口电路。

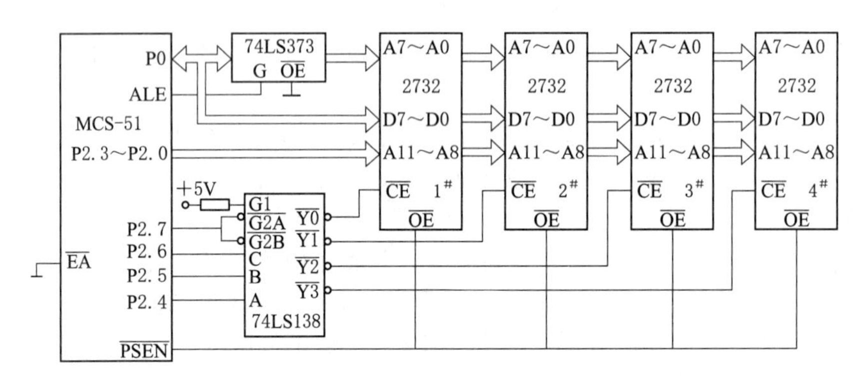

图 9.16　习题 7－10 的电路图

答：电路图如图 9.17 所示。

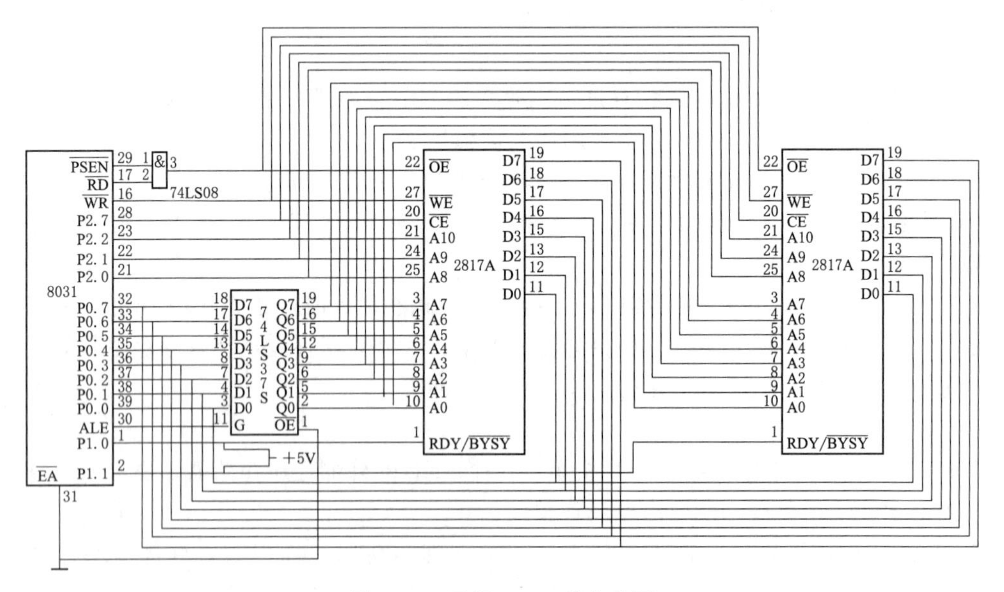

图 9.17　习题 7－11 的电路图

7－12　在访问外部数据存储器的系统中，在外部 RAM 读写周期内，P0 口上的信息变化过程是什么？P0 口和 P2 口上的地址信息来源于哪些专用寄存器？

答：略。

7－13 利用全地址译码为 MCS－51 扩展 16KB 的外部数据存储器，存储器芯片选用 SRAM 6264。要求 6264 占用从 A000H 开始的连续地址空间，画出电路图。

答：电路图如图 9.18 所示。

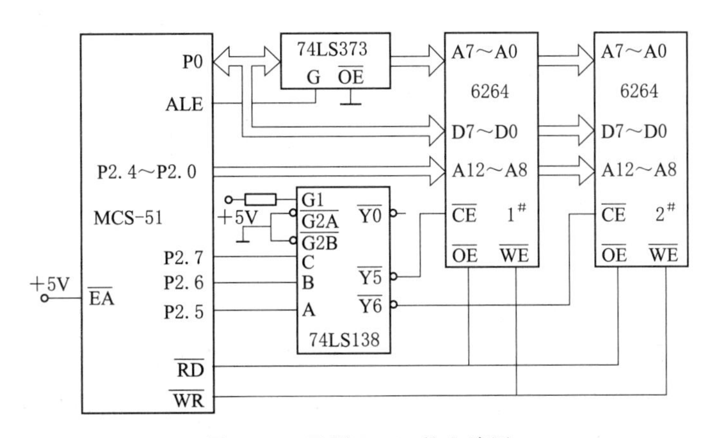

图 9.18 习题 7－13 的电路图

7－14 试以 1 片 2716 和 1 片 6116 组成一个既有程序存储器又有数据存储器的存储器扩展系统，请画出逻辑连接图，并说明各芯片的地址范围。

答：电路图如图 9.19 所示。

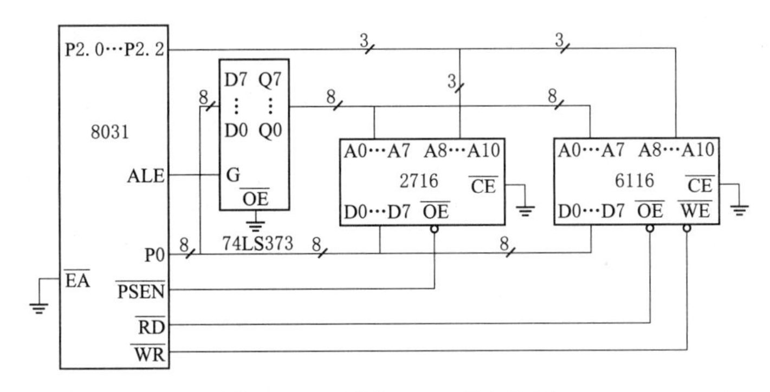

图 9.19 习题 7－14 的电路图

芯片的地址范围：0000H～07FFH；重复地址：0800H～0FFFH……

7－15 试设计以 8031 为主机，采用 1 片 2732 作 ROM，地址为 0000H～0FFFH；采用两片 6116 作 RAM，地址为 1000H～1FFH 的扩展系统，画出电路图。如果 RAM 地址为 2000H～2FFFH 或 3000H～3FFFH，两片 6116 的片选与译码应如何连接？

答：电路图如图 9.20 所示。

片选地址空间：Y0＝0000～07FFH，Y1＝0800～0FFFH，Y2＝1000～17FFH，Y3＝1000～1FFFH，Y4＝2000～27FFH，Y5＝2000～2FFFH，Y6＝3000～37FFH，Y7＝3000～3FFFH。

如 RAM 地址为 2000H～2FFFH，2 片 6116 的片选与 Y4、Y5 连接；如 RAM 地址为

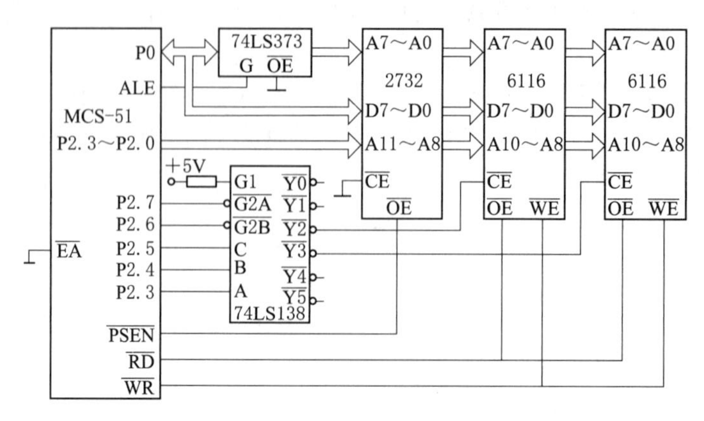

图 9.20　习题 7-15 的电路图

3000H～3FFFH，2 片 6116 的片选与 Y6、Y7 连接。

7-16　用 RAM 芯片可否作外部程序存储器？控制线如何接？

答：可以，此时应把 $\overline{RD}$ 和 $\overline{PSEN}$ 相“与”后再和 RAM 芯片的数据输出控制脚相接。为使单片机复位后能正常运行程序，外部 RAM 芯片的地址要包括复位入口地址 0000H。

7-17　使用 74LS244 和 74LS273，采用全地址译码方法为 MCS-51 扩展一个输入口和一个输出口，口地址分别为 FF00H 和 FF01H，画出电路图。编写程序，从输入口输入一个字节的数据存入片内 RAM 60H 单元，同时把输入的数据送往输出口。

答：电路图如图 9.21 所示。

```
MOV     DPTR,#0FF00H      ;使 DPTR 指向 74LS244 扩展输入口
MOVX    A,@DPTR           ;从 74LS244 扩展输入口输入数据
MOV     60H,A             ;输入数据存入片内 RAM 60H 单元
INC     DPTR              ;使 DPTR 指向 74LS273 扩展输出口
MOVX    @DPTR,A           ;输入数据送 74LS273 扩展输出口
```

7-18　8255 有几种工作方式？试说明其每种工作方式的意义、适用场合。

答：略。

7-19　8255A 芯片如何辨认方式控制字和 C 端口置/复位控制字？方式控制字各位定义如何？

答：略。

7-20　将 8255A 的 PA 端口设为方式 0（基本输出方式），8255A 的 PB 端口设为方式 1（选通输入方式），并在数据输入后会向 CPU 发出中断请求，不作控制用的 C 端口数位全部输出，设 PA 端口地址为 4000H，PB 端口地址为 4001H，PC 端口地址为 4002H，控制寄存器地址为 4003H，编写初始化程序。

答：控制字为 10000110B=86H。程序如下：

```
MOV     DPTR,#4003H
MOV     A,#86H
MOVX    @DPTR,A
```

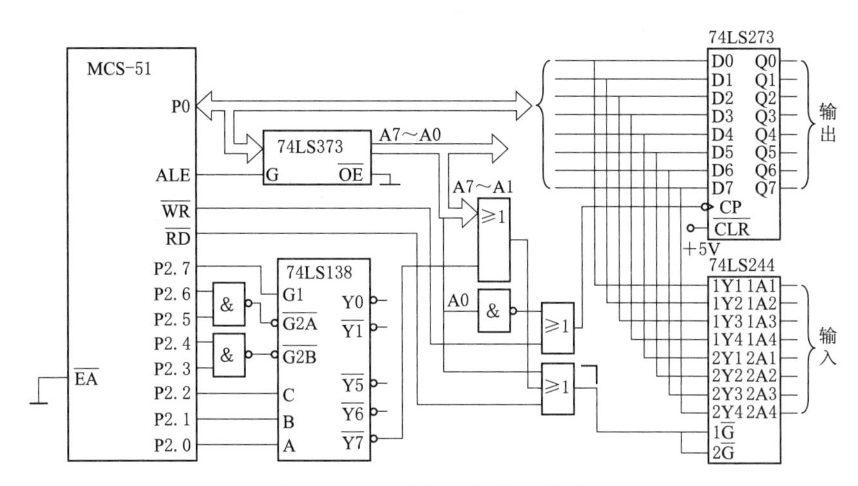

图 9.21　习题 7－17 的电路图

7－21　18155 扩展器由几部分组成？试说明其作用。试比较 8155 和 8255A 的功能，指出各自的优点。

答：8155 扩展器由一个具有 256B 的 RAM 存储器、两个 8 位可编程的输入/输出并行接口 PA 和 PB、一个 6 位可编程的输入/输出并行接口 PC 和一个 14 位可编程的计数器/定时器（CTC）五部分组成。8155 可以直接和 MCS－51 系列单片机接口，不需要增加任何硬件逻辑电路，是 MCS－51 系列单片机系统紧凑系统常用的一种外围扩展器。

8255A 有 3 个 8 位可编程的输入/输出并行接口 PA、PB 和 PC，其中 PA 口有双向选通方式，PC 口的位操作功能是 8155 没有的。但 8255 不具备 RAM 存储器和计数器/定时器，接口的种类不如 8255。

7－22　一个 8031 应用系统扩展了 1 片 8155，晶振频率为 12MHz，具有上电复位功能，P2.1～P2.7 作为 I/O 接口线使用，8155 的 PA、PB 口为输入口，PC 口为输出口。试画出该系统的逻辑图，并编写初始化程序。

答：电路图如图 9.22 所示。

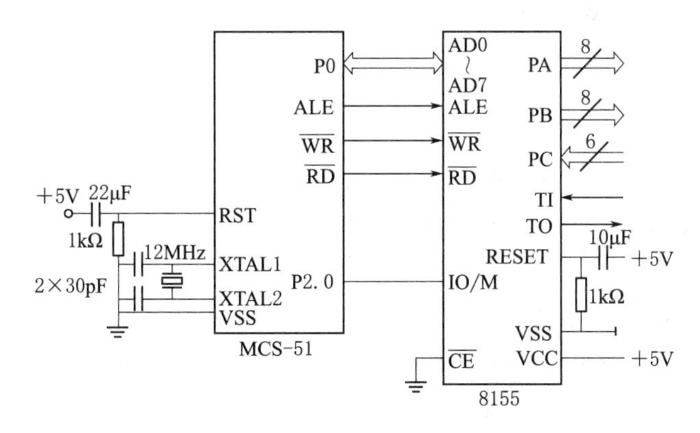

图 9.22　习题 7－22 的电路图

```
STR8155:  SETB    P2.0          ;选 8155 的 I/O 接口
          MOV     R0,#00H       ;8155 控制字地址
```

```
        MOV     A,#xx001100B    ;命令字,禁止 PA、PB 口中断
        MOVX    @R0,A
```

7－23　8155TI 端输入脉冲频率为 1MHz，请编写能在 TO 引脚输出周期为 8ms 方波的程序。

答：输入脉冲周期为：1/1MHz＝1μs，8ms＝8000μs＝1F40H。

```
STR8155: MOV    R0,#04H         ;定时寄存器 CTC 低 8 位地址
         MOV    A,#0E8H         ;低 8 位常数
         MOVX   @R0,A
         INC    R0              ;定时寄存器 CTC 高 8 位地址
         MOV    A,#5FH          ;高 8 位常数,工作方式 1
         MOVX   @R0,A
         MOV    R0,#00H         ;8155 控制字地址
         MOV    A,#11xxxxxxB    ;命令字,启动定时器
         MOVX   @R0,A
```

7－24　试编制对 8155 的初始化程序，使 A 口为选通输出，B 口为基本输入，C 口为控制联络信号端，并启动定时器/计数器，按工作方式 1 定时工作，定时时间为 1ms。

答：设 TI 端输入脉冲频率为 1MHz，输入脉冲周期为 1/1MHz＝1μs，1ms＝1000μs＝03E8H，命令字为 11000101B。

```
STR8155: MOV    R0,#04H         ;定时寄存器 CTC 低 8 位地址
         MOV    A,#0E8H         ;低 8 位常数
         MOVX   @R0,A
         INC    R0              ;定时寄存器 CTC 高 8 位地址
         MOV    A,#43H          ;高 8 位常数,工作方式 1
         MOVX   @R0,A
         MOV    R0,#00H         ;8155 控制字地址
         MOV    A,#0C5H         ;命令字,启动定时器
         MOVX   @R0,A
```

7－25　常用的串行总线有哪些？它们各有什么特点？

答：略。

9.7.4　自我检测题

下面给出该章的自我检测题，题型只有判断题、单项选择题、多项选择题三种，一般都为基础题，读者自我测试一下对本章基础知识的掌握程度。

9.7.4.1　判断题

（　）1. EPROM27128 有 14 根地址线，可寻址空间为 16KB。

（　）2. 线选译码是把单根的低位地址线直接接到存储器芯片的片选端。

（　）3. 在接口芯片中，通常都有一个片选端 $\overline{CS}$，当 $\overline{CS}$ 为低电平时该芯片才能进行读写操作。

（　）4. MCS－51 单片机程序存储器操作时序中，在取指令时输出指令所在地址，P0 口作为地址线输出低 8 位地址 PCL；P2 口输出高 8 位地址 PCH。

（ ）5. 线选译码是把单根的高位地址线直接接到存储器芯片的片选端。

（ ）6. 对 8031 单片机而言，在外部扩展 EPROM 时，$\overline{EA}$引脚应接地。

（ ）7. 使用 8751 单片机且$\overline{EA}$＝1 时，仍可外扩 64KB 的程序存储器。

（ ）8. EPROM27128 有 12 根地址线，可寻址空间为 16KB。

（ ）9. 单片机系统扩展时使用的锁存器，是用于锁存高 8 位地址。

（ ）10. 8255A 内部有 3 个 8 位并行口，即 A 口、B 口、C 口。

（ ）11. 8155 芯片 AD0～AD7：地址/数据线，是低 8 位地址和数据复用线引脚，当 ALE＝1 时，输入的是数据信息，否则是地址信息。

（ ）12. 8155 芯片内具有 256B 的静态 RAM，2 个 8 位和 1 个 6 位的可编程并行 I/O 接口，1 个 14 位定时器等常用部件及地址锁存器。

（ ）13. 由于 8155H 不具有地址锁存功能，因此与 8031 的接口电路中必须加地址锁存器。

（ ）14. 8051 单片机没有 SPI 接口，只能依靠软件来模拟 SPI 的操作。

（ ）15. 8051 单片机没有 I^2C 接口，只能依靠软件来模拟 I^2C 的操作。

（ ）16. 在 8051 中，当用某两根口线来实现 I^2C 总线功能时，这两根线必须接上拉电阻。

（ ）17. 在 I^2C 总线的时序中，首先是起始信号，接着传送的是地址和数据字节，传送完毕后以终止信号结尾。

9.7.4.2 单项选择题

1. 在存储器扩展电路中 74LS373 的主要功能是（　　）。

   A. 存储数据　B. 存储地址　C. 锁存数据　D. 锁存地址

2. 8051 单片机能分时传送地址信号和数据的端口是（　　）。

   A. P0 口　B. P2 口　C. P0 口和 P2 口　D. P3 口

3. 8051 单片机传送外部存储器地址信号的端口是（　　）。

   A. P0 口和 P1 口　B. P1 口和 P2 口　C. P1 口和 P3 口　D. P0 口和 P2 口

4. MCS－51 单片机的扩展 I/O 接口与外部数据存储器的编址方式是（　　）。

   A. 分别独立编址　B. 统一编址　C. 变址编址　D. 动态变址

5. 20 根地址线的寻址范围是（　　）。

   A. 512KB　B. 1024KB　C. 640KB　D. 4096KB

6. 访问外部数据存储器时，不起作用的信号是（　　）。

   A. $\overline{RD}$　B. $\overline{WR}$　C. $\overline{PSEN}$　D. ALE

7. 某种存储器芯片是 8KB×4/片，那么它的地址线根数是（　　）。

   A. 11 根　B. 12 根　C. 13 根　D. 14 根

8. 8031 的外部程序存储器常采用的芯片是（　　）。

   A. 2716　B. 8255　C. 74LS06　D. 2114

9. 当需要扩展一片 8KB 的 RAM 时，应选用的存储器为（　　）。

   A. 2764　B. 6264　C. 6116　D. 62128

10. 一个 EPROM 的地址有 A0～A11 引脚，它的容量为（　　）。

    A. 2KB　B. 4KB　C. 11KB　D. 12KB

11. 当8031外部扩展程序存储器8KB时，需使用EPROM 2716（　　）。

A. 2片　　B. 3片　　C. 4片　　D. 5片

12. 单片机要扩展一片EPROM2764（容量64Kbit、8KB）需占用（　　）条P2口线。

A. 4　　B. 5　　C. 8　　D. 13

13. 一片EPROM 2764的A8～A12接8031的P2.0～P2.4，2764的$\overline{CS}$接8031的P2.5，这片2764的地址范围是（　　）。

A. F000H～F7FFH　　B. C000H～DFFFH

C. 0000H～1FFFH　　D. C000H～C7FFH

14. MCS-51用串行扩展并行I/O接口时，串行接口工作方式选择（　　）。

A. 方式0　　B. 方式1　　C. 方式2　　D. 方式3

15. 使用8255可以扩展出的I/O接口线是（　　）。

A. 16根　　B. 24根　　C. 22根　　D. 32根

16. MCS-51外扩一个8255时，需占用（　　）个端口地址。

A. 1　　B. 2　　C. 3　　D. 4

17. 下列芯片中其功能为可编程控制的接口芯片是（　　）。

A. 373　　B. 2114　　C. 2716　　D. 8155

18. 若8155命令口地址是CF00H，则A口与B口的地址是（　　）。

A. CF0AH、CF0BH　　B. CF01H、CF02H

C. CF02H、CF04H　　D. 0AH、0BH

19. 8031的P2.0口通过一个8输入端与非门接8155的$\overline{CE}$，8155控制口地址是（　　）。

A. 0000H　　B. FFFFH　　C. FF00H　　D. FF08H

20. 对8155进行读写操作的指令是（　　）。

A. MOV　　B. MOVX　　C. MOVC　　D. ACALL

21. 若想扩展键盘和显示，并希望增加256B的RAM时，应选择（　　）芯片。

A. 8155　　B. 8255　　C. 8279　　D. 74LS164

22. 以下方式中接口总线最少的是（　　）。

A. SPI　　B. I^2C　　C. 单总线　　D. 并行通信

9.7.4.3 多项选择题

1. 单片机扩展的内容有（　　）等。

A. 总线扩展　　B. 程序存储器扩展　　C. 数据存储器扩展

D. 外围扩展　　E. I/O接口的扩展

2. 用作单片机地址锁存器的芯片一般有（　　）等。

A. 16D触发器　　B. 8D触发器　　C. 32位锁存器

D. 16位锁存器　　E. 8位锁存器

3. MCS-51单片机访问程序存储器时，所用的控制信号有（　　）。

A. PSEN　　B. ALE　　C. $\overline{PSEN}$　　D. EA　　E. $\overline{EA}$

4. 扩展I/O接口常用的芯片有（　　）。

A. TTL　　B. CMOS锁存器　　C. 缓冲器电路

D. 计数电路　　E. 可编程和I/O芯片

5. 扩展程序存储器常用的地址锁存器有（　　）。
   A. 373　　B. 0809　　C. 0832　　D. 273　　E. 8253
6. 所谓系统总线，指的是（　　）
   A. 数据总线　　B. 地址总线　　C. 内部总线
   D. 外部总线　　E. 控制总线
7. 区分 MCS-51 单片机片外程序存储器和片外数据存储器的最可靠的方法是（　　）。
   A. 看其芯片的型号是 ROM 还是 RAM　　B. 看其离 MCS-51 芯片的远近
   C. 看其位于地址范围的低段还是高段　　D. 看其是与 RD 连接还是与 $\overline{PSEN}$ 连接
   E. 看其芯片是否带有 VPP 引脚和 $\overline{PGM}$ 引脚

9.8 MCS-51 单片机的外部扩展技术（二）

本节对应教材的第 8 章内容。MCS-51 单片机内部的接口功能比较简单，在单片机应用系统中除了对其系统资源的扩展（如存储器和并行 I/O 接口等扩展）外，还需要做一些专用接口的扩展，以满足应用系统的要求。该章介绍了单片机应用系统中常见的输入外设（键盘）和输出外设（LED 数码管、LCD 显示器、微型打印机）与单片机的人机交互通道设计技术，还讨论了典型的 A/D 转换器、D/A 转换器与单片机的输入/输出通道的专用接口扩展的设计技术。学习重点在于人机交互设备、输入/输出通道的接口设计与编程；难点在于使用动态方法进行键盘/显示的硬、软件设计，以及 A/D 多通道转换、D/A 双缓冲方式的编程等。

9.8.1 内容提要

9.8.1.1 MCS-51 单片机的外部设备接口技术

单片机应用系统一般都要配置一些外部输入设备外设和输出设备，通过这些人机对话接口，用户可实现对单片机的管理和控制。常用的输入外设有键盘、BCD 码拨盘等；常用的输出外设有 LED 数码管、LCD 显示器和打印机等。

（1）MCS-51 单片机与键盘的接口技术。

1）键盘的工作原理与去抖动方法。常见键盘有触摸式键盘、薄膜键盘和按键式键盘，最常用的是按键式键盘。按键式键盘实际上是一组按键开关的集合，平时按键开关总是处于断开状态，当按下键时它才闭合。通常按键开关为机械开关，由于机械触电的弹性作用，按键开关在闭合和释放（断开）时不会马上稳定地接通或断开，因而在闭合和释放的瞬间会伴随着一串的抖动，其抖动现象的持续时间为 5～10ms。按键的抖动人眼是察觉不到的，但会对高速运行的 CPU 产生干扰，进而产生误处理。为了保证按键闭合一次，仅做一次键输入处理，必须采取措施消除抖动。

消除抖动的方法有硬件、软件两种方法。其中：硬件消除抖动方法有简单的基本 R-S 触发器和单稳态电路或 RC 积分滤波电路构成去抖动按键电路两种；软件去抖动方法是在首次检测到有键按下时，设该键所对应引线的电压为低电平，执行一段延时（一般为 10～20ms）的子程序后，避开抖动，待电平稳定后再读入按键的状态信息，确认该线电平是否仍为低电平，如果仍为低电平，则确认确实有键按下。当按键松开时，该线的低电平变为高电平，执行一段延时的子程序后，检测到该线为高电平，说明按键确实已经松开。采取本措施，可消除前沿和后沿两个抖动期的影响。

2）非编码键盘与 CPU 的连接方式。非编码键盘与 CPU 的连接方式可分为独立式按键和矩阵式键盘。独立式按键的优点是各按键相互独立，电路配置简单灵活，识别按下按键的软件编写简单；但按键数量较多时，I/O 接口线占用较多，电路结构繁杂。因此它适合于按键数量较少的场合。矩阵式键盘（行列式键盘）的优点是占用 I/O 接口线较少，但由于矩阵式键盘中行、列线为多键共用，各按键彼此将相互发生影响，所以必须将行、列线信号配合，才能确定闭合键位置。因此，它的软件结构较为复杂，它适用于按键较多的场合。

3）键盘的任务。非编码矩阵式键盘所完成的工作分为四个层次。

① 键盘状态的判断（也称键盘扫描控制方式）。单片机如何来监视键盘的输入，即如何判断是否有键按下（即键盘状态的判断），体现在键盘的工作方式上就是编程扫描（也称查询方式）、定时扫描和中断扫描三种。

② 闭合键的识别。若有键按下，需识别是哪一个键按下（即闭合键的识别），并确定按下键的键号（键值）。体现在按键的识别方法上就是扫描法（即逐行扫描法）和线反转法（即线翻转法）两种。

③ 键盘的编号。根据按下键的键号，实现按键的功能，即跳向对应的键处理程序。对于独立式按键键盘，因按键数量少，可根据实际需要灵活编码。对于矩阵式键盘，按键的位置由行号和列号唯一确定，因此可分别对行号和列号进行二进制编码，然后将两值合成。

④ 闭合的键是否释放判别。按键闭合一次只能进行一次功能操作，因此，待按键释放后才能根据键号执行相应的功能键操作。

4）键盘接口编程举例。略。

（2）MCS－51 单片机与 LED 数码管显示器的接口技术。

1）单片机系统中常用的显示器。常用的显示器有发光二极管（单个 LED)、8 段发光数码管（LED）显示器、LED 点阵显示器、液晶（LCD）显示器等。

2）LED 显示器的结构与原理。

① LED 显示器的外形及结构。LED 显示器也称数码管，单片机中通常使用的是 8 字形的 8 段式 LED 数码显示器。LED 数码管有共阴极和共阳极两种结构。

② LED 显示器的译码方式。由显示数字或字符转换到相应字段码的方式称为译码方式。通常采有硬件、软件两种译码方式。硬件译码方式是指利用专门的硬件电路（如 MC14495）来实现显示字符到字段码的转换。硬件译码由于使用的硬件较多，显示器的段数和位数越多，电路越复杂，因此缺乏灵活性，且只能显示十六进制数，硬件电路也较为复杂。软件译码方式就是通过编写软件译码程序（通常为查表程序）来得到要显示字符的字段码。由于软件译码不需外接显示译码芯片，则硬件电路简单，并且能显示更多的字符，因此在实际应用系统中经常采用。

③ LED 显示器的显示方式。LED 数码管有静态、动态两种显示方式。静态显示方式是指当显示器显示某个字符时，相应的字段（发光二极管）一直导通或截止，直到显示另一个字符为止。其优点是显示稳定，显示无闪烁，显示器的亮度大，软件编程容易，且仅在需要更新显示内容时 CPU 才执行一次显示更新子程序，节省了 CPU 的时间；其缺点是占用 I/O 接口线较多，成本也较高。动态显示方式是指各位显示器一位一位地轮流点亮（扫描），在一个瞬间只有一位数码管显示字符，其他位都是熄灭的，但由于余辉和人眼的“视觉暂留”作用，只要循环扫描的速度在一定频率以上，这种动态变化人眼是察觉不到的，人们看到的

是多位同时显示的效果。其优点是大大简化了硬件电路，且显示器越多优势越明显；其缺点是显示亮度不如静态显示的亮度高，数码管也不宜太多，否则每只数码管所分配到的实际导通时间会太少，显得亮度更加不足。此外，如果“扫描”速率较低，还会出现闪烁现象。

3）LED显示接口典型应用电路举例。略。

（3）MCS－51单片机与LCD液晶显示器的接口技术。液晶显示器（LCD）是一种被动式、功耗极低、抗干扰能力强、在智能仪器仪表和单片机测控系统中广泛应用的显示器件。

1）LCD显示器按排列形状可分为字段型（也称笔段型）、点阵字符型和点阵图形型。

2）点阵字符型LCD液晶显示模块RT－1602C。①RT－1602C的基本结构与特性；②RT－1602C的引脚；③RT－1602C的命令格式及功能说明；④LCD显示器的初始化；⑤LCD显示器与单片机的接口与应用。

（4）MCS－51单片机键盘/显示器的接口设计技术。在单片机应用系统中，键盘和显示器往往需同时使用，为节省I/O接口线，可将键盘和显示电路做在一起，构成实用的键盘、显示电路。

1）利用并行I/O芯片实现键盘/显示器接口。

2）利用单片机串行口实现键盘/显示器接口。

3）利用专用键盘/显示器接口芯片实现键盘/显示器接口。

9.8.1.2 MCS－51单片机输入/输出通道的接口技术

（1）输入/输出通道概述。在实际工业测控中，在输入通道上，常遇到一些连续变化的物理量（即模拟量），微机无法识别和处理这些模拟量，需先用传感器把物理信号转换成连续的模拟电压或电流，再把其转换成数字量送到计算机进行处理，此过程称为A/D转换，实现这个过程的器件称为A/D转换器。反之，在输出通道上，微机不能直接控制模拟的执行部件，需将数字量转换成模拟电压或电流，这个过程称为D/A转换，实现这个过程的器件称为D/A转换器。

（2）MCS－51单片机与A/D转换器芯片的接口技术。

1）A/D转换芯片的种类，分为并行、串行两种输出方式。并行的有：逐次比较型；双积分型；V/F型；Σ－Δ型，它有积分式与逐次比较型的双重优点。串行的有带有同步SPI串行接口的A/D转换器等。串行输出的A/D转换器具有占用端口线少、使用方便、接口简单等优点。

2）A/D转换器的主要技术指标。

① 转换时间和转换速率。A/D完成一次转换所需要的时间，转换时间的倒数为转换速率。

② 分辨率。分辨率是衡量A/D转换器能够分辨出输入模拟量最小变化程度的技术指标。

③ 转换精度。转换精度定义为一个实际A/D转换器与一个理想A/D转换器在量化值上的差值。

3）MCS－51与ADC0809的接口。

① A/D转换芯片ADC0809。

② ADC0809与单片机的接口。

③ A/D转换应用程序举例。

（3）MCS－51单片机与D/A转换器的接口技术。

1）D/A转换器种类。

① 按输入数字量的位数，可分为8位、10位、12位和16位等。

② 按输入的数码，可分为二进制、BCD 码方式。

③ 按传送数字量的方式，可分为并行、串行方式。

④ 按输出形式，可分为电流、电压输出型，电压输出型又分为单极、双极性。

⑤ 按与单片机的接口，可分为带、不带输入锁存器。

2）主要技术指标。

① 分辨率。指输入给 D/A 转换器的单位数字量的变化，所引起的模拟量输出的变化。

② 建立时间。描述 D/A 转换器转换快慢的一个参数，用于表明转换时间或转换速度。

③ 转换精度。指 D/A 转换器实际输出与其理论值的误差。理想情况下，转换精度与分辨率基本一致，但由于电源电压、基准电压、电阻、制造工艺等各种因素存在误差，转换精度与分辨率并不完全一致。

3）MCS-51 与 DAC0832 的接口。

① DAC0832 简介。DAC0832 是 CMOS 工艺制造的 8 位单片 D/A 转换器，芯片采用的是双列直插封装结构，是一种电流型 D/A 转换器，数字输入端具有双重缓冲功能。

② DAC0832 的工作方式。它有直通、单缓冲和双缓冲三种工作方式。

③ DAC0832 的输出方式。DAC0830 为电流输出型 D/A 转换器，要获得模拟电压输出时，需要外接一个运算放大器。其有单极性、双极性两种模拟电压输出方式。

4）DAC0832 与 MCS-51 单片机的接口举例。略。

9.8.2　学习基本要求

（1）键盘的接口。

1）理解按键开关去抖动问题及消除抖动的方法。

2）理解独立式按键和矩阵式键盘的结构形式及特点。

3）理解键盘编程扫描（也称查询方式）、定时扫描和中断扫描三种控制的方法及特点。

4）掌握典型键盘接口电路及程序编制。

（2）LED 数码管显示器接口。

1）了解 LED 数码管的结构组成、分类和主要技术参数。

2）学会 LED 数码管的编码方法，掌握将显示数转换为显示字段码的编程方法。

3）理解静态显示和动态显示方式的电路结构、原理和特点。

4）掌握典型 LED 数码管显示应用电路及程序编制。

（3）LCD 显示器接口。

1）了解 LCD 显示器的分类和主要特点。

2）理解 LCD 显示模块 RT-1602C 的应用电路及程序编制。

（4）A/D 转换接口电路。

1）了解 A/ D 转换器的分类和主要性能指标。

2）了解 A/D 芯片 ADC0809 的结构和功能。

3）掌握 A/D 芯片 ADC0809 的接口应用电路及程序编制。

（5）D/A 转换接口电路。

1）了解 D/A 转换器的主要性能指标。

2）了解 D/A 芯片 DAC0832 的结构和功能。

3）掌握 D/A 芯片 DAC0832 的接口应用电路及程序编制。

9.8.3　习题解答

8－1　如何在一个4×4键盘中使用扫描进行被按键的识别？

答：略。

8－2　写出图9.23所示矩阵式键盘电路的扫描程序（采用定时中断检测方式，每隔50ms检测有无按键输入，系统晶振频率为6MHz）。

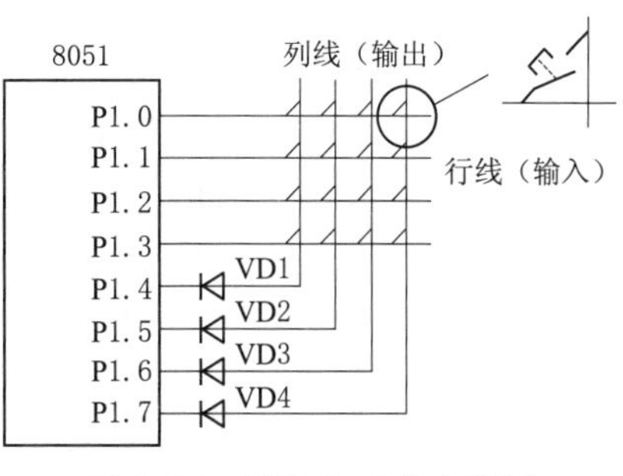

图9.23　习题8－2的电路图

答：

```
        ORG     0000H
        LJMP    START
        ORG     000BH
        LJMP    KEYIN               ;T0(50ms)中断入口
START:  ……
        MOV     TMOD,#01H           ;T0定时器方式1
        MOV     TH0,#HIGH(-25000)   ;T0定时50ms高字节
        MOV     TL0,#LOW(-25000)    ;T0定时50ms低字节
        SETB    TR0                 ;开T0
        MOV     IP,#02H             ;T0中断优先
        MOV     IE,#82H             ;开中断
        ……
        SJMP    $                   ;等待中断(2ms)
        ORG     0100H
KEYIN:  MOV     P1,#0FH             ;P1口高4位(列线)置0,低4位(行线)置1,作输入准备
        MOV     A,P1                ;读入P1端口行状态
        CPL     A                   ;变正逻辑,以高电平表示有键按下
        ANL     A,#0FH              ;屏蔽高4位,只保留低4位行线值
        JNZ     LK1                 ;有键按下时,(A)≠0转消除抖动延时
        RETI                        ;无键按下,返回
LK1:    MOV     B,A
        ACALL   TM12ms              ;调12ms延时子程序
        MOV     P1,#0FH             ;查有无键按下,若有则真有键按下
        MOV     A,P1                ;读入P1端口行状态
        CPL     A                   ;变正逻辑,以高电平表示有键按下
        CJNE    A,B,LK3
        SJMP    LK2                 ;有键按下时,键(A)≠0逐列扫描
LK3:    RETI                        ;无键按下,返回
LK2:    MOV     R2,#0EFH            ;初始列扫描字(0列)送入R2
        MOV     R4,#00H             ;初始列(0列)号送入R4
LK4:    MOV     A,R2                ;列扫描字送至P1端口
        MOV     P1,A
        MOV     A,P1                ;从P1端口读入行状态
        JB      ACC.0,LONE          ;若第0行无键按下,则转查第1行
        MOV     A,#00H              ;若第0行有键按下,则行首键码#00H→A
```

```
         AJMP    LKP            ;转求键码
LONE:    JB      ACC.1,LTW0     ;若第 1 行无键按下,则转查第 2 行
         MOV     A,#04H         ;若第 1 行有键按下,则行首键码#04H→A
         AJMP    LKP            ;转求键码
LTW0:    JB      ACC.2,LTHR     ;若第 2 行无键按下,则转查第 3 行
         MOV     A,#08H         ;若第 2 行有键按下,则行首键码#08H→A
         AJMP    LKP            ;转求键码
LTHR:    JB      ACC.3,NEXT     ;若第 3 行无键按下,则转查下一列
         MOV     A,#0CH         ;若第 3 行有键按下,则行首键码#0CH→A
LKP:     ADD     A,R4           ;求键码,键码=行首键码+列号
         PUSH    ACC            ;键码进栈保护
LK5:     MOV     P1,#0FH        ;等待键释放
         MOV     A,P1
         CPL     A
         JNZ     LK5            ;键未释放,等待
         POP     ACC            ;键释放,键码→A
         RET     I
NEXT:    INC     R4             ;准备扫描下一列,列号加 1
         MOV     A,R2           ;取列号送入累加器 A
         JNB     ACC.7,KEND     ;判断 8 列扫描完成否? 若完成,则返回
         RL      A              ;扫描字左移一位,变为下一列扫描字
         MOV     R2,A           ;扫描字送入 R2
         AJMP    LK4            ;转下一列扫描
KEND:    RENI
TM12ms:  MOV     R7,#18H
TM:      MOV     R6,#0FFH
TM6:     DJNZ    R6,TM6
         DJNZ    R7,TM
         RET
```

8－3　请在图 9.24 的基础上，设计一个以中断方式工作的开关式键盘，并编写其中断键处理程序。

答：电路图如图 9.25 所示。

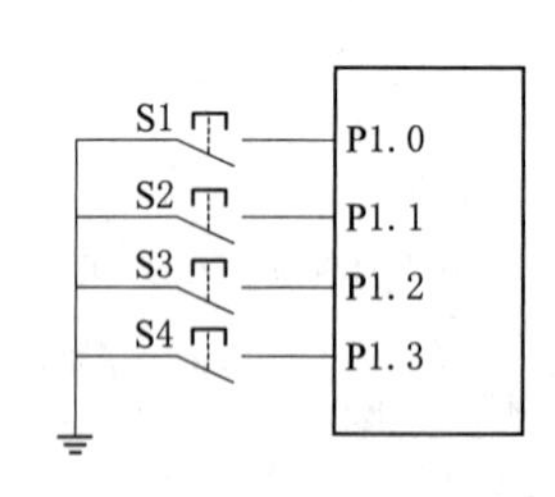

图 9.24　习题 8－3 的电路图

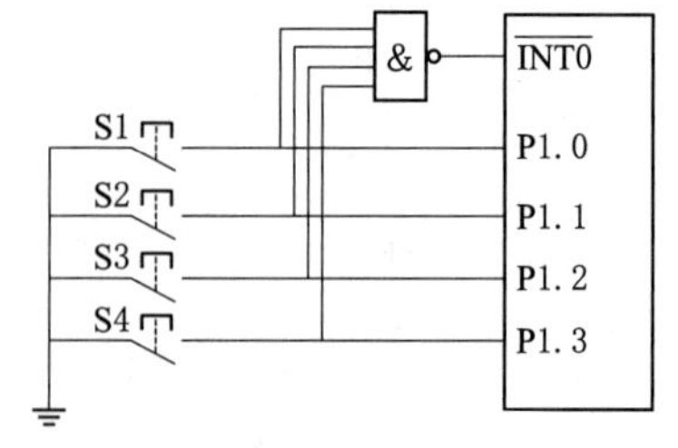

图 9.25　习题 8－3 中断方式工作的开关式键盘电路图

```
         ORG     0003H
KEYI:    CLR     EX0
         MOV     P1,#0FFH       ;P1 口为输入口
```

```
        MOV     A,P1            ;读取按键状态
        MOV     B,A             ;存键值
        LCALL   DELAY20MS       ;有键按下,去抖
        MOV     A,P1
        CJNE    A,B,EKEY
KEY1:   MOV     A,P1            ;以下等待键释放
        CPL     A
        ANL     A,#0FH
        JNZ     KEY1            ;未释放,等待
        MOV     A,B             ;取键值送A
        JNB     ACC.0,PKEY0     ;K0没按下转PKEY0
        LCALL   K0              ;K0命令处理程序
        SJMP    EKEY
PKEY0:  JNB     ACC.1,PKEY1     ;K1没按下转PKEY1
        LCALL   K1              ;K1命令处理程序
        SJMP    EKEY

PKEY1:  JNB     ACC.2,PKEY2     ;K2没按下转PKEY2
        LCALL   K2              ;K2命令处理程序
        SJMP    EKEY
PKEY2:  JNB     ACC.3,EKEY      ;K3按下转EKEY
        LCALL   K3              ;K3命令处理程序
EKEY:   SETB    EX0
        RETI
```

8-4 欲利用串行口扩展4位LED七段数码静态显示器，请画出相应逻辑电路并编写其显示子程序。

答：电路图如图9.26所示。

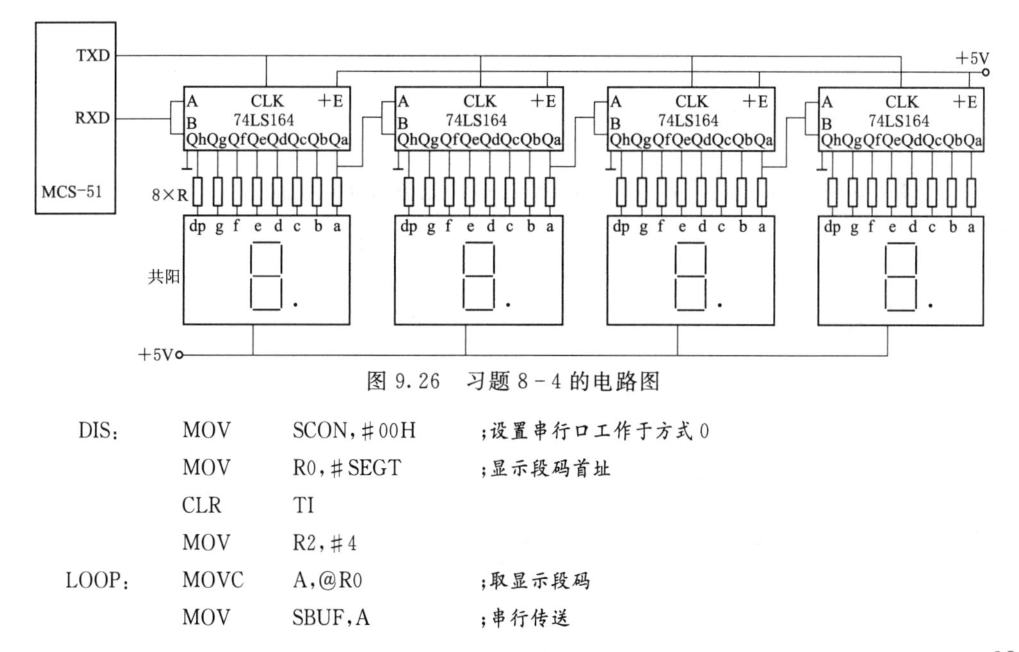

图9.26 习题8-4的电路图

```
DIS:    MOV     SCON,#00H       ;设置串行口工作于方式0
        MOV     R0,#SEGT        ;显示段码首址
        CLR     TI
        MOV     R2,#4
LOOP:   MOVC    A,@R0           ;取显示段码
        MOV     SBUF,A          ;串行传送
```

```
        JNB     TI,$            ;等待串行传送完毕
        CLR     TI              ;清发送标志位
        INC     R0
        DJNZ    R2,LOOP         ;继续串行传送
        RET
```

8-5　根据 LED 数码管内部各 LED 二极管连接方式的不同，可将 LED 数码管分为几类?

答：略。

8-6　LED 数码显示器静态显示驱动方式和动态显示驱动方式各有什么优缺点?点阵 LED 显示器只能采用什么显示驱动方式?

答：略。

8-7　试用 8031 单片机及其他逻辑部件设计一个 LED 显示/键盘电路。

答：电路图如图 9.27 所示。

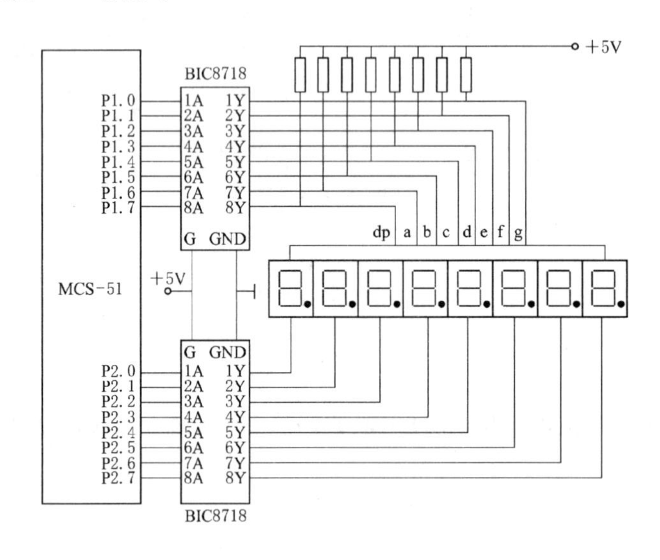

图 9.27　习题 8-7 的电路图

8-8　A/D 转换器转换数据的传送有几种方式?

答：略。

8-9　设已知 MCS-51 单片机的晶振频率为 12MHz，0809 端口地址为 CFFFH，采用中断工作方式，要求对 8 路模拟信号不断循环 A/D 转换，转换结果存入以 30H 为首地址的片内 RAM 中。请画出该 8 路采集系统的电路图，并编写程序。

答：电路图如图 9.28 所示。

```
        ORG     0000H
        AJMP    ADST
        ORG     0003H
        AJMP    ZDFW
        ORG     0100H           ;主程序(初始化程序)入口
ADST:   MOV     R1,#30H         ;设置数据存储区的首地址
        MOV     R2,#08H         ;设置待转换的通道个数
        SETB    IT0             ;将中断源INT0设为下降沿触发
```

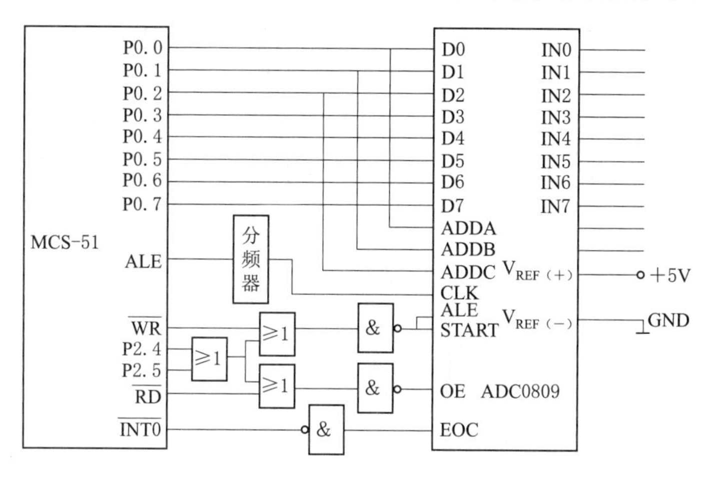

图9.28 习题8-9的电路图

```
        SETB    EA              ;设为允许中断
        SETB    EX0             ;设中断源INT0为允许中断
        MOV     DPTR,#0CFF8H    ;设置第一个模拟信号通道IN0的地址指针
        MOVX    @DPTR,A         ;启动A/D转换器,A的值无意义
        SJMP    $               ;等待中断
        ORG     1000H           ;中断服务子程序入口
ZDFW:   MOVX    A,@DPTR         ;CPU读取转换结果
        MOVX    @R1,A           ;结果送入数据存储区的单元中
        INC     DPTR            ;指向下一个模拟信号通道
        INC     R1              ;修改数据存储区的地址
        DJNZ    R2,ZDFW 1       ;8路未转完,则转INT0继续
        MOV     R1,#30H         ;设置数据存储区的首地址
        MOV     R2,#08H         ;设置待转换的通道个数
        MOV     DPTR,#0CFF8H    ;设置第一个模拟信号通道IN0的地址指针
ZDFW1:  MOVX    @DPTR,A         ;启动A/D转换器的下一个通道
        RETI                    ;中断返回
```

8-10 在习题8-9中，如0809的端口地址为FEFFH，采用P1.7查询方式，请画出相应的电路连接图，并编写对该8路模拟信号依次A/D转换后求出累加和，分别放入30H、31H单元的程序。

答：电路图如图9.29所示。

```
ADST:   MOV R1,#31H             ;设置数据存储区的高位地址
        MOV @R1,#0
        DEC R1                  ;设置数据存储区的低位地址
        MOV@R1,#0
        MOV DPTR,#0FEF8H        ;设置第一个模拟信号通道IN0的地址指针
        MOV R2,#08H             ;设置待转换的通道个数
LOOP:   MOVX@DPTR,A             ;启动A/D转换器
        JNB P1.7,$              ;查询A/D转换状态信号
        MOVX  A,@DPTR           ;CPU读取转换结果
        ADD A,@R1               ;结果送入30H单元中
```

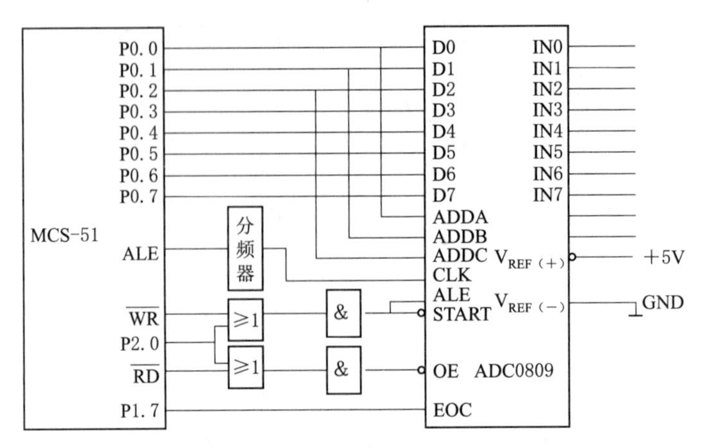

图 9.29　习题 8-10 的电路图

```
MOV @R1,A
INC  R1                 ;高位数据存储区的地址
CLR A
ADDC A,#0
MOV @R1,A
DEC R1
INC  DPTR               ;指向下一个模拟信号通道
DJNZ R2,LOOP            ;未转换完 8 路通道的信号,转至 LOOP 处继续转换
END
```

8-11　使用 80C51 和 ADC0809 芯片设计一个巡回检测系统。共有 8 路模拟量输入，采样周期为 0.8s，其他未列条件可自定。请画出电路连接图并进行程序设计。

答：巡回检测系统的电路如图 9.30 所示。

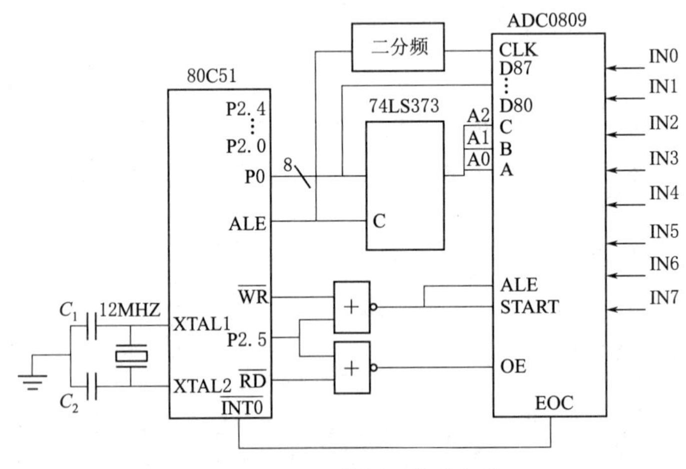

图 9.30　巡回检测系统的电路

8 路输入通道地址为 DFF8H ～ DFFFH（P2.5 = 0）。8 路输入采样周期为 0.8s，ADC0809 芯片共有 8 路模拟量输入通道，所以每一路通道输入模拟量的采样周期为 0.8/8=0.1s=100ms。采样定时器中断采样，每隔 100ms 对一路模拟量进行转换。当 f_{osc} =12MHz

时，机器周期为 1μs，方式 1 时定时器/计数器的最长定时时间约 65ms。现设定时时间为 50ms，定时中断两次即为 100ms。计算定时常数(2^{16}－初值)×1μs＝50ms，初值＝3CB0H。

```
            ORG  0000H
            AJMP  MAIN
            ORG  000BH              ;定时器 T0 中断
            AJMP TIMER0_INT
            ORG  0030H
MAIN:       MOV TMOD,#01H           ;设 T0 为定时器、方式 1
            MOV TH0,#3CH            ;T0 定时 50ms
            MOV TL0,#0B0H
            MOV R4,#2               ;两次中断产生 100ms 定时
            MOV R1,#08H             ;转换 8 路
            MOV DPTR,#0DFF8H        ;通道 0 地址
            MOV R0,#40H             ;存储单元首址
            SETB TR0
            SETB EA
            SETB ET0
            AJMP  $                 ;定时中断等待
TIMER0_INT: DJNZ R4,AGAIN
            MOV R4,#02
LOOP:       MOVX @DPTR,A            ;启动 A/D 转换
            LCALL D128us            ;延时等待完成
            MOVX A,@DPTR            ;读入
            MOV @R0,A               ;存入
            INC DPTR
            INC R0
            DJNZ R1,AGAIN
            MOV R1,#08H             ;转换 8 路
            MOV DPTR,#0DFF8H        ;通道 0 地址
            MOV R0,#40H             ;存储单元首址
AGAIN:      MOV TH0,#3CH            ;重置定时器常数
            MOV TL0,#0B0H
            RETI
D128us:     ……                      ;延时 128μs 子程序
            RET
            END
```

8-12　在一个晶振频率为 12MHz 的 8031 系统中，扩展了一片 ADC0809，它的地址为 7FFFH。试画出有关逻辑图，并编写定时采样 0～3 通道的程序，设采样频率为 2ms 一次，每个通道采 50 个数，把所采的数按 0、1、2、3 通道的顺序存放在以 2000H 为首址的外部 RAM 中。

答：电路图如图 9.31 所示。

```
        ORG 0000H
        LJMP START
```

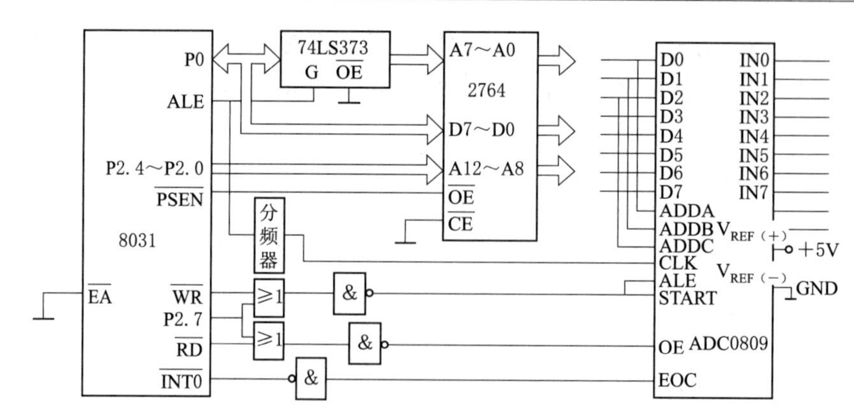

图 9.31　习题 8-12 的电路图

```
        ORG 000BH
        LJMP ADST               ;T0(2ms)中断入口
START:  ……
        MOV TMOD,#01H           ;T0 定时器方式 1
        MOV TH0,#HIGH(-2000)    ;T0 定时 2ms 高字节
        MOV TL0,#LOW(-2000)     ;T0 定时 2ms 低字节
        SETB TR0                ;开 T0
        MOV IP,#02H             ;T0 中断优先
        MOV IE,#82H             ;开中断
        ……
        MOV R2,#0               ;设置待转换的通道数
        MOV DPTR,#2000H         ;设置数据存储区的首地址
        MOV A,R2                ;设置第一个模拟信号通道 IN0 的地址指针
        CLR P2.7
        MOVX @R0,A              ;启动 A/D
        STEB P2.7
        SJMP $                  ;等待中断(2ms)
        ORG 0100H
ADST:   CLR P2.7
        MOVX A,@R0              ;读取 A/D 转换结果
        SETB P2.7
        MOVX @DPTR,A            ;结果送入单元中
        INC DPTR
        INC R3
        CJNE R3,#50,LOOP1
LOOP1:  JC LOOP2
        MOV R3,#0
        INC R2                  ;到 50 个数,换下一个通道
        CJNE R2,#4,LOOP3
LOOP3:  JC LOOP2
        MOV R2,#0               ;转换完 4 路通道的信号,回到 0 通道
        MOV DPTR,#2000H
LOOP2:  RETI
```

8-13 简述单缓冲工作方式、双缓冲工作方式的电路特点和功能。多片 D/A 转换器为什么必须采用双缓冲接口方式？

答：略。

8-14 DAC0832 与 8031 单片机连接时有哪些控制信号？其作用是什么？

答：略。

8-15 请编写 89C51 单片机通过 DAC0832 产生锯齿波信号、三角波、梯形波的程序（可以为任意频率）。

答：锯齿波、三角波请参考教材《基于汇编与 C 语言的单片机原理及应用》P382 [例 8-6]。梯形波的程序汇编语言程序如下：

```
        MOV     DPTR,#7FFFH
        MOV     R2,#00H
        CLR A
LOOP1:  MOVX    @DPTR,A           ;产生梯形波的上升边
        INC A
        CJNE    A,#0FFH,LOOP1     ;产生梯形波的上平边
        DJNZ    R2,$
LOOP2:  MOVX    @DPTR,A           ;产生梯形波的下降边
        DEC A
        JNZ     LOOP2
        SJMP    LOOP1             ;重复进行下一个周期
```

8-16 在一个 8031 应用系统中扩展 1 片 2764、1 片 8255、1 片 ADC0809、1 片 DAC0832，试画出其系统连接框图，并指出所扩展的各个芯片的地址范围。

答：电路图如图 9.32 所示。

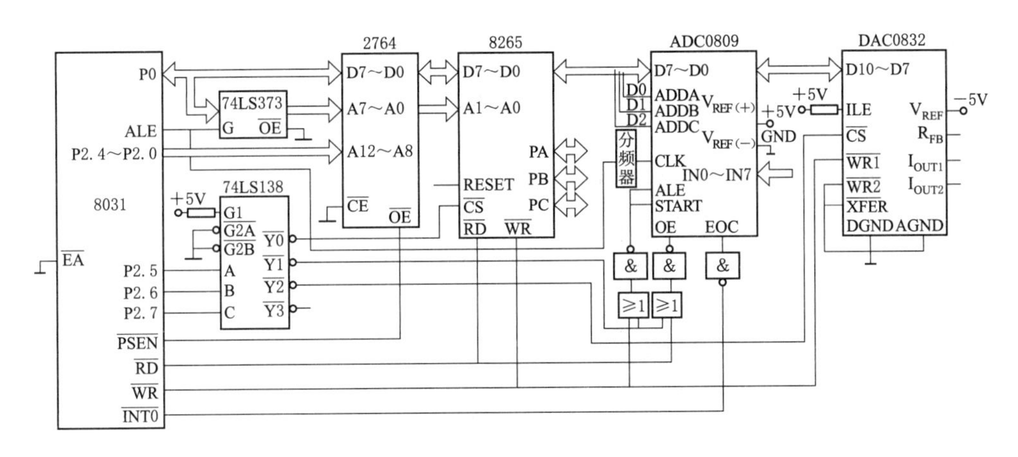

图 9.32 习题 8-16 的电路图

芯片地址范围：	2764	0000H～1FFFH
	8255	0000H～1FFFH（0000H，0001H）
	ADC0809	2000H～3FFFH
	DAC0832	4000H～5FFFH

9.8.4 自我检测题

下面给出该章的自我检测题，题型只有判断题、单项选择题、多项选择题三种，一般都为基础题，读者自我测试一下对本章基础知识的掌握程度。

9.8.4.1 判断题

（ ）1. 在A/D转换器中，逐次逼近型在精度上不及双积分型，但双积分型在速度上较低。

（ ）2. A/D转换的精度不仅取决于量化位数，还取决于参考电压。

（ ）3. ADC0809是8路8位A/D转换器，典型的时钟频率为640kHz。

（ ）4. ADC0809可以利用“转换结束”信号EOC向8031发出中断请求。

（ ）5. 当ADC0809的IN0通道地址置入DPTR后，不管累加器A中内容如何，指令MOVX @DPTR，A都能启动IN0通道的A/D转换。

（ ）6. DAC0832是8位D/A转换器，其输出量为数字电流量。

（ ）7. DAC0832在与ILE配合使用时，片选信号输入线$\overline{CS}$，低电平有效。

（ ）8. LED数码管分共阴极和共阳极两种，同一字符的共阴段码与共阳段码互为反码。

（ ）9. 为了消除按键的抖动，常用的有硬件和软件两种方法。

（ ）10. 8279是一个用于键盘和LED（LCD）显示器的专用接口芯片。

（ ）11. 为给扫描法工作的8×8键盘提供接口电路，在接口电路中只需要提供两个输入口和一个输出口。

（ ）12. 微机控制系统的抗干扰问题是关系到微机应用成败的大问题。

9.8.4.2 单项选择题

1. ADC0809芯片是m路模拟输入的n位A/D转换器，m、n是（　　）。

   A. 8、8　　B. 8、9　　C. 8、16　　D. 1、8

2. 当DAC0832D/A转换器的$\overline{CS}$接8031的P2.0时，程序中0832的地址指针DPDR寄存器应置为（　　）。

   A. 0832H　　B. FE00H　　C. FEF8H　　D. 以上三种都可以

3. 共阳极LED数码管加反相器驱动时显示字符“6”的段码是（　　）。

   A. 06H　　B. 7DH　　C. 82H　　D. FAH

4. 共阴极LED数码管显示字符“2”的段码是（　　）。

   A. 02H　　B. FEH　　C. 5BH　　D. A4H

5. 七段共阳极发光二极管显示字符“P”，段码应为（　　）。

   A. 67H　　B. 73H　　C. 8EH　　D. 8CH

6. 七段共阴极发光二极管显示字符“H”，段码应为（　　）。

   A. 67H　　B. 6EH　　C. 90H　　D. 76H

7. 共阴极LED数码管加反相器驱动时显示字符“2”的段码是（　　）。

   A. 02H　　B. FEH　　C. 5BH　　D. A4H

9.8.4.3 多项选择题

1. ADC0809芯片的CLK端可用（　　）频率的方波输入。

A. 10Hz　　B. 10kHz　　C. 100kHz　　D. 1MHz　　E. 10MHz

2. DAC0832的$\overline{CS}$接到8031的P2.0时，程序中0832的地址指针寄存器DPTR可置为（　　）。

A. 0832H　　B. FE00H　　C. FEF8H　　D. FD00H　　E. EFF8H

3. LED数码管显示若用动态显示，须（　　）。

A. 将各位数码管的位选线并联　　B. 将各位数码管的段选线并联

C. 将位选线用一个8位输出口控制　　D. 将段选线用一个8位输出口控制

E. 输出口加驱动电路

4. 一个8031单片机应用系统用LED数码管显示字符“8”的段码是80H，可以断定该显示系统用的是（　　）。

A. 不加反相驱动的共阴极数码管　　B. 加反相驱动的共阴极数码管

C. 不加反相驱动的共阳极数码管　　D. 加反相驱动的共阳极数码管

E. 阴、阳极均加反相驱动的共阳极数码管

5. DAC0832利用（　　）控制信号可以构成3种不同的工作方式。

A. $\overline{WR1}$　　B. $\overline{WR2}$　　C. ILE　　D. XFER　　E. $\overline{XFER}$

6. 行列式（矩阵式）键盘的工作方式主要有（　　）。

A. 编程扫描方式　　B. 独立查询方式　　C. 中断扫描方式

D. 直接输入方式　　E. 直接访问方式

7. MCS－51单片机外部计数脉冲输入T0（P3.4引脚），如用按钮开关产生计数脉冲，应采用（　　）等措施。

A. 加双稳态消抖动电路　　B. 加单稳态消抖动电路　　C. 555时基电路整形

D. 施密特触发器整形　　E. 软件延时消抖动

8. 随机干扰往往以瞬变、尖峰或脉冲形式出现，它是由（　　）造成的。

A. 温度变化　　B. 电压效应　　C. 电动工具的火花

D. 电感性负载的启停　　E. 光电效应

9. 一个应用课题的研制，大致可分为（　　）阶段。

A. 分析研究课题，明确解决问题的方法　　B. 分别进行硬件和软件的设计

C. 分模块调试系统，进行在线仿真和总调　　D. 固化程序，投入实际运行

E. 反馈运行情况，及时修正、升级

10. 微机控制系统中，通常干扰主要来源于（　　）。

A. 温度变化　　B. 交流电源　　C. 空气湿度　　D. 信号通道　　E. 电磁辐射

11. 抑制交流电源干扰的主要措施是（　　）。

A. 采用光电隔离法　　B. 避开交流干扰源

C. 采用开关稳压电路　　D. 加屏蔽罩　　E. 加滤波装置

12. 来自信号通道的干扰有（　　）。

A. 直流干扰　　B. 交流干扰　　C. 随机干扰

D. 辐射干扰　　E. 控制系统内部干扰

13. 抑制地线引起干扰的措施有（　　）。

A. 通过一点接地　　B. 避开交流干扰源　　C. 主机浮空

D. 加交流稳压器　　E. 数字地与模拟地分开

14. 切断外部电路与微机之间干扰的方法有（　　）。

A. 继电器隔离　B. 光电隔离　　C. 数字滤波　D. 数字隔离　E. 采用固态继电器

9.9　单片机应用系统的研制过程及设计实例

本节对应教材的第 9 章内容，该章通过单片机实际应用的例子来帮助读者学会如何利用单片机进行实际应用系统开发，从总体设计、硬件设计、软件设计、系统调试与测试、可靠性设计等方面介绍了单片机应用系统设计的方法及基本过程。学习重点在于单片机应用系统开发的方法与实际应用，难点在于将单片机应用系统开发的方法应用于实际工程中，设计出最优的单片机应用系统。

9.9.1　内容提要

9.9.1.1　单片机应用系统研制过程

单片机应用系统研制包括总体设计、硬件设计、软件设计、调试、产品化等阶段。

（1）总体设计。总体设计的内容有：①确定功能技术指标；②机型和器件选择；③硬件和软件功能划分。

（2）系统的硬件设计。硬件设计的任务是根据总体要求，在所选单片机基础上，具体确定系统中每一个元器件，设计出电路原理图，必要时做一些部件实验，验证电路正确性，进而设计加工印制电路板，组装样机。主要工作是：①系统结构选择；②可靠性设计；③电路图和印制电路板设计。

（3）系统的软件设计。软件设计的任务是根据总体要求及在硬件设计的基础上，确定程序结构，应用程序设计方法，分配存储器资源，划分功能模块，选用程序算法，进行主程序和各模块程序的设计，最后连接成为一个完整的应用程序。单片机应用系统中，软件设计与硬件设计是紧密相关、互补互依的。有时，硬件的任务可由软件完成，软件的任务可由硬件完成，应根据具体情况，选择最佳方案，达到最佳性价比。

（4）系统调试。系统调试是借助调试工具发现设计样机的错误并加以改正。

系统调试包括硬件调试、软件调试和软、硬件系统联调。根据调试环境不同，系统调试又分为模拟调试与现场调试。各种调试所起的作用不同，它们所处的时间段也不一样，但它们的目的都是查出系统中存在的错误或缺陷。

9.9.1.2　系统的可靠性设计

系统的可靠性设计包括硬件的可靠性设计和软件的可靠性设计。

（1）硬件的可靠性设计。

1）考虑元件的失效问题，如元件本身的缺陷和工艺问题。

2）要特别注意元器件的正确选择、使用和替换。

3）应考虑环境条件对硬件参数的影响，如温度、湿度、电源及各种干扰等。

（2）软件的可靠性设计。在单片机应用系统中，软件和硬件是密切相关的，软件错误主要来自设计上的错误。要提高软件的可靠性，必须从设计、测试和长期使用等方面来考虑。

1）要正确地使用中断。由于监控系统中中断处理是很常用的设计方法，在主程序和中断程序的安排上应考虑时间分配问题，可以采用定时中断或随机事件中断。

2）要将整个系统软件根据功能划分为若干个相对独立的模块，这样便于多人分工编写和调试程序。

3）根据现场技术指标和具体的控制精度要求选取适当的控制策略，有些测控因素关联度较大的对象，应采用多种控制策略。同一控制对象的不同调节参数可以采用不同的控制算法。软件的可靠性设计没有统一的模式，应根据各个具体的硬件系统和测控对象灵活地采用不同的方法。

(3) 系统的抗干扰设计。

1）干扰源及干扰途径。干扰的主要来源如下：

① 来自空间辐射的干扰。可控硅逆变电源、变频调速器、发射机等特殊设备在工作时会产生很强的干扰，在这种环境中单片机系统难以正常运行。

② 来自电源的干扰。各种开关的通断、火花干扰、大电机启停等现象在工业现场很常见，这些来自交流电源的干扰对单片机系统的正常运行危害极大。

③ 来自信号通道的干扰。在实际的应用系统中，测控信号的输入/输出是必不可少的。在工业现场中，这些I/O信号线、控制线有时长达几百米，不可避免地会把干扰引入系统中。如果受控对象是强干扰源，如可控硅、电焊机等，则单片机系统根本就无法运行。

2）硬件抗干扰措施。略。

3）软件抗干扰措施。略。

9.9.2　学习基本要求

(1) 了解单片机应用系统设计的过程和要求。

(2) 理解软件设计与硬件设计的关系。

(3) 了解单片机应用系统干扰来源和硬、软件抗干扰的一般方法。

(4) 了解单片机开发工具的主要作用。

(5) 知道单片机开发系统的功能。

(6) 理解单片机应用系统硬、软件调试的方法。

(7) 了解单片机应用系统的可靠性设计。

(8) 理解单片机应用系统简易数字电压表的设计实例。

9.9.3　习题解答

9-1　简述单片机应用系统开发的一般过程。

答：略。

9-2　在单片机应用系统设计中，对硬件及软件的设计主要应考虑哪几方面的问题？

答：略。

9-3　单片机应用系统调试的目的是什么？一般要经历哪几个过程？

答：略。

9-4　什么是系统联调？它主要解决哪些问题？

答：略。

9-5　如何提高单片机应用系统的抗干扰能力？对硬件系统和软件系统可分别采取哪些措施？

答：略。

9－6 单片机应用系统的干扰源主要有哪些？列举常用的软件、硬件抗干扰措施。

答：略。

9－7 请设计一个小功率的四相八拍步进电机控制器，其功能为可人工控制电机的正、反转，运行，停止，单步正、反转，加速，减速等功能，并显示电机当前的通电、速度挡等状态。

答：硬件框图如图9.33所示。

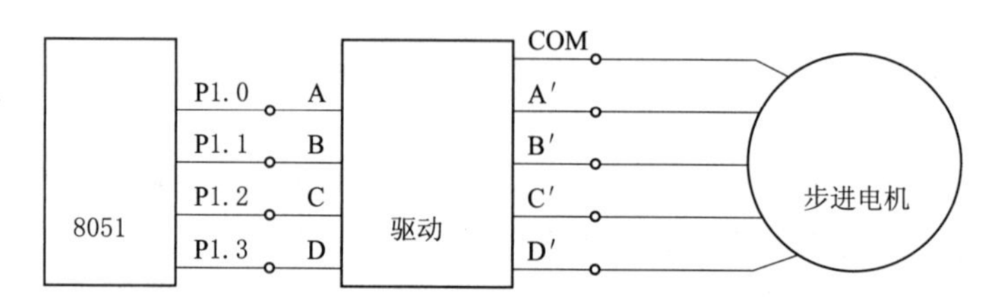

图9.33 习题9－7的电路图

步进电机四相八拍运行相序见表9.2。

表9.2 步进电机四相八拍运行相序

步序	相序				通电相	对应PB口的输出值（状态字）
	P1.3	P1.2	P1.1	P1.0		
1	0	0	0	1	A	01H
2	0	0	1	1	AB	03H
3	0	0	1	0	B	02H
4	0	1	1	0	BC	06H
5	0	1	0	0	C	04H
6	1	1	0	0	CD	0CH
7	1	0	0	0	D	08H
8	1	0	0	1	DA	09H

四相八拍的正转运行：A—AB—B—BC—C—CD—D—DA—A

四相八拍的反转运行：A—DA—D—CD—C—BC—B—AB—A

实现方法：通过查表的方式实现。以逐次递增方向查表，依次输出表中数据，则步进电机正转；以逐次递减方向查表，则步进电机反转，即通过一个表实现步进电机的正转与反转。转速则通过调用延时子程序调节，当调用延时较长的子程序时，则步进电机转速慢；当调用延时较短的子程序时，步进电机转速加快。

9－8 请设计一个交通灯控制系统，该系统要求显示50s倒计数时间，当计时到需交换红绿灯前10s，路口均显示黄灯。

答：设红绿灯东西路口为一组，南北路口为一组。硬件框图如图9.34所示。

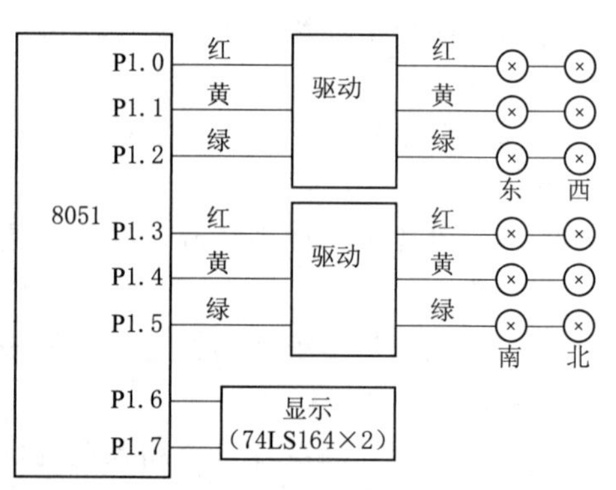

图9.34 习题9－8的电路图

软件程序流程如图9.35所示。

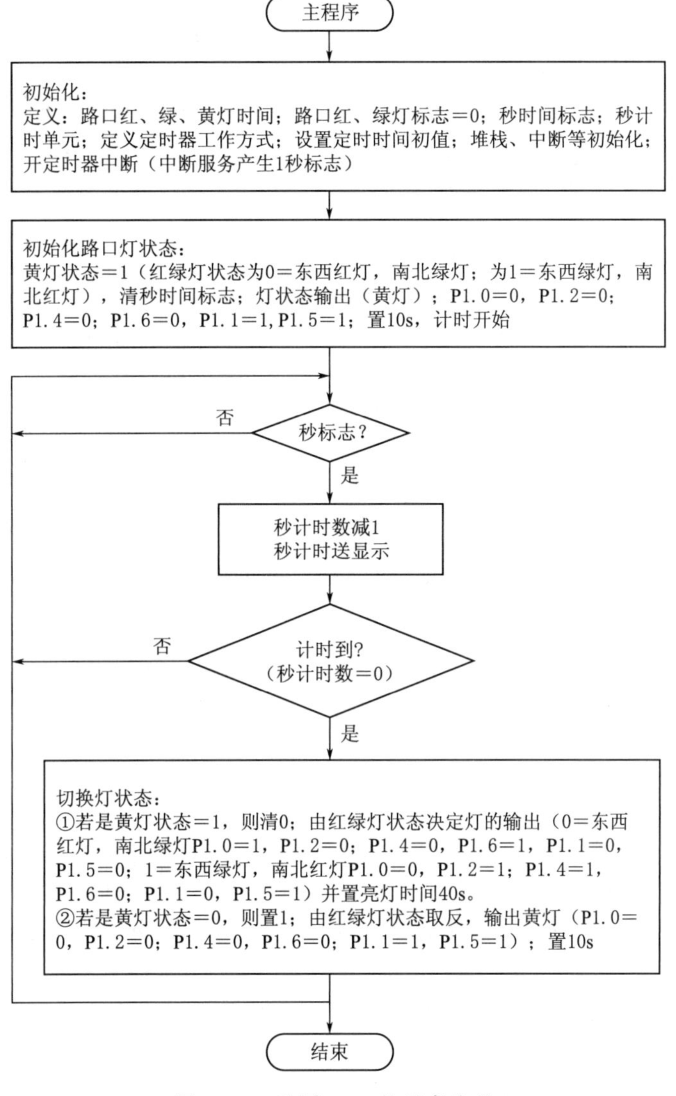

图 9.35　习题 9-8 的程序流程

9-9　试设计一个十字路口的交通灯模拟控制器，其功能如图 9.36 所示，包括 A、B 道的直行、大转弯、放行切换准备等 8 种状态功能，以及剩余时间显示、10s 内黄绿灯闪动、蜂鸣器提示等功能。

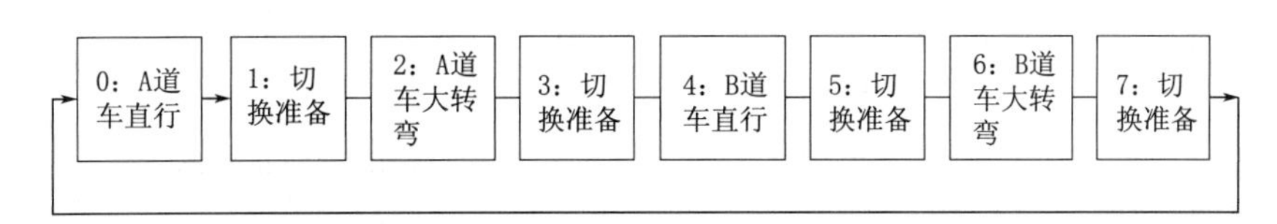

图 9.36　习题 9-9 的功能图

答：(1) 硬件设计。交通灯控制器模拟原理图如图 9.37 所示。

(2) 软件设计。表 9.3 给出了路口交通灯的状态和维持时间。路口状态和维持时间组成

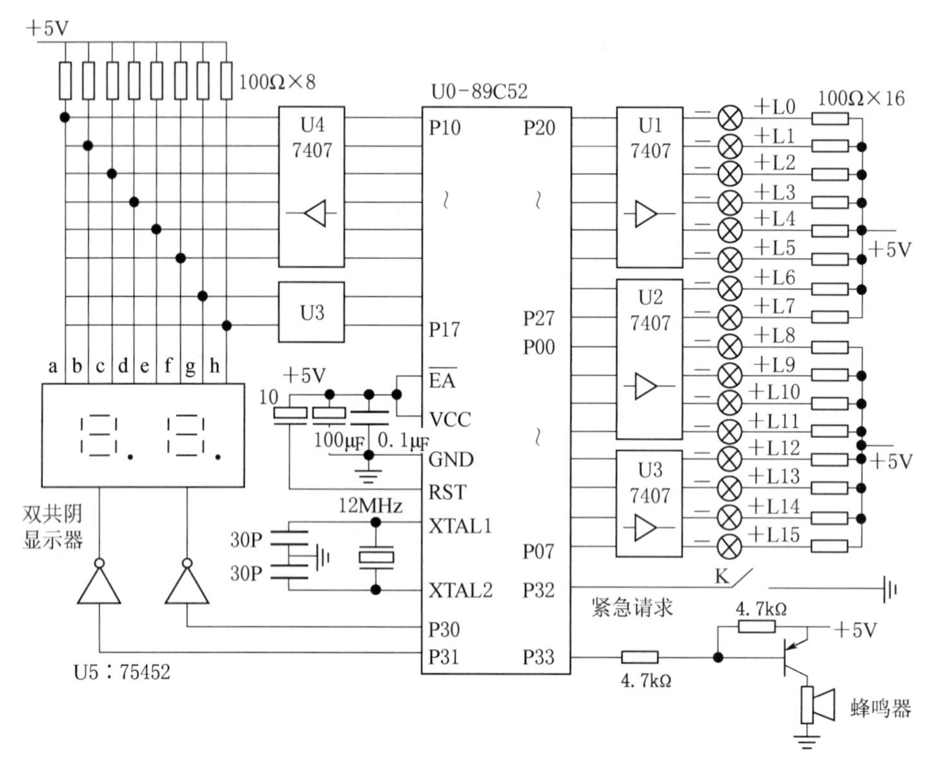

图 9.37　交通灯控制器模拟原理图

一个常数表，设置一个路口状态数工作单元（路口状态序号 0～7），再根据状态数查表，得到路口的交通灯控制字，写入 P2 口、P0 口，查到时间写入维持时间减“1”计数器和显示缓冲器。采用这种查表方法的优点是：对于不同路口，只要修改状态数最大值和表中元素即可。

10s 内黄绿灯闪动采用控制字和当前状态异或（求反）的方法，1s、10s、蜂鸣器鸣叫等由 T2 中断程序操作；显示器的定时扫描由 T0 中断程序处理；紧急状态处理放在外部中断程序，为了恢复路口现场，当前交通灯控制字设一个副本单元 TEMPP2、TEMPP0。

表 9.3　　**交 通 灯 状 态**

交通灯 状态 / 状态	P2.7～0 A 道交通灯								P0.7～0 B 道交通灯								A 道状态字	B 道状态字	时间/s
	L7	L6	L5	L4	L3	L2	L1	L0	L15	L14	L13	L12	L11	L10	L9	L8			
	人行红	人行绿	大转红	大转黄	大转绿	直行红	直行黄	直行绿	人行红	人行绿	大转红	大转黄	大转绿	直行红	直行黄	直行绿	74P2 口	74P0 口	
A 道车道行	1	0	0	1	1	1	1	0	0	1	0	1	1	0	1	1	9E	5B	90H
切换准备	0	1	0	1	1	1	0	1	0	1	0	1	1	0	1	1	5D	5B	5
A 道车大转弯	0	1	1	1	0	0	1	1	0	1	0	1	1	0	1	1	73	5B	60H
切换准备	0	1	1	0	1	0	1	1	0	1	0	1	1	0	1	1	6B	5B	5
B 道车直行	0	1	0	1	1	0	1	1	1	0	0	1	1	1	1	0	5B	9E	90H
切换准备	0	1	0	1	1	0	1	1	0	1	0	1	1	1	0	1	5B	5D	5
B 道车大转弯	0	1	0	1	1	0	1	1	0	1	1	1	0	0	1	1	5B	73	60H
切换准备	0	1	0	1	1	0	1	1	0	1	1	0	1	0	1	1	5B	6B	5

（3）软件框图。图 9.38 给出了交通灯控制器程序框。

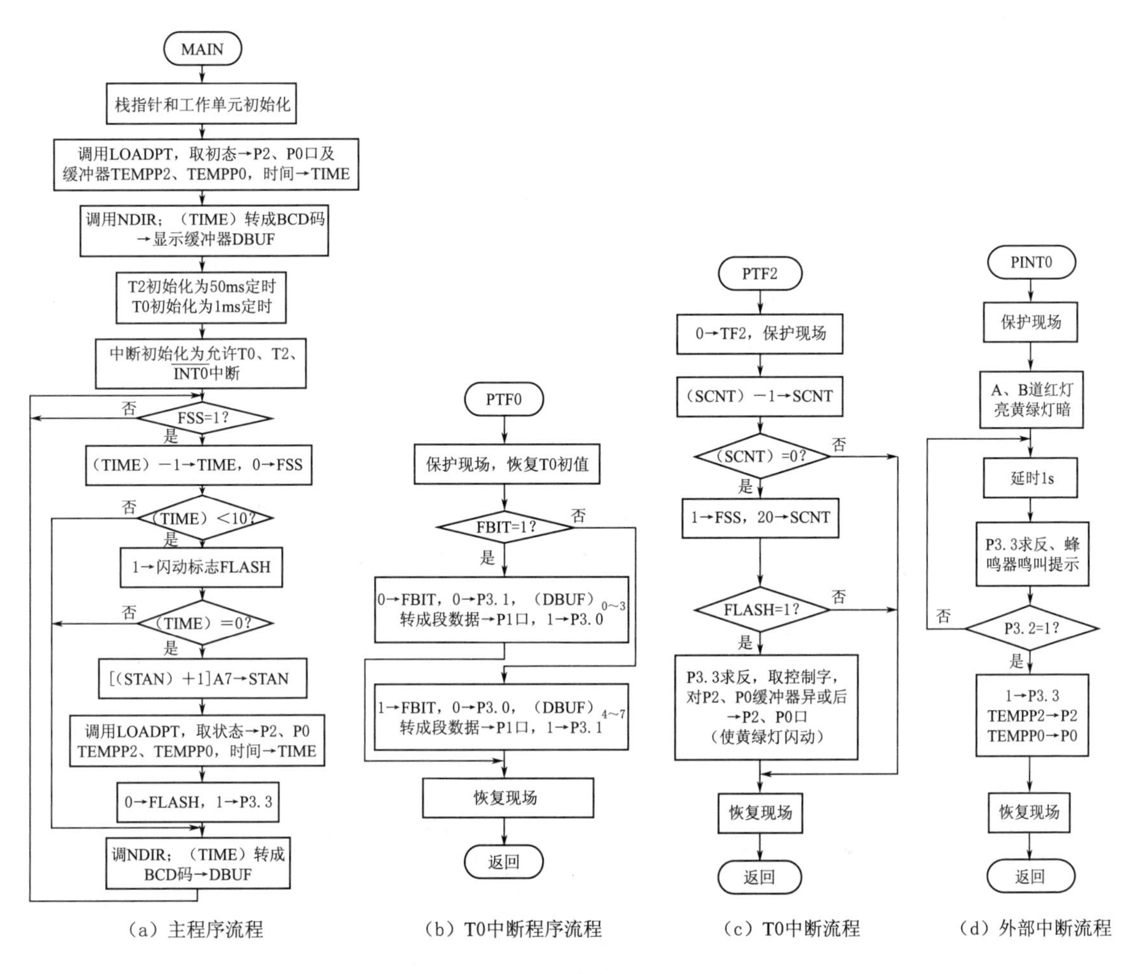

（a）主程序流程　　（b）T0中断程序流程　　（c）T0中断流程　　（d）外部中断流程

图 9.38　软件流程

（4）源程序代码（示例，其余略）。

```
FBIT     BIT   0      ;定时扫描显示器的位标志,指出显示 1/0 位
FLASH    BIT   1      ;黄绿灯需闪动的标志,1 有效
FSS      BIT   2      ;秒标志
FLAG     EQU   20H    ;含有上述标志位的标志单元
SCNT     EQU   30H    ;T2 中断次数减 1 计数单元
TIME     EQU   31H    ;当前状态剩余时间单元
STAN     EQU   32H    ;路口状态数单元
DBUF     EQU   33H    ;显示缓冲单元
TEMPP2   EQU   34H    ;当前交通灯状态副本单元
TEMPP0   EQU   35H
T2CON    EQU   0C8H   ;T2 的 SFR 定义
RCAP2H   EQU   0CBH
RCAP2L   EQU   0CAH
```

```
TL2      EQU    0CCH
TH2      EQU    0CDH
TF2      EQU    0CFH

 ORG      0003H
 LJMP     PINT0
 ORG      000BH
 ……
```

9-10　使用 AT89C51 单片机结合字符型 LCD 显示器设计一个简易的定时闹钟 LCD 时钟。定时闹钟的基本功能如下：

(1) 显示格式为“时时：分分”；

(2) 由 LED 闪动来做秒计数表示；

(3) 一旦时间到则发出声响，同时继电器启动，可以扩充控制家电的开启和关闭。

程序执行后工作指示灯 LED 闪动，表示程序开始执行，LCD 显示“00：00”，按下操作键 K1～K4 动作如下：K1——设置现在的时间，K2——显示闹钟设置的时间，K3——设置闹铃的时间，K4——闹铃 ON/OFF 的状态设置，设置为 ON 时连续 3 次发出“哗”声，设置为 OFF 发出“哗”的一声。

设置当前时间或闹铃时间为：K1——时调整，K2——分调整，K3——设置完成，K4——闹铃时间到时，发出一阵声响，按下本键可以停止声响。

答：参考电路如图 9.39 所示。

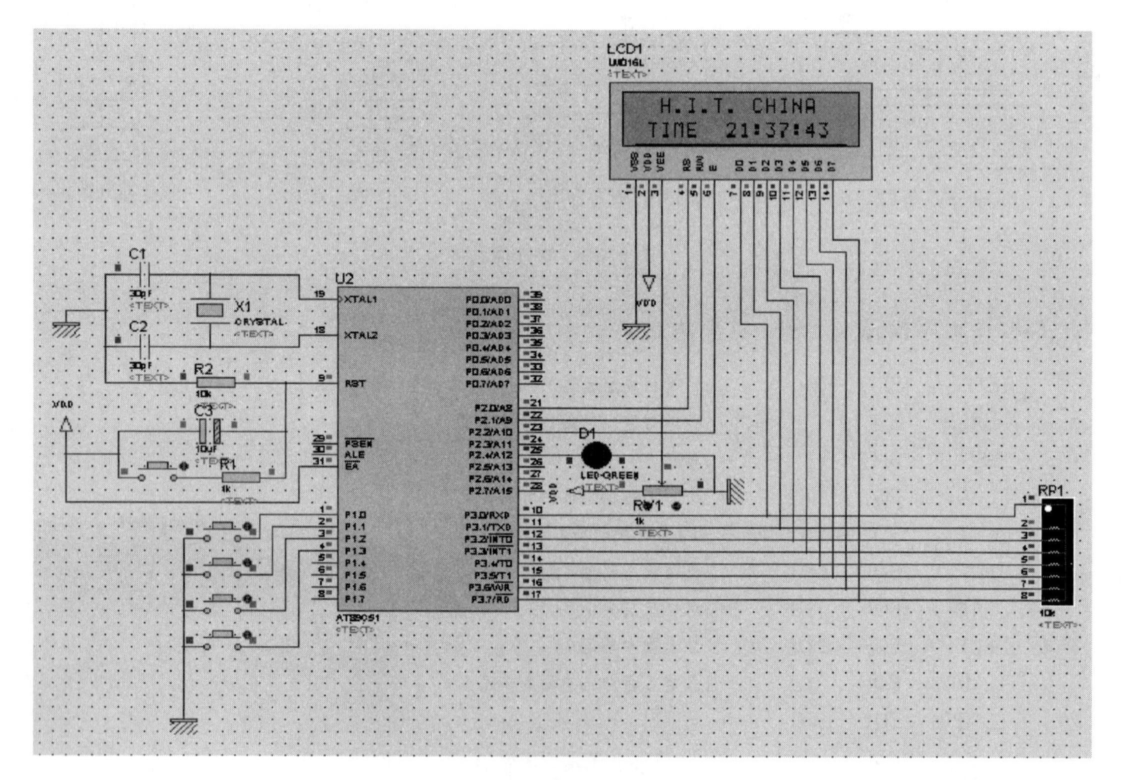

图 9.39　习题 9-10 的电路图

主要程序流程如图 9.40 所示。

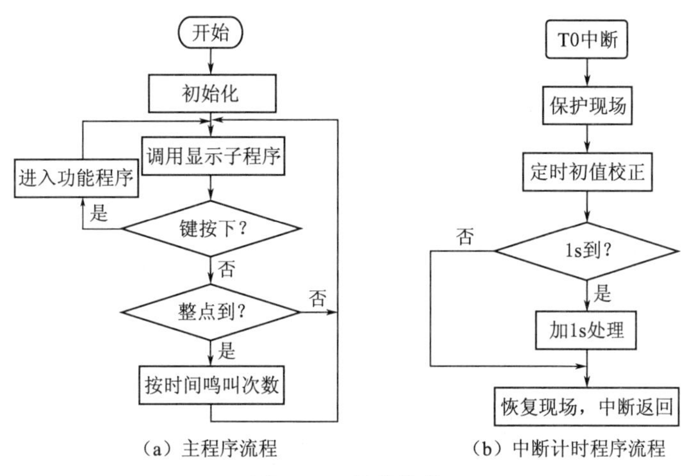

(a) 主程序流程　(b) 中断计时程序流程

图 9.40 软件流程

9－11 设计一个以单片机为核心的频率测量装置。使用 AT89C51 单片机的定时器/计数器的定时和计数功能，外部扩展 6 位 LED 数码管，要求累计每秒进入单片机的外部脉冲个数，用 LED 数码管显示出来。

(1) 被测频率 $f_x<110$Hz，采用测周法，显示频率×××.×××；$f_x>110$Hz，采用测频法，显示频率××××××。

(2) 利用键盘分段测量和自动分段测量。

(3) 完成单脉冲测量，输入脉冲宽度范围是 100μs～0.1s。

(4) 显示脉冲宽度要求为：$T_x<1000\mu$s，显示脉冲宽度×××；$T_x>1000\mu$s，显示脉冲宽度××××。

解题提示：测量频率有测频法和测周法两种。①测频法，利用外部电平变化引发的外部中断，测算 1s 内的波数，从而实现对频率的测定；②测周法，通过测算某两次电平变化引发的中断之间的时间，实现对频率的测定。测频法是直接根据定义测定频率，测周法是通过测定周期间接测定频率。理论上，测频法适用于较高频率的测量，测周法适用于较低频率的测量。

9－12 以单片机为核心，设计一个 8 位竞赛抢答器，同时供 8 名选手或 8 个代表队比赛，分别用 8 个按钮 S0～S7 表示。设置一个系统清除和抢答控制开关 S，开关由主持人控制。抢答器具有锁存与显示功能，即选手按按钮，锁存相应的编号，并将优先抢答选手的编号一直保持到主持人将系统清除为止。抢答器具有定时抢答功能，且一次抢答的时间由主持人设定（如 30s）。当主持人启动“开始”键后，定时器进行减计时，同时扬声器发出短暂的声响，声响持续时间为 0.5s 左右。参赛选手在设定的时间内进行抢答，抢答有效，定时器停止工作，显示器上显示选手的编号和抢答的时间，并保持到主持人将系统清除为止。如果定时时间已到，无人抢答，本次抢答无效，系统报警并禁止抢答，定时显示器上显示 00。通过键盘改变抢答的时间，原理与闹钟时间的设定相同，将定时时间的变量置为全局变量后，通过键盘扫描程序使每按下一次按键，时间加 1（超过 30 时置 0）。同时单片机不断进行按键扫描，当参赛选手的按键按下时，用于产生时钟信号的定时器/计数器停止计数，同时将选手编号（按键号）和抢答时间分别显示在 LED 上。

解题提示：电路框图如图 9.41 所示。

总体流程如图 9.42 所示。

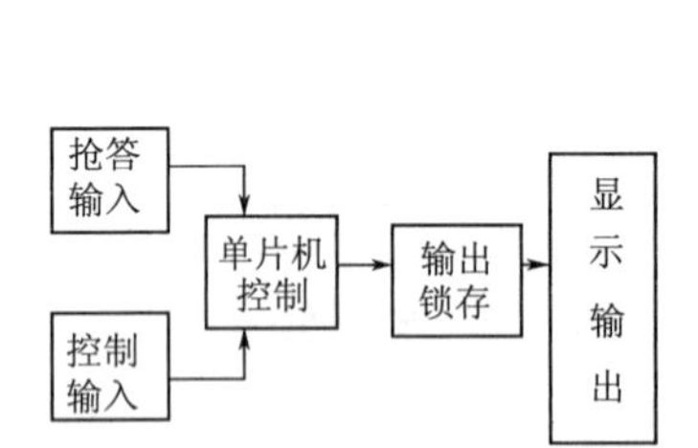

图 9.41　习题 9-12 的电路框图

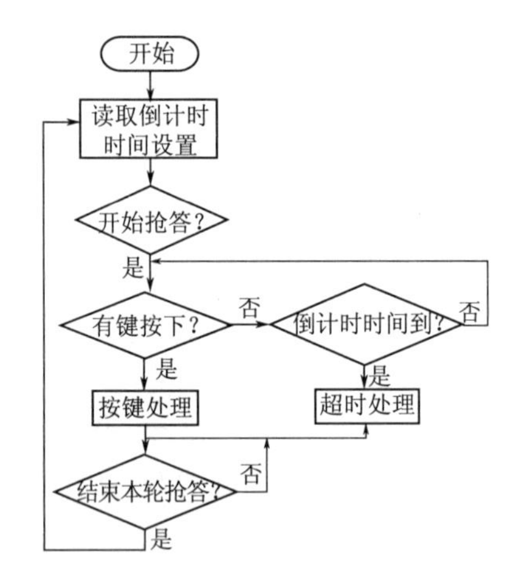

图 9.42　习题 9-12 的总体流程

9.10 模拟综合测试题

下面给出 3 套综合模拟测试题，供读者考试前模拟测试时使用。

9.10.1　试题 1

一、选择题（每小题 2 分，共 20 分）

1. 单片机程序存储器的寻址范围是由程序计数器 PC 的位数决定的，MCS-51 的 PC 为 16 位，因此其寻址范围是（　　）。

A. 4KB　　B. 64KB　　C. 8KB　　D. 128KB

2. PC 的值是（　　）。

A. 当前指令前一条指令的地址　　B. 当前正在执行指令的地址

C. 下一条指令的地址　　D. 控制器中指令寄存器的地址

3. 以下运算中对溢出标志 OV 没有影响或不受 OV 影响的运算是（　　）。

A. 逻辑运算　　B. 符号数加减法运算　　C. 乘法运算　　D. 除法运算

4. 假定设置堆栈指针 SP 的值为 37H，在进行子程序调用时把断点地址进栈保护后，SP 的值为（　　）。

A. 36H　　B. 37H　　C. 38H　　D. 39H

5. 在 MCS-51 中，（　　）。

A. 具有独立的专用的地址线　　B. 由 P0 口和 P1 口的口线作地址线

C. 由 P0 口和 P2 口的口线作地址线　　D. 由 P1 口和 P2 口的口线作地址线

6. 在寄存器间接寻址方式中，指定寄存器中存放的是（　　）。

A. 操作数　　B. 操作数地址　　C. 转移地址　　D. 地址偏移量

7. 执行返回指令时，返回的断点是（　　）。

A. 调用指令的首地址　　B. 调用指令的末地址

C. 调用指令下一条指令的首地址　　D. 返回指令的末地址

8. 假定(A)=83H，(R0)=17H，(17H)=34H，执行以下程序段

```
ANL  A,#17H
ORL  17H,A
XRL  A,@R0
CPL  A
```

后，A的内容为（　　）。

A. CBH　　B. 03H　　C. EBH　　D. C8H

9. 执行以下程序段

```
MOV  R0,# data
MOV  A,@R0
RL   A
MOV  R1,A
RL   A
RL   A
ADD  A,R1
MOV  @R0,A
```

后，实现的功能是（　　）。

A. 把立即数 data 循环左移 3 次　　B. 把立即数 data 乘以 10

C. 把 data 单元的内容循环左移 3 次　　D. 把 data 单元的内容乘以 10

10. 如在系统中只扩展一片 Intel 2732(4K×8)，除应使用 P0 口的 8 条口线外，至少还应使用 P2 口的（　　）线。

A. 4 条　　B. 5 条　　C. 6 条　　D. 7 条

二、判断题（每小题 1 分，共 5 分）

1. 用户构建单片机应用系统，只能使用芯片提供的信号引脚。（　　）

2. 程序计数器（PC）不能为用户使用，因此它就没有地址。（　　）

3. 内部 RAM 的位寻址区，只能供位寻址使用而不能供字节寻址使用。（　　）

4. 在程序执行过程中，由 PC 提供数据存储器的读/写地址。（　　）

5. 80C51 共有 21 个专用寄存器，它们的位都可用软件设置，因此是可以进行位寻址的。（　　）

三、指出下列程序的功能（每小题 5 分，共 10 分）

1.

```
        ORG    0200H
        MOV    DPTR,#1000H
        MOV    R0,#20H
LOOP:   MOVX   A,@DPTR
        MOV    @R0,A
        INC    DPTR
        INC    R0
```

```
        CJNE    R0,#71H,LOOP
        SJMP $
```

程序功能：________________

```
2.      ORG     0200H
        MOV     A,R0
        ANL     A,#0FH
        MOV     DPTR,#TAB
        MOVC    A,@A+DPTR
        MOV     R0,A
        SJMP    $
TAB:    DB 30H,31H,32H,33H,34H,35H,36H;37H,38H,39H   ;0～9 的 ASCII 码
        DB 41H,42H,43H,44H,45H,46H                   ;A～F 的 ASCII 码
```

程序功能：________________

四、编程题（每小题 10 分，共 20 分）

1. 设有 100 个有符号数，连续存放在以 2000H 为首地址的存储区中，试编程统计其中正数、负数、零的个数并分别存放在 30H、31H、32H 单元中。

2. 编程将内部数据存储器 20H～24H 单元压缩的 BCD 码转换成 ASCII 存放在以 25H 开始的单元。

五、编程设计题（每小题 15 分，共 45 分）

1. 设计一串行通信接收程序，将接收的 16 个数据存入片内 50H～5FH 中，串行口为方式 1，波特率为 1200bit/s，SMOD=0，f_{osc}=6MHz。

2. 假设 P1 口的低、高 4 位各接 4 个开关、4 只发光二极管，开关合上使对应的灯亮，总开关 K 接单片机的 INT0，每按一次开关 K 就产生一个负脉冲 INT0 申请外部中断 0。单片机每响应一次中断请求，就从开关读入数据，然后送到发光二极管显示。

3. 编制一个循环闪烁灯的程序。设 80C51 单片机的 P1 口作为输出口，经驱动电路（74LS240 为 8 反相三态缓冲/驱动器）接 8 只发光二极管，参见下图。当输出位为“1”时，发光二极管点亮，输出位为“0”时为暗。试编程实现：每个灯闪烁点亮 10 次，再转移到下一个灯闪烁点亮 10 次，循环不止。（不要求编写子程序，设延时 1s 的子程序名为 DY1S）

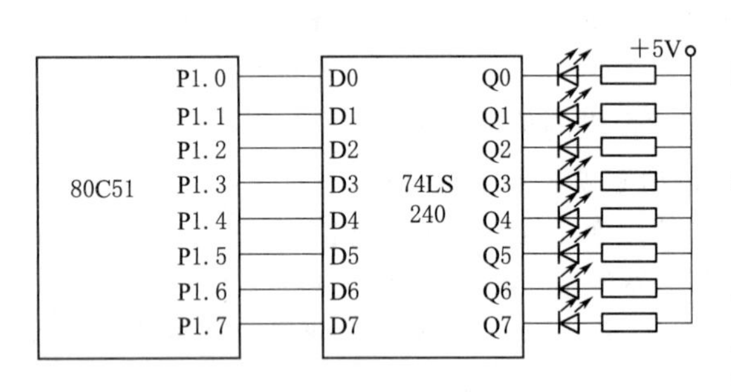

9.10.2　试题 2

一、填空题（每空 1 分，共 20 分）

1. MCS-51 单片机的存储空间包括________和________，它们的可寻址范围分别为____________和____________。

2. 若 PSW 的内容是 10H，那么 R3 的地址是____________。

3. 指令 MOV A，@R0 中，R0 中的内容是指__________。

4. 已知 SP=25H，PC=2345H，标号 Label 的地址为 3456H，问执行 LCALL Label 指令后，堆栈指针 SP=______，(26H)=______，(27H)=______，PC=______。

5. 当晶振频率为 12MHz 时，下面这个子程序延时时间为__________。

```
DL:     MOV     R6,#100
DL1:    MOV     R7,#4
DL2:    MUL     AB
        MUL     AB
        DJNZ    R7,DL2
        DJNZ    R6,DL1
        RET
```

6. 决定程序执行顺序的是______寄存器，该寄存器复位时的值为______。

7. 当定时器/计数器选定为定时器方式时，是对______进行计数，选定为计数器方式时，是对________进行计数。

8. 51 单片机的中断系统最多可以有______个嵌套。

9. MCS-51 外部中断的触发方式有两种，分别为______和______。

10. 串行通信根据通信的数据格式分有两种方式，分别是______和______。

二、下列列出几个程序段，请分别求出执行后的结果。(每小题 5 分，共 15 分)

1. 执行下列程序：

```
MOV     21H,#0A7H
MOV     22H,#10H
MOV     R0,#22H
MOV     31H,21H
ANL     31H,#2FH
MOV     A,@R0
SWAP    A
```

结果：(31H)=________，A=________。

2. 执行下列程序：

```
MOV     R0,#60H
MOV     A,#0AH
RR      A
MOV     @R0,A
ADD     A,#0FH
DEC     R0
MOV     @R0,A
```

结果：(60H)=________，(5FH)=________。

3. 执行下列程序：

```
MOV     A,#83H
MOV     R0,#47H
MOV     47H,#34H
```

```
ANL     A,#47H
ORL     47H,A
XRL     A,@R0
```

结果：R0=______________，A=______________。

三、编写指令段完成下列数据传送。(第 1 小题 3 分，其余每小题 4 分，共 15 分)

(1) R1 内容送给 R0；

(2) 外部 RAM 0020H 单元内容送给 R0；

(3) 外部 RAM 1000H 单元内容送给外部 RAM 0020H 单元；

(4) ROM 2000H 单元内容送给外部 RAM 0020H 单元。

四、试编程可要求用 T1 定时器控制 P1.7 引脚输出周期为 40ms、占空比为 50%的矩形脉冲。要求主程序入口地址 0050H 及中断服务子程序入口地址 2000H，f_{osc}=6MHz。(15 分)

五、有一脉冲信号如下图 (1)，要求用 8051 单片机将该信号进行 4 分频，即输出信号如下图 (2) 所示，请说明信号的输入和输出引脚，且编程实现该功能。(15 分)

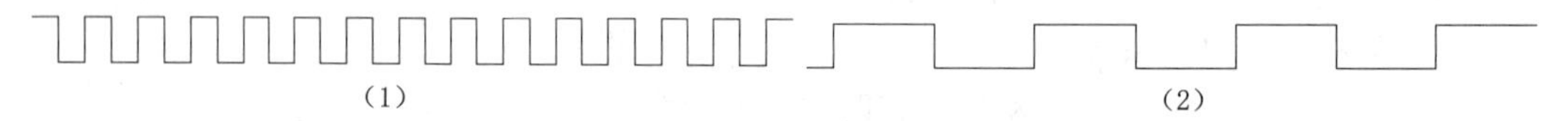

六、下图为 8031 扩展 3 片 8KB 的程序存储器 2764，图中硬件电路已经连接了一部分，请用片选法将剩下的相关硬件电路连接完成，并写出每一片 2764 的地址范围。(20 分)

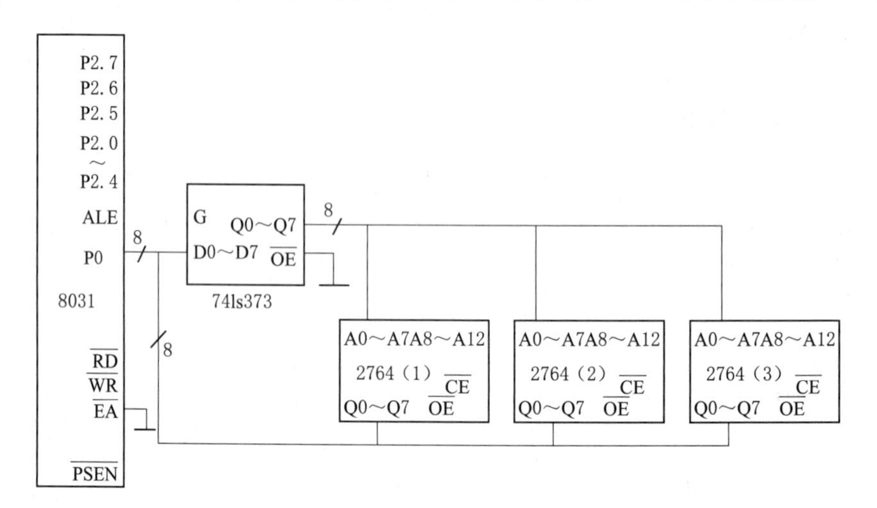

9.10.3　试题 3

一、填空题 (每空 1 分，共 35 分)

1. MCS-51 的复位条件是__________。复位后，CPU 从______单元开始执行程序，PC=__________，SP=__________，PSW=__________。

2. 在下列情况下，$\overline{EA}$引脚应接何种电平：

(1) 只有片内 ROM，$\overline{EA}$=__________；(2) 只有片外 ROM，$\overline{EA}$=__________；

(3) 有片内、片外 ROM，$\overline{EA}$=__________；(4) 有片内 ROM 但不用，而用片外 ROM，$\overline{EA}$=__________。

3. 若 PSW 的内容为 18H，则工作寄存器 R0 的地址是__________ H。

4. 10 根地址线可选__________个存储单元，32KB 存储单元需要__________根地址线。

5. 若 8031 单片机的晶振频率 $f_{osc}=12MHz$，则时钟周期为__________，状态周期为__________，机器周期为__________，执行 MUL AB 指令需要时间为__________。

6. 8031 单片机指令 MOV 访问__________，最大范围为________；MOVX 访问__________，最大范围为__________；MOVC 访问________，最大范围为__________。

7. 指令 POP B 的源操作数是______，是______寻址方式；目的操作数是________，是__________寻址方式。

8. 已知 SP=25H，PC=4345H，(24H)=12H，(25H)=34H，(26H)=56H，当执行 RET 指令后，SP=__________，PC=__________。

9. 当定时器/计数器选定为定时器方式时，是对______________进行计数，选定为计数器方式时，是对______________进行计数。

10. MCS－51 单片机的串行口有____种工作方式，其中方式 0 是________方式，它的波特率为__________，用__________引脚传送数据，用__________引脚输出同步时钟信号。

二、80C51 能扩展多少 ROM、RAM 容量？并行扩展存储器，片选方式有哪几种？各有什么特点？（8 分）

三、用查表程序求 0～9 之间整数的平方，数存放在 x 中，结果存放在 y 中。（7 分）

四、已知负跳边脉冲从 8031 的 P3.3（$\overline{\text{INT1}}$）引脚输入，且该脉冲个数少于 65536，试编程统计输入的脉冲个数，结果存放在 31h30h 中。（15 分）

五、试编制程序，使 T0 每计满 500 个外部输入脉冲后，由 T1 定时，在 P1.0 输出一个脉宽 10ms 的正脉冲（假设在 10ms 内外部输入脉冲少于 500 个），$f_{osc}=12MHz$。（15 分）

六、如下图所示，甲乙两机进行通信，要求甲机能读取 8 个按键的状态（0 或 1）并将读到的状态发送给乙机，乙机接收到后将数据通过 8 只发光二极管显示，要求编写甲乙两机的通信程序。（20 分）

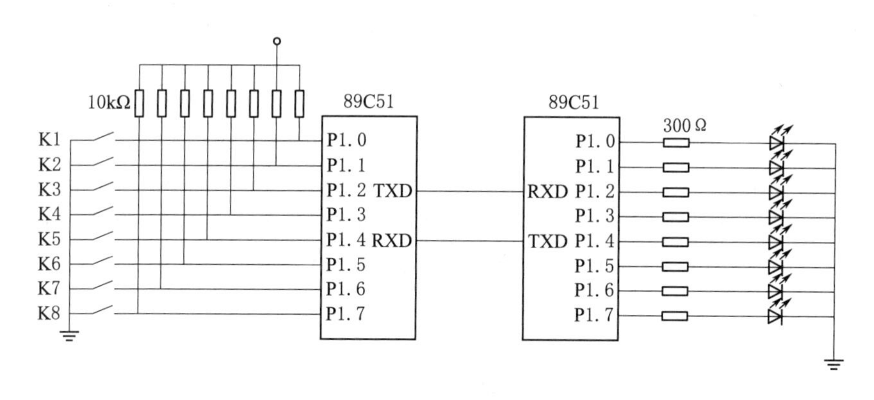

本章自我测试题及模拟综合题的参考答案请扫描下方二维码查看。

附　　录

附录 A　实验要求与实验报告格式规范

为了达到实验的目的，学生在每个实验前都要按实验的具体要求认真预习，准备实验方案；在实验过程中严格按照科学的操作方法进行实验，做好原始记录；实验结束后认真清理现场，物归原位，并按规范撰写实验报告。

A.1　实验预习

（1）明确本次实验目的及任务，掌握实验所需的理论知识及相关接口芯片的工作原理。

（2）通过阅读示例程序，掌握编程方法及相关技巧。

（3）完成实验讲义上的思考题。

（4）设计实验的方案，画出实验电路原理图及程序流程图，编写实验程序；可能的话，多设计几套实验方案。

A.2　实验操作

（1）带上理论课教材、实验指导书及编写好的实验程序。

（2）若为接口电路，请关闭电源后，再搭接硬件实验线路，检查无误后，再开电源。

（3）输入程序，进行软、硬件的调试，直至获得正确结果。

（4）记录实验结果和实验过程，并判断实验的有效性。

（5）实验结束后，请关闭电源。

A.3　实验总结及完成实验报告

（1）实验总结：①记录的程序、数据和波形要真实；②分析设计思想，绘制实验原理图、连线图和流程图，这些图形要尽可能详细，并标清电路信号等；③程序清单要加上相关注释；④实验结果要进行必要的分析，回答思考题；⑤在收获体会中，说明在实验过程中遇到的问题及解决办法，指出实验的不足之处和今后应注意的问题等；⑥按照要求和格式撰写实验报告。

（2）实验报告的格式：①实验题目；②实验目的；③实验内容；④实验器件、仪器清单；⑤实验原理、装置图；⑥实验程序流程；⑦实验步骤；⑧实验数据、波形的记录；⑨实验结果的分析与讨论；⑩思考题；⑪实验心得与体会；⑫程序清单。

注意：以上格式根据实验内容不同可以有所舍取。

A.4　实验注意事项

（1）实验期间，保持实验室清洁，不得随意乱扔垃圾，不得大声喧哗。

（2）实验前，应确保实验板正确设置、实验板与 PC 机间串行连接通信正常。

(3) 实验前后应仔细检查实验板，防止导线、元件等物品落入装置内以及线路虚接，导致线路短路和元件损坏。

(4) 爱护实验设施，不得随意乱动设备上的各种开关，插接、拔取排线时，手握两端插头，不得从线中间拉取。

(5) 实验箱电源关闭后，不能立即重新开启。关闭与重新开启之间至少应有 30s 间隔。

(6) 实验结束后，整理好各种配线，并将各实验器材归位，关闭电脑，切断实验台左上角电源，清洁自己的桌面。

附录B 标准 ASCII 码字符表

标准 ASCII 码字符见附表 B.1。

附表 B.1　　标准 ASCII 码字符

Dec	Hex	CHR	Dec	Hex	CHR	Dec	Hex	CHR	Dec	Hex	CHR
0	00	NUL	30	1E	RS	60	3C	<	90	5A	Z
1	01	SOH	31	1F	US	61	3D	=	91	5B	[
2	02	STX	32	20	SP(space)	62	3E	>	92	5C	\
3	03	ETX	33	21	!	63	3F	?	93	5D	]
4	04	EOT	34	22	“(quote)	64	40	@	94	5E	^
5	05	ENQ	35	23	#	65	41	A	95	5F	-(under)
6	06	ACK	36	24	S	66	42	B	96	60	(grave)
7	07	BEL(beep)	37	25	%	67	43	C	97	61	a
8	08	BS(back sp)	38	26	&	68	44	D	98	62	b
9	09	HT(tab)	39	27	‘(apost)	69	45	E	99	63	c
10	0A	LF(linefeed)	40	28	(	70	46	F	100	64	d
11	OB	VT	41	29	)	71	47	G	101	65	e
12	0C	FF	42	2A	*	72	48	H	102	66	f
13	0D	CR(return)	43	2B	+	73	49	I	103	67	g
14	0E	SO	44	2C	,(comma)	74	4A	J	104	68	h
15	0F	SI	45	2D	—(dash)	75	4B	K	105	69	i
16	10	DLE	46	2E	.(period)	76	4C	L	106	6A	j
17	11	DCI	47	2F	/	77	4D	M	107	6B	k
18	12	DC2	48	30	0	78	4E	N	108	6C	l
19	13	DC3	49	31	1	79	4F	O	109	6D	m
20	14	DC4	50	32	2	80	50	P	110	6E	n
21	15	NAK	51	33	3	81	51	Q	111	6F	o
22	16	SYN	52	34	4	82	52	R	112	70	P
23	17	ETB	53	35	5	83	53	S	113	71	q
24	18	CAN	54	36	6	84	54	T	114	72	r
25	19	EM	55	37	7	85	55	U	115	73	s
26	1A	SUB	56	38	8	86	56	V	116	74	t
27	1B	ESC	57	39	9	87	57	W	117	75	u
28	1C	FS	58	3A	:	88	58	X	118	76	v
29	1D	GS	59	3B	;	89	59	Y	119	77	w

续表

Dec	Hex	CHR	Dec	Hex	CHR	Dec	Hex	CHR	Dec	Hex	CHR
120	78	x	122	7A	z	124	7C	|	126	7E	～
121	79	y	123	7B	{	125	7D	}	127	7F	DEL(delete)

注：

NUL Null 空
SOH：Start of Heading 标题开始
STX：Start of Text 正文开始
ETX：End of Text 正文结束
EOT：End of Transmission 传输结束
ENQ：Enquiry 询问
ACK：Acknowledge 承认
BEL：Bell 报警符
BS： Backspace 退一格
HT： Horizontal Tab (ulation) 横向列表
LF： Line Feed (character) 换行
VT： Vertical Tab (ulation) (FE) 垂直制表
FF： Form Feed (FE) 走纸
CR： Carriage Return 回车
SO： Shift Out 移位输出
SI： Shift In 移位输入
DLE：Date Link Escape (CC) 数据链换码
DCI：Device Control 1 设备控制 1
DC2：Device Control2 设备控制 2
DC3：Device Control3 设备控制 3
DC4：Device Control4 设备控制 4
NAK：Negative Acknowledgement 否定
SYN：Synchronous idle 空转同步
ETB：End of Transmission Block (CC) 组传输结束
CAN：Cancel 作废
EM： Empty 纸尽
SUB：Substitute 减
ESC：Escape 换码
FS： File Separator (IS) 文件分隔符
GS： Group Separator (IS) 组分隔符
RS： Record Separator (IS) 记录分隔符
US： Uit Separator (IS) 单元分隔符
SP： Space
DEL：Delete
FE： Format Effector 格式控制符
IS： Information Separator 信息分隔符

附录C MCS-51 单片机指令表

MCS-51 单片机指令见附表 C.1。

附表 C.1　　MCS-51 单片机指令

助记符		指令说明	字节数	周期数
数据传递类指令				
MOV	A,Rn	寄存器传送到累加器	1	1
MOV	A,direct	直接地址传送到累加器	2	1
MOV	A,@Ri	累加器传送到外部 RAM(8 地址)	1	1
MOV	A,#data	立即数传送到累加器	2	1
MOV	Rn,A	累加器传送到寄存器	1	1
MOV	Rn,direct	直接地址传送到寄存器	2	2
MOV	Rn,#data	累加器传送到直接地址	2	1
MOV	direct,Rn	寄存器传送到直接地址	2	1
MOV	direct,direct	直接地址传送到直接地址	3	2
MOV	direct,A	累加器传送到直接地址	2	1
MOV	direct,@Ri	间接 RAM 传送到直接地址	2	2
MOV	direct,#data	立即数传送到直接地址	3	2
MOV	@Ri,A	直接地址传送到直接地址	1	2
MOV	@Ri,direct	直接地址传送到间接 RAM	2	1
MOV	@Ri,#data	立即数传送到间接 RAM	2	2
MOV	DPTR,#data16	16 位常数加载到数据指针	3	1

续表

助记符		指令说明	字节数	周期数
MOVC	A,@A+DPTR	代码字节传送到累加器	1	2
MOVC	A,@A+PC	代码字节传送到累加器	1	2
MOVX	A,@Ri	外部 RAM(8 地址)传送到累加器	1	2
MOVX	A,@DPTR	外部 RAM(16 地址)传送到累加器	1	2
MOVX	@Ri,A	累加器传送到外部 RAM(8 地址)	1	2
MOVX	@DPTR,A	累加器传送到外部 RAM(16 地址)	1	2
PUSH	direct	直接地址压入堆栈	2	2
POP	direct	直接地址弹出堆栈	2	2
XCH	A,Rn	寄存器和累加器交换	1	1
XCH	A,direct	直接地址和累加器交换	2	1
XCH	A,@Ri	间接 RAM 和累加器交换	1	1
XCHD	A,@Ri	间接 RAM 和累加器交换低 4 位字节	1	1
算术运算类指令				
INC	A	累加器加 1	1	1
INC	Rn	寄存器加 1	1	1
INC	direct	直接地址加 1	2	1
INC	@Ri	间接 RAM 加 1	1	1
INC	DPTR	数据指针加 1	1	2
DEC	A	累加器减 1	1	1
DEC	Rn	寄存器减 1	1	1
DEC	direct	直接地址减 1	2	2
DEC	@Ri	间接 RAM 减 1	1	1
MUL	AB	累加器和 B 寄存器相乘	1	4
DIV	AB	累加器除以 B 寄存器	1	4
DA	A	累加器十进制调整	1	1
ADD	A,Rn	寄存器与累加器求和	1	1
ADD	A,direct	直接地址与累加器求和	2	1
ADD	A,@Ri	间接 RAM 与累加器求和	1	1
ADD	A,#data	立即数与累加器求和	2	1
ADDC	A,Rn	寄存器与累加器求和(带进位)	1	1
ADDC	A,direct	直接地址与累加器求和(带进位)	2	1
ADDC	A,@Ri	间接 RAM 与累加器求和(带进位)	1	1
ADDC	A,#data	立即数与累加器求和(带进位)	2	1
SUBB	A,Rn	累加器减去寄存器(带借位)	1	1
SUBB	A,direct	累加器减去直接地址(带借位)	2	1
SUBB	A,@Ri	累加器减去间接 RAM(带借位)	1	1
SUBB	A,#data	累加器减去立即数(带借位)	2	1

续表

助记符		指令说明	字节数	周期数
逻辑运算类指令				
ANL	A,Rn	寄存器"与"到累加器	1	1
ANL	A,direct	直接地址"与"到累加器	2	1
ANL	A,@Ri	间接 RAM"与"到累加器	1	1
ANL	A,#data	立即数"与"到累加器	2	1
ANL	direct,A	累加器"与"到直接地址	2	1
ANL	direct,#data	立即数"与"到直接地址	3	2
ORL	A,Rn	寄存器"或"到累加器	1	2
ORL	A,direct	直接地址"或"到累加器	2	1
ORL	A,@Ri	间接 RAM"或"到累加器	1	1
ORL	A,#data	立即数"或"到累加器	2	1
ORL	direct,A	累加器"或"到直接地址	2	1
ORL	direct,#data	立即数"或"到直接地址	3	1
XRL	A,Rn	寄存器"异或"到累加器	1	2
XRL	A,direct	直接地址"异或"到累加器	2	1
XRL	A,@Ri	间接 RAM"异或"到累加器	1	1
XRL	A,#data	立即数"异或"到累加器	2	1
XRL	direct,A	累加器"异或"到直接地址	2	1
XRL	direct,#data	立即数"异或"到直接地址	3	1
CLR	A	累加器清零	1	2
CPL	A	累加器求反	1	1
RL	A	累加器循环左移	1	1
RLC	A	带进位累加器循环左移	1	1
RR	A	累加器循环右移	1	1
RRC	A	带进位累加器循环右移	1	1
SWAP	A	累加器高、低 4 位交换	1	1
控制转移类指令				
JMP	@A+DPTR	相对 DPTR 的无条件间接转移	1	2
JZ	rel	累加器为 0 则转移	2	2
JNZ	rel	累加器为 1 则转移	2	2
CJNE	A,direct,rel	比较直接地址和累加器,不相等则转移	3	2
CJNE	A,#data,rel	比较立即数和累加器,不相等则转移	3	2
CJNE	Rn,#data,rel	比较寄存器和立即数,不相等则转移	2	2
CJNE	@Ri,#data,rel	比较立即数和间接 RAM,不相等则转移	3	2
DJNZ	Rn,rel	寄存器减 1,不为 0 则转移	3	2
DJNZ	direct,rel	直接地址减 1,不为 0 则转移	3	2
NOP		空操作,用于短暂延时	1	1
ACALL	add11	绝对调用子程序	2	2
LCALL	add16	长调用子程序	3	2
RET		从子程序返回	1	2

续表

助 记 符		指 令 说 明	字 节 数	周 期 数
RETI		从中断服务子程序返回	1	2
AJMP	add11	无条件绝对转移	2	2
LJMP	add16	无条件长转移	3	2
SJMP	rel	无条件相对转移	2	2
布 尔 指 令				
CLR	C	清进位位	1	1
CLR	bit	清直接寻址位	2	1
SETB	C	置位进位位	1	1
SETB	bit	置位直接寻址位	2	1
CPL	C	取反进位位	1	1
CPL	bit	取反直接寻址位	2	1
ANL	C,bit	直接寻址位相与到进位位	2	2
ANL	C,/bit	直接寻址位的反码相与到进位位	2	2
ORL	C,bit	直接寻址位相或到进位位	2	2
ORL	C,/bit	直接寻址位的反码相或到进位位	2	2
MOV	C,bit	直接寻址位传送到进位	2	1
MOV	bit,C	进位位传送到直接寻址	2	2
JC	rel	如果进位位为1,则转移	2	2
JNC	rel	如果进位位为0,则转移	2	2
JB	bit,rel	如果直接寻址位为1,则转移	3	2
JNB	bit,rel	如果直接寻址位为0,则转移	3	2
JBC	bit,rel	直接寻址位为1,则转移并清除该位	2	2
伪 指 令				
ORG	指明程序的开始位置			
DB	定义数据表			
DW	定义16位的地址表			
EQU	给一个表达式或一个字符串起名			
DATA	给一个8位的内部RAM起名			
XDATA	给一个8位的外部RAM起名			
BIT	给一个可位寻址的位单元起名			
END	指出源程序到此为止			
指 令 中 的 符 号 标 识				
Rn	工作寄存器R0～R7			
Ri	工作寄存器R0和R1			
@Ri	间接寻址的8位RAM单元地址(00H～FFH)			
#data8	8位常数			
#data16	16位常数			
addr16	16位目标地址,能转移或调用到64KB ROM的任何地方			
addr11	11位目标地址,在下条指令的2KB范围内转移或调用			
rel	8位偏移量,用于SJMP和所有条件转移指令,范围为－128～＋127			
bit	片内RAM中的可寻址位和SFR的可寻址位			
direct	直接地址,范围为片内RAM单元(00H～7FH)和80H～FFH			
$	指本条指令的起始位置			

附录 D　Keil C51 的一些常用资料

D.1　C51 编译器所支持的数据类型

C51 编译器所支持的数据类型见附表 D.1。

附表 D.1　　C51 编译器所支持的数据类型

数　据　类　型	长　　度	值　　域
unsigned char	单字节	0～255
signed char	单字节	－128～＋127
unsigned int	双字节	0～65535
signed int	双字节	－32768～＋32767
unsigned long	四字节	0～4294967295
signed long	四字节	－2147483648～＋2147483647
float	四字节	$\pm 1.175494\times10^{-38}\sim\pm 3.402823\times10^{38}$
*	1～3 字节	对象的地址
bit	位	0 或 1
sfr	单字节	0～255
sfr16	双字节	0～65535
sbit	位	0 或 1

D.2　C51 中的关键字

C51 中的关键字见附表 D.2。

附表 D.2　　C51 中的关键字

关　键　字	用　　途	说　　明
auto	存储种类说明	用以说明局部变量，此为缺省值
break	程序语句	退出最内层循环
case	程序语句	Switch 语句中的选择项
char	数据类型说明	单字节整型数或字符型数据
coust	存储类型说明	在程序执行过程中不可更改的常量值
continue	程序语句	转向下一次循环
default	程序语句	Switch 语句中的失败选择项
do	程序语句	构成 do … while 循环结构
double	数据类型说明	双精度浮点数
else	程序语句	构成 if … else 选择结构
enum	数据类型说明	枚举
extern	存储种类说明	在其他程序模块中说明了的全局变量

续表

关 键 字	用 途	说 明
flost	数据类型说明	单精度浮点数
for	程序语句	构成 for 循环结构
goto	程序语句	构成 goto 转移结构
if	程序语句	构成 if...else 选择结构
int	数据类型说明	基本整型数
long	数据类型说明	长整型数
register	存储种类说明	使用 CPU 内部寄存的变量
return	程序语句	函数返回
short	数据类型说明	短整型数
signed	数据类型说明	有符号数，二进制数据的最高位为符号位
sizeof	运算符	计算表达式或数据类型的字节数
static	存储种类说明	静态变量
struct	数据类型说明	结构类型数据
swicth	程序语句	构成 switch 选择结构
typedef	数据类型说明	重新进行数据类型定义
union	数据类型说明	联合类型数据
unsigned	数据类型说明	无符号数数据
void	数据类型说明	无类型数据
volatile	数据类型说明	该变量在程序执行中可被隐含地改变
while	程序语句	构成 while 和 do ... while 循环结构

D.3　C51 编译器的扩展 ANSIC 关键字

C51 编译器的扩展 ANSIC 关键字见附表 D.3。

附表 D.3　C51 编译器的扩展 ANSIC 关键字

关 键 字	用 途	说 明
bit	位标量声明	声明一个位标量或位类型的函数
sbit	位标量声明	声明一个可位寻址变量
sfr	特殊功能寄存器声明	声明一个特殊功能寄存器
sfr16	特殊功能寄存器声明	声明一个 16 位的特殊功能寄存器
data	存储器类型说明	直接寻址的内部数据存储器
bdata	存储器类型说明	可位寻址的内部数据存储器
idata	存储器类型说明	间接寻址的内部数据存储器
pdata	存储器类型说明	分页寻址的外部数据存储器
xdata	存储器类型说明	外部数据存储器
code	存储器类型说明	程序存储器
interrupt	中断函数说明	定义一个中断函数
reentrant	再入函数说明	定义一个再入函数
using	寄存器组定义	定义芯片的工作寄存器

附录 E　Keil μVision（Keil C51）库函数参考

C51 的强大功能及其高效率的重要体现之一在于其丰富的可直接调用的库函数，多使用库函数能使程序代码简单，结构清晰，易于调试和维护。每个库函数都在相应的头文件中给出了函数原型声明，用户如需要使用库函数，必须在原程序的开始处采用预处理命令＃include 将有关的头文件包含进来。下面介绍 C51 的库函数系统。

E.1　本征库函数（Intrinsic Routines）和非本征库函数

C51 提供的本征函数是指编译时直接将固定的代码插入当前行，而不是用 ACALL 和 LCALL 语句来实现，这样就大大提高了函数访问的效率；非本征函数则必须由 ACALL 及 LCALL 调用。

C51 的本征库函数只有 9 个，数目虽少，但都非常有用，分别列出如下：

crol，_cror_：将 char 型变量循环向左（右）移动指定位数后返回。

irol，_iror_：将 int 型变量循环向左（右）移动指定位数后返回。

lrol，_lror_：将 long 型变量循环向左（右）移动指定位数后返回。

nop：相当于插入 NOP。

testbit：相当于 JBC bitvar，测试该位变量并跳转同时清除。

chkfloat：测试并返回浮点数状态。

编程时，必须包含 ＃inclucle <intrins.h> 一行。如不说明，以下提到的库函数均指非本征库函数。下面来介绍几类重要的库函数：

1. 专用寄存器 include 文件 reg51.h

在 reg51.h 的头文件中定义了 MCS－51 的所有特殊功能寄存器和相应的位，定义时都用大写字母。但在程序的头部将寄存器库函数 reg51.h 包含后，就可以在程序中直接使用 MCS－51 的特殊功能寄存器和相应的位。一般系统都必须包括本文件。

2. 绝对地址 include 文件 absacc.h

该文件中实际只定义了几个宏，以确定各存储空间的绝对地址。

函数原型：

```
#include CBYTE((unsigned char * )0x50000L)
#include DBYTE((unsigned char * )0x40000L)
#include PBYTE((unsigned char * )0x30000L)
#include XBYTE((unsigned char * )0x20000L)
#include CWORD((unsigned int * )0x50000L)
#include DWORD((unsigned int * )0x50000L)
#include PWORD((unsigned int * )0x50000L)
#include XWORD((unsigned int * )0x50000L)
```

再入属性：reentrant。

功能：CBYTE 以字节形式对 CODE 区寻址，DBYTE 以字节形式对 DATA 区寻址，PBYTE 以字节形式对 PDATA 区寻址，XBYTE 以字节形式对 XDATA 区寻址，CWORD

以字形式对 CODE 区寻址，DWORD 以字形式对 DATA 区寻址，PWORD 以字形式对 PDATA 区寻址，XWORD 以字形式对 XDATA 区寻址。例如，XBYTE [0x0001] 是以字节形式对片外 RAM 的 0001H 单元访问。

3. 标准函数 stdlib. h

动态内存分配函数位于 stdlib. h 中。

函数原型：float atof (void * string)。

再入属性：non - reentrant。

功能：将字符串 string 转换成浮点数值并返回。

函数原型：int atoi (void * string)。

再入属性：non - reentrant。

功能：将字符串 string 转换成整型数值并返回。

函数原型：long atol (void * string)。

再入属性：non - reentrant。

功能：将字符串 string 转换成长整型数值并返回。

函数原型：void * calloc (unsigned int num，unsigned int len)。

再入属性：non - reentrant。

功能：返回 n 个具有 len 长度的内存指针，如果无内存空间可用，则返回 NULL。所分配的内存空间区域用 0 进行初始化。

函数原型：void * malloc (unsigned int size)。

再入属性：non - reentrant。

功能：返回 n 个具有 size 长度的内存指针，如果无内存空间可用，则返回 NULL。所分配的内存空间区域不进行初始化。

函数原型：void * realloc (void xdata * p，unsigned int size)。

再入属性：non - reentrant。

功能：改变指针 P 所指向的内存单元大小，原内存单元的内容被复制到新的存储单元中，如该内存单元的区域较大，多余的部分不做初始化。

函数原型：void free (void xdata * p)。

再入属性：non - reentrant。

功能：释放指针 P 所指向的存储器区域，如果返回值为 NULL，则该函数无效，P 必须为以前用的 calloc、malloc 或 realloc 函数分配的区域。

函数原型：void init _ mempool (void * data * p，unsigned int size)。

再入属性：non - reentrant。

功能：对被 calloc、malloc 或 realloc 函数分配的存储区域进行初始化。指针 P 指向存储器区域的首地址，size 表示存储区域的大小。

4. 字符串函数 string. h

缓冲区处理函数位于“string. h”中。其中包括复制、比较、移动等函数，如 memccpy、memchr、memcmp、memcpy、memmove、memset，这样可以很方便地对缓冲区进行处理。

```
void * memccpy (void * dest,void * src,char c,int len)
```

```
void * memchr (void * buf,char c,int len)
char memcmp(void * buf1,void * buf2,int len)
void * memcpy (void * dest,void * SRC,int len)
void * memmove (void * dest,void * src,int len)
void * memset (void * buf,char c,int len)
char * strcat (char * dest,char * src)
char * strchr (const char * string,char c)
char strcmp (char * string1,char * string2)
char * strcpy (char * dest,char * src)
int strcspn(char * src,char * set)
int strlen (char * src)
char * strncat (char 8dest,char * src,int len)
char strncmp(char * string1,char * string2,int len)
char strncpy (char * dest,char * src,int len)
char * strpbrk (char * string,char * set)
int strpos (const char * string,char c)
char * strrchr (const char * string,char c)
char * strrpbrk (char * string,char * set)
int strrpos (const char * string,char c)
int strspn(char * string,char * set)
```

5. 一般输入/输出函数 stdio. h

C51 库中包含的输入/输出函数 stdio. h 是通过 MCS－51 的串行口工作的。在使用输入/输出函数 stdio. h 库中的函数之前，应先对串行口进行初始化，如设定波特率等。如要修改支持其他 I/O 接口，比如改为 LCD 显示，则可修改 lib 目录中的 getkey. c 及 putchar. c 源文件，然后在库中替换它们即可。

```
char getchar(void)
char _getkey(void)
char * gets(char * string,int len)
int printf(const char * fmtstr[,argument]…)
char putchar(char c)
int puts (const char * string)
int scanf(const char * fmtstr.[,argument]…)
int sprintf(char * buffer,const char * fmtstr[;argument])
int sscanf(char * buffer,const char * fmtstr[,argument])
char ungetchar(char c)
void vprintf (const char * fmtstr,char * argptr)
void vsprintf(char * buffer,const char * fmtstr,char * argptr)
```

6. 内部函数 INTRINS. H

```
unsigned char _crol_(unsigned char c,unsigned char b)
unsigned char _cror_(unsigned char c,unsigned char b)
unsigned char _chkfloat_(float ual)
unsigned int _irol_(unsigned int i,unsigned char b)
unsigned int _iror_(unsigned int i,unsigned char b)
```

```
unsigned long _irol_(unsigned long l,unsigned char b)
unsigned long _iror_(unsigned long L,unsigned char b)
void _nop_(void)
bit _testbit_(bit b)
```

7. 字符函数 CTYPE. H

```
bit isalnum(char c)
bit isalpha(char c)
bit iscntrl(char c)
bit isdigit(char c)
bit isgraph(char c)
bit islower(char c)
bit isprint(char c)
bit ispunct(char c)
bit isspace(char c)
bit isupper(char c)
bit isxdigit(char c)
bit toascii(char c)
bit toint(char c)
char tolower(char c)
char _tolower(char c)
char toupper(char c)
char _toupper(char c)
```

E. 2 Keil C51 例子

Hello 位于 \ C51 \ examples \ Hello \ hello. c 目录，其功能是向串口输出“Hello, world”，整个程序如下：

```
#program DB OE CD
#include <reg51. h>
#include<stdio. h>
void main(void)
{
SCOn=0x50;
TMOD=0x20
TH1=0xF3;
Tri=1;
TI=1;
printf("Hello,world \n");
while(1) { }
}
```

μVision for Windows 的使用步骤如下：

（1）采用菜单栏中 file _ new 新建一个 hello. c 文件，输入如上内容或直接用目录下源文件。

（2）采用菜单栏中 file _ save 或工具栏将文件存盘。

（3）采用菜单栏中 project _ new project 创建一个名为 hello 的 project，并在其中加入 hello. c。这时该 project 已是打开状态，或用菜单栏中 open project 打开已存在的 project。

（4）在 option _ C51 compiler 中选出至少包括两项 DB OE。

（5）在 option _ dScope Debugger 中选择 hello \ DS51. INI，查看 DS51. INI 是否为 “load… \ … \ BIN \ 8051. DLL map 0，0xFFFF”。

（6）在 option _ make 中选择 make 文件顺序。

（7）在 project 中选择 Build project，看是否有语法错误，若无，则生成 hex 文件；若有，则修改源文件后重复以上部分步骤。

（8）通过 run _ dScope debugger 进入 dScope51 后，装入 hello，则可用 go 命令直接运行看 serial 窗口有无输出，系统每运行一次，在 serial 窗口均出现一个 “Hello，world”，表明运行无误。

附录 F　通用 C 语言的 5 类语句

一个 C 程序只是由一个源程序和多个子程序构成。一个源程序中又包含预编译命令、全局变量的定义命令和各个用户函数。而各函数又由变量定义命令和若干语句组成。C 语句最重要的一个特点就是每条基本语句后面都要跟一个分号 “;”。

C 语句可分为以下 5 类：

（1）复合语句。用大括号括起来的多条语句。这些语句被看成一个整体。如：

{t=x;x=y;y=t;}

在这个复合语句中，共有 3 条语句，每个语句都以分号结尾。注意：复合语句的大括号后面没有分号。如果复合语句中只有 1 条语句，那么大括号可以省略。

（2）控制语句。控制语句用于控制程序的流程，以实现程序的各种结构方式，共有以下 9 种：

1）if（条件）{…} else {…} 条件语句。

2）for（条件）{…} 循环语句。

3）while（条件）{…} 循环语句。

4）do {…} while（条件）循环语句。

5）continue；结束本次循环语句。

6）break；结束循环语句或结束 switch 语句。

7）switch（表达式）{…} 多分支选择语句。

8）goto 标号；转向语句。

9）return（表达式）；从函数返回语句。

上面的 9 种语句中，{…} 表示复合语句。

这里提到的 9 种 C 语言控制语句也可分成以下 3 类：

1）条件判断语句：if 语句、switch 语句。

2）循环执行语句：do while 语句、while 语句、for 语句。

3）转向语句：break 语句、goto 语句（此语句尽量少用，因为这不利结构化程序设计，滥用它会使程序流程无规律、可读性差）、continue 语句、return 语句。

(3) 函数调用语句。由一个函数调用加一个分号构成函数调用语句。其一般形式为：

函数名（实际参数表）；

执行函数调用语句就是调用函数体并把实际参数赋予函数定义中的形式参数，然后执行被调函数体中的语句，求取函数值。调用库函数，输出字符串等。

例如：printf（"Where do you want to go?"）；

这条语句是由一个 printf 格式输出函数加一个分号构成一条函数调用语句。

(4) 表达式语句。在任何一个表达式后加一个分号就构成一条表达式语句。

例如：赋值表达式 x=3，在此表达式后加一分号，就构成一条赋值语句。赋值语句是用得最多的表达式语句。注意：赋值表达式可以放置在任何可以放置表达式的地方，也就是说可以放在某些语句中，而赋值语句只能作为一条语句单独存在。

(5) 空语句。空语句是仅由一个分号构成的语句。

例如：　；表示这里有一条什么也不做的语句。

在程序中书写程序时，可以在一行上写多条语句，也可以将一条语句写在多行上。C 语言程序中是区分大小写的，C 语言的关键字和基本语句都用小写字母表示。

附录 G　Proteus VSM 仿真的元件库及常用元件说明

Proteus VSM 包括原理布图系统 ISIS、带扩展的 Prospice 混合模型仿真器、动态器件库、高级图形分析模块和处理器虚拟系统仿真模型 VSM，是一个完整的嵌入式系统软、硬件设计仿真平台。Proteus VSM 仿真中常用的元件库见附表 G.1。

附表 G.1　**Proteus VSM 仿真中常用的元件库**

元件名称	中文名	说明
7407	驱动门	
1N914	二极管	
74LS00	与非门	
74LS04	非门	
74LS08	与门	
74LS390TTL	双十进制计数器	
7SEG	4 针 BCD - LED	输出 0～9 对应 4 根线 BCD 码
BCD - 7SEG	3 - 8 译码器电路	BCD - 7SEG 转换电路
ALTERNATOR	交流发电机	
AMMETER - MILLI	mA 安培计	
AND	与门	
BATTERY	电池(组)	
BUS	总线	
CAP	电容	
CAPACITOR	电容器	
CLOCK	时钟信号源	

续表

元件名称	中文名	说明
CRYSTAL	晶振	
D-FLIPFLOP	D触发器	
FUSE	熔断器	
GROUND	地	
LAMP	灯	
LED-RED	红色发光二极管	
LM016L	2行16列液晶	有D0～D7数据线,RS、R/W、EN三个控制端
LOGIC ANALYSER	逻辑分析仪	
LOGIC PROBE	逻辑探针	
LOGIC PROBE(BIG)	逻辑探针(大)	显示连接位置的逻辑状态
LOGIC STATE	逻辑状态	单击,可改变逻辑状态
LOGIC TOGGLE	逻辑触发	
MASTER SWITCH	按钮	手动闭合,立即自动打开
MOTOR	电动机	
OR	或门	
POT-LIN	三引线可调电阻器	
POWER	电源	
RES	电阻	
RESISTOR	电阻器	
SWITCH	按钮	手动按一下为一个状态
SWITCH-SPDT	二选一按钮	
VOLT METER	伏特计	
VTERM	串行口终端	
ELECTROMECHANICAL	电动机	
INDUCTORS	电感器	
LAPLACE PRIMITIVES	拉普拉斯变换	
MEMORY ICS	存储器	
MICROPROCESSOR ICS	微控制器	
MISCELLANEOUS	各种器件	天线、晶振、电池、仪表等
MODELLLING PRIMITIVES	各种仿真器件	仅用于仿真,没有PCB
OPTOELECTRONICS	各种光电器件	发光二极管、LED、液晶等
PLDS & FPGAS	可编程逻辑控制器	
RESISTORS	各种电阻	
SIMULATOR PRIMITIVES	常用的仿真器件	
SPEAKERS & SOUNDERS	扬声器	
SWITCHS & RELAYS	开关、继电器、键盘	
SWITCHING DEVICES	晶闸管	

续表

元 件 名 称	中 文 名	说 明
TRANSISTORS	晶体管	三极管、场效应管
TTL 74 SERIES		
TTL 74ALS SERIES		
TTL 74AS SERIES		
TTL 74F SERIES		
TTL 74HC SERIES		
TTL 74HCT SERIES		
TTL 74LS SERIES		
TTL 74S SERIES		
ANALOG ICS	模拟电路集成芯片	
CAPACITORS	电容器	
CMOS 4000 SERIES		
CONNECTORS	排座、排插	
DATA CONVERTERS	A/D、D/A	
DEBUGGING TOOLS	调试工具	
ECL 10000 SERIES	各种常用集成电路	

参 考 文 献

[1] 程启明，徐进．微机原理学习与实践指导［M］．北京：中国电力出版社，2017.
[2] 程启明，赵永熹，黄云峰，等．微机原理及应用［M］．北京：中国电力出版社，2015.
[3] 程启明，徐进，黄云峰，等．单片机原理学习指导与实践指导［M］．北京：中国水利水电出版社，2014.
[4] 程启明，黄云峰，杨艳华．计算机硬件实践指导［M］．北京：中国电力出版社，2013.
[5] 程启明，黄云峰，徐进，等．基于汇编与C语言的单片机原理及应用［M］．北京：中国水利水电出版社，2012.
[6] 程启明，黄云峰．计算机硬件技术［M］．北京：中国电力出版社，2012.
[7] 彭敏，邹静，王巍．单片机课程设计指导［M］．武汉：华中科技大学出版社，2018.
[8] 张兰红．单片机课程设计仿真与实践指导［M］．北京：机械工业出版社，2018.
[9] 宁志刚．单片机实用系统设计：基于 Proteus 和 Keil C51 仿真平台［M］．北京：科学出版社，2018.
[10] 陈青，刘丽．单片机技术与应用：基于仿真与工程实践［M］．武汉：华中科技大学出版社，2018.
[11] 刘大铭，白娜，车进，等．单片机原理与实践：基于 STC89 C52 与 Proteus 的嵌入式开发技术［M］．北京：清华大学出版社，2018.
[12] 徐爱钧．单片机原理实用教程：基于 Proteus 虚拟仿真［M］．4版．北京：电子工业出版社，2018.
[13] 孙鹏．51单片机C语言学习之道：语法、函数、Keil工具及项目实战［M］．北京：清华大学出版社，2018.
[14] 林立．单片机原理及应用：基于 Proteus 和 Keil C［M］．4版．北京：电子工业出版社，2018.
[15] 张毅刚．基于 Proteus 的单片机课程的基础实验与课程设计［M］．北京：人民邮电出版社，2012.
[16] 徐懂理，王曼，赵艳．单片机原理与接口技术实验与课程设计［M］．北京：北京大学出版社，2012.
[17] 楼然苗，李光飞．单片机课程设计指导［M］．2版．北京：北京航空航天大学出版社，2012.
[18] 赵广元．Proteus 辅助的单片机原理实践：基础设计课程设计和毕业设计［M］．北京：北京航空航天大学出版社，2013.